ANORGANISCHE UND ALLGEMEINE CHEMIE
IN EINZELDARSTELLUNGEN
HERAUSGEGEBEN VON
G. JANDER UND W. KLEMM
BAND I

DIE
CHEMIE IN WASSERÄHNLICHEN LÖSUNGSMITTELN

DIE GRUNDLAGEN DES CHEMISCHEN UND PHYSIKALISCH-
CHEMISCHEN VERHALTENS DER STOFFE IN EINIGEN NICHT-
WÄSSRIGEN, ABER WASSERÄHNLICHEN SOLVENTIEN

VON

DR. GERHART JANDER

O. PROFESSOR FÜR CHEMIE AN DER UNIVERSITÄT ZU GREIFSWALD

MIT 78 ABBILDUNGEN

SPRINGER-VERLAG BERLIN HEIDELBERG GMBH
1949

COPYRIGHT 1949 BY SPRINGER-VERLAG BERLIN HEIDELBERG
URSPRÜNGLICH ERSCHIENEN BEI SPRINGER-VERLAG OHG. BERLIN, GÖTTINGEN, HEIDELBERG 1949

ISBN 978-3-662-21789-4   ISBN 978-3-662-21788-7 (eBook)
DOI 10.1007/978-3-662-21788-7

Vorwort der Herausgeber.

Das Gebiet der anorganischen Chemie stand am Ende des vorigen und zu Beginn dieses Jahrhunderts ganz im Schatten der organischen Chemie. In den letzten Jahrzehnten haben sich die Verhältnisse weitgehend geändert: Die anorganische Chemie ist wieder zu kräftigem neuen Leben erwacht und beginnt in Wissenschaft und Technik wieder die Rolle zu spielen, die ihr von Natur aus zukommt. Einer der Hauptgründe für diese „Renaissance" der anorganischen Chemie liegt in dem Eindringen physikalischer Methoden in die anorganisch-chemische Forschung, durch die es möglich wurde, Fragestellungen, die auf rein chemischem Wege unzugänglich blieben, erfolgreich in Angriff zu nehmen.

Diese Veränderung der allgemeinen Lage läßt Bedarf an Monographien erwarten, in denen Sondergebiete der anorganischen Chemie, die in letzter Zeit eine besondere Bedeutung gewonnen haben, von Forschern, die diese Gebiete gefördert haben, zusammenfassend dargestellt werden. Zur Herausgabe solcher Monographien hat sich der Springer-Verlag mit den Unterzeichneten vereinigt. Es entspricht der Entwicklung der modernen anorganischen Chemie, wenn wir uns in dieser Monographiensammlung nicht auf rein anorganische Themen beschränken, sondern auch Fragen der allgemeinen Chemie behandeln, insoweit sie mit der Entwicklung der anorganischen Chemie in Zusammenhang stehen.

Mit dem vorliegenden Werk wird diese Monographienreihe eröffnet. Zahlreiche weitere Bände sind in dankenswerter Weise von Autoren des In- und Auslandes übernommen worden und werden im Laufe der nächsten Jahre folgen. Wir hoffen, mit dieser Reihe das Interesse der Chemiker, insbesondere auch der Studierenden, an Fragen der anorganischen und allgemeinen Chemie fördern und gleichzeitig einen kleinen Beitrag zur Wiederverknüpfung der internationalen wissenschaftlichen Beziehungen leisten zu können.

G. JANDER · W. KLEMM.

Vorwort.

Die zunehmende Bedeutung der physikalischen Untersuchungsmethoden für naturwissenschaftliche Forschungen hat es mit sich gebracht, daß der gasförmige Zustand der Materie fast ausschließlich ein Arbeitsfeld der Physiker geworden ist. Andererseits sind die Forschungen über den festen Zustand der Stoffe mehr und mehr den Krystallchemikern, Krystallographen und Mineralogen zugefallen. Man hat daher gelegentlich von einer Tragik der anorganischen Chemie gesprochen, denn ihr sei als wissenschaftliches Arbeitsgebiet eigentlich nur noch der flüssige und gelöste Zustand der Materie geblieben. Über die Berechtigung und die Bedeutung dieser Ansicht läßt sich zweifellos diskutieren. Aber selbst wenn man diese Anschauung gelten lassen wollte, so ist für den modernen Anorganiker eine fast unerschöpfliche Fülle von interessanten Themen und verschiedenartigen Problemen allein in der Chemie der Flüssigkeiten und der Lösungen vorhanden. Man muß sie nur sehen. Beiträge hierzu möchten, so hofft der Verfasser, die in dem vorliegenden Buch besprochenen Untersuchungen sein.

Die Monographie über die Grundlagen der Chemie in nichtwäßrigen, aber „wasserähnlichen" Lösungsmitteln ist einerseits aus Abhandlungen über einschlägige Untersuchungen entstanden, die zum Teil noch nicht veröffentlicht worden sind, andererseits aus Vorträgen und Vorlesungen, welche im Laufe des letzten Jahrzehntes über spezielle Bereiche des Hauptthemas vor deutschen wissenschaftlichen Vereinigungen gehalten worden sind. Bei diesen Gelegenheiten ist dem Verfasser immer wieder nahegelegt worden, das gesamte Arbeitsgebiet doch einmal im Zusammenhang darzustellen. Sein großer Umfang hat es mit sich gebracht, daß im Rahmen einer Monographie nicht alle hierher gehörenden Publikationen der internationalen chemischen Fachliteratur berücksichtigt werden konnten. Wenn Vollständigkeit angestrebt worden wäre, würde ein Handbuch von mehreren Teilbänden entstanden sein. Man mußte sich vielmehr bewußt darauf beschränken, die Prinzipien der Chemie in nichtwäßrigen aber „wasserähnlichen" Lösungsmitteln darzustellen.

Der Leser wird bald feststellen, daß bei allen Untersuchungen immer wieder die Grundgedanken zweier großer Chemiker, des schwedischen Forschers S. ARRHENIUS und des amerikanischen Forschers E. C. FRANKLIN, hervortreten. Ohne ihre bahnbrechenden Arbeiten wären die Ergebnisse späterer, anschließender Forschungen nicht erzielt worden und hätten nicht gedeutet werden können.

Zur Aufklärung des chemischen Verhaltens der Stoffe in den behandelten wasserähnlichen Lösungsmitteln sind neben analytischen

und präparativen Verfahren in weitem Maße verschiedenartige physikochemische Methoden benutzt worden. Es muß festgestellt werden,
daß ohne die letzteren die Fortschritte im besprochenen Arbeitsgebiet
nicht hätten erzielt werden können, besonders nicht ohne die modernen,
verfeinerten und empfindlich ansprechenden konduktometrischen Meßverfahren. Die Ausarbeitung und Entwicklung dieser Verfahren ver-
dankt der Verfasser zu einem sehr großen Teil dem immer noch
bestehenden engen Konnex mit seinem früheren langjahrigen Mitarbeiter Dr. OTTO PFUNDT.

Bei der Fertigstellung der Monographie habe ich mich der bereit-
willigen und weitgehenden Hilfe einiger Mitarbeiter und Mitarbeite-
rinnen zu erfreuen gehabt. Ich möchte nicht verfehlen, besonders
Fraulein Dr. B. GRUTTNER und Fräulein Dr. H. WENDT, ferner den
Herren Dr. K. WIECHERT und Dr. H. HECHT auch an dieser Stelle
recht herzlich zu danken. Auch Herrn Prof. Dr. W. KLEMM bin ich für
wertvolle Hinweise zu großem Dank verpflichtet. Ebenso danke ich
dem Springer-Verlag für sein verständnisvolles und weitgehendes Ent-
gegenkommen trotz schwierigster Zeitumstände.

Es wurde schon erwahnt, daß ein großer Teil der besprochenen
Abhandlungen in Deutschland durchgefuhrte Untersuchungen aus
der jüngst vergangenen Zeit zur Grundlage hat. Dadurch, so scheint
mir, wird unter anderem gezeigt, daß bei den deutschen Hochschulen
die Thesen über Zweckforschung und uber die Einschaltung der gesamten Naturwissenschaften ausschließlich in den Dienst angeordneter,
praktischer Aufgaben keineswegs allgemeinen Anklang gefunden haben.
Es hat außerordentlich viele Institute und Laboratorien gegeben, in
denen nach wie vor bewußt rein wissenschaftlichen Problemen der
Grundlagenforschung nachgegangen worden ist.

Wegen der zur Zeit noch bestehenden Schwierigkeiten bei der
Beschaffung der wissenschaftlich-chemischen, internationalen Fachliteratur in Deutschland bittet der Verfasser die Fachkollegen, ihn mit
Sonderdrucken einschlägiger Publikationen freundlichst versehen zu
wollen.

Greifswald, im Fruhjahr 1949.

G. JANDER.

Inhaltsverzeichnis.

Seite

I. Einführung und Allgemeines über das Wasser als Lösungsmittel.

Ein ganz außerordentlich großer Teil aller chemischen Umsetzungen zwischen Stoffen findet im gelösten Zustande statt, und daher ist das Studium der Wechselbeziehungen zwischen gelöstem Stoff und Lösungsmittel von besonderer Bedeutung. In den letzten Jahrzehnten haben nicht nur physikalisch-chemische Messungen und Untersuchungen zur Aufklärung dieses Problems beigetragen, sondern es haben auch die zahlreichen Arbeiten über das chemische Verhalten der Stoffe in nichtwäßrigen, aber wasserähnlichen Solventien die schon vorhandenen Kenntnisse und Erfahrungen nach vielen Seiten hin bereichert und vertieft.

Da das Wasser wohl das am weitesten verbreitete Lösungsmittel ist, sind auch seine Eigenschaften als Solvens bereits sehr frühzeitig erforscht worden. Es sind hauptsächlich die folgenden neun Merkmale, welche die häufige Verwendung und die Eignung des Wassers als Lösungsmittel für chemische Reaktionen bedingen.

1. Das Wasser steht uns fast überall und in großer Menge zur Verfügung; es ist leichter zu beschaffen als irgendein anderes von den sonst noch gebräuchlichen Lösungsmitteln.

2. Das reine Wasser hat ein stark ausgeprägtes Auflösungsvermögen für Stoffe aller Art, und zwar sowohl solche organisch-chemischer als auch solche anorganisch-chemischer Natur. Nichtelektrolyte und Elektrolyte, wie Säuren, Basen und Salze, sind zahlreich in Wasser löslich. Andere Lösungsmittel, wie Alkohol, Äther, Benzin, Benzol, Schwefelkohlenstoff, Tetrachlorkohlenstoff u. a. m., haben für manche Stoffe, z. B. für Fette, Öle oder bestimmte organische Substanzen, ebenfalls ein recht gutes Auflösungsvermögen, vielfach aber mehr ein spezifisches und nicht ein so ausgedehntes, sich über viele Stoffklassen erstreckendes.

3. Das chemisch reine Wasser leitet den elektrischen Strom nur in außerordentlich geringem Maße. Die auch nach sorgfältigster und oft wiederholter Reinigung hinterbleibende schwache Endleitfähigkeit ist auf eine geringfügige elektrolytische Dissoziation in solvatisierte H^+-Ionen und OH^--Ionen zuruckzuführen.

$$\left. \begin{aligned} 2\,H_2O &\rightleftharpoons (H \cdot H_2O)^+ + (OH)^- \\ 2\,H_2O &\rightleftharpoons (H_3O)^+ \quad\ \ + (OH)^- \end{aligned} \right\} \tag{1}$$

Das elektrische Leitvermogen des reinsten Wassers beträgt bei $+25^0\,C$ nur $6 \cdot 10^{-8}$ reziproke Ohm. Daraus und aus anderweitigen

Messungen errechnet sich die $[H^+]$ und die $[OH^-]$ zu je 10^{-7}; das Ionenprodukt bei Zimmertemperatur also zu

$$[H^+] \cdot [OH^-] = \sim 10^{-14}$$

Der eben formulierte Gleichgewichtszustand (1) ist also fast vollständig nach links verlagert und die $[H^+]$ des reinen Wassers ist äußerst gering.

4. Die wäßrigen Lösungen zahlreicher Substanzen hingegen, welche vor allen Dingen den Stoffklassen Säuren, Basen und Salze angehören, leiten vielfach den elektrischen Strom recht gut. Die Erscheinung ist zurückzuführen auf die Fähigkeit des Wassers, die aufgelösten Stoffe weitgehend in ihre Ionen zu zerlegen:

$$CuCl_2 \rightleftharpoons Cu^{++} + 2\,Cl^-.$$

Beim Durchgang des elektrischen Stromes findet Elektrolyse, Zersetzung des aufgelösten „Elektrolyten", statt. Die elektrolytische Dissoziation der gelösten Substanzen bei so außerordentlich vielen wäßrigen Auflösungen ermöglicht die für die analytische und praparative Chemie in gleicher Weise wichtigen, zahllosen Ionenreaktionen, welche bei den Solutionen in Benzol, Äther, Tetrachlorkohlenstoff, Schwefelkohlenstoff usw. nicht beherrschend im Vordergrund stehen.

5. Das Lösungsmittel „Wasser" hat eine ausgeprägte Neigung, sich an andere, bereits abgesättigte Verbindungen oder auch an Ionen bzw. Radikale anzulagern und mit ihnen definierte, feste Hydrate oder Solvate zu bilden; die in wäßrigen Lösungen zu beobachtende Anlagerung von Molekülen des Lösungsmittels an die aufgelösten Substanzen oder deren Ionen bezeichnet man als Hydratation oder Solvatation. Obwohl die Tatsache der Existenz zahlloser Hydrate allgemein bekannt ist, seien im folgenden doch einige Typen von Hydraten aufgeführt, um die Häufigkeit der Solvatationserscheinung herauszustellen. Es liegt natürlich nicht in der Absicht dieses Abschnittes, eine vollstandige oder systematische Übersicht über die Hydrate zu geben.

a) Von den elementaren Stoffen bilden z. B. Chlor und Brom Hydrate — $Cl_2 \cdot 8\,H_2O$ und $Br_2 \cdot 10\,H_2O$ —, welche aber schon bei relativ niedriger Temperatur zerfallen.

b) Einige gasförmige Substanzen, wie Kohlendioxyd CO_2, Distickstoffmonoxyd N_2O, Schwefeldioxyd SO_2, Phosphorwasserstoff PH_3, Arsenwasserstoff AsH_3, Schwefelwasserstoff H_2S, Selenwasserstoff H_2Se u. a. m., bilden Solvate mit meist 6 Molekülen Hydratwasser; jedoch werden auch diese Hydrate vielfach schon unterhalb 0^0 C wieder zersetzt, erweisen sich also Temperatursteigerungen gegenüber wenig beständig.

c) Ganz außerordentlich groß ist die Gruppe der Hydrate von Salzen. Je nach der Art des Salzes, den räumlichen sowie elektrischen Verhältnissen bei den das Salz aufbauenden Bestandteilen, je nach den

Temperaturbedingungen während des Auskrystallisierens wird eine recht verschiedene Anzahl von Wassermolekülen gebunden.

6. Ein weiteres wichtiges Charakteristikum für das Lösungsmittel Wasser sind die zahllosen, in ihm ablaufenden Neutralisationsreaktionen, welche mit der geringen Eigendissoziation dieses Solvens in engstem Zusammenhange stehen. Stoffe, welche bei ihrer Auflösung dissoziieren und dabei den positiven Bestandteil der Lösungsmittelmoleküle — also H^+-Ionen — abspalten, werden „Sauren“ genannt; sie setzen sich um mit Stoffen, welche in waßriger Lösung den negativen Bestandteil der Lösungsmittelmolekule — nämlich OH^--Ionen — abdissoziieren und „Basen“ genannt werden. Es werden dabei die wenig dissoziierenden Lösungsmittelmoleküle des Wassers selbst gebildet, gleichzeitig resultiert eine wäßrige Salzlösung oder eine Salzfällung

$$(H)ClO_4 + Na(OH) = H_2O \; + NaClO_4$$
$$(H)_2SO_4 + Ba(OH)_2 = 2\,H_2O + BaSO_4$$
$$(H)^+ + (OH)^- = H_2O.$$

Im Rahmen der in wäßriger Lösung ablaufenden Reaktionen nehmen die „Neutralisationsreaktionen“ der eben aufgezeigten Art ein breites Gebiet ein.

7. Fur das Wasser als Lösungsmittel ist weiterhin charakteristisch die Erscheinung der Hydrolyse. Viele Substanzen, unter ihnen besonders auch die Salze von schwachen Säuren oder schwachen Basen, erleiden beim Auflösen in Wasser hydrolytische Spaltung. Der Ablauf der Hydrolyse ist abhängig von der Beschaffenheit des aufgelösten Stoffes, von dessen Mengenverhaltnis zum Solvens Wasser und von der Temperatur. Zu den Stoffklassen, welche hydrolysieren, gehören z. B. die Säurechloride. Sie geben dabei — mitunter stufenweise — Chlorwasserstoffsaure und die Lösung einer anderen Säure.

$$SO_2Cl_2 + 2\,H_2O = H_2SO_4 + 2\,HCl, \tag{1}$$
$$PCl_5 \quad + H_2O \;= POCl_3 + 2\,HCl, \tag{2a}$$
$$POCl_3 + 3\,H_2O = H_3PO_4 + 3\,HCl. \tag{2b}$$

Ferner unterliegen Ester der Hydrolyse und werden in Alkohol und Säure aufgespalten.

$$CH_3 \cdot COOC_2H_5 + HOH = CH_3COOH + C_2H_5OH.$$

Die Hydrolyse von Salzen und salzartigen Verbindungen aus schwachen Säuren oder schwachen Basen ist die Umkehrung des Neutralisationsvorganges; das Salz wird durch das Lösungsmittel Wasser in „Säure“ und „Base“ aufgespalten.

$$Al_2S_3 + 6\,HOH = 3\,H_2S + 2\,Al(OH)_3.$$

Natürlich hängt auch die Hydrolyse von Salzen vom Mengenverhaltnis der salzartigen Verbindung zum Lösungsmittel „Wasser“ und von der Temperatur ab; sie verläuft gegebenenfalls in Etappen, wie das Beispiel des Zinntetrachlorids zeigt. Mit wenig Wasser und bei niederen Temperaturen bilden sich definierte Hydrate

$$SnCl_4 + 5\,H_2O \rightarrow SnCl_4 \cdot 5\,H_2O\,.$$

Bei längerer Einwirkung von reichlich Wasser hydrolysiert das definierte Hydrat zu hydratischer Zinnsäure, welche schließlich im Laufe der Zeit, schneller beim Erwarmen, in Zinndioxyd übergeht.

$$SnCl_4 \cdot 5\,H_2O + (x - 1)\,H_2O \rightarrow Sn(OH)_4 \cdot xH_2O + 4\,HCl,$$
$$Sn(OH)_4 \cdot x\,H_2O \rightarrow SnO_2 + (x + 2)\,H_2O\,.$$

8. Eine bemerkenswerte Eigentümlichkeit für die Chemie wäßriger Lösungen ist das Vorhandensein von amphoteren Oxyden bzw. Hydroxyden. Sie verhalten sich starkeren Säuren gegenüber als Basen, stärkeren Basen gegenüber aber als Säuren.

$$Al(OH)_3 + 3\,HCl \rightleftharpoons AlCl_3 \quad + 3\,H_2O,$$
$$Al(OH)_3 + 3\,KOH \rightleftharpoons K_3[AlO_3] + 3\,H_2O\,.$$

Von links nach rechts gelesen stellen beide Reaktionen Neutralisationen dar, von rechts nach links aber Solvolyseumsetzungen. Die Zahl der amphoteren Hydroxyde und Oxyde ist nicht unerheblich. Unter anderen gehören zu ihnen folgende Verbindungen: $Au(OH)_3$, $Be(OH)_2$, $Zn(OH)_2$, $Al(OH)_3$, $Ga(OH)_3$, $Ge(OH)_4$, $Pb(OH)_2$, $Sb(OH)_3$, $Cr(OH)_3$ usw.

Wir stellen fest, daß die Reaktionstypen der „Neutralisation“ und „hydrolytischen Spaltung“ sowie die Erscheinung der „Amphoterie“ sehr eng zusammengehören und gleichzeitig an das Lösungsmittel Wasser gebunden sind, das also für ihren Ablauf eine entscheidende Rolle spielt. Ohne das Vorhandensein von Wasser sind diese Umsetzungen nicht gut möglich!

9. Als ein letztes, wesentliches Charakteristikum des Solvens „Wasser“ sei schließlich noch seine Fähigkeit hervorgehoben, „potentielle Elektrolyte“ in wahre Elektrolyte überzuführen. Viele Stoffe sind an und für sich keine Elektrolyte vom Typus des Kochsalzes, Kaliumnitrates, Natriumhydroxyds usw., welche ja bekanntlich unter Zerfall in ihre Ionen vom Wasser aufgelöst werden, sie werden vielmehr erst unter aktiver Mitwirkung der Lösungsmittelmoleküle beim Auflösungsvorgang zu echten Elektrolyten. Zu dieser Klasse „potentieller Elektrolyte“ gehören einige Oxyde, einige Stickstoffverbindungen, gewisse Chloride u. a. m.

$$SO_3 \;\;\; + HOH \;\; = H_2SO_4,$$
$$Cl_2O_7 + HOH \;\; = 2\,HClO_4,$$
$$NH_3 \;\;\; + HOH \;\; \rightleftharpoons (NH_4)(OH),$$
$$R_3N \;\;\; + HOH \;\; \rightleftharpoons (R_3NH)(OH),$$
$$PtCl_4 + 2\,HOH = H_2[Pt(OH)_2Cl_4]\,.$$

Bei allen unter 2 bis 9 aufgezeigten Reaktionstypen spielen, wie wir sehen, die Moleküle des Lösungsmittels „Wasser“ eine ausschlaggebende Rolle. Von der chemischen Seite her wird so ein tiefer Einblick gewonnen in die Beziehungen zwischen den Teilchen eines gelösten Stoffes und den Molekülen des Lösungsmittels. Die Frage nach dem Wesen des gelosten Zustandes aber ist ein altes und immer wieder neubearbeitetes Problem der Chemie.

Der Grund für das bemerkenswerte Verhalten des Wassers ist zum größten Teil in dem Aufbau der Wassermoleküle, ihrem Dipolcharakter, ihrem kleinen Volumen und anderen damit in Zusammenhang stehenden Eigenschaften zu sehen. Das Wassermolekül ist nicht symmetrisch aufgebaut. Die beiden Wasserstoffatome liegen nicht an diametral entgegengesetzten Seiten des Sauerstoffatoms. Dieses ist vielmehr nicht unbetrachtlich polarisierbar; unter der Wirkung der Wasserstoffkerne werden die Sauerstoffatome selbst Dipole, ihre negativen Seiten ziehen die Wasserstoffe an. Andererseits konnen aber die beiden Wasserstoffatome an der negativen Seite des Sauerstoffatoms nicht dicht nebeneinander liegen, da sie sich infolge ihrer gleichsinnigen positiven Kernladung abstoßen. Wie aus physikalischen Untersuchungen folgt, bilden die beiden Wasserstoffkerne mit dem Mittelpunkt des Sauerstoffatoms ein gleichschenkeliges Dreieck mit einem Winkel von 106^0 an der Spitze. Das relativ recht kleine Volumen der Wassermoleküle sowie ihr Dipolcharakter sind offenbar die Ursache für viele der besprochenen wesentlichen Eigenschaften des Solvens „Wasser": das ausgepragte Auflösungsvermogen, die Fahigkeit, gelöste Stoffe in den elektrolytisch dissoziierten Zustand uberzuführen, die starke Neigung zur Anlagerung an bereits abgesattigt erscheinende Substanzen (Hydratbildung, Hydratation der Ionen) usw. Auch die Sonderstellung des Wassers innerhalb der Reihe der Hydride von den Elementen der sechsten Vertikalrubrik des periodischen Systems wird bedingt durch die herausgestellten Eigenschaften des Wassermoleküls.

Tabelle 1.
Vergleich einiger physikalischer Eigenschaften von H_2Te, H_2Se, H_2S und H_2O.

Eigenschaft	H_2Te	H_2Se	H_2S	H_2O
Molekulargewicht . . .	129,63	80,98	34,09	18,016
Schmelzpunkt	-49^0	$-65,7^0$	$-85,5^0$	0^0
Siedepunkt	$-2,3^0$	$-41,4^0$	$-60,4^0$	100^0
Dichte beim Sdp. . . .	2,65	2,004	0,950 (-61^0)	0,958 (100^0)
Molvolumen beim Sdp. .	49,2	40,5	35,9	18,8
Bildungswarme der gasformigen Verbindung	$-35\ \frac{kcal}{Mol}$	$-25\ \frac{kcal}{Mol}$	$+5,3\ \frac{kcal}{Mol}$	$+57,8\ \frac{kcal}{Mol}$
Dielektrizitatskonstante ε			10,2 (-60^0)	81 (18^0)

Nach der Lage der Siedepunkte und Schmelzpunkte der Hydride zueinander sollte man erwarten, daß das Wasser bei etwa -80^0 siedet und bei etwa -100^0 bis -110^0 fest wird, normalerweise also eine gasförmige Verbindung wäre. Wie wir wissen, ist das aber tatsächlich nicht der Fall.

II. Die Chemie in wasserfreiem Fluorwasserstoff.

1. Allgemeines über die Flußsäure als Lösungsmittel.

Wasserfreie Flußsäure HF ist von -85^0 bis $+19,6^0$ C eine Flussigkeit, welche außerordentlich viele anorganische und organische Stoffe auflöst. Wahrend der reine, verflussigte Fluorwasserstoff den elektrischen Strom nur sehr wenig leitet, leiten viele Lösungen von Substanzen in ihm recht gut. Die in Flußsaure aufgelösten Stoffe liegen in diesen Fallen demnach im dissoziierten Zustande vor. Bei Verwendung von flüssigem, wasserfreiem Fluorwasserstoff als Lösungsmittel scheinen also ganz ähnliche Verhaltnisse vorhanden zu sein wie bei den waßrigen Losungen.

Die Auflösungen von Substanzen in wasserfreiem, verflüssigtem Fluorwasserstoff sind in neuerer Zeit besonders von K. FREDENHAGEN und seinen Mitarbeitern[1] eingehender studiert und weitgehend geklart worden. Im folgenden seien die Resultate dieser Untersuchungen sowie die von früheren Bearbeitern des schwierigen, aber interessanten Spezialgebietes berichtet. Die Ergebnisse sollen dabei unter dem Gesichtswinkel einer Chemie in nichtwaßrigen, aber „wasserähnlichen" Lösungsmitteln betrachtet werden.

Zunächst jedoch moge eine tabellarische Übersicht über die physikalischen Eigenschaften des Fluorwasserstoffes und der anderen Halogenwasserstoffe vorangestellt sein. Aus ihr geht hervor, daß der Fluorwasserstoff in ganz ähnlicher Weise eine Sonderstellung in der Gruppe der Halogenwasserstoffe einnimmt wie das Wasser innerhalb der Gruppe der Chalkogenwasserstoffe.

Tabelle 2. *Vergleich einiger physikalischer Eigenschaften der Halogenwasserstoffe.*

Eigenschaften	HJ	HBr	HCl	HF
Molekulargewicht . . .	127,93	80,93	36,47	20,01[2]
Schmelzpunkt	$-50,9^0$	-87^0	-113^0	-85^0
Siedepunkt.	$-35,4^0$	$-66,9^0$	$-85,1^0$	$+19,5^0$
Dichte beim Sdp.. . .	2,799	2,16	1,187	0,991
Molvolumen beim Sdp. .	45,7	37,4	30,6	20,2
Bildungswarme der gasförmigen Verbindung	$+1,32\ \frac{kcal}{Mol}$	$+12,1\ \frac{kcal}{Mol}$	$+21,9\ \frac{kcal}{Mol}$	$+64,4\ \frac{kcal}{Mol}$
Dielektrizitätskonstante ε	2,9 (22^0)	6,29 (-80^0)	8,85 (-90^0)	83,6 (0^0)
Elektr. Leitvermogen in reziproken Ohm .		$5\cdot 10^{-8}$	$2\cdot 10^{-7}(-90^0)$	$1,4\cdot 10^{-5}$

---

[1] FREDENHAGEN, K. u. G. CADENBACH: Z. Elektrochem. **37**, 684 (1931).— Z. phys. Chem. Abt. A **146**, 245 (1930); **164**, 176 (1933). — KLATT, W.: Z. anorg. allg. Chem. **222**, 225 (1935); **232**, 393 (1937); **233**, 307 (1937); **234**, 189 (1937).

[2] Bei $+32^0$ wird praktisch 40 als Molekulargewicht der gasformigen Verbindung gefunden! In wäßriger Tösung zwischen 0,1 und 8% ergibt sich bei Messungen der Gefrierpunktsdepression ein monomolekularer Verteilungszustand.

Während die Änderung der physikalischen Eigenschaften beim Übergang vom Jodwasserstoff zum Bromwasserstoff und zum Chlorwasserstoff im großen ganzen allmählich und gleichförmig vor sich geht, ist sie beim Übergang vom Chlorwasserstoff zum Hydrid des leichtesten Halogens, dem Fluorwasserstoff, entweder sprunghaft oder unerwartet. Der Wert der Dielektrizitatskonstanten ist auffallend hoch, noch höher als beim Wasser, das Molvolumen beim Siedepunkt ist ungefähr ebenso klein wie beim Wasser; den Schmelzpunkt könnte man etwa bei -130° (und nicht bei -85°) erwarten und den Siedepunkt etwa bei -95° (aber nicht bei $+19,5^{\circ}$). Das Flußsauremolekül hat ein relativ recht kleines Volumen und einen ausgeprägten Dipolcharakter. Der Abstand der Atomkerne beträgt $d_F^H \sim 0,95 \cdot 10^{-8}$ cm. So ist die Molekülassoziation beim gasförmigen Fluorwasserstoff, der relativ hochliegende Siedepunkt und der große Wert ε der Dielektrizitätskonstanten zu verstehen. Die Zentren der kleinen Moleküle des Dipols HF kommen sich verhältnismäßig nahe und beeinflussen sich.

2. Das Anlagerungsvermögen der Flußsäure.

Der Fluorwasserstoff hat — ähnlich dem Wasser — das Vermögen, sich an andere, an und für sich bereits abgesattigt erscheinende Verbindungen anzulagern und mit ihnen Solvate zu bilden. Es fehlen jedoch umfangreichere und systematische Untersuchungen über die Fluorwasserstoffsolvate, welche sich aus wasserfreier Flußsäure erhalten lassen, ihre Beständigkeit, ihr Verhalten usw. Die meisten

Tabelle 3.
Übersicht uber einige Typen von Fluorwasserstoff-Anlagerungsverbindungen [1].

Anzahl der Moleküle HF			Gemischte Aquo- und Fluorwasserstoffsolvate
1 HF	2 HF	3 HF	
$LiF \cdot HF$			$CuF_2 \cdot 5\,HF \cdot 6\,H_2O$
$NaF \cdot HF$			$CaF_2 \cdot 2\,HF \cdot 6\,H_2O$
$KF \cdot HF$	$KF \cdot 2\,HF$	$KF \cdot 3\,HF$	$HgF \cdot 2\,HF \cdot 6\,H_2O$
$(NH_4)F \cdot HF$			$2\,AlF_3 \cdot 1\,HF \cdot 5\,H_2O$
$RbF \cdot HF$	$RbF \cdot 2\,HF$	$RbF \cdot 3\,HF$	$3\,AlF_3 \cdot 2\,HF \cdot 5\,H_2O$
$CsF \cdot HF$			$SiF_4 \cdot 2\,HF \cdot 4\,H_2O$
			$SiF_4 \cdot 2\,HF \cdot 2\,H_2O$
$TlF \cdot HF$	$TlF \cdot 2\,HF$		$TaF_5 \cdot 1\,HF \cdot 6\,H_2O$
			$SeO_2 \cdot 5\,HF$
		$AgF \cdot 3\,HF$	$CoF_2 \cdot 5\,HF \cdot 6\,H_2O$
			$NiF_2 \cdot 5\,HF \cdot 6\,H_2O$
		$BiF_3 \cdot 3\,HF$	

[1] Die Fluorwasserstoff-Anlagerungsverbindungen sind herausgezogen aus einer umfangreichen Tabelle der komplexen Fluoride (Fluorosalze, Fluoroxysalze und Fluorohydroxysalze) in GMELINS Handbuch der anorganischen Chemie, 8. Aufl., Fluor, S. 59—72. 1926. Hier auch weitere Literaturangaben.

von den in der Tabelle 3 angeführten Fluorwasserstoff-Anlagerungsverbindungen sind gelegentlich und aus Lösungen erhalten worden,
welche außer Flußsäure noch Wasser enthielten. Vielfach werden die
Flußsäuresolvate als „saure Salze" bezeichnet, besonders die mit
Alkalifluoriden, gleich als ob sie sich von einer zweibasischen, bimolekularen Flußsäure H_2F_2 ableiteten. Zu dieser Annahme aber ist kaum
ein Anlaß gegeben. Molekulargewichtsbestimmungen der Flußsäure
in wäßriger Lösung durch Messung der Gefrierpunktsdepression haben
für ein Konzentrationsintervall von 0,1—8% ergeben, daß die Flußsäure monomolekular und einbasisch vorliegt. Damit ist die Ansicht,
daß die gedachten Verbindungen keine sauren Salze einer zweibasischen Flußsäure, sondern Fluorwasserstoff-Anlagerungsverbindungen
im Sinne von Solvaten sind, stark unterstützt. Auch Ammoniakate
krystallisieren ja zahlreich aus wäßrig-ammoniakalischen Lösungen
aus und nicht nur aus Lösungen mit wasserfreiem Ammoniak als
Solvens.

In die tabellarische Übersicht sind nicht solche Fluorwasserstoff-
Anlagerungsverbindungen mit aufgenommen, welche aller Wahrscheinlichkeit nach als Komplexverbindungen, und zwar als Komplexsäuren
angesprochen werden müssen, wie z. B.:

$$BF_3 \cdot 1\,HF = H[BF_4],$$
$$SiF_4 \cdot 2\,HF = H_2[SiF_6],$$
$$PbF_4 \cdot 2\,HF = H_2[PbF_6] \text{ u. a. m.}$$

Ob alle in der Tabelle enthaltenen Flußsäuresolvate modernen
Untersuchungsmethoden und exakten Nachprüfungen standhalten,
müssen spätere Arbeiten zeigen. Auch über die Druck- und Temperaturbedingungen, bei denen die Anlagerungsverbindungen stabil sind,
liegen kaum nähere Angaben vor. Es wurde eben schon angedeutet,
daß wir die Kenntnis der Fluorwasserstoffsolvate vielfach nicht
systematischen Untersuchungen, sondern gelegentlichen Beobachtungen
verdanken.

Wenn bei der Zusammenstellung auch keine Vollständigkeit angestrebt wurde, so geht aus ihr aber doch zweifelsfrei hervor, daß die
Verhältnisse bei den Fluorwasserstoffsolvaten nach Art und Zahl
bedeutend weniger differenziert sind als bei den Hydraten. Es fällt
besonders auf, daß es fast ausschließlich Fluoride sind, welche Fluorwasserstoff-Anlagerungsverbindungen bilden; es sieht so aus, als gäbe
es in Flußsäure als Solvens überhaupt nur Fluoride. Nicht ein einziges
Fluorwasserstoffsolvat von irgendeinem Salz, wie z. B. der Chlorwasserstoffsäure, der Bromwasserstoffsäure, der Perchlorsäure, der
Salpetersäure, der Schwefelsäure usw., scheint bekannt zu sein. Wir
werden auf diese sehr bemerkenswerte Tatsache noch zurückkommen.
Es ist vergleichsweise so, als gäbe es, wenn wir mit Wasser als Lösungsmittel arbeiten, nur Hydrate von Hydroxyden, aber keine Hydrate
von Salzen und sonstigen Verbindungen, welche uns doch in außerordentlich großer Zahl bekannt sind.

3. Allgemeine Übersicht über die Löslichkeit anorganischer Verbindungen in wasserfreiem Fluorwasserstoff.

Bevor auf die Chemie der in wasserfreier Flußsäure gelösten Stoffe näher eingegangen werden soll, ist es notwendig, einen Überblick über die Löslichkeitsverhältnisse[1] der Substanzen in reinem Fluorwasserstoff als Solvens zu gewinnen. Es sei mit der Besprechung der Löslichkeiten von anorganischen Verbindungen begonnen. Die Ergebnisse, welche in den folgenden tabellarischen Übersichten enthalten sind, wurden aus Löslichkeitsversuchen gewonnen, welche bei -15^0 C, $\pm 0^0$ C, $+14^0$C und $+18^0$ C durchgeführt worden waren. K. FREDENHAGEN[2] und seine Mitarbeiter verwendeten für qualitative Versuche vielfach klargeschmolzene Quarzglasgefäße, welche von reinem, trockenem, verflüssigtem Fluorwasserstoff nur sehr langsam und wenig angegriffen werden. Länger dauernde und quantitative Löslichkeitsversuche müssen wegen der starken Reaktionsfähigkeit des Solvens mit den gebräuchlichen chemischen Gefaßmaterialien in geschlossenen Gold-Platin-Gefäßen mit Platinrührer angestellt werden.

Tabelle 4. *Übersicht über die Loslichkeit einiger Fluoride in reinem Fluorwasserstoff.*

Art des Fluorids	Bemerkungen über die Loslichkeit
LiF	Bei 18^0 C in 100 cm³ 2,6 g ($= \sim 1$ m).
NaF	Nur qualitativ festgestellt; besser loslich als LiF.
KF	Bei 0^0 C in 100 cm³ 38 g ($= \sim 6,6$ m).
RbF CsF	} Noch leichter löslich als KF.
$(NH_4)F$	Gut loslich.
AgF	Bei -15^0 C in 100 cm³ 33 g ($= \sim 2,6$ m).
TlF	Reichlich loslich.
MgF_2	Nur außerst wenig löslich.
CaF_2 SrF_2	} Allmählich etwas ansteigende Loslichkeit in der Reihe MgF_2, CaF_2, SrF_2, BaF_2. (CaF_2 beispielsweise ist bei 0^0 C unter 0,1% loslich.)
BaF_2	Verhältnismaßig gut löslich.
CuF_2 ZnF_2 HgF_2 AlF_3 CeF_3 PbF_2 CrF_3 FeF_3	} Gehen nicht nachweisbar in Losung.

[1] GORE: J. chem. Soc. **22**, 368 (1869). — FRANKLIN, E. C.: Z. anorg. allg. Chem. 47, 197 (1905). — BOND, P. A. u. V. M. STOWE: J. Amer. chem. Soc. **53**, 30 (1931).

[2] FREDENHAGEN, K.: Z. Elektrochem. **37**, 684 (1931). — Z. phys. Chem. Abt. A **164**, 176 (1933).

Tabelle 5. *Übersicht über die Löslichkeit der Halogenwasserstoffe, der Halogenide und Pseudohalogenide in wasserfreiem Fluorwasserstoff.*

Art der Verbindung	Bemerkungen über die Löslichkeitsverhältnisse
HCl, HBr, HJ	Nicht nennenswert löslich. Die Löslichkeit nimmt aber vom HCl zum HJ zu.
Alkali-Halogenide Erdalkali-Halogenide	Sie setzen sich unter Entweichen des Halogenwasserstoffes zu Fluoriden um.
$AlCl_3$, $CeCl_3$, $SbCl_5$, $MnCl_2$, $FeCl_2$	Sie setzen sich unter Entweichen des Halogenwasserstoffes zu den entsprechenden Fluoriden um.
AgCl, AgBr, AgJ Cu_2Cl_2, $CuCl_2$ $ZnCl_2$, $CdCl_2$, $HgCl_2$, HgJ_2, $TlCl$, $SnCl_2$, $NiCl_2$	Die Halogenide bleiben ungelöst und werden nicht verändert.
Alkali-Cyanide	Es wird stürmisch Cyanwasserstoff (Sdp.: $+\sim25^0$) in Freiheit gesetzt und eine klare Alkalifluoridlösung gebildet.
$Hg(CN)_2$	Löst sich reichlich ohne Blausäureentwicklung.
Alkali-Acide	Es wird Stickstoffwasserstoffsäure (Sdp.: $+37^0$) in Freiheit gesetzt und eine Alkalifluoridlösung gebildet.
Silberacid	Bei tieferen Temperaturen ohne sichtbare Reaktion klar löslich.
$K_2[SiF_6]$	Es entsteht eine heftige Gasentwicklung von SiF_4, welches in Fluorwasserstoff unlöslich ist.

Tabelle 6. *Übersicht über die Löslichkeit von Hydroxyden, Oxyden, Peroxyden, Nitraten, Sulfaten und anderen anorganischen Salzen in wasserfreiem Fluorwasserstoff.*

Art der Verbindung	Bemerkungen über die Löslichkeitsverhältnisse
Metallhydroxyde.	Sie reagieren durchweg und werden zu Fluoriden umgesetzt.
Metalloxyde	Es reagieren die Oxyde, welche lösliche Fluoride bilden, und zwar um so heftiger, je besser löslich das Fluorid ist.
CuO, Al_2O_3	Sie reagieren langsam, gehen aber nicht merklich in Lösung.
HgO, SnO_2, PbO_2, Cr_2O_3, WO_3, MnO_2 . . .	Sie werden nicht gelöst und sind allem Anschein nach indifferent gegen wasserfreien Fluorwasserstoff.
Mn_2O_3	Es wird zu MnF_2 und MnO_2 umgesetzt.
Peroxyde wie Na_2O_2 und BaO_2	Sie werden unter Sauerstoffentwicklung als Fluoride aufgelöst.
$NaNO_3$, KNO_3, $AgNO_3$ . . .	Diese Nitrate sind gut löslich.
$Cu(NO_3)_2$, $Pb(NO_3)_2$, $Bi(NO_3)_3$	Diese Schwermetallnitrate sind unlöslich.
$Na(CH_3COO)$, $K(CH_3COO)$.	Die Alkaliacetate sind gut löslich.
Na_2SO_4, K_2SO_4, $CaSO_4$ . . .	Die Alkalisulfate sind gut löslich, Calciumsulfat spärlich.
Ag_2SO_4, Tl_2SO_4	Sie sind gut löslich.
$CuSO_4$, $ZnSO_4$, $CdSO_4$ . . .	Diese Schwermetallsulfate sind nicht nachweisbar löslich.

Tabelle 6. (Fortsetzung.)

Art der Verbindung	Bemerkungen uber die Loslichkeitsverhaltnisse
Alkaliperoxysulfate.	Sie sind ohne erkennbare Zersetzungserscheinungen gut loslich.
Alkali-Chlorate, -Bromate, -Jodate, -Perchlorate, -Perjodate	Sie sind bei 0^0 und darunter in maßiger Konzentration loslich ohne sichtbare Zersetzung; in hoherer Konzentration und bei hoherer Temperatur unter sichtbarer Umsetzung (Verfarbung, Dampfe!). $KClO_4$ löst sich — anscheinend unzersetzt — bis zu einer 0,77 m Losung.
Alkali-Chromate, -Dichromate	Losen sich unter Bildung von wenig loslichem, orangefarbenem CrO_2F_2.
Alkalipermanganate	Setzen sich um unter Bildung eines wenig loslichen smaragdgrunen Gases, das siebenwertiges Mangan enthalt und ein Oxyfluorid ist.
Alkaliperrhenate	Gut loslich ohne sichtbare Zersetzung, die Losung aber enthalt vierwertiges Rhenium.
$CaCO_3$, $ZnCO_3$, $PbCO_3$ . . .	Diese Schwermetallcarbonate werden unter Kohlendioxydentwicklung zersetzt.

4. Besonderheiten der Lösungen und des Verhaltens anorganischer Stoffe in wasserfreiem Fluor-wasserstoff als Solvens.

Die soeben mitgeteilten Resultate von Loslichkeitsbestimmungen und die Ergebnisse weiterer Untersuchungen, die noch behandelt werden, geben uns mancherlei Kenntnisse von der besonderen Art der Auflosungen anorganischer Stoffe in reinem, verflussigtem Fluorwasserstoff.

Zwischen den Losungsmitteln „Wasser" und „Flußsäure" besteht insofern weitgehende Ähnlichkeit, als beide Solventien über das gemeinsam vorhandene, im vorigen Abschnitt besprochene Anlagerungsvermögen an abgesättigt erscheinende Verbindungen hinaus durch ein starkes Auflosungsvermogen ausgezeichnet sind. Beide Lösungsmittel leiten in reinem Zustande den elektrischen Strom nur sehr wenig; die geringe auch nach sorgfaltigster Reinigung hinterbleibende Eigenleitfähigkeit ist auf eine analoge, aber nur schwache Dissoziation eines Teiles der Lösungsmittelmoleküle zurückzuführen:

$$2\,H_2O \rightleftharpoons (H \cdot H_2O)^+ + (OH)^- \rightleftharpoons (H_3O)^+ + (OH)^-,$$
$$2\,HF \rightleftharpoons (H \cdot HF)^+ + (F)^- \rightleftharpoons (H_2F)^+ + (F)^-.$$

Die Auflosungen zahlreicher anorganischer Stoffe aber sowohl in Wasser als auch in verflüssigtem Fluorwasserstoff leiten den elektrischen Strom teilweise sogar ausgezeichnet. Die aufgelösten Substanzen liegen in solchen Fällen demnach in beiden Lösungsmitteln im dissoziierten Zustande als Elektrolyte vor. Die Ähnlichkeit zwischen den beiden Solventien „Wasser" und „Fluorwasserstoff" tritt ferner im

Gang der Löslichkeiten von den Alkalihydroxyden sowie Erdalkalihydroxyden in Wasser und von den Alkalifluoriden sowie Erdalkalifluoriden in reiner Flußsäure in Erscheinung. Die Hydroxyde in Wasser entsprechen den Fluoriden in Flußsäure; ihre Auflösungen enthalten jeweils den negativen Bestandteil des Lösungsmittels als Ionen. Ebenso wie in Wasser die Löslichkeit der Alkalihydroxyde größer ist als die der Erdalkalihydroxyde, ist in Flußsäure die Löslichkeit der Alkalifluoride größer als die der Erdalkalifluoride; ferner besitzen die schwereren Alkali- und Erdalkalifluoride eine höhere Löslichkeit in Flußsaure als die leichteren. Das ist eine Erscheinung, die die Hydroxyde im Solvens Wasser in ganz ähnlicher Weise zeigen.

Aus den Ergebnissen der Löslichkeitsversuche müssen andererseits aber in qualitativer und quantitativer Hinsicht erhebliche Unterschiede zwischen den Auflösungen in Wasser und in Flußsäure als Solvens gefolgert werden. Allem Anschein nach lost Fluorwasserstoff im Gegensatz zum Wasser die meisten anorganischen Elektrolyte nur unter Solvolyseerscheinungen auf. Beim Auflösungsprozeß werden Fluoride gebildet und die korrespondierenden Solvolyseprodukte. Auf diese bemerkenswerte Eigentümlichkeit soll im folgenden näher eingegangen werden.

a) Das unterschiedliche Verhalten der Halogenide und Pseudohalogenide in Wasser und in Fluorwasserstoff.

Halogenide und Pseudohalogenide sind in wäßriger Lösung starke Elektrolyte und dissoziieren bekanntlich weitgehend in Metallkationen und Halogenid- bzw. Pseudohalogenidanionen:

$$KCl \rightleftharpoons K^+ + Cl^-,$$
$$RbBr \rightleftharpoons Rb^+ + Br^-,$$
$$CsJ \rightleftharpoons Cs^+ + J^-,$$
$$NaN_3 \rightleftharpoons Na^+ + (N_3)^-,$$
$$K(CN) \rightleftharpoons K^+ + (CN)^-.$$

Hydrolyse tritt nur bei den Salzen schwacher Sauren oder schwacher Basen in Erscheinung und obendrein auch nur in verhältnismäßig geringem Umfange; so ist z. B. eine wäßrige 0,1 molare K(CN)-Lösung bei 18° C bloß zu 1,2% hydrolysiert.

Beim Auflösen der Halogenide und Pseudohalogenide in Fluorwasserstoff als Solvens aber werden Fluoride gebildet und die Halogenwasserstoffverbindung bzw. Pseudohalogenwasserstoffverbindung wird in Freiheit gesetzt; zum Teil wird diese stürmisch entwickelt und entweicht.

$$KCl + HF = K^+ + F^- + HCl \nearrow,$$
$$RbBr + HF = Rb^+ + F^- + HBr \nearrow,$$
$$NaN_3 + HF = Na^+ + F^- + H(N_3),$$
$$K(CN) + HF = K^+ + F^- + H(CN).$$

Das sind alles praktisch quantitativ verlaufende Solvolysereaktionen! Die Fluoride, welche in wasserfreiem Fluorwasserstoff gelost Fluorionen (F^-) geben, also den negativen Bestandteil der Lösungsmittelmoleküle, sind nämlich gleichsam „basenanaloge" Stoffe. Sie entsprechen durchaus den Metallhydroxyden, z. B. Alkalihydroxyden, welche in Wasser gelöst Hydroxylionen (OH^-) abdissoziieren, ebenfalls den negativen Bestandteil des Solvens, und als Basen fungieren. Beim Auflösen der Halogenide und Pseudohalogenide in Flußsäure wird also „Basenanaloges" gebildet und der Halogenwasserstoff bzw. Pseudohalogenwasserstoff in Freiheit gesetzt. Die letzteren, nämlich HCl, HBr, HN_3, HCN, sind als „Saurenanaloge" — wenn auch nur als sehr schwache — anzusehen; im Falle ihrer Dissoziation würden sie H^+-Ionen, den positiven Bestandteil der Lösungsmittelmolekule abspalten. „Saurenanaloge" in Fluorwasserstoff als Solvens sehen genau so aus wie Sauren in Wasser, welche ja auch H^+-Ionen, den positiven Bestandteil der Lösungsmittelmolekule, abdissoziieren. Wir halten also zunächst das Ergebnis in acht, daß alle loslichen Halogenide und Pseudohalogenide durch das Solvens Fluorwasserstoff solvolysiert werden, und zwar praktisch vollstandig.

Übrigens begegnen uns solche vollstandigen Solvolysen auch bei Verwendung von Wasser als Losungsmittel, nur sind sie hier viel seltener. Manche Carbide, Phosphide, Sulfide und andere salzartige Verbindungen werden so gut wie quantitativ hydrolytisch gespalten:

$$CaC_2 + 2\,HOH = Ca^{++} + 2\,(OH)^- + C_2H_2\nearrow,$$

$$Ca_3P_2 + 6\,HOH = 3\,Ca^{++} + 6\,(OH)^- + 2\,PH_3\nearrow,$$

$$Al_2S_3 + 6\,HOH = 2\,Al(OH)_3 + 3\,H_2S\nearrow,$$

$$K_2[ZnO_2] + 2\,HOH = 2\,K^+ + 2\,(OH)^- + Zn(OH)_2.$$

In bezug auf Lösungssysteme mit Wasser als Solvens sind Acetylen C_2H_2, Phosphorwasserstoff PH_3, Schwefelwasserstoff H_2S, Zinkhydroxyd $H_2(ZnO_2)$ u. a. m. offenbar ebenso nur äußerst schwache und unlösliche Säuren wie die Halogenwasserstoffe und Pseudohalogenwasserstoffe in flüssigem, wasserfreiem Fluorwasserstoff. Der Charakter der genannten Stoffe als schwache Säuren in Lösungssystemen mit Wasser geht unter anderem auch aus der Tatsache hervor, daß aus wäßrigen Schwermetallsalzlosungen die Schwermetalle — aber nur beim Vorliegen bestimmter Versuchsbedingungen — durch Acetylen, Phosphorwasserstoff und Schwefelwasserstoff als Acetylide, Phosphide bzw. Sulfide gefallt werden.

b) Die verschiedenartigen Vorgänge beim Inlösunggehen von Verbindungen allgemein einerseits in Wasser, andererseits in Flußsäure.

Es erhebt sich nun die Frage, wie sich denn die zahlreichen anderen anorganischen Salze und Verbindungen verhalten, welche abgesehen von den Halogeniden und Pseudohalogeniden gut in verflüssigtem Fluorwasserstoff löslich sind, also z. B. die Essigsäure, die Salpetersäure, die Acetate, die Nitrate, die Sulfate, die Chlorate, die Perchlorate usw. Alle ergeben bei der Auflösung in Flußsäure Lösungen, welche den elektrischen Strom gut leiten. Die experimentellen Beobachtungen beim Auflösungsvorgang sowohl als auch die mit den Halogeniden und Pseudohalogeniden gemachten Erfahrungen legen die Vermutung sehr nahe, daß die Ursache für das gute Leitvermögen auch nicht in einer einfachen Dissoziation der Verbindungen in Kation und Anion zu suchen ist, wie wir das von den Lösungen der betreffenden Stoffe in Wasser her kennen, sondern ebenfalls in einer Solvolysereaktion oder in einer Anlagerungsreaktion, durch welche ein „potentieller" in einen „wahren" Elektrolyten übergeführt wird, gegebenenfalls in beidem. Und das ist auch, wie wir sehen werden, tatsachlich der Fall!

Beim Auflösen von Essigsaure und Salpetersaure in Wasser stellt sich folgender bekannter Dissoziationsvorgang ein:

$$H(CH_3COO) \rightleftharpoons H^+ + (CH_3COO)^-,$$
$$H(NO_3) \rightleftharpoons H^+ + (NO_3)^-.$$

Beim Auflösen der beiden Verbindungen aber in wasserfreiem Fluorwasserstoff fungieren sie als „potentielle Elektrolyte" und werden unter Mitwirkung des Lösungsmittels in reelle Elektrolyte überführt:

$$H(CH_3COO) + HF = [(CH_3COOH) \cdot HF] \rightleftharpoons [(CH_3COOH) \cdot H]^+ + F^-,$$
$$HNO_3 + HF = [(HO \cdot NO_2) \cdot HF] \rightleftharpoons [(HO \cdot NO_2) \cdot H]^+ + F^-.$$

Es entstehen also „basenanaloge" Substanzen, welche losungsmitteleigene, negative Fluorionen abdissoziieren. Diese zunächst vielleicht befremdlich anmutende Erklärung der Beobachtungen und Erscheinungen wird unter Berucksichtigung der im folgenden angeführten Analogien und experimentellen Befunde verständlich. Auch Ammoniak und Hydrazin dissoziieren in Wasser gelöst nicht als schwache Säuren in H^+-Ionen und einen negativen Rest: $NH_3 = H^+ + (NH_2)^-$ oder $N_2H_4 = H^+ + (N_2H_3)^-$, sondern verhalten sich als „potentielle" Elektrolyte und werden unter Mitwirkung der Lösungsmittelmoleküle wahre Elektrolyte, und zwar Basen.

$$NH_3 + HOH = [NH_3 \cdot HOH] \rightleftharpoons (NH_4)^+ + (OH)^-,$$
$$N_2H_4 + HOH = [N_2H_4 \cdot HOH] \rightleftharpoons (N_2H_4 \cdot H)^+ + (OH)^-.$$

Der in flußsaurer Losung auftretende Kationentypus aus sauerstoffhaltiger Verbindung mit einbezogenem H^+-Ion erinnert an Beispiele, bei denen unter gewissen Versuchsbedingungen andere sauerstoffhaltige, stickstoffhaltige oder schwefelhaltige Substanzen Anlagerungsverbindungen (Oniumverbindungen, Oxoniumsalze) zu bilden vermögen:

$[H_3N \cdot H]Cl,$	$[(C_2H_5)_2O \cdot H]Cl,$	$[(H_3C)_2S \cdot CH_3]J$
Ammonium-Chlorid	Diäthyloxonium-Chlorid	Trimethylsulfonium-Jodid

Die Ergebnisse von experimentellen Untersuchungen K. Fredenhagens und seiner Mitarbeiter über das molekulare Leitvermogen und die molekulare Siedepunktserhöhung verschieden konzentrierter

Kaliumfluorid- und Essigsäurelösungen in Fluorwasserstoff, welche in den untenstehenden Tabellen übersichtlich geordnet sind, bekräftigen die dargelegte Auffassung.

Aus ihnen und den graphischen Darstellungen in den Abb. 1 und 2 ergibt sich, daß Essigsäure, welche in Wasser nur ein recht schwacher Elektrolyt ist, in wasserfreiem Fluorwasserstoff ungewöhnlich weitgehend, praktisch vollständig dissoziiert vorliegt; sie leitet ebenso ausgezeichnet wie der

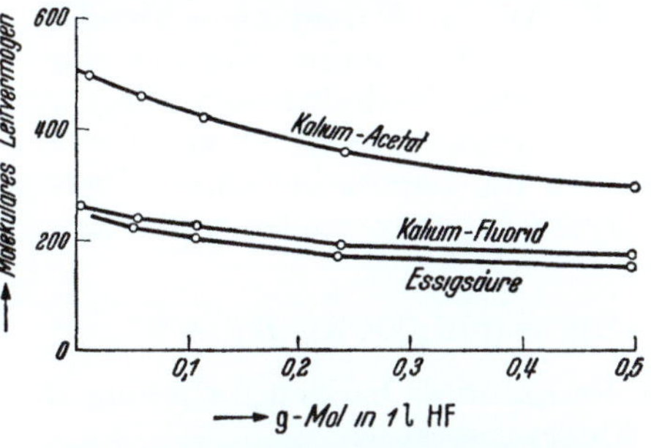

Abb 1 Abhangigkeit des molaren Leitvermögens von der Konzentration bei Auflosungen von Essigsaure, Kaliumfluorid und Kaliumacetat in wasserfreiem Fluorwasserstoff.

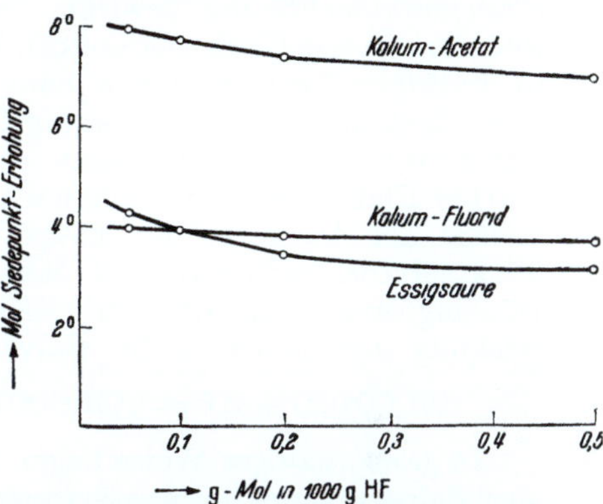

Abb. 2. Abhangigkeit der molaren Siedepunktserhohung von der Konzentration bei Auflosungen von Essigsaure, Kaliumfluorid und Kaliumacetat in wasserfreiem Fluorwasserstoff.

in Fluorwasserstofflösung starke Elektrolyt Kaliumfluorid und hat annähernd die gleiche molare Siedepunktserhöhung [1] wie dieses.

Tabelle 7. *Molekulares Leitvermogen der Losungen von Kaliumfluorid, Essigsaure und Kaliumacetat in wasserfreier Flußsaure.*

Molaritat	KF	CH_3COOH	Summe von: $KF + CH_3COOH$	$K(CH_3COO)$ (direkt gemessen)
0,013	255	252	507	495
0,026	251	241	492	480
0,055	241	227	468	460
0,115	225	205	430	428
0,240	203	175	378	428
0,500	172	150	322	315

Tabelle 8. *Molekulare Siedepunktserhöhungen (in Celsiusgraden) der Losungen von Kaliumfluorid, Essigsäure und Kaliumacetat in wasserfreiem Fluorwasserstoff.*

Molaritat	KF	CH_3COOH	Summe von $KF + CH_3COOH$	$K(CH_3COO)$ (direkt gemessen)
0,05	3,96	4,28	8,24	7,94
0,10	3,91	3,87	7,78	7,76
0,20	3,80	3,45	7,25	7,40
0,50	3,67	3,14	6,81	6,96

[1] Die ebullioskopische Konstante E_s für wasserfreien, verflüssigten Fluorwasserstoff betragt 1,9° C je 1 Mol gelöster Substanz in 1 kg HF. Das ist einmal durch Messungen der Siedepunktserhöhung von Lösungen nicht dissoziierender,

Aus dem Zusammenfallen der Kurven über den Verlauf der molaren Leitfähigkeit und der molaren Siedepunktserhöhung in Abhängigkeit von der Konzentration bei Auflösungen von Essigsäure und Kaliumfluorid folgert K. FREDENHAGEN, daß die Essigsäure wie das Kaliumfluorid in Flußsäure als Solvens ein starker Elektrolyt ist, welcher in zwei einfach geladene Ionen zerfällt und daher die doppelte molare Siedepunktserhöhung bewirkt. In Flußsaure sind nun selbst solche Substanzen wie Chlorwasserstoff, Bromwasserstoff, Jodwasserstoff, die in wäßriger Lösung starke Säuren sind, praktisch überhaupt nicht dissoziiert und obendrein wenig löslich. Die in Wasser als schwache Säure fungierende Essigsäure ist aber in Flußsäure plötzlich ein starker Elektrolyt. Also müssen hier besondere Verhältnisse vorliegen, welche das Auftreten der Essigsaure als eines starken eineinionigen Elektrolyten bedingen, und das ist eben die bereits erwahnte Überführung eines „potentiellen" Elektrolyten in einen reellen unter Mitwirkung der Moleküle des Solvens:

$$(CH_3COOH) + HF \rightleftharpoons [(CH_3COOH) \cdot H]F \rightleftharpoons [(CH_3COOH) \cdot H]^+ + F^-.$$

In ganz analoger Weise liegen die Verhaltnisse bei den Auflösungen der Salpetersaure in wasserfreiem Fluorwasserstoff.

Es muß aber darauf aufmerksam gemacht werden, daß ein direkter chemischer oder physikochemischer Nachweis der „Acetonium"-Ionen oder der „Nitronium"-Ionen und der jeweils korrespondierenden Fluorionen z. B. durch elektrometrische Messungen noch aussteht. Auch Überführungsmessungen wurden bisher ebensowenig wie chemische, präparative Versuche mit Erfolg durchgeführt. Wenn Untersuchungen dieser Art noch ausstehen, so hat das natürlich in dem schwierigen und nicht ungefährlichen Arbeiten mit wasserfreier Flußsäure seinen Grund und darin, daß widerstandsfähiges, durchsichtiges Gefäßmaterial für Fluorwasserstoff schwer zu beschaffen ist. In diesem Zusammenhange darf ferner nicht vergessen werden, daß sauerstoffhaltige Säuren mit Halogenwasserstoffen, also auch mit Fluorwasserstoff, Säurehalogenide und daneben Wasser bilden können; zumindest stellt sich ein Gleichgewichtszustand zwischen den Reaktionspartnern ein, welcher je nach den beteiligten Stoffarten und den Versuchsbedingungen mehr oder weniger weit nach rechts verlagert ist.

$$CH_3COOH + HF \rightleftharpoons CH_3COF + H_2O.$$

Das Wasser seinerseits reagiert mit der Flußsäure unter Bildung von dissoziierendem Hydroniumfluorid, wie durch besondere Leit-

---

organischer Stoffe, wie z. B. des Benzoylfluorids C_6H_5COF, des Phenols C_6H_5OH, des Brenzkatechins $C_6H_4(OH)_2$, des Maleinsaureanhydrids $C_4H_2O_3$, des Phtalsäureanhydrids $C_6H_4C_2O_3$ sowie des Benzonitrils $C_6H_5 \cdot CN$, ferner durch Messung der Siedepunktserhohung von Lösungen des so gut wie vollkommen in zwei Ionen dissoziierenden Kaliumfluorids KF experimentell festgestellt worden. Aus der experimentellen Bestimmung der Verdampfungswarme errechnet sich der Wert für die molare Siedepunktserhohung zu 1,85°. K. FREDENHAGEN u. G. CADENBACH: Z. phys. Chem. Abt. A **164**, 201 (1933); W. KLATT: Z. anorg. allg. Chem. **222**, 225 (1935).

fähigkeitsmessungen und ebullioskopische Bestimmungen festgestellt worden ist.

$$H_2O + HF \rightleftharpoons (H_3O)^+ + (F)^-.$$

Als Gesamtreaktion würde sich also ergeben können:

$$CH_3COOH + 2\,HF \rightleftharpoons CH_3COF + (H_3O)^+ + (F)^-.$$
$$\text{Sdp.: } 20^0\,C.$$

Die Möglichkeit dieses Reaktionsverlaufes zwischen den sauerstoffhaltigen Säuren und Fluorwasserstoff müßte im Hinblick auf die Existenz zahlreicher Säurefluoride, wie Chromylfluorid CrO_2F_2, Fluorsulfonsäure $HOSO_2F$ u. a. m., bei der Erklärung der doppelten molaren Siedepunktserhöhung und des hohen molaren Leitvermögens der Auflösungen von Essigsäure in wasserfreiem Fluorwasserstoff ebenfalls berücksichtigt werden. Um Klarheit zu bringen, werden eingehendere Experimentaluntersuchungen durchgeführt werden müssen.

Wie dem aber auch sei und welche Art der Umsetzungen auch zwischen den Sauerstoffsäuren und dem Solvens „Flußsäure" eintritt, es werden in allen Fällen nur Fluoride und Fluorionen gebildet; andere Anionen außer den lösungsmitteleigenen treten nicht auf, daneben mancherlei Kationen.

Wir sahen, daß sich Salze wie die Acetate, Nitrate, Sulfate vielfach gut und reichlich in wasserfreiem Fluorwasserstoff als Solvens auflösen und daß diese Auflosungen, rein außerlich betrachtet, keine Reaktion zwischen dem gelosten Salz und dem Lösungsmittel erkennen lassen. Bei eingehenderen Untersuchungen zeigte es sich aber, daß auch diese Salze ebenso wie die Halogenide und Pseudohalogenide sowie die Alkalichlorate, Alkalibromate, Alkalichromate und Alkalipermanganate Solvolyse erleiden und daß Fluoride entstehen. Vergleicht man nämlich in Abb. 1 und 2 den Kurvenverlauf, welcher die Abhängigkeit der molaren Siedepunktserhöhung von der Konzentration wiedergibt, bei Kaliumacetatlösungen einerseits mit dem bei Kaliumfluorid- bzw. Essigsaurelösungen andererseits, so stellt man fest, daß in den Auflösungen von Kaliumacetat in wasserfreiem Fluorwasserstoff die doppelte Zahl von Teilchen — also 4! — vorhanden sein muß wie in den Lösungen von Kaliumfluorid oder Essigsäure, wo aus einem Mol, wie wir sahen, 2 Teilchen gebildet werden. Vergleicht man weiter den Kurvenverlauf, welcher die Abhängigkeit der molaren Leitfähigkeit von der Konzentration wiedergibt, bei Kaliumacetatlösungen einerseits mit dem bei Kaliumfluorid- oder Essigsäurelosungen andererseits, so stellt man ebenfalls fest, daß die Auflosungen von Kaliumacetat in wasserfreier Flußsäure, da sie doppelt so gut leiten, die doppelte Anzahl von Elektrizitätsträgern — also je 4 Ionen je 1 Mol! — haben müssen als die Lösungen von Kaliumfluorid oder Essigsäure, bei denen ja je Mol 2 Ionen als Elektrizitätsträger gebildet werden. Diesen Tatsachen werden — so folgert K. FREDENHAGEN — folgende Umsetzungsreaktionen gerecht:

$$K(CH_3COO) + 2\,HF \rightleftharpoons K^+ + [(CH_3COOH) \cdot H]^+ + 2\,F^-$$
$$KNO_3 \quad\ \ + 2\,HF \rightleftharpoons K^+ + [(HONO_2) \cdot H]^+ \quad + 2\,F^-.$$

Wir haben also in beiden Fällen den gleichen kombinierten Reaktionsablauf. Beim Auflösen der Salze tritt Solvolyse ein, und das eine Solvolyseprodukt fungiert nunmehr als potentieller Elektrolyt. Es begegnet uns abermals die in Losungssystemen mit wasserfreiem Fluorwasserstoff schon oft festgestellte Erscheinung, daß alle Verbindungen, welche in Flußsäure elektrolytisch gelost werden, außer dem Fluorion kaum andere Anionen bilden. Es entstehen immer nur Lösungen „basenanaloger" Stoffe! Für den Fluorwasserstoff als Solvens scheint generell das zu gelten, was uns in der Chemie mit Wasser als Lösungsmittel gelegentlich einmal, gewissermaßen als Ausnahmefall, entgegentritt. Einige wenige Salze wie die Alkaliamide bilden beim Auflösen in Wasser ebenfalls zwei basische Stoffe, und zwar infolge eines gleichgelagerten Reaktionsablaufes, bei welchem Solvolyse und Überführung eines potentiellen in einen wahren Elektrolyten stattfindet:

$$K(NH_2) + HOH = K^+ \quad + (OH)^- + NH_3$$
$$NH_3 + HOH = (NH_4)^+ + OH^-$$
$$\overline{K(NH_2) + 2\,HOH = K^+ \quad + (NH_4)^+ + 2(OH)^-.}$$

H. Fredenhagen[1] konnte zeigen, daß auch die Alkalichlorate, Alkalibromate, Alkalichromate und Alkalipermanganate beim Auflösen in Fluorwasserstoff Solvolyse erleiden, wobei dann — namentlich beim Vorliegen höherer Konzentrationen und bei höheren Temperaturen — anschließend ein Teil der primären Solvolyseprodukte zerfällt. Aus den Alkalichloraten entwickelt sich Chlordioxyd und Sauerstoff, bei den Alkalibromaten entsteht Brom und Sauerstoff:

$$2\,KClO_3 + 3\,HF = 2\,K^+ + 2\,F^- + 2\,HClO_3 + HF$$
$$= 2\,K^+ + (H_3O)^+ + 3\,F^- + 2\,ClO_2\nearrow + \tfrac{1}{2}\,O_2\nearrow$$

$$2\,KBrO_3 + 3\,HF = 2\,K^+ + 2\,F^- + 2\,HBrO_3 + HF$$
$$= 2\,K^+ + (H_3O)^+ + 3\,F^- + Br_2\nearrow + 2\tfrac{1}{2}\,O_2\nearrow.$$

Kaliumpermanganat wird von wasserfreier Flußsäure unter Entwicklung grüner Dämpfe zersetzt, welche darübergehaltenem nassem Filtrierpapier die Farbe der Übermangansäure verleihen. Die Dämpfe sind allem Anschein nach ein Oxyfluorid des siebenwertigen Mangans. In ähnlicher Weise wird Alkalichromat unter Zersetzung solvolysiert; die dabei entstehenden braunroten Dämpfe sind Chromylfluorid:

$$K_2CrO_4 + 6\,HF = 2\,K^+ + 2\,(H_3O)^+ + 4\,F^- + CrO_2F_2.$$

c) Das Fehlen von „neutralisationenanalogen" Reaktionen im System der Lösungen mit wasserfreiem, verflüssigtem Fluorwasserstoff.

Aus allen Untersuchungen, die bisher über die Auflösungen anorganischer Verbindungen in wasserfreiem, flüssigem Fluorwasserstoff veröffentlicht worden sind, geht hervor, daß immer nur „basen-

---

[1] Fredenhagen, H.: Z. anorg. allg. Chem. **242**, 23 (1939).

analoge" Stoffe, welche lösungsmitteleigene, negative Fluorionen abdissoziieren, gebildet werden, sei es durch Solvolysereaktionen, sei es
durch Umsetzungen von der Art der Überfuhrung „potentieller" in
wahre Elektrolyte. Das ist vergleichsweise dasselbe, als gabe es bei
Verwendung von Wasser als Solvens nur Lösungen, welche die losungsmitteleigenen, negativen $(OH)^-$-Ionen enthielten, als entstünden also
immer nur Basen und niemals Salzlosungen oder Saurelösungen. Daraus
ergibt sich zwangslaufig die Tatsache, daß in Lösungen mit wasserfreiem, verflussigtem Fluorwasserstoff das Analogon der großen Klasse
von Reaktionen völlig fehlt, welche wir beim Vorliegen waßriger
Losungssysteme als „Neutralisationsreaktionen" bezeichnen und deren
Charakteristikum darin besteht, daß sich beim Zusammenbringen von
losungsmitteleigenen Kationen mit lösungsmitteleigenen Anionen das
wenig dissoziierende Solvens selbst bildet. Es gibt in Lösungssystemen
mit reiner Flußsaure als Solvens kaum Beispiele für den „neutralisationenanalogen", von links nach rechts verlaufenden Reaktionstyp:

$$K^+ + \underline{F^-} + \{\underline{H^+} + Cl^-\} \rightleftharpoons K^+ + Cl^- + \{\underline{H^+ + F^-}\}.$$

Nur der umgekehrte, von rechts nach links verlaufende Vorgang,
also der Typus der Solvolysereaktion, ist immer wieder anzutreffen
und muß geradezu als ein Charakteristikum für die Chemie der in
wasserfreiem Fluorwasserstoff gelösten oder suspendierten Stoffe angesehen werden.

d) Der Armut der Lösungen in Flußsäure an Anionen steht ein großer Reichtum an Kationentypen gegenüber.

Während alle in Flußsaure elektrolytisch sich auflösenden Substanzen durch Solvolysereaktionen oder durch andere Umsetzungen
mit dem Solvens eintönig negative Fluoranionen ergeben, entstehen
dabei recht verschiedenartige Kationen, und zwar teilweise von bisher
weniger bekanntem Typus. Die Auflösungen von Wasser und von
schwerem Wasser in verflüssigtem Fluorwasserstoff ergeben infolge
Bildung von Fluoranionen und Hydroniumkationen gut leitende
Lösungen[1]:

$$H_2O + HF = (H_2O \cdot H)^+ + F^-$$
$$D_2O + HF = (D_2O \cdot H)^+ + F^-.$$

Die aliphatischen Alkohole sind ebenfalls unter Bildung gut leitender
Lösungen in Flußsäure unbegrenzt löslich; im Falle der Verwendung
von Methylalkohol entsteht als Kation ein Monomethylhydroniumion:

$$CH_3OH + HF = [(CH_3OH) \cdot H]F \rightleftharpoons [(CH_3OH) \cdot H]^+ + F^-.$$

Es ist nachgewiesen worden, daß die theoretisch mögliche Bildung
von Alkylfluorid und Wasser bei den aliphatischen Alkoholen nicht
in nachweisbarem Umfang eintritt:

$$CH_3OH + HF = CH_3F + H_2O.$$

---

[1] FREDENHAGEN, K. u. H. FREDENHAGEN: Z. anorg. allg. Chem. **243**, 42
(1939). — FREDENHAGEN, H. u. E. KERCK: Z. anorg. allg. Chem. **252**, 280 (1944).

Es werden im Gegenteil aus Methyl- und Äthylfluorid in verflüssigtem Fluorwasserstoff als Solvens durch Wasser die korrespondierenden Alkohole gebildet:

$$C_2H_5F + H_2O = [(C_2H_5OH) \cdot H]F \rightleftharpoons [(C_2H_5OH) \cdot H]^+ + F^-.$$

Monoathylhydroniumion

Von der Essigsäure und Salpetersäure wurde bereits dargelegt, daß sie beim Auflösen in Flußsäure als potentielle Elektrolyte fungieren und überwiegend in Fluorionen und Acetonium- bzw. Nitroniumionen dissoziiert in Lösung vorzuliegen scheinen:

$$CH_3COOH + HF = [(CH_3COOH) \cdot H]^+ + F^-$$

Acetoniumion

$$HONO_2 \quad + HF = [(O_2NOH) \cdot H]^+ + F^-.$$

Nitroniumion

Die Nitroniumionen sind uns seit den bekannten Untersuchungen von A. HANTZSCH[1] gelaufig, welcher z. B. das Nitroniumperchlorat $[(O_2NOH)H]\,ClO_4$ in reiner krystallisierter Form darstellen und die relativ hohe elektrolytische Leitfähigkeit der wasserfreien Salpetersäure durch — wenigstens teilweise vorliegendes — Nitroniumnitrat $[(O_2NOH) \cdot H]NO_3$ erklären konnte. Weniger geläufig sind uns die sich von den aliphatischen Sauren ableitenden Kationen wie Formioniumion $[(HCOOH)H]^+$, Acetoniumion $[(CH_3COOH) \cdot H]^+$, Propioniumion $[(C_2H_5COOH) \cdot H]^+$ usw.

e) Das Fehlen des Typus „Fällungsreaktionen" in den Lösungen mit wasserfreiem Fluorwasserstoff als Solvens.

Nicht nur die „neutralisationenanalogen" Umsetzungen kommen in den Lösungen mit flüssigem Fluorwasserstoff als Solvens praktisch vollkommen in Wegfall, die Tatsache, daß alle sich elektrolytisch in Flußsaure lösenden Substanzen zwar recht verschiedenartige Kationen, aber eintönig negative Fluorionen liefern, bringt es mit sich, daß auch die uns von der Chemie waßriger Lösungssysteme her so wohlbekannten und so zahlreichen Fällungsreaktionen unter normalen Umständen ausbleiben. Also noch eine zweite große Klasse von Umsetzungen fehlt bei der Chemie in wasserfreiem Fluorwasserstoff und macht sie monoton. Umgekehrt ist das Ausbleiben der Fällungsreaktionen ein Beweis mehr dafür, daß in größerem Umfange andere Anionen als Fluorionen nicht gebildet werden. Eine qualitative und quantitative analytische Chemie auf der Grundlage von Fällungsreaktionen ist daher in verflüssigtem Fluorwasserstoff als Lösungsmittel kaum denkbar! Man stelle sich einmal den Zustand der uns so wohlvertrauten analytischen Chemie vor, wenn es auch in waßrigen Lösungen keine Neutralisations- und Fällungsreaktionen gäbe.

---

[1] Vgl. z. B. REMY, H.: Lehrbuch der anorganischen Chemie, 2. Aufl., Bd. I, S. 524. Leipzig 1939.

Einige vereinzelte Ausnahmefalle[1] sind allerdings vorhanden. Wir sahen bei der Übersicht über die Löslichkeiten der Halogenide in Flußsäure, daß die Silberhalogenide AgCl, AgBr und AgJ sowie Thallium(I)-chlorid unlöslich sind. Leitet man nun Halogenwasserstoffgas durch Auflösungen von Silber- oder Thallium(I)-fluorid in verflussigtem Fluorwasserstoff oder auch durch Auflosungen anderer loslicher Silber- oder Thallium(I)-salze, so fällt ein allmählich sich vermehrender Niederschlag von Silberhalogenid bzw. Thallium(I)-chlorid aus:

$$Ag^+ + F^- + (H^+Cl^-) = AgCl + HF. \tag{1}$$

$$AgNO_3 + 2\,HF = Ag^+ + [(O_2NOH) \cdot H]^+ + 2\,F^-. \tag{2a}$$

$$Ag^+ + [(O_2NOH) \cdot H]^+ + 2\,F^- + (H^+Cl^-) =$$
$$AgCl + HF + [(O_2NOH) \cdot H]^+ + F^-. \tag{2b}$$

Es muß also die Salzsaure doch auch in Flußsaure in einem außerst geringen Maße in H^+-Ionen und Cl^--Ionen dissoziiert sein, so weit, daß das Loslichkeitsprodukt fur AgCl in Flußsaure überschritten wird. Im vorliegenden Falle handelt es sich aber nicht nur um eine Fallungsreaktion, sondern bei naherer Betrachtung gleichzeitig auch um eine „neutralisationenanaloge“ Umsetzung. Die losungsmitteleigenen, negativen Fluorionen [Gl. (1)] der Silberfluoridlösung und die losungsmitteleigenen, wenn auch nur außerst wenigen positiven Wasserstoffionen treten zum schwach dissoziierenden Solvens HF zusammen, wobei das Salz AgCl gebildet wird. Auch frisch unter Kuhlung bereitete Auflösungen der Alkalichloride in flüssigem Fluorwasserstoff geben beim Zusammenbringen mit solchen von Silbersalzen Fallungen von Silberchlorid, eine Reaktion, die nicht mehr eintritt, wenn die Alkalichloridlösung, welche gemaß KCl + HF = KF + HCl solvolytisch gespalten ist, einige Zeit namentlich bei etwas hoherer Temperatur ($+10^\circ$) gestanden hat. Im letzten Falle ist der Halogenwasserstoff aus der Lösung in Flußsaure so weit entwichen, daß Silberchlorid nicht mehr gefällt werden kann.

Auch konzentriertere Auflosungen von Kaliumperchlorat in wasserfreier Flußsaure, ebenso solche von Lithium-, Natrium-, Ammonium-, Caesium- und Bariumperchlorat werden durch Lösungen von Thallium-(I)-fluorid bzw. Thallium(I)-nitrat oder von Silbernitrat gefallt. Es bilden sich Niederschläge von Thallium(I)-perchlorat oder Silberperchlorat, welche beiden letzteren Salze in verflussigtem Fluorwasserstoff schwerer loslich sind:

$$Tl^+ + (ClO_4)^- .= Tl(ClO_4).$$

Aus diesen Reaktionen ergibt sich zwangsläufig die bemerkenswerte Schlußfolgerung, daß die Perchlorate bei ihrem Auflösungsvorgang nicht nur solvolytisch gespalten werden und dabei negative Fluorionen und positive Perchloroniumionen geben

$$KClO_4 + 2\,HF \rightleftharpoons K^+ + [(O_3ClOH) \cdot H]^+ + 2\,F^-,$$

[1] Fredenhagen, H.: Z. anorg. allg. Chem. 242, 23; (1939); 243, 39 (1939).

sondern daß daneben auch in einem gewissen Umfange die normale, von der Chemie wäßriger Lösungssysteme her uns so wohlbekannte elektrolytische Dissoziation in Kationen und lösungsmittelfremde negative Perchlorationen stattfindet:

$$KClO_4 \rightleftharpoons K^+ + ClO_4^-.$$

In ganz ähnlicher Weise entstehen beim Zusammengeben konzentrierterer flußsaurer Lösungen von Kaliumperjodat und Kaliumsulfat mit solchen von Silbersalzen Niederschläge von Silberperjodat bzw. Silbersulfat. Auch hier muß also neben der hauptsächlich verlaufenden Solvolysereaktion

$$K_2SO_4 + 4\,HF = 2\,K^+ + HOSO_2F + (H_3O)^+ + 3\,F^- \tag{1}$$

noch die normale elektrolytische Dissoziation vorhanden sein:

$$K_2SO_4 = 2\,K^+ + SO_4^{--}. \tag{2}$$

K. und H. FREDENHAGEN haben bei flußsauren Kaliumsulfatlösungen die molekularen Siedepunktserhöhungen in Abhängigkeit von der Konzentration gemessen und dabei die in der nebenstehenden Tabelle 9 zusammengestellten Werte erhalten.

Tabelle 9. *Übersicht über die molekularen Siedepunktserhöhungen flußsaurer Kaliumsulfatlösungen in Abhängigkeit von der Konzentration.*

Konzentration in g-Mol je 1000 g HF	Molekulare Siedepunktserhöhung Grad	Scheinbare Anzahl von Teilchen je 1 K_2SO_4
0,0203	11,28	5,85
0,0447	10,36	5,37
0,0831	10,30	5,34
0,1410	9,91	5,13
0,2414	9,57	4,95
0,4360	9,47	4,90

Nach dem Reaktionsschema (1) würden 7, nach dem Reaktionsschema (2) aber 3 osmotisch wirksame Teilchen je 1 Mol Kaliumsulfat gebildet werden. Die gemessenen molaren Siedepunktserhöhungen zeigen, daß namentlich in verdünnteren Lösungen die Solvolysereaktion gemäß Schema (1) überwiegen muß, daß aber in konzentrierteren Kaliumsulfatsolutionen die einfache elektrolytische Dissoziation gemäß Schema (2) nicht mehr vernachlässigt werden darf, worauf ja auch die geschilderten Fällungsreaktionen hindeuten.

Wenn auch aus den eben mitgeteilten Versuchen sich zweifellos ergibt, daß in den Auflösungen mit wasserfreiem Fluorwasserstoff als Solvens einige lösungsmittelfremde Anionen in einem gewissen Umfange auftreten können (ClO_4^-, JO_4^- und SO_4^{--}), so sind solche Fälle offenbar doch außerordentlich selten. Sie ändern nichts an der für die Chemie in Flußsäure so besonders charakteristischen Eigentümlichkeit, daß durch solvolytische Prozesse oder durch Reaktionen von der Art der Überführung „potentieller" Elektrolyte in wahre, bei weitem überwiegend die lösungsmitteleigenen, negativen Fluorionen, also „basenanaloge" Stoffe gebildet werden.

5. Allgemeine Gesichtspunkte über die Löslichkeiten und das Verhalten organischer Verbindungen in wasserfreier Flußsäure.

Die tabellarische Zusammenstellung gibt zunächst eine Übersicht über die Löslichkeitsverhältnisse einer Reihe von Stoffklassen organischer Verbindungen und enthält gleichzeitig allgemeine Gesichtspunkte über ihr Verhalten in wasserfreier Flußsäure. Der Auflösungsvorgang ist in vielen Fällen vermutlich dadurch bedingt, daß sich die Flußsäuremoleküle zunächst an aktive Zentren, wie beispielsweise Stickstoff, Sauerstoff oder Schwefel anlagern. Es haben sich folgende Regeln bezüglich der Löslichkeit erkennen lassen:

a) Wenn die Stammverbindung ein aktives Zentrum enthält, setzt die Einführung negativer Substituenten die Löslichkeit der neu entstandenen Verbindung herab. Phenol ist gut löslich, Nitrophenol schlecht und Trinitrophenol praktisch unlöslich; Benzoesäure ist gut löslich, Brombenzoesäure unlöslich.

b) Enthält die Stammverbindung kein anlagerungsfähiges Zentrum, jedoch der negative Substituent, so wird die Löslichkeit beim Übergang von der Stammverbindung zur substituierten besser. Benzol ist nicht besonders löslich, Nitrobenzol aber gut.

c) Enthält weder die Stammverbindung noch der negative Substituent ein anlagerungsfähiges Zentrum, so ist beim Vergleich der Stammverbindung mit der substituierten eine Herabsetzung der Löslichkeit zu beobachten. Benzol ist nicht besonders löslich, Chlorbenzol und Brombenzol sind unlöslich.

Weitergehende, generell gültige Gesetzmäßigkeiten lassen sich hinsichtlich der Löslichkeit und der Größe des Leitvermögens der etwa entstehenden Elektrolytlösungen bei der wasserfreien Flußsäure als Solvens ebensowenig aufstellen wie bei anderen Lösungsmitteln.

Die Kohlenwasserstoffe zählen, wie auch aus der tabellarischen Übersicht 10 hervorgeht, zu den organischen Verbindungen, welche in wasserfreier Flußsäure schwer löslich bis unlöslich sind. Während aber die gesättigten Kohlenwasserstoffe praktisch überhaupt keine Löslichkeit aufweisen, zeigen die ringförmigen Kohlenwasserstoffe, welche Doppelbindungen haben, eine gewisse geringe Löslichkeit, abgesehen allerdings von einigen Ausnahmen wie Diphenyl und Fluoren, welche praktisch unlöslich sind. Hierbei wird natürlich auch von denjenigen abgesehen, die durch wasserfreie Flußsäure polymerisiert werden. W. KLATT[1] hat die maximalen Löslichkeiten von einigen ringförmigen Kohlenwasserstoffen im Temperaturbereich von $-20°$ bis $+15°$ C festgestellt (Tabelle 11), sowie die Beeinflußbarkeit ihrer Löslichkeit durch Metallsalze untersucht.

Wir sehen, daß die Löslichkeiten der angegebenen ringförmigen Kohlenwasserstoffe mit steigender Temperatur zunehmen. Ferner stellen wir fest, daß je mehr ein Ringsystem mit aliphatischen Radikalen

---

[1] KLATT, W.: Z. anorg. allg. Chem. **222**, 135 (1935); **234**, 189 (1937).

Tabelle 10. *Übersicht über die Löslichkeit und das Verhalten einiger Klassen organischer Verbindungen in wasserfreiem Fluorwasserstoff.*

Stoffklasse	Loslichkeit	Leitvermogen	Mutmaßlicher Vorgang beim Losen Bemerkungen
Kettenförmige und ringformige reine Kohlenwasserstoffe	Im allgemeinen nicht (Paraffine) oder nur wenig löslich (Aromate)	Kein	
Kohlenwasserstoffe mit mehrfacher Bindung	Im allgemeinen kaum löslich		Werden polymerisiert
Alkylfluoride	Gut löslich	Kein	
Alkyl- und Arylhalogenide	Unlöslich		
Aliphatische Alkohole	Gut löslich	Groß	$CH_3OH + HF = [(CH_3OH) \cdot H]^+ + F^-$
Aromatische Alkohole	Gut loslich	Teils gering, teils gut	Phenol, Brenzcatechin und Hydrochinon haben scheinbare Molekelzahlen von 1 und geringe Dissoziation; Resorcin, Pyrogallol und Oxyhydrochinon haben scheinbare Molekelzahlen von 2 und starke Dissoziation
Aliphatische und aromatische Aldehyde und Ketone	Leicht löslich	Meist gut leitend	$C_6H_5COCH_3 + HF = \left[\left(\begin{smallmatrix}C_6H_5\\CH_3\end{smallmatrix}\!>\!CO\right)H\right]^+ + F^-$
Aliphatische Äther	Leicht loslich	Beträchtlich	$(C_2H_5)_2O + HF = [(C_2H_5)_2O \cdot H]^+ + F^-$
Aromatische Äther	Wenig loslich		Diphenylather ist unloslich, gemischte Äther sind loslich
Ein- und mehrbasische, aliphatische und aromatische Sauren	Gut loslich (Ausnahmen vorhanden!)	Beträchtlich	1. $(CH_3COOH) + HF = [(CH_3COOH) \cdot H]^+ + F^-$ 2. $C_6H_5COOH + HF = \begin{smallmatrix}\to [(C_6H_5COOH) \cdot H]^+ + F^-\\ \to C_6H_5COF + H_2O\end{smallmatrix}$
Säurefluoride	Leicht löslich	Kein	
Saurehalogenide	Leicht loslich		Die Saurehalogenide erleiden Solvolyse zu Säurefluoriden
Säureanhydride	Leicht loslich	Gut	$(R\!-\!CO)_2O + 2\,HF = [(R \cdot COOH) \cdot H]^+ + F^- + R \cdot COF$ Cyclische Anhydride wie Maleinsäure- und Phthalsäure-Anhydrid werden nicht gespalten
Stickstoffhaltige Verbindungen mit Stickstoff der Ammoniakstufe	Leicht loslich	Meist gut	$(C_6H_5N) + HF = [(C_6H_5N) \cdot H]^+ + F^-$
ohlenhydrate und Cellulose	Gut löslich	Gut	$(C_6H_{10}O_5)x + x\,HF = x(C_6H_{11}O_5F)$

Tabelle 11. *Maximale Löslichkeiten einiger ringförmiger Kohlenwasserstoffe in wasserfreier Flußsäure in Gewichtsprozenten.*

Temperatur in °C	Substanz					
	Benzol	Toluol	o-Xylol	m-Xylol	Anthracen	Tetralin
—20	1,56	1,02				
—15	1,67	1,12	0,85	0,95	2,77	0,15
—10	1,88	1,25	0,87	1,01	2,88	0,19
— 5	2,05	1,34	0,94	1,08	2,96	0,21
± 0	2,25	1,54	1,01	1,17	3,11	0,23
+ 5	2,54	1,80	1,12	1,28	3,27	0,27
+10	2,82	2,05			3,43	
+15	3,11	2,43				

ausgestattet oder je weitgehender es hydriert ist, um so mehr die Löslichkeit abnimmt: Benzol ist löslicher als Toluol und dieses wiederum löslicher als Xylol; Tetralin als hydriertes Naphthalin ist bedeutend weniger löslich als Benzol oder gar Anthracen; Cyclohexan, Hexahydrotoluol und Dekalin sind unlöslich.

Einige Schwermetallsalze können die Löslichkeit der Kohlenwasserstoffe in Fluorwasserstoff erhöhen, insbesondere tun dies Silberfluorid, Silberazid, Quecksilbercyanid, Quecksilberazid und Thallium(I)-fluorid. Nähere Untersuchungen über diese Löslichkeitsbeeinflussungen ergaben in einigen Fällen das Vorliegen bestimmter Verhältniszahlen, meistens 4:1. Ein Millimol Silberfluorid oder Quecksilbercyanid beispielsweise vermögen weitere 4 Millimole Benzol, Toluol, Xylol oder Tetralin über ihre maximale Löslichkeit hinaus in wasserfreier Flußsäure in Lösung zu bringen. In diesem Zusammenhange liegt es nahe, an die Bildung von Komplexverbindungen etwa der Art $Me(K_4)X$ zu denken, wobei Me das Metall, K den ringförmigen Kohlenwasserstoff und X den Säurerest bedeutet. Versuche, diese eigenartigen Anlagerungsverbindungen von einem seltenen Typus präparativ, im festen Zustande zu gewinnen, sind bisher fehlgeschlagen.

Was nun die molekularen Siedepunktserhöhungen organischer Verbindungen in wasserfreiem Fluorwasserstoff und das Leitvermögen dieser Lösungen anbetrifft, so liegt reiches Versuchsmaterial ebenfalls von K. FREDENHAGEN [1] und W. KLATT [2] vor. Einige wesentliche Ergebnisse seien zur Ergänzung der Angaben in der Übersichtstabelle (S. 24) mitgeteilt. Wie dort schon vermerkt ist, fungieren die Alkohole als „potentielle Elektrolyte". Im Falle der einfachen Alkohole läßt sich in Anlehnung an die komplexchemische Betrachtungsweise von WERNER, HANTZSCH und PFEIFFER [3] ein Reaktionsschema aufstellen, bei welchem Sauerstoff als speifisches Additionszentrum wirksam ist:

$$R\text{—}OH + HF \rightarrow [(R\text{—}OH)H]F \rightarrow (R\text{—}OH \cdot H)^+ + F^-. \tag{1}$$

[1] FREDENHAGEN, K.: Z. Elektrochem. **37**, 684 (1931). — FREDENHAGEN, K. u. H.: Z. anorg. allg. Chem. **243**, 39 (1939).

[2] KLATT, W.: Z. anorg. allg. Chem. **222**, 225, 289 (1935); **232**, 393 (1937). — Z. phys. Chem. Abt. A **173**, 115 (1935).

[3] PFEIFFER, P.: Organische Molekülverbindungen. Stuttgart: Ferdinand Enke 1927.

Vergleicht man nun aber die Werte für die Dissoziationsgrade, welche
sich einerseits aus den Messungen der Siedepunktserhöhungen und
andererseits aus dem Leitvermögen errechnen lassen (vgl. die Werte
in der 5. Vertikalreihe der folgenden tabellarischen Zusammenstellung,
S. 28/29), so stellt man fest, daß diese Zahlen nicht übereinstimmen,
sondern daß die sich aus Leitfähigkeitsmessungen ergebenden Dissoziationsgrade meistens nicht unerheblich geringere Werte haben. Es
müssen also in den absolut flußsauren Lösungen Teilchen vorhanden
sein, welche zwar osmotisch wirksam sind, aber keine Änderung der
Leitfähigkeit verursachen. Die Annahme der Bildung von Alkyl-
fluoriden, welche in Fluorwasserstoff gut löslich, aber elektrolytisch
undissoziiert sind, erklärt die Verschiedenheit der Ergebnisse bei den
beiden Meßverfahren. Neben der Reaktion nach Schema (1) verläuft
offenbar in geringem Grade eine zweite gemäß Schema (2) her:

$$R{-}OH + 2\,HF \rightarrow [R{-}OH \cdot H]F + HF \rightarrow R{-}F + [H_2O \cdot H]F$$
$$\rightarrow R{-}F + [H_2O \cdot H]^+ + F^-. \qquad (2)$$

Der qualitative und erst recht der quantitative Nachweis der Bildung
von Alkylfluorid in den Auflösungen von Alkohol in wasserfreiem
Fluorwasserstoff gestaltet sich nun wegen des niedrigen Siedepunktes
der Alkylfluoride recht schwierig. Wohl aber ließ sich die Einstellung
des Gleichgewichtes von der anderen Richtung her, die Verseifung
von Alkylfluorid in Fluorwasserstoff gelöst durch geringe Mengen
Wasser einwandfrei beobachten[1].

Die einwertigen aliphatischen Alkohole ergeben in Fluorwasserstoff
gelöst farblose Lösungen; diese haben — mit Ausnahme von Methylalkohol, der eine kleinere Dissoziation zeigt — bei vergleichbaren
Konzentrationen ähnliche Werte der molekularen Siedepunktserhöhungen und Leitfähigkeiten. In verdünnten Lösungen liegen also
die gemäß Schema (1) gebildeten Anlagerungsverdingungen von Fluorwasserstoff mit den Alkoholen sehr weitgehend dissoziiert vor, in
konzentrierteren ist die elektrolytische Dissoziation längst nicht vollständig. Durch geeignete und angepaßte Aufarbeitungsverfahren läßt
sich stets aus der Lösung die unveränderte Ausgangssubstanz wieder-
erhalten.

Die Lösungen mehrwertiger aliphatischer Alkohole zeigen in Flußsäure ein abweichendes und differenziertes Verhalten. Äthylenglykol
ergibt trotz seiner zwei anlagerungsfähigen Hydroxylgruppen wesentlich
geringere molare Siedepunktserhöhungen und Leitfähigkeiten als die
einwertigen Alkohole. Glycerin dagegen zeigt wieder recht erhebliche
molare Siedepunktserhöhungen und Leitfähigkeitswerte, welche die
korrespondierenden der einwertigen Alkohole sogar etwas übertreffen.
Offenbar ist nicht nur die Anzahl additionsfähiger Hydroxylgruppen,
sondern auch ihre räumliche Anordnung zueinander für die Stabilität
und die Dissoziationsfähigkeit der entstehenden Anlagerungsverbindung
von Bedeutung.

---

[1] KLATT, W.: Z. anorg. allg. Chem. **222**, 225, 289 (1935); **232**, 393 (1937). —
Z. phys. Chem. Abt. A **173**, 115 (1935).

Bei der Betrachtung der aliphatischen Carbonsäuren fällt die Ameisensäure durch ungemein niedrige Werte der molaren Siedepunktserhöhung und Leitfähigkeit auf; und in gleicher Weise fallen die ersten Glieder in den Reihen der Aldehyde, Äther und Ketone heraus. Dieses abweichende Verhalten des ersten Gliedes einer homologen Reihe in seinen physikalischen und chemischen Eigenschaften ist auch sonst bekannt. Die aliphatischen und aromatischen Carbonsäuren können aus den farblosen Lösungen in Fluorwasserstoff unverändert zurückgewonnen werden; gemäß der bei den Alkoholen getroffenen Formulierung wäre daher folgendes Schema für die Auflösung und Dissoziation anzunehmen:

$$R-COOH + HF \rightarrow [(R-COOH) \cdot H]F \rightarrow [(R-COOH) \cdot H]^+ + F^-. \qquad (1)$$
$$R-COOH + 2\,HF \rightarrow [(R-COOH) \cdot H]F + HF \qquad (2)$$
$$\rightarrow R-COF + [H_2O \cdot H]F \rightarrow R-COF + [H_2O \cdot H]^+ + F^-.$$

Während bei der Essigsäure die Werte für den Dissoziationsgrad einerseits und die scheinbare Molekelzahl andererseits, die sich aus den molaren Siedepunkterhöhungen bzw. Leitfähigkeitsmessungen berechnen lassen, noch annähernd übereinstimmen, ergeben sich bei der Benzoesäure ganz beträchtliche Diskrepanzen; es sind viel mehr osmotisch als elektrolytisch wirksame Teilchen vorhanden. Diese Tatsache kann nur durch die Annahme gedeutet werden, daß im Gegensatz zu den Verhaltnissen bei der Essigsäure bei Benzoesäure die Dissoziation vorwiegend nach Schema (2) erfolgt. In der Tat gelang es KLATT[1], aus einer Lösung von Benzoesäure in Fluorwasserstoff das Benzoylfluorid durch Ausschütteln mit Petroläther zu isolieren.

Die Losungen von Phenolen in Flußsäure sind mehr oder weniger stark gefärbt. Die Anlagerungsverbindung des Phenols selbst

$$[C_6H_5-OH \cdot H]F \rightleftharpoons [C_6H_5-OH \cdot H]^+ + F^-$$

ist nur sehr wenig dissoziiert. Obwohl die Dissoziationswerte nach beiden Methoden nicht völlig übereinstimmen, scheint eine Wasserabspaltung unter Bildung von Fluorbenzol — entsprechend dem Reaktionsschema (2) (S. 26) — wegen der Festigkeit der Bindung der phenolischen Hydroxylgruppe ausgeschlossen. Es konnte auch aus den Lösungen von Phenol in Fluorwasserstoff auf keinerlei Weise Fluorbenzol isoliert werden.

Die so naheliegende Annahme, daß alle drei Dioxy- bzw. Trioxybenzole in annähernd gleichem Maß dissoziieren, da sie ja die gleiche Anzahl anlagerungsfähiger Hydroxylgruppen enthalten, trifft also keineswegs zu, und es bestatigt sich die schon oben (S. 26) angedeutete Tatsache, daß neben der Zahl der Additionszentren ihre Lage im Raume zueinander von ausschlaggebender Bedeutung für die Dissoziation ist.

Die Naphthole, β-Naphthol sowohl wie auch α-Naphthol, bilden Anlagerungsverbindungen, die gut leiten und starke Siedepunktserhöhungen verursachen. Möglicherweise werden unter Mitwirkung

---

[1] KLATT, W.: Z. anorg. allg. Chem. 222, 289 (1935).

Tabelle 12. *Übersicht über molekulare Siedepunktserhohungen, molekulare Leit-*
fahigkeiten, Dissoziationsgrade und scheinbare Teilchenzahlen bei Auflösungen
organischer Stoffe in wasserfreiem Fluorwasserstoff.
(Fur die Berechnung der scheinbaren Teilchenzahlen und der Dissoziationsgrade
nach den bekannten Ansätzen wurde 1,9° als Wert fur die molekulare Siedepunktserhohung und 260 fur die Grenzleitfahigkeit angenommen.)

Name der Verbindung	Konzentration in g-Mol je 1000 g HF	Gefundene molekulare Siedepunkts-erhohung	Molekulares Leitvermogen bei —15°	Dissoziations-grad in %	Scheinbare Teilchenzahl
Äthylalkohol	0,055		232	89	1,9
C_2H_5OH	0,070	3,43		78	1,8
	0,240		177	68	1,7
	0,308	3,12		62	1,6
	0,500		160	62	1,6
	0,598	3,04		58	1,6
	1,490	2,99		55	1,6
Äthylenglykol	0,055		122	47	1,5
$CH_2OH{-}CH_2OH$	0,099	2,24		18	1,2
	0,114		80	31	1,3
	0,240		34	13	1,1
	0,500		19	7	1,1
	0,567	1,90		0	1,0
	1,283	1,94		0	1,0
Glycerin	0,055		237	91	1,9
CH_2OH	0,114		214	83	1,8
		0,175	3,66		93	1,9
$CHOH$	0,240		187	72	1,7
		0,500		159	61	1,6
CH_2OH	0,649	3,37		77	1,8
	1,027	3,45		82	1,8
Essigsaure	0,055		222	86	1,9
$CH_3 \cdot COOH$	0,115		202	78	1,8
	0,168	3,40		79	1,8
	0,240		173	67	1,7
	0,411	3,17		66	1,7
	0,500		150	58	1,6
	0,686	3,08		62	1,6
	1,198	2,98		57	1,6
Benzoesäure	0,055		200	77	1,8
$C_6H_5 \cdot COOH$	0,100	4,54		100	2
	0,115		190	73	1,7
	0,189	4,15		100	2
	0,240		101	70	1,7
	0,285	3,87		100	2
	0,500		176	68	1,7
	0,521	3,60		90	1,9
	1,202	3,30		74	1,7
Phenol	0,055		44	17	1,2
$C_6H_5 \cdot OH$	0,115		31	12	1,1
	0,171	2,01		6	1,1
	0,240		23	9	1,1
	0,500		17	7	1,1
	0,746	1,86		0	1

Tabelle 12. (Fortsetzung.)

Name der Verbindung	Konzentration in g-Mol je 1000 g HF	Gefundene molekulare Siedepunkts- erhöhung	Molekulares Leitvermögen bei —15°	Dissoziations- grad in %	Scheinbare Teilchenzahl
Brenzkatechin	0,055		42	16	1,2
o—$C_6H_4(OH)_2$	0,096	2,03		7	1,1
	0,115		30	12	1,1
	0,273	1,95		2	1
	0,500		10	4	1
	1,017	1,60		0	1
Resorcin	0,056		264	100	2
m—$C_6H_4(OH)_2$	0,162	3,75		97	2
	0,245		204	79	1,8
	0,277	3,71		95	1,9
	0,511		159	61	1,6
	0,761	3,74		97	2,0
	1,210	3,90		100	2
Pyrogallol	0,052		252	97	2
vic. $C_6H_4(OH)_3$	0,152	3,57		88	1,9
	0,225		200	77	1,8
	0,364	3,48		83	1,8
	0,469		180	69	1,7
	0,713	3,46		82	1,8
	1,170	3,49		84	1,8
β-Naphthol	0,053		256	98	2,0
$C_{10}H_7(OH)$	0,155	3,65		92	1,9
	0,229		185	71	1,7
	0,366	3,59		89	1,9
	0,479		175	67	1,7
	0,515	3,49		84	1,8
	0,875	3,20		69	1,7
o-Chlorphenol	0,055		22	8	1,1
$C_6H_4(OH)Cl$	0,088	1,95		0	1,0
	0,115		13	5	1,1
	0,193	1,90		0	1,0
	0,240		8	3	1,0
	0,335	1,80		0	1,0
m-Nitrophenol	0,055		41	16	1,2
$C_6H_4(OH)NO_2$	0,099	2,18		15	1,2
	0,240		19	7	1,1
	0,500		12	5	1,1
	0,515	1,94		2	1,0
	0,900	1,89		0	1,0
Anthracen	0,024		234	90	1,9
	0,051		154	59	1,6
$C_{14}H_{10}$	0,089	2,71		43	1,4
	0,138	1,88		0	1,0

des Naphthalinringes mehrere Moleküle Fluorwasserstoff angelagert.
Um diese Frage zu prüfen, wurden Lösungen von Substanzen, welche
frei von Hydroxylgruppen sind, aber aus mehrgliedrigen Ringen

bestehen, z. B. solche des Anthracens untersucht. In der Tat haben die tief dunkelolivgrünen Lösungen einen hohen Wert der molekularen Siedepunktserhöhung und des Leitvermögens, was die Annahme einer Addition von Fluorwasserstoff an aromatische Ringe selbst wahrscheinlich macht.

Die Substituierung des Phenols in Ortho- oder Meta-Stellung zur Hydroxylgruppe mit einem negativen Rest wie der Nitrogruppe oder dem Chlorradikal scheint keine großen Veränderungen hinsichtlich des physikochemischen Verhaltens der Lösungen mit sich zu bringen. Die molaren Siedepunkterhöhungen und Leitfähigkeiten der flußsauren Lösungen von o-Chlorphenol und m-Nitrophenol sind ebenso niedrig wie bei den Lösungen von Phenol selbst. Jedoch ist in einigen anderen Fällen eine starke Herabsetzung der Dissoziation durch die Einführung negativer Substituenten zu beobachten, z. B. beim Übergang von Diäthyläther zum $\beta.\beta'$-Dichlordiäthyläther.

Es soll jedoch nicht unerwähnt bleiben, daß einige Ergebnisse bei der Messung von Siedepunktserhöhung und Leitfähigkeit organischer Stoffe in Fluorwasserstoff noch der Aufklärung bedürfen. Zwar erscheint es durchaus plausibel, daß bei vielen Substanzen die scheinbare Teilchenzahl größer als 2 gefunden wird, es liegen dann mehrere Additionszentren vor und es erfolgt mehrstufige Dissoziation; bemerkenswert ist die Tatsache, daß die scheinbare Molekelzahl bei einigen Stoffen wie z. B. Weinsäure, Traubensäure, Anisol bei höheren Konzentrationen unter 1 liegt. Ferner bereitet die folgende Erscheinung dem Verständnis zunächst noch einige Schwierigkeiten, daß in einigen Fällen die Dissoziation — anstatt mit steigender Konzentration ständig abzunehmen — ein Minimum durchläuft und bei höheren Konzentrationen wieder ansteigt. Dieser Verlauf der Dissoziationskurven findet sich bei einigen Ketonen, Äthern, am ausgeprägtesten jedoch bei den Phenolestern. Hier konnte K. WIECHERT[1] nachweisen, daß diese Verbindungen beim Kochen mit Flußsäure eine innermolekulare Umlagerung zu Oxyketonen erleiden (FRIESsche Verschiebung). Durch die hierbei erfolgende Veränderung an den Additionszentren lassen sich die auftretenden Anomalien bei der Messung der Siedepunktserhöhung wenigstens für diese Klasse von Verbindungen zwanglos deuten.

6. Umsetzungen organischer Verbindungen in wasserfreiem flüssigem Fluorwasserstoff.

a) Einführung von Fluor.

In ähnlicher Weise wie die Alkalihalogenide in Fluorwasserstoff Alkalifluorid und Halogenwasserstoff ergeben, entweicht auch beim Eintragen aliphatischer und aromatischer Carbonsäurechloride, -bromide und -jodide der Halogenwasserstoff quantitativ und eine Lösung des Säurefluorids in Fluorwasserstoff bleibt zurück:

$$R\text{—}COCl + HF \rightarrow R\text{—}COF + HCl.$$

---

[1] WIECHERT, K.: Chemie **56**, 338 (1943).

Durch fraktionierte Destillation können Säurefluorid und Flußsäure meist bequem getrennt werden. Je nach Flüchtigkeit des gebildeten Fluorids liegen die Ausbeuten zwischen 50 und 90% [1]. Die Neigung der Carbonsäurehalogenide zur Solvolyse ist gegenüber Fluorwasserstoff ungefähr ebenso stark wie gegen Wasser.

Ganz entsprechend verhalten sich aromatische Verbindungen, die am Kern mit einer Trichlormethylgruppe substituiert sind. Beim Eintropfen von Benzotrichlorid (C_6H_5—CCl_3) in Flußsäure bildet sich optimal zu 95% Benzotrifluorid (C_6H_5—CF_3)[2]. Der Reaktionsverlauf wird in keiner Weise gestört durch andere Substituenten am Benzolkern, wie Halogen-, Alkyl-, Carbonyl-[3], Säurechlorid-[4] und weitere Trichlormethylgruppen[5]. Selbst aromatische Amine mit Trichlormethylgruppierungen kann man mit Erfolg dieser Umsetzung unterwerfen, sofern man die Aminogruppe vorher mit einer Dicarbonsäure abschirmt. So kommt man zu Verbindungen, die als Ausgangsstoffe für besonders lichtechte Farbstoffe von Interesse sind[6]. Mit Wasser setzen sich die aromatischen Trichlormethylverbindungen erst bei Siedehitze um, wobei sich Carbonsäuren bilden:

$$R—CCl_3 + 2\,H_2O \rightarrow R—COOH + 3\,HCl.$$

Weitergreifende Untersuchungen dieser Solvolysereaktion ergaben, daß sie keineswegs auf diejenigen Fälle beschränkt bleibt, in denen die Trichlormethylgruppe an einen aromatischen Kern gebunden ist. So wird aus Trichlormethylphenylsulfid (C_6H_5—S—CCl_3) mit Fluorwasserstoff die Trifluorverbindung in 90% Ausbeute erhalten[7]. Ja sogar einige rein aliphatische Verbindungen, wie z. B. das Methylchloroform (CH_3—CCl_3), reagieren in der geschilderten Weise[8]. Jedoch sind dies Ausnahmen; Trichloressigsäure und ihre Derivate, Chloral, Acetonchloroform, Chlorpikrin, Perchlormethylmercaptan u. a. werden selbst durch langanhaltendes Kochen in Flußsäure nicht verändert, während sie beim Kochen mit Wasser meist Hydrolyse nach dem obigen Schema erleiden[9].

Mittels Fluorwasserstoff wird also organisch gebundenes Halogen gegen Fluor nur in den Fällen ausgetauscht, wo es in einer Säurehalogenid- oder Trichlormethylgruppierung vorliegt; in allen anderen Bindungsformen ist es resistent. Es erleiden keinerlei Solvolyse die Alkyl-, Aryl-, Aralkylhalogenide, sowie diejenigen der Hydroaromaten.

---

[1] Wiechert, K.: Unveröffentlicht. — Fredenhagen, K. u. G. Cadenbach: Z. phys. Chem. Abt. A **164**, 201 (1933).

[2] Simons, J. H. u. Lewis: J. Amer. chem. Soc. **60**, 492 (1938).

[3] I.G. Farbenind. A.-G. DRP. 575 593. Franz. P. 745 293. Chem. Zbl. **1933** II, 2061.

[4] I.G. Farbenind. A.-G. Franz. P. 820 795. Chem. Zbl. **1938** I, 1661.

[5] I.G. Farbenind. A.-G. DRP. 668 033. Brit. P. 465 885. Chem. Zbl. **1937** II, 3076.

[6] I.G. Farbenind. A.-G. Franz. P. 805 704. Chem. Zbl. **1937** I, 4560. — Brit. P. 459 890. Chem. Zbl. **1937** II, 863.

[7] I.G. Farbenind. A.-G. Franz. P. 820 796. Chem. Zbl. **1938** I, 1876.

[8] I.G. Farbenind. A.-G. DRP. 670 130. Chem. Zbl. **1936** II, 864.

[9] Wiechert, K.: Unveröffentlicht.

Sie sind — mit Ausnahme der Fluoride — in Flußsäure völlig oder doch fast unlöslich und können unverändert zurückgewonnen werden. Auch die Einführung anderer Substituenten, welche die Festigkeit der Kohlenstoff-Halogen-Bindung lockern, bleibt ohne Einfluß. So nimmt in der Chemie des Wassers das Pikrylchlorid [$C_6H_2(NO_3)_3Cl$] eine Mittelstellung ein zwischen Aryl- und Säurehalogeniden; es erleidet Hydrolyse, die Bindung des Chlors ist durch die drei Nitrogruppen schon stark gelockert. In Fluorwasserstoff hingegen findet man keine Andeutung einer Solvolyse, nach stundenwährendem Kochen ist das Produkt fluorfrei und hat seinen vollen ursprünglichen Chlorgehalt bewahrt[1].

Jedoch kann man die Umsetzung von Alkylhalogeniden mit Flußsäure durch Anwendung geeigneter Katalysatoren erzwingen. Für das Arbeiten im Laboratorium haben sich vorzüglich bewährt das Silberfluorid nach K. FREDENHAGEN[2] und das Quecksilber(II)-fluorid nach HENNE[3]. Beide Salze oder auch ihre Carbonate werden in Fluorwasserstoff eingetragen, und dann wird das organische Halogenid hinzugefügt. Die Ausbeuten sind fast quantitativ. Im großen bedient man sich der Schwermetallfluoride, so des Chrom(III)-fluorids[4] und vor allem des von SWARTS entdeckten Antimonchlorofluorids SbF_2Cl_3[5]. Bezüglich der Einzelheiten dieses Verfahrens sei auf die Zusammenfassung von WIECHERT verwiesen[6]. Auf diese Weise werden Chlorfluorderivate des Methans und Äthans hergestellt, die als Kälteübertragungsmittel von großer Wichtigkeit und unter der Bezeichnung Frigene und Freone bekannt sind. Es ist mit ziemlicher Sicherheit anzunehmen, daß die Fluorierung hier durch das Metallfluorid und nicht durch den Fluorwasserstoff erfolgt, der nur dazu dient, den Katalysator zu regenerieren.

Der eben geschilderten Reaktion

$$R\text{—}Cl + MeF + HF \rightarrow R\text{—}F + MeF + HCl$$

entspräche in der Chemie des Wassers

$$R\text{—}Cl + MeOH + H_2O \rightarrow R\text{—}OH + MeOH + HCl.$$

Es handelt sich also um eine durch Basen katalysierte Solvolyse, die in Wasser wesentlich leichter verläuft als in Flußsäure. Auch sind in Wasser die Alkalihydroxyde als Katalysatoren am besten geeignet, während in Fluorwasserstoff die basenanalogen Schwermetallfluoride vorzuziehen sind.

Eine weitere grundlegende Möglichkeit zur Darstellung von organischen Fluorverbindungen eröffnet sich, wenn man die andere

---

[1] WIECHERT, K.: Unveröffentlicht.

[2] FREDENHAGEN, K.: Z. phys. Chem. Abt. A **164**, 176 (1933).

[3] HENNE, A. L.: J. Amer. chem. Soc. **60**, 1569 (1938); **61**, 938 (1939).

[4] Imperial Chemical Ind. Ltd. Brit. P. 468447. Chem. Zbl. **1937 II**, 2900. — Amer. P. 2110369. Chem. Zbl. **1938 II**, 174.

[5] DAUDT, K. W. u. M. A. YOUKER: Kinetic Chemicals Inc. Amer. P. 2005708. Chem. Zbl. **1936 I**, 876. DRP. 552919.

[6] WIECHERT, K.: Chemie **56**, 333 (1943).

Haupteigenschaft des Lösungsmittels in Betracht zieht, nämlich seine Neigung zur Anlagerung. Ganz allgemein geht man so vor, daß man Fluorwasserstoff sich an eine ungesättigte Bindung addieren läßt. Da ein derartiger Vorgang meist von einer starken Wärmeentwicklung begleitet ist, muß die Reaktion — wenn die Bildung polymerer Nebenprodukte vermieden werden soll — bei ziemlich tiefer Temperatur oder im gasförmigen Aggregatzustand oder in einem indifferenten Lösungsmittel erfolgen. In diesem Rahmen kann nur der erste Fall Interesse finden. GROSSE und LINN untersuchten die Anlagerung an Kohlenwasserstoffe mit ungesättigter Doppelbindung[1]:

$$R\text{—}CH = CH\text{—}R' + HF \rightarrow R\text{—}CH_2\text{—}CHF\text{—}R'.$$

Hierbei tritt das Fluoratom wie üblich an das wasserstoffärmere Kohlenstoffatom. Die Ausbeuten liegen bei 60—80%. Ganz entsprechend erfolgt die Addition an Dreifachbindungen. Durch geeignete Wahl der Versuchsbedingungen kann man zu einem Endprodukt von gesättigtem oder olefinischen Charakter gelangen, so zu Vinylfluorid oder Äthylidenfluorid, ausgehend von Acetylen:

$$HC \equiv CH + 2\,HF \rightarrow H_2C = CHF + HF \rightarrow H_3C\text{—}CHF_2.$$

Der Reaktionsablauf ist nicht auf die Kohlenwasserstoffe beschränkt, das gleiche Verhalten finden wir z. B. bei den Acetylencarbonsäuren[2]. Wie bekannt ist, verläuft die Addition von Wasser an Kohlenstoff-Mehrfachbindungen weit schwerer, meist muß ein Katalysator bei höheren Temperaturen verwendet werden.

So zahlreiche Möglichkeiten zur Darstellung von organischen Fluorverbindungen sich somit bieten, ist doch keine von ihnen zur Gewinnung von aromatischen Fluorverbindungen geeignet. Der einzige hierfür gangbare Weg führt über die Aryldiazoniumfluoride (SANDMEYER-Reaktion):

$$C_6H_5\text{—}NH_2 + NaNO_2 + 2\,HF \rightarrow C_6H_5\text{—}N{=}N\text{—}F + NaF + 2\,H_2O \quad \text{Diazotierung}$$
$$C_6H_5\text{—}N = N\text{—}F \rightarrow C_6H_5\text{—}F + N_2\nearrow \quad \text{Zersetzung.}$$

Die Diazotierung erfolgt momentan durch Zugabe des Nitrits bei 0—5° C; die Zersetzung des Diazoniumsalzes beim Erwärmen auf 40—50°, wobei der überschüssige Fluorwasserstoff zugleich entweicht. Die Ausbeuten liegen zwischen 80 und 90%[3].

b) Molekülabbau durch Fluorwasserstoff.

Mittels Abbaureaktionen kann man ebenfalls zu Fluorverbindungen gelangen. Wenn man beispielsweise Säureanhydride in Fluorwasserstoff einträgt[4], so erfolgt Spaltung zu Säurefluorid und freier Säure:

$$\begin{matrix} R\text{—}CO \\ R\text{—}CO \end{matrix}\!\!>\!O + HF \rightarrow R\text{—}COF + R\text{—}COOH.$$

---

[1] GROSSE, A. V. u. C. B. LINN: J. org. Chemistry **3**, 26 (1938).
[2] I.G. Farbenind. A.-G. DRP. 621977.
[3] I.G. Farbenind. A.-G. DRP. 600706.
[4] FREDENHAGEN, K.: Z. phys. Chem. Abt. A **164**, 176 (1933).

Die Methode ist dann von Vorteil, wenn das Säureanhydrid leichter zugänglich ist als das Chlorid; sie versagt bei ringförmig gebauten Anhydriden (Malein- und Phthalsäureanhydrid)[1]. Mit Wasser verläuft die Spaltung der Anhydride genau entsprechend, wenn auch nicht immer mit derselben Leichtigkeit.

Unter sehr starker Wärmeentwicklung vollzieht sich die Spaltung von Äthylenoxyd, wobei sich Fluorhydrin bildet:

$$\begin{array}{c} CH_2 \\ | \\ CH_2 \end{array}\!\!\!>\!\!O + HF \rightarrow \begin{array}{c} CH_2-F \\ | \\ CH_2-OH \end{array}.$$

Jedoch tritt hierbei als störende Nebenreaktion leicht die Kupplung mehrerer Moleküle Fluorhydrin zu Polyglykoläthern ein[2]. Mit Wasser erfolgt die Ringsprengung viel langsamer. Ganz ähnlich entsteht aus Cyclopropan das Isopropylfluorid[3]:

$$\begin{array}{c} CH_2 \\ | \\ CH_2 \end{array}\!\!\!>\!\!CH_2 + HF \rightarrow CH_3-CHF-CH_3.$$

Beide Reaktionen beruhen auf der inneren Spannung der dreigliedrigen Ringsysteme.

Im Gegensatz zum Verhalten bei den Alkylenoxyden wird die normale Ätherbindung in aliphatischen und aromatischen Äthern durch Flußsäure selbst beim Erhitzen unter Druck auf 100^0 nicht merklich gesprengt[4]. Ganz anders jedoch liegen die Dinge bei der glucosidischen Ätherbindung. Sämtliche Glucoside, die einfachen und gemischten, vom Disaccharid bis hinauf zur Cellulose werden beim Lösen in Fluorwasserstoff sofort in die Fluorverbindungen ihrer kleinsten Bausteine zerlegt:

$$(C_6H_{10}O_5)_x + x\ HF \rightarrow x\ C_6H_{11}O_5F.$$

Cellulose   Glucosylfluorid

Dieses Schema konnte K. Fredenhagen durch die Tatsache erhärten, daß Lösungen von Cellulose in Flußsäure die gleichen molaren Siedepunktserhöhungen und Leitfähigkeiten aufweisen wie Lösungen von Glucosylfluorid im nämlichen Reagens[5]. Ganz entsprechend verhalten sich die anderen Kohlenhydrate. Auf diesen Grundlagen wurden die eleganten Verfahren zur Holzverzuckerung mit wasserfreiem Fluorwasserstoff von K. Fredenhagen und Helferich[6], von Meyrhofer, Bohunek und Hoch[7], sowie eine neue Methode zur Bestimmung des Ligningehaltes in Holz und Papier von Wiechert[8] entwickelt.

<hr>

[1] Klatt, W.: Z. anorg. allg. Chem. **222**, 289 (1935).

[2] Wiechert, K.: Unveröffentlicht.

[3] Grosse, A. V. u. C. B. Linn: J. org. Chemistry **3**, 26 (1938).

[4] Calcott, W. S., J. M. Tinker u. V. Weinmayr: J. Amer. Chem. Soc. **61**, 1010 (1939).

[5] Fredenhagen, K. u. G. Cadenbach: Z. angew. Chem. **46**, 113 (1933). — Z. Elektrochem. **37**, 684 (1931).

[6] Fredenhagen, K. u. B. Helferich: Can. P. 286179. Chem. Zbl. **1932 I**, 1439. — Amer. P. 1883676 u. 1883677. Chem. Zbl. **1933 I**, 340.

[7] Mayrhofer, D., H. Bohunek u. H. Hoch: Österr. P. 147494 u. 151241. Chem. Zbl. **1937 I**, 1578; **1938 I**, 1681. — Siehe auch Luers, H.: Holz **1**, 342 (1938).

[8] Wiechert, K.: Cellulose-Chem. **18**, 57 (1940).

Die Esterbindung wird durch Fluorwasserstoff nicht gespalten, sowohl bei Estern mit organischem wie anorganischem Säurerest. Aber auch hier bilden die Verbindungen der Kohlenhydrate eine Ausnahme; ihre Acetate setzen sich mit Flußsäure leicht derart um, daß eine Acetylgruppe abgespalten und durch Fluor ersetzt wird [1].

Beim Kochen mit Alkalifluorid in Flußsäure erweisen sich die Ester als ungemein widerstandsfähig, während doch in Analogie zu den Verhältnissen in wäßriger Lösung eine besonders glatte Verseifung zu erwarten wäre [2]:

$$CH_3—COO—C_2H_5 + NaOH \rightarrow CH_3—COONa + C_2H_5OH \text{ in } H_2O$$
$$(CH_3—COO—C_2H_5 + NaF \rightarrow CH_3—COONa + C_2H_5F) \text{ in HF.}$$

c) Weitere organische Umsetzungen in flüssigem Fluorwasserstoff.

Zum Schluß sollen noch einige wichtige organische Umsetzungen besprochen werden, für die sich das Lösungsmittel Flußsäure als besonders geeignet erwiesen hat, bei denen jedoch die Wirkung des Solvens nicht unmittelbar auf seiner „Wasserähnlichkeit" beruht.

Sofern Verbindungen mit ungesättigter Mehrfachbindung nicht unter Anlagerung von Fluorwasserstoff in gesättigte Systeme überzugehen vermögen (S. 33), werden sie durch Flußsäure polymerisiert. So z. B. Amylen, Butadien, Isopren, Styrol, Inden, Pyrrol, Thiophen, Thionaphthen u. v. a. m. [3]. Im allgemeinen verläuft die Reaktion unter starker Wärmeentwicklung gelegentlich sogar mit explosionsartiger Heftigkeit und führt zu weitgehend hochmolekularen Produkten; mittlere Polymerisationsgrade können nur durch Verdünnung des Reaktionsgemisches mit anderen Lösungsmitteln erhalten werden.

Abweichend verhalten sich diejenigen Stoffe, die benachbart der ungesättigten Bindung ein anlagerungsfähiges Sauerstoffatom aufweisen, wie Allylalkohol und Zimtsäure. Sie werden nicht polymerisiert, addieren auch keinen Fluorwasserstoff an die olefinische Bindung, sondern werden aus ihren meist intensiv gefärbten Lösungen unverändert wiedergewonnen [4].

Große praktische Bedeutung haben die Acylierungen und Alkylierungen in Fluorwasserstoff gewonnen. Über die verschiedenen Möglichkeiten, aromatische Ketone darzustellen, sowie über die erzielten Ausbeuten unterrichtet die folgende Übersicht:

1. $R—H + R'—COOH \rightarrow R—CO—R' + H_2O$ 31—55% Ausbeute

2. $R—H + R'—COCl \rightarrow R—CO—R' + HCl$ 13—45% Ausbeute

3. $R—H + \begin{matrix} R'—CO \\ R'—CO \end{matrix}\!\!>\!\!O \rightarrow R—CO—R' + R'—COOH$ und weiter wie unter 1, 27% Ausbeute

4. $2\,R—H + R'—COO—R'' \rightarrow R—CO—R' + R—R''$ sehr wenig Keton.

---

[1] BRAUNS, D. H.: J. Amer. chem. Soc. 45, 833, 2381 (1923); 46, 1484 (1924); 48, 2776 (1926); 49, 3170 (1927); 51, 1820 (1929).

[2] WIECHERT, K.: Unveröffentlicht.

[3] FREDENHAGEN, K.: Z. phys. Chem. Abt. A 164, 176 (1933). — Siehe auch FREDENHAGEN, K.: DRP. 551787. — B. F. GOODRICH Comp.: Amer. P. 2168279. Chem. Zbl. 1940 I, 144.

[4] KLATT, W.: Z. anorg. allg. Chem. 222, 225 (1935).

Die Umsetzungen wurden unter Druck bei 100° durchgeführt, die zu acylierende Verbindung — in der Übersicht als R—H bezeichnet — lag im Überschuß vor[1].

Noch zahlreicher sind die Möglichkeiten zur Einführung von Alkylgruppen; denn zu den von der Acylierung her bekannten Reaktionstypen: Abspaltung von Wasser, von Halogenwasserstoff und Molekülaufspaltung tritt hier als neue Möglichkeit die Anlagerung ungesättigter Verbindungen, z. B.:

$$R\text{—}H + CH_2 = CH\text{—}R' \rightarrow R\text{—}CH_2\text{—}CH_2\text{—}R'\ [2]\quad 25\text{—}98\%\ \text{Ausbeute.}$$

Im übrigen muß auf die angegebene Literatur verwiesen werden[3].

Die gleichen Reaktionstypen: Abspaltung von Wasser und Anlagerung ungesättigter Verbindungen liegen den zahlreichen in Flußsäure beobachteten Ringschlüssen zugrunde[4].

Auch einige Umlagerungen organischer Verbindungen verlaufen rasch und glatt in wasserfreier Flußsäure, z. B. die FRIESsche Verschiebung[5] (Umlagerung eines Phenylesters in ein Oxyketon) oder die BECKMANNsche Umlagerung[6].

Für die Alkylierungen, Acylierungen, Ringschlüsse und Umlagerungen finden sonst meist Schwefelsäure, Aluminiumchlorid und Bortrifluorid als Katalysatoren Verwendung. Diesen Reagentien ist wasserfreie Flußsäure dadurch überlegen, daß bei ihrer Verwendung keine Sulfonierung, Oxydation, unerwünschte Kupplung aromatischer Ringe und nur ausnahmsweise Isomerisierung aliphatischer Seitenketten erfolgt. Infolge des niederen Siedepunktes des Lösungsmittels ist eine Überhitzung des Reaktionsgemisches ausgeschlossen, sowie eine bequeme Entfernung der überschüssigen Flußsäure und ihre fast völlige Wiedergewinnung möglich.

Fluorwasserstoff kann mit ausgezeichnetem Erfolg als Lösungsmittel für organische Verbindungen Verwendung finden, die mit elementarem

---

[1] Weitere Literatur: SIMONS, J. H., D. J. RANDALL u. S. ARCHER: J. Amer. chem. Soc. **61**, 1795 (1939). — FIESER, L. F. u. G. W. KILMER: J. Amer. chem. Soc. **62**, 1354 (1940). — FIESER, L. F. u. E. B. HERSHBERG: J. Amer. chem. Soc. **62**, 49 (1940).

[2] SIMONS, J. H. u. S. ARCHER: J. Amer. chem. Soc. **60**, 186, 2952 (1938); **61**, 1521 (1939).

[3] SIMONS, J. H., S. ARCHER u. E. ADAMS: J. Amer. chem. Soc. **60**, 2955 (1938). CALCOTT, W. S., J. M. TINKER u. V. WEINMAYR: J. Amer. chem. Soc. **61**, 1010 (1939). — SIMONS, J. H., S. ARCHER u. D. J. RANDALL: J. Amer. chem. Soc. **61**, 1821 (1939). — SIMONS, J. H. u. S. ARCHER: J. Amer. chem. Soc. **62**, 1623 (1940). — SPRAUER, J. W. u. J. H. SIMONS: J. Amer. chem. Soc. **64**, 648 (1942).

[4] FIESER, L. F. u. Mitarb.: J. Amer. chem. Soc. **61**, 1272, 1647, 2134, 2958 (1939); **63**, 319, 782, 2333 (1941). — CALCOTT, W. S., J. M. TINKER u. V. WEIN-. MAYR: J. Amer. chem. Soc. **61**, 949 (1939). — E. J. Du Pont de Nemours u. Co.: Amer. P. 2145905. Chem. Zbl. **1939 II**, 230. — Amer. P. 2174118. Chem. Zbl. **1940 I**, 3450.

[5] WIECHERT, K.: Chemie **56**, 338 (1943). — Siehe auch SIMONS, J. H., S. ARCHER u. D. J. RANDALL: J. Amer. chem. Soc. **62**, 485 (1940).

[6] SIMONS, J. H., S. ARCHER u. D. J. RANDALL: J. Amer. chem. Soc. **62**, 485 (1940).

Fluor behandelt werden sollen[1] und schließlich lassen sich Nitrierungen und in geringem Ausmaß auch Sulfonierungen sehr bequem in Flußsäure durchführen[2]. Nitrate dissoziieren ja in diesem Lösungsmittel nach dem auf S. 17 angeführten Schema und so stellt eine Lösung von Kaliumnitrat in wasserfreiem Fluorwasserstoff ein ausgezeichnetes Nitriergemisch dar. Die Umsetzung kann bei beliebig tiefer Temperatur erfolgen, und selbst bei stark exothermem Verlauf ist eine Überhitzung über 25⁰ hinaus wegen des niederen Siedepunktes des Lösungsmittels ausgeschlossen. Also erfolgt die Nitrierung unter sehr schonenden Bedingungen, eine Oxydation des vorliegenden Stoffes wird nur in Ausnahmefällen beobachtet; die Ausbeuten sind durchweg besser als bei den meisten sonst üblichen Verfahren. Ähnliches gilt für die Sulfonierungen, wo eine Lösung von Alkalisulfat in Fluorwasserstoff Verwendung findet (vgl. das Schema auf S. 22).

III. Die Chemie in wasserfreiem, verflüssigtem Ammoniak.

1. Allgemeines über verflüssigtes Ammoniak als Lösungsmittel.

Das wasserfreie, verflüssigte Ammoniak, welches unter Atmosphärendruck bei —77,8⁰ C schmilzt und bei —33,5⁰ C siedet, ist ein ganz hervorragendes Lösungsmittel für eine große Anzahl anorganischer und organischer Substanzen. Während das reine verflüssigte Ammoniak den elektrischen Strom ebenso wie das sorgfältig gereinigte Wasser nur sehr wenig leitet, besitzen viele Auflösungen von Substanzen in ihm ein recht gutes Leitvermögen. Bei derartigen Lösungen handelt es sich also um Elektrolytlosungen, die Stoffe liegen in ihnen im dissoziierten Zustande vor, und zahllose Ionenreaktionen werden wie bei wäßrigen Lösungssystemen ermöglicht. Das verflüssigte Ammoniak ist offenbar ebenso wie die wasserfreie Flußsäure ein „wasserähnliches" Solvens, wenn man unter einem wasserähnlichen Lösungsmittel ein solches versteht, das hinsichtlich des chemischen Verhaltens der in ihm gelösten Stoffe die im ersten Abschnitt dargelegten Hauptmerkmale wäßriger Lösungssysteme erkennen läßt. Uber das chemische Verhalten der Stoffe in wasserfreiem Ammoniak ist bereits seit vielen Jahrzehnten sowohl von rein wissenschaftlich interessierter Seite als auch von seiten der praparativen Praxis und der chemischen Industrie ein großes Tatsachenmaterial erarbeitet worden.

[1] A. J. Du Pont de Nemours u. Co.: Franz. P. 761946. Chem. Zbl. **1934** II, 843. — Amer. P. 2013030. Chem. Zbl. **1936** I, 2629. — Amer. P. 2 227628. Chem. Zbl. **1941** I, 3590.
[2] Wiechert, K.: Chemie **56**, 337 (1943). — Siehe auch Simons, J. H., H. J. Passino u. S. Archer: J. Amer. chem. Soc. **63**, 608 (1941).

Für mancherlei Umsetzungen hat sich Ammoniak als ein wertvolles unersetzliches Lösungsmittel erwiesen. Es kann nicht Aufgabe dieses Abschnittes der vorliegenden Monographie sein, eine umfassende Darstellung über die Chemie in verflüssigtem Ammoniak zu bringen, welche das außerordentlich umfangreiche oder gar das gesamte Tatsachenmaterial berücksichtigt. Über die Chemie in wasserfreiem Ammoniak ist bereits im Jahre 1935 ein ausgezeichnetes, zusammenfassendes Werk von E. C. FRANKLIN [1] erschienen, welches Prinzipielles und Spezielles enthält und die weitgehende Bedeutung und Anwendbarkeit des Ammoniaks als Solvens für Fragen der praparativen, namentlich der organischen Chemie dartut. Bei den folgenden Darlegungen soll vielmehr eine gewisse Anzahl für wesentlich gehaltener Forschungsarbeiten herangezogen werden, aus denen sich die Grundlagen einer Chemie in wasserfreiem Ammoniak mit besonderer Berücksichtigung der allgemeinen und der anorganischen Chemie ergeben.

Bevor auf die Chemie der in verflüssigtem Ammoniak gelösten oder suspendierten Stoffe näher eingegangen wird, sei eine Übersicht über einige physikalische Eigenschaften des Ammoniaks im Vergleich mit den Hydriden der anderen Elemente der fünften Hauptgruppe des periodischen Systems gegeben. Aus der Zusammenstellung geht hervor, daß das Ammoniak in ähnlicher Weise eine Sonderstellung unter den Hydriden der Elemente von der fünften Vertikalreihe einnimmt wie das Wasser in der Gruppe der Chalkogenwasserstoffe und der Fluorwasserstoff in der Gruppe der Halogenwasserstoffe.

Tabelle 13. *Vergleich einiger physikalischer Eigenschaften bei den Hydriden der Elemente der funften Hauptgruppe.*

Eigenschaften	SbH_3	AsH_3	PH_3	NH_3
Molekulargewicht	124,78	77,93	34,00	17,03
Schmelzpunkt	—91°	—113,5°	—133,8°	—77,8°
Siedepunkt	—18°	—54,8°	—87,8°	—33,5°
Dichte beim Sdp.	2,204	1,621	0,765	0,681
Molvolumen b. Sdp.	56,6	48	44,5	25
Bildungswarme der gasformigen Verbindung	stark endotherm	$-43,6 \frac{kcal}{Mol}$	$+2,3 \frac{kcal}{Mol}$	$+11 \frac{kcal}{Mol}$
Dielektrizitätskonstante ε	~1,8 (+15°)	~2 (+15°)	2,6 (—50°)	22 (—34°)
Elektrisches Leitvermogen in reziproken Ohm				$3 \cdot 10^{-8}$ (—37°) [2]

Nach der Lage der Schmelzpunkte und der Siedepunkte von SbH_3, AsH_3 und PH_3 könnte man den Schmelzpunkt des Ammoniaks etwa bei —155° C (statt —77,8°) erwarten und den Siedepunkt vielleicht

---

[1] FRANKLIN, E. C.: The Nitrogen System of Compounds. Amer. chem. Soc. Monogr., Ser. 68. New York 1935.
[2] FRANKLIN, E. C. u. CH. A. KRAUS: Amer. chem. J. **23**, 277 (1900). — FREDENHAGEN, K.: Z. anorg. allg. Chem. **186**, 5 (1930).

bei -110^0 bis -115^0 C (statt $-33,5^0$). Die Ursachen für diese Sonderstellung sind praktisch die gleichen wie für die Sonderstellung des Wassers und des Fluorwasserstoffs innerhalb der Reihe der Chalkogenwasserstoffe und der Halogenwasserstoffe. Das Ammoniakmolekül hat ein relativ recht kleines Volumen und ist nicht plan aufgebaut. Das Stickstoffatom liegt nicht etwa in der Mitte eines gleichseitigen Dreiecks, dessen Ecken von Wasserstoffatomen besetzt sind, sondern an der Spitze einer flachen Pyramide, deren Zahlenverhältnisse aus den folgenden Daten hervorgehen:

a) Abstand H—H $\sim1,6$ Å,
b) Abstand N—H $\sim1,0$ Å,
c) Höhe der Pyramide $\sim0,3$ bis $0,4$ Å.

Mit dem kleinen Volumen des Ammoniakmoleküls, dem Dipolcharakter und der nicht geringen Dielektrizitätskonstanten hängen unter anderem die besonderen Eigenschaften und die „Wasserähnlichkeit" des flüssigen Ammoniaks zusammen; die Verhältnisse liegen hier also ähnlich wie beim verflüssigten Fluorwasserstoff.

Aus dem Gesagten erhellt unter Berücksichtigung der Elektronenzahlen und Wertigkeiten auch die Ähnlichkeit und Vertretbarkeit der Gruppen $(NH_2)^-$, $(OH)^-$ und F^- einerseits sowie $(NH)^{--}$ und O^{--} andererseits.

2. Über das Vermögen des Ammoniaks, mit anderen, bereits abgesättigt erscheinenden Verbindungen Ammoniakate (Solvate) zu bilden[1].

In viel stärkerem Maße als Fluorwasserstoff, ganz ähnlich dem Wasser, hat Ammoniak die charakteristische Eigenschaft, sich an andere, bereits abgesättigt erscheinende Verbindungen anlagern und mit ihnen feste Solvate („Ammoniakate") bilden zu können. Es gibt eine fast unübersehbare Zahl von Ammoniakaten ebenso wie von Hydraten. Je nach den Temperatur- und Druckbedingungen sowie den sonstigen Begleitumständen kann eine recht verschiedene Anzahl von Ammoniakmolekülen mit einem Molekül des Salzes in Verbindung treten. Die Ammoniakate sind namentlich in früheren Jahrzehnten und unter recht verschiedenen Gesichtspunkten häufig untersucht worden, und es haben sich hierbei gewisse Anhaltspunkte für Regelmäßigkeiten innerhalb engerer Bereiche hinsichtlich ihrer Bildung,

---

[1] Eingehenderes über Ammoniakate ist aus den zahlreichen Arbeiten, welche unter dem Titel „Beitrage zur systematischen Verwandtschaftslehre" hauptsachlich von W. Biltz, ferner aber auch von G. Hüttig, W. Klemm sowie ihren Mitarbeitern publiziert worden sind, zu ersehen, z. B.: Z. anorg. allg. Chem. **109**, 111 (1919); **119**, 97, 115 (1921); **123**, 31 (1922); **124**, 230, 322 (1922); **125**, 269 (1923); **127**, 1 (1923); **129**, 1, 161 (1923); **130**, 93 (1923); **134**, 125 (1924); **145**, 63 (1925); **148**, 145, 157, 170, 192, 207 (1925); **159**, 96 (1927); **163**, 240 (1927); **166**, 339 (1927); **176**, 181 (1929); **193**, 321 (1930); **200**, 343, 367 (1931). — Man vgl. ferner A. Werner-P. Pfeiffer; Anorganische Chemie, 5. Aufl., S. 61. Braunschweig 1923.

Beständigkeit usw. ergeben. Auf einige dieser Regelmäßigkeiten sei hingewiesen. Es liegt aber nicht im Rahmen der vorliegenden Monographie, ein vollständiges Bild und eine umfassende Darstellung von allen Ammoniakaten zu geben. Wie bei den Hydraten kommt es auch hier im wesentlichen darauf an, die Vielheit der Erscheinungen und Möglichkeiten bei den Ammoniakaten in Erinnerung zu bringen.

Außerordentlich groß ist die Zahl der Solvate mit 6 Molekülen Ammoniak. In welcher Weise bei ihnen die Beständigkeit von dem Atomvolumen desjenigen Metalls abhängt, welches als Zentralatom des komplexen Kations fungiert, zeigt die folgende Übersicht über die Hexaammine der Jodide von Nickel, zweiwertigem Kobalt, Eisen, Kupfer, Mangan, Zink, Cadmium und Magnesium sowie über ihre Zerfallstemperaturen bei einem Ammoniakdruck von 500 mm Quecksilbersäule.

Tabelle 14. *Die Zerfallstemperaturen von Hexaamminen der Jodide einiger zweiwertiger Metalle in Abhängigkeit vom Atomvolumen des Zentralatoms bei 500 mm Hg NH_3-Druck.*

Art des Hexaammins	Zerfallstemperatur in °C	Atomvolumina der Metalle	Ionenradius des zweiwertigen Metalls nach V M. GOLDSCHMIDT
$[Ni(NH_3)_6]J_2$	225,5	6,6	0,78
$[Co(NH_3)_6]J_2$	188	6,8	0,82
$[Fe(NH_3)_6]J_2$	174	7,2	0,83
$[Cu(NH_3)_6]J_2$	115	7,2	
$[Mn(NH_3)_6]J_2$	164	7,4	0,91
$[Zn(NH_3)_6]J_2$	55,5	9,2	0,83
$[Cd(NH_3)_6]J_2$	97,5	13,0	1,03
$[Mg(NH_3)_6]J_2$	20	14,0	0,78

Wir sehen, daß im großen ganzen die Zerfallstemperaturen der vorliegenden Hexaammine von Jodiden einiger zweiwertiger Metalle mit steigendem Atomvolumen des metallischen Zentralatoms abnehmen, aber auch nur im großen ganzen, an zwei Stellen ist die an und für sich nicht lange Reihenfolge empfindlich unterbrochen. Ebenso unbefriedigend ist der Versuch, einen Parallelismus zwischen Zerfallstemperaturen und Ionenradius zu konstatieren.

Auch was die Abhängigkeit der Beständigkeit der Ammoniakate vom Anion anbetrifft, ergeben sich keine durchgehenden Gesetzmäßigkeiten. Vielfach nimmt die Beständigkeit vom Fluorid zum Jodid zu, manchmal ist es aber auch umgekehrt, in anderen Fällen wiederum findet sich beim Bromid ein Maximum oder ein Minimum. Wechselnd ist ferner die Zahl der gebundenen Ammoniak-Moleküle. Während z. B. bei den Alaklihalogeniden die geraden Zahlen (8, 6, 4 und 2) vorherrschen, liegen die Verhältnisse bei den Trihalogeniden ganz anders; bei ihnen kommt die ungerade Zahl (5) besonders oft vor. Häufig werden auch gebrochene Zahlen angetroffen, beispielsweise $1\frac{1}{2}$ bei den Kupfer(I)- und den Silberhalogeniden.

Eine Klarstellung insbesondere der zuletzt erwähnten Ergebnisse ist erst zu erwarten, wenn die Krystallstrukturen dieser Stoffe bestimmt sein werden. Das ist bisher nur bei einigen von ihnen der Fall. Dagegen haben sich durch die Arbeiten von W. BILTZ, H. G. GRIMM und K. FAJANS für die Aufklärung der übrigen Regelmäßigkeiten schon Gesichtspunkte von allgemeiner Bedeutung ergeben[1]. Nach BILTZ und FAJANS ist die Bildungsenergie Q eines Ammoniakats gegeben durch die Differenz der Energien, welche zum Aufweiten des Gitters benötigt (Aufweitungsarbeit E) und welche beim Einbau der Ammoniakmoleküle in das geweitete Gitter gewonnen werden (Einlagerungsenergie A).

$$Q = A - E.$$

Die Größe der Aufweitungsarbeit E ist angenähert berechenbar, die Bildungsenergie Q läßt sich aus experimentellen Befunden bestimmen und die Einlagerungsenergie E ergibt sich aus der Gleichung $A = Q + E$. Besonders leicht zu übersehen ist der Gang der Q-Werte, wenn man bei gleichbleibendem Kation vom Fluorid zum Jodid übergeht. In dieser Reihe nämlich nehmen die E-Werte ab, während A im wesentlichen konstant bleibt, da ja die Anlagerung des Dipolmoleküls stets an das gleiche Kation erfolgt. Dementsprechend sollten auch die Q-Werte vom Fluorid zum Jodid abnehmen, und das ist in der Tat in zahlreichen Fällen, insbesondere bei edelgasähnlichen Kationen beobachtet worden („normale Reihen"). Fluoride bilden übrigens nur ausnahmsweise Ammoniakate. Es gibt aber auch „inverse Reihen", bei welchen der Gang umgekehrt ist; hierher gehören die Kupfer(I)- und die Silber-Halogenide. Bei ihnen handelt es sich nach FAJANS um stark polarisierbare Kationen, so daß die VAN DER WAALSschen Kräfte einen großen Beitrag zur Gitterenergie liefern. Diese wiederum sind bei den Jodiden viel größer als bei den Bromiden oder Chloriden. Bei der Einlagerung von Ammoniak muß infolgedessen zusätzlich Energie aufgewandt werden, E ist also in den fraglichen Fällen bei den Jodiden besonders groß, bei den Chloriden entsprechend geringer. Zwischen den „normalen" und „inversen" Reihen gibt es aber auch Übergänge.

Für die Abhängigkeit der Beständigkeit der Ammoniakate vom Kation ergaben Versuche und Theorie die Regel, daß mit einer Verkleinerung des Kations die Einlagerungsenergie A stärker anwächst als die Aufweitungsarbeit E, daß also die Stabilität der Ammoniakate in diesem Sinne zunimmt. Das läßt auch die tabellarische Übersicht (Tabelle 14) in großen Zügen erkennen. Jedoch können natürlich auch hier Polarisationseinflüsse von erheblicher Bedeutung sein. Auf ihren Einfluß ist es beispielsweise zurückzuführen, daß die Ammoniakate der Silberhalogenide wesentlich beständiger sind als die Ammoniakate der Natriumhalogenide.

---

[1] Vgl. hierzu unter anderen A. E. VAN ARKEL u. J. H. DE BOER: Chemische Bindung als elektrostatische Erscheinung, deutsch von L. u. W. KLEMM. Leipzig **1931**.

Schließlich zeigte sich, daß eine Zunahme der Wertigkeit des Komplexions zu einer Erhöhung der Stabilität der Ammoniakate führt.

Die obigen Gesetzmäßigkeiten gelten für „Einlagerungs"-Komplexe, bei welchen die eingelagerten Ammoniakmoleküle die Anionen vom Kation weitgehend abdrängen. Sie finden sich vorzugsweise bei „Koordinations"- und „Schichten"-Gittern insbesondere bei der Anlagerung einer größeren Anzahl von Ammoniakmolekülen. Werden bei „Molekül"-Gittern nur eine geringe Anzahl (1 oder 2) von Ammoniakmolekülen angelagert, so bilden sich „Anlagerungs"-Komplexe, beispielsweise $AlCl_3 \cdot 1\,NH_3$. Bei ihnen bleibt die Berührung Kation-Anion erhalten; das Ammoniakmolekül drängt diese nur beiseite und tritt zusätzlich an das Zentralatom heran. Es ist ohne weiteres verständlich, daß das bei den Chloriden leichter möglich ist als bei den Bromiden oder gar den Jodiden. Bei der Anlagerung von mehr Ammoniakmolekülen erfolgt dann ein Übergang zu den „Einlagerungs"-Komplexen mit Koordinationsgittern.

Über das Verhältnis der Ammoniakate zu den in diesem Sinne noch nicht genügend systematisch untersuchten Hydraten kann hier nicht eingegangen werden. Aber auf die weitgehende Ähnlichkeit des Ammoniaks mit dem Wasser hinsichtlich des Vermögens, eine große Anzahl von Solvaten zu geben, sollte doch hingewiesen sein.

3. Über die Löslichkeit von anorganischen und organischen Substanzen in wasserfreiem, verflüssigtem Ammoniak und die Beschaffenheit dieser Lösungen.

a) Das Prinzip des Verfahrens der Bestimmung maximaler Löslichkeiten von Substanzen in verflüssigten Gasen[1].

Ohne auf Einzelheiten und Feinheiten näher eingehen zu können, sei an Hand der nebenstehenden Skizze eines Glasapparates wenigstens das Prinzip des Verfahrens kurz angegeben, nach welchem verschiedentlich die Bestimmung der maximalen Löslichkeit fester Substanzen in wasserfreien, verflüssigten Gasen bei bestimmten, konstant gehaltenen Temperaturen vorgenommen worden ist. Die Methode ist also ebensogut auch für die Bestimmung maximaler Löslichkeiten fester Substanzen in anderen verflüssigten Gasen als Ammoniak geeignet, z. B. für verflüssigtes Schwefeldioxyd, verflüssigten Schwefelwasserstoff, wasserfreie Blausäure usw.

In das zunächst nur einseitig — bei A — zugeschmolzene, absolut trockene Bombenrohr wird die zu untersuchende, feste, trockene Substanz in ausreichender Menge so hereingebracht, daß sie sich

---

[1] Vgl. hierzu RUFF, O. u. E. GEISEL: Ber. dtsch. chem. Ges. **39**, 828 (1906).

quantitativ bei A befindet. Jedenfalls dürfen sich oberhalb der Erweiterung bei C an den Rohrwandungen keine Substanzreste befinden. Unter stärkerer Kühlung von außen wird nunmehr bei Ausschluß von Luftfeuchtigkeit durch ein Einleitungsrohr das Gas (Ammoniak) über der festen Substanz bei A kondensiert, bis der Flüssigkeitsspiegel nach einiger Zeit etwa bei B steht. Der erweiterte Raum bei C wird anschließend mit vorbereiteter, trockener Watte oder Glaswolle oder mit Asbestfasern filterdicht angefüllt. Unter Aufrechterhaltung der Kühlung bei A zieht man das Bombenrohr in seinem oberen Teile aus und verschließt es dadurch, wobei der Zutritt von Flammengasen in das Rohr peinlichst vermieden werden muß. Nachdem sich das Rohr bei E abgekühlt hat, wird es in seiner ganzen Länge in das temperaturkonstante Bad, z. B. ein solches von Eiswasser, gestellt und hierin unter häufigerem Umschwenken solange gelassen, bis Sättigung des verflüssigten Gases erreicht ist. Wenn man soweit gekommen ist, dreht man das ganze Röhrchen um 180° und läßt die im Innern befindliche gesättigte Lösung im Temperaturbad durch die Filtermasse bei C hindurch in den nunmehr unteren Raum E filtrieren. Der gering zu wählende Überschuß des Bodenkörpers lagert auf der Filtermasse, das Filtrat muß selbstverständlich klar sein. Geht der Filtrationsprozeß zu langsam voran, etwa weil das Filter zu dicht und fest gestopft wurde, so kann man ihn dadurch beschleunigen, daß man das Röhrchen ein wenig aus dem Temperaturbad heraushebt und einen kleineren Raum bei der Kuppe A dadurch für kurze Zeit auf etwas höhere Temperatur bringt. Nach beendeter Filtration wird der Raum des Röhrchens bei E schnell stärker gekühlt, und zwar bis unter die Verflüssigungstemperatur des verwendeten Gases bei Atmosphärendruck. An der verengten Stelle bei D wird durch Ausziehen ab- und zugeschmolzen. In geeigneter, von Fall zu Fall meist wechselnder Weise nimmt man schließlich die Bestimmung der in der durchfiltrierten Flüssigkeit gelösten Substanzmenge vor.

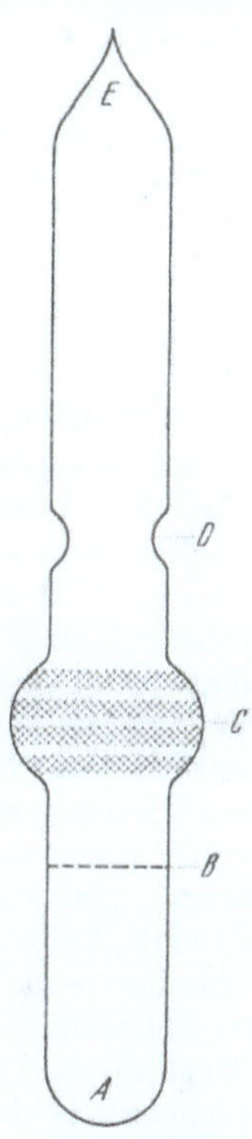

Abb. 3. Skizze einer Glasapparatur für die Bestimmung der maximalen Löslichkeit fester Stoffe in verflüssigten Gasen bei konstant gehaltener Temperatur.

Gegen die Exaktheit dieser relativ einfachen Methode sind aus leicht ersichtlichen Gründen Bedenken[1] erhoben worden. Eine dieser Fehlerquellen ist z. B. die nachträgliche Kondensation von Ammoniakdampf aus dem Raum über der klar filtrierten, gesättigten Lösung in diese bei ihrer Abkühlung auf tiefere Temperaturen zum Zwecke

---

[1] Vgl. z. B. SCHATTENSTEIN, A. I. u. A. M. MONOSSOHN: Z. anorg. allg. Chem. **207**, 204 (1932). — Acta Physicochimica U.R.S.S. **5**, 45 (1936). — LINHARD, M. u. M. STEPHAN: Z. phys. Chem. **163**, 185 (1933); **167**, 87 (1933).

des Ausziehens und Abschmelzens bei D. Es wurden daher Verbesserungen und Verfeinerungen der Apparatur und des Verfahrens vorgeschlagen sowie vollständige Umgestaltungen vorgenommen, wodurch die Fehlermöglichkeiten ausgeschaltet oder wenigstens in Rechnung gesetzt werden können. Hierauf soll aber nicht näher eingegangen werden, da es in erster Linie darauf ankommen muß, einen Überblick darüber zu gewinnen, welche anorganischen und organischen Substanzen und Stoffklassen in wasserfreiem verflüssigtem Ammoniak löslich sind und wie hierbei größenordnungsmäßig die Verhältnisse liegen. Diesen Überblick und die Möglichkeit des Vergleichens erhält man auch durch Löslichkeitsbestimmungen nach der verhältnismäßig einfachen Methode nach O. RUFF und E. GEISEL.

b) Über die Löslichkeit der Alkali- und Erdalkalimetalle in flüssigem Ammoniak und die Beschaffenheit dieser Metallauflösungen[1].

Mit Wasser reagieren die Alkali- und auch die Erdalkalimetalle in allgemein bekannter Weise mehr oder weniger heftig. Hierbei wird Alkalihydroxyd bzw. Erdalkalihydroxyd und Wasserstoffgas gebildet: $2\,\text{Na} + 2\,\text{HOH} = 2\,\text{Na(OH)} + \text{H}_2{\nearrow}$. In Ammoniak findet nur bei höherer Temperatur die analoge Reaktion statt, wobei Metallamide und Wasserstoffgas entstehen: $2\,\text{Na} + 2\,\text{HNH}_2 = 2\,\text{Na(NH}_2) + \text{H}_2{\nearrow}$. Bei niedrigeren Temperaturen aber werden die Alkali- und einige Erdalkalimetalle von wasserfreiem, verflüssigtem Ammoniak aufgelöst, und es resultieren — je nach der Konzentration — blaue bis tiefblaue, ein wenig goldbraun schillernde Lösungen, aus welchen sich die Metalle beim Abdunsten des Lösungsmittels unter Luftsauerstoff- und Feuchtigkeitsausschluß unverändert wieder abscheiden. Die Auflösungen von Lithium und Natrium sind bei 0^0 und darunter monatelang haltbar, Lösungen von Rubidium und besonders solche von Caesium sind allerdings unbeständiger. Unter Entfärbung wird nach verhältnismäßig kurzer Zeit Caesiumamid gebildet. Mit Benutzung der eben geschilderten Versuchsanordnung haben O. RUFF und E. GEISEL[2] die maximalen Löslichkeiten von Lithium, Natrium und Kalium in flüssigem Ammoniak untersucht und die in der folgenden tabellarischen Zusammenstellung wiedergegebenen Resultate erhalten.

Man bekommt also verhältnismäßig konzentrierte Alkalimetallauflösungen: bei 0^0 beispielsweise eine solche, die 9,4 Gew.-% Lithium, 18,7% Natrium und 32,6% Kalium enthält. Die Abhängigkeit der Löslichkeit von der Temperatur ist beim Lithium praktisch 0, beim Kalium sehr gering und steigt nur unbedeutend mit wachsender Temperatur, beim Natrium nimmt die Löslichkeit mit zunehmender Temperatur ab, und zwar von 22,2 Gew.-% bei -105^0 bis auf 18% bei $+22^0$ C.

---

[1] JOHNSON, W. C. u. A. W. MEYER: Chem. Rev. 8, 273 (1931).
[2] RUFF, O. u. E. GEISEL: Ber. dtsch. chem. Ges. 39, 828 (1906). — Z. anorg. allg. Chem. 70, 51 (1911).

Tabelle 15. *Maximale Löslichkeiten der Alkalimetalle Lithium, Natrium und Kalium in wasserfreiem Ammoniak in Abhängigkeit von der Temperatur.*

Temperatur in Celsiusgraden	1 Mol Alkalimetall löst sich in x Molen Ammoniak		
	x bei Li	x bei Na	x bei K
— 105		4,98	
— 100			4,82
— 80	3,93		
— 70		5,20	
— 50	3,93	5,39	4,79
— 30		5,52	
— 25	3,93		
± 0	3,93	5,87	4,74
+ 22		6,14	

Diese merkwürdigen, intensiv gefärbten Auflösungen der Alkalimetalle haben verständlicherweise von jeher das Interesse erweckt, und man hat sie des öfteren zum Gegenstand von Untersuchungen gewählt, zumal da z. B. die Lösungen mit Natriummetall vielfach als Reduktionsmittel zu interessanten Reaktionen Verwendung gefunden haben. Es handelt sich bei ihnen um echte Lösungen. Über den Zustand, in welchem sich in ihnen das Alkalimetall befindet, sind mancherlei Ansichten geäußert worden, unter anderen diskutierte man, das Alkalimetall könne im Gleichgewicht stehen mit Alkalihydrid und Alkaliamid:

$$2 \text{ Alk} + \text{NH}_3 \rightleftharpoons \text{Alk H} + \text{Alk(NH}_2), $$

aber die Auflösungen der Alkaliamide in flüssigem Ammoniak sehen völlig farblos, nicht blau aus. Beim Abdunsten der Versuchslösungen jedoch hinterbleiben, wie schon erwähnt, unveränderte Alkali- oder Erdalkalimetalle und nicht Amide oder Hydride. Begründetere Auskunft erteilen Bestimmungen des Molekulargewichts nach der ebullioskopischen Methode und Messungen des Leitvermögens dieser Metallauflösungen in Abhängigkeit von der Konzentration. So sind z. B. bei Lithiumauflösungen folgende scheinbare Molekulargewichte in Abhängigkeit von den Atomprozenten an Lithium gefunden worden [1]:

Atom.-% Li	2,31	3,17	5,74	8,72	11,28	11,83
Scheinbares Molekulargewicht	10,09	11,6	12,3	7,7	5,0	4,9

Danach liegt also das Lithium (Atomgewicht 6,94) in den Ammoniaklösungen bei einer Konzentration von 2 bis etwa 8 Atom-% auch unter Berücksichtigung der gleich zu behandelnden teilchenvermehrenden Ionenbildung höchstdispers vor. Es dürfte größtenteils monoatomar oder doch nur wenig assoziiert sein. In konzentrierteren Lösungen

---

[1] RUFF, O. u. E. GEISEL: Ber. dtsch. chem. Ges. **39**, 828 (1906). — Z. anorg. allg. Chem. **70**, 51 (1911). — RUFF, O. u. J. ZENDER: Ber. dtsch. chem. Ges. **41**, 1948 (1908). — Vgl. auch MOISSAN, H.: C. R. hebd. Séances Acad. Sci. **127**, 685 (1898).

treffen wir besondere Verhältnisse an. Ähnliches ist für die Auflösungen von Natrium und Kalium gefunden worden.

In Übereinstimmung mit den eben mitgeteilten Befunden stehen die Ergebnisse ultramikroskopischer Beobachtungen[1] an verdünnteren Auflösungen von metallischem Natrium in flüssigem Ammoniak. Solche Natriumlösungen sind optisch leer!

Die blauen Lösungen der Alkali- und Erdalkalimetalle leiten überraschenderweise den elektrischen Strom, und zwar recht erheblich, teilweise viel besser als wäßrige Elektrolytlösungen. Die folgende kleine Tabelle läßt für Lithiumlösungen die Abhängigkeit der Äqui-

$V = 0{,}42$	0,83	1,99	4,25	8,8	18,1	40,2	18,2
$\Lambda = 25\,600$	9642	879	620	501	455	502	654

valentleitfähigkeit Λ von der Verdünnung V (1 je 1 g-Atom) erkennen[2]. Gemessen wurde bei —33° in der Nähe des Siedepunktes.

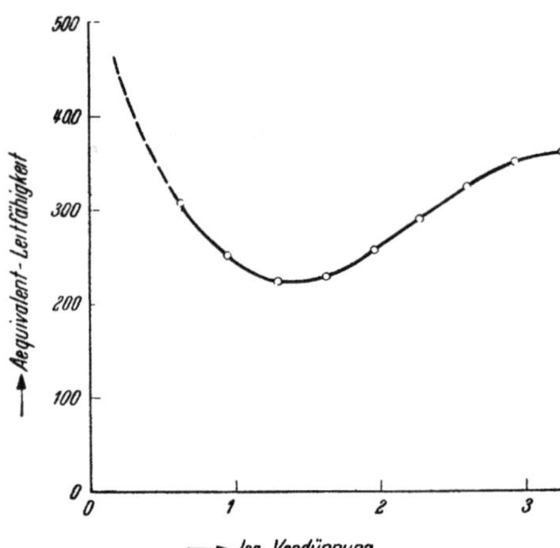

Abb. 4 Abhängigkeit der Äquivalent-Leitfähigkeit vom log der Verdünnung bei Auflösungen von metallischem Natrium in verflüssigtem Ammoniak von —70° C.

Die nebenstehende Abb. 4 vergegenwärtigt graphisch die Abhängigkeit der Äquivalentleitfähigkeit vom log der Verdünnung bei Natriumlösungen von —70° C[3]. Aus ihnen und zahlreichen ähnlichen Leitfähigkeitsmessungen ergibt sich, daß im Bereiche großer und mittlerer Verdünnung die Verhältnisse bei den Auflösungen der Alkalimetalle in verflüssigtem Ammoniak so liegen, wie man das von wäßrigen Salzlösungen her kennt: das Äquivalentleitvermögen nimmt mit abnehmender Verdünnung ab. Die verdünnteren Alkalimetallauflösungen in wasserfreiem Ammoniak verhalten sich also wie Salzelektrolyte in Wasser. Auch die Größenordnungen der Werte für das Äquivalentleitvermögen sind durchaus kommensurabel, wenn man die Leitfähigkeitsverhältnisse bei Lösungen korrespondierender Temperaturlagen vergleicht. Eine stark verdünnte, wäßrige Kaliumhydroxydlösung hat bei 100° C in der unmittelbaren Nähe des Siedepunktes vom Wasser ein Äquivalentleitvermögen von ~650 ähnlich wie eine verdünntere

[1] ZINTL, E. u. A. HARDER: Z. phys. Chem. Abt. A 154, 88 (1931).
[2] KRAUS, CH. A.: J. Amer. chem. Soc. 30, 1323 (1908); 43, 749 (1921).
[3] KRAUS, CH. A.: J. Amer. chem. Soc. 43, 749 (1921); 44, 1941 (1922). — GIBSON, G. E. u. T. E. PHIPPS: J. Amer. chem. Soc. 48, 312 (1926). — JOHNSON, W. C. u. A. W. MEYER: Chem. Rev. 8, 273 (1931).

Lithiumauflösung in wasserfreiem Ammoniak bei —33°, also auch in der Nähe des Siedepunktes von diesem Solvens. Nach Erreichen eines Minimums steigen die Werte für das Äquivalentleitvermögen mit zunehmender Konzentration an Alkalimetall zunächst langsam, dann aber rapide an; sie erreichen schließlich im Gebiete größerer Konzentration die Höhe der metallischen Leitfähigkeit, der Leitfähigkeit z. B. von Quecksilber oder Eisen. Die elektrolytische Leitfähigkeit bei niederen Konzentrationen erklärt man durch eine Ionisation des Alkalimetalls. Das positive Alkalimetallion ist identisch mit den Alkalimetallionen, wie wir sie auch von wäßrigen Lösungen her kennen. Das Anion besteht aus dem je nach der Konzentration mit mehr oder weniger Ammoniakmolekülen solvatisierten Elektron:

$$Li + x\,NH_3 \rightleftharpoons Li^+ + [\ominus(NH_3)_x]^-.$$

Auf die Struktur und Beschaffenheit des Anions ist die blaue Farbe der Lösungen zurückzuführen. Die Auflösungen der Alkalimetalle und Erdalkalimetalle in wasserfreiem Ammoniak haben nämlich alle das gleiche Absorptionsspektrum[1]. Der von den Anionen transportierte Anteil des elektrischen Stromes erhöht sich nun — entsprechend den entwickelten Vorstellungen über die in Erscheinung tretende metallische Leitfähigkeit — sehr mit anwachsender Konzentration an Alkalimetall in den Lösungen. Aus Bestimmungen von Überführungszahlen mit Hilfe von Konzentrationsketten ist zu folgern, daß in den konzentrierteren Auflösungen der Alkalimetalle in wasserfreiem Ammoniak etwa 280mal mehr Strom durch die Anionen überführt wird als durch die Kationen, was durch die Anwesenheit freier Elektronen in den konzentrierteren Lösungen zu erklären ist[2].

c) Die Löslichkeit anorganischer Verbindungen in verflüssigtem, wasserfreiem Ammoniak und die Beschaffenheit dieser Auflösungen.

Eine große Anzahl anorganischer Verbindungen und Salze ist auf ihre Löslichkeit in verflüssigtem, wasserfreiem Ammoniak hin geprüft worden. Wie bei allen Untersuchungen über die Chemie in flüssigem Ammoniak sind auch an den Löslichkeitsbestimmungen hauptsächlich amerikanische Forscher[3] beteiligt gewesen. Dabei hat sich im großen und ganzen herausgestellt, daß die Chloride, Bromide, Jodide, Cyanate, Rhodanide, Nitrate und Nitrite zahlreicher Metalle im allgemeinen recht gut löslich sind, teilweise sogar besser als in Wasser. Die Oxyde, Hydroxyde, Fluoride, Sulfide, Sulfite, Sulfate, Phosphate, Carbonate, Oxalate hingegen pflegen meist wenig löslich oder praktisch unlöslich

---

[1] KRAUS, CH. A.: J. Amer. chem. Soc. **29**, 1570 (1907); **30**, 1329 (1908). — GIBSON, G. E. u. W. L. ARGO: J. Amer. chem. Soc. **40**, 1339 (1918). — OGG, R. A., P. A. LEIGHTON u. F. W. BERGSTROM: J. Amer. chem. Soc. **55**, 1762 (1933).

[2] KRAUS, CH. A.: J. Amer. chem. Soc. **36**, 864 (1914). — Vgl. hierzu FARKAS, L.: Z. phys. Chem. Abt. A **161**, 355 (1932).

[3] KRAUS, CH. A.: J. Amer. chem. Soc. **30**, 1336 (1908). — FRANKLIN, E. C.: Z. phys. Chem. **69**, 290 (1909). — HUNT, H.: J. Amer. chem. Soc. **54**, 3511 (1932). — HUNT, H. u. L. BONCYK: J. Amer. chem. Soc. **55**, 3529 (1933).

Tabelle 16. *Übersicht über die maximale Löslich-keit einiger anorganischer Verbindungen in flüssigem Ammoniak von 25° C.*

Art der Verbindung	Gramm je 100 g Ammoniak	Mole je 10 Mole Ammoniak	Mole je 10 Mole Wasser
NH_4Cl	102,5	3,26	1,32
NH_4Br	237,9	4,13	1,45
NH_4J	368,5		
$NH_4(SCN)$ . . .	312,0	6,97	1,55
NH_4ClO_4 . . .	137,9		
NH_4NO_3 . . .	390,0	8,29	4,82
$(NH_4)_2S$ . . .	120,0		
$(NH_4)_2SO_3$ . .	0,0	0,0	1,05
$(NH_4)_2HPO_4$ . .	0,0		
$(NH_4)HCO_3$ . .	0,0		
$(NH_4)_2CO_3$ . .	0,0	0,0	0,07
$(NH_4)(CH_3COO)$	253,2		
$Li(NO_3)$	243,66		
Li_2SO_4	0,0		
$Na(NH_2)$ . . .	0,004		
NaF	0,35	0,014	0,21
$NaCl$	3,02	0,088	1,11
$NaBr$	137,95	2,28	0,85
NaJ	161,9	1,84	2,21
$Na(SCN)$ . . .	205,5	4,31	
$NaNO_3$	97,6	1,95	1,93
$Na_2S_2O_3$ . . .	0,17	0,002	0,45
Na_2SO_4	0,00	0,0	
$K(NH_2)$ . . .	3,6		
KCl	0,04	0,001	0,96
KBr	13,5	0,19	1,03
KJ	182,0	1,86	1,61
$K(CNO)$ . . .	1,70	0,356	1,67
$K(ClO_3)$	2,52		
$K(BrO_3)$ . . .	0,002		
$K(JO_3)$	0,0		
KNO_3	10,4	0,17	0,66
K_2SO_4	0,0		
K_2CO_3	0,0		
$AgCl$	0,83		
$AgBr$	5,92		
AgJ	206,84		
$Ag(NO_3)$ . . .	86,04		
$Ca(NO_3)_2$ . . .	80,22		
$Sr(NO_3)_2$ . . .	87,08		
$Ba(NO_3)_2$ . . .	97,22		
$BaCl_2$	0,00		
MnJ_2	0,02		
ZnJ_2	0,10		
ZnO	0,00		
H_3BO_3	1,92		

zu sein. Die nebenstehende Tabelle gibt diesbezüglich eine Übersicht, sie umfaßt aber nur eine Auswahl der untersuchten Stoffe. Zum Vergleich der Verhältnisse in Wasser und in Ammoniak sind in der III. und IV. Vertikalreihe für einige Beispiele die maximalen Löslichkeiten ausgedrückt in Molen je 10 Mole des jeweiligen Solvens einander gegenübergestellt.

Besonders in die Augen fallend ist die recht hohe Löslichkeit vieler Ammoniumsalze in flüssigem Ammoniak. Wir werden später sehen, daß diese Tatsache durch das Lösungsmittelsystem bedingt ist; die Ammoniumsalze spielen nämlich in verflüssigtem Ammoniak die gleiche Rolle wie die Säuren (Hydroniumsalze) in Wasser.

Im allgemeinen scheinen die Ammoniumsalze in flüssigem Ammoniak besser löslich zu sein als die korrespondierenden Lithiumsalze und diese wiederum besser als die entsprechenden Natriumsalze, am wenigsten löslich sind offenbar in der Reihe der Alkalisalze die Verbindungen des Kaliums. Weiterhin sind die Jodide erheblich besser löslich als die Bromide und diese als die Chloride. In dem Zusammenhang ist entschieden von Interesse, daß Silberjodid, welches in Wasser praktisch unlöslich ist, in verflüssigtem, wasserfreiem Ammoniak außerordentlich gut löslich ist. Ähnliches gilt für Silberbromid.

Die Auflösungen der Salze in wasserfreiem Ammoniak leiten mehr oder weniger gut den elektrischen Strom, die gelösten Stoffe liegen also in ihnen im elektrolytisch dissoziierten Zustande vor. Besondere Versuche haben gezeigt, daß die Art der Spaltung in Ionen in ganz analoger Weise erfolgt wie in Wasser, daß also nicht nur Basenanaloge entstehen wie im Solvens Flußsäure. Dadurch sind, wie in wäßrigen Lösungen,

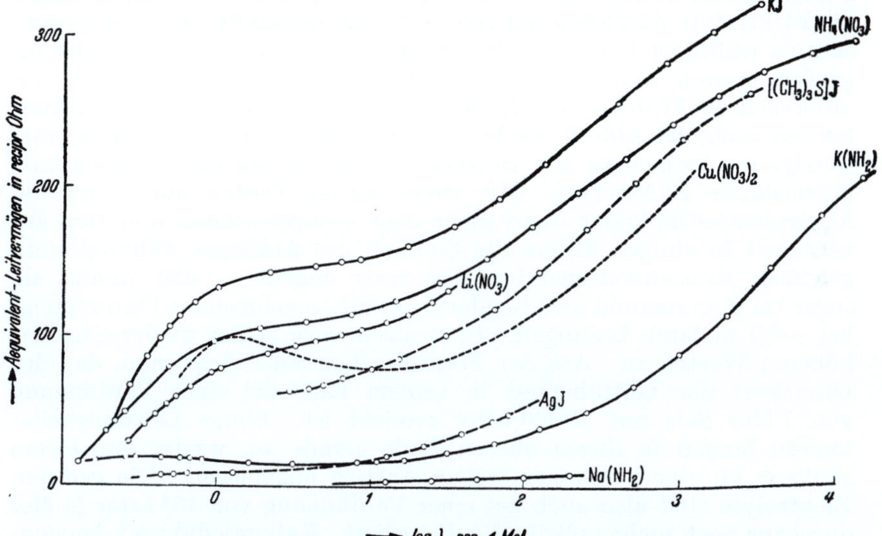

Abb. 5. Abhängigkeit des Äquivalent-Leitvermögens einiger Elektrolyte in absolut ammoniakalischer Lösung vom Logarithmus der Verdünnung.

zwischen sehr verschiedenartigen Kationen auf der einen Seite und sehr verschiedenartigen Anionen auf der anderen Seite außerordentlich viele Ionenreaktionen, z. B. Fällungsreaktionen, möglich. Hierauf wird in einem späteren Abschnitt noch besonders eingegangen werden.

Gewisse Einblicke in den Zustand der in flüssigem Ammoniak gelösten Salze hinsichtlich der Dissoziation, der Beweglichkeit der Ionen und der molekularen Verteilung geben Leitfähigkeitsmessungen und Bestimmungen der molekularen Gefrierpunktsdepression. Leitfähigkeitsmessungen und Ermittlungen des Äquivalentleitvermögens in Abhängigkeit von der Konzentration sind unter anderen von E. C. Franklin[1] sowie von A. M. Monosson und W. A. Pleskow[2] durchgeführt worden. Die obenstehende Abb. 5 gibt in Auswahl und zum Vergleich graphisch die Resultate solcher Messungen an Lösungen einiger Elektrolyte bei —33° C wieder. Die vergleichenden Untersuchungen sind also bei einer Temperatur dicht unterhalb des

---

[1] Franklin, E. C.: Z. phys. Chem. **69**, 286 (1909).
[2] Monosson, A. M. u. W. A. Pleskow: Z. phys. Chem. Abt. A **156**, 176 (1931).

Siedepunktes der Lösungen angestellt worden. Demnach müßten die erhaltenen Werte verglichen werden mit solchen wäßriger Lösungen von 99,5⁰ C; darauf sei besonders aufmerksam gemacht. Wir stellen zunächst fest, daß die Leitfähigkeitskurven in Ammoniak als Solvens qualitativ ebenso verlaufen wie die Leitfähigkeitskurven bei wäßrigen Elektrolytlösungen, z. B. bei Lösungen von Essigsäure, Magnesiumsulfat, Zinksulfat, Kupfersulfat, Ammonchlorid u. a. m. Wir konstatieren aber weiter, daß der Verlauf der Leitfähigkeitskurven im Bereich höher konzentrierter Lösungen darauf hindeutet, daß in ihnen die Elektrolyte durchweg nur relativ wenig dissoziiert sind. Im Gegensatz zu wäßrigen Lösungssystemen, in welchen die typischen Salze im großen ganzen alle als starke Elektrolyte vorliegen, fungieren die untersuchten Stoffe — auch zahlreiche andere, deren Leitfähigkeitskurven nicht in Abb. 5 wiedergegeben sind — in wasserfreiem, verflüssigtem Ammoniak als Solvens nur als schwache bis höchstens mittelstarke Elektrolyte. Mit zunehmender Verdünnung steigt die Äquivalentleitfähigkeit dann mehr oder weniger schnell und steil an, verzögert in einigen Fällen die Steilheit des Anstieges während eines gewissen Konzentrationsintervalles noch einmal — hier nimmt sie sogar bei Kaliumamid und Kupfernitrat mit zunehmender Verdünnung, bei ~0,1 molaren Lösungen, ab! — strebt aber später wieder schneller höheren Werten zu. Aus der Form der Kurven ersieht man, daß der Grenzwert der Leitfähigkeit in keinem Falle bei einer Verdünnung von 1 Mol Salz auf 10000 Liter erreicht ist. Einige Leitfähigkeitskurven fangen in ihrem oberen Ende gerade an, wieder von einem steileren zu einem weniger steilen Anstieg abzubiegen. Die gelösten Elektrolyte sind also auch bei einer Verdünnung von 10^4 Liter je Mol durchaus noch nicht vollständig dissoziiert. Kaliumjodid und Ammonnitrat müssen als etwas stärkere Elektrolyte gelten. Die Leitfähigkeitsverhältnisse der Lösungen von Natrium-, Kalium-, Rubidium- und Caesiumnitrat sind ungefähr ebenso wie die der Lithium- und Ammonnitratlösungen. Silberjodid und Kaliumamid sind in flüssigem Ammoniak schwächere Elektrolyte, ganz besonders trifft das für Natriumamid zu.

Gelegentlich wird darauf aufmerksam gemacht, daß das Leitvermögen verdünnter Elektrolytlösungen in wasserfreiem Ammoniak als Solvens erheblich besser wäre als das wäßriger Salzlösungen und zum Beweis für die Richtigkeit der Behauptung werden die Werte von Leitfähigkeitsmessungen an rein ammoniakalischen Salzlösungen von —33⁰ C verglichen mit solchen wäßriger Elektrolytlösungen von Zimmertemperatur. Das ist unseres Erachtens, wie eben dargelegt wurde, nicht zulässig! Man muß vergleichen mit den Werten von Leitfähigkeitsmessungen wäßriger Elektrolytlösungen von 99—100⁰ C, welche sich also ebenso wie die rein ammoniakalischen dicht unterhalb der Siedetemperatur befinden und demgemäß korrespondierende Temperaturlage haben. Wäßrige Kaliumchloridlösungen besitzen bei 100⁰ C und bei unendlicher Verdünnung ein Äquivalentleitvermögen von 407, Natriumnitratlösungen ein solches von 339. Das sind also größenordnungsmäßig ganz ähnliche Zahlen, wie wir sie auch bei verdünnteren Elektrolytlösungen mit Ammoniak von -33^0 als Solvens antreffen. Auch die folgende kleine tabellarische Übersicht läßt das

Tabelle 17. *Beweglichkeiten der Alkalikationen in Wasser und in Ammoniak.*

Lösungsmittel	Temperatur in ° C	Li$^+$	Na$^+$	K$^+$	Rb$^+$	Cs$^+$
NH$_3$	-40	121	131	169	174	175
H$_2$O	$+80$	~80	~110	~160	~170	~170
H$_2$O	$+18$	33,4	43,5	64,6	67,5	68

eben Gesagte deutlich erkennen. MONOSSON und PLESKOW[1] haben unter bestimmten Voraussetzungen und Annahmen die Beweglichkeiten der Alkalikationen bei unendlicher Verdünnung beim Vorliegen rein ammoniakalischer Lösungen von -40^0 C berechnet. Ergänzt man diese Angaben durch die Werte der Beweglichkeiten der gleichen Ionen in wäßriger Lösung von 18^0 (Zimmertemperatur) und 80^0, welche Temperaturlage für Wasser besser mit Ammoniak von -40^0 korrespondiert als $+18^0$, so sehen wir, daß gute Übereinstimmung der Werte für Wasser von 80^0 und für Ammoniak von -40^0 vorhanden ist.

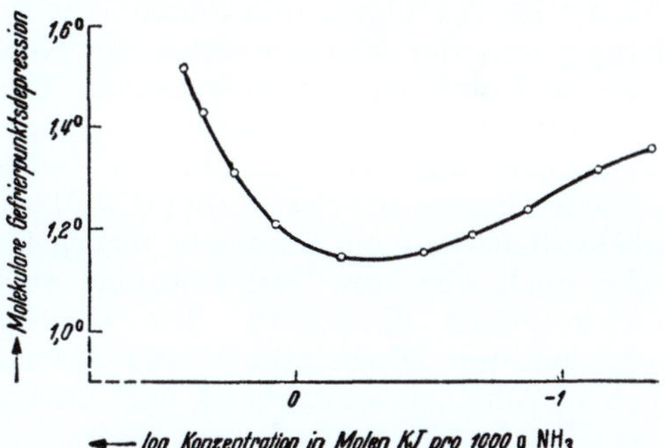

Abb. 6. Abhängigkeit der molaren Gefrierpunktsdepression absolut ammoniakalischer Kaliumjodid-Lösungen vom Logarithmus der Konzentration.

Zur weiteren Klärung der Frage nach der Beschaffenheit der rein ammoniakalischen Lösungen sind Messungen der molekularen Gefrierpunktserniedrigung vorgenommen worden. Die Abb. 6 z. B. gibt die Abhängigkeit der molekularen Gefrierpunktsdepression von (dem Logarithmus) der Konzentration an Kaliumjodid bei seiner Auflösung in wasserfreiem Ammoniak wieder[2]. In Übereinstimmung mit den Befunden bei den Leitfähigkeitsuntersuchungen muß — wenigstens qualitativ — festgestellt werden, daß die Zahl der Teilchen je Mol gelöster Substanz von etwa 0,5 molaren Lösungen an nach stärkeren Verdünnungen zu größer wird (zunehmende Dissoziation!); der Wert der molekularen Gefrierpunktsdepression steigt nämlich ebenso wie der Wert des Äquivalentleitvermögens mit wachsender Verdünnung an. Weniger leicht verständlich ist die ebenfalls zu beobachtende Zunahme der molekularen Gefrierpunktsdepression — also die scheinbare Vermehrung der Teilchen! — mit wachsender Konzentration der

---

[1] MONOSSON, A. M. u. W. A. PLESKOW: Z. phys. Chem. Abt. A **156**, 176 (1931).
[2] ELLIOTT, L. D.: J. phys. Chem. **28**, 631 (1924).

rein ammoniakalischen Kaliumjodidlösungen von 0,5 m an aufwärts. In diesem Zusammenhang muß aber darauf aufmerksam gemacht werden, daß der Wert der kryoskopischen Konstanten für Ammoniak noch nicht allgemein anerkannt ist; die bisher erfolgten Bestimmungen haben stark schwankende Resultate ergeben. Aus dem Wert für die Schmelzwärme 1,418 kcal je Mol berechnet sich die kryoskopische Konstante $Eg = 0{,}94$ [1]. Ammoniak zeigt aber nach den bisher vorliegenden praktischen Untersuchungen hinsichtlich der Konstante Eg anscheinend kein einfach zu deutendes Verhalten. ELLIOT [2] fand in 0,006 bis 0,04 molaren Lösungen von 8 verschiedenen organischen Substanzen den Wert 0,97, SCHMID und BECKER [3] ermittelten bei 7 Versuchen mit Acetanilid und Mannit, und zwar in einem Konzentrationsbereich von 0,2 bis 1,7 % den Wert 1,318, wobei ihre Einzelergebnisse zwischen 1,102 und 1,464 schwankten. Es sieht so aus, als ob die Konstante mit steigender Konzentration kleiner würde. REIHLEN fand bei 3,4 bis 5,4 %igen, rein ammoniakalischen Harnstofflösungen unabhängig von der Konzentration die Konstante Eg gar zu 1,7! Wenn also auch infolge der aufgezeigten Unsicherheiten eine Auswertung der Kurve von Abb. 6 nicht gut möglich ist, so geht doch aus den Versuchen über die molekulare Gefrierpunktsdepression von verschieden konzentrierten Kaliumjodidlösungen hervor, daß Kaliumjodid höchstdispers in den Lösungen vorliegen muß, es dürfte monomolekular oder doch nur zum Teil assoziiert vorhanden sein. Daneben ist es elektrolytisch dissoziiert. Die Gleichgewichtszustände, welche die angedeuteten Dissoziations- und Assoziationsverhältnisse versinnbildlichen, scheinen weitgehend nach rechts verlagert zu sein:

$$\left.\begin{array}{l}(\mathrm{K_m}\,\mathrm{J_{m-n}})^{n+} + (\mathrm{J})^{n-}_n \\ (\mathrm{K})^{o+}_o + (\mathrm{K_{m-o}}\,\mathrm{J_m})^{o-}\end{array}\right\} (\mathrm{KJ})_m \rightleftharpoons \mathrm{m\,KJ} \rightleftharpoons \mathrm{m\,K^+} + \mathrm{m\,J^-}.$$

Man muß bei der Ausdeutung des Verlaufes von Leitfähigkeitskurven aber auch daran denken, daß in konzentrierteren Lösungen die Solvatation der Ionen eine andere, und zwar eine geringere sein wird als in verdünnteren. Auch der Faktor der Solvatation und der unterschiedlichen Solvatation der Ionen hat Einfluß auf den Dissoziationsgrad und die Ionenbeweglichkeit und damit auf die Leitfähigkeit der rein ammoniakalischen Kaliumjodidlösungen:

$$[\mathrm{K(NH_3)_x}]^+ + \mathrm{y\,NH_3} \rightleftharpoons [\mathrm{K(NH_3)_{x+}}\ ]^+.$$

Um ein auch nach der quantitativen Seite hin befriedigendes Bild von dem Zustande der Salze zu erhalten, welche in wasserfreiem Ammoniak als Solvens gelöst sind, genügen die bisherigen Experimentaluntersuchungen und ihre Ergebnisse noch nicht, es müssen noch die Resultate andersartiger Versuche hinzukommen.

[1] REIHLEN, H. u. K. TH. NESTLE: Ber. dtsch. chem. Ges. **59**, 1159 (1926).
[2] ELLIOTT, L. D.: J. phys. Chem. **28**, 611 (1924).
[3] SCHMID, L. u. B. BECKER: Ber. dtsch. chem. Ges. **58**, 1968 (1925).

Zur weiteren Aufklärung nach dieser Richtung hin sind nun auch einige potentiometrische Messungen durchgeführt worden. Dabei hat sich ergeben[1], daß die Elektrodenpotentiale der Metalle gegen die Lösungen ihrer Salze in flüssigem Ammoniak von $-33{,}5^0$ C im großen ganzen dieselbe Reihenfolge der Werte aufweisen wie in wäßrigen Lösungen. Nach der quantitativen Seite hin allerdings bestehen nicht unerhebliche Unterschiede. Aus Messungen von W. A. PLESKOW und A. M. MONOSSON[2] errechnen sich z. B. für Zink, Cadmium, Blei, Wasserstoff, Kupfer, Silber und Quecksilber folgende Normalpotentiale, wobei Blei gegen Bleinitratlösung willkürlich ± 0 gesetzt ist. Unter jeden Wert für E_0 ist in Klammern der Wert des korrespondierenden Normalpotentials für wäßrige Lösungen — umgerechnet auf Blei gegen Bleisalzlösung ebenfalls ± 0 — angegeben.

Metall	Zn	Cd	H_2	Pb	Cu	Hg	Ag
Normal-potential	$-0{,}85$ $(-0{,}61)$	$-0{,}51$ $(-0{,}27)$	$-0{,}34$ $(+0{,}13)$	0 (0)	$+0{,}10$ $(+0{,}47)$	$+0{,}42$ $(+0{,}99)$	$+0{,}49$ $(+0{,}94)$

Die Normalpotentiale in Lösungen mit wasserfreiem Ammoniak als Solvens sind also im Vergleich zu den E_0-Werten wäßriger Lösungssysteme stark nach der negativen Seite hin verschoben. Außerdem sind auch in qualitativer Hinsicht Unterschiede festzustellen. In ammoniakalischen Lösungen muß beispielsweise Wasserstoff langsam Blei aus Bleisalzlösungen verdrängen, in wäßrigen wird umgekehrt metallisches Blei von Säuren langsam unter Wasserstoffentwicklung gelöst. Nach FREDENHAGEN[3] sind die Unterschiede zwischen den beiden Spannungsreihen darin begründet, daß die Elemente unterschiedliche Verwandtschaft zu den Zerfallsteilen der Moleküle des jeweiligen Lösungsmittels, also zur Hydroxylgruppe bzw. zur Amidgruppe besitzen.

Auf Grund von Umsetzungen in wasserfreiem Ammoniak als Solvens ist für die elektronegativen Elemente folgende Spannungsreihe aufgestellt worden[4]:

$$\text{J} \quad \text{S} \quad \text{Se} \quad \text{Te} \quad \text{P(?)} \quad \text{As} \quad \text{Sb} \quad \text{Sn} \quad \text{Bi(?)} \quad \text{Pb.}$$

Gemäß dieser Reihe verdrängt ein beliebiges Element die jeweils rechts von ihm stehenden, wenn sie als Anionen in Salzen vorliegen, aus deren Lösung, z. B.:

$$Na_3Bi + As = Na_3As + Bi$$
$$Bi^{3-} + As = As^{3-} + Bi$$
$$Na_4Pb + 2\,Te = 2\,Na_2Te + Pb$$
$$Pb^{4-} + 2\,Te = 2\,Te^{2-} + Pb.$$

[1] JOHNSON, F. M. G. u. N. T. M. WILMORE: Trans. Faraday Soc. 3, 72 (1907).
[2] PLESKOW, W. A. u. A. M. MONOSSON: Chem. Zbl. 106, 28 (1935).
[3] FREDENHAGEN, K.: Z. phys. Chem. Abt. A 128, 1, 239 (1927); 159, 94 (1932).
[4] BERGSTROM, F. W.: J. Amer. chem. Soc. 47, 1503 (1925).

Nach einer Mitteilung von K. FREDENHAGEN[1] verläuft die Spannungsreihe der als Anionen fungierenden Halogene in Ammoniak als Solvens umgekehrt wie in Wasser und hat die in der untenstehenden kleinen Übersicht angegebenen Werte. Die Zahlen in den Klammern bedeuten die Normalpotentiale in Volt für wäßrige Lösungssysteme.

Element	J	Br	Cl	F
Volt	$+1,51$ $(+0,58)$	$+1,26$ $(+1,07)$	$+1,06$ $(+1,36)$	$+0,77$ $(+2,85)$

d) Kurze Übersicht über die Löslichkeit organischer Substanzen in wasserfreiem, flüssigem Ammoniak.

Für organisch-chemische Stoffe hat das verflüssigte Ammoniak ein ausgeprägtes und besseres Lösungsvermögen als das Wasser. Von BERGSTROM, GILKEY und LUNG[2] sind rund 300 organische Verbindungen aller Stoffklassen auf ihre Löslichkeit in Wasser, Alkohol, Äther, Ammoniak sowie in einigen Aminen hin untersucht worden. Dabei wurde qualitativ ein zunehmendes Lösungsvermögen der Solventien in folgender Reihenfolge festgestellt: Wasser — Triäthylamin — Diäthylamin — Äther — Alkohol — Ammoniak. Die nachfolgende kurze Zusammenstellung[3] gibt nun gewisse Anhaltspunkte für die Löslichkeitsverhältnisse bei einigen Stoffklassen organisch-chemischer Verbindungen.

Kohlenwasserstoffe. Die Paraffine sind — entgegen den eben vermittelten Eindrücken — praktisch unlöslich, aber die ringförmigen Kohlenwasserstoffe sind etwas löslich in flüssigem Ammoniak.

Halogenierte Kohlenwasserstoffe. Von den halogenierten Kohlenwasserstoffen sind die niedriger molekularen relativ leicht, die höher molekularen schwach löslich.

Alkohole. Die meisten aliphatischen und aromatischen Alkohole sind gut löslich. Teilweise mischen sie sich sogar in allen Verhältnissen mit verflüssigtem Ammoniak.

Äther. Auch die allermeisten Äther sind leicht löslich und zum Teil ebenfalls in allen Verhältnissen mit dem Solvens mischbar.

Aldehyde und Ketone. Die Aldehyde und Ketone sind in wasserfreiem, flüssigem Ammoniak im allgemeinen gut löslich, und zwar sowohl die aromatischen als auch die aliphatischen. Die Aldehyde reagieren mehr oder weniger schnell mit dem Lösungsmittel.

Carbonsäuren. Von den Carbonsäuren sind die niedriger molekularen gut, die höher molekularen dagegen schwach löslich bis unlöslich in flüssigem Ammoniak bis zu -33^{0}, also bis zum Siedepunkt des Solvens bei Atmosphärendruck. Die Dicarbonsäuren sind unlöslich.

---

[1] FREDENHAGEN, K.: Z. phys. Chem. Abt. A **128**, 1, 239 (1927); **159**, 94 (1932).

[2] BERGSTROM, F. W., W. M. GILKEY u. P. E. LUNG: Industr. Engng. Chem. **24**, 57 (1932).

[3] FRANKLIN, E. C.: The Nitrogen System of Compounds. Amer. chem. Soc. Monogr., Ser. 68. New York 1935.

Säureamide und Aminosäuren. Die Aminosäuren und die Säureamide sind meist besser löslich als die zugehörenden Monocarbonsäuren.

Ester. Die Ester lösen sich im allgemeinen gut in flüssigem
Ammoniak. Viele Ester erleiden bei ihrer Auflösung Solvolyse.

Nitrile und Isonitrile. Viele Nitrile und Isonitrile sind sehr gut
löslich, teilweise mit verflüssigtem Ammoniak in allen Verhältnissen
mischbar.

Amine. Die Amine besitzen meist eine ausgezeichnete Löslichkeit,
sie sind teilweise ebenfalls in allen Verhältnissen mit Ammoniak
mischbar.

Nitroverbindungen. Sowohl die aliphatischen als auch die aromatischen Nitroverbindungen sind im allgemeinen gut löslich.

Sulfosäuren. Die aromatischen Sulfosäuren und einige ihrer Salze
sind in flüssigem Ammoniak löslich.

Heterocyclische Verbindungen. Von den heterocyclischen Verbindungen sind einige reichlich (Pyridin, Chinolin, Thiophen u. a. m.),
andere dagegen spärlicher löslich.

4. Neutralisationenanaloge Reaktionen in flüssigem Ammoniak und das Ammonosystem[1] der Verbindungen.

Alle bisher mitgeteilten Befunde zeigen, daß eine recht weitgehende
Ähnlichkeit im Verhalten der beiden Lösungsmittelsysteme mit
„Wasser“ und mit „verflüssigtem Ammoniak“ als Solventien besteht.
Es fragt sich nun, ob die Analogien noch darüber hinaus gehen. Das
ist tatsächlich der Fall! Der für das Lösungsmittel Wasser so charakteristische Typ der Neutralisationsreaktionen existiert auch im Solvens
Ammoniak. Das auch nach sorgfältiger und oft wiederholter Reinigung
hinterbleibende schwache Eigenleitvermögen des verflüssigten Ammoniaks ist — wie beim Wasser — auf eine geringfügige Dissoziation
zurückzuführen, und zwar gemäß den Schemen:

$$2\,H_2O \rightleftharpoons [(H \cdot H_2O)^+ + (OH)^- \rightleftharpoons]\,(H_3O)^+ + (OH)^-$$
$$2\,NH_3 \rightleftharpoons [(H \cdot NH_3)^+ + (NH_2)^- \rightleftharpoons]\,(NH_4)^+ + (NH_2)^-.$$

Hiernach entsprechen hinsichtlich des reinen, flüssigen Ammoniaks die
Verbindungen, welche in dem Solvens gelöst die lösungsmitteleigenen,
positiv geladenen $(NH_4)^+$-Ionen abspalten, den Säuren in Wasser. Die
Ammoniumsalze, welche diese $(NH_4)^+$-Ionen abdissoziieren, sind also in
flüssigem Ammoniak keine Salze, sondern „Säurenanaloge“! Ferner
entsprechen die Verbindungen, welche in verflüssigtem Ammoniak
gelöst die lösungsmitteleigenen, negativ geladenen $(NH_2)^-$-Ionen abspalten, den Basen in Wasser. Die Metallamide in flüssigem Ammoniak,
welche wie Kalium- oder Natriumamid $(NH_2)^-$-Ionen abdissoziieren,
fungieren demnach als „Basenanaloge“.

---

[1] FRANKLIN, E. C.: The Nitrogen System of Compounds. Amer. chem. Soc.
Monogr., Ser. 68. New York 1935. — AUDRIETH, L. F.: Z. angew. Chem. **45**, 385
(1932).

Der Charakter der Ammoniumsalze als „Säurenanaloge" in wasserfreiem flüssigem Ammoniak und der Amide als „Basenanaloge" wird aus einer ganzen Reihe von Eigenschaften der Auflösungen dieser Stoffe deutlich. Lithium, Natrium, Kalium, Magnesium, Calcium, Zink, Cadmium, Aluminium, Mangan und andere Metalle werden beispielsweise von Ammoniumsalzlösungen in Ammoniak angegriffen und unter Wasserstoffentwicklung in Salze überführt[1], reagieren also ebenso wie in Wasser mit Säuren:

$$2\,Na + 2\,NH_4Cl = 2\,NaCl + 2\,NH_3 + H_2 \nearrow$$
$$Mn + 2\,NH_4Br + 4\,NH_3 = MnBr_2 \cdot 6\,NH_3 + H_2 \nearrow$$
$$2\,Li + 2\,NH_4(N_3) = 2\,LiN_3 + 2\,NH_3 + H_2 \nearrow .$$

Gewisse Indicatoren[2], welche in wäßrigen Lösungssystemen den Übergang sauer-alkalisch durch Farbumschlag anzeigen, haben diese Eigenschaft auch in rein ammoniakalischen Lösungen und besitzen eine andere Farbe in „säurenanalogen" Ammonsalzlösungen wie in „basenanalogen" Alkaliamidlösungen. Die nachfolgende Zusammenstellung gibt diesbezüglich eine Übersicht.

Tabelle 18. *Zusammenstellung der Farbänderungen einiger Indicatoren in wäßrigen sowie absolut ammoniakalischen Lösungen beim Übergang vom „sauren" zum „basischen" Bereich.*

Farbindicator und Umschlags-p_H in wäßriger Lösung	Farbe des Indicators im			
	sauren Bereich		basischen Bereich	
	H_2O	NH_3	H_2O	NH_3
Metanilgelb 1,2—2,3	violett-rot	gelb	dunkelgelb	lila
Thymolblau 1,2—2,8	rot	gelb	gelb	blau
Tropäolin 00 1,4—2,6	rot	gelb	gelb-orange	violett
p-Amidoazobenzol 1,9—3,3	hellgelb	gelb	gelb	rot
Methylorange 3,1—4,4	rot-orange	gelb	gelb	himbeerfarben
Neutralrot 6,8—8,0	bläulich-rot	orange	orange-gelb	blau
Benzopurpurin 12,0—14,0	gelb	rot	rot	gelb
Diazoamidobenzol	rot	gelb	gelb	rot

Zwischen Ammoniumverbindungen einerseits und Metallamiden andererseits finden nun, wie diesbezügliche eingehende Untersuchungen ergeben haben, außerordentlich zahlreich solche „neutralisationenanalogen" Umsetzungen statt, wobei das wenig dissoziierte Lösungsmittel Ammoniak gebildet wird und außerdem die Lösung oder Fällung eines Salzes resultiert:

$$(NH_4)^+ + ClO_4^- + Na^+ + (NH_2)^- = 2\,NH_3 + Na^+ + ClO_4^-$$
$$(NH_4)^+ + (Cl)^- + K^+ + (NH_2)^- = 2\,NH_3 + KCl \downarrow$$
$$(NH_4)^+ + (NO_3)^- + Rb^+ + (NH_2)^- = 2\,NH_3 + Rb^+ + NO_3^-$$
$$2\,(NH_4)^+ + 2\,J^- + Pb(NH)_2 = 3\,NH_3 + PbJ_2 \text{ usw.}$$

---

[1] FRANKLIN, E. C. u. CH. A. KRAUS: J. Amer. chem. Soc. **23**, 305 (1900); **27**, 822 (1908). — BROWNE u. HOULEHAN: J. Amer. chem. Soc. **33**, 1742 (1911). — BERGSTROM, F. W.: J. Amer. chem. Soc. **50**, 657 (1928).

[2] FRANKLIN, E. C. u. CH. A. KRAUS: J. Amer. chem. Soc. **23**, 305 (1900). — FRANKLIN, E. C.: Z. anorg. allg. Chem. **46**, 3 (1905). — J. Amer. chem. Soc. **37**, 2279 (1915). — BERGSTROM, F. W.: J. phys. Chem. **29**, 160 (1925).

Der Ablauf solcher „neutralisationenanalogen" Umsetzungen zwischen Ammoniumsalzen und Metallamiden in flüssigem Ammoniak läßt sich leicht chemisch-präparativ und ferner unter Zuhilfenahme physikochemischer Meßverfahren, z. B. der Konduktometrie, nachweisen.

Als „Säurenanaloge" sind aber in flüssigem Ammoniak nicht nur die Ammoniumsalze wirksam (bei denen also an die Stelle vom Wasserstoff des OH-Restes einer Säuregruppe das NH_4-Radikal getreten ist), sondern auch alle diejenigen, im Sinne der Aquochemie sauren Verbindungen, in welchen der OH-Rest als Ganzes durch den NH_2-Rest oder der Sauerstoff durch den NH-Rest ersetzt ist. Das sind die vielen Säureamide und Säureimide. Damit wird die Zahl der „Säurenanalogen" in Ammoniak als Solvens erheblich vermehrt im Vergleich zur Zahl der Säuren in Wasser. Acetamid z. B. und Kaliumamid reagieren nach Art einer „neutralisationenanalogen" Umsetzung und bilden Ammoniak, also das wenig dissoziierte Solvens selbst, und ein Salz, nämlich Kaliumacetamid:

$$CH_3C\diagup_{NH_2}^{O} + K(NH_2) = NH_3 + CH_3C\diagup_{NHK}^{O}.$$

Und Guanidin setzt sich mit Silberamid ebenfalls nach einer neutralisationenanalogen Reaktion um, wobei Ammoniak und das Silbersalz des Guanidin entstehen:

$$(NH_2)_2C(NH) + Ag(NH_2) = NH_3 + (NH_2)_2C(NAg).$$

Bei der Chemie in wasserfreiem, flüssigem Ammoniak stehen also Ammoniumsalze, Säureamide und Säureimide auf der einen Seite und Metallamide sowie Metallimide auf der anderen Seite im selben Verhältnis zueinander wie Säuren und Basen in Wasser. Es resultiert auf diese Weise ein vollständiges „Ammonosystem" der Verbindungen. In der nachfolgenden tabellarischen Übersicht sind einige Verbindungstypen des so entwickelten Ammonosystems zusammengestellt und den korrespondierenden Substanzen des „Aquosystems" der Verbindungen gegenübergestellt. Wir bemerken dabei, daß das „Ammonosystem" der Verbindungen auch insofern reicher an Vertretern ist, als das „Aquosystem", weil den Nitriden keine Sauerstoffverbindungen entsprechen. Die Amide korrespondieren mit den Hydroxyden und die Imide mit den Oxyden, was im Hinblick auf die Ähnlichkeit und die Außenelektronenzahl der Gruppen $(OH)^-$ und $(NH_2)^-$ sowie O^{2-} und $(NH)^{2-}$ einleuchtend erscheint. Aus den Imiden kann jedoch noch einmal Ammoniak abgespalten werden, z. B.:

$$3\,Ge(NH)_2 \quad \rightarrow \quad Ge_3N_4 + 2\,NH_3$$
Germaniumdiimid   Germaniumnitrid

Der analoge Vorgang fehlt in der Sauerstoff- bzw. Aquochemie und damit in ihr eine ganze große Klasse von korrespondierenden Verbindungen. Bei einer konsequenten Klassifizierung und Nomenklatur müssen diese Tatsachen Berücksichtigung erfahren. Streng genommen ist also das Analogon zum Germaniumdioxyd GeO_2, das Germaniumdiimid $Ge(NH)_2$ und nicht das Germaniumnitrid Ge_3N_4 und das

Analogon zum Diäthyläther $(C_2H_5)_2O$, das Diäthylamin $(C_2H_5)_2(NH)$ und nicht das Triäthylamin $(C_2H_5)_3N$. Die nachfolgende Tabelle trägt diesen Verhältnissen Rechnung. Sie weicht infolgedessen von ähnlichen Zusammenstellungen von FRANKLIN oder AUDRIETH etwas ab.

Tabelle 19. *Korrespondierende Substanzen des Aquo- und Ammonosystems der Verbindungen.*

Verbindung im Aquosystem	Verbindung im Ammonosystem	
$K(OH)$	$K(NH_2)$	Kaliumamid
$Al(OH)_3$	$Al(NH_2)_3$	Aluminiumtriamid
$AlO(OH)$	$Al(NH)(NH_2)$	Aluminiumimidoamid
PbO	$Pb(NH)$	Bleiimid
$Ge(O)_2$	$Ge(NH)_2$	Germaniumdiimid
	Ge_3N_4	Germaniumnitrid
$K_2[ZnO_2 \cdot aq]$	$K_2[Zn(NH)_2 \cdot 2\,NH_3]$	Kaliumammonozinkat
$Hg(OH)Cl$	$Hg(NH_2)Cl$	Merkuriamidochlorid
$HO(CN)$	$H_2N(CN)$	Ammonocyansäure, Cyanamid
$N_2O,\ N{\equiv}N{=}O$	$N{\equiv}N{=}NH$	Distickstoffmonimid, Stickstoffwasserstoffsäure
$OC(OH)_2$	$OC(NH_2)_2$	Oxoammonokohlensäure, Harnstoff
$OC(OH)_2$	$HNC(NH_2)_2$	Ammonokohlensäure, Guanidin
$CH_3CO(OH)$	$CH_3 \cdot CO(NH_2)$	Oxoammonoessigsäure, Acetamid
$CH_3 \cdot CO(OH)$	$CH_3 \cdot C(NH)(NH_2)$	Ammonoessigsäure, Acetamidin
$O_2S(OH)_2$	$O_2S(OH)(NH_2)$	Dioxohydroxoammonoschwefelsäure, Amidosulfonsäure
$O_2S(OH)_2$	$O_2S(NH_2)_2$	Dioxoammonoschwefelsäure, Sulfamid
$CH_3(OH)$	$CH_3(NH_2)$	Ammonoalkohol, Methylamin
$(C_2H_5)_2O$	$(C_2H_5)_2NH$	Ammonoäther, Diäthylamin
$HO{-}OH$	$H_2N{-}NH_2$	Hydrazin

5. Verdrängungsreaktionen, die Erscheinung der Amphoterie und Fällungsreaktionen in wasserfreiem Ammoniak.

Wie in wäßrigen Lösungen bei Zugabe starker Säuren oder Laugen zu den gelösten Salzen schwacher Säuren oder Laugen diese in Freiheit gesetzt werden, so ist das auch bei den Auflösungen der Salze schwacher, gegebenenfalls schwerlöslicher „Säurenanaloger" bzw. „Basenanaloger" in verflüssigtem Ammoniak in gleicher Weise der Fall. So werden z. B. ammoniakalische Lösungen von Silbernitrat, Bleinitrat und Quecksilber(II)-nitrat durch solche von Kaliumamid gefällt. Es bilden sich je nach den Versuchsbedingungen und der Art des verwendeten Schwermetallnitrats Amide, Imide oder Nitride, welche ausfallen:

$$AgNO_3 + K(NH_2) \quad = Ag(NH_2)\!\downarrow + KNO_3\!\rightarrow$$

$$Pb(NO_3)_2 + 2\,K(NH_2) \quad = Pb(NH_2)_2 + 2\,KNO_3$$
$$= Pb(NH)\!\downarrow + NH_3 + 2\,KNO_3\!\rightarrow$$

$$3\,Hg(NO_3)_2 + 6\,K(NH_2) = 3\,Hg(NH_2)_2 + 6\,KNO_3$$
$$= Hg_3N_2\!\downarrow + 4\,NH_3 + 6\,KNO_3\!\rightarrow.$$

Manche von diesen verdrängten, schwach „basenanalogen" Metallamiden haben wie die korrespondierenden Hydroxyde im Aquosystem der Verbindungen amphoteren Charakter und erweisen sich beim weiteren Zugeben der stärkeren Ammonobase dieser gegenüber nunmehr als schwache „Säurenanaloge", indem sie Salze bilden. Das ist beispielsweise mit dem Zinkamid der Fall[1]:

$$ZnJ_2 + 2\,K(NH_2) = Zn(NH_2)_2 + 2\,KJ$$
$$Zn(NH_2)_2 + 2\,K(NH_2) = K_2[Zn(NH)_2 \cdot 2\,NH_3].$$

Das Kaliumammonozinkat ist zwar auch ziemlich schwer löslich, die Umwandlung des Zinkamids in dieses Salz ist aber einwandfrei nachgewiesen. Weitere Amide, die ein amphoteres Verhalten zeigen[2], sind Berylliumamid $Be(NH_2)_2$, Magnesiumamid $Mg(NH_2)_2$, Aluminiumimidoamid $Al(NH)(NH_2)$, Bleiimid $Pb(NH)$ u. a. m. Auch in diesem charakteristischen Reaktionstyp der Amphoterie ähnelt die Chemie in flüssigem Ammoniak außerordentlich stark der Chemie in Wasser.

Wie im Wasser können in dem Solvens Ammoniak, das ja ebenfalls die elektrolytische Dissoziation begünstigt, zahllose Umsetzungsreaktionen zwischen den Ionen der Elektrolyte stattfinden, wobei jeweils der schwerlösliche oder der am wenigsten dissoziierende Stoff gebildet wird. Viele solcher Fällungsreaktionen überraschen uns im ersten Augenblick, da sie in umgekehrter Richtung vor sich gehen, wie uns das von der Chemie in Wasser her geläufig ist. So wird z. B. beim Zusammengeben einer ammoniakalischen Bariumnitratlösung mit einer Silberchloridlösung Bariumchlorid ausgefällt und Silbernitrat bleibt in Lösung:

$$Ba(NO_3)_2 + 2\,AgCl = BaCl_2 + 2\,AgNO_3.$$

Aus einer ammoniakalischen Kaliumsalzlösung, z. B. einer Kaliumnitratlösung, fällt nahezu vollständig Kaliumchlorid aus, wenn man sie mit einer Auflösung von Natriumchlorid, das in diesem Solvens erheblich besser löslich ist, versetzt:

$$KNO_3 + NaCl = NaNO_3 + KCl.$$

Der im Gegensatz zu den Verhältnissen in wäßrigen Lösungen außerordentlich große Löslichkeitsunterschied zwischen Kaliumchlorid und Natriumchlorid läßt die Schaffung einer Trennungsmethode[3] für diese beiden Salze unter Verwendung von flüssigem Ammoniak als Lösungsmittel möglich erscheinen.

Die Alkoholate erleiden in Wasser sofort Hydrolyse, wobei Metallhydroxyd und Alkohol entsteht. Demgemäß sind in wäßrigen Lösungssystemen Ionenumsetzungen zwischen Alkoholaten und anderen Salzen

---

[1] FITZGERALD: J. Amer. chem. Soc. **29**, 656 (1907). — FRANKLIN, E. C.: J. Amer. chem. Soc. **29**, 274 (1907).

[2] FRANKLIN, E. C.: J. phys. Chem. **15**, 509 (1911). — BERGSTROM, F. W.: J. Amer. chem. Soc. **45**, 2792 (1923); **46**, 1545 (1924); **48**, 2848 (1926); **50**, 652 (1928).

[3] PATSCHEKE, G. u. C. TANNE: Z. phys. Chem. Abt. A **174**, 135 (1935).

nicht möglich. In Ammoniak aber tritt keine weit fortgeschrittene solvolytische Spaltung der Alkoholate ein und Ionenumsetzungen mit anderen gelösten Stoffen können daher stattfinden:

$$2\,KOC_2H_5 + Ba(NO_3)_2 = Ba(OC_2H_5)_2 + 2\,KNO_3.$$

6. Solvolytische bzw. ammonolytische Reaktionen.

In verflüssigtem Ammoniak werden Säurechloride, Ester und manche Salze bei ihrer Auflösung solvolysiert. Die Solvolyse verläuft hierbei, ebenso wie das bei Wasser der Fall ist, in Abhängigkeit von der Beschaffenheit der Substanz, von dem Mengenverhältnis der Reaktionsteilnehmer, von der Temperatur usw. in verschiedener Weise.

Germaniumtetrachlorid reagiert bei Gegenwart von wenig Ammoniak und bei tiefen Temperaturen zunächst zu einer Hexamminanlagerungsverbindung[1]:

$$GeCl_4 + 6\,NH_3 = GeCl_4 \cdot 6\,NH_3.$$

Bei der Einwirkung von größeren Mengen flüssigen Ammoniaks aber tritt Solvolyse ein und es wird unter Überschlagung eines definierten Germaniumtetraamids $Ge(NH_2)_4$ direkt Germaniumdiimid[2] als weißes amorphes Pulver erhalten, das von dem beigemengten Ammoniumchlorid durch Extraktion mit flüssigem Ammoniak befreit werden kann:

$$GeCl_4 + 6\,NH_3 \rightarrow Ge(NH)_2 + 4\,NH_4Cl.$$

Bei Temperaturerhöhung erfolgt im Stickstoffstrom schließlich unter Ammoniakabgabe Übergang in Germaniumnitrid, wobei noch eine definierte ammoniakärmere Zwischenstufe gebildet wird:

$$6\,Ge(NH)_2 \rightarrow 3\,Ge_2N_2(NH) + 3\,NH_3 \text{ (bei 150}^0\text{)},$$
$$3\,Ge_2N_2(NH) \rightarrow 2\,Ge_3N_4 + NH_3 \qquad \text{(bei 400}^0\text{)}.$$

Diese Art der Solvolyse des Germaniumtetrachlorids in wasserfreiem Ammoniak über definierte Anlagerungsverbindungen und Zwischenprodukte erinnert an die Hydrolyse mancher Halbmetallchloride z. B. von Zinntetrachlorid oder Antimonpentachlorid in Wasser. Bei vorsichtiger Einwirkung von wenig oder etwas mehr kaltem Wasser bilden sich in ganz ähnlicher Weise zunächst zwei charakterisierte Hydrate des Antimonpentachlorids ein Monohydrat und ein Tetrahydrat. Bei Zugabe von reichlich Wasser tritt vollständige Hydrolyse zum Antimonpentoxydhydrat ein. Durch Temperaturerhöhung, z. B. durch Erhitzen des Gels im Bombenrohr mit überschüssigem Wasser bei 300°, werden schließlich wasserärmere Produkte gebildet[3].

---

[1] Pugh, W. u. J. S. Thomas: J. chem. Soc. **1926**, 1051.

[2] Schwarz, R. u. P. W. Schenk: Ber. dtsch. chem. Ges. **63**, 296 (1930).

[3] Jander, G.: Kolloid-Z. **23**, 122 (1918). — Jander, G. u. A. Simon: Z. anorg. allg. Chem. **127**, 68 (1923): — Simon, A. u. E. Thaler: Z. anorg. allg. Chem. **161**, 113 (1927).

Von großem Interesse ist die ammonolytische Spaltung der Sulfate, Oxalate und Phosphate des Hydroxylamins, des Hydrazins und des Semicarbacids [1]. Diese Salze scheiden mit flüssigem Ammoniak die „Säurenanalogen", Ammoniumsulfat, Ammoniumoxalat und Ammoniumphosphat ab, welche unlöslich sind, und es resultiert eine wasserfreie, rein ammoniakalische Lösung von Hydroxylamin, Hydrazin bzw. Semicarbacid. Nach Filtration und Abdestillieren des Ammoniaks bei $\sim -33^0$ liegen die Substanzen, welche sonst in reinem Zustande nicht ganz einfach zu gewinnen sind, einwandfrei vor:

$$[(NH_2OH)H]_2SO_4 + 2\,NH_3 = (NH_4)_2SO_4 + 2\,NH_2OH$$
$$[(N_2H_4)H]HC_2O_4 + 2\,NH_3 = (NH_4)_2C_2O_4 + N_2H_4$$
$$[OC(NH_2)\,(NH)\,(NH_2) \cdot H]H_2PO_4 + 3\,NH_3 = (NH_4)_3PO_4 + O{=}C\big\langle{}^{NH_2}_{NH \cdot NH_2}\,.$$

Diese Solvolysereaktionen sind von erheblichem Interesse, da Hydroxylamin, Hydrazin und Semicarbacid u. a. in der organischen, präparativen Chemie infolge der Bildung definierter Verbindungen mit Aldehyden und Ketonen eine Rolle spielen.

Die Solvolyse der genannten Salze des Hydroxylamins, des Hydrazins und des Semicarbacids kann bei der Chemie in Wasser z.B. mit der Hydrolyse der Zinkate oder Chromite verglichen werden:

$$K_2(ZnO_2) + 2\,HOH = 2\,KOH + Zn(OH)_2$$
$$Na_3(CrO_3) + 3\,HOH = 3\,NaOH + Cr(OH)_3\,.$$

Aus den Auflösungen der Zinkate und Chromite in Wasser scheidet sich in der Kälte langsamer, beim Erwärmen schneller „chromige" Säure oder Zinkhydroxyd ab.

Als letztes Beispiel einer Salzammonolyse sei die des Bleijodids erwähnt, welches beim Behandeln mit flüssigem Ammoniak in ein stark „ammonobasisches" Bleijodid [2] übergeht:

$$2\,PbJ_2 + 6\,NH_3 = Pb(NH_2)_2 \cdot Pb(NH_2)J + 3\,NH_4J\,.$$

Solche mehr oder weniger stark basischen, definierten Schwermetallsalze sind uns von der Chemie in Wasser her in großer Zahl bekannt, beispielsweise kennt man beim Wismut folgende Reihe [3]: $Bi(ClO_4)_3$, $Bi_2O_2(ClO_4)_2$, $Bi_3(OH)_3O_2(ClO_4)_2$, $Bi_4(OH)_2O_4(ClO_4)$, $Bi(OH)_3$.

Auch zahlreiche organische Verbindungen wie Oxyde, Ketone, Ester, Säurechloride erleiden in Ammoniak Solvolyse. So wird z. B. Kohlendioxyd unter geeigneten Druck- und Temperaturbedingungen weitgehend zu Harnstoff [4] solvolysiert:

$$CO_2 + 2\,NH_3 = O{=}C\big\langle{}^{NH_2}_{NH_2} + H_2O\,.$$

[1] BROWNE, A. W. u. WELSH: J. Amer. chem. Soc. 33, 1728 (1911). — AUDRIETH, F. L.: Z. angew. Chem. 45, 386 (1932). — J. Amer. chem. Soc. 52, 1250 (1930).
[2] FRANKLIN, E. C.: Z. anorg. allg. Chem. 46, 1 (1905).
[3] PRYTZ, M. u. P. NAGEL: Z. anorg. allg. Chem. 227, 78 (1936).
[4] KRASE, H. J., V. L. GADDY u. K. G. CLARK: Industr. Enging. Chem. 22, 289 (1930).

Bei 150⁰ und 100 at Druck sind 35—40% der Komponenten der linken Seite in Harnstoff umgewandelt.

Unter extremen Versuchsbedingungen geht die Solvolyse des Harnstoffs noch weiter und es entsteht Guanidin[1]:

$$\begin{array}{c}H_2N \\ \hspace{1em} {>}C{=}O + H_3N = \\ H_2N\end{array} \begin{array}{c}H_2N \\ \hspace{1em} {>}C{=}NH + H_2O.\\ H_2N\end{array}$$

Bei 300⁰ und unter erheblichen Ammoniakdrucken stellt sich zwischen Harnstoff und Guanidin ein Gleichgewichtszustand ein.

Ketone werden mit Ammoniak zu Ketiminen[2] ammonolysiert. Allerdings muß hierbei das gebildete Wasser durch wasserfreies Aluminiumchlorid aus dem Reaktionsmechanismus entfernt werden. Die formulierte Bildung von Acetophenonimid

$$\begin{array}{c}C_6H_5 \\ \hspace{1em} {>}CO + NH_3 = \\ CH_3\end{array} \begin{array}{c}C_6H_5 \\ \hspace{1em} {>}C{=}NH + H_2O\\ CH_3\end{array}$$

aus Acetophenon und Ammoniak verläuft bei 180⁰ unter Druck.

Ester werden durch Ammoniak zu Säureamiden und Alkohol solvolysiert[3]. So bildet sich z. B. aus Zimtsäureäthylester und verflüssigtem Ammoniak durch längeres Stehenlassen bei Zimmertemperatur im Bombenrohr Zimtsäureamid und Äthylalkohol:

$$C_6H_5 \cdot CH{=}CH \cdot C{\Big\langle}^{O}_{O \cdot C_2H_5} + NH_3 \rightleftharpoons C_6H_5 \cdot CH{=}CH \cdot C{\Big\langle}^{O}_{NH_2} + C_2H_5OH.$$

Aus alledem, was hier über die Ammonolyse auswählend mitgeteilt ist, kann ersehen werden, daß die Solvolyse durch Ammoniak vielfach erst bei höherer Temperatur und damit auch bei gesteigertem Druck erfolgt. Ammoniak ist in solvolytischer Hinsicht offenbar ein milderes Lösungsmittel als das Wasser. Es leuchtet ohne weiteres ein, daß die ammonolytischen Reaktionen von großem Interesse namentlich für die präparative Chemie sind.

7. Salzartige Verbindungen und intermetallische Phasen der Alkalimetalle in flüssigem Ammoniak.

Im Anschluß an vorhergehende grundlegende Arbeiten amerikanischer Forscher[4] haben Zintl[5] und seine Mitarbeiter außerordentlich interessante und aufschlußreiche Untersuchungen durch-

<hr>

[1] Blair, J. S.: J. Amer. chem. Soc. 48, 87 (1926).

[2] Strain, H. H.: J. Amer. chem. Soc. 52, 820, 1216 (1930).

[3] Stosius, K. u. E. Philippi: Mh. Chem. 45, 569 (1925). — Vgl. auch Fernelius, W. C. u. W. C. Johnson: J. chem. Education 7, 1850 (1930).

[4] Franklin, E. C. u. Stafford: Amer. chem. J. 28, 83 (1902). — Smyth, F. H.: J. Amer. chem. Soc. 39, 1299 (1917). — Peck, E. B.: J. Amer. chem. Soc. 40, 335 (1918). — Franklin, E. C.: J. Amer. chem. Soc. 44, 486 (1922). — Kraus, Ch. A.: J. Amer. chem. Soc. 44, 1228, 1266 (1922). — Trans. Amer. Electrochem. Soc. 45, 175 (1924). — Kraus, Ch. A. u. E. H. Zeitfuchs: J. Amer. chem. Soc. 44, 2722 (1922). — Bergstrom, F. W.: J. Amer. chem. Soc. 48, 146 (1926).

[5] Zintl, E., J. Goubeau u. W. Dullenkopf: Z. phys. Chem. Abt. A 154, 1 (1931). — Zintl, E. u. A. Harder: Z. phys. Chem. Abt. A 154, 47 (1931).

geführt. Sie studierten die Einwirkung von metallischem Natrium, gelöst in wasserfreiem flüssigem Ammoniak, auf elementare oder in Verbindung vorliegende, anorganische Stoffe. Diese Arbeiten, welche unsere Kenntnis über die Existenz von Salzen mit eigenartigen Polyanionen und über intermetallische Phasen beträchtlich erweitert haben, sind besonders charakteristisch für die Chemie in wasserfreiem Ammoniak. Sie und einige ihrer wesentlichen Ergebnisse seien wegen der ihnen zukommenden allgemeinen Bedeutung nunmehr behandelt.

Für ihre Untersuchungen verwendeten ZINTL, GOUBEAU, DULLENKOPF und HARDER eine kompendiösere Apparatur, mit welcher bei tieferen Temperaturen ($\sim -60^0$ C) unter absolutem Ausschluß von Feuchtigkeit und Luftsauerstoff potentiometrische und konduktometrische Titrationen von rein ammoniakalischen Lösungen oder Suspensionen anorganischer Stoffe mit Auflösungen von metallischem Natrium in wasserfreiem Ammoniak durchgeführt werden konnten. Die geschlossene Versuchsanordnung gestattete, auch den Ablauf länger dauernder Reaktionen zu verfolgen. Ein in das Reaktionsgefäß hineinragender Rührer sorgte stets für gute Durchmischung. Die Potentialmessungen wurden unter Benutzung „gebremster Elektroden"[1] im Reaktionsgefäß selbst durchgeführt. Auch das Einwägen, Einfüllen und Auflösen der luftempfindlichen Stoffe geschah unter Zuhilfenahme besonders und subtil konstruierter Glasgeräte. Präparative und analytische Untersuchungen kontrollierten jeweils die Befunde.

a) Das Verhalten der Alkalimetalle zu den Elementen der sechsten, fünften und vierten Hauptgruppe des periodischen Systems.

Zur Aufklärung der Frage nach den Verbindungstypen, welche in den Systemen Natrium-Schwefel, Alkalimetall-Selen und Natrium-Tellur auftreten können, wurden verschiedene Gewichtsmengen feinster Suspensionen der reinen, elementaren Stoffe in flüssigem Ammoniak mit wasserfreien, ammoniakalischen Natriumlösungen titriert, deren Konzentrationen zwischen 0,04 und 0,34 Mol/Liter lagen. Zur Erhöhung der Leitfähigkeit war den Schwefel-, Selen- und Tellursuspensionen ein indifferenter Fremdelektrolyt, nämlich etwa 200 mg Natriumjodid, welches sich in flüssigem Ammoniak gut löst, hinzugegeben worden.

Die Systeme Natrium-Schwefel, Natrium-Selen und Natrium-Tellur. Die bei den potentiometrischen Titrationen von freiem Schwefel mit Natriumlösungen erhaltenen Resultate sind in der nachstehenden Abb. 7 graphisch dargestellt. Durch mehr oder weniger scharf ausgeprägte Sprünge in den Potentialkurven treten folgende Verbindungstypen im System Natrium-Schwefel hervor: Na_2S_7, Na_2S_6, Na_2S_5, Na_2S_4, Na_2S_3, Na_2S_2 und Na_2S. Aber nicht jeder Verbindungstyp tritt merkwürdigerweise bei jeder einzelnen Titration in Erscheinung, vielmehr anscheinend willkürlich einmal dieser, ein anderes Mal jener. Bei allen potentiometrischen Titrationen werden aber die Typen Na_2S_6, Na_2S_4 und Na_2S gefunden. Wahrscheinlich hängt der Typus

---

[1] MÜLLER, E.: Elektrochemische Maßanalyse, 5. Aufl., S. 99. Leipzig 1932.

des Polysulfids, welcher sich in dem einen oder dem anderen Falle bildet, mit schwer übersehbaren Gleichgewichtsverhältnissen und Gleichgewichtsänderungen zusammen. Die Lösungen der schwefelreichsten Natriumpolysulfide sehen — wie auch wäßrige Lösungen schwefelreicher Polysulfide — rot aus, etwa wie Bichromatlösungen. Die Lösungen der schwefelärmeren Natriumpolysulfide sind heller gefärbt und sehen gelb aus. Am Schluß der Titration bilden sich weißes Natriumsulfid, das als schwerlöslicher Niederschlag ausfällt.

In analoger Weise wurden Suspensionen von feinstverteiltem Selen mit Auflösungen von metallischem Natrium potentiometrisch titriert und hierbei folgende Verbindungstypen von Alkalipolyseleniden festgestellt: Na_2Se_6, Na_2Se_5, Na_2Se_4, Na_2Se_3, Na_2Se_2 und Na_2Se. Auch bei diesen Titrationen traten bei jeder einzelnen jeweils nicht alle Polyselenidtypen auf, immer jedoch Na_2Se_4, Na_2Se_3, Na_2Se_2 und Na_2Se. Die Natriumpolyselenidlösungen sind besonders prächtig gefärbt. Vom Selen an bis zum Dinatriumpentaselenid sehen sie bei größerer Schichtdicke in der Aufsicht und in der Durchsicht rot, bei geringerer Schichtdicke (gegen Tageslicht) in der Durchsicht grün

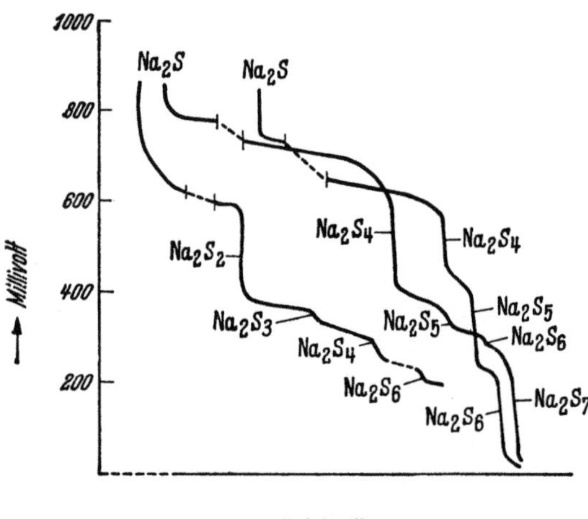

Abb. 7. Potentiometrische Titrationen vorgelegter, absolut ammoniakalischer Schwefel-Suspensionen mit Auflösungen von Natrium in verflüssigtem Ammoniak.

aus; vom Dinatriumpentaselenid bis zum Dinatriumtetraselenid erscheinen sie in der Durchsicht blutrot, vom Dinatriumtetraselenid bis zum Dinatriumtriselenid grün, danach bis zum Diselenid weinrot und nach Dinatriumdiselenid schließlich hellrot. Dinatriummonoselenid Na_2Se ist eine weiße, in wasserfreiem flüssigem Ammoniak schwerlösliche Fällung.

Bei der potentiometrischen Titration vorgelegter Suspensionen von feinstverteiltem, reinem Tellur in flüssigem Ammoniak mittels ammoniakalischer Natriumlösungen wurden durch Sprünge in den Potentialkurven folgende Verbindungen von Polytelluriden bezw. Telluriden festgestellt: Na_2Te_4, Na_2Te_3, Na_2Te_2 und Na_2Te. Die Lösungen waren anfangs dunkelrot, wurden zwischen Dinatriumtritellurid und Dinatriumditellurid violett und vor Dinatriummonotellurid gelb. Das Salz Na_2Te ist in flüssigem Ammoniak schwerlöslich.

Die Systeme Natrium-Arsen, Natrium-Antimon und Natrium-Wismut. Zur Festlegung der Verbindungstypen zwischen Alkalimetall und Arsen

wurde eine vorgelegte Lösung von metallischem Natrium in flüssigem
Ammoniak mit einer Auflösung von Arsentrisulfid potentiometrisch
titriert. Arsentrisulfid löst sich leicht, auch in verflüssigtem Ammoniak
von —50°. Während der potentiometrischen Titration findet folgender
Reaktionsablauf statt:

$$(6 \, x + 6) \, Na + x \, As_2S_3 = 2 \, Na_3As_x + 3 \, x \, Na_2S.$$

Durch mehr oder weniger deutlich ausgeprägte Sprunggebiete treten,
wie die graphische Darstellung des Titrationsverlaufes in Abb. 8
erkennen läßt, vier Natrium-Arsen-Verbindungen in Erscheinung.

Trinatriummonoarsenid
Na_3As ist braun gefärbt
und schwerlöslich. Trina-
triumtriarsenid Na_3As_3 ist
gelb gefärbt und löslich;
Trinatriumpentaarsenid
Na_3As_5 und Trinatrium-
heptaarsenid Na_3As_7 sehen
dunkelbraunrot gefärbt
aus und sind löslich. Während der Titration waren
die Lösungen durch das
gleichzeitig gebildete,
schwerlösliche und weiße
Natriumsulfid dauernd ge-
trübt.

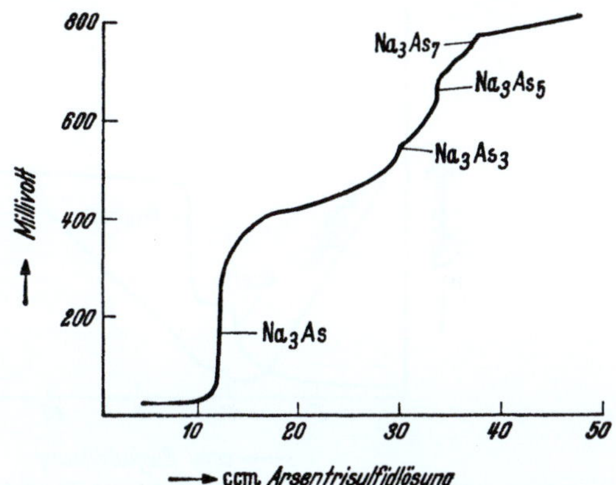

Abb. 8. Potentiometrische Titration einer vorgelegten,
absolut ammoniakalischen Natriumlösung mit einer Auflösung von Arsentrisulfid in verflüssigtem Ammoniak.

Zur Untersuchung der
Systeme Natrium-Antimon
und Natrium-Wismut wurden vorgelegte Suspensionen von schwerlöslichem Antimontrisulfid mittels Natriumlösungen bzw. vorgelegte Natriumlösungen mittels Auflösungen von Wismutjodid in wasserfreiem
Ammoniak potentiometrisch titriert. Dabei wurden die nachfolgenden
Verbindungstypen durch Sprunggebiete der Potentialkurven indiziert.
Trinatriumantimonid Na_3Sb ist schwerlöslich und graubraun, Trinatriumtriantimonid Na_3Sb_3 löst sich mit tiefroter Farbe. Dazu kommt
noch Trinatriumheptaantimonid Na_3Sb_7. Aber dieser Verbindungstyp
erscheint nicht auf der Kurve der potentiometrischen Titration als
Sprunggebiet; das lösliche Salz ist vielmehr auf präparativem Wege
gefunden worden, und zwar durch Extraktion erschmolzener Natrium-
Antimon-Legierungen mittels flüssigen Ammoniaks. Trinatriumbismutid
ist schwerlöslich und schwarz gefärbt, das lösliche Trinatriumtribismutid
hat eine tiefviolette Farbe und die Lösung von Trinatriumpentabismutid
sieht braun aus.

Die Systeme Alkalimetall - Zinn und Alkalimetall - Blei. Durch
Extraktion geeigneter Natrium-Zinn-Legierungen mit flüssigem Ammoniak lassen sich tiefrote Lösungen eines Tetranatriumenneastannids
Na_4Sn_9 gewinnen. Die potentiometrische Titration solcher Lösungen
des Enneastannids ergaben keine befriedigenden Resultate hinsichtlich

der Frage, ob und welche niederen Polystannide existieren. Auch die Titration anderer in Ammoniak gelöster oder suspendierter Zinnverbindungen mittels Natriumlösungen lieferte diesbezüglich keine klaren und reproduzierbaren Ergebnisse.

In Abb. 9 sind die Ergebnisse potentiometrischer und konduktometrischer Titrationen vorgelegter rein ammoniakalischer Natriumlösungen mittels Auflösungen von Bleijodid in flüssigem Ammoniak graphisch dargestellt. Auf beiden Kurvenzügen treten die Verbindungstypen Tetranatriumheptaplumbid Na_4Pb_7 und auf dem der potentiometrischen Titration auch das Tetranatriumenneaplumbid Na_4Pb_9

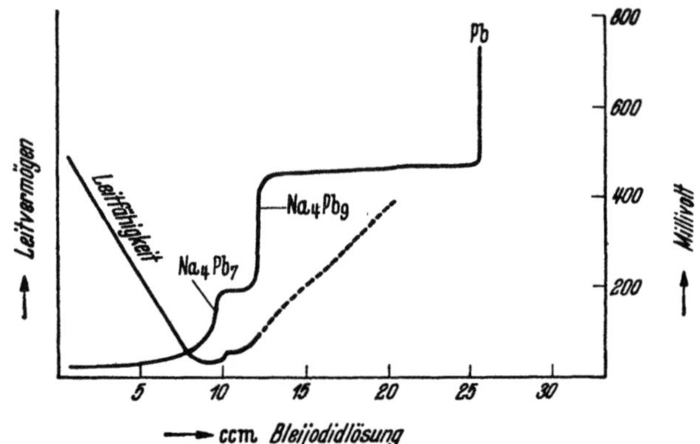

Abb. 9. Potentiometrische und konduktometrische Titrationen vorgelegter, absolut ammoniakalischer Natriumlösungen mit Auflösungen von Bleijodid in verflüssigtem Ammoniak.

deutlich als Sprunggebiete bzw. Richtungsänderungen in Erscheinung. Die Ausprägung des Wendepunktes für Tetranatriumheptaplumbid Na_4Pb_7 hängt von der Konzentration ab und ist bei verdünnteren Lösungen besser. Die blauen Natriumlösungen werden auf Zusatz von Bleijodidlösung allmählich flaschengrün. Über den Typ Na_4Pb_9 hinaus entsteht schließlich ein undurchsichtiges schwarzes Ammonosol von metallischem Blei, welches gegen Ende der Titration koaguliert.

b) Das Verhalten des Natriums zu den Schwermetallen der dritten, zweiten und ersten Gruppe des periodischen Systems.

Bei den Untersuchungen über die Einwirkung von rein ammoniakalischen Natriumlösungen auf die Auflösungen von Salzen der Schwermetalle der dritten, zweiten und ersten Gruppe des periodischen Systems wurden Ergebnisse erzielt, welche von den bisher besprochenen grundsätzlich verschieden sind. Werden Auflösungen von Thallium(I)-jodid TlJ, Zinkjodid ZnJ_2, Cadmiumjodid CdJ_2, Quecksilbercyanid $Hg(CN)_2$, Kupfer(I)-jodid CuJ, Silberjodid AgJ oder Goldjodid AuJ in flüssigem Ammoniak zu vorgelegten Lösungen von metallischem Natrium portionsweise hinzugegeben, so tritt ebenfalls Reaktion ein. Bei allen diesen Umsetzungen werden aber keine definierten, salzartigen, einfachen oder Polyverbindungen gebildet, sondern unlösliche Stoffe metallischen Charakters, bei denen es sich offenkundig um typische Legierungsphasen handelt. Die Reaktionen finden an festen Phasen statt, sie beanspruchen daher bedeutend längere Zeiten und verlaufen naturgemäß viel weniger glatt und quantitativ. Die Resultate sind infolgedessen ungenauer und ungewisser.

Das System Natrium-Thallium. Beim Zugeben von Thallium(I)-jodidlösung zur Natriumlösung bildet sich ein flockiger, schwarzer Niederschlag. Aus dem Kurvenverlauf der potentiometrischen Titration geht hervor, daß allem Anschein nach zwei Mischphasen annähernd von der Zusammensetzung $NaTl$ und $NaTl_2$ gebildet werden:

$$1. \quad 6\,Na \;\; + 3\,TlJ = 3\,NaTl \; + 3\,NaJ$$
$$2. \quad 3\,NaTl + TlJ \;\; = 2\,NaTl_2 + NaJ.$$

Die Entfärbung der vorgelegten Natriumlösung fällt mit dem ersten Wendepunkt, dem beendeten Ablauf von Reaktion 1 zusammen.

Die Systeme Natrium-Zink, Natrium-Cadmium und Natrium-Quecksilber. Zinkjodid erzeugt in Natriumlösungen einen grauschwarzen Niederschlag. Es tritt nur ein Wendepunkt auf, der allem Anschein nach die beendete Fällung von metallischem Zink anzeigt. Aber die Natriumlösung wird schon etwas vor diesem Wendepunkt entfärbt, was vielleicht darauf hindeutet, daß zuerst eine sehr zinkreiche NatriumZinkphase $NaZn_{12}$[1], ausfällt, die sich erst bei einem Überschuß von Zinkjodid in Zink umwandelt:

$$1. \quad 50\,Na + 24\,ZnJ_2 = 2\,NaZn_{12} + 48\,NaJ$$
$$2. \quad 2\,NaZn_{12} + ZnJ_2 = 25\,Zn + 2\,NaJ.$$

Der natriumhaltige Zinkniederschlag ist pyrophor und verbrennt an der Luft unter Funkensprühen.

Bei den potentiometrischen Titrationen von Natriumlösungen mittels Cadmiumjodidlösungen entsteht ein feinverteilter schwarzer Niederschlag. Die Potentialsprünge im Kurvenverlauf scheinen auf eine Phase zwischen $NaCd_5$ und $NaCd_7$ zu deuten.

Bei der Untersuchung des Systems Natrium-Quecksilber werden zwei Wendepunkte beobachtet. Die Lage des ersten fällt mit der endgültigen Entfärbung der vorgelegten Natriumlösung zusammen und entspricht einer intermetallischen Phase der Zusammensetzung $NaHg_2$. Zweifellos wird aber vorher eine natriumreichere Phase ($NaHg$?) ausgefällt, die sich bei weiterem Zusatz von Quecksilbercyanidlösung in $NaHg_2$ umwandelt. Die Lösung nämlich entfärbt sich schon vor Erreichung dieser Zusammensetzung $NaHg_2$, wird dann aber durch Aufnahme von Natrium aus dem Bodenkörper wieder blau. Der zweite Wendepunkt deutet die Bildung des freien Quecksilbers an:

$$30\,Na \;\; + 10\,Hg(CN)_2 = 10\,NaHg + 20\,Na(CN)$$
$$10\,NaHg + \;\; 2\,Hg(CN)_2 = \;\; 6\,NaHg_2 + 4\,Na(CN)$$
$$6\,NaHg_2 + \;\; 3\,Hg(CN)_2 = 15\,Hg + 6\,Na(CN).$$

---

[1] TAMMANN, G.: Lehrbuch der Metallographie, 2. Aufl., S. 225. Leipzig 1921.

Die Systeme Natrium-Kupfer, Natrium-Silber und Natrium-Gold.
Vorgelegte Natriumlösungen reduzieren hinzugesetzte Lösungen von
Kupfer(I)-jodid und Silberjodid zu metallischem Kupfer bzw. Silber,
welche in Form schwarzer Niederschläge ausfallen. Vielleicht enthalten
sie vor allem im Anfang einen geringen Teil des Natriums, da die
Entfärbung der Natriumlösung schon kurz vor dem letzten Anstieg
der Potentialkurve erfolgt.

Bei Zusatz von Gold(I)-jodidlösung zu vorgelegter Natriumlösung
bilden sich schwarze, metallische Niederschläge. Endgültige Entfärbung ist bei der Zusammensetzung NaAu erreicht. Bei dieser
Zusammensetzung der intermetallischen Phase liegt auch ein Wendepunkt der Potentialkurve. Weiterhin wird reines Gold gebildet:

$$2\,\mathrm{Na} + \mathrm{AuJ} = \mathrm{NaAu} + \mathrm{NaJ}$$

$$\mathrm{NaAu} + \mathrm{AuJ} = 2\,\mathrm{Au} + \mathrm{NaJ}.$$

c) Gesamtübersicht und Zusammenhänge. Weiteres über die Bildung und das Verhalten der polyanionigen Salze.

Stellt man die Ergebnisse der Untersuchungen über das Verhalten
der Alkalimetalle gegenüber den anderen Elementen des periodischen
Systems in wasserfreiem, flüssigem Ammoniak übersichtlich zusammen,
so ergibt sich folgende, durch das periodische System bedingte Anordnung.

Tabelle 20. *Übersicht über die Legierungsphasen und salzartigen Verbindungen
sowie polyanionigen Salze des Natriums.*

Intermetallische Phasen, unlöslich in Ammoniak			Einfache Salze (schwerlöslich) und „polyanionige" Salze (leicht löslich) in flüssigem Ammoniak			
I	II	III	IV	V	VI	VII
					Na_2S	NaCl
					Na_2S_2	
					Na_2S_3	
					Na_2S_4	
					Na_2S_5	
					Na_2S_6	
					Na_2S_7	
Cu	Na—Zn			Na_3As	Na_2Se	NaBr
				Na_3As_3	Na_2Se_2	
				Na_3As_5	Na_2Se_3	
				Na_3As_7	Na_2Se_4	
					Na_2Se_5	
					Na_2Se_6	
Ag	Na—Cd		Na_4Sn_9	Na_3Sb	Na_2Te	NaJ
				Na_3Sb_3	Na_2Te_2	NaJ_3
				Na_3Sb_7	Na_2Te_3	
					Na_2Te_4	
Na—Au	Na—Hg	Na—Tl	Na_4Pb_7	Na_3Bi		
			Na_4Pb_9	Na_3Bi_3		
				Na_3Bi_5		

Aus der Tabelle ersehen wir, daß die Schwermetalle der ersten 3 Vertikalgruppen des periodischen Systems — das sind also Elemente, welche 7, 6 oder 5 Stellen vor einem Edelgas stehen — mit dem metallischen Natrium legierungsartige intermetallische Phasen bilden, die in wasserfreiem, verflüssigtem Ammoniak unlöslich sind. Die Elemente hingegen, welche 4, 3, 2 oder 1 Stelle vor dem Edelgas sich befinden, treten mit dem metallischen Natrium zu einfachen Salzen oder zu salzartigen „polyanionigen" Verbindungen zusammen. Die letzteren sind in flüssigem Ammoniak gut löslich. Zwischen den beiden großen Hauptgruppen von Alkalimetallverbindungen bestehen prinzipielle Unterschiede, verläuft eine scharfe Trennungslinie.

Die „polyanionigen" Salze bilden nun eine außerordentlich bemerkenswerte Klasse von anorganischen Verbindungen. Betrachtet man diejenigen Verbindungen des Natriums mit den Elementen, welche 4, 3, 2 oder 1 Stelle vor einem Edelgas stehen, die am natriumreichsten sind, so bemerkt man, daß dieser Verbindungstyp jeweils mit der Zusammensetzung der wasserstoffreichsten von den Wasserstoffverbindungen desselben Elementes übereinstimmt und demnach als das Salz dieses wasserstoffreichsten, flüchtigen Hydrids aufzufassen ist.

$$NaCl\text{—}HCl \qquad NaBr\text{—}HBr \qquad NaJ\text{—}HJ$$
$$Na_2S\text{—}H_2S \qquad Na_2Se\text{—}H_2Se \qquad Na_2Te\text{—}H_2Te$$
$$Na_3As\text{—}H_3As \qquad Na_3Sb\text{—}H_3Sb \qquad Na_3Bi\text{—}H_3Bi.$$

Damit ergeben sich gleichzeitig Rückschlüsse auf die Konstitution derjenigen Natriumverbindungen, die nun reicher an den Elementen der 7., 6., 5. und 4. Vertikalgruppe sind. Sie sind offenbar alle ebenso aufgebaut wie die Polyjodide und Polysulfide und als „polyanionige" Salze aufzufassen. Wenn die eben entwickelte Ansicht zutreffend ist, dann muß z. B. das Tetranatriumheptaplumbid Na_4Pb_7 als $Na_4[Pb(Pb_6)]$ das Tetranatriumenneaplumbid Na_4Pb_9 als $Na_4[Pb(Pb_8)]$, das Trinatriumtriantimonid Na_3Sb_3 als $Na_3[Sb(Sb_2)]$ usw. formuliert werden. Die „polyanionigen" Salze sind also — analog den Polyhalogeniden oder Polysulfiden — durch Anlagerung von elementarem Blei oder Antimon an das vierfach negativ geladene Bleianion Pb^{4-} bzw. an das dreifach negativ geladene Antimonidanion Sb^{3-} entstanden. Die nachfolgende kleine Tabelle enthält nochmals, aber entsprechend den eben gegebenen Darlegungen eine Zusammenstellung der „polyanionigen" Salze des Natriums mit Arsen, Antimon, Wismut, Zinn und Blei.

Die Salznatur der „polyanionigen" Verbindungen ergibt sich unter anderem eindeutig aus dem Verhalten ihrer Lösungen beim Durchgang des elektrischen Stroms. Bei der Elektrolyse von Tetranatriumheptaplumbidlösungen kann bei geringen Stromdichten an der Anode zuerst keine Abscheidung von metallischem Blei beobachtet werden. Das aus dem entladenen, komplexen Anion $[Pb(Pb_6)]^{4-}$ entstandene metallische Blei wird durch das noch im Überschuß vorhandene Tetranatriumheptaplumbid des Anodenraums aufgelöst und in das

Tabelle 21. *Übersicht über die „polyanionigen" Salze des Natriums mit Arsen, Antimon, Wismut, Zinn und Blei sowie über ihre Konstitution.*

Empirische Zusammensetzung	Konstitution	Bezeichnung	Koordinationszahl des Zentralatoms im Anion
Na_3As_3	$Na_3[As(As_2)]$	Trinatriumtriarsenid	2
Na_3As_5	$Na_3[As(As_4)]$	Trinatriumpentaarsenid	4
Na_3As_7	$Na_3[As(As_6)]$	Trinatriumheptaarsenid	6
Na_3Sb_3	$Na_3[Sb(Sb_2)]$	Trinatriumtriantimonid	2
Na_3Sb_7	$Na_3[Sb(Sb_6)]$	Trinatriumheptaantimonid	6
Na_3Bi_3	$Na_3[Bi(Bi_2)]$	Trinatriumtribismutid	2
Na_3Bi_5	$Na_3[Bi(Bi_4)]$	Trinatriumpentabismutid	4
Na_4Sn_9	$Na_4[Sn(Sn_8)]$	Tetranatriumenneastannid	8
Na_4Pb_7	$Na_4[Pb(Pb_6)]$	Tetranatriumheptaplumbid	6
Na_4Pb_9	$Na_4[Pb(Pb_8)]$	Tetranatriumenneaplumbid	8

bleireichere Polyanion des Tetranatriumenneaplumbids $Na_4[Pb(Pb_8)]$ übergeführt:

$$2\,[Pb(Pb_6)]^{4-} - 8\,\ominus = 14\,Pb$$
$$7\,[Pb(Pb_6)]^{4-} + 14\,Pb = 7\,[Pb(Pb_8)]^{4-}.$$

Das ist also ein ganz ähnlicher Vorgang, wie wir ihn auch bei der Elektrolyse wäßriger Natriumsulfidlösungen beobachten können. Im Anodenraum werden auch hier die entladenen Schwefelanionen nicht sofort abgeschieden, sondern zunächst von dem überschüssig vorhandenen Natriumsulfid zu gelbem Natriumpolysulfid aufgelöst.

Im Gegensatz zu dem Verhalten der Heptaplumbidlösungen bei der Elektrolyse steht das Verhalten der Lösungen von Enneaplumbid in verflüssigtem Ammoniak. Bei diesen wird an der Anode sofort auch schon bei geringen Stromdichten metallisches Blei abgeschieden.

Die Salznatur der komplexen Verbindungen und die Richtigkeit der Auffassung, daß die komplexen Anionen „Polyanionen" von derselben Art wie die Polyjodide oder Polysulfide sind, ergibt sich aus den Resultaten von Untersuchungen über die Gültigkeit des FARADAYschen Gesetzes. SMYTH[1] fand, daß aus einer Auflösung von Natriumenneaplumbid $Na_4[Pb(Pb_8)]$ in flüssigem Ammoniak je 1 Faraday im Mittel aus mehreren Versuchen 2,26 Grammatome Blei abgeschieden wurden; theoretisch hätten $9/4 = 2,25$ Grammatome abgeschieden werden müssen. Findet die Elektrolyse von Enneaplumbildösungen nicht zwischen indifferenten Platinelektroden, sondern zwischen Bleielektroden statt, so löst das am negativen Pol ausgeschiedene Natrium metallisches Blei, und zwar zu $Na_4[Pb(Pb_8)]$ auf, so daß je 1 Faraday auch wieder 2,25 Grammatome Blei in Lösung gehen.

Als eine sehr wichtige, weitere Schlußfolgerung aus den Untersuchungen von SMYTH ergibt sich, daß die Auflösungen der „polyanionigen" Verbindungen in flüssigem Ammoniak eine rein elektrolytische Leitfähigkeit besitzen und nicht, wie z. B. die etwas konzentrierteren Auflösungen der Alkali- und Erdalkalimetalle eine gemischte, teils metallische, teils elektrolytische.

---

[1] SMYTH, F. H.: J. Amer. chem. Soc. **39**, 1299 (1917).

Es ist nun auch möglich, zu übersehen, in welcher Reihenfolge die Reaktionen eintreten, wenn zu einer vorgelegten Auflösung von metallischem Natrium anteilweise eine rein ammoniakalische Schwermetallsalzlösung zugesetzt wird.

Im Verlaufe dieser Reaktionsfolge werden die so interessanten „polyanionigen" Salze gebildet und später auch wieder zersetzt. Zunächst erzeugt jede Portion von Bleijodidlösung in der vorgelegten Natriumlösung eine dunkle Trübung von metallischem Blei gegebenenfalls die Bildung eines Bleimetallspiegels an den benachbarten Glasteilen der Apparatur:

$$1. \quad Pb^{++} + 2\,Na = 2\,Na^+ + Pb.$$
$$\downarrow$$

Trübung oder Metallspiegel lösen sich aber verhältnismäßig schnell wieder auf, wobei die blaue Farbe der ammoniakalischen Lösung von Natrium allmählich in die grüne Farbe der Tetranatrium-Heptaplumbidlösung übergeht:

$$2. \quad 7\,Pb + 4\,Na = 4\,Na^+ + [Pb(Pb_6)]^{4-}.$$

Falls vor dem Heptaplumbid etwa bleiärmere Polyplumbide vorübergehend gebildet werden, so müssen diese gleich in Heptaplumbid und freies Natrium zerfallen. Ihre Existenz tritt, wie wir sahen, bei den potentiometrischen Titrationen nirgends in Erscheinung. Der Aufbau der bleireicheren polyanionigen Komplexsalze erfolgt anschließend gemäß den beiden folgenden Reaktionsgleichungen 3 und 4:

$$3. \quad 2\,[Pb(Pb_6)]^{4-} + 4\,Pb^{++} = 18\,Pb$$
$$\downarrow$$
$$4. \quad 9\,[Pb(Pb_6)]^{4-} + 18\,Pb = 9\,[Pb(Pb_8)]^{4-}.$$

Enthält die Lösung nur noch Enneaplumbid, so entsteht durch das hinzukommende Bleijodid dauernd metallisches Blei, welches in flüssigem Ammoniak unlöslich ist und als Niederschlag ausfällt:

$$5. \quad [Pb(Pb_8)]^{4-} + 2\,Pb^{++} = 11\,Pb.$$
$$\downarrow$$

Aus der tabellarischen Übersicht von S. 70 entnehmen wir weiterhin die Beantwortung von Fragen, welche für die Koordinationslehre von Wichtigkeit sind. Man sieht, daß bei dem Aufbau der teilweise recht hochmolekularen Polyanionen aus den Elementen der 5. und 4. Hauptgruppe des periodischen Systems die Koordinationszahlen 2, 4, 6 und 8 eine Rolle spielen.

Alle Tatsachen, welche hinsichtlich der polyanionigen Salze bisher mitgeteilt worden sind, beziehen sich auf ihren Zustand in absolut ammoniakalischer Lösung, aber nicht auf den lösungsmittelfreien Zustand. In den Lösungen sind die Verbindungen sowie die Teilstücke ihrer elektrolytischen Dissoziation natürlich solvatisiert. Man geht nicht fehl in der Annahme, daß die Natriumionen, welche ein relativ kleines Volumen haben, hauptsächlich solvatisiert sind, und nicht die bleihaltigen Anionen, welche als Polyanionen viel großräumiger sind und bei denen das eine, vierfach negative Blei noch obendrein von

Bleiatomen umlagert und abgeschirmt ist. Korrekterweise ist das „polyanionige" Salz also zu formulieren: $[\mathrm{Na(NH_3)_x}]_n^{n+}[\mathrm{R(R_y)}]^{n-}$. Es wird sich zeigen, daß mit dieser Annahme noch weitere Tatsachen in Einklang stehen.

Bei den bisher behandelten Bildungsreaktionen der polyanionigen Salze in flüssigem Ammoniak aus Schwermetallsalz und metallischem Natrium entsteht immer daneben in reichlicher Menge ein Natriumsalz.

$$22\,\mathrm{Na} + 9\,\mathrm{PbJ_2} = \mathrm{Na_4[Pb(Pb_8)]} + 18\,\mathrm{NaJ}.$$

Auf präparativem Wege sind beide Substanzen außerordentlich schwer voneinander zu trennen. Zur Untersuchung der Eigenschaften der polyanionigen Salze braucht man aber ihre reinen Lösungen in flüssigem Ammoniak. Solche lassen sich nun bequem durch Extraktion passend zusammengesetzter Natriumlegierungen erhalten. Behandelt man beispielsweise unter Luftabschluß bereitete Natrium-Blei-Legierungen oder Natrium-Zinn-Legierungen geeigneter Zusammensetzung mit flüssigem Ammoniak, so gehen alle Legierungen in Lösung, welche reicher an Natrium sind, als der Zusammensetzung $\mathrm{Na_4Pb_9}$ bzw. $\mathrm{Na_4Sn_9}$ entspricht; bei der Extraktion von Legierungen, welche blei- reicher oder zinnreicher sind, hinterbleibt der Überschuß an Schwer- metall ungelöst.

Die Salznatur und Salzstruktur der polyanionigen Natrium- verbindungen geht aus den bisherigen Darlegungen eindeutig her- vor. Daneben aber haben ihre Auflösungen in flüssigem Ammoniak den Charakter von kolloiden Lösungen. Durch ultramikroskopische Beobachtungen ist festgestellt worden, daß Natriumenneaplumbid $\mathrm{Na_4[Pb(Pb_8)]}$ und Natriumenneastannid $\mathrm{Na_4[Sn(Sn_8)]}$ in ihren rein ammoniakalischen Lösungen im kolloiden Verteilungszustand vor- liegen. Sie sind also Ammonosole! Die kolloiden Teilchen wandern im elektrischen Feld zur Anode, sie sind negativ geladen. Das besonders Merkwürdige am vorliegenden Fall ist die Tatsache, daß die auf- ladenden, vierfach negativen Bleianionen $\mathrm{Pb^{4-}}$ zu den Bleiatomen des kolloid gelösten Anionkomplexes in dem ganz bestimmten, gleich- bleibenden Verhältnis, nämlich $\mathrm{Pb^{4-}}:(\mathrm{Pb_8})$ stehen. Bei den Ennea- stannidlösungen ist es ebenso. Die Verhältnisse liegen hier also prin- zipiell anders als bei dem Gros der Hydrosole! Bei der Peptisation beispielsweise der Zinnsäure durch Alkalihydroxyd oder Ammoniak in wäßriger Lösung resultieren je nach der Menge verwendeter Base größere oder kleinere Kolloidteilchen. Der Charakter der rein ammoniakalischen Lösungen polyanioniger Salze als Ammonosole ist auf die Polyanionen und nicht etwa auf das Alkalimetall zurück- zuführen. Verdünntere Auflösungen von Natriummetall in ver- flüssigtem Ammoniak sind optisch leer. Die Alkalimetalle liegen, wie auch früher bereits gezeigt wurde, in atomarer Verteilung vor.

Beim Abdunsten der ammoniakalischen Lösungen von Natrium- enneaplumbid $\mathrm{Na_4[Pb(Pb_8)]}$ und von Natriumenneastannid $\mathrm{Na_4[Sn(Sn_8)]}$ werden grünlichschwarze bis rötlichschwarze Rückstände erhalten, welche noch Ammoniak in chemischer Bindung haben. Diese Rückstände besitzen kein metallisches Aussehen, sie erscheinen vielmehr amorph und lackartig und sind, wenn sie erneut mit flüssigem Ammoniak behandelt werden, wieder löslich. Nimmt man mit diesen Produkten unter systematischer Verminderung der Ammoniaktension einen Abbau vor, so ergibt sich, daß beim Natriumenneaplumbid drei definierte Ammoniakate existieren: $Na_4[Pb(Pb_8)] \cdot 9\,NH_3$, $Na_4[Pb(Pb_8)] \cdot 8\,NH_3$ und $Na_4[Pb(Pb_8)] \cdot 6,5\,NH_3$. Die nebenstehende Abb. 10 läßt die Solvatstufen des bei —40° isotherm abgebauten Eindunstungsrückstandes einer absolut ammoniakalischen Natriumenneaplumbidlösung gut erkennen. Beim Natriumenneastannid gibt es nur ein definiertes Ammoniakat, nämlich $Na_4[Sn(Sn_8)] \cdot 8\,NH_3$.

Entzieht man den Ammoniakaten der polyanionigen Verbindungen durch schärferes Abpumpen das Ammoniak vollständig, so hinterbleiben schließlich graue, außerordentlich luftempfindliche Pulver. Das Natriumenneastannid beispielsweise verbrennt bei Zutritt von Luftsauerstoff sofort unter Funkensprühen. Bei Luftabschluß nehmen die Pulver, wenn sie gepreßt werden, Metallglanz an. Man beobachtet also hierbei den interessanten Übergang einer salzartigen Verbindung in eine Legierungsphase.

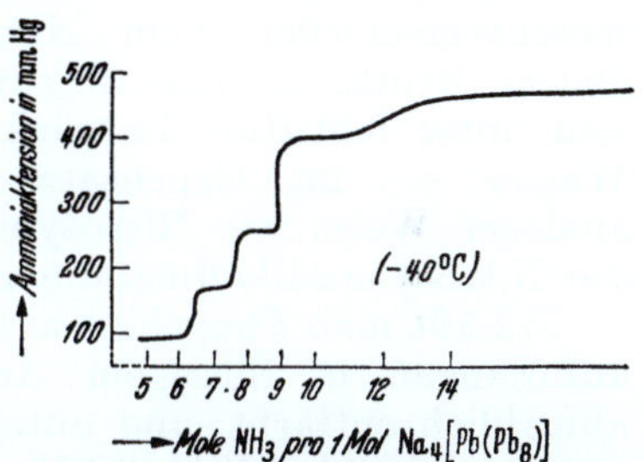

Abb. 10. Abhängigkeit der Zusammensetzung der Ammoniakate des Natriumenneaplumbids von der Ammoniaktension.

Wie bereits erwähnt, stehen zu den polyanionigen Salzen die Reaktionsprodukte in starkem Gegensatz, welche zwischen Natrium und den Salzen der Schwermetalle, die 5—7 Stellen vor einem Edelgas stehen, gebildet werden. Diese Reaktionsprodukte werden bei den Titrationen meist als dunkelgefärbte, feinteilige Niederschläge ausgefällt, welche keinerlei Anzeichen einer Löslichkeit erkennen lassen. Sie haben metallischen Charakter bzw. die Natur von Legierungsphasen, nicht aber die von Salzen. Drückt man die abgesetzten Fällungen, wenn sie sich zusammengeballt haben, mit einem glatten Stabe etwas kräftiger, so werden sie auch tatsächlich metallisch glänzend. Soweit sie untersucht worden sind, enthalten sie kein Ammoniak als Solvat in chemischer Bindung. Eingehendere röntgenographische Untersuchungen haben durch das Auffinden metallischer Atomgitter erwiesen, daß intermetallische Phasen vorliegen müssen.

8. Einige weitere Umsetzungen in flüssigem Ammoniak als Solvens.

Zum Abschluß seien noch einige Umsetzungen[1] behandelt, welche zu Stoffen führen, die auf anderen Wegen im allgemeinen schwerer zugänglich sind. Hierbei werden wir finden, daß besonders die absolut

---

[1] Vgl. hierzu L. F. Audrieth: Z. angew. Chem. 45, 385 (1932).

ammoniakalischen Auflösungen der Alkalimetalle eine wichtige Rolle spielen. Wir erkennen, wie außerordentlich bedeutungsvoll die Reaktionen in wasserfreiem, verflüssigtem Ammoniak als Solvens für die präparative Chemie sind.

a) Beim Einleiten von trockenem Luftsauerstoff in Auflösungen von metallischem Kalium werden nacheinander 3 Peroxyde gebildet[1]:

$$2\,K + 2\,O_2 = K_2O_2 + O_2 = K_2O_3 + \tfrac{1}{2}\,O_2 = K_2O_4.$$

b) Leitet man bei —50° Stickstoffmonoxyd NO durch eine absolut ammoniakalische Natriumlösung, so entsteht als schwerlöslicher Niederschlag, Nitrosylnatrium Na + NO = NaNO. Die weiße, kryptokrystalline Verbindung ist bereits 1894 von JOANNIS[2] erhalten worden. Sie ist, wie chemisch und röntgenographisch nachgewiesen[3] wurde, wesensverschieden vom Natriumhyponitrit $Na_2N_2O_2$, welches die gleiche Bruttozusammensetzung besitzt. Nitrosylnatrium NaNO löst sich unter lebhafter Entwicklung von Distickstoffmonoxyd N_2O in Wasser — im Gegensatz zu Natriumhyponitrit $Na_2N_2O_2$. In analoger Weise wie Nitrosylnatrium sind Nitrosylkalium KNO und die Nitrosylerdalkalimetalle zu erhalten.

c) Läßt man Phosphorwasserstoff PH_3 auf die blauen Alkalimetallauflösungen in flüssigem Ammoniak einwirken, so werden diese allmählich entfärbt, und unter Wasserstoffentwicklung werden Phosphide gebildet[4]: $2\,K + 2\,PH_3 = 2\,K(PH_2) + H_2\nearrow$. Es ist bekannt, daß die Phosphide — abgesehen von einigen besonders schwer löslichen Schwermetallphosphiden — außerordentlich feuchtigkeitsempfindlich sind; sie erleiden leicht vollständige Hydrolyse und können daher bei Gegenwart von Wasser nicht dargestellt werden.

d) Besonders große Möglichkeiten hinsichtlich der Ausnutzbarkeit für präparative Zwecke bieten sich bei Umsetzungen zwischen Auflösungen organischer Stoffe mit solchen von Alkalimetallen in verflüssigtem Ammoniak. Wasserstoff saurer Natur reagiert leicht[5]:

$$2\,C_2H_2 + 2\,Na = 2\,NaC \equiv CH + 2\,H.$$

Mehrfache Bindungen werden dabei reduziert:

$$C_2H_2 + 2\,H = C_2H_4.$$

Triphenylmethan wird von Natriumlösungen unter Wasserstoffentwicklung in Triphenylmethylnatrium überführt:

$$2\,(C_6H_5)_3CH + 2\,Na = 2\,(C_6H_5)_3CNa + H_2\nearrow.$$

e) Mit organischen Halogenverbindungen reagieren die Metall-Ammoniak-Lösungen unter Bildung von Metallhalogenid[6]. Der Rest

---

[1] JOANNIS, A.: C. R. Acad. Sci., Paris **116**, 1370 (1893).

[2] JOANNIS, A.: C. R. Acad. Sci., Paris **118**, 713 (1894).

[3] ZINTL, E. u. A. HARDER: Ber. dtsch. chem. Ges. **66**, 760 (1933).

[4] JOANNIS, A.: C. R. Acad. Sci., Paris **119**, 557 (1894).

[5] WORSTER, CH. B. u. N. W. MITCHELL: J. Amer. chem. Soc. **52**, 688 (1930). — LEBEAU u. PICON: C. R. Acad. Sci., Paris **159**, 70 (1914); **173**, 84, 1178 (1921).

[6] WHITE; G. F.: J. Amer. chem. Soc. **45**, 779 (1923). — DEAU, P. M. u. G. BERCHET: J. Amer. chem. Soc. **52**, 2823 (1930).

der organischen Substanz setzt sich dann entweder mit dem Solvens unter Bildung von Aminen um oder er reagiert auch mit sich selbst, wobei dann höhere Kohlenwasserstoffe synthetisiert werden. Übrigens kann nach diesem Verfahren das Halogen organischer Halogenverbindungen quantitativ bestimmt werden:

$$2\,R - Cl + 2\,Na = 2\,NaCl + 2\,R$$
$$2\,R + NH_3 = R - H + R - NH_2$$
$$4\,R + NH_3 = 2\,R - H + R_2(NH)\ \text{usw.}$$
$$R + R = R - R.$$

f) Für die Reduktion von Nitrokörpern zu Hydroxylaminderivaten und Aminderivaten sind die Metall-Ammoniak-Lösungen sehr brauchbar. So kann z. B. Nitrobenzol, besser noch Nitrosobenzol zu Dinatrium-β-phenylhydroxylamin reduziert werden[1]:

$$C_6H_5NO + 2\,Na = (C_6H_5)N\begin{cases}Na\\ONa\end{cases}.$$

Ein Überschuß von Natrium gibt Dinatriumanilid neben Natriumhydroxyd und Natriumamid:

$$(C_6H_5)N\begin{cases}Na\\ONa\end{cases} + 2\,Na + NH_3 = (C_6H_5)NNa_2 + NaNH_2 + NaOH.$$

Durch Zugabe einer löslichen, stärkeren „Ammonosäure" — also eines Ammoniumsalzes! — wird die schwache Ammonosäure (Phenylhydroxylamin, Anilin) in Freiheit gesetzt:

$$(C_6H_5)N\begin{cases}Na\\ONa\end{cases} + 2\,NH_4Cl = (C_6H_5)NHOH + 2\,NaCl + 2\,NH_3$$
$$(C_6H_5)NNa_2 + 2\,NH_4Cl = (C_6H_5)NH_2 + 2\,NaCl + 2\,NH_3.$$

g) Die Natriummetallösungen in verflüssigtem Ammoniak sind vielfach für die Reduktion geeigneter Halogenverbindungen zu freien Radikalen benutzt worden, deren Eigenschaften sich besonders gut in flüssigem Ammoniak untersuchen lassen:

$$2\,(C_6H_5)_3CCl + 2\,Na \rightarrow 2\,NaCl + [(C_6H_5)_3C]_2 \rightleftharpoons 2\,(C_6H_5)_3C + 2\,NaCl.$$

Ch. A. Kraus[2] hat freie Radikale mit Zinn ebenfalls in flüssigem Ammoniak als Solvens hergestellt und diese dann als Ausgangsstoffe für die Synthese höherer Stannane benutzt. Bei Anwendung von 2 Atomen Natrium auf 1 Mol Dimethylzinndibromid erfolgt die Bildung von Dimethylzinn, welches aber nicht monomer oder dimer, sondern offenbar polymer als gelber Niederschlag ausfällt. Der Polymerisationsgrad ist unbekannt:

$$x\,(CH_3)_2SnBr_2 + 2xNa = x\,[(CH_3)_2Sn] + 2\,xNaBr$$
$$\Updownarrow$$
$$[(CH_3)_2Sn]_x.$$

[1] White, G. F. u. K. H. Knight: J. Amer. chem. Soc. 45, 1780 (1923).
[2] Kraus, Ch. A. u. W. N. Greer: J. Amer. chem. Soc. 47, 2568 (1925).

Bei weiterer Einwirkung von Natrium entstehen Dinatriumtetramethylzinnäthan in dunkelroter Lösung und Dinatriumdimethylzinn:

$$2\,[(CH_3)_2Sn]_x + 2\,x\,Na = x\,NaSn(CH_3)_2 \cdot Sn(CH_3)_2Na$$
$$[(CH_3)_2Sn]_x + 2\,x\,Na = x\,Na_2Sn(CH_3)_2 \,.$$

Dinatriumdimethylzinn vermag weiterhin mit Dimethylzinndibromid zu reagieren, wobei sich Dinatriumhexamethyltrizinn (Dinatriumhexamethylzinnpropan) als orangerote Lösung bildet:

$$(CH_3)_2SnBr_2 + 2\,Na_2Sn(CH_3)_2 = NaSn(CH_3)_2 \cdot Sn(CH_3)_2 \cdot Sn(CH_3)_2Na + 2\,NaBr\,.$$

Dodekamethylzinnpentan weiterhin läßt sich als unbeständiges Öl aus Dinatriumhexamethylzinnpropan und Trimethylzinnbromid synthetisieren:

$$Na[Sn(CH_3)_2]_3Na + 2\,(CH_3)_3SnBr = (H_3C)_3Sn \cdot [Sn(CH_3)_2]_3 \cdot Sn(CH_3)_3 + 2\,NaBr\,.$$

h) Flüssiges Ammoniak eignet sich gut als Lösungsmittel für Alkylierungen[1]. Die Darstellung von Natrium- bzw. Kaliumderivaten der Säureamide, der Imide, der Phenole, Thiophenole, Alkohole, Hydrazine usw., welche ja im Ammonosystem der Verbindungen mehr oder weniger ausgeprägt „Säurenanaloge" sind, ist relativ einfach; man braucht diese Stoffe nur direkt mit der Natrium- oder Kaliumlösung in wasserfreiem Ammoniak reagieren zu lassen. Die Alkalimetallverbindungen sind im allgemeinen in verflüssigtem Ammoniak gut löslich und setzen sich leicht mit Halogenalkylen unter Bildung alkylierter Produkte um. Da sich auch die Alkylhalogenide in Ammoniak lösen, so ist die Reaktionsgeschwindigkeit erheblich größer als in den anderen Solventien, in welchen einer der beiden Reaktionspartner unlöslich ist. Einige Beispiele sollen das Gesagte illustrieren.

Natriumalkoholat und Natriumthiophenolat setzen sich mit Alkyljodid um, dabei entsteht Natriumjodid und Äther bzw. ein gemischter Thioäther:

$$C_2H_5ONa + C_2H_5J = (C_2H_5)_2O + NaJ$$
$$C_6H_5SNa + C_2H_5J = (C_6H_5)S(C_2H_5) + NaJ\,.$$

Natriumanilid und Äthylbromid reagieren unter Bildung von Natriumbromid und eines sekundären Amins:

$$(C_6H_5)NHNa + (C_2H_5)Br = (C_6H_5)NH(C_2H_5) + NaBr\,.$$

Die Natriumverbindungen von Säureamiden bilden mit Alkyljodid substituierte Säureamide und Natriumjodid:

$$R{-}C{\nwarrow}^{O}_{NHNa} + R{-}J = R{-}C{\nwarrow}^{O}_{NHR} + NaJ\,.$$

Aus Phenylhydrazinnatrium und Alkyljodid entsteht ein substituiertes Phenylhydrazin und Natriumjodid:

$$C_6H_5N{\nwarrow}^{Na}_{NH_2} + R{-}J = C_6H_5N{\big\langle}^{R}_{NH_2} + NaJ\,.$$

<hr>

[1] White, G. F., A. B. Morrison u. E. G. E. Anderson: J. Amer. chem. Soc. **46**, 961 (1924).

i) Das flüssige Ammoniak hat als gutes Lösungsmittel für Elektrolyte auch bei elektrochemischen präparativen Arbeiten Verwendung gefunden. Viele Metalle können aus den absolut ammoniakalischen Lösungen ihrer Salze elektrolytisch abgeschieden werden[1]. Diesbezüglich sind Lösungen der Salze (meist Bromide, Jodide, Cyanide oder Rhodanide) von Kupfer, Silber, Zink, Cadmium, Quecksilber, Thallium, Zinn, Blei, Arsen, Chrom, Mangan, Eisen, Kobalt, Nickel, Palladium, Platin untersucht worden. Alle die genannten Metalle lassen sich kathodisch gut niederschlagen. Aus absolut ammoniakalischen Berylliumsalzlösungen wird — im Gegensatz zu wäßrigen Berylliumsalzlösungen — das Beryllium als sehr reines Metall abgeschieden. Dagegen mißlang die elektrolytische Abscheidung von Aluminium, Molybdän, Wolfram und Thorium aus den ammoniakalischen Lösungen ihrer Salze und ebenso die von Antimon und Wismut.

Bei der Elektrolyse von quaternären Ammoniumsalzen, z. B. von $[(CH_3)_4N]J$ erhält man an der Kathode die charakteristische Blaufärbung der Alkalimetallauflösungen. Daraus muß man schließen, daß in verflüssigtem, wasserfreiem Ammoniak das entladene, metallähnliche Radikal $[(CH_3)_4N]$ wenigstens vorübergehend im freien Zustande auftritt. Auch Tetraphenylchrom ist durch Elektrolyse der Lösung des Jodids $[(C_6H_5)_4Cr]J$ erhalten worden[2]. Es scheidet sich als kupferroter, glänzender bis orangeroter krystalliner Belag auf der Kathode ab, der sehr empfindlich und leicht zersetzlich ist.

IV. Die Chemie in wasserfreiem, verflüssigtem Schwefelwasserstoff[3].

1. Allgemeines über flüssigen Schwefelwasserstoff als Lösungsmittel.

Nachdem die Prinzipien der Chemie in Wasser, Fluorwasserstoff und in verflüssigtem Ammoniak klargestellt worden sind, ist es nunmehr von besonderem Interesse, das chemische und physikochemische Verhalten der Stoffe in wasserfreiem, flüssigem Schwefelwasserstoff als Lösungsmittel kennenzulernen. Schwefelwasserstoff, welcher von $-83°$ bis $-61°C$ eine leichtbewegliche, farblose Flüssigkeit ist, steht nämlich als Hydrid des Schwefels in unmittelbarer Nähe

---

[1] Taft, R. u. H. Barham: J. Amer. chem. Soc. **52**, 2693 (1930). — Booth, H. S. u. G. G. Torrey: J. Amer. chem. Soc. **52**, 2581 (1930). — J. phys. Chem. **35**, 3111 (1931). — Booth, H. S. u. M. Merlub-Sobel: J. phys. Chem. **35**, 3303 (1931).

[2] Hein, F. u. W. Eissner: Ber. dtsch. chem. Ges. **59**, 362 (1926).

[3] Schmidt, H.: Die Grundlagen für eine Chemie in verflüssigtem Schwefelwasserstoff. Diss. Greifswald 1942. — Jander, G. u. H. Schmidt: Wiener Chemiker-Ztg. **46**, 49 (1943).

vom Wasser, dem Hydrid des Sauerstoffs, ebenso wie das Hydrid des Fluors, die Flußsäure, und des Stickstoffs, das Ammoniak:

$$H(\underline{NH_2}) \qquad H(\underline{O}H) \qquad H(\underline{F})$$
$$H(\underline{S}H)$$

Eine gewisse Anzahl von Arbeiten, namentlich solche amerikanischer Forscher, über verflüssigten Schwefelwasserstoff als Solvens liegt vor, doch handelt es sich bei ihnen meistens um Untersuchungen mehr physikochemischer Art. Es gibt sehr viel weniger Arbeiten, welche sich mit chemischen Umsetzungen und der Beschaffenheit dieser Reaktionen sowie der Frage befassen, inwieweit sie für das Lösungsmittel „Schwefelwasserstoff" charakteristisch sind. Die Ursache hierfür ist wohl hauptsächlich in der bis jetzt mehr oder weniger allgemein und stillschweigend vertretenen Auffassung zu suchen, daß der verflüssigte Schwefelwasserstoff überwiegend den Charakter eines typisch organischen Lösungsmittels von der Art etwa des Benzols oder Schwefelkohlenstoffs besitze. Vor einigen Jahren wurde das vorliegende Material an Untersuchungsergebnissen nach vielen Richtungen ergänzt, systematisch geordnet und unter dem Gesichtswinkel betrachtet, ob der flüssige Schwefelwasserstoff vielleicht auch als „wasserähnliches" Solvens angesprochen werden könne.

Der Schwefelwasserstoff hat, wie die Daten der tabellarischen Übersicht von S. 5 erkennen lassen, ein verhältnismäßig großes Molvolumen beim Siedepunkt, nämlich 35,9 bei —61° C, und einen relativ kleinen Wert der Dielektrizitätskonstanten, und zwar 10,2 bei —60° C. Nach der Faustregel, welche besagt, daß das Lösungsvermögen einer Flüssigkeit um so ausgeprägter ist, je höher der Wert der Dielektrizitätskonstanten und je kleiner das Molvolumen ist, dürfte flüssiger Schwefelwasserstoff kein sehr hervorragendes Solvens sein, wenigstens nicht für Salze mit einem typischen Ionengitter. Er ist auch in der Tat allgemein ein bei weitem schlechteres Lösungsmittel als Wasser, Flußsäure oder Ammoniak.

Der Schwefelwasserstoff, welcher zu den Untersuchungen über das chemische und physikalisch-chemische Verhalten der in diesem Solvens gelösten oder suspendierten Stoffe benötigt wird, läßt sich in größerem Ausmaße am einfachsten aus reinem Schwefeleisen und reiner Salzsäure gewinnen: $FeS + 2\,HCl = FeCl_2 + H_2S$. Das Gas wird in einer kompendiöseren Apparatur[1] entwickelt, sorgfältig gereinigt, getrocknet und schließlich durch ein Kohlensäure-Aceton-Bad bei etwa —80° C verflüssigt.

Die Leitfähigkeit von reinem, flüssigem Schwefelwasserstoff ist außerordentlich gering. Alle diesbezüglichen früheren Angaben wurden vor einigen Jahren noch einmal sorgfältig überprüft[2], dabei bestimmte man den Wert der Leitfähigkeit zu $3{,}7 \cdot 10^{-11}$ reziproken Ohm bei

---

[1] Antony, U. u. G. Magri: Gazz. chim. ital. **35**, 206 (1905). — Quam, G. N.: J. Amer. chem. Soc. **47**, 103 (1925).

[2] Satwalekar, S. D., L. W. Butler u. J. A. Wilkinson: J. Amer. chem. Soc. **52**, 3045 (1930).

—78,3° C. Bemerkenswert ist in diesem Zusammenhang die Mitteilung, daß das Leitvermögen des flüssigen Schwefelwasserstoffs bei Anwesenheit kleiner Mengen Wasser merklich abnimmt. Die schwache Eigenleitfähigkeit des verflüssigten Schwefelwasserstoffs muß auf eine geringfügige Dissoziation — ähnlich wie beim Wasser — zurückzuführen sein:

$$2\,H_2S \rightleftharpoons (H \cdot H_2S)^+ + (\dot{S}H)^- \rightleftharpoons (H_3S)^+ + (HS)^-.$$

Unter dem Gesichtswinkel dieses Dissoziationsschemas betrachtet sind also in flüssigem Schwefelwasserstoff solche Substanzen „Säurenanaloge", welche die lösungsmitteleigenen positiven H^+-Ionen abzuspalten in der Lage sind. Hierzu gehören Chlorwasserstoff HCl, Schwefelsäure H_2SO_4, Trichloressigsäure $H(CCl_3COO)$ u. a. m. Als „Basenanaloge" fungieren die Stoffe, welche die lösungsmitteleigenen negativen $(SH)^-$-Ionen abdissoziieren. Diese Eigenschaft zeigen, wie wir sehen werden, beispielsweise die Hydrogensulfide der Alkalien und besonders des alkylsubstituierten Ammoniums. Auf dieser Grundlage läßt sich ein dem „Aquo"- und „Ammonosystem" analoges „Sulfidosystem" der Verbindungen aufstellen, in welchem sich die gelösten Substanzen zueinander verhalten wie Säuren, Basen und Salze in Wasser.

2. Das Anlagerungsvermögen des Schwefelwasserstoffes. Die Thiohydrate.

Schwefelwasserstoff vermag wie Wasser, Ammoniak und andere Lösungsmittel mit bereits abgesättigt erscheinenden chemischen Verbindungen Solvate zu bilden, welche man auch Thiohydrate nennt. Aus Untersuchungen von BILTZ und KEUNECKE[1] sowie von RALSTON und WILKINSON[2] ergibt sich aber, daß die Gesamtmenge der Thiohydrate überhaupt sehr viel kleiner ist als die der Hydrate und Ammoniakate. Auch die Anzahl der Moleküle Schwefelwasserstoff, die gegebenenfalls angelagert werden, ist meist nur gering, ebenso die Zahl der Solvatstufen und die Beständigkeit. Zur Darstellung läßt man einfach unter völligem Ausschluß von Luftfeuchtigkeit absolut trockenen, verflüssigten Schwefelwasserstoff auf die ebenfalls völlig entwässerten Stoffe bei —78° bis —79° C (Temperatur eines Kohlensäure-Aceton-Bades) oder auch bei etwas höherer Temperatur (ausnahmsweise bei Zimmertemperatur) unter Druck einwirken. Ob jeweils eine Anlagerung von Schwefelwasserstoff stattgehabt hat, läßt sich aus dem Kurvenverlauf eines isothermen Abbaues ablesen. Die nachfolgende tabellarische Zusammenstellung gibt eine Übersicht über die von BILTZ und KEUNECKE erhaltenen Resultate.

Die Aluminiumhalogenide sind vom Chlorid zum Jodid mit zunehmender Leichtigkeit in flüssigem Schwefelwasserstoff löslich. Die übrigen Präparate lagern Schwefelwasserstoff an, ohne sich merklich zu lösen. Die Halogenide des Titans und das Zinnchlorid nehmen

[1] BILTZ, W. u. E. KEUNECKE: Z. anorg. allg. Chem. 147, 171 (1925).
[2] RALSTON, A. W. u. J. A. WILKINSON: J. Amer. chem. Soc. 50, 258 (1928).

Tabelle 22. *Übersicht über einige Thiohydrate, ihre Bildungswärmen und Zersetzungstemperaturen.*

Art des Thiohydrates	Nullpunktsbildungswärmen der Solvate in Cal je 1 Mol H_2S an die vorangegangene Sättigungsstufe	Zersetzungstemperatur bei $p_{H_2S} = 100$ mm Hg in Celsiusgraden	Gesamtbildungswärmen der Solvate je 1 Mol H_2S in Cal
$BeCl_2$	—	—	—
$BeBr_2 \cdot 2\,H_2S$ . .	8,85	$+\ 1$	8,85
$BeJ_2 \cdot 2\,H_2S$ . . .	6,15	-83	6,15
$AlCl_3 \cdot 1\,H_2S$ . . .	9,22	$+14$	9,22
$AlBr_3 \cdot 1\,H_2S$ . . .	9,72	$+30$	9,72
$AlJ_3 \cdot 2\,H_2S$ . .	9,13	$+11$	9,13
$AlJ_3 \cdot 4\,H_2S$ . . .	6,30	-79	7,71
$TiCl_4 \cdot 1\,H_2S$ . . .	8,86	$+\ 2$	8,86
$TiCl_4 \cdot 2\,H_2S$ . . .	7,49	$-41,5$	8,18
$TiBr_4 \cdot 1\,H_2S$ . . .	8,56	$-\ 7,5$	8,56
$TiBr_4 \cdot 2\,H_2S$ . . .	7,20	$-50,5$	7,88
TiJ_4	—	—	—
$SnCl_4 \cdot 2\,H_2S$ . . .	6,98	-58	6,98
$SnCl_4 \cdot 4\,H_2S$ . . .	6,21	-81	6,60
$SnBr_4$	—	—	—
SnJ_4	—	—	—

dabei beträchtlich an Volumen zu, die anderen Thiohydrate erscheinen gegenüber den Ausgangsstoffen nur mäßig gequollen. Bei der eingeschlagenen Art der Darstellung sind Thiohydrate mit deutlicher Krystallausbildung nicht zu erhalten, man bekommt nur dichte, kreidig erscheinende Massen. Aus dem farblosen Titantetrachlorid allerdings entsteht citronengelbes Titantetrachlorid-Dithiohydrat und hellgelbes Titantetrachlorid-Monothiohydrat. Das gelbe Titantetrabromid liefert ein zinnoberrotes Titantetrabromid-Dithiohydrat und ein noch kräftiger gefärbtes Monothiohydrat. Die Anlagerung von Schwefelwasserstoff ruft also — bei diesen Beispielen augenfällig — eine bemerkenswerte Farbvertiefung hervor. Das Titantetrachlorid-Monothiohydrat ist bei Zimmertemperatur unter Druck fest (Smp. des H_2S bei —83° C, Smp. des $TiCl_4$ bei —23° C). In einem geschlossenen Rohrsystem unter Druck kann es wie Ammoniumchlorid sublimiert werden, dabei erhält man hellgelbe Krystalle. Bei Druckentlastung zerfällt es unter Hinterlassung von flüssigem Titantetrachlorid.

Wie die tabellarische Zusammenstellung zeigt, sind über 0° C nur wenige Thiohydrate stabil, vor allen die niederen Thiohydratstufen der Aluminiumhalogenide. Die in den tief liegenden Zersetzungstemperaturen und den geringen Teilbildungswärmen zum Ausdruck kommende Verwandtschaft des Schwefelwasserstoffs zu den aufgeführten Halogeniden ist nur unbedeutend. Die kleinste beobachtete Nullpunktsbildungswärme besitzt Berylliumjodid-Dithiohydrat mit nur 6,15 Cal, ein Wert, welcher nicht viel größer ist als die Verdampfungswärme des flüssigen Schwefelwasserstoffs, die bei —61° C 4,5 Cal beträgt.

Hochschmelzende Salze mit einem typischen Ionengitter vermögen keine Thiohydrate zu bilden. Wie bereits S. 41 erwähnt wurde, setzt sich der Vorgang der Addition einer Substanz an feste Stoffe, welcher unter der Wärmeentwicklung Q verlaufen möge, nach Biltz[1] aus zwei Teilvorgängen zusammen, aus der Aufweitungsarbeit E und der Anlagerungsarbeit A'. $Q = A' - E$. Es ist nun die Arbeit E bei den Salzen mit typischen Ionengittern verhältnismäßig groß, A' dagegen, wie wir sahen, bei den Schwefelwasserstoffsolvaten nur gering. Es ist danach durchaus verständlich, daß Salze von der Art des Kaliumchlorids (Ionengitter, Smp. 768° C) keine Thiohydrate bilden, daß aber bei niedrig schmelzenden Stoffen, welche weniger fest gefügte Molekülgitter haben oder jedenfalls keine typischen Ionengitter mehr besitzen, sehr viel leichter Thiohydrate entstehen können. Dabei handelt es sich vorzugsweise um Anlagerungskomplexe.

Die relativ geringe Neigung des Schwefelwasserstoffs, mit bereits abgesättigt erscheinenden Verbindungen Solvate zu bilden, hängt unter anderem damit zusammen, daß das Molekularvolumen des Schwefelwasserstoffs erheblich größer ist als das des Wassers oder des Ammoniaks und daß ferner sein Dipolcharakter und seine Dielektrizitätskonstante bedeutend kleiner sind als die des Wassers oder Ammoniaks.

Mit den besprochenen 12 Thiohydraten ist die Zahl der überhaupt möglichen sicherlich nicht vollständig. Es stehen noch systematische Untersuchungen aus über die Thiohydrate von Salzen und salzartigen Verbindungen, welche sich aus einem großräumigen Kation oder einem großräumigen Anion aufbauen, bei denen also die Entfernung des Kationenschwerpunktes vom Anionenschwerpunkt relativ groß und damit die Gitteraufweitungsarbeit E, die Trennung von Kation und Anion, gering ist. In diesem Zusammenhang ist an die zahlreichen Salze des alkyl- und arylsubstituierten Ammoniums zu denken, an die Salze organischer Säuren mit großräumigen Anionen, an die unendlich vielen salzartigen Komplexverbindungen und ähnliche Stoffe mehr.

3. Löslichkeitsverhältnisse und Molekulargewichtsbestimmungen in flüssigem Schwefelwasserstoff.

Bevor auf das chemische und physikochemische Verhalten der Stoffe in verflüssigtem Schwefelwasserstoff näher eingegangen werden kann, ist es notwendig, eine Übersicht über die Löslichkeiten anorganischer und organischer Substanzen in diesem Solvens zu erhalten und, soweit das möglich ist, etwas über ihren Verteilungszustand zu erfahren. Quantitative Löslichkeitsangaben liegen kaum vor. Die folgende Zusammenstellung bringt daher stichwortartig die bisher bekannt gegebenen qualitativen Beobachtungen über die Löslichkeitsverhältnisse.

---

[1] Biltz, W.: Naturw. **13**, 500 (1925). — Biltz, W. u. H. G. Grimm: Z. anorg. allg. Chem. 145, 63 (1925).

a) Säuren wie Chlorwasserstoffsäure HCl, Bromwasserstoffsäure HBr, Schwefelsäure H_2SO_4, Trichloressigsäure CCl_3COOH, Essigsäure CH_3COOH usw., welche auch in verflüssigtem Schwefelwasserstoff als „Säurenanaloge" fungieren, sind in dem wasserfreien Solvens allem Anschein nach gut löslich. Es ist bemerkenswert, daß wasserfreie Schwefelsäure den wasserfreien Schwefelwasserstoff bei —78° C nicht unter Schwefelabscheidung oxydiert, die Lösung bleibt über längere Zeit stabil und klar.

b) Hydrogensulfide und Sulfide der Metalle, auch die der Alkalimetalle, welche in flüssigem Schwefelwasserstoff „Basenanaloge" sind, haben kaum Neigung, in Lösung zu gehen, sie sind praktisch unlöslich. Wegen des relativ großen Kationenvolumens dürften am ehesten noch Rubidium- und erst recht Caesiumhydrogensulfid Cs(SH) etwas in verflüssigtem Schwefelwasserstoff löslich sein; diesbezügliche Untersuchungen stehen aber noch aus. Recht gut lösen sich hingegen die Hydrogensulfide bzw. Sulfide des alkyl- oder arylsubstituierten Ammoniums, z. B. Triäthylammonium-Hydrogensulfid $[(C_2H_5)_3NH](SH)$, Trimethylammonium-Hydrogensulfid $[(CH_3)_3NH](SH)$ usw. Man erhält solche Lösungen leicht, indem man bei tiefen Temperaturen vorsichtig die wasserfreien Amine oder sonstige stickstoffhaltige organische Basen in Schwefelwasserstoff auflöst.

c) Nach Angaben von Quam[1] und besonders von W. Biltz[2] sind von den Halogeniden diejenigen in flüssigem Schwefelwasserstoff löslich — im Kältebad oder bei Zimmertemperatur unter Druck —, welche wie die Säurechloride ein Molekülgitter besitzen oder doch wenigstens als Übergangsglieder zwischen den typischen Salzen mit einem festgefügten Ionengitter und Verbindungen mit einem weniger festgefügten Molekülgitter anzusprechen sind. Hierher gehören die folgenden Halogenide:

$$ZnCl_2, \quad HgCl_2, \quad HgBr_2, \quad HgJ_2$$
$$AlCl_3, \quad AlBr_3, \quad AlJ_3$$
$$CCl_4, \quad CBr_4, \quad SiCl_4, \quad SnCl_2, \quad SnCl_4$$
$$PCl_3, \quad PBr_3, \quad PCl_5, \quad AsCl_3, \quad SbCl_3, \quad SbCl_5, \quad BiCl_3$$
$$S_2Cl_2, \quad JCl_3, \quad FeCl_3$$

Ein großer Teil von ihnen erfährt allerdings durch eintretende Thiohydrolyse eine Umsetzung mit dem Lösungsmittel (vgl. Kap. 8, S. 106).

Löslich sind ferner die Halogenide des alkylsubstituierten Ammoniums wie z. B. Tetramethylammoniumjodid $[(CH_3)_4N]J$, Tetraäthylammoniumchlorid $[(C_2H_5)_4N]Cl$ usw., also Salze mit einem großvolumigen Kation.

d) Unlöslich in flüssigem Schwefelwasserstoff sind, wie bereits erwähnt, die einfachen Salze mit einem typischen Ionengitter, also Natriumfluorid NaF, Kaliumchlorid KCl usw. Unlöslich sind die

[1] Quam, G. N.: J. Amer. chem. Soc. 47, 103 (1925).
[2] Biltz, W. u. E. Keunecke: Z. anorg. allg. Chem. 147, 171 (1925).

Sulfate, Nitrate, Chromate, Bromate, Permanganate, Acetate, welche ein einfaches, kleinräumiges Metallkation enthalten. Viele von ihnen setzen sich aber mit dem flüssigen Schwefelwasserstoff um, teils wegen ihres Charakters als Oxydationsmittel, teils erleiden sie wie manche Acetate Solvolyse.

e) Von den elementaren Metallen reagieren Natrium, Kalium, Kupfer, Silber, Quecksilber, Arsen und Antimon unter Bildung von Sulfiden und unter Wasserstoffentwicklung mit dem Lösungsmittel „Schwefelwasserstoff" (vgl. auch Kap. 7, S. 104):

$$2\,Ag + H_2S = Ag_2S + H_2\nearrow.$$

Gold und Kohlenstoff lösen sich nicht und werden auch nicht angegriffen.

f) McIntosh und Archibald[1] haben eine große Zahl organischer Verbindungen auf ihre Löslichkeit in flüssigem Schwefelwasserstoff hin untersucht und haben festgestellt, daß er für die meisten organischen Stoffe ein ausgezeichnetes Solvens ist. Es lösen sich Verbindungsklassen wie die Kohlenwasserstoffe, die Halogenide, viele Säuren, die Ester, die Säurechloride, die Nitrile, die Aldehyde, die Ketone, die Alkohole, die Nitro- und die Aminoverbindungen. Die entstehenden Lösungen leiten im allgemeinen den elektrischen Strom nicht. Unlöslich in flüssigem Schwefelwasserstoff sind die Kohlenhydrate.

g) Obwohl, wie wir sahen, einfache Salze mit einem typischen Ionengitter in flüssigem Schwefelwasserstoff kaum löslich sind, so läßt sich bei ihnen in manchen Fällen doch eine Löslichkeit erzielen, wenn es gelingt, die sich stark anziehenden Schwerpunkte von Kation und Anion durch Gittererweiterung oder Gitterauflockerung um einen gewissen Betrag voneinander zu entfernen. Das kann beispielsweise dadurch geschehen, daß man von dem betreffenden einfachen Salz zu dem korrespondierenden Komplexsalz übergeht etwa vom Nickelacetat $Ni(CH_3COO)_2$ zum Nickelhexadiäthylaminacetat $\{Ni[NH(C_2H_5)_2]_6\}(CH_3COO)_2$. Man muß selbstverständlich für die Komplexsalzbildung einen Bestandteil heranziehen, welcher nicht seinerseits für sich allein mit den Molekülen des Solvens reagiert und mit ihnen eine unlösliche oder wenig dissoziierte Verbindung bildet. Wasser hat sich in diesem Zusammenhang als ungeeignet erwiesen. Wasserfreies Calciumchlorid ist unlöslich, aber auch Calciumhexaaquochlorid $[Ca(H_2O)_6]Cl_2$ geht nach Angaben von Biltz und Keunecke[2] in flüssigem Schwefelwasserstoff nicht in Lösung. Auch unsubstituiertes Ammoniak kommt für den gedachten Zweck nicht in Frage, da es mit Schwefelwasserstoff das in diesem Solvens wenig lösliche Ammoniumhydrogensulfid $(NH_4)(HS)$ bildet. Zur Komplexsalzbildung können aber die alkyl- und arylsubstituierten Ammoniakderivate und andere stickstoffhaltige organische Verbindungen wie Dimethylamin, Trimethylamin, Diäthylamin, Triäthylamin, Pyridin u. a. m.

---

[1] McIntosh, D. u. E. H. Archibald: Z. phys. Chem. **55**, 152 (1906).
[2] Biltz, W. u. E. Keunecke: Z. anorg. allg. Chem. **147**, 171 (1925).

Tabelle 23. *Vergleich der Löslichkeiten von Acetaten der einfachen Metalle und von Acetaten der korrespondierenden Metalldiäthylaminkomplexe.*

Wasserfreies Acetat	Löslichkeit	Reaktion	Zur frisch bereiteten Suspension des Acetates wurde Diäthylamin hinzugegeben bis zum Verhältnis von Diäthylamin zum Acetat wie	Löslichkeit der Komplexverbindung	Farbe der Lösung	Beschaffenheit des Bodenkörpers
Cu-Acetat	unlöslich	sofort Cu_2S	—	—	—	—
Ce-Acetat	unlöslich	?	—	—	—	—
Ba-Acetat	—	—	9:1	etwas löslich	hellgelb	Weißer Bodenkörper
Bi-Acetat	unlöslich	sofort Bi_2S_3	—	—	—	—
UO_2-Acetat	unlöslich	langsame graugrüne Verfärbung	—	—	—	—
Mn-II Acetat	unlöslich	langsam MnS	—	—	—	—
MnIII-Acetat	unlöslich	langsam MnS	—	—	—	—
Ni-Acetat	—	—	7:1	stark löslich	dunkelbraun	Kein Bodenkörper
Cr-Acetat	unlöslich	ohne Reaktion	—	—	—	—
	—	—	7:1	löslich	gelbgrün	Nach längerem Stehen schwarzer Bodenkörper
Zn-Acetat	unlöslich	?	—	—	—	—
	—	—	7:1	stark löslich	farblos	Kein Bodenkörper
Cd-Acetat	unlöslich	Nach 24 Std. CdS	—	—	—	—
	—	—	3:1	—	—	Nach 24 Stunden bei Zimmertemperatur CdS
	—	—	6:1	stark löslich	farblos	Kein Bodenkörper
Co-Acetat	unlöslich	sofort CoS	—	—	—	—
	—	—	2:1	—	—	CoS-Niederschlag (schwarz)
	—	—	3:1	—	—	CoS-Niederschlag (schwarz)
	—	—	4:1	—	—	CoS-Niederschlag (schwarz)
	—	—	5:1	etwas löslich	blau	Nach 24 Stunden bei Zimmertemperatur CoS
	—	—	7:1	etwas löslich	blau	Bei längerem Stehen keine Bildung von schwarzem CoS

herangezogen werden. Die gegenüberstehende Tabelle 23 gibt die Resultate von Versuchen[1] wieder, welche diesbezüglich mit Diäthylamin angestellt worden sind und zwar in vielen Fällen mit positivem Erfolg. Nickel-, Kobalt-, Zink-, Cadmium- und Chromacetat, welche alle unlöslich sind, werden in verflüssigtem Schwefelwasserstoff löslich, wenn 6 oder mehr Moleküle Diäthylamin je 1 Mol Salz zugegen sind, so daß ein Kationenkomplex von dem bekannten Typus $\{Me^{II}[NH(C_2H_5)_2]_6\}^{2+}$ oder $\{Me^{III}[NH(C_2H_5)_2]_6\}^{3+}$ entstehen kann. Die Versuche erheben keinen Anspruch auf Vollständigkeit, sie haben vielmehr nur orientierenden Charakter, zeigen aber, daß noch mancherlei in verflüssigtem Schwefelwasserstoff lösliche Salze mit größerräumigem Kation oder Anion also vor allen Dingen bei den unzähligen Komplexverbindungen aufgefunden werden können.

Von besonderem Interesse sind die Versuche mit Cadmiumacetat und mit Zinkacetat. Sie wurden in Mikrobombenröhren durchgeführt, und zwar in der Weise, daß zu einer in mehreren Röhrchen gleichbleibenden Menge Acetat steigende Mengen von Diäthylamin hinzugesetzt wurden. Bei einem Verhältnis von 6 und mehr Mol Diäthylamin

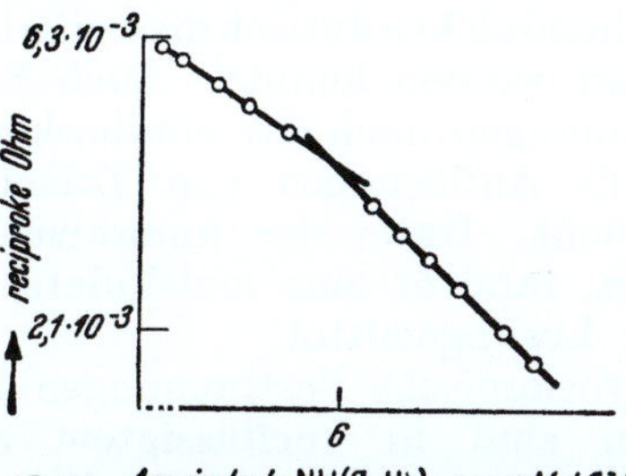

Abb. 11. Konduktometrische Titration einer vorgelegten Auflösung von Diäthylamin in verflüssigtem Schwefelwasserstoff mit Cadmiumacetat bei —78° C.

je 1 Mol Acetat tritt, wie bereits mitgeteilt ist, vollständige Lösung ein. Während nun aber bei den meisten anderen aminhaltigen Lösungen erst bei Zimmertemperatur — also in flüssigem Schwefelwasserstoff unter Druck — schnell Auflösung erfolgte, war eine solche bei Zink- und Cadmiumacetat schon bei —78° C zu beobachten. Einen weiteren Einblick in die Entstehung des löslichen Cadmiumhexadiäthylaminacetates gibt die bei —78° C durchgeführte konduktometrische Titration, bei welcher zu einer vorgelegten Lösung von Diäthylamin in verflüssigtem Schwefelwasserstoff anteilweise wasserfreies Cadmiumacetat hinzugesetzt wird:

$$6\,[(C_2H_5)_2NH\cdot H](SH) + Cd(CH_3COO)_2 = \{Cd[NH(C_2H_5)_2]_6\}(CH_3COO)_2 + 6\,H_2S.$$

Die Leitfähigkeit der Lösung nimmt mit fortschreitender Titration ab; sie hat bei dem Molverhältnis 6 Mol Diäthylamin zu 1 Mol Cadmiumacetat einen recht deutlichen Knick, wie die obenstehende Abb. 11 erkennen läßt.

Über den Verteilungszustand der Stoffe in verflüssigtem Schwefelwasserstoff als Solvens hat man sich in einigen Fällen durch ebullioskopische und kryoskopische Bestimmungen Klarheit zu schaffen versucht. Die molare Siedepunktserhöhung des Schwefelwasserstoffs ist

---

[1] JANDER, G. u. H. SCHMIDT: Wiener Chemiker-Ztg. 46, 49 (1943).

nach dem von van't Hoff und Arrhenius gegebenen Ansatz aus der Verdampfungswärme zu 0,62° C je 1000 g Lösungsmittel berechnet worden[1]. McIntosh und Archibald fanden bei vier Messungen mit 5—20%igen Toluollösungen im Mittel 0,58. Die Werte der Einzelbestimmungen streuen unregelmäßig, aber stark und liegen zwischen den Grenzen 0,53 und 0,67° C. Mit Triäthylammoniumchlorid wurden ebenfalls vier Bestimmungen durchgeführt, und zwar bei verschiedenen Konzentrationen zwischen 3,4 und 9,2%. Es ergaben sich nach diesen Berechnungen für die molare Siedepunkterhöhung Werte, die zwischen 0,94 und 1,12° C lagen. Während also das Toluol in verflüssigtem Schwefelwasserstoff allem Anschein nach monomolekular gelöst vorliegt, ist das Triäthylammoniumchlorid darüber hinaus noch recht weitgehend elektrolytisch dissoziiert, was durch Leitfähigkeitsmessungen bestätigt werden konnte. Auch Beckmann[2] hat Molekulargewichtsbestimmungen nach der ebullioskopischen Methode durchgeführt und ebenfalls Auflösungen von Toluol in flüssigem Schwefelwasserstoff untersucht. Unter der Annahme, daß Toluol monomolekulardispers vorliegt, fand er eine molekulare Siedepunktserhöhung von 0,63° je 1000 g Lösungsmittel.

Kryoskopische Bestimmungen des Molekulargewichtes einiger Substanzen sind in verflüssigtem Schwefelwasserstoff ebenfalls von Beckmann gemeinsam mit Waentig und Niescher[3] ausgeführt worden. Aus den Gefrierpunktsdepressionen durch Toluol — monomolekular gelöst angenommen — ergibt sich die molekulare Schmelzpunktserniedrigung von flüssigem Schwefelwasserstoff zu 3,85° C. Kohlenwasserstoffe zeigen ein normales Molekulargewicht. Hydroxylhaltige Körper jedoch, beispielsweise Äthylalkohol und Thymol $(H_3C)_2CH \cdot C_6H_3 \cdot (OH) \cdot CH_3$ ferner aber auch Cymol p-$(CH_3)_2CH \cdot C_6H_4 \cdot (CH_3)$, geben in konzentrierteren Lösungen Werte, welche auf eine geringe Assoziation hindeuten. Bei Auflösungen von Essigsäure in flüssigem Schwefelwasserstoff, welche ohne sichtbare Reaktion erfolgen, findet man einen halb so großen Wert für die Konstante der Gefrierpunktsdepression wie bei Toluol und den Kohlenwasserstoffen. Allem Anschein nach liegt also bei der Essigsäure Assoziation bis zu Doppelmolekülen vor. Benzophenon hingegen liefert sonderbarerweise in verdünnten Lösungen Werte, welche auf eine Vermehrung der Molekülzahl (durch eine Anlagerungsreaktion mit dem Lösungsmittel und nachfolgende Dissoziation?) schließen lassen; erst bei größerer Konzentration nähert sich der Wert immer mehr dem zu erwartenden normalen.

So bemerkenswert und wertvoll auch die mitgeteilten Ergebnisse der ebullioskopisch und kryoskopisch durchgeführten Molekulargewichtsbestimmungen einiger Substanzen in flüssigem Schwefelwasserstoff sein mögen, so lassen sich doch aus ihnen noch keine

[1] McIntosh, D. u. E. H. Archibald: Z. phys. Chem. 55, 152 (1906).
[2] Beckmann, E.: Z. anorg. allg. Chem. 74, 297 (1912).
[3] Beckmann, E., P. Waentig u. M. Niescher: Z. anorg. allg. Chem. 67, 17 (1910).

allgemeingültigen und weitertragenden Schlüsse ziehen. Die Anzahl der Messungen ist noch viel zu gering. Diesbezüglich muß erst noch mehr Material systematisch gesammelt und kritisch ausgewertet werden. Parallel sind konduktometrische, potentiometrische und andere physikochemische Messungen durchzuführen und ihre Resultate mit den Ergebnissen der Molekulargewichtsbestimmungen zu vergleichen.

4. Leitfähigkeitsmessungen in flüssigem Schwefelwasserstoff.

Leitfähigkeitsmessungen, welche wenigstens in mancher Hinsicht den Zustand der gelösten Stoffe in einem Solvens erkennen lassen, sind auch verschiedentlich mit Lösungen in flüssigem Schwefelwasserstoff durchgeführt worden. Diese Messungen lassen erkennen, ob Dissoziationsvorgänge stattfinden oder nicht, und wie diese gegebenenfalls von der Konzentration, der Temperatur und von anderen Faktoren abhängen. Dabei hat sich im allgemeinen ergeben, daß — abgesehen allerdings von manchen bemerkenswerten Ausnahmen — die Auflösungen von Substanzen in diesem Solvens meistens den elektrischen Strom nicht oder doch nur recht wenig leiten. Soweit elektrolytisches Leitvermögen festgestellt worden ist, sind die Verhältnisse keineswegs immer klar und eindeutig gefunden worden, jedenfalls vielfach abweichend von dem, was man von den Leitfähigkeitsverhältnissen wäßriger Lösungen her als normal kennt.

a) Die Leitfähigkeitsverhältnisse bei den Auflösungen organischer Stoffe in flüssigem Schwefelwasserstoff.

Qualitative Leitfähigkeitsmessungen von etwa 90 organischen Substanzen aus verschiedenen Stoffklassen wurden von WALKER, McINTOSH und STEELE[1] ausgeführt. Untersucht wurden Auflösungen folgender Stoffklassen in verflüssigtem Schwefelwasserstoff von —80° C: Kohlenwasserstoffe, halogenierte aliphatische und aromatische Kohlenwasserstoffe, Alkohole, Äther, Aldehyde, Ketone, Säuren, Ester, Säurechloride, Säureamide, Nitrile, Nitroverbindungen sowie andere stickstoffhaltige, mehr oder weniger basische organische Verbindungen. In der nachfolgenden tabellarischen Übersicht, in welche von den 90 untersuchten Stoffen nur die aufgenommen sind, welche mindestens ein wenig leiten, bedeutet (+++) sehr gut leitend — etwa so wie eine 0,02 n wässrige KCl-Lösung von 25° C —, (++) mäßig leitend, (+) leitend, (—+) schlecht leitend, (——+) sehr schlecht leitend und (—) praktisch nicht leitend.

Die einzigen Lösungen, die eine verhältnismäßig gute Leitfähigkeit zeigen, sind die von Diisobutylamin, Pyridin, Piperidin, Chinolin und Nicotin, also von stickstoffhaltigen basischen Stoffen. Bei ihnen muß man entsprechend ihrem Verhalten auch in anderen Lösungsmitteln,

---

[1] WALKER, J. W., D. McINTOSH u. E. ARCHIBALD: J. chem. Soc. 85, 1098 (1904).

Tabelle 24. *Übersicht über das elektrische Leitvermögen von Auflösungen organischer Substanzen in verflüssigtem Schwefelwasserstoff von* —80°.

Substanz	Leitvermögen	Substanz	Leitvermögen
Methylalkohol.	(— — +)	Dimethylanilin	(— +)
Äthylenglykol	(— — +)	Diäthylanilin.	(— +)
Anisaldehyd	(— — +)	Pyridin	(+ +)
Furfuraldehyd	(— +)	Piperidin	(+)
Aceton	(— +)	Chinolin	(+)
Methylpropylketon . .	(— — +)	Nicotin	(+ +)
Äthyloxalat	(— — +)	Diisobutylamin. . . .	(+)

z. B. in Wasser, ohne weiteres Reaktion mit dem Lösungsmittel und — mehr oder weniger weit fortgeschritten — die Bildung von „basenanalogen" Hydrogensulfiden annehmen, welche dann ihrerseits als schwächere oder stärkere Elektrolyte fungieren:

$$\text{>N} + \text{HOH} \rightleftharpoons [\text{>NH}]\text{OH} \rightleftharpoons [\text{>NH}]^+ + (\text{OH})^-$$
$$\text{>N} + \text{HSH} \rightleftharpoons [\text{>NH}]\text{SH} \rightleftharpoons [\text{>NH}]^+ + (\text{SH})^-.$$

Ähnliche Verbindungsbildungen sind bei den angeführten sauerstoffhaltigen Substanzen, den Alkoholen, Aldehyden und Ketonen anzunehmen.

Wegen ihres Charakters als „Basenanaloge" im Sulfidosystem der Verbindungen sind die Auflösungen der stickstoffhaltigen organischen Basen in flüssigem Schwefelwasserstoff von besonderem Interesse. Die eben behandelte Reaktion der Vertreter dieser Stoffklasse mit dem Lösungsmittel, also ihr Fungieren als potentielle Elektrolyte, geht abgesehen von der Leitfähigkeit der entstehenden Lösung auch aus der vielfach nicht unbeträchtlichen Wärmeentwicklung hervor, welche bei ihrer Auflösung in flüssigem Schwefelwasserstoff zu beobachten ist. Von CHIPMAN und McINTOSH[1] wurden nun die Leitfähigkeiten der Lösungen von Tripropylamin und Triisobutylamin in Abhängigkeit von der Verdünnung gemessen. Sie kamen dabei prinzipiell zu denselben Ergebnissen wie STEELE, McINTOSH und ARCHIBALD[2], welche mehrere Jahrzehnte früher das Leitvermögen der Auflösungen von Pyridin und Nicotin ebenfalls in Abhängigkeit von der Konzentration bestimmt hatten. In der nachfolgenden Abb. 12 sind die Resultate der Messungen von CHIPMAN und McINTOSH graphisch wiedergegeben, und zwar ist das Äquivalentleitvermögen der Lösungen von Tripropylamin und Triisobutylamin in Abhängigkeit von der Verdünnung dargestellt. Man erkennt zunächst einmal, daß das Äquivalentleitvermögen von Triisobutylamin größer ist als das von Tripropylamin. Das steht in Einklang zu den später behandelten Beobachtungen an Lösungen der Salze des alkylsubstituierten Ammoniums, bei denen ebenfalls die Dissoziation zunimmt und die Werte

---

[1] CHIPMAN, H. R. u. D. McINTOSH: Proc. Trans. Nova Scotian Inst. Sci. 16 (Pt.), 188 (1927).
[2] STEELE, B. D., D. McINTOSH u. E. H. ARCHIBALD: Z. phys. Chem. 55, 129 (1906).

des Leitvermögens um so größer werden, je voluminöser das substituierte Ammonium wird. Ferner erkannt man, daß die molaren Leitfähigkeiten von Tripropylamin und Triisobutylamin mit zunehmender Verdünnung stark abnehmen, ein Gang, der dem entgegengesetzt ist, welcher nach der Kenntnis des Verhaltens der Elektrolyte in wäßrigen Lösungen erwartet werden sollte. Diese Erscheinung ist aber an Aminen und sonstigen Elektrolyten nicht nur bei flüssigem Schwefelwasserstoff als Solvens, sondern auch bei anderen nichtwäßrigen, aber wasserähnlichen Lösungsmitteln in gleicher Weise beobachtet worden, z. B. bei wasserfreiem, verflüssigtem Chlorwasserstoff, Bromwasserstoff, Schwefeldioxyd u. a. m. Zu einer widerspruchlosen, allgemeingültigen Deutung fehlen zur Zeit noch weitere und eingehendere, möglichst vielseitige Untersuchungen chemischer und besonders physikochemischer Art. Eine generelle Erklärung dürfte allem Anschein nach auch kaum möglich sein. Die Verhältnisse sind physikalisch und chemisch bei den einzelnen Fällen doch recht verschieden gelagert! Unter anderem hat man angenommen, daß in manchen von diesen Lösungen nicht nur ein Gleichgewichtszustand zwischen dem gelösten Stoff, seiner monomolekularen Anlagerungsverbindung mit dem Solvens und deren Dissoziationsprodukten besteht, sondern auch ein weiterer Gleichgewichtszustand zwischen dem gelösten Stoff, einem Assoziationsprodukt desselben, dessen Anlagerungsverbindung mit dem Lösungsmittel und deren Dissoziationsprodukten. Die Anlagerungsverbindung des Assoziationsproduktes an das Solvens kann nun durchaus viel weitergehend elektrolytisch dissoziiert sein als die Anlagerungsverbindung des monomolekular dispergierten Stoffes an das Lösungsmittel. Dieser Fall wäre zu erwarten bei allen Solventien, in denen großräumige Verbindungen leichter gelöst werden und elektrolytisch dissoziieren als Salze mit Kationen und Anionen kleinen Volumens. Die Konzentration des Assoziates und seiner stark dissoziierenden und daher gut leitenden Anlagerungsverbindung mit dem Solvens muß aber mit zunehmender Verdünnung abnehmen. Die Formulierungen veranschaulichen das eben Gesagte.

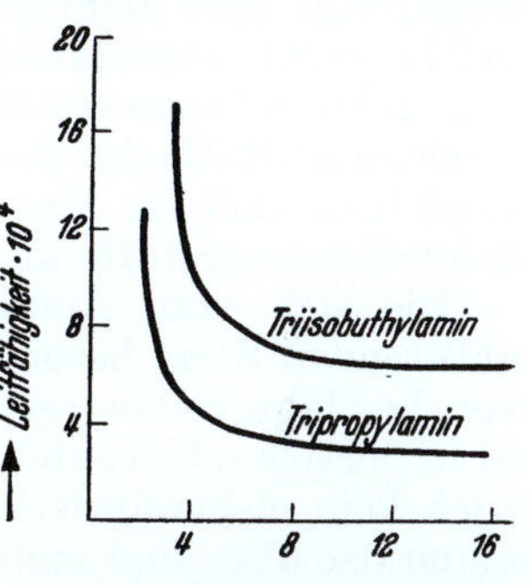

Abb. 12. Abhängigkeit des Äquivalentleitvermögens von der Verdünnung bei Auflösungen des Tripropylamins und Triisobutylamins in verflüssigtem Schwefelwasserstoff.

$$(x + 1) \gtrless N + HSH \begin{cases} [\gtrless NH] (SH) + x \gtrless N \rightleftharpoons [\gtrless NH]^+ + (SH)^- + x \gtrless N \\ [(\gtrless N)_x \cdot \gtrless NH](SH) \rightleftharpoons [(\gtrless N)_x \cdot \gtrless NH]^+ + (SH)^-. \end{cases}$$

Die Anlagerungsverbindung des Assoziates wäre also gleichsam ein substituiertes Amin-Ammonium-Hydrogensulfid. In einem späteren Abschnitt (vgl. S. 98) wird gezeigt werden, daß durchaus Gründe dafür vorhanden sind, die Existenz solcher Amin-Ammonium-Verbindungen zur Diskussion zu stellen.

Bei der Erörterung des vorliegenden Fragenkomplexes muß natürlich auch die Möglichkeit der Bildung von Anlagerungsverbindungen mit nicht nur einem, sondern mit mehreren Molekülen des Lösungsmittels berücksichtigt werden. Hinzu kommt noch, daß eine von der Konzentration abhängige Solvatation der Ionen statthaben wird.

Von den bisher untersuchten substituierten Ammoniakderivaten bilden die aliphatischen Amine bei hoher Konzentration mit Schwefelwasserstoff teils klebrige Massen, teils aber auch krystalline Körper, welche recht unbeständig sind und sich äußerst leicht unter Abgabe von Schwefelwasserstoff zersetzen. Eine genaue Untersuchung der gebildeten Stoffe ist deswegen schwer durchführbar; aber zweifellos handelt es sich bei ihnen um die gesuchten Anlagerungsprodukte des Schwefelwasserstoffs an die entsprechenden Amine.

Die sich vom Ammonium und dem substituierten Ammonium ableitenden Salze besonders die Halogenide sind ebenfalls Gegenstand von Leitfähigkeitsuntersuchungen gewesen. Ammoniumchlorid selbst ist in flüssigem Schwefelwasserstoff unlöslich und erteilt ihm demgemäß auch kein elektrolytisches Leitvermögen. Die substituierten Ammoniumsalze aber sind mehr oder weniger löslich und erteilen der Lösung Leitvermögen[1]. ANTONY und MAGRI[2] fanden, daß Lösungen von Tetramethylammoniumchlorid den elektrischen Strom leiten. QUAM und WILKINSON[3] berichten über die Leitfähigkeit von Lösungen des Monomethyl-, Dimethyl- und Triäthylammoniumchlorids bei verschiedenen Temperaturen. Diese Untersuchungen wurden von LINEKEN und WILKINSON[4] fortgesetzt und auf Lösungen von Mono-, Di-, Tri- und Tetramethylammoniumchlorid sowie der entsprechenden Äthyl- und n-Propylsalze ausgedehnt. Aus allen diesen Messungen ergeben sich folgende Resultate:

1. Die Leitfähigkeit wächst mit der Zahl der im Ammoniumradikal substituierten Wasserstoffatome. Die Lösungen der monosubstituierten Ammoniumsalze sind in flüssigem Schwefelwasserstoff schlechte Elektrolyte. Das Monomethyl-Ammoniumchlorid ist sogar noch praktisch unlöslich.

2. Je größer das Molekulargewicht und Volumen des substituierenden Alkylrestes ist, um so größer ist auch das der Schwefelwasserstofflösung des Ammoniumsalzes erteilte Leitvermögen. Ausnahmen hiervon bilden lediglich verdünnte Lösungen von Triäthylammoniumchlorid, welche eine höhere Leitfähigkeit zeigen als die entsprechenden von Tripropylammoniumsalz.

3. Der Einfluß der Anzahl substituierender Alkylreste auf den Anstieg der Leitfähigkeit ist zweifellos größer als der Einfluß des

[1] McINTOSH, D. u. B. D. STEELE: Z. Elektrochem. 10, 442 (1904).
[2] ANTONY, U. u. G. MAGRI: Gazz. chim. ital. 35, 206 (1905).
[3] QUAM, G. N. u. J. A. WILKINSON: J. Amer. chem. Soc. 47, 989 (1925).
[4] LINEKEN, E. u. J. A. WILKINSON: J. Amer. chem. Soc. 62, 251 (1940).

Molekulargewichtes vom Alkylrest. Das läßt sich besonders deutlich an den Leitfähigkeitsverhältnissen der Lösungen von tri- und tetrasubstituierenden Ammoniumverbindungen erkennen.

4. Die Lösungen der alkylsubstituierten Ammoniumverbindungen zeigen von einer gewissen Konzentration ausgehend, bei welcher ein Minimum des molaren Leitvermögens vorhanden ist, im allgemeinen eine steigende Molekularleitfähigkeit sowohl nach dem Gebiet der verdünnteren als auch nach der Seite der konzentrierteren Lösungen hin. Ausnahmen machen die Auflösungen der monosubstituierten Ammoniumsalze sowie von Diäthyl- und Dipropylammoniumchlorid. Das Ansteigen des molekularen Leitvermögens mit wachsender Verdünnung steht im Einklang mit der üblichen Vorstellung von der Zunahme der elektrolytischen Dissoziation mit abnehmender Konzentration. Möglichkeiten für die Erklärung der Erscheinung, daß mit wachsender Konzentration von Elektrolyten die molekulare Leitfähigkeit ansteigt, sind soeben bei der Besprechung der Leitfähigkeitsverhältnisse in Schwefelwasserstofflösungen der Amine erörtert worden (S. 89).

Die organischen Säuren, wie Essigsäure, Thioessigsäure, Propionsäure u. a. m. sind auch in verflüssigtem Schwefelwasserstoff als Solvens „Säurenanaloge", denn sie spalten bei ihrer elektrolytischen Dissoziation den lösungsmitteleigenen, positiven Bestandteil, nämlich H^+-Ionen ab. Ihr Verhalten beansprucht daher ebenfalls ein besonderes Interesse.

Eine Lösung von Essigsäure leitet bei —80° bis —78° C den elektrischen Strom praktisch nicht. Dagegen tritt bei Erhöhung der Temperatur eine Leitfähigkeitserhöhung gegenüber dem reinen Lösungsmittel ein. QUAM und WILKINSON[1] untersuchten nun den Einfluß, den eine Substitution im Essigsäuremolekül auf die molekulare Leitfähigkeit der Schwefelwasserstofflösung ausübt. Die Resultate sind in der folgenden tabellarischen Übersicht zusammengestellt.

Tabelle 25. *Äquivalentleitfähigkeiten ($\lambda \cdot 10^3$) in reziproken Ohm von Essigsäure und Essigsäurederivaten in flüssigem Schwefelwasserstoff von —80° C.*

Molare Konzentration	CH_3COOH	CH_3COSH	CH_3CONH_2	CH_3COCl	$(CH_3CO)_2O$
< 0,01			16,8		
0,05		1,720		2,268	15,0
0,10	0,541 (+ 20° C)	2,050		2,964	17,595
0,15		1,620		4,170	13,15
0,20		1,282		5,750	
0,25		1,184		4,750	

Die Leitfähigkeit der Essigsäure wird also erhöht, wenn an die Stelle der Hydroxylgruppe eine Hydrogensulfid-, Amid- oder Chloridgruppe tritt. Sehr auffällig ist die relativ große Leitfähigkeit der

---

[1] QUAM, G. N. u. J. A. WILKINSON: J. Amer. chem. Soc. **47**, 989 (1925).

Schwefelwasserstofflösungen von Essigsaureanhydrid im Vergleich zu solchen von Essigsäure; sie ist wahrscheinlich auf die Bildung einer dissoziierenden Anlagerungsverbindung aus Essigsaureanhydrid und dem Solvens zuruckzuführen. Die Leitfähigkeit einer ·Lösung wird jedoch kaum geändert, wenn an Stelle der Essigsaure Trichloressigsäure oder Monoaminoessigsäure aufgelöst wird, wenn man also die Essigsaure in der Methylgruppe substituiert.

Tabelle 26. *Vergleich der Leitfähigkeiten von korrespondierenden Sauerstoff- und Dithiosauren in Wasser und in verflussigtem Schwefelwasserstoff bei einer Verdunnung von 1 Mol je 32 Liter.*

In Wasser		In flussigem Schwefelwasserstoff	
Art der Saure	λ	Art der Saure	λ 10^3
Essigsäure . . . . ·. . .	8,7	Dithioessigsaure	1,00
Propionsäure	7,4	Dithiopropionsäure .	0,41
Isobuttersäure	7,9	Dithiobuttersäure	0,72
Valeriansäure	7,7	Dithiovaleriansaure . . .	0,57
Isocaprylsäure	7,5	Dithioisocaprylsäure . . .	0,62
Benzoesäure	22,3	Dithiobenzoesäure	0,22
Thioessigsäure	42,1	Thioessigsäure	1,29

Von RALSTON[1] wurden einige Thio- und Dithiocarbonsäuren hergestellt und ihre Leitfahigkeiten in flussigem Schwefelwasserstoff und in Wasser miteinander verglichen. Tabelle 26 gibt die Ergebnisse dieser Untersuchungen wieder.

Es zeigt sich, daß in flussigem Schwefelwasserstoff als Solvens das Leitvermögen bei der homologen Reihe der Dithiosauren von der generellen Formel $R—C\diagdown^S_{SH}$ mit steigendem Molekulargewicht im allgemeinen abnimmt. Die Dithiopionsaure allerdings fallt stärker aus dieser Regelmaßigkeit heraus. Die gleiche Ausnahmestellung findet man übrigens auch

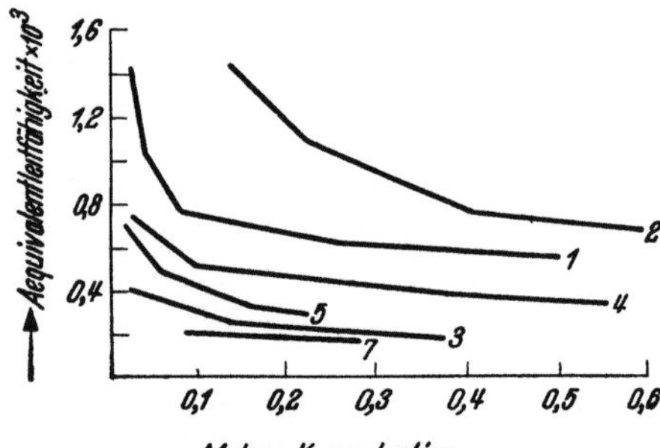

Abb. 13. Abhangigkeit des Äquivalentleitvermogens von der Molaritat bei den Auflösungen einiger Thio- und Dithiosauren in verflussigtem Schwefelwasserstoff Thioessigsaure (*1*), Dithioessigsaure (*2*), Dithiopropionsäure (*3*), Dithioisobuttersaure (*4*), Dithiovaleriansäure (*5*) und Dithiobenzoesaure (*7*).

hinsichtlich der Propionsäure selbst, wenn man die Leitfahigkeiten der Carbonsäuren in wäßriger Losung miteinander vergleicht. Diese Werte sind in die tabellarische Zusammenstellung ebenfalls aufgenommen. Aus der Gegenüberstellung erkennt man ferner, daß die Leitfahigkeitswerte für die an und fur sich auch schon schwächeren sauerstoffhaltigen Carbonsauren in wäßriger Lösung immer noch 1000—10 000mal größer sind als die der Dithiocarbonsäuren in

[1] WILKINSON, J. A.: Chem. Reviews 8, 237 (1931).

flüssigem Schwefelwasserstoff. Bemerkenswert ist, daß auch die dem „Sulfidosystem" der Verbindungen gut angepaßte Thioessigsäure in wäßriger Lösung eine bei weitem bessere Leitfähigkeit zeigt als in verflüssigtem Schwefelwasserstoff, nämlich eine etwa 30000mal bessere.

Von denselben Thio- und Dithiocarbonsäuren wurden auch die Äquivalentleitfähigkeiten in Abhängigkeit von den molaren Konzentrationen in verflüssigtem Schwefelwasserstoff gemessen. Die Abb. 13 gibt die Resultate graphisch wieder und läßt erkennen, daß die Werte des Äquivalentleitvermögens bei diesen schwachen „Säurenanalogen" mit zunehmender Verdünnung im allgemeinen mehr oder weniger stark wachsen, sie zeigen also in flüssigem Schwefelwasserstoff — wenigstens qualitativ — dasselbe Verhalten wie die allermeisten schwachen Elektrolyte in Wasser.

b) Die Leitfähigkeitsverhältnisse bei den Lösungen anorganischer Stoffe in flüssigem Schwefelwasserstoff.

Die Leitfähigkeitsverhältnisse bei Auflösungen anorganischer Substanzen in verflüssigtem Schwefelwasserstoff sind von ANTONY und MAGRI[1] und in neuerer Zeit besonders von QUAM und WILKINSON[2] untersucht worden. Die Ergebnisse sind in den folgenden beiden tabellarischen Übersichten zusammengestellt

Tabelle 27. *Spezifische Leitfähigkeiten der gesättigten Lösungen einiger anorganischer Substanzen in flüssigem Schwefelwasserstoff. Temperatur —80° C.*

In flüssigem Schwefelwasserstoff war gelöst worden	Spezifische Leitfähigkeit in rezip. Ohm · 10^7	In flüssigem Schwefelwasserstoff war gelöst worden	Spezifische Leitfähigkeit in rezip Ohm · 10^7
$FeCl_3$	2099,0	$SbCl_3$	4244,000
Cl_2	1,787	$SiCl_4$	1,29
Br_2	1,614	$SnCl_4$	1,680
J_2	136,000	$AlCl_3$	20,92
HCl (hochkonzen-		$ZnCl_2$	6,34
triert)	8,813	$HgCl_2$	0,310
JCl_3.	13,420	$HgBr_2$	51,6
S_2Cl_2	10,340	HgJ_2	99,9
PCl_3	0,4254	0,02 n KCl (in Wasser	
PBr_3	0,5269	bei 18° C) . . .	2397,0
$AsCl_3$	11,510		

Die spezifische Leitfähigkeit ist bei folgenden Lösungen bzw. Suspensionen praktisch gleich „null".

$H_2S \cdot H_2O$	$BaCl_2$	$CHCl_3$
KSH	$CrCl_3$	$CHBr_3$
NH_4SH	$BiCl_3$	CHJ_3
KCl	$MnCl_2$	CS_2
$SrCl_2$	$CoCl_2$	CCl_3COOH

AgCl, CuCl, HgCl zeigen nach längerem Stehen eine kleine Leitfähigkeit, bedingt durch die durch Thiohydrolyse entstandene Chlorwasserstoffsäure.

[1] ANTONY, U. u. G. MAGRI: Gazz. chim. ital. **35**, 206 (1905).
[2] QUAM, G. N. u. J. A. WILKINSÓN: J. Amer. chem. Soc. **47**, 989 (1925).

Es ist bereits mehrfach hervorgehoben worden, daß anorganische Salze mit einem typischen Ionengitter wie Natriumfluorid oder Kaliumchlorid in flüssigem Schwefelwasserstoff kaum löslich sind. Soweit sonst salzartige oder homöopolare anorganische Verbindungen oder auch elementare Stoffe in flüssigem Schwefelwasserstoff löslich sind, erteilen sie zwar in manchen Fällen den Lösungen ein gewisses Leitvermögen meist aber nur ein recht geringes. Nur die Leitfähigkeit der Lösungen von Antimontrichlorid ($SbCl_3$), von wasserfreiem Eisen(III)-chlorid ($FeCl_3$) und von Jod (J_2) liegt in der Größenordnung des elektrolytischen Leitvermögens etwas stärkerer Elektrolyte in Wasser.

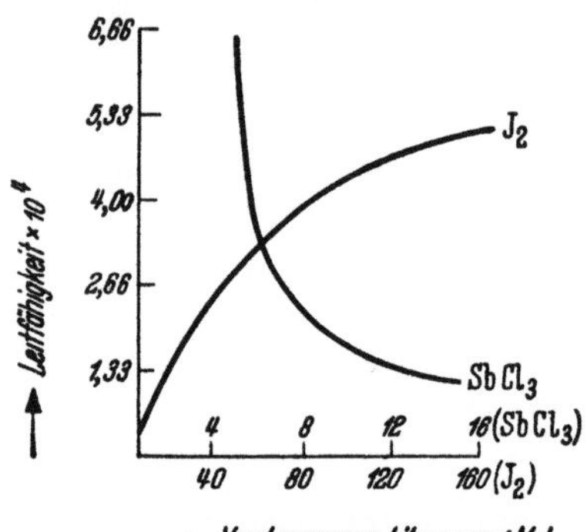

Abb. 14. Abhangigkeit des Äquivalent-leitvermogens von der Verdunnung bei Auflosungen von Jod und Antimon-trichlorid in verflüssigtem Schwefelwasserstoff.

Quecksilberjodid (HgJ_2), Quecksilberbromid ($HgBr_2$), wasserfreies Aluminiumchlorid ($AlCl_3$), Jodtrichlorid (JCl_3), Arsentrichlorid ($AsCl_3$) und Dischwefeldichlorid (S_2Cl_2) sind in flüssigem Schwefelwasserstoff schon recht schwache Elektrolyte.

Der Anstieg der Leitfähigkeit erreicht bei Auflösungen von Chlor und Brom ein Maximum mit wachsender Konzentration der Halogene, worauf ein Abfall erfolgt, welcher parallel mit der Oxydation des Schwefelwasserstoffs zu gehen scheint; diese tritt auch bei tieferen Temperaturen ein. Jod aber reagiert nicht mit flüssigem Schwefelwasserstoff, beim Abdunsten seiner Lösung hinterbleibt es unverändert; Jodwasserstoff kann nicht nachgewiesen werden, ebensowenig eine Jodschwefelverbindung. Jod in wasserfreiem, verflüssigtem Schwefelwasserstoff gelöst verhält sich nun wie ein normaler Elektrolyt in Wasser. Wie die graphische Darstellung der Abb. 14 erkennen laßt, nehmen die Äquivalentleitfähigkeiten seiner Schwefelwasserstofflösungen mit steigender Verdünnung zu. Man muß mit WALDEN[1] annehmen, daß das Jod bei Anwesenheit und unter Mitwirkung des Schwefelwasserstoffs als Solvens in der Lage ist, sowohl Kationen als auch Anionen zu bilden, und daß es in J^+- und in J^--Ionen elektrolytisch dissoziieren kann: $J_2 \rightleftharpoons J^+ + J^-$. Diese Annahme hat im Hinblick auf die Ergebnisse der Untersuchungen über die Chemie in geschmolzenem Jod (vgl. Kap. VII, S. 193) viel Wahrscheinlichkeit für sich. Eine Elektrolyse von Jod, gelöst in flüssigem Schwefelwasserstoff, gibt in Übereinstimmung mit der Annahme von WALDEN, keine Konzentrationsänderung in dem Raum um die beiden Elektroden.

Ein besonderes Interesse dürfen die Äquivalentleitfähigkeiten der Halogenide aus der fünften Hauptgruppe beanspruchen; sie sind in der nachfolgenden tabellarischen Übersicht zusammengestellt.

---

[1] WALDEN, P.: Z. phys. Chem. 43, 385 (1903).

Tabelle 28. *Äquivalentleitfähigkeiten* $(\lambda \cdot 10^3)$ *der Halogenide der V. Hauptgruppe.*

Molare Konzentration	PCl_3	PBr_3	$AsCl_3$	$SbCl_3$	$BiCl_3$
0,01	—	—	1,2343	165,57	
0,05	—	—	—	583,6	
0,0538	—	0,6643	—	—	
0,069	0,2055	—	—	—	praktisch
0,10	—	—	1,6387	14148,3	„null"
0,1076	—	0,365	—	—	
0,162	—	0,1679	—	—	
0,20	—	—	1,918	—	
0,2155	—	0,0847	—	—	

Die Tabelle zeigt, daß eine Zunahme der Leitfähigkeit dieser Halogenide sowohl bei steigendem Atomgewicht des Elements als auch des Halogens bis zum Antimontrihalogenid eintritt. Die molare Leitfähigkeit der Lösungen des Phosphortribromids nimmt mit steigender Verdünnung zu, wie man das auch bei Elektrolyten in wäßriger Lösung als normal beobachten kann. Beim Arsentrichlorid, besonders aber beim Antimontrichlorid steigt das Äquivalentleitvermögen mit wachsender Konzentration überraschend an (vgl. die Kurve „SbCl₃" bei Abb. 14). Die überaus starke Zunahme des molaren Leitvermögens mit zunehmender Konzentration der Schwefelwasserstofflösungen an Antimontrichlorid muß wohl auf die Bildung komplexer Säuren vom Typus der Hydrogensulfido-Chloro-Säuren zurückzuführen sein. Analog werden ja auch von manchen Chloriden (z. B. $FeCl_3$) in Wasser in Abhängigkeit von der Konzentration des Chlorids, dem Salzsäuregehalt der Lösung und der Temperatur verschiedene Hydroxo-Chloro-Säuren gebildet.

$$SbCl_3 + 3\,H(SH) \rightleftharpoons H_3\left[Sb\,\genfrac{}{}{0pt}{}{Cl_3}{(SH)_3}\right] \rightleftharpoons 3\,H^+ + \left[Sb\,\genfrac{}{}{0pt}{}{Cl_3}{(SH)_3}\right]^{3-}.$$

Mit steigender Konzentration der Antimontrichloridauflösung in flüssigem Schwefelwasserstoff würde dieser Gleichgewichtszustand nach der rechten Seite hin, also nach der Seite der allem Anschein nach stark dissoziierenden, großräumigen Komplexsäure, welche gut leitet, verschoben werden. Mit wachsender Verdünnung verlagert sich dagegen der eben formulierte Gleichgewichtszustand nach der linken Seite, nach der Seite des nur wenig dissoziierenden Antimontrichlorids, bei dem man aber in einem gewissen kleinen Betrag doch eine partielle elektrolytische Dissoziation der drei Chloratome annehmen muß:

$$SbCl_3 \rightleftharpoons (SbCl_2)^+ + Cl^- \rightleftharpoons (SbCl)^{2+} + 2\,Cl^- \rightleftharpoons Sb^{3+} + 3\,Cl^-.$$

Mit wachsender Verdünnung verschiebt sich dieser Gleichgewichtszustand nach der rechten Seite. Die aufgezeigte Deutung der anormalen Leitfähigkeitsverhältnisse bei Antimontrichloridlösungen in flüssigem Schwefelwasserstoff als Solvens stellt zunächst natürlich nur eine von den möglichen Erklärungen vor, wenn auch eine naheliegende und plausible; sie muß aber durch chemische, präparative und analytische

Untersuchungen sowie durch verschiedenartige physikochemische Messungen geprüft und gegebenenfalls erhärtet werden.

Man könnte auf die Vermutung kommen, daß die Leitfähigkeit der Schwefelwasserstofflösungen dieser eben besprochenen Halogenide etwa darauf zurückzuführen sei, daß sich infolge von Thiohydrolyse Chlorwasserstoff gebildet hätte. Da aber das Leitvermögen viel größer ist als das von Chlorwasserstoffauflösungen gleicher Konzentration — vor allem bei den Antimontrichloridlösungen — dürfte eine solche Annahme hinfällig sein.

5. Neutralisationenanaloge Reaktionen in flüssigem Schwefelwasserstoff als Lösungsmittel.

a) Ihr Nachweis auf präparativem Wege.

Die geringfügige Dissoziation des reinen flüssigen Schwefelwasserstoffs, auf welche sein schwaches Eigenleitvermögen zurückgeführt werden muß:

$$2\,H_2S \rightleftharpoons (H \cdot H_2S)^+ + (SH)^- \rightleftharpoons (H_3S)^+ + (SH)^-,$$

läßt den Ablauf von zahlreichen „neutralisationenanalogen" Umsetzungen zwischen solchen Stoffen erwarten, welche in ihm gelöst oder suspendiert einerseits die lösungsmitteleigenen, positiven H^+-Ionen oder andererseits die lösungsmitteleigenen, negativen $(SH)^-$-Ionen abzuspalten vermögen.

Die „basenanalogen" Hydrogensulfide reagieren nun in der Tat mit den Säuren, welche nicht nur in waßrigen Lösungen, sondern auch in flüssigem Schwefelwasserstoff als „Säurenanaloge" fungieren.

Das nach dem Verfahren von West[1] aus metallischem Natrium und Schwefelwasserstoff bereitete Natriumhydrogensulfid Na(SH) ist zwar, wie wir sahen, in flüssigem Schwefelwasserstoff recht wenig löslich. Behandelt man[2] nun aber seine Suspension bei -78^0 C mit einer Auflösung von Chlorwasserstoffgas, welches in flüssigem Schwefelwasserstoff sehr gut löslich ist und heftig absorbiert wird, so findet praktisch vollständige Umsetzung ($\sim 92\%$) zu Schwefelwasserstoff und Kochsalz statt. Da Chlornatrium ebenfalls in flüssigem Schwefelwasserstoff unlöslich ist, läßt es sich — natürlich unter völligem Feuchtigkeitsausschluß — abfiltrieren und präparativ gewinnen. Entsprechend der Erwartung hat also folgende Reaktion stattgefunden:

$$Na(SH) + HCl = H_2S + NaCl.$$

In gleicher Weise konnte eine Reaktion zwischen Kaliumhydrogensulfid und Chlorwasserstoff festgestellt werden. Es ist nicht verwunderlich, daß in beiden Fällen keine 100%igen Umsetzungen erfolgten, da sie von einem festen Stoff zu einem zweiten führen und leicht kleine Partien, die durch Einschluß geschützt sind, unumgesetzt hinterbleiben können.

[1] West, C. D.: Z. Kristallogr., Mineral., Petrogr. Abt. A 88, 97 (1939).
[2] Jander, G. u. H. Schmidt: Wiener Chemiker-Ztg. 46, 49 (1943).

b) Konduktometrische Titrationen von basenanalogen Aminen mit Säurenanalogen.

Im vorliegenden Zusammenhange ist es nun von besonderem Interesse, den Ablauf dieser „neutralisationenanalogen" Vorgänge noch genauer messend verfolgen zu können. Eine vorzugliche Möglichkeit hierzu bietet die konduktometrische Titration. Fur die diesbezüglichen Versuche bediente man sich der modernen und empfindlichen Meß-methoden mit visueller Beobachtung[1]. Alle Leitfahigkeitstitrationen wurden bei —78° C unter völligem Ausschluß von Luftfeuchtigkeit in einer geschlossenen Apparatur mit automatischer Rührung und mit Tauchelektroden vorgenommen[2]. Als Tauchelektroden benutzte man bei Losungen mit geringer Leit-fahigkeit solche aus unplatiniertem Platinblech von 18 · 18 mm Große und einem Elektrodenabstand von 2 mm, bei Lösungen mit großerer Leitfahigkeit dagegen platinierte Elektroden von 10 · 10 mm Größe und einem Elektrodenabstand von 30 mm.

Natrium- und Kaliumhydrogen-sulfid sind ebenso wie Natrium- und Kaliumchlorid in flüssigem Schwe-felwasserstoff unlöslich. Bei der konduktometrischen Verfolgung der

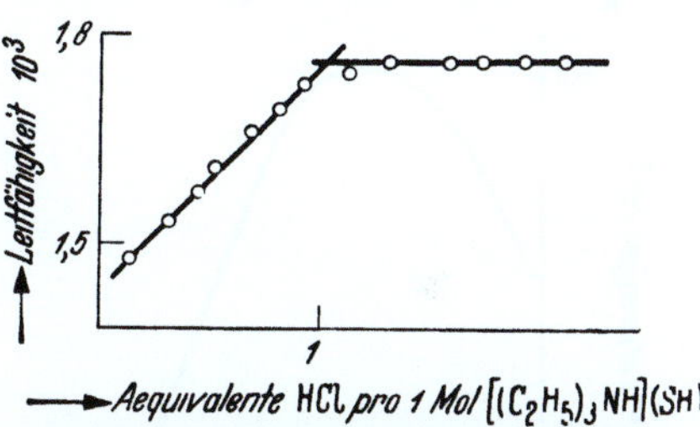

Abb. 15. Konduktometrische Titration einer vorgelegten Lösung von Triäthylamin (Tri-äthylammonium - Hydrogensulfid) in ver-flüssigtem Schwefelwasserstoff mittels Chlorwasserstoffgas.

Reaktion zwischen den suspendierten Hydrogensulfiden und Chlor-wasserstoffgas, welches in dem Solvens auch schlecht leitet, sind demgemaß kaum Leitfahigkeitsanderungen zu erwarten. Lösliche, „basenanaloge" und leitende Hydrogensulfide werden aber von den Aminen mit flussigem Schwefelwasserstoff gebildet. Ihre Auflösungen konnten daher gut mit „Saurenanalogen" titriert und die Änderungen des Leitvermogens gemessen werden. Die entstehenden Salze des substituierten Ammoniums sind ebenfalls loslich und leiten. Wegen der heftigen, mit starker Warmeentwicklung verbundenen Reaktion zwischen den Aminen und dem verflussigten Schwefelwasserstoff erwies es sich als notwendig, das abgewogene Amin auf —78° C ab-zukuhlen und bei dieser Temperatur über der hochviscosen Flussig-keit langsam Schwefelwasserstoff zu kondensieren. So bewerk-stelligte man die Bildung der Hydrogensulfide des substituierten Ammoniums und ihre Auflosung ohne Verluste.

Die obenstehende Abb. 15 gibt graphisch die Ergebnisse der kon-duktometrischen Titration von Triathylammonium-Hydrogensulfid mit Chlorwasserstoffgas bei —78° C wieder. Der absolut trockene Chlorwasserstoff wurde aus einer Gasbürette in die Schwefelwasser-

---

[1] JANDER, G. u. O. PFUNDT: Die konduktometrische Maßanalyse unter be-sonderer Berücksichtigung der visuellen Methode. Stuttgart: Ferdinand Enke 1945.
[2] JANDER, G. u. H. SCHMIDT: Wiener Chemiker-Ztg. 46, 49 (1943).

stofflösung anteilweise eingeleitet, von der er sofort quantitativ absorbiert wird. Bei dem Kurvenverlauf der Abb. 15 erscheint der Äquivalenzpunkt mit aller Deutlichkeit als Schnittpunkt zweier Kurvenaste. Mit steigender Zugabe von Chlorwasserstoff bildet sich in steigendem Maße starker dissoziierendes und daher besser leitendes Triäthylammoniumchlorid:

$$[(C_2H_5)_3NH](SH) + HCl = H_2S + [(C_2H_5)_3NH]Cl.$$

Ein Überschuß an Chlorwasserstoff nach beendeter „neutralisationen-analoger" Umsetzung bewirkt keine weitere Änderung des Leitvermögens. Beim Abdunsten einer Schwefelwasserstofflösung, welche aquimolekulare Mengen Triathylammonium-Hydrogensulfid und Chlorwasserstoff enthalt, hinterbleibt Triathylammoniumchlorid, das nach Waschen mit Äther und Trocknen durch analytische Bestimmungen einwandfrei als solches identifiziert werden kann.

In ahnlicher Weise ließ sich auch die Bildung von Triathylammoniumsulfat konduktometrisch verfolgen:

$$2\,[(C_2H_5)_3NH](SH) + H_2SO_4$$
$$= 2\,H_2S + [(C_2H_5)_3NH]_2SO_4.$$

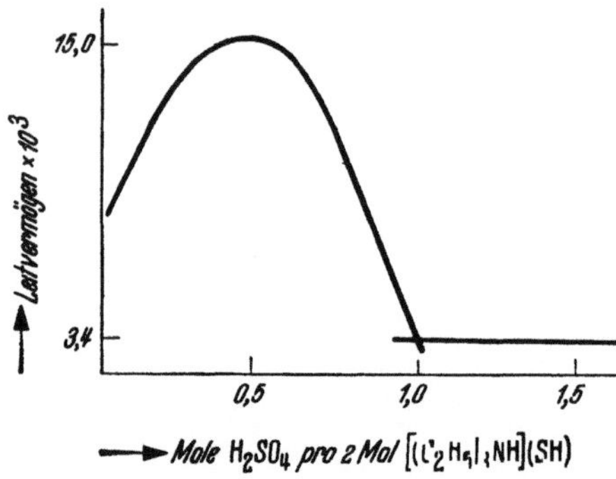

Abb. 16. Konduktometrische Titration einer vorgelegten Losung von Triathylamin (Triathyl-ammonium - Hydrogensulfid) in verflussigtem Schwefelwasserstoff mittels Schwefelsaure.

Die besonders bemerkenswerten Resultate seien an Hand der graphischen Darstellung in Abb. 16 besprochen. Das Leitvermögen der Losung steigt zunachst bis zum Molverhaltnis 0,5 H$_2$SO$_4$ auf 2 [(C$_2$H$_5$)$_3$NH](SH) ziemlich steil an, um dann, nach Durchlaufen eines Maximums, bis zum Äquivalenzpunkt hin, also bis zur beendeten Bildung von Triathylammoniumsulfat [(C$_2$H$_5$)$_3$NH]$_2$SO$_4$, wieder abzunehmen. Bei weiterer Zugabe von Schwefelsaure bleibt die Leitfahigkeit der Losung praktisch konstant, da Schwefelsaure ebenso wie Chlorwasserstoffsaure in verflüssigtem Schwefelwasserstoff als Solvens ein außerordentlich schwacher Elektrolyt ist. Das Auftreten des Maximums bei der konduktometrischen Titrationskurve nach Zugabe von 0,5 Mol Schwefelsäure zu 2 Mol Triathylammonium-Hydrogensulfid ist ungewöhnlich und auffallend. Man muß an die Bildung eines besonders gut leitenden basischen Triathylammoniumsulfats oder eines Triathylammonium-Amin-Sulfats denken:

$$[(C_2H_5)_3N \cdot (C_2H_5)_3NH]_2(SO_4).$$

Das würde also ein Verbindungstyp ähnlich dem Silbermonamminchlorid [Ag(NH$_3$)]Cl sein. Wegen seines großen Kationenvolumens ist das Triathylammonium-Amin-Sulfat in flüssigem Schwefelwasserstoff geneigt, weitgehend dissoziiert vorzuliegen und kann daher verhaltnismaßig gut leiten. Die Moglichkeit der Existenz von Amin-Ammonium-verbindungen wurde bereits an einer fruheren Stelle (S. 89) aus ganz anders gearteten Untersuchungsverfahren gefolgert; es handelte sich um die Deutung der anormalen Erscheinung, daß die molare Leit-fahigkeit der Amine bzw. der alkylsubstituierten Ammoniumhydrogen-sulfide in flussigem Schwefelwasserstoff mit wachsender Konzentration der Losung nicht kleiner wird, sondern zunimmt.

Als letztes Beispiel für die konduktometrische Verfolgung einer „neutralisationenanalogen" Umsetzung in flussigem Schwefelwasser-stoff sei die Titration von Triathylammonium-Hydrogensulfid mit Trichloressigsaure mitgeteilt:

$$[(C_2H_5)_3NH](SH) + CCl_3COOH = H_2S + [(C_2H_5)_3NH](OOCCCl_3).$$

Die Leitfahigkeitstitrationskurve zeigt, wie der Kurvenzug von Abb. 17 erkennen laßt, zwei Knickpunkte und eine spatere, mehr kontinuierlich sich gestaltende Richtungsanderung. Der zwei-te, scharfe Knickpunkt zeigt die beendigte Bildung des nor-malen Triathylammonium-Tri-chloracetates an. Die Verbin-dung ist allem Anschein nach in flussigem Schwefelwasser-stoff nur ein recht schwacher Elektrolyt, ein schwacherer als Triathylammonium-Hydro-gensulfid. Falls dem ersten, stumpfwinkeligen Knickpunkt Realitat zuzusprechen ist, muß

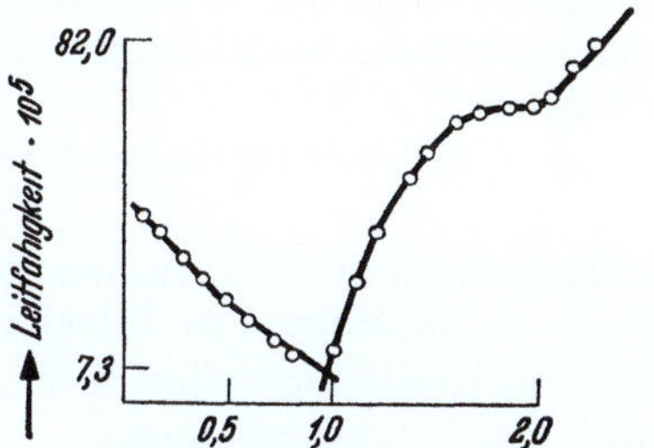

Abb 17 Konduktometrische Titration einer vor-gelegten Losung von Triathylamin (Triathyl-ammonium - Hydrogensulfid) in verflussigtem Schwefelwasserstoff mittels Trichloressigsaure.

er ahnlich gedeutet werden wie das Maximum bei der Leitfahig-keitskurve der Titration von Triathylamin mit Schwefelsaure. Der flache Schnittwinkel liegt bei einem Molverhaltnis 2 Amin zu 1 Trichlor-essigsaure. Das entspräche der Verbindung Triathylammonium-Amin-Trichloracetat $[(C_2H_5)_3N \cdot (C_2H_5)_3NH](CCl_3COO)$. Besonders bemer-kenswert ist die Feststellung, daß die Leitfahigkeit der Schwefel-wasserstofflosung bei weiterem Zusatz von Trichloressigsaure über den Äquivalenzpunkt hinaus nicht konstant bleibt, sondern wieder stark ansteigt, obwohl die Trichloressigsaure fur sich allein in Schwefel-wasserstoff als Solvens kaum leitet. Es ist aber bekannt, daß gerade die Salze der Essigsaure und die der substituierten Essigsauren sehr leicht „saure" Acetate bilden können. So entsteht beispielsweise aus Triathylamin und 4 Mol Essigsaure eine definierte Verbindung [1]. Auch im vorliegenden Falle der Trichloressigsäure sind allem Anschein nach ahnliche Verhaltnisse anzunehmen, das gebildete Triäthylammonium-Trichloracetat vermag weitere Moleküle Trichloressigsäure anzulagern. Gerade solche Verbindungen höherer Ordnung mit großraumigen

[1] GARDENER, J. A.: Ber. dtsch. chem. Ges. 23, 1587 (1890).

Anionen oder Kationen kònnen in den „wasseràhnlichen" Losungsmitteln mit kleinerer Dielektrizitatskonstante als der des Wassers, beispielsweise auch in verflüssigtem Schwefeldioxyd, offenbar leichter und weitgehender dissoziieren als die normalen Salze mit einem typischen Ionengitter. Nachdem sich trichloressigsaures Trichloracetat $[(C_2H_5)_3NH](CCl_3COO) \cdot (CCl_3COOH)$ gebildet hat, steigt bei noch weiterem Zusatz von Trichloressigsàure die Leitfahigkeit der Losung abermals stàrker an. Eine vollstàndige Deutung der Verhaltnisse bei diesen Additionsverbindungen ist aber natürlich durch konduktometrische Messungen und Titrationen allein nicht mòglich. Man muß die gezogenen Schlußfolgerungen noch durch pràparative und analytische Untersuchungen und durch Molekulargewichtsbestimmungen prufen.

Aus allen bisher behandelten „neutralisationenanalogen" Umsetzungen ergibt sich aber durchaus eine Berechtigung für die Annahme, daß das schon angefuhrte Dissoziationsschema für die geringfugige Eigenleitfahigkeit des verflùssigten Schwefelwasserstoffs verantwortlich zu machen ist.

$$2\,H_2S \rightleftharpoons (H \cdot H_2S)^+ + (SH)^- \rightleftharpoons (H_3S)^+ + (SH)^-.$$

c) Potentiometrische Titrationen von Basenanalogen und Sàurenanalogen in flüssigem Schwefelwasserstoff.

Die neutralisationenanalogen Umsetzungen zwischen einer „basenanalogen" und „sàurenanalogen" Verbindung in flüssigem Schwefelwasserstoff lassen sich auch potentiometrisch verfolgen. Man[1] bediente sich hierbei einer Versuchsanordnung unter Verwendung einer gebremsten Hilfselektrode mit praktisch verhinderter Diffusion nach E. MULLER[2]. Als Elektrodenmaterial bewahrte sich von den zahlreichen Metallen, mit denen Versuche angestellt wurden, vor allem Eisen und Zinn. Mit Elektroden aus diesen beiden Metallen ergaben sich stets durchaus reproduzierbare Potentialeinstellungen und -sprunge. Sie sprechen vermutlich auf die SH-Ionen der Lösungen an. In das Meßgefaß wurde als Indicatorelektrode ein blanker Eisendraht (sog. Blumendraht) eingefuhrt und außerdem tauchte in die zu titrierende Lòsung eine Capillare ein, in der sich ebenfalls ein blanker Eisendraht als Bezugselektrode befand. Vor der eigentlichen potentiometrischen Titration überzeugte man sich naturlich immer wieder, und zwar durch mehrere Versuche, ob die Kombination „gebremste" Hilfselektrode (also Eisen- oder Zinndraht) — Bezugselektrode (Eisendraht oder Zinnblech) in flussigem Schwefelwasserstoff auch konstante und reproduzierbare Potentiale ergab. Das war der Fall.

Mit der beschriebenen Versuchsanordnung wurde der Potentialverlauf bei der Titration einer Losung von Triathylamin in verflussigtem Schwefelwasserstoff mit Trichloressigsaure (Eisen als Elektroden-

<hr>

[1] JANDER, G. u. H. SCHMIDT: Wiener Chemiker-Ztg. **46**, 49 (1943).

[2] MÜLLER, ERICH: Die elektrometrische Maßanalyse, 6. Aufl., S. 107. Dresden 1942.

material) verfolgt. Die erhaltene Kurve gibt Abb. 18 wieder (Kurve Fe).
Vor dem Beginn der Titration beobachtet man beim Eintauchen der
Elektrodenkombination in die Lösung von Triäthylamin in flüssigem
Schwefelwasserstoff bereits ein zunächst nicht erwartetes Potential.
Diese Erscheinung ist offenbar auf ein anfänglich stärkeres Verdampfen
des flüssigen Schwefelwasserstoffs in der Capillare infolge guter Wärme-
ableitung durch den Metalldraht zurückzuführen; der somit bedingte
Konzentrationsunterschied sowie thermoelektrische Effekt der Meß-
anordnung mögen Ursache dieser Beobachtung sein. Der Wendepunkt
der Kurve liegt an der Stelle, die einen Verbrauch von 1 Mol Trichloressigsäure auf 1 Mol Triäthylamin, also die Bildung des normalen
Triäthylammoniumtrichloracetats
$[(C_2H_5)_3NH](CCl_3COO)$, anzeigt. Besonders bemerkenswert ist ferner
das Auftreten eines, wenn auch
nur sehr schwachen Potentialsprun-
ges bei einem Zusatz von 0,5 Mol
Trichloressigsäure auf 1 Mol Triäthylamin, was in völliger Übereinstimmung mit den Befunden bei
der konduktometrischen Titration
steht und vorbehaltlich mit der
Bildung eines basischen Salzes bzw.
eines Ammonium-Monoamin-Tri-
chloracetats gedeutet wurde.

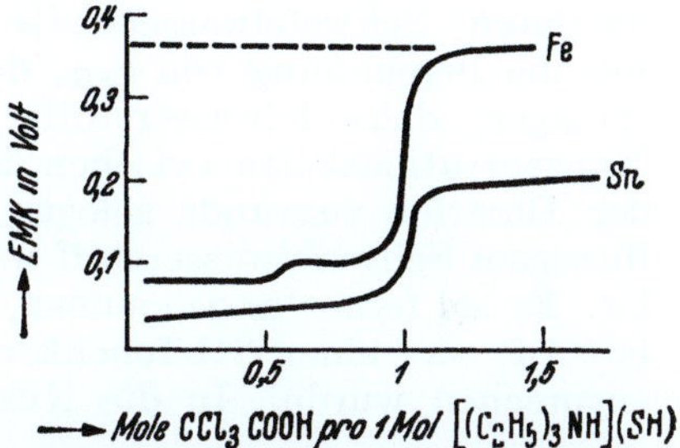

Abb. 18. Potentiometrische Titrationen vorgelegter Auflösungen von Triäthylamin in
verflüssigtem Schwefelwasserstoff mittels
Trichloressigsäure unter Verwendung einerseits von Eisendraht, andererseits von
Zinndraht als Elektrodenmaterial.

Die Ergebnisse der potentiometrischen Titrationen sprechen
abermals dafür, daß das Dissoziationsschema des flüssigen Schwefelwasserstoffs am besten durch folgende Formulierung wiedergegeben
wird:

$$2\,H_2S \rightleftharpoons (H \cdot H_2S)^+ + (HS)^-.$$

Auf das vermutete, richtige Ansprechen der Elektroden auf die
SH-Ionen der Lösung scheint unter anderem auch die Tatsache
hinzudeuten, daß die Konzentrationsketten bei Verwendung von Eisen
(II-wertig?) als Elektrodenmaterial etwa die doppelte Spannung
besitzen wie bei Verwendung von Zinn (IV-wertig?). Am Ende der
Titration beträgt der Potentialunterschied im ersten Falle 0,284 V,
im anderen Falle 0,166 V.

Leider ist es aber noch nicht möglich, aus den vorliegenden
Titrationskurven eindeutige Schlüsse auf die Größe des Ionenproduktes
$[H^+] \cdot [SH^-]$ in dem reinen Lösungsmittel zu ziehen, da man nicht
weiß, wie weit die Trichloressigsäure in verflüssigtem Schwefelwasserstoff dissoziiert vorliegt, wie weitgehend das gebildete Triäthyl-
ammoniumtrichloracetat solvolysiert wird, in welchem Abstand von
der Abszissenachse man also die wahre „Neutrallinie" ziehen muß.
Aber mit allem Vorbehalt kann trotzdem der Versuch gemacht werden,
aus den Ergebnissen der potentiometrischen Titration von Triäthylamin

mit Trichloressigsaure und Eisen als Elektrodenmaterial das Ionenprodukt des reinen, flussigen Schwefelwasserstoffs zu berechnen. Hierbei muß man die Gultigkeit der NERNSTschen Formel fur die Losungssysteme mit flussigem Schwefelwasserstoff annehmen und ein einwandfreies Ansprechen der Eisenelektroden auf die negativen SH-Ionen voraussetzen. Um überhaupt eine Überschlagsrechnung durchfuhren zu konnen, wurde die Neutrallinie in der in Abb. 18 angegebenen Weise — die gestrichelt gezeichnete Linie — mit einer gewissen Willkur festgelegt. Da die Trichloressigsaure in flussigem Schwefelwasserstoff nur außerordentlich wenig dissoziiert ist, darf man mit einiger Berechtigung annehmen, daß die [H$^+$] bzw. [SH$^-$] nicht wesentlich verschieden sind von den beim „Neutralpunkt" des verflussigten Schwefelwasserstoffs vorliegenden Ionenkonzentrationen. Fur die Berechnung von c_{SH}, der SH-Ionenkonzentration des reinen, flussigen Schwefelwasserstoffs, wurde das Potential 0,284 V der Konzentrationskette zwischen den Losungen bei Beginn und zu Ende der Titration zugrunde gelegt. Die Auflosung des Triäthylamins in flussigem Schwefelwasserstoff war zu Anfang der Titration 0,065 molar. Es sei ferner angenommen, daß das Amin zu rund 30% dissoziiert ist, was einer SH-Ionenkonzentration von $c = 0,02$ Mol je Liter ensprechen wurde. In die NERNSTsche Formel

$$E = \frac{0,861 \cdot 10^{-4}\, T}{n} \cdot \ln \frac{c}{c_{\mathrm{SH}}}$$

eingesetzt, ergibt sich

$$0,284 = \frac{0,861 \cdot 10^{-4} \cdot 196}{n} \cdot \ln \frac{0,02}{c_{\mathrm{SH}}}$$

$$c_{\mathrm{SH}} = 4,8 \cdot 10^{-17}.$$

Da die H-Ionenkonzentration c_{H} des reinen Schwefelwasserstoffs denselben Wert haben muß, wurde sich fur das Ionenprodukt des flussigen Schwefelwasserstoffs bei —78^0 ergeben:

$$[\mathrm{H}^+] \cdot [\mathrm{SH}^-] = \sim 25 \cdot 10^{-34}.$$

Aller Wahrscheinlichkeit nach wird dieser Wert bei naherer Kenntnis aller Verhaltnisse noch erhebliche Korrekturen erfahren.

Außer den Versuchen einer potentiometrischen Titration mit Hilfe von Eisen- und Zinnelektroden wurde noch eine Reihe anderer Metalle auf ihre Brauchbarkeit als Elektrodenmaterial fur potentiometrische Titrationen untersucht. Die Ergebnisse mit Blei- und Nickeldraht zeigt die Abb. 19. Man sieht, daß auch mit diesem Elektrodenmaterial der Äquivalenzpunkt als Wendepunkt von Kurvenzugen mit einem großen Sprungbereich gut erkennbar ist. Aber Elektroden aus Bleidraht und Nickeldraht arbeiten nicht absolut zuverlassig. Aus nicht klar ersichtlichen Grunden versagen sie gelegentlich. Man bekommt dann bei der graphischen Darstellung der Titrationsergebnisse Kurvenzüge, wie solche in Abb. 20 wiedergegeben sind und bei der Verwendung von Kupfer, Gold und Platin (Kurven Cu, Au und Pt) als Elektrodenmaterial die Regel sind. Diese drei Metalle zeigen im „basenanalogen" Gebiet zunachst Änderungen der [SH⁻] in ahnlicher Weise an wie Elektroden aus Eisen oder Zinn. In der Nahe des Äquivalenzpunktes aber, also im Bereich des Überganges vom „basenanalogen" zum „saurenanalogen" Bereich, sprechen die Elektroden plötzlich in anderer Weise auf die in der Schwefelwasserstofflosung vorhandenen Ionen an als bisher.

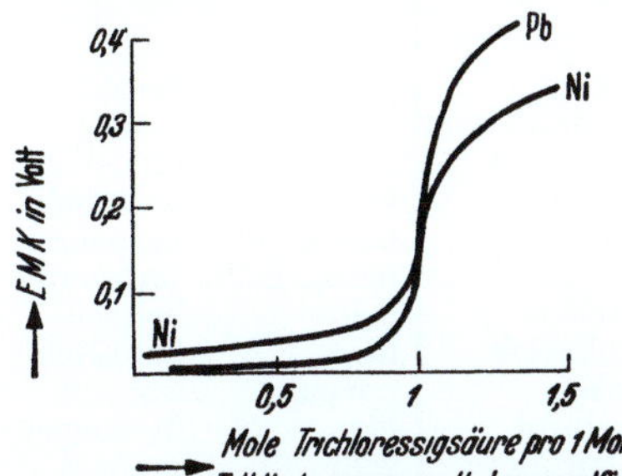

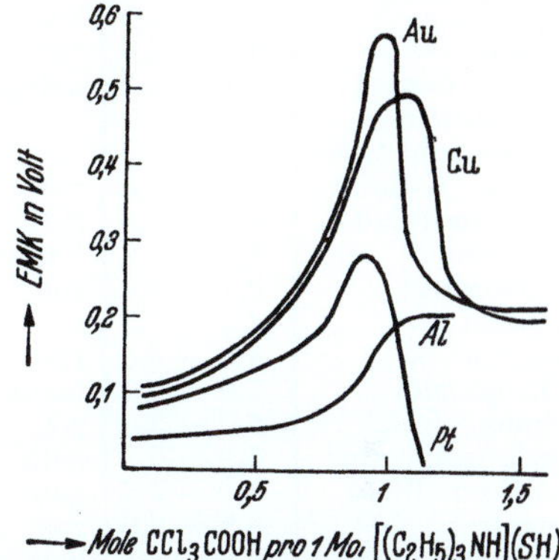

Abb 19 Potentiometrische Titrationen in Losungen mit verflussigtem Schwefelwasserstoff als Solvens unter Verwendung von Blei- oder Nickeldrahten als Elektrodenmaterial.

Abb 20 Potentiometrische Titrationen in Losungen mit verflussigtem Schwefelwasserstoff als Solvens unter Verwendung von Gold-, Kupfer-, Platin- oder Aluminiumdrahten als Elektrodenmaterial

6. Farbumschläge von Indicatoren in flüssigem Schwefelwasserstoff.

Zur Bestimmung der Wasserstoffionenkonzentration in waßrigen Losungen benutzt man unter anderen Methoden die der colorimetrischen Bestimmung durch Indicatoren. Diese Indicatorenmethode beruht darauf, daß der auf sauren oder basischen Charakter zu prufenden Losung ein organischer Farbstoff zugesetzt wird, dessen Farbtonung bzw. Farbumschlag — in vorher anderweitig ermittelter Weise — von der Wasserstoffionenkonzentration der waßrigen Lösung abhangig ist. Man hat nun untersucht[1], ob die in Wasser anzutreffenden Verhaltnisse mutatis mutandis auch beim flussigen Schwefelwasserstoff sich vorfinden, und ob es moglich ist, durch Zugabe von Indicatoren zu Auflosungen von „saurenanalogen" bzw. „basenanalogen" Verbindungen in flussigem Schwefelwasserstoff eine von der Wasserstoffionenkonzentration bzw. Hydrogensulfidionenkonzentration abhangige Farbtonung zu beobachten. Es ist bei einer großen Reihe von Indicatoren tatsachlich moglich, durch Veranderung der [H⁺] bzw. [SH⁻] einen Farbumschlag zu erreichen. Die in der tabellarischen Übersicht zusammengestellten Ergebnisse der diesbezüglichen Versuche sind jedoch zunachst nur qualitativer Natur. Die Versuche wurden so durchgefuhrt, daß der jeweils benutzte Indicator einmal zu einer

---

[1] JANDER, G. u. H. SCHMIDT: Wiener Chemiker-Ztg. **46**, 49 (1943).

Tabelle 29. *Farbumschläge von Indicatoren im Wasser und in flüssigem Schwefelwasserstoff.*

Indicator	Umschlagsge-biet in Wasser im pH-Bereich	Farbe im „sauren" Gebiet		Farbe im „alkalischen" Gebiet	
		in H_2O	in H_2S	in H_2O	in H_2S
Methylviolett . .	0,1— 1,5	gelb	gelb	violett	rotviolett
Metanilgelb . . .	1,2— 2,3	rot	blauviolett	gelb	hellgelb
Thymolblau. . .	1,2— 2,8	rot	rot	gelb	gelb
Tropäolin 00 . .	1,4— 2,6	rot	violett	gelb	gelb
Amidoazobenzol .	1,9— 3,3	hellgelb	farblos	gelb	gelb
p-Benzolsulfo- saure-azobenzyl- anilin (K-Salz)	1,9— 3,3	rot	rot	gelb	farblos
Bromphenolblau.	3,0— 4,6	gelb	schwach rosa	blau	violett
Kongorot. . . .	3,0— 5,2	blauviolett	unlöslich	rotorange	unlöslich
Methylorange . .	3,1— 4,4	rot	unlöslich	gelb	unlöslich
Methylrot. . . .	4,2— 6,3	rot	rot	orangegelb	orangerot
Propylrot. . . .	4,2— 6,3	rot	purpur	orangegelb	orangerot
p-Nitrophenol . .	5,0— 7,0	farblos	farblos	gelb	hellgelb
Lackmus	5,0— 8,0	rot	unlöslich	blau	unlöslich
Bromkresolpurpur	5,3— 6,8	gelb	rosa	purpur	weinrot
Bromthymolblau	6,0— 7,6	gelb	weinrot	blau	dunkelgelb
Neutralrot . . .	6,8— 8,0	rot	blau	gelb	weinrot
Phenolrot. . . .	6,8— 8,4	gelb	unlöslich	rot	gelblichgrün
Rosolsäure . . .	6,9— 8,0	gelb	gelb	rot	rötlich
Kresolrot	7,2— 8,8	gelb	purpur	rot	gelb
Tropäolin 0001 .	7,6— 8,9	gelb	unlöslich	rot	unlöslich
Phenolphthalein .	8,3—10,0	farblos	unlöslich	rot	unlöslich
Kresolphthalein .	8,2— 9,8	farblos	carminrot	rotviolett	farblos
Thymolphthalein	9,3—10,5	farblos	lilarot	blau	farblos
Alizaringelb R. .	10,1—12,1	gelb	gelbbräunlich	rot	schwachgelb

Lösung von Chlorwasserstoffgas, das andere Mal zu der Auflösung von Triäthylamin bzw. Triäthylammoniumhydrogensulfid in verflüssigtem Schwefelwasserstoff hinzugegeben wurde. Selbstverständlich muß noch eine ganze Reihe weiterer Untersuchungen — vor allen Dingen quantitativer Art — vorgenommen werden, bevor ein tieferer Einblick in das Verhalten von Indicatoren in verflüssigtem Schwefelwasserstoff gewonnen werden kann.

7. Über die Spannungsreihe der Metalle in flüssigem Schwefelwasserstoff.

Vergleicht man das Potential, das sich an den Elektroden einzelner Metalle einstellt, die in wäßrige 1 n-Lösungen ihrer Salze eintauchen, mit dem Potential einer Wasserstoffelektrode, so erhält man die elektrochemische Spannungsreihe. Das Potential einer Wasserstoffelektrode, die in die Lösung einer Säure der $[H^+] = 1$ eintaucht, wird willkürlich ± 0 gesetzt. Es zeigt sich, daß die unedlen Alkali- und Erdalkalimetalle sowie einige Leichtmetalle in dieser Spannungsreihe den am stärksten ausgeprägt elektropositiven Charakter besitzen. Es folgen dann einige Schwermetalle wie Mangan, Zink, Eisen, Nickel, Zinn, Blei, welche aber alle noch unedler als Wasserstoff sind und daher von waßrigen Saurelosungen unter Wasserstoffentwicklung angegriffen werden. Kupfer, Quecksilber, Silber und Gold verdrängen den Wasserstoff nicht mehr aus den waßrigen Auflosungen der Säuren:

Li, K, Ca, Na, Mg, Al, Mn, Zn, Fe, Cd, Co, Ni, Sn, Pb, $\boxed{H_2}$ As, Cɹ, Hg, Ag, Au.

Untersucht man in ahnlicher Weise das Verhalten der Metalle verflüssigtem Schwefelwasserstoff gegenuber, so beobachtet man bemerkenswerte, in mancher Hinsicht abweichende Verhaltnisse, welche teilweise zunachst ungewohnlich anmuten. Bei den Versuchen[1] wurden die jeweils vorliegenden Metalle in zerkleinertem und gereinigtem Zustande bei -78^0 C in verflussigten Schwefelwasserstoff eingetragen, die Bombenrohre wurden zugeschmolzen, danach allmahlich auf Zimmertemperatur gebracht, sich selbst uberlassen und beobachtet. Natrium und Kalium reagieren unter Wasserstoffentwicklung zunachst zu Hydrogensulfiden:

$$2\,Na + 2\,H(SH) = 2\,Na(SH) + H_2\nearrow.$$

Die Alkalimetallhydrogensulfide sind weiß gefarbt und in verflussigtem Schwefelwasserstoff praktisch unloslich. Die Umsetzungen der Metalle zu den Hydrogensulfiden sind nach etwa 24 Stunden beendet. Läßt man aber die Reaktionspartner noch langere Zeit aufeinander einwirken, so überziehen sich die weißen Praparate mit gelben und spater orangefarbenen Schichten von Alkalimetall-Polysulfiden, und zwar beim Kalium schneller als beim Natrium:

$$2\,K(SH) \to K_2S_2 + H_2\nearrow.$$

Die Neigung der Alkalimetalle mit hoherem Atomgewicht im Sulfidosystem der Verbindungen dem Polysulfidzustand zuzustreben, erinnert an das Verhalten der gleichen Alkalimetalle Luftsauerstoff gegenüber. Auch hier besteht bei den Alkalimetallen mit steigendem Atomgewicht eine immer ausgepragtere Neigung zur Bildung von Peroxyden.

Die „Edelmetalle" Kupfer, Silber und Quecksilber werden von verflussigtem Schwefelwasserstoff ebenfalls unter Wasserstoffentwicklung angegriffen. Es bilden sich die entsprechenden Sulfide

$$2\,Ag + H_2S = Ag_2S + H_2,$$
$$2\,Cu + H_2S = Cu_2S + H_2.$$

Die Reaktion verlauft beim Kupfer und Silber viel rascher als beim Quecksilber, wenn man das Silber in der feinst verteilten Form des sog. „Molekularsilbers" und das Kupfer in der Pulverform des „Naturkupfers C" anwendet. Beim Silber wurde die Umsetzung gemaß der oben gegebenen Reaktionsgleichung zu 92% und beim Kupfer zu 99% bestimmt. Der nicht umgesetzte Teil des Silbers war offenbar durch darumgelagertes, unlosliches Silbersulfid vor dem weiteren Angriff geschutzt.

Zum Verständnis der eben geschilderten Erscheinungen muß man berucksichtigen, daß bei der Aufstellung einer Spannungsreihe im

---

[1] JANDER, G. u. H. SCHMIDT: Wiener Chemiker-Ztg. **46**, 49 (1943).

„Aquosystem" der Verbindungen die Bildungswarmen der Hydroxyde im Vergleich mit derjenigen des Wassers zu betrachten sind. Dagegen müssen im „Sulfidosystem" der Verbindungen die Bildungswarmen der Hydrogensulfide mit derjenigen des Schwefelwasserstoffs verglichen werden. Die Bildungswarme von Wasser $H_2 + {}^1/_2 O_2 = H_2O$ betragt 68 Cal je 1 Mol, diejenige von Schwefelwasserstoff $H_2 + S = H_2S$ jedoch 5,3 Cal je Mol. Die Bildungswarmen der Hydroxyde und Hydrogensulfide sind jedoch zum größten Teil nicht bekannt. Infolgedessen wurden an ihrer Stelle die Bildungswarmen einiger Oxyde und Sulfide in einer Tabelle zusammengestellt, die deswegen lediglich orientierenden Charakter tragt.

Tabelle 30. *Vergleich der Bildungswarmen von einigen Oxyden und Sulfiden.*

| Element | Bildungswarmen | | Element | Bildungswarmen | |
| | des Oxyds | in Cal | | des Sulfids | in Cal |
	bezogen auf $^1/_4 O_2$			bezogen auf $^1/_2 S$	
Ca	CaO	75,9	Ca	CaS	56,7
Al	Al_2O_3	63,3	K	K_2S	49,8
Na	Na_2O	49,7	Na	Na_2S	44,9
Mn	MnO	48,3	Mn	MnS	23,5
K	K_2O	43,1	Al	Al_2S_3	23,4
Zn	ZnO	41,7	Zn	ZnS	22,0
H_2	H_2O	34,2	Cd	CdS	17,3
Sn	SnO	33,8	Fe	FeS	11,6
Cd	CdO	32,6	Sn	SnS	11,3
Fe	FeO	32,1	Pb	PbS	11,2
Pb	PbO	26,0	Cu	Cu_2S	9,5
Cu	Cu_2O	21,3	Pt	PtS	8,0
Hg	HgO	10,8	Hg	HgS	5,5
Ag	Ag_2O	3,5	Ag	Ag_2S	2,8
Au	Au_2O_3	—1,8	H_2	H_2S	2,6

Aus der tabellarischen Übersicht geht hervor, daß wegen der relativ geringen Affinitat des Wasserstoffs zum Schwefel die Spannungsreihe der Metalle in verflussigtem Schwefelwasserstoff eine ganz andere sein muß als die der Metalle in Wasser bzw. in waßrigen Losungen. Die Werte fur die Bildungswarmen der Sulfide von Kupfer, Silber und Quecksilber liegen hoher als der Wert fur Schwefelwasserstoff; sie betragen fur $Ag_2S = 5,5$ Cal, $HgS = 11,0$ Cal und $Cu_2S = 19,0$ Cal. So ist es leicht verstandlich, daß diese Metalle nicht als „Edelmetalle" in verflussigtem Schwefelwasserstoff fungieren, sondern unter Wasserstoffentwicklung angegriffen werden.

8. Solvolysereaktionen in flüssigem Schwefelwasserstoff.

a) Die Solvolyse (Thiohydrolyse) von anorganischen salzartigen Halogeniden und Säurechloriden.

Ein dem Wasser und den „wasserähnlichen" Solventien eigentümlicher Reaktionstyp ist die Solvolyse. Zahlreiche Solvolysereaktionen in flüssigem Schwefelwasserstoff, „Thiohydrolysen", sind von RALSTON und WILKINSON[1] untersucht worden. Wie bei allen solvolytischen Umsetzungen spielen auch bei den Thiohydrolysen die Reaktionstemperatur und das Mengenverhaltnis der Reaktionsteilnehmer eine ausschlaggebende Rolle.

Von den bisher besprochenen Losungsmitteln steht der flussige Schwefelwasserstoff gleichsam an der Grenze der typisch „wasserahnlichen" Solventien und der organischen Lösungsmittel etwa von der Art des Benzols. Er ist im allgemeinen also ein mildes, wenig aggressives Solvens. Es wirkt daher zunachst erstaunlich, daß in ihm so verhaltnismaßig zahlreiche Thiohydrolysereaktionen zu beobachten sind. Viele Silber-, Quecksilber-, Blei-, Cadmiumverbindungen werden in flussigem Schwefelwasserstoff mehr oder weniger schnell solvolysiert. Das hangt aber wesentlich mit der ganz ungewohnlich geringen Loslichkeit der Metallsulfide zusammen. Diese verschwinden durch Ausfallen aus dem Gleichgewichtszustand, welcher sich infolgedessen ganz nach der einen Seite verlagern kann. Die in Freiheit gesetzte Verbindung bleibt gelost in flüssigem Schwefelwasserstoff ubrig. Man darf daran denken, diese Reaktionsart gelegentlich bei praparativen Arbeiten auszunutzen, da sich das Metallsulfid leicht durch Filtration, der flussige Schwefelwasserstoff bequem durch Abdunsten bei niedriger Temperatur entfernen lassen.

Die Ergebnisse der eben erwahnten solvolytischen Untersuchungen von RALSTON und WILKINSON mit anorganischen salzartigen Halogeniden und Saurechloriden sind in Tabelle 31, S. 108 zusammengestellt.

Die Untersuchungen über die Halogenide haben nun gezeigt, daß die meisten echten Salze so beispielsweise die Alkali- und Erdalkalichloride, ferner das Kupfer(II)-chlorid, Cadmiumchlorid, Nickelchlorid, Kobaltchlorid, Eisen(II)-chlorid und Chrom(III)-chlorid ganzlich unloslich und ohne Reaktion in flussigem Schwefelwasserstoff sind. Die Chloride von den einwertigen Metallen der ersten und zweiten Nebengruppe, von Silber, Kupfer und Quecksilber sind zwar ebenfalls unloslich, erleiden aber eine Thiohydrolyse, und zwar schwarzt sich Kupfer(I)-chlorid sofort, wahrend Silberchlorid langsamer, unter Bildung einer flockigen, gelben Masse reagiert, die sich — an die Luft gebracht — schwarzt. In beiden Fallen wird Chlorwasserstoff in Freiheit gesetzt, was auf eine Thiohydrolyse hindeutet. Quecksilber(I)-chlorid reagiert sogar bei tiefer Temperatur und bildet eine braune, flockige, gelartige Masse, die als Quecksilber(I)-hydrogensulfid identifiziert werden konnte. Die Quecksilber(II)-halogenide sind in flussigem Schwefelwasserstoff bei tiefer Temperatur ohne Reaktion loslich, und zwar steigt die Loslichkeit mit steigender Temperatur und mit wachsendem Atomgewicht des Halogens. Quecksilber(II)-chlorid wird aber bei Zimmertemperatur zu schwarzem Sulfid thiohydrolysiert, das spater in die rote Form ubergeht. Quecksilber(II)-jodid erleidet dagegen auch bei Zimmertemperatur keine Thiohydrolyse.

---

[1] RALSTON, A. W. u. J. A. WILKINSON: J. Amer. chem. Soc. 50, 258 (1928).

Tabelle 31. *Übersicht über die Löslichkeit und die Solvolyse bei anorganischen salzartigen Halogeniden und Säurechloriden in flüssigem Schwefelwasserstoff.*

Ver-bindung	Löslichkeit		Thiohydrolyse		Hydrolyse im Wasser
	bei —78° C	Zimmer-temperatur	bei —78° C	Zimmertemperatur	
AgCl	unloslich	unlöslich	ohne Reaktion	Bildung einer oligen Flussigkeit, die an der Luft schwarz wird	
CuCl	unloslich	unloslich	schwarzt sich langsam	HCl-Entwicklung, schwarzt sich sofort	
Hg_2Cl_2	unloslich	unloslich	$Hg_2(SH)_2 + HCl$	$Hg_2(SH)_2 + HCl$	
$HgCl_2$	wenig loslich	löslich	ohne Reaktion	$HgS + HCl$	
$HgBr_2$	löslich	löslich	ohne Reaktion	ohne Reaktion	
HgJ_2	löslich	löslich	ohne Reaktion	ohne Reaktion	
$ZnCl_2$	wenig loslich	-löslich	ohne Reaktion	ohne Reaktion	
BCl_3	loslich	löslich	$BCl_3 \cdot 12\,H_2S$		$BCl_3 + 3\,H_2O \rightarrow B(OH)_3 + 3\,HCl$
$AlCl_3$	löslich	loslich	ohne Reaktion	ohne Reaktion	
CCl_4	mischbar	mischbar	ohne Reaktion	ohne Reaktion	
$SiCl_4$	mischbar	mischbar	ohne Reaktion	wenig SiS_2 nach einigen Wochen	$SiCl_4 + 4\,H_2O \rightarrow Si(OH)_4 + 4\,HCl$ $Si(OH)_4 \rightarrow SiO_2 + 2\,H_2O$
$TiCl_4$			$2\,TiCl_4 \cdot 1\,H_2S$	$TiCl_2 + S$	$TiO_2 \cdot aq$
$SnCl_4$	unloslich	mischbar	ohne Reaktion	wenig SnS_2 nach zwei Wochen	$SnCl_4 + 4\,H_2O \rightarrow Sn(OH)_4 + 4\,HCl$ $Sn(OH)_4 \rightarrow SnO_2 + 2\,H_2O$
$PbCl_4$	unloslich	unloslich	Reduktion zu $PbCl_2$		
$PbCl_2$	unloslich	unloslich		langsam PbS	
PCl_3	teilweise mischbar		ohne Reaktion	sofort P_2S_3	$PCl_3 + 3\,H_2O \rightarrow 3\,HCl + H_3PO_3$
PCl_5			sofort $PSCl_3$	sofort $PSCl_3$	$POCl_3 \rightarrow H_3PO_4$
$AsCl_3$			sofort As_2S_3	sofort As_2S_3	$AsCl_3 \rightarrow H_3AsO_3 \rightarrow As_2O_3$
$SbCl_3$	unloslich	sehr loslich	ohne Reaktion	ohne Reaktion	SbOCl
$SbCl_5$			sofort $SbSCl_3$	sofort $SbSCl_3$	$SbOCl_3 \rightarrow H_3SbO_4$
$BiCl_3$			unlosliches Thiohydrat	unlosliches Thiohydrat	BiOCl
$SeCl_4$	loslich (?)		Reduktion $Se_2Cl_2 + S$	Reduktion $Se + S$	H_2SeO_3
$TeCl_4$			Reduktion $TeCl_2 + S$	Reduktion $Te + S$	H_2TeO_3

Bortrichlorid und Aluminiumchlorid, Halogenide von Elementen der dritten Hauptgruppe, sind beide in flüssigem Schwefelwasserstoff löslich, und zwar reagiert ersteres bei tiefen Temperaturen unter Bildung von $BCl_3 \cdot 12\,H_2S$, einer Additionsverbindung mit einem Schmelzpunkt von -47^0 C, ohne weitere Thiohydrolyse. Aluminiumchlorid zeigt ebenfalls keine Thiohydrolyse.

Die Chloride der Elemente der vierten, fünften und sechsten Gruppe des periodischen Systems, die in Wasser sehr leicht unter Bildung der Hydroxyde hydrolysiert werden, sind in flussigem Schwefelwasserstoff teils in allen Proportionen loslich und zeigen keine Thiohydrolyse, teils bilden sie Thiohydrate, Additionsverbindungen und Sulfide bzw. Hydrogensulfide, erleiden also Thiohydrolyse. Im einzelnen laßt sich folgendes sagen:

Bei den Elementen der vierten Gruppe des periodischen Systems nimmt die Loslichkeit der Chloride in flussigem Schwefelwasserstoff im Vergleich zu den Chloriden der Elemente der dritten Vertikalreihe bemerkenswert zu. Tetrachlorkohlenstoff und Siliciumtetrachlorid sind in flussigem Schwefelwassrestoff in allen Proportionen loslich und zeigen praktisch keine Thiohydrolyse. Wenn jedoch Siliciumtetrachlorid mit flussigem Schwefelwasserstoff mehrere Wochen lang bei Zimmertemperatur in Berührung bleibt, so bildet sich eine kleine Menge von Siliciumdisulfid SiS_2, das dem Siliciumdioxyd im Aquosystem der Verbindungen entspricht. Zinntetrachlorid, das einen Schmelzpunkt von -33^0 besitzt, ist bei tiefer Temperatur in flussigem Schwefelwasserstoff unloslich. Bei Zimmertemperatur sind die beiden Flussigkeiten ohne Reaktion miteinander mischbar. Nach langerem Stehen bei Zimmertemperatur reagiert Zinntetrachlorid in geringem Maße mit flussigem Schwefelwasserstoff und bildet Zinndisulfid, das im Sulfidosystem der Verbindungen dem Zinndioxyd des Aquosystems entspricht. Bleitetrachlorid wird, wie BILTZ und KEUNECKE[1] gezeigt haben, von flussigem Schwefelwasserstoff zu Blei(II)-chlorid reduziert. Titantetrachlorid bildet bei sehr tiefen Temperaturen einen gelben krystallinen Korper, dessen Zusammensetzung durch Analyse zu $2\,TiCl_4 \cdot 1\,H_2S$ ermittelt wurde. Diese Verbindung ist allerdings sehr unbestandig und zersetzt sich bei Erhohung der Temperatur in Titantetrachlorid und Schwefelwasserstoff. Bei rascher Erwarmung auf Zimmertemperatur erfolgt die Zersetzung meist mit explosionsartiger Heftigkeit, wobei sich zuerst eine braune Verbindung bildet, die sich in flussigem Schwefelwasserstoff mit roter Farbe löst. Diese Verbindung ist nach RALSTON und WILKINSON[2] in Alkohol loslich und gibt eine nach Mercaptan riechende Losung. Die Forscher nehmen an, daß sich bei der Thiohydrolyse zuerst eine SH-haltige Verbindung bildet, entsprechend den OH-haltigen Verbindungen im Wasser. Titantetrachlorid wäre also eine der wenigen Verbindungen, die bei der Thiohydrolyse ein dem Hydroxyd entsprechendes Hydrogensulfid zu bilden in der Lage sind. Aus der roten Losung scheidet sich später

[1] BILTZ, W. u. E. KEUNECKE: Z. anorg. allg. Chem. **147**, 171 (1925).
[2] RALSTON, A. W. u. J. A. WILKINSON: J. Amer. chem. Soc. **50**, 2160 (1928).

ein schwarzer Niederschlag aus, der mit einem gelben vermischt ist. Der schwarze Niederschlag besteht aus Titandichlorid $TiCl_2$, der gelbe ist Schwefel. Die Chloride der Elemente der vierten Gruppe des periodischen Systems, welche, mit Ausnahme von Kohlenstofftetrachlorid, sehr leicht in Wasser hydrolysiert werden, sind also in flussigem Schwefelwasserstoff recht bestandig.

Betrachtet man nun die Chloride der Elemente aus der funften Vertikalreihe, so zeigt es sich, daß Phosphortrichlorid bei tiefer Temperatur mit flussigem Schwefelwasserstoff teilweise und ohne Reaktion mischbar ist, wahrend bei Zimmertemperatur sofort Phosphortrisulfid P_2S_3 gebildet wird. Phosphorpentachlorid wird bei allen Temperaturen sofort zu Phosphorsulfochlorid $PSCl_3$ thiohydrolysiert. Es ist dies eine Reaktion, die der im Aquosystem verlaufenden durchaus entspricht, mit dem Unterschied, daß in Wasser die Solvolyse noch weiter verlauft und uber das Oxychlorid $POCl_3$ hinaus bis zur loslichen Phosphorsaure fuhrt. Arsentrichlorid gibt bei allen Temperaturen mit flussigem Schwefelwasserstoff unlösliches Arsentrisulfid, As_2S_3. Diese Thiohydrolyse unterscheidet sich von der Hydrolyse nur in quantitativer Hinsicht, und zwar dadurch, daß in Wasser die ein wenig losliche arsenige Saure As_2O_3 gebildet wird. Antimontrichlorid laßt schon den mehr metallischen Charakter des positiven Elementes, des Antimons, erkennen; es lost sich bei tiefen Temperaturen in flussigem Schwefelwasserstoff weder nennenswert noch zeigt es irgendwelche Reaktionen. Bei Zimmertemperatur dagegen ist Antimontrichlorid stark löslich, wird aber nicht thiohydrolysiert. Mit Schwefelwasserstoffgas jedoch reagiert Antimontrichlorid und bildet citronengelbe Nadeln von $SbSCl \cdot 7\,H_2S$. Antimonpentachlorid reagiert mit flussigem Schwefelwasserstoff in ahnlicher Weise wie Phosphorpentachlorid, namlich unter Bildung von Antimonsulfochlorid $SbSCl_3$. Wismutchlorid reagiert sofort, sogar bei tiefen Temperaturen, unter Bildung eines orangeroten Thiohydrats, das an der Luft langsam Schwefelwasserstoff abgibt und in das thiobasische Salz $BiSCl \cdot BiCl_3$ ubergeht. Eine ahnliche Einwirkung von flussigem Schwefelwasserstoff findet, wie schon erwahnt, auch beim Titantetrachlorid statt, nur mit dem Unterschied, daß beim Wismutchlorid die Anlagerungsverbindung bedeutend bestandiger ist. Die Bildung des unloslichen Additionsproduktes erklart auch die Tatsache, daß QUAM und WILKINSON[1] trotz einer sichtbaren Reaktion von Wismutchlorid mit flussigem Schwefelwasserstoff keine Leitfahigkeitserhohungen beobachten konnten. Die Chloride der Elemente der funften Vertikalreihe zeigen also mit flussigem Schwefelwasserstoff zum größten Teil deutlich die Erscheinung der Solvolyse.

Die Chloride der Elemente, welche in der sechsten Hauptgruppe des periodischen Systems stehen, werden reduziert. Selentetrachlorid reagiert bei tiefer Temperatur langsam mit flussigem Schwefelwasserstoff zu Diselendichlorid Se_2Cl_2 und Schwefel; bei Zimmertemperatur fuhrt die Einwirkung bis zum roten Selen und Schwefel. Tellur-

---

[1] QUAM, G. N. u. J. A. WILKINSON: J. Amer. chem. Soc. 47, 989 (1925).

tetrachlorid dagegen wird schon in der Kälte sofort zu Tellurdichlorid $TeCl_2$ und Schwefel reduziert, bei Zimmertemperatur führt die Reduktion vollständig bis zum elementaren Tellur. Chromtrichlorid ist, wie bereits erwähnt, unlöslich und reagiert bei keiner Temperatur mit flüssigem Schwefelwasserstoff.

Von den niederen Chloriden der Elemente der siebenten und achten Vertikalreihe des periodischen Systems sind Mangandichlorid und Kobaltdichlorid unlöslich und bei tiefer Temperatur ohne Reaktion, aber bei Zimmertemperatur wird Kobaltchlorid nach mehreren Wochen schwarz, erleidet also allmählich Thiohydrolyse. Eisen(III)-chlorid löst sich zunächst in flüssigem Schwefelwasserstoff zu einer gelben Lösung auf, aus der sich aber bei tiefen Temperaturen langsam ein Niederschlag von Eisen(II)-chlorid ausscheidet. Bei Zimmertemperatur jedoch geht die Reduktionsreaktion sehr rasch vor sich.

Im Anschluß an die Untersuchungen von RALSTON und WILKINSON wurden kürzlich von anderer Seite[1] noch einige Versuche über die Thiohydrolyse von Acetaten durchgeführt. Im System der Verbindungen in flüssigem Schwefelwasserstoff stellt die Essigsäure eine schwächere Säure dar als die Chlorwasserstoffsäure, da erstere in diesem Lösungsmittel praktisch überhaupt keine Leitfähigkeit zeigt, während Chlorwasserstoff wenigstens eine geringe Leitfähigkeitserhöhung bewirkt. Die Acetate müßten also in flüssigem Schwefelwasserstoff in höherem Maße als die Chloride eine Thiohydrolyse zeigen. Diese Annahme konnte durch Versuche bestätigt werden. Die nachfolgende tabellarische Übersicht gibt die Resultate der Beobachtungen wieder.

Tabelle 32. *Vergleich der Thiohydrolyse der Acetate und Chloride einiger Metalle in flüssigem Schwefelwasserstoff.*

Verbindung	Löslichkeit	Thiohydrolyse	Verbindung	Löslichkeit	Thiohydrolyse
Cu-Acetat	unlöslich	CuS	$CuCl_2$	unlöslich	ohne Reaktion
Bi-Acetat	,,	Bi_2S_3	$BiCl_3$	,,	Thiohydratbildung
UO_2-Acetat	,,	teilweise Reduktion	—	—	—
Mn^II-Acetat	,,	MnS	$MnCl_2$	unlöslich	ohne Reaktion
Mn^III-Acetat	,,	MnS	—	—	—
Cr-Acetat	,,	ohne Reaktion	$CrCl_3$	unlöslich	ohne Reaktion
Cd-Acetat	,,	CdS	$CdCl_2$	,,	ohne Reaktion
Co-Acetat	,,	CoS (bald)	$CoCl_2$	,,	sehr langsam CoS
Hg^II-Acetat	,,	HgS (sofort!)	$HgCl_2$	löslich	HgS (langsam!)

Die Acetate der Schwermetalle sind wie die Chloride in flüssigem Schwefelwasserstoff ebenfalls unlöslich. Im Gegensatz zu den Chloriden erfolgt aber bei den Acetaten, mit Ausnahme von Uranyl- und Chromacetat, eine vollständige Thiohydrolyse unter Bildung von unlöslichem Sulfid und einer äquivalenten Menge Essigsäure. Besonders Wismut- und Quecksilberacetat erleiden schon bei tiefen Temperaturen eine

---

[1] JANDER, G. u. H. SCHMIDT: Wiener Chemiker-Ztg. **46**, 49 (1943).

sofortige Thiohydrolyse, während Wismutchlorid mit flüssigem Schwefelwasserstoff auch bei Zimmertemperatur nicht solvolysiert wird, sondern ein Thiohydrat bildet. Bei den anderen in der tabellarischen Übersicht angeführten Acetaten ist die Umsetzung mit flüssigem Schwefelwasserstoff bei Zimmertemperatur in 1—2 Tagen beendet. Ähnliche Beobachtungen wurden auch mit den Cyaniden der Schwermetalle Silber, Quecksilber und Blei gemacht. Auch sie erfahren schon bei —78° eine sehr rasch verlaufende Thiohydrolyse.

Zum Abschluß der Betrachtungen über die Erscheinung der Thiohydrolyse in flüssigem Schwefelwasserstoff sollen noch einige weitere Beobachtungen mitgeteilt werden; diese schließen an die bekannte Tatsache an, daß sich in Wasser die Solvolyse des Salzes einer schwachen Base und einer starken Säure durch Vermehrung der Wasserstoffionenkonzentration zurückdrängen läßt, und daß etwa schon gebildete Solvolyseprodukte durch Erhöhung der Acidität wieder zur Auflösung gebracht werden können. Silberchlorid, Kupfer(I)-chlorid und Quecksilber(I)-chlorid erleiden bei Zimmertemperatur, wie erwähnt, mit flüssigem Schwefelwasserstoff Thiohydrolyse, wobei sich die entsprechenden Hydrogensulfide bzw. Sulfide bilden. Bei Vergrößerung der Wasserstoffionenkonzentration, z. B. durch Zugabe von Chlorwasserstoff zu den Suspensionen der Salze in flüssigem Schwefelwasserstoff, konnte bei den genannten Chloriden nun keine Thiohydrolyse mehr beobachtet werden. Von Interesse ist, wie nebenbei bemerkt sei, die Feststellung, daß die in flüssigem Schwefelwasserstoff unlöslichen Chloride der genannten Metalle in salzsäurehaltiger Schwefelwasserstofflösung bei tiefer Temperatur sogar in Lösung gehen. Bei Erhöhung der Temperatur tritt dann allerdings wieder Ausfällung der Chloride ein. Diese Erscheinung ist durch die Bildung von Komplexverbindungen der Chloride mit Chlorwasserstoff zu den sog. „Chlorosäuren" zu erklären, die in flüssigem Schwefelwasserstoff bei tiefer Temperatur beständig und löslich sind. Aber bei etwas erhöhter Temperatur zerfallen sie in die Komponenten. Eine eingehendere Untersuchung der genannten „Chlorosäuren" in verflüssigtem Schwefelwasserstoff dürfte von Interesse sein. Bei den mitgeteilten Befunden jedoch stand nicht so sehr die Bildung von Komplexverbindungen und Chlorosäuren in flüssigem Schwefelwasserstoff als vielmehr die Möglichkeit der relativ leichten Zurückdrängung der Solvolyse bzw. Thiohydrolyse im Vordergrund des Interesses. Selbst bei sehr langem Stehen bei Zimmertemperatur im zugeschmolzenen Bombenrohr läßt sich keine Bildung von Silbersulfid oder Quecksilbersulfid beobachten.

In analoger Weise wird die Thiohydrolyse des Arsentrichlorids vollständig zurückgedrängt. Wir sahen, daß selbst bei tiefen Temperaturen Arsentrichlorid mit flüssigem Schwefelwasserstoff zu Arsentrisulfid solvolysiert wird. Auch in diesem Falle tritt bei Zugabe von Arsentrichlorid zu einer mit Chlorwasserstoff versetzten Schwefelwasserstofflösung keine Thiohydrolyse ein, und das am Rande des Bombenrohres durch gasförmigen Schwefelwasserstoff stellenweise gebildete gelbe Arsentrisulfid wird nach dem Zuschmelzen des Rohres bei Zimmertemperatur durch Umschütteln von der salzsauren Schwefelwasserstofflösung leicht und vollständig wieder aufgelöst.

Ebenso wie es möglich ist, durch Vermehrung der Wasserstoffionenkonzentration bei Zugabe des „säureanalogen" Chlorwasserstoffs die Thiohydrolyse weitgehend zurückzudrängen, so sollte auch durch Vermehrung der SH-Ionenkonzentration die Ausfällung der Hydrogensulfide bzw. der Sulfide in den Fällen ermöglicht werden können, bei denen sonst keine weiter fortgeschrittene Solvolyse sichtbar wird. Antimontrichlorid reagiert nicht mit flüssigem Schwefelwasserstoff und erleidet sogar bei Zimmertemperatur keine Thiohydrolyse. Fügt man aber Antimontrichlorid zu einer Auflösung von Triäthylamin in flüssigem Schwefelwasserstoff, welche ja eine Auflösung des „basenanalogen" Triäthylammoniumhydrogensulfides vorstellt, so fällt bei tiefer Temperatur orangerotes Antimontrisulfid aus. Die Zahlenverhältnisse der miteinander in Reaktion tretenden Molekülarten ergeben sich aus konduktometrischen Titrationen. Die Reaktion ist eine Verdrängungsreaktion. Das schwache basenanaloge Antimontrisulfid wird aus seiner salzartigen Verbindung durch das stärker basenanaloge Triäthylammoniumhydrogensulfid verdrängt und fällt schwerlöslich aus:

$$6 \,[(C_2H_5)_3NH]SH + 2 \,SbCl_3 = Sb_2S_3 + 6 \,[(C_2H_5)_3NH]Cl + 3 \,H_2S \,.$$

Bei der graphischen Darstellung der erwähnten konduktometrischen Titration einer Auflösung von Triäthylamin in flüssigem Schwefelwasserstoff mit anteilweise eingetragenem Antimontrichlorid erhält man einen V-förmig gestalteten Kurvenzug, dessen Spitze bei dem oben angegebenen Verhältnis von 2 Mol Antimontrichlorid auf 6 Mol Triäthylammoniumhydrogensulfid liegt.

Führt man diese Umsetzung als präparativen Ansatz im Bombenrohr bei Zimmertemperatur durch, so wandelt sich das orangerote Antimontrisulfid in kurzer Zeit in die graue Modifikation des Grauspießglanzes um.

b) Die Thiohydrolyse von Estern.

Ähnlich der Verseifung von Estern durch Wasser, welche zur Bildung von freier Säure und Alkohol führt, erfolgt in flüssigem Schwefelwasserstoff bei gelösten Estern eine Thiohydrolyse, welche zur Bildung von freier Säure und Mercaptan führt. So erleidet beispielsweise Methylthioacetat in folgender Weise Solvolyse:

$$CH_3CO(SCH_3) + H(SH) \rightleftharpoons CH_3CO(SH) + CH_3SH \,.$$

Es findet also unter der Einwirkung der im Solvens vorhandenen H^+- und $(SH)^-$-Ionen teilweise eine Aufspaltung des Esters in freie Thioessigsäure und Methylmercaptan statt. Wie nähere Untersuchungen[1] gezeigt haben, hängt der Grad der Solvolyse in flüssigem

---

[1] Ralston, A. W. u. J. A. Wilkinson: J. Amer. chem. Soc. **50**, 2160 (1928).

Schwefelwasserstoff ebenso wie der Grad der Hydrolyse in Wasser von der molaren Konzentration des Esters und dem etwa vorhandenen Überschuß eines der Reaktionspartner ab. In der nachfolgenden tabellarischen Übersicht sind die Daten von einigen untersuchten Estern zusammengestellt; aus ihr geht ohne weiteres hervor, daß mit steigendem Molekulargewicht des Mercaptans auch der Grad der Thiohydrolyse wächst.

Tabelle 33. *Thiohydrolyse von Estern der Thioessigsäure in flüssigem Schwefelwasserstoff (Temperatur —78°).*

Ester	Prozent der Thiohydrolyse		
	1 Mol Ester je 10 Liter	1 Mol Ester je 5 Liter	1 Mol Ester je 2 Liter
Methylthioacetat	4,52	2,80	1,22
Äthylthioacetat	10,10	8,56	5,24
n-Propylthioacetat	49,3	17,2	11,7
Isopropylthioacetat	30,8	20,5	18,2
n-Butylthioacetat	68,0	56,7	53,3

9. Die Erscheinung der Amphoterie.

Die Analogie zwischen dem Dissoziationsschema des reinen Wassers und dem des flüssigen Schwefelwasserstoffs und die infolgedessen beobachteten bemerkenswerten Ähnlichkeiten im Verhalten der Substanzen in Lösungssystemen mit Wasser bzw. flüssigem Schwefelwasserstoff lassen auch ein amphoteres Verhalten einiger Hydrogensulfide bzw. Sulfide in diesem Solvens erwarten. Tatsächlich wurde nun auch in verflüssigtem Schwefelwasserstoff die Erscheinung der Amphoterie beobachtet, und zwar beim Arsentrisulfid[1]. Arsentrichlorid erleidet bei allen Temperaturen in flüssigem Schwefelwasserstoff eine Thiohydrolyse unter Bildung von Arsentrisulfid und Chlorwasserstoff.

Gibt man zu einer Auflösung von Triäthylamin in flüssigem Schwefelwasserstoff, welches ein „Basenanaloges" im „Sulfidosystem" der Verbindungen darstellt, Arsentrichlorid, so tritt zwar zunächst ebenfalls, wenigstens teilweise, eine Ausfällung von Arsentrisulfid ein, dieses löst sich aber nach verhältnismäßig kurzer Zeit, vor allem bei Erhöhung der Temperatur, rasch wieder vollständig auf. Der Vorgang würde der Auflösung von Arsentrioxyd in Kalilauge entsprechen:

$$As_2O_3 + 6\,OH^- = 2\,(AsO_3)^{---} + 3\,H_2O$$
$$As_2S_3 + 6\,SH^- = 2\,(AsS_3)^{---} + 3\,H_2S$$
$$As_2S_3 + 6\,[(C_2H_5)_3NH]SH = 2\,[(C_2H_5)_3NH]_3AsS_3 + 3\,H_2S.$$

Leitet man in diese Auflösung des Sulfosalzes nunmehr Chlorwasserstoff, also eine „säurenanaloge" Verbindung ein, so tritt wieder Ausfällung von gelöstem Arsentrisulfid ein. Fügt man bald einen größeren

---

[1] JANDER, G. u. H. SCHMIDT: Wiener Chemiker-Ztg. **46**, 49 (1943).

Überschuß von Chlorwasserstoff hinzu, so löst sich der zunächst entstandene Niederschlag von Arsentrisulfid abermals auf. Es hinterbleibt höchstens eine schwache Trübung:

$$2\ [(C_2H_5)_3NH]_3AsS_3 + 6\ HCl = 6\ [(C_2H_5)_3NH]Cl + As_2S_3 + 3\ H_2S.$$
$$[(C_2H_5)_3NH]_3AsS_3 + 6\ HCl = 3\ [(C_2H_5)_3NH]Cl + AsCl_3 + 3\ H_2S.$$

Bei sehr langsamem Zusatz des säurenanalogen Chlorwasserstoffs ist die Wiederauflösung des gebildeten Arsentrisulfids sehr viel weniger vollständig. Der Niederschlag altert anscheinend sehr schnell und tritt mit dem recht schwach „säurenanalogen" Chlorwasserstoff bei tiefen Temperaturen nur äußerst langsam wieder in Reaktion. Bei Zimmertemperatur aber tritt in allen Fällen eine Wiederauflösung des Arsentrisulfids mit Chlorwasserstoff ein.

Gibt man umgekehrt zu einer Auflösung des „säurenanalogen" Chlorwasserstoffs in flüssigem Schwefelwasserstoff Arsentrichlorid, so findet, wie bereits besprochen wurde, infolge der weitgehenden Zurückdrängung der Thiohydrolyse durch die H^+-Ionen überhaupt keine Ausfällung des Arsentrisulfids statt, und etwa am Rande durch gasförmigen Schwefelwasserstoff gebildetes Arsentrisulfid wird bei Erhöhung der Temperatur von der salzsauren Schwefelwasserstofflösung aufgelöst.

Bei Zugabe einer Lösung von Triäthylammoniumhydrogensulfid zu dieser salzsauren Arsentrichloridlösung in flüssiger Schwefelwasserstofflösung erfolgt selbstverständlich abermals Ausfällung von Arsentrisulfid, das sich im Überschuß der basenanalogen Substanz wieder auflöst. Das Arsentrisulfid verhält sich also in flüssigem Schwefelwasserstoff „säurenanalogen" und „basenanalogen" Lösungen gegenüber so amphoter wie das Aluminiumhydroxyd in Wasser Säuren und Basen gegenüber.

Die Verhältniszahlen der miteinander in Reaktion tretenden Molekülarten, welche in der vorstehenden Formulierung angegeben sind, ergaben sich teils aus quantitativen, präparativen Ansätzen im Bombenrohr, teils aber auch aus konduktometrischen Titrationen. Leider ist es nicht möglich, eine direkte konduktometrische Titration von Arsentrisulfid mit dem „basenanalogen" Triäthylammoniumhydrogensulfid vorzunehmen, da sich die Base selbst erst in flüssigem Schwefelwasserstoff bildet, und beim Hinzugeben von Triäthylamin die Reaktion zwischen diesem und dem flüssigen Schwefelwasserstoff so heftig ist, daß stets größere Fehler durch Substanzverlust auftreten. Aus diesem Grunde wurde Arsentrisulfid im Überschuß des basenanalogen Triäthylammoniumhydrogensulfids gelöst, und diese Lösung mit Chlorwasserstoffgas — aus einer Gasbürette anteilweise hinzugesetzt — zurücktitriert.

Die nachfolgende Abb. 21 gibt graphisch die Resultate der konduktometrischen Titrationen wieder. Der erste, schwach fallende, geradlinige Teil des Kurvenzuges stellt die „neutralisationenanaloge" Umsetzung des im Überschuß vorhandenen Triäthylammonium-Hydrogensulfids mit Chlorwasserstoff dar. Beim ersten Knickpunkt

8*

ist die Verbindung Triäthylammonium-Sulfarsenit $[(C_2H_5)_3NH]_3(AsS_3)$ gerade noch in Lösung. Das folgende, stärker abfallende Stück der Leitfähigkeitskurve spiegelt die mit weiterem Salzsäurezusatz nun einsetzende Fällung von Arsentrisulfid wieder:

$$2\,[(C_2H_5)_3NH]_3(AsS_3) + 6\,HCl = 6\,[(C_2H_5)_3NH]Cl + As_2S_3 + 3\,H_2S\,.$$

Anscheinend leiten 2 Mole Triäthylammonium-Sulfarsenit in verflüssigtem Schwefelwasserstoff von —78° C besser als 6 Mole Triäthylammoniumchlorid. Man sollte eigentlich erwarten, daß nach beendeter Ausfällung von Arsentrisulfid eine weitere Zugabe von Chlorwasserstoffgas die Leitfähigkeit der Lösung nicht mehr verändert, da sowohl der Chlorwasserstoff als auch das etwa gebildete Arsentrichorid in verflüssigtem Schwefelwasserstoff nur wenig dissoziiert sind. Man sieht aber, daß das Leitvermögen der Lösung noch weiterhin abnimmt. Offenbar verschwinden die Ionen des Triäthylammoniumchlorids gleichzeitig mit der durch den wachsenden Salzsäurezusatz bedingten Auflösung des Arsentrisulfids zu Arsentrichlorid, vielleicht infolge Bildung einer Komplexverbindung etwa vom Typus

$$[(C_2H_5)_3NH]_3(As_2Cl_9)\,[1]\,.$$

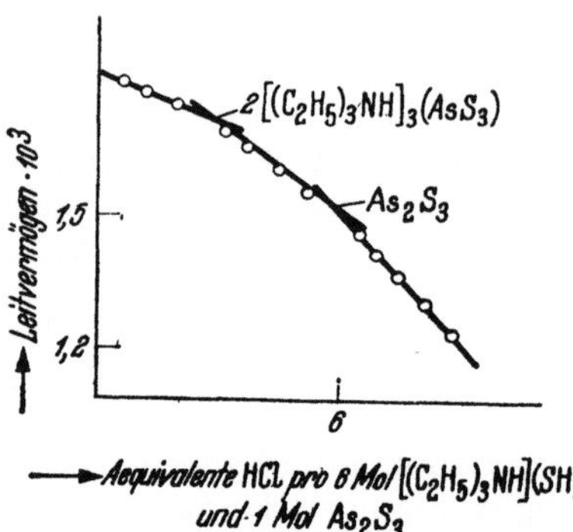

Abb. 21. Konduktometrische Titration einer vorgelegten Lösung von Triäthylammonium-Sulfarsenit und überschüssigem Triäthylammonium-Hydrogensulfid in verflüssigtem Schwefelwasserstoff mittels Chlorwasserstoffgas.

10. Weitere Umsetzungen vornehmlich organischer Stoffe in flüssigem Schwefelwasserstoff.

Neben den Eigenschaften eines dissoziierenden, anorganischen Lösungsmittels zeigt aber flüssiger Schwefelwasserstoff auch die Eigenschaft eines rein organischen Lösungsmittels. Von BORGESON und WILKINSON[2] ist die Reaktionsfähigkeit des flüssigen Schwefelwasserstoffs gegenüber einer größeren Anzahl der verschiedensten Typen organischer Verbindungen untersucht worden. Flüssiger Schwefelwasserstoff vermag — auch hier ähnlich dem Wasser — durchaus mit organischen Substanzen zu reagieren, bei denen er sich an Doppelbindungen des Sauerstoffs, des Kohlenstoffs oder an die dreifache Bindung des Stickstoffs anzulagern vermag. Im folgenden seien einige Beispiele dafür gegeben.

Wasser gibt bei seiner Einwirkung auf Calciumcarbid Calciumhydroxyd und Acetylen. Auch flüssiger Schwefelwasserstoff reagiert mit Calciumcarbid unter Bildung von Acetylen und einem weißen

---

[1] HOARD, J. L. u. L. GOLDSTEIN: J. chem. Physics **3**, 117 (1935).
[2] BORGESON, R. W. u. J. A. WILKINSON: J. Amer. chem. Soc. **51**, 1453 (1929).

Rückstand, der nach den Angaben von BIESALSKI und ECK[1] Calcium-sulfid ist:

$$CaC_2 + H_2O \rightarrow C_2H_2 + CaO$$
$$CaC_2 + H_2S \rightarrow C_2H_2 + CaS.$$

Diese Umsetzung ist aber im Vergleich zu der bekannten, stürmisch vor sich gehenden Einwirkung von Wasser auf Calciumcarbid eine sehr langsam verlaufende, die allerdings durch Temperaturerhöhung des flüssigen Schwefelwasserstoffs auf 50—55^0 beschleunigt werden kann. Dadurch läßt sich eine Zersetzung des Calciumcarbids durch flüssigen Schwefelwasserstoff bis zu 90% erreichen. Infolge der außerordentlichen Trägheit dieser Reaktion braucht man aber bei Zimmertemperatur doch mehrere Monate, um eine praktisch vollständige Umsetzung zu erzielen. Das Calciumcarbid zeigt in allen Fällen nach der Einwirkung und Umwandlung in Calciumsulfid eine rein weiße Farbe; niemals wird freier Kohlenstoff oder im Gasraum Wasserstoff beobachtet. Das erste Einwirkungsprodukt ist Acetylen, doch wird dieses am Ende des Versuches nicht vollständig wiedergefunden, da ein großer Teil auf den überschüssigen, flüssigen Schwefelwasserstoff unter Bildung organischer Acetylen-Schwefelwasserstoff-Verbindungen einwirkt. Wahrscheinlich entsteht Thioacetaldehyd. Von beträchtlichem Einfluß auf die Umsetzung von Acetylen mit flüssigem Schwefelwasserstoff ist vor allem die Reaktionstemperatur.

In Einklang mit den Befunden von BIESALSKI und ECK stehen die zeitlich schon früher durchgeführten Untersuchungen von BORGESON und WILKINSON, die fanden, daß ungesättigte Kohlenwasserstoffe, wie z. B. Amylen $CH_3 \cdot CH_2 \cdot CH{=}CH \cdot CH_3$ oder Trimethyläthylen $(CH_3)_2 \cdot CH{=}CH \cdot CH_3$ mit flüssigem Schwefelwasserstoff mischbar sind und sehr langsam, bei Zimmertemperatur im Verlauf von mehreren Wochen, mit dem genannten Lösungsmittel reagieren, und zwar unter Bildung von Anlagerungsverbindungen jeweils an die Doppelbindung. Die Verbindungen sind jedoch bei Zimmertemperatur — außerhalb von Schwefelwasserstoff mit Überdruck — nicht stabil, stellen aber bei -77^0 weiße Substanzen mit mercaptanähnlichem Geruch dar.

Gesättigte Kohlenwasserstoffe, ferner Toluol und Naphthalin sind ebenfalls in flüssigem Schwefelwasserstoff löslich, zeigen aber mit dem Lösungsmittel keine Reaktion.

Aldehyde sind in flüssigem Schwefelwasserstoff löslich und reagieren alle mit ihm nach folgendem Reaktionsschema:

$$R \cdot C{\overset{\textstyle O}{\underset{\textstyle H}{\big\langle}}} + H_2S \rightarrow R \cdot C{\overset{\textstyle OH}{\underset{\textstyle H}{\big\langle}}}SH \rightarrow R \cdot C{\overset{\textstyle S}{\underset{\textstyle H}{\big\langle}}} + H_2O.$$

Es erfolgt also eine Anlagerung des flüssigen Schwefelwasserstoffs an die Sauerstoffdoppelbindung des Aldehyds, und unter Wasserabspaltung entsteht der Thioaldehyd.

---

[1] BIESALSKI, E. u. H. VAN ECK: Z. angew. Chem. **41**, 278 (1928).

Säurechloride reagieren mit flüssigem Schwefelwasserstoff unter
Bildung von Dithiosäuren, analog führt die entsprechende Reaktion
in Wasser zu den normalen, sauerstoffhaltigen Säuren:

$$R \cdot C\overset{O}{\underset{Cl}{<}} + H_2S \rightarrow R \cdot C\overset{O}{\underset{SH}{<}} + HCl,$$

$$R \cdot C\overset{O}{\underset{SH}{<}} + H_2S \rightarrow R \cdot C\overset{S}{\underset{SH}{<}} + H_2O.$$

Obwohl diese Reaktion eine sehr elegante Synthese zur Darstellung
von Dithiosäuren vorstellen würde, kann sie doch wegen der schlechten
Ausbeute praktisch nicht recht verwertet werden. Nur Acetylchlorid
und Acetylbromid reagieren in verwertbarem Maße leicht, sie bilden
schließlich sogar das Anhydrid der Dithioessigsäure, und zwar durch
Abspaltung eines Mols Schwefelwasserstoff aus zwei Molekülen Dithioessigsäure:

$$2\,CH_3 \cdot CS(SH) \rightarrow (CH_3 \cdot C \cdot S)_2S + H_2S.$$

GRIGNARD-Reagenzien reagieren mit flüssigem Schwefelwasserstoff
ebenso leicht wie mit Wasser unter Bildung der entsprechenden Kohlen-
wasserstoffe und eines in flüssigem Schwefelwasserstoff suspendierten
Niederschlags. Die Zusammensetzung des Niederschlags, d. h. der
Magnesiumverbindung, ist nicht einheitlich und hängt besonders von
den Konzentrationen des GRIGNARD-Reagenzes und der relativen
Menge an flüssigem Schwefelwasserstoff ab. Untersucht wurden
Äthyl-, Phenylmagnesiumbromid und Benzylmagnesiumchlorid:

$$2\,C_nH_{(2n+1)}MgBr + H_2O = 2\,C_nH_{(2n+2)} + MgO + MgBr_2,$$

$$2\,C_nH_{(2n+1)}MgBr + H_2S = 2\,C_nH_{(2n+2)} + MgS + MgBr_2.$$

Nitrile thiohydrolysieren in flüssigem Schwefelwasserstoff und
geben Dithiosäuren. Das Verfahren stellt somit eine der einfachsten
Methoden dar, um Dithiosäuren zu synthetisieren. Die Verseifung
wird ähnlich wie im Wasser durch kleine Mengen Chlorwasserstoff
beschleunigt. Die Reaktion kann folgendermaßen formuliert werden:

$$CH_3 \cdot C\!\equiv\!N + H_2S \rightarrow CH_3 \cdot C\overset{S}{\underset{NH_2}{<}}$$

$$CH_3 \cdot C\overset{S}{\underset{NH_2}{<}} + H_2S \rightarrow CH_3 \cdot C\overset{S}{\underset{SNH_4}{<}}$$

$$CH_3 \cdot C\overset{S}{\underset{SNH_4}{<}} + HCl \rightarrow CH_3 \cdot C\overset{S}{\underset{SH}{<}} + NH_4Cl.$$

Da Ammoniumchlorid in flüssigem Schwefelwasserstoff unlöslich
ist, kann es leicht von der Schwefelwasserstofflösung der Dithiosäure
getrennt werden.

Ganz allgemein scheinen also organische Umsetzungen in flüssigem
Schwefelwasserstoff dann einzutreten, wenn doppelt gebundener
Sauerstoff oder dreifach gebundener Stickstoff im Molekül vorhanden

ist, wie z. B. bei den Aldehyden, Ketonen und Nitrilen. Im Zusammenhang mit diesen Feststellungen wurde nun auch die Einwirkung von flüssigem Schwefelwasserstoff bei Zimmertemperatur auf Cyanamid und Dicyan untersucht[1].

Cyanamid ist dem Anschein nach auch bei Zimmertemperatur in flüssigem Schwefelwasserstoff zunächst unlöslich. Doch nach 12stündigem Stehen im Bombenrohr bei Zimmertemperatur bildet sich an Stelle des festen Cyanamids eine ölige Flüssigkeit, die im Verlauf von weiteren 12 Stunden zu einer Krystallmasse erstarrt. Diese Krystallmasse konnte durch Bestimmung des Schmelzpunktes und durch eine Stickstoffbestimmung als Thioharnstoff identifiziert werden. Die Umsetzung ist praktisch quantitativ und entspricht durchaus der Reaktion von Cyanamid mit Wasser, die zum Harnstoff führt:

$$H_2N\!-\!C\!=\!N + H_2S \rightarrow S\!=\!C\!\!\begin{array}{c}\nearrow NH_2 \\ \searrow NH_2\end{array}$$

$$H_2N\!-\!C\!\equiv\!N + H_2O \rightarrow O\!=\!C\!\!\begin{array}{c}\nearrow NH_2 \\ \searrow NH_2\end{array}.$$

Dicyan ist in flüssigem Schwefelwasserstoff leicht löslich und reagiert mit ihm über die Flaveanwasserstoffsäure zum Rubeanwasserstoff, der durch Farbe, Löslichkeit und Stickstoffbestimmung identifiziert werden konnte. Wie aus den folgenden Reaktionsgleichungen zu ersehen ist, führt die Einwirkung von flüssigem Schwefelwasserstoff zuerst zum Flaveanwasserstoff, dem ersten Anlagerungsprodukt von Schwefelwasserstoff an Dicyan, an den sich dann ein weiteres Molekül Schwefelwasserstoff anlagert:

$$N\!\equiv\!C\!-\!C\!\equiv\!N + H_2S \rightarrow N\!\equiv\!C\!-\!C\!\!\begin{array}{c}\nearrow NH_2 \\ \searrow S\end{array} \quad \text{(Flaveanwasserstoff)}$$

$$N\!\equiv\!C\!-\!C\!\!\begin{array}{c}\nearrow NH_2 \\ \searrow S\end{array} + H_2S \rightarrow \begin{array}{c}H_2N\searrow \\ S\nearrow\end{array}\!C\!-\!C\!\!\begin{array}{c}\nearrow NH \\ \searrow S\end{array} \quad \text{(Rubeanwasserstoff)}.$$

Der Rubeanwasserstoff ist das Endprodukt der Einwirkung von flüssigem Schwefelwasserstoff auf Dicyan, obwohl aus Analogiegründen zu der Verseifung der Nitrile eine Umsetzung bis zum Ammoniumsalz der Tetrathiooxalsäure erwartet werden könnte.

---

[1] JANDER, G. u. H. SCHMIDT: Wiener Chemiker-Ztg. **46**, 49 (1943).

V. Die Chemie in wasserfreier Blausäure.

1. Allgemeines über die wasserfreie Blausäure als Solvens, ihre Darstellung, Reinigung und ihre Eigenleitfähigkeit.

Die bisher behandelten wasserähnlichen Lösungsmittel Flußsäure, Wasser selbst, Ammoniak und verflüssigter Schwefelwasserstoff sind, wie wir sahen, Hydride der Elemente, welche den in der 6. Gruppe des periodischen Systems stehenden Sauerstoff halbkreisförmig umgeben:

$$H(\underline{NH_2}) \qquad H(\underline{OH}) \qquad H(\underline{F})$$
$$H(\underline{SH})$$

Sie bestehen alle aus Wasserstoff, welcher bei der geringfügigen, die sehr schwache Eigenleitfähigkeit bedingenden elektrolytischen Dissoziation dieser Verbindungen der positive Bestandteil ist, und aus einem negativen Rest, der mehr oder weniger ausgeprägt hydroxylähnliche Eigenschaften hat. Ihnen schließen sich nun einige andere Solventien an, welche ebenfalls aus Wasserstoff und einem einwertigen, negativen Rest bestehen und die im flüssigen Aggregatzustand wasserähnliche Lösungsmittel sind; hierzu gehört unter anderem die wasserfreie Blausäure.

Aus den nicht sehr zahlreichen Untersuchungen, welche über Blausäure als Solvens vorliegen, geht hervor, daß sie für organische und für manche anorganische Stoffe ein gutes Lösungsvermögen besitzt. Während der wasserfreie, verflüssigte Cyanwasserstoff den elektrischen Strom kaum leitet, besitzen die Auflösungen vieler Stoffe in ihm ein recht gutes Leitvermögen. Diese Stoffe liegen also in der flüssigen Blausäure dissoziiert vor. Das sind alles Merkmale, wie sie bei Lösungen mit den anderen „wasserähnlichen" Lösungsmitteln auch hervortraten. Die nachfolgenden Kapitel werden zeigen, daß im verflüssigten Cyanwasserstoff als Solvens neutralisationenanaloge Umsetzungen, Solvolysereaktionen, die Erscheinungen der Amphoterie, die Überführung potentieller Elektrolyte in wahre Elektrolyte u. ä. m. ebenfalls festzustellen sind, daß also die Vermutung zurecht besteht, die wasserfreie Blausäure sei den nichtwäßrigen, aber „wasserähnlichen" Lösungsmitteln zuzurechnen.

Die nachfolgende tabellarische Übersicht stellt zunächst die einschlägigen, physikalisch-chemischen Eigenschaften und Konstanten des Cyanwasserstoffs zusammen[1].

Bei Durchsicht der physikalischen Daten der Blausäure fällt der extrem hohe Wert ihrer Dielektrizitätskonstanten ε auf. Infolge dessen nahm man auf Grund der NERNST-THOMSON-Regel[2] über den

---

[1] Die Werte sind dem Taschenbuch für Chemiker und Physiker von D'ANS-LAX, Berlin, Springer 1943 entnommen, wenn nicht eine andere Quelle angegeben ist.

[2] EGGERT, J.: Lehrbuch der physikalischen Chemie, 5. Aufl., S. 486. Leipzig 1941.

Tabelle 34.

Eigenschaft	Zahlenwert
Molekulargewicht	27,03
Schmelzpunkt	$-13,35^0$ C [1]
Siedepunkt	$+25,0^0$ C
Dichte beim Siedepunkt	0,681 [2]
Molvolumen beim Siedepunkt	39,7
Dielektrizitätskonstante ε	123 $(+15,6^0$ C) [2]
Elektrisches Leitvermögen in reziproken Ohm	$5,0 \cdot 10^{-7}$ (0^0) [1]
Kryoskopische Konstante je Mol in 1000 g	$1,79^0$ C [3]
Viscosität in dyn sec $\cdot$ cm^{-2}	0,00201 $(20,2^0)$ [2]

Parallelismus von Lösefähigkeit, Dissoziierungsvermögen und Wert der Dielektrizitätskonstanten zunächst an, die wasserfreie Blausäure wäre ein ausgezeichnetes Solvens für organische und anorganische Stoffe besonders auch für typische Salze. Das bestätigte sich aber späterhin durchaus nicht in dem erwarteten Maße[4]. Man darf in dem Zusammenhang nicht vergessen, daß das Lösevermögen eines Solvens auch von anderen Faktoren abhängt. Anscheinend spielt die Größe des Molvolumens eine gewisse Rolle, und das ist bei der Blausäure bei weitem nicht so klein wie beim Wasser, der Flußsäure oder dem Ammoniak; der Wert des Molvolumens ist vielmehr nicht unerheblich, etwas größer sogar als der für flüssigen Schwefelwasserstoff.

Die dadurch hervorgerufene Enttäuschung mag von einer intensiven Beschäftigung mit Lösungssystemen unter Verwendung von flüssigem Cyanwasserstoff als Solvens abgehalten haben. Wie schon erwähnt, ist nämlich die Zahl der Untersuchungen über das Verhalten der Stoffe, über Reaktionen und Umsetzungen in wasserfreier Blausäure nicht übermäßig groß. Dazu kommt noch, daß sie stark giftig ist und sich beim Zusatz von Alkalicyaniden oder Aminen mehr oder weniger schnell bräunt und schließlich verharzt. Die zuletzt genannte Schwierigkeit läßt sich jedoch durch schnelles und geschicktes Operieren beim präparativen Arbeiten und bei den physikochemischen Messungen in den allermeisten Fällen ganz gut überwinden.

Zur technischen Darstellung der Blausäure kommen hauptsächlich zwei Verfahren zur Anwendung.

1. Umsatz von Ammoniak mit Kohlenmonoxyd bei 500—700^0 C unter Verwendung von Aluminiumoxyd oder Cer(IV)-oxyd als Katalysatoren:

$$NH_3 + CO = H(CN) + H_2O.$$

2. Partielle Oxydation eines Gemisches von Methan und Ammoniak mit Luftsauerstoff an glühenden Platinnetzen:

$$2\,CH_4 + 2\,NH_3 + 3\,O_2 = 2\,H(CN) + 6\,H_2O.$$

[1] COATES, J. E. u. E. G. TAYLOR: J. chem. Soc. **1936**, 1245.
[2] FREDENHAGEN, K. u. J. DAHMLOS: Z. anorg. allg. Chem. **179**, 77 (1929).
[3] JANDER, G. u. G. SCHOLZ: Z. phys. Chem. **192**, 174 (1943).
[4] KAHLENBERG, L. u. H. SCHLUNDT: J. phys. Chem. **6**, 447 (1902). — FREDENHAGEN, K. u. J. DAHMLOS: Z. anorg. allg. Chem. **179**, 77 (1929).

Im Laboratorium kann Cyanwasserstoff aus dem heutzutage durch Umsetzung von Natriumamid mit Kohle leicht zugänglichen Natriumcyanid und Schwefelsäure gewonnen werden. Die im Handel erhältliche Blausäure ist vielfach mit wasserfreiem Calciumchlorid oder mit Oxalsäure stabilisiert; das technische oder auch das selbst bereitete Produkt muß natürlich vor seiner Verwendung als Lösungsmittel gereinigt und insbesondere getrocknet werden. Dies geschieht am besten durch mehrmaliges Destillieren und Kondensieren über chemisch reinem Phosphorpentoxyd in einer geschlossenen Apparatur.

Die so hergestellte und gereinigte, wasserfreie Blausäure hat eine spezifische Leitfähigkeit von etwa $5 \cdot 10^{-6}$ reziproken Ohm bei 0° C. Die äußerst schwache Eigenleitfähigkeit des verflüssigten Cyanwasserstoffs muß auf eine geringfügige elektrolytische Dissoziation ähnlich der des Wassers und der anderen „wasserähnlichen" Lösungsmittel zurückgeführt werden:

$$2 \, H(CN) \rightleftharpoons (H \cdot HCN)^+ + (CN)^- \rightleftharpoons (H_2CN)^+ + (CN)^- .$$

Als Folgerung aus dieser Annahme ergibt sich zwangsläufig, daß in flüssigem, wasserfreiem Cyanwasserstoff als Solvens alle diejenigen Stoffe als „Säurenanaloge" anzusehen sind, welche einwertig positive, solvatisierte H^+-Ionen abspalten können; das sind dieselben Substanzen, welche auch in Wasser als Säuren fungieren: Salzsäure, Schwefelsäure, Dichloressigsäure u. a. m. Diejenigen Substanzen aber, welche wie die Cyanide einwertig negative $(CN)^-$-Ionen abdissoziieren, haben als „Basenanaloge" zu gelten. Es sollten sich also in wasserfreier Blausäure als Lösungsmittel Säuren, Cyanide und Salze zueinander verhalten wie Säuren, Basen und Salze in Wasser oder wie Ammoniumsalze, Metallamide und Salze im Ammonosystem der Verbindungen in flüssigem Ammoniak.

2. Löslichkeitsverhältnisse und Leitvermögen sowie Molekulargewichte gelöster Substanzen in wasserfreier Blausäure.

Zunächst sei ein Überblick gegeben über die Löslichkeitsverhältnisse in verflüssigtem Cyanwasserstoff. An exakten, quantitativen Löslichkeitsbestimmungen liegt eigentlich kaum Versuchsmaterial vor. KAHLENBERG und SCHLUNDT[1] haben jedoch schon im Jahre 1902 eine große Anzahl willkürlich ausgewählter, anorganischer und organischer Stoffe qualitativ auf ihre Löslichkeit und auf das Leitvermögen ihrer Lösungen in wasserfreier Blausäure hin untersucht. Ihre Angaben sind dann im Laufe der späteren Zeit von CENTNERSZWER[2], LESPIEAU[3], FREDENHAGEN und DAHMLOS[4], COATES und TAYLOR[5] sowie von JANDER

[1] KAHLENBERG, L. u. H. SCHLUNDT: J. phys. Chem. 6, 447 (1902).
[2] CENTNERSZWER, M.: Z. phys. Chem. 39, 220 (1902).
[3] LESPIEAU: C. R. Acad. Sci., Paris 140, 855 (1905).
[4] FREDENHAGEN, K. u. J. DAHMLOS: J. anorg. allg. Chem. 179, 77 (1929).
[5] COATES, J. E. u. E. G. TAYLOR: J. chem. Soc. 1936, 1245.

und SCHOLZ [1] nach mancherlei Richtungen hin vermehrt und verbessert worden. Die nachfolgende tabellarische Zusammenstellung gibt nun in Anlehnung an ein bereits von KAHLENBERG und SCHLUNDT gewähltes Schema eine Übersicht über die Befunde. In ihr haben auch, wie angedeutet, die späteren Zusätze und Korrekturen Berücksichtigung gefunden.

Zu der tabellarischen Übersicht ist des Näheren noch folgendes zu bemerken:

1. Man sieht, daß immerhin eine ganze Anzahl anorganischer Stoffe in wasserfreier Blausäure löslich ist, und daß diese Auflösungen den elektrischen Strom gut, teilweise sogar sehr gut leiten. Viele von den in der 4. Vertikalkolumne angeführten Salze der Alkalien sind allerdings nicht übermäßig reichlich löslich, manche von ihnen nur so wie etwa Kaliumperchlorat in Wasser; stärker löslich sind hingegen einige Alkalijodide, Alkalirhodanide, das Kaliumhydrogensulfat, das Kalium-Dichloroacetat.

2. FREDENHAGEN und DAHMLOS haben einige quantitative Löslichkeitsbestimmungen durchgeführt und gezeigt, daß sich von Kaliumcyanid bei 0° C in Blausäure eine etwa 0,1 molare Lösung herstellen läßt, welche gut leitet.

3. Zur Ergänzung der Angaben über das Verhalten der Amine in flüssigem Cyanwasserstoff teilen MICHAEL und HIBBERT [2] mit, daß sich die tertiären Amine bis zum Triamylamin gut lösen, jedoch das Solvens mit der Zeit bräunen. Die Bräunung ist am stärksten beim Triäthylamin. Mit steigender Größe des kettenförmigen Paraffinrestes nimmt der Effekt ab. Triisobutylamin ist aber mit Blausäure nicht mischbar. Gut löslich sind ferner die sekundären Amine Dipropylamin und Diisobutylamin, außerdem die primären Stickstoffbasen Isobutylamin, Isoamylamin und Allylamin. Beim Lösen von Piperidin in flüssigem Cyanwasserstoff fällt sofort das sehr unbeständige Piperidiniumcyanid aus. Ebenso bildet sich beim Einleiten von gasförmigem Ammoniak in Blausäure alsbald schwerlösliches Ammoniumcyanid.

4. Das Lösungsvermögen der Blausäure gegenüber organischen Substanzen ist allem Anschein nach recht ausgeprägt. Ganze Stoffklassen wie Alkohole, Äther, Ketone, einbasische Säuren, Säurehalogenide, stickstoffhaltige Basen u. a. m. sind offenbar gut löslich. Von den stickstoffhaltigen Basen geben viele mehr oder weniger gut elektrolytisch leitende Lösungen.

Von KAHLENBERG und SCHLUNDT liegen auch quantitative Leitfähigkeitsmessungen vor. Sie haben das Leitvermögen der Auflösungen einer Anzahl von Salzen, von „säurenanalogen" Stoffen und von stickstoffhaltigen Basen in Abhängigkeit von der Verdünnung festgestellt. Diese organischen Basen fungieren als potentielle Elektrolyte, da sie durch Umsetzung mit dem Lösungsmittel „basenanaloge"

---

[1] JANDER, G. u. G. SCHOLZ: Z. phys. Chem. Abt. A **192**, 163 (1943).
[2] MICHAEL, A. u. H. HIBBERT: Liebigs Ann. Chem. **364**, 64 (1909).

Tabelle 35. *Übersicht über die Löslichkeit und das*

1. Gut löslich Nichtleiter	2. Löslich Schlechte Leiter	3. Löslich Mäßige Leiter
Jod	Schwefelsäure	Chlorwasserstoff
Wasser	Salpetersäure	
Zinntetrachlorid	Arsentrichlorid	
Zinntetrabromid		
Zinntetrajodid	Antimontrichlorid	Schwefeltrioxyd
Dischwefeldichlorid		
	Essigsäure	
Benzin		Wismuttrichlorid
Benzol	Cyanessigsäure	
Äthyljodid		Silbernitrat (reagiert!)
	Dichloressigsäure	Silbersulfat (reagiert!)
Chloroform		
Methanol		
Äthanol	Trichloressigsäure	Phosphoroxychlorid
n-Butanol		
Glycerin	o-Nitrobenzoesäure	Thionylchlorid
Phenol		
Resorcin	Amidobenzoesäure	Sulfurylchlorid
Amylmercaptan		
Äthyläther	Benzamid	Acetylchlorid
n-Propyläther		
Acetaldehyd		
Chloral	Acetanilid	Primäre Amine
Benzaldehyd		
Aceton	Pyridin	Strychnin
Benzophenon		
Benzoesäure	Chinolin	Morphin
Zimtsäure	Coniin	
Pikrinsäure	Phenylhydrazin	Cocain
Anilin		Brucin
p-Toluidin		
Harnstoff		Atropin
Coffein		
Theobromin		
Papaverin		
Narcotin		
Nicotin		
Urethan		
Äthylene		
Alkylcyanide		

Cyanide ergeben. Die Tabellen 36 bis 38 enthalten die Resultate der wesentlichsten Messungsreihen in einer Anordnung, welche gegenüber der von KAHLENBERG und SCHLUNDT gewählten abgeändert, dafür aber dem roten Faden des vorliegenden Buches angepaßt ist.

Der besseren Übersichtlichkeit halber ist ein Teil von den Resultaten der tabellarischen Zusammenstellungen noch einmal graphisch dargestellt. Abb. 22 läßt in logarithmischem Maßstabe die Abhängigkeit des molaren Leitvermögens „säurenanaloger" Stoffe von der Verdünnung erkennen. Aus der graphischen Darstellung und der Tabelle 36

Leitvermögen von Substanzen in wasserfreier Blausäure.

4. Löslich oder etwas löslich Gute Leiter	5. Wenig löslich	6. Praktisch unlöslich
Lithiumchlorid	Natriumchlorid	Calciumchlorid
Lithiumbromid	Natriumtetraborat	
Lithiumjodid	Natriumoleat	Calciumnitrat
Lithiumrhodanid		Strontiumchlorid
Lithiumperchlorat	Kaliumsulfit	
Lithiumnitrat		Strontiumnitrat
Natriumbromid	Kaliumsulfat	Bariumchlorid
Natriumjodid		Bariumnitrat
Natriumrhodanid	Kalium-chloro-platinat(IV)	
Natriumperchlorat		Kupfer(I)-cyanid
Natriumnitrat		
Natriumpikrat	Ammoniumchlorid	Kupfer(II)-sulfat
Kaliumchlorid		
Kaliumbromid	Silbercyanid	Silberchlorid
Kaliumjodid		Silberjodid
Kaliumcyanid		
Kaliumcyanat (reagiert!)		
Kaliumrhodanid	Silbercyanat	Quecksilber(I)-chlorid
Kaliumperchlorat		
Kaliumnitrat		
Kaliumhydrogensulfat		Quecksilber(II)-jodid
Kaliumchromat	Kupferarsenat	Quecksilber(II)-oxyd
Kalium-Silbercyanid		Aluminiumchlorid
Kalium-cyano-platinat(IV)	Cadmiumjodid	
		Zinn(II)-chlorid
Kalium-Dichloracetat	Quecksilberchlorid	Blei(II)-chlorid
Rubidiumchlorid		
Caesiumchlorid	Quecksilberbromid	Blei(II)-bromid
Silberperchlorat		Blei(II)-jodid
Eisen(III)-chlorid	Kobalt(II)-chlorid	
Antimonpentachlorid		Phosphorpentoxyd
	Arsentrioxyd	Chrom(III)-oxyd
Sekundäre und tertiäre Amine	Borsäure	Petroläther
		Jodoform
	Weinsäure	Paraffin
Salze des substituierten Ammoniums	Camphersäure	Naphthalin
Salze des substituierten Sulfoniums	Thioharnstoff	Palmitinsäure
		Stearinsäure
	Brucinchlorid	Zucker
	Chininsulfat	Schwefelkohlenstoff

ersieht man, daß alle untersuchten „Säurenanaloge", wie Schwefelsäure, Trichloressigsäure, Cyanessigsäure und Essigsäure selbst in
flüssigem Cyanwasserstoff als Solvens nur recht schwache Elektrolyte sind. Besonders auffallend ist das für die Schwefelsäure;
in wäßriger Lösung gehört sie bekanntlich zu den am weitestgehend
dissoziierenden und daher stärksten Säuren. Das molare Leitvermögen
der „Säurenanalogen" nimmt mit zunehmender Verdünnung im
allgemeinen mehr oder weniger stark zu, die Schwefelsäure allerdings zeigt allem Anschein nach im Konzentrationsbereich zwischen

Tabelle 36. *Übersicht über die molaren Leitfähigkeiten (Λ in reziproken Ohm) in Abhängigkeit von der Verdünnung (v = Liter je 1 Grammol) bei „säurenanalogen" Substanzen, welche in wasserfreier Blausäure von 0° C gelöst sind.*

Säurenanaloge Substanz	Verdünnung v	$\Lambda \cdot 10^{-3}$ $\Lambda =$	Spezifische Leitfähigkeit der verwendeten Blausäure	Spezifische Leitfähigkeit der reinen, untersuchten Substanz
Essigsäure CH_3COOH	0,0883	1,6	$4,1 \cdot 10^{-5}$	$< 2 \cdot 10^{-8}$
	0,1208	4,5		
	0,4325	23,3		
	1,371	79,8		
	10,52	623,0		
Trichloressigsäure CCl_3COOH	0,3990	68,0	$1,4 \cdot 10^{-5}$	
	0,5588	87,0		
	1,062	128,0		
	2,402	210,0		
	6,068	359,0		
	36,59	1809,0		
Cyanessigsäure $CH_2(CN)COOH$	0,2378	146,0	$2,1 \cdot 10^{-5}$	
	0,4231	221,0		
	20,14	812,0		
Trichlormilchsäure $CCl_3 \cdot CH(OH) \cdot COOH$	4,617	367,0	$1,8 \cdot 10^{-4}$	
	48,72	2420,0		
Schwefelsäure H_2SO_4	0,520	5,75	$0,8 \cdot 10^{-5}$	$6,37 \cdot 10^{-3}$
	1,688	9,98		
	4,584	13,06		
	10,086	15,03		
	17,158	16,18		
	34,459	15,85		
	62,044	11,60		

Tabelle 37. *Übersicht über die molaren Leitfähigkeiten (Λ in reziproken Ohm) in Abhängigkeit von der Verdünnung (v = Liter je 1 Grammol) bei „basenanalogen" Substanzen, welche in wasserfreiem Cyanwasserstoff von 0° C gelöst sind.*

Basenanaloge Substanz	Verdünnung v	$\Lambda =$	Spezifische Leitfähigkeit der verwendeten Blausäure	Spezifisches Leitvermögen der untersuchten, reinen Substanz
Amylamin $C_5H_{11}(NH_2)$	0,2698	8,86	$1,4 \cdot 10^{-5}$	$< 1,9 \cdot 10^{-6}$
	0,4977	24,5		
	0,9540	36,8		
	2,203	55,1		
	5,733	78,2		
	15,80	109,4		
Pyridin C_5H_5N	0,1370	0,038	$0,75 \cdot 10^{-5}$	$< 2 \cdot 10^{-6}$
	0,1906	0,106		
	0,3026	0,190		
	0,5070	0,320		
	0,7798	0,344		
	1,858	0,500		
	7,455	0,792		
Morphin $C_{17}H_{19}O_3N$	155,2	84,2	$0,67 \cdot 10^{-5}$	
	592,5	99,9		
Strychnin $C_{21}H_{22}O_2N_2$	33,3	57,6	$0,47 \cdot 10^{-5}$	
	88,0	87,4		
	290,2	130,9		

Tabelle 38. *Übersicht über die molaren Leitfähigkeiten (Λ in reziproken Ohm) in Abhängigkeit von der Verdünnung (v = Liter je 1 Grammol) bei Salzen, welche in wasserfreiem flüssigem Cyanwasserstoff von 0° C gelöst sind.*

Salz bzw. salzartige Verbindung	Verdünnung v	Λ_v	Spezifische Leitfähigkeit der verwendeten Blausäure
Kaliumjodid KJ	12,04	254,1	$4,1 \cdot 10^{-5}$
	27,07	278,0	
	81,57	300,4	
	212,6	308,2	
	452,5	324,8	
Kaliumrhodanid K(SCN)	1,679	132,1	$1,0 \cdot 10^{-5}$
	2,799	169,3	
	5,826	214,1	
	22,20	275,1	
Kaliumnitrat K(NO$_3$)	18,58	236,1	$0,89 \cdot 10^{-5}$
	109,6	285,3	
Kaliumchromat K$_2$(CrO$_4$)	141,0	367,8	$3,6 \cdot 10^{-5}$
	1226,0	670,9	
Ammoniumchlorid (NH$_4$)Cl	66,15	191,3	$1,4 \cdot 10^{-5}$
Antimontrichlorid SbCl$_3$	0,709	0,77	$1,4 \cdot 10^{-5}$
	2,269	0,41	
	3,123	0,40	
	6,188	0,45	
	28,08	1,19	
Wismuttrichlorid BiCl$_3$	4,526	6,67	$3,5 \cdot 10^{-5}$
	7,273	4,89	
	20,24	3,13	
	81,31	4,32	
Eisen(III)-chlorid FeCl$_3$	4,17	111,7	$4,07 \cdot 10^{-5}$
	7,24	135,5	
	10,78	145,8	
	22,87	152,4	
	33,12	154,0	
	75,5	174,7	
	119,1	181,5	
	431,1	213,7	
	1042,0	259,9	

0,1 und 0,01 molar noch einmal einen Abfall des molaren Leitvermögens. Ähnliche Erscheinungen sind im gleichen Zusammenhang bereits bei einigen Elektrolyten in flüssigem, wasserfreiem Ammoniak als Solvens beobachtet und erörtert worden (vgl. S. 49).

Die Abb. 23 und die Tabellen 37 und 38 zeigen, wie die molare Leitfähigkeit bei Auflösungen einiger „basenanaloger" Stoffe sowie einiger Salze und salzartiger Verbindungen von der Verdünnung abhängt. Man sieht, daß das molare Leitvermögen von Amylamin, welches in flüssigem Cyanwasserstoff „basenanaloges" Amylammonium-Cyanid ergibt, recht erheblich ist und mit wachsender Verdünnung gar nicht unbeträchtlich zunimmt. Amylammonium-Cyanid verhält sich also in Blausäure wie ein normaler stärkerer Elektrolyt in Wasser.

Ein sehr schwaches „Basenanaloges" hingegen ist die Auflösung von Pyridin (Pyridinium-Cyanid) in Cyanwasserstoff.

Von den Salzen und salzartigen Verbindungen erweisen sich Kaliumjodid, Kaliumrhodanid, Kaliumnitrat und Eisen(III)-chlorid als starke Elektrolyte. Das Anwachsen der molaren Leitfähigkeit mit der Verdünnung findet auch bei ihnen ebenso statt, wie wir das von den meisten Elektrolyten in wäßriger Lösung her kennen. Neuere Untersuchungen[1] ergaben, daß auch das Silberperchlorat unter die starken

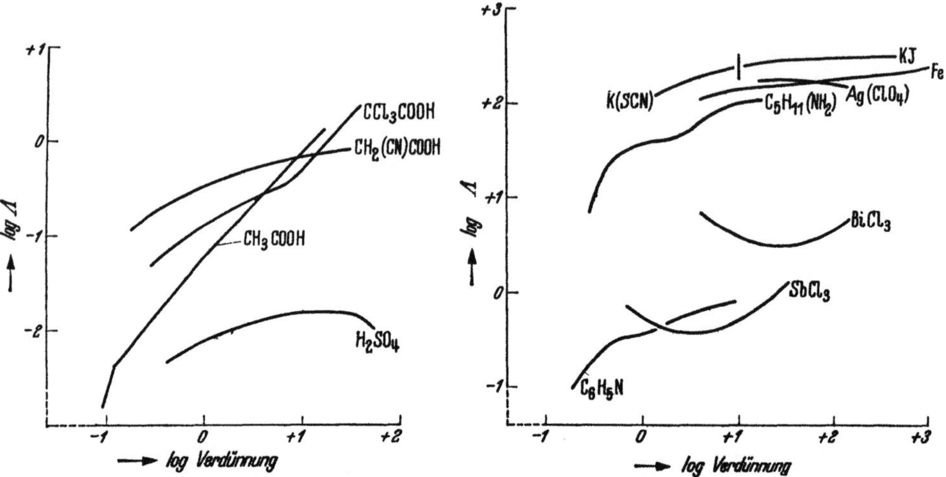

Abb. 22. Abhängigkeit des molaren Leitvermögens „säurenanaloger" Stoffe von der Verdünnung bei Lösungen mit wasserfreier Blausäure als Solvens (logarithmischer Maßstab).

Abb. 23. Abhängigkeit des molaren Leitvermögens „basenanaloger" und salzartiger Stoffe von der Verdünnung bei Lösungen mit wasserfreiem Cyanwasserstoff als Solvens (logarithmischer Maßstab).

Elektrolyte in cyanwasserstoffsaurer Lösung zu rechnen ist. Die graphische Darstellung seiner molaren Leitfähigkeit in Abhängigkeit von der Verdünnung wurde daher in Abb. 23 mit aufgenommen. Antimontrichlorid und Wismuttrichlorid zeigen dagegen ein Minimum des molaren Leitvermögens jeweils bei einer bestimmten Konzentration, von welchem aus die Leitfähigkeit sich sowohl nach der Seite der wachsenden als auch der abnehmenden Konzentration hin vergrößert. Diese Erscheinung dürfte ähnliche Ursachen haben wie die Zunahme des molaren Leitvermögens bei den Auflösungen des Antimontrichlorids in verflüssigtem Schwefelwasserstoff mit wachsender Konzentration (vgl. S. 95). Bei der großen Neigung des Antimontrichlorids zur Bildung von Halogenokomplexen kann man in konzentrierteren, absolut blausauren Lösungen die Entstehung von größerräumigen und daher in flüssigem Cyanwasserstoff stärker dissoziierenden Cyanochloroverbindungen annehmen, etwa

$$SbCl_3 + 3\,H(CN) \rightleftharpoons H_3[Sb(CN)_3Cl_3] \rightleftharpoons 3\,H^+ + [SbCl_3(CN)_3]^{3-}.$$

[1] JANDER, G. u. B. GRÜTTNER: Chem. Ber. 81, 102—119 (1948).

In weniger konzentrierten Lösungen ist der Gleichgewichtszustand mehr nach der linken Seite hin verlagert, nach der Seite des schwächer leitenden Antimontrichlorids, das jedoch seinerseits mit weiter wachsender Verdünnung zunehmend dissoziieren kann:

$$SbCl_3 \rightleftharpoons (SbCl_2)^+ + Cl^- \rightleftharpoons (SbCl)^{2+} + 2\,Cl^- \rightleftharpoons Sb^{3+} + 3\,Cl^-.$$

Natürlich muß man im vorliegenden Zusammenhang auch mit mehr oder weniger weitgehender, partieller oder vollständiger Solvolyse rechnen:

$$SbCl_3 + 3\,HCN \rightleftharpoons [Sb(CN)_2]Cl + 2\,HCl + H(CN) \rightleftharpoons Sb(CN)_3 + 3\,HCl.$$

Um eindeutigere Aussagen über das machen zu können, was in absolut blausauren Lösungen von Antimontrichlorid in Abhängigkeit von der Verdünnung vor sich geht, müssen die Ergebnisse eingehenderer chemischer und physikochemischer Untersuchungen der verschiedensten Art abgewartet werden. Ähnlich wie bei den Auflösungen von Antimontrichlorid dürften die Verhältnisse bei den absolut blausauren Lösungen von Wismuttrichlorid liegen.

Coates und Taylor[1] haben die molare Leitfähigkeit einer großen Anzahl typischer, in wasserfreier Blausäure löslicher Salzelektrolyte sorgfältig untersucht. Ihre Messungen umfassen den allerdings nicht sehr weiten Konzentrationsbereich von etwa 0,1 bis maximal 3,3 Millimol Salz je Liter Solvens. Für ihre Serienmessungen verwendeten sie Auflösungen von Halogeniden, Rhodaniden, Perchloraten, Nitraten und Pikraten der Alkalimetalle sowie des Tetraäthylammoniums in flüssigem Cyanwasserstoff von 18° C. Die nachfolgende tabellarische Übersicht enthält eine Auswahl aus den Ergebnissen der Reihenuntersuchungen von Coates und Taylor.

Tabelle 39. *Übersicht über das molare Leitvermögen Λ in Abhängigkeit von der Konzentration c bei Salzen, welche in wasserfreiem, flüssigem Cyanwasserstoff von 18° C gelöst sind.*

Salz	$\sqrt{c}$	Λ_c	Eigenleitfähigkeit $K \cdot 10^{-7}$ der verwendeten Blausäure $K =$
Natriumbromid	0,012 51	341,4	3,06
NaBr	0,022 16	338,7	3,06
	0,026 71	337,3	3,06
	0,034 01	335,8	3,06
	0,040 05	334,5	3,06
	0,045 71	332,6	3,06
	0,048 90	331,7	8,90
	0,054 41	330,3	8,90
Natriumjodid	0,014 15	341,8	11,40
NaJ	0,024 62	339,2	11,40
	0,031 59	337,7	11,40
	0,037 87	336,3	11,40
	0,042 25	335,2	11,40
	0,045 47	334,3	11,40
	0,058 39	330,9	8,35

---

[1] Coates, J. E. u. E. C. Taylor: J. chem. Soc. **1936**, 1245.

Tabelle 39. (Fortsetzung.)

Salz	$\sqrt{c}$	Λ_c	Eigenleitfähigkeit $K \cdot 10^{-7}$ der verwendeten Blausäure $K =$
Natriumrhodanid	0,00887	335,3	2,12
Na(SCN)	0,01268	335,2	2,12
	0,01861	333,4	3,36
	0,02446	332,4	3,36
	0,03077	330,9	3,36
	0,03877	329,1	3,36
	0,04515	327,2	3,36
Natriumperchlorat	0,01445	332,3	1,92
Na(ClO$_4$)	0,02228	330,2	1,92
	0,02887	329,0	1,92
	0,03230	327,9	1,92
	0,03651	326,9	1,92
	0,04301	325,4	1,50
Natriumnitrat	0,00864	330,0	2,43
Na(NO$_3$)	0,01442	329,9	2,43
	0,01674	329,6	2,43
	0,02860	326,5	3,27
	0,04106	322,6	3,27
	0,05589	317,2	3,27
Natriumpikrat	0,01101	264,5	4,23
Na[(O)C$_6$H$_2$(NO$_2$)$_3$]	0,01939	263,2	4,23
	0,02828	261,5	4,23
	0,03497	260,1	4,23
	0,03987	258,9	4,23
Rubidiumchlorid	0,01238	360,9	1,61
RbCl	0,02219	358,9	1,61
	0,03123	357,5	1,61
	0,04225	355,0	1,61
Caesiumchlorid	0,01547	365,0	1,41
CsCl	0,01900	364,7	3,09
	0,02748	362,8	3,09
	0,03570	361,1	3,09
	0,04150	360,0	3,09
	0,04594	359,0	3,09
Tetraäthylammoniumpikrat	0,01080	279,6	4,62
[(C$_2$H$_5$)$_4$N][(O)C$_6$H$_2$(NO$_2$)$_3$]	0,01858	278,4	4,62
	0,02436	277,2	4,62
	0,03283	275,2	3,16
	0,03801	274,3	3,16
	0,04421	272,9	3,16

In der Abb. 24 ist das molare Leitvermögen Λ_c in Abhängigkeit von dem Wurzelwert der Konzentration c graphisch dargestellt. Wie man sieht, erhält man bei dieser Art der Auftragung für den untersuchten Konzentrationsbereich in den allermeisten Fällen geradlinige Kurven von der Form $\Lambda_c = \Lambda_\infty - a\sqrt{c}$. Λ_∞ kann beispielsweise mittels graphischer Extrapolation, durch Verlängerung der Geraden bis zum Schnittpunkt mit der Y-Achse, gefunden werden. Die Größe a ist natürlich ebenso wie der Wert für Λ_∞ von Salz zu Salz verschieden

und kann aus einer Messungsreihe jeweils errechnet werden; ihre
Konstanz zeigt an, daß in dem angegebenen Konzentrationsbereich
die mitgeteilte Beziehung Gültigkeit hat.   Aus der tabellarischen

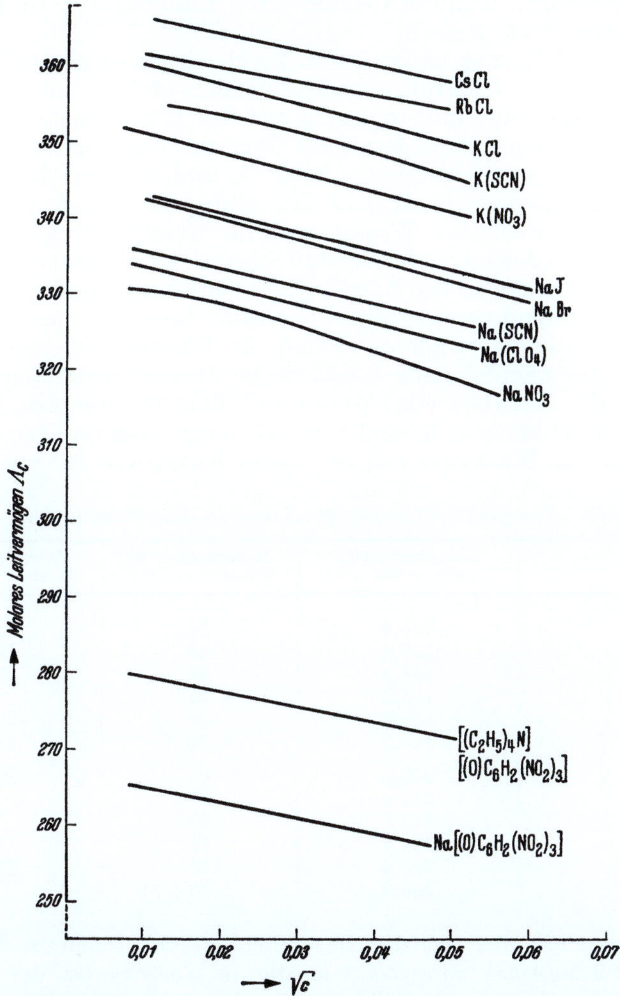

Abb. 24. Abhängigkeit des molaren Leitvermögens einiger Salze von der Konzentration (dem
Wurzelwert der Konzentration!) bei absolut blausauren Lösungen.

Übersicht und den Kurvenscharen von Abb. 24 ersieht man, daß die
absolut blausauren Lösungen fast aller typischer Alkalisalze den
elektrischen Strom sehr gut leiten; die Halogenide, Rhodanide, Perchlorate, Nitrate und Pikrate der Alkalimetalle und des Tetraäthylammoniums liegen weitgehend dissoziiert vor, sie sind also auch in
flüssigem Cyanwasserstoff starke Elektrolyte.   Das molare Leitvermögen wächst mit zunehmender Verdünnung an.   Die Messungen

von Coates und Taylor bestätigen also an einem umfangreicheren
Versuchsmaterial durchaus die Befunde von Kahlenberg und
Schlundt hinsichtlich der Leitfähigkeitsverhältnisse bei Auflösungen
von Kaliumjodid, Kaliumrhodanid und Kaliumnitrat in flüssigem
Cyanwasserstoff als Solvens.

Coates und Taylor haben durch Vergleich mit bereits vorliegenden
Leitfähigkeits- und Überführungsmessungen in anderen Lösungsmitteln
weiterhin festgestellt, daß in bezug auf das Pikration die Beziehung
$l_0 \cdot \eta =$ konst. Gültigkeit hat; das Produkt aus der Beweglichkeit
des Piktrations im elektrischen Felde l_0 und aus der Zähigkeit des
betreffenden Lösungsmittels η ist für zahlreiche Solventien konstant
unter anderem auch für Wasser und für flüssigen Cyanwasserstoff.
Man ist daher in der Lage, die Beweglichkeit des Pikratanions in wasserfreier Blausäure unter der Annahme zu berechnen, daß es in diesem
Solvens weitgehend unsolvatisiert vorliegt. Nunmehr kann man auch
die Beweglichkeiten anderer Ionen in flüssigem Cyanwasserstoff
ermitteln. Die nachfolgende tabéllarische Zusammenstellung gibt eine
gegenüber den Angaben von Coates und Taylor erweiterte Übersicht
über die so erhaltenen Beweglichkeiten einiger einwertiger Kationen
und Anionen in Blausäure von 18^0 und in Wasser von 18^0 sowie 100^0 C.

Tabelle 40. *Beweglichkeit einwertiger Ionen in Blausäure und in Wasser.*

	Beweglichkeit in Blausäure von 18^0 C	Beweglichkeit in Wasser von 18^0 C	Beweglichkeit in Wasser von 100^0 C
Li^+	135,5	33	118
Na^+	132,4	43	154
K^+	151,4	64	199
Rb^+	153,2	67	
Cs^+	158,2	68	203
$[(C_2H_5)_4N]^+$ . . .	144,5	39	121 (90°!)
Cl^-	210,0	65	207
Br^-	211,4	67	
J^-	212,5	67	
NO_3^-	201,4	62	187
ClO_4^-	203,4	56	179
CNS^- . . . , . . .	205,3	57	

Wie man erkennt, ist die Beweglichkeit der Ionen in Blausäure
von 18^0 C 3 bis 4mal so groß wie die in Wasser von der gleichen
Temperatur. Coates und Taylor nehmen zur Erklärung dieses
Phänomens — wohl mit Recht — an, daß die Ionen in flüssigem,
wasserfreiem Cyanwasserstoff überhaupt nicht oder doch wenigstens
nicht so stark solvatisiert und daher beweglicher sind als in Wasser.
Dafür spricht sehr, daß feste Solvate von Verbindungen mit Blausäure
bisher kaum beobachtet worden sind. Weiterhin muß man in diesem
Zusammenhang bedenken, daß es wohl zweckentsprechender und an-
gepaßter wäre, die Beweglichkeiten der Ionen in flüssigem Cyanwasserstoff und in Wasser bei „korrespondierenden" Temperaturlagen miteinander zu vergleichen. Blausäure von $+18^0$ C ist nicht

weit von ihrem Siedepunkt entfernt; Wasser von $+18^0$ C dagegen noch erheblich. Hinsichtlich der „korrespondierenden" Temperaturlage im Bereiche des flüssigen Zustandes entspricht eine absolut blausaure Lösung von $+18^0$ C etwa einer rein wäßrigen Lösung von $+80^0$ C und mehr. Da nun die Beweglichkeiten der Ionen in Wasser von ungefähr $+80^0$ C nicht in ausreichender Anzahl bekannt sind, wurden in die vierte Vertikalrubrik der tabellarischen Übersicht die Beweglichkeiten der in Frage kommenden Ionen in Wasser von $+100^0$ C eingetragen, welche man besser kennt. Damit steht in engem Zusammenhang, daß die mit der Temperatur sich stark ändernde Zähigkeit der Blausäure bei $+18^0$ C der Viscosität des Wassers von $80—100^0$ C eher vergleichbar ist, als der des Wassers von $+18^0$ C. Man sieht, daß bei korrespondierenden Temperaturen die Werte der Ionenbeweglichkeiten in wasserfreiem, flüssigem Cyanwasserstoff und in Wasser durchaus von der gleichen Größe sind. Auffallend ist, daß die Beweglichkeiten der Anionen in Blausäure alle deutlich größer sind als die der Kationen. Das trifft nicht nur für die Beweglichkeiten von Cl^--, Br^-- und J^--Ionen im Vergleich zu den Beweglichkeiten von Li^+- und Na^+-Ionen zu, sondern auch im Vergleich zu den von K^+-, Rb^+- und Cs^+-Ionen. In wäßrigen Lösungen sind die Werte der Beweglichkeiten von K^+-, Rb^+-, Cs^+-, Cl^--, Br^-- und J^--Ionen alle nahezu gleich.

Abgesehen von Löslichkeitsbestimmungen und Leitfähigkeitsmessungen geben Molekulargewichtsbestimmungen genauere Kenntnis von dem Zustand der in einem Solvens gelösten Stoffe. Ebullioskopische Messungen in flüssigem Cyanwasserstoff als Lösungsmittel sind anscheinend bisher nicht durchgeführt worden. Dagegen liegen zwei ältere Arbeiten von PILOTY und STEINBOCK einerseits und von LESPIEAU andererseits über kryoskopische Messungen an absolut blausauren Lösungen vor. PILOTY und STEINBOCK[1] studierten das Molekulargewicht des Chlornitrosoäthans, $CH_3CHClNO$, bei tieferer Temperatur und wählten zu diesem Zwecke Blausäure, in welcher es gut löslich ist, als Solvens. Die Bestimmung der molaren Gefrierpunktdepression wurde zuvor mit einer etwa 1%igen Lösung von Pikrinsäure vorgenommen. Hieraus und aus nur zwei Molekulargewichtsbestimmungen mit Chlornitrosoäthan ergab sich als approximativer Wert der Depressionskonstanten im Mittel $E = 2{,}17^0$ C je 1 Mol in 1000 g Blausäure. PILOTY und STEINBOCK begnügten sich damit, nur größenordnungsmäßig Anhaltspunkte über das Molekulargewicht des Chlornitrosoäthans zu erhalten und strebten keine schärfere Genauigkeit an, sie heben aber die vorzügliche Eignung der Blausäure für Molekulargewichtsbestimmungen ausdrücklich hervor. LESPIEAU[2] wählte zur Bestimmung der kryoskopischen Konstanten Auflösungen von Äthanol, Chloroform, Benzol und Wasser in verflüssigtem Cyanwasserstoff und gibt den Wert $E = 1{,}95^0$ C je 1 Mol in 1000 g Blausäure an. Auch LESPIEAU richtete zunächst seine

---

[1] PILOTY, O. u. H. STEINBOCK: Ber. dtsch. chem. Ges. **35**, 3116 (1902).
[2] LESPIEAU: C. R. Acad. Sci., Paris **140**, 855 (1905).

Aufmerksamkeit nicht auf eine größere Genauigkeit, er bestimmte beispielsweise die ΔT-Werte nicht präziser als bis auf 0,01° C. Weiterhin untersuchte er absolut blausaure Lösungen von Schwefelsäure, Trichloressigsäure, Kaliumjodid und Kaliumnitrat. Die beiden Säuren erwiesen sich als praktisch undissoziiert, Kaliumjodid dagegen in dem Konzentrationsbereich von 0,064 bis 0,183 Mol je 1 Liter und Kaliumnitrat von 0,037 bis 0,059 Mol je 1 Liter als so gut wie vollständig dissoziiert. Diese Befunde stimmen gut mit den Angaben von KAHLENBERG und SCHLUNDT überein.

Um das über Molekulargewichtsbestimmungen in wasserfreier Blausäure vorliegende Material zu vervollständigen und um weitere Aussagen über die Dissoziationsverhältnisse bei „Säurenanalogen", „Basenanalogen" und Salzelektrolyten machen zu können, haben JANDER und SCHOLZ[1] eine größere Anzahl von kryoskopischen Messungen durchgeführt. Bei diesen Bestimmungen wurde eine etwas größere Genauigkeit angestrebt. Sie wurden daher unter Berücksichtigung aller bei kryoskopischen Messungen zu beachtenden Vorsichtsmaßregeln und Fehlermöglichkeiten in einem BECKMANN-Apparat mit elektromagnetischer Rührung und unter Verwendung eines geeichten BECKMANN-Thermometers mit einer Ablesemöglichkeit bis auf 0,002° C vorgenommen[2]. Zunächst wurde die Bestimmung der

Tabelle 41. *Bestimmung der kryoskopischen Konstanten der Blausäure mit Nichtelektrolyten.*

Nr.	Stoff	Verwendete Menge HCN in g	Einwaage an Substanz in g	Mol.-Gew.	ΔT	E	Mittelwert
1	Pikrinsäure	12,48	0,1458	229,05	0,091	1,77	
2	Pikrinsäure	13,15	0,2328	229,05	0,139	1,78	1,775
3	Urethan	15,20	0,1058	89,06	0,142	1,82	
			0,2618		0,352	1,80	
			0,4942		0,647	1,76	
4	Urethan	14,80	0,2126	89,06	0,294	1,80	
			0,4254		0,590	1,81	
5	Urethan	15,25	0,2190	89,06	0,296	1,82	
			0,4332		0,580	1,80	
			0,6572		0,864	1,77	1,798
6	Harnstoff	14,85	0,1656	60,05	0,333	1,78	1,780
7	Benzophenon	15,55	0,2312	182,08	0,149	1,80	1,800
8	Propyläther	15,64	0,2780	102,17	0,313	1,80	1,800
9	n-Butanol	16,05	0,1932	74,08	0,290	1,77	
			0,2668		0,400	1,77	1,770
10	Pyridin	15,86	0,1640	79,05	0,232	1,76	
11	Pyridin	15,76	0,2832	79,05	0,406	1,77	
			0,5332		0,781	1,81	1,780
						Gesamtmittel:	1,786

[1] JANDER, G. u. G. SCHOLZ: Z. physik. Chem. Abt. A **192**, 163 (1943).
[2] Nähere Einzelheiten: OSTWALD-LUTHER: Hand- und Hilfsbuch zur Ausführung physiko-chemischer Messungen, 4. Aufl., S. 336. Leipzig 1925. — JANDER, G. u. G. SCHOLZ: Z. physik. Chem. Abt. A **192**, 173 (1943).

kryoskopischen Konstanten mit Hilfe folgender Stoffe durchgeführt: Pikrinsäure, Urethan, Harnstoff, Benzophenon, n-Propyläther, n-Butanol und Pyridin. In der vorstehenden Tabelle 41 sind die Ergebnisse der Messungen zur Ermittlung der Konstanten E zusammengestellt.

Für die kryoskopische Konstante der Blausäure ergibt sich also ein Mittelwert von $1,79 \pm 0,02°$ je 1 Mol in 1000 g Lösungsmittel. Dieser Wert stimmt mit dem aus der Schmelztemperatur und Schmelzwärme unter Zugrundelegung der Daten von S. 121 recht gut überein; nach der Formel $E_{(g)} = RT^2/1000 \cdot w$, worin w die auf 1 g bezogene Schmelzwärme der Blausäure ($= 74,3$ cal) bedeutet, ergibt sich nämlich für $E_{(g)}$ der Wert $1,79°$ C je Mol in 1000 g flüssigem Cyanwasserstoff.

Nach der definitiven Feststellung der molaren Gefrierpunktsdepression für flüssigen Cyanwasserstoff mit Hilfe von Nichtelektrolyten wurde das kryoskopische Verhalten einiger ausgewählter Elektrolyte, welche bei den später zu besprechenden chemischen Umsetzungen zum Teil eine Rolle spielen, geprüft. Die basenanalogen Alkalicyanide scheiden für kryoskopische Untersuchungen leider aus; sie brauchen zur vollständigen Lösung eine zu lange Zeit, und währenddessen tritt bereits eine starke Bräunung des Lösungsmittels ein.

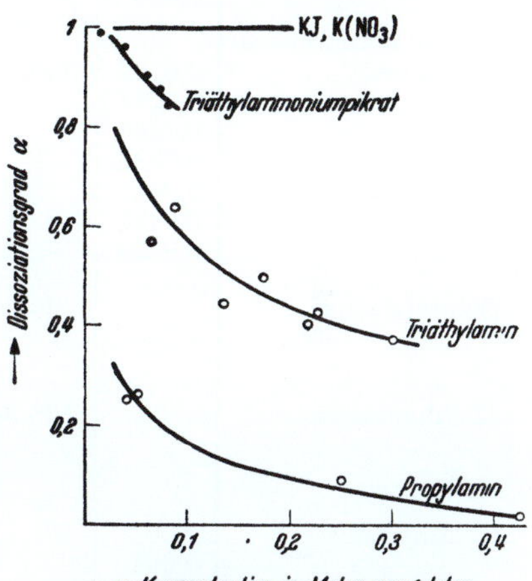

Abb. 25. Abhängigkeit des Dissoziationsgrades α von der Konzentration bei einigen Salzelektrolyten und basenanalogen Aminen in absolut blausaurer Lösung.

Die Amine jedoch lösen sich in Blausäure schnell und ergeben basenanaloge Cyanide des substituierten Ammoniums, da sie als potentielle Elektrolyte fungieren:

$$(C_2H_5)_3N + HCN = [(C_2H_5)_3NH](CN) = [(C_2H_5)_3NH]^+ + (CN)^-.$$

Mit diesen Verbindungen konnten kryoskopische Messungen durchgeführt werden. Aber wie aus der Kurve für Triäthylamin der Abb. 25 hervorgeht, bewirkt die durch die Cyanionen bedingte und mit der Zeit allmählich einsetzende Braungelbfärbung und Verharzung des flüssigen Cyanwasserstoffs offenbar doch auch hier eine etwas stärkere Streuung der erhaltenen Resultate. In der nachfolgenden Tabelle 42 sind die Ergebnisse einiger Meßreihen zusammengestellt. Aus den kryoskopisch ermittelten Molekulargewichten M_{kr} läßt sich, wenn M_{th} das theoretisch errechenbare Molekulargewicht bedeutet, der Dissoziationsgrad α nach der bekannten Beziehung $\alpha = (M_{th} - M_{kr})/M_{kr}$ angeben.

In Abb. 25 ist der Dissoziationsgrad α, wie er sich aus den Molekulargewichtsbestimmungen für die untersuchten Salze und basenanalogen Amine errechnet, in Abhängigkeit von der Konzentration graphisch

Tabelle 42. *Molekulargewichtsbestimmungen mit einigen Elektrolyten in flüssigem Cyanwasserstoff.*

Substanz	c in Mol/l	M_{th}	M_{kr}	α_c	Bemerkungen
Kaliumjodid	0,064 bis 0,189			~ 1	Untersucht von Lespieau
Kaliumnitrat	0,037 bis 0,059			~ 1	Untersucht von Lespieau
Triäthylammonium-pikrat	0,0192	330,18	156,3	~ 1	Untersucht von G. Jander und G. Scholz
	0,0211		158,0	~ 1	
	0,0390		164,0	~ 1	
	0,0394		168,5	0,96	
	0,0612		173,7	0,90	
	0,0731		177,0	0,87	
	0,0803		179,8	0,84	
Schwefelsäure		98,08	100,3	0	Untersucht von Lespieau sowie von G. Jander und G. Scholz
			99,2		
			100,0		
Dichloressigsäure		128,94	130,1	0	Untersucht von G. Jander und G. Scholz
			130,3		
			131,0		
Triäthylamin	0,064	101,13	64,4	0,57	Untersucht von G. Jander und G. Scholz
	0,091		61,5	0,64	
	0,134		70,1	0,44	
	0,175		67,5	0,50	
	0,220		71,9	0,41	
	0,225		71,5	0,42	
	0,297		73,7	0,37	
Propylamin	0,037	59,08	47,3	0,25	Untersucht von G. Jander und G. Scholz
	0,051		46,7	0,26	
	0,114		52,7	0,12	
	0,249		54,0	0,09	
	0,422		58,7	~ 0	

dargestellt. Aus der tabellarischen Übersicht und den Kurven der Abb. 25 ersieht man nun, daß die Salze Kaliumjodid, Kaliumnitrat und Triäthylammoniumpikrat in verdünnten, absolut blausauren Lösungen praktisch vollständig dissoziiert, also sehr starke Elektrolyte sind. Das steht im großen ganzen im besten Einklang mit den Ergebnissen der kurz zuvor behandelten Leitfähigkeitsuntersuchungen. Lediglich Triäthylammoniumpikrat zeigt mit zunehmender Konzentration eine deutlich beginnende Abnahme des Dissoziationsgrades α. Von den beiden „basenanalogen" Cyaniden des substituierten Ammoniums ist Triäthylammoniumcyanid in 0,1 molaren und in verdünnteren Lösungen ein starker bis mittelstarker Elektrolyt, in 0,3 molarer Lösung ist es immer noch zu etwa 40% dissoziiert. Propylammoniumcyanid erweist sich als mittelstarkes „Basenanaloges".

Auch das steht in Übereinstimmung mit den früher mitgeteilten Befunden. Schwefelsäure und Dichloressigsäure, welche beide in Wasser als starke Elektrolyte fungieren, sind in flüssigem Cyanwasserstoff in so geringem Maße dissoziiert, daß sich ihr elektrolytischer Zerfall bei Molekulargewichtsbestimmungen nicht mehr bemerkbar macht. Bei Bewertungen auf Grund von Leitfähigkeitsuntersuchungen rangierte Schwefelsäure auch stets unter die schlechten bis mäßigen Leiter.

Überblickt man noch einmal die Ergebnisse, welche die Untersuchungen über die Löslichkeit anorganischer und organischer Substanzen in wasserfreiem Cyanwasserstoff erbracht haben, und vergleicht man sie mit den Resultaten der Leitfähigkeitsmessungen und der Molekulargewichtsbestimmungen in solchen Lösungen, so muß man feststellen, daß ein im großen ganzen geschlossenes Bild vorliegt, welches ohne stärkere innere Widersprüche ist. In flüssiger Blausäure als Solvens ähneln sowohl das Leitvermögen und seine Abhängigkeit von der Substanz als auch der Dissoziationsgrad bei starken und schwachen Elektrolyten und seine Abhängigkeit von der Verdünnung sehr stark den in wäßriger Lösung bekannten Verhältnissen. Ebenso werden hinsichtlich des Dispersionszustandes von Nichtelektrolyten und Elektrolyten ähnliche Verhältnisse angetroffen, wie man sie im „Aquosystem" der Verbindungen kennt. Als besonders auffallend muß hervorgehoben werden, daß es offenbar in wasserfreier Blausäure ein stärkeres „Säurenanaloges" nicht gibt. Substanzen, welche in Wasser als starke Säuren fungieren, wie Chlorwasserstoffsäure, Salpetersäure, Schwefelsäure und Trichloressigsäure sind in wasserfreier Blausäure nur mehr oder weniger schwache „Säurenanaloge" und leiten demgemäß bestenfalls mäßig.

3. „Neutralisationenanaloge" Reaktionen in wasserfreier Blausäure[1].

a) Allgemeines über „Säurenanaloge" und „Basenanaloge".

Für das schwache Eigenleitvermögen der wasserfreien, weitgehend gereinigten Blausäure wurde eine geringfügige elektrolytische Dissoziation in solvatisierte, positiv geladene Wasserstoffionen und in negative Cyanionen verantwortlich gemacht:

$$2\,\mathrm{H(CN)} \rightleftharpoons (\mathrm{H \cdot HCN})^{+} + (\mathrm{CN})^{-}.$$

Demgemäß werden sich die — wenn auch wenig — H^{+}-Ionen abspaltenden „Säurenanaloge" (Chlorwasserstoff, Schwefelsäure u. a. m.) in absolut blausaurer Lösung durch eine „neutralisationenanaloge" Reaktion mit den „Basenanalogen", welche negative Cyanionen

---

[1] JANDER, G. u. G. SCHOLZ: Z. phys. Chem. Abt. A **192**, 163 (1943). — JANDER, G. u. B. GRÜTTNER: Chem. Ber. **81**, 102 (1948).

abspalten (die Alkalicyanide und die Cyanide des substituierten Ammoniums), umsetzen. Dabei müssen schwach dissoziierender Cyanwasserstoff und ein lösliches oder unlösliches Salz entstehen. Experimentelle Nachprüfungen haben diese Annahme in vollem Umfange bestätigen können.

Als „Säurenanaloge" sind für derartige neutralisationenähnliche Reaktionen bisher Schwefelsäure, Salpetersäure, Dichloressigsäure, Pikrinsäure und Chlorwasserstoff verwendet worden. Alle diese Stoffe lösen sich gut in wasserfreier Blausäure, aber nur die Auflösungen von Salzsäure und Schwefelsäure besitzen eine geringe Leitfähigkeit, die von Dichloressigsäure und Pikrinsäure leiten nicht erheblich besser als flüssiger Cyanwasserstoff selbst. An dieser Stelle ist noch einiges über das Verhalten der absolut blausauren Lösungen von Chlorwasserstoffgas zu sagen, welches beim Herüberdrücken aus Gasbüretten begierig und daher leicht quantitativ absorbiert wird. Nun haben schon KAHLENBERG und SCHLUNDT[1] beobachtet, daß das Leitvermögen solcher Lösungen mit der Zeit langsam zunimmt. JANDER und SCHOLZ[2] stellten denselben Effekt fest, auch wenn reines und trockenes Chlorwasserstoffgas unter Feuchtigkeitsausschluß in hochgereinigtem, flüssigem Cyanwasserstoff aufgelöst war. Verunreinigungen oder Feuchtigkeit können also nicht die Ursache des Effektes sein, für die zeitliche Zunahme muß wohl vielmehr eine Reaktion der Salzsäure mit dem Solvens verantwortlich gemacht werden. Beim langen Stehen einer absolut blausauren Lösung von Chlorwasserstoff kann zunächst das Auftreten einer Trübung und schließlich die Bildung eines geringfügigen Sediments beobachtet werden, in welchem sich bei der qualitativen Analyse Chlor- und Cyanionen nachweisen lassen. Verbindungen von Blausäure mit Halogenwasserstoffen sind auch bekannt. CLAISEN und MÀTHEWS[3] beschreiben eine Verbindung von der Zusammensetzung 2 HCN · 3 HCl, die bei —15° durch Zuleitung von trockenem Chlorwasserstoffgas zu einer Lösung von Blausäure in Ameisensäure- oder Essigsäureester erhalten wird. Nach GATTERMANN und SCHNITZSPAHN[4] und DAINS[5] kommt dieser Verbindung die Formel $[(Cl_2HC—NH—CH = NH) \cdot H]Cl$ zu. Es handelt sich also um das salzsaure Salz des Dichlormethylformamidins, und so ist es durchaus plausibel, daß infolge dieser offenbar langsam erfolgenden Salzbildung die Leitfähigkeit der Lösung von Chlorwasserstoff in Blausäure mit der Zeit größer wird. HINKEL und DUNN[6] berichten noch über eine Verbindung der Zusammensetzung 2 HCN · 1 HCl, die sie durch Erhitzen des sog. „Sesquichlorids" 2 HCN · 3 HCl erhielten. Aus alledem ist zu schließen, daß die in Blausäure gelöste Salzsäure sich bei gewöhnlicher Temperatur langsam zu dem Sesquichlorid 2 HCN ·

[1] KAHLENBERG, L. u. H. SCHLUNDT: J. phys. Chem. **6**, 447 (1902).
[2] JANDER, G. u. G. SCHOLZ: Z. phys. Chem. Abt. A **192**, 163 (1943).
[3] CLAISEN, L. u. F. MATHEWS: Ber. dtsch. chem. Ges. **16**, 308 (1883).
[4] GATTERMANN, L. u. K. SCHNITZSPAHN: Ber. dtsch. chem. Ges. **31**, 1770 (1898).
[5] DAINS, F. B.: Ber. dtsch. chem. Ges. **35**, 2496 (1902).
[6] HINKEL, L. E. u. R. T. DUNN: J. chem. Soc. **1930**, 1834.

3 HCl umsetzt. Auch nach mehr als 14 Stunden hat sich in den meisten Fällen noch keine konstante Endleitfähigkeit eingestellt. Die Verbindung 2 HCN · 1 HCl dürfte sich nach dem Mitgeteilten bei Zimmertemperatur kaum bilden. Man kann daher wohl ohne weiteres annahmen, daß sofort nach dem Einleiten die Salzsäure nur zu einem ganz außerordentlich kleinen Teil umgesetzt ist und sich zum Großteil noch rein gelöst vorfindet. Daher wurden Umsetzungen stets mit ganz frisch bereiteten Lösungen vorgenommen, bzw. es wurde die Salzsäure erst als zweiter Reaktionspartner aus einer Gasbürette zugesetzt. Die an späterer Stelle beschriebenen Versuchsergebnisse lassen diese Annahme auch als vollständig gerechtfertigt erscheinen.

Es ist schon gesagt worden, daß als „Basenanaloge" diejenigen Stoffe zu gelten haben, die in Blausäure gelöst negativ geladene CN-Ionen abspalten. Als typische Vertreter kommen also zunächst die Cyanide in Frage. Die im festen Zustande vorliegenden Cyanide jedoch, z. B. die Alkalicyanide, lösen sich, wenn sie überhaupt löslich sind, nur relativ langsam auf und verursachen schon während der Zeitdauer des Lösungsvorganges eine recht erhebliche Bräunung des Lösungsmittels. Darauf ist bereits hingewiesen worden. Das Lösungsmittel wird also undurchsichtig. Es ist hierbei nicht leicht festzustellen, wann sich alles gelöst hat, ob bei Umsetzungen Niederschläge ausfallen usw. Daher hat man von den Cyaniden zunächst nur das sich verhältnismäßig schnell lösende Kaliumcyanid zu Umsetzungen benutzt, im übrigen aber nach „Basenanalogen" Umschau gehalten, die bei ihrer Verwendung diese unangenehmen Eigenschaften nicht so stark zeigen. Stoffe, die derartigen Anforderungen genügen, sind die Amine. Als „potentielle" Elektrolyte erlangen sie — ebenso wie in Wasser — ihre basischen Eigenschaften erst durch Reaktion mit dem Lösungsmittel. Wie bereits dargelegt wurde, sind Triäthylamin und Propylamin starke bis mittelstarke Elektrolyte. Die festgestellte Dissoziation läßt sich nur durch eine Reaktion mit der Blausäure unter Bildung von Cyaniden des substituierten Ammoniums deuten und durch eine anschließende Dissoziation dieser Substanzen nach der folgenden für Triäthylamin formulierten Gleichung:

$$(C_2H_5)_3N + HCN \rightleftharpoons [(C_2H_5)_3NH](CN) \rightleftharpoons [(C_2H_5)_3NH]^+ + (CN)^-.$$

Am stärksten nach der rechten Seite der Gleichung verlagert ist dieses Gleichgewicht beim Triäthylamin, schwächer beim Propylamin, und praktisch ganz auf der linken Seite der Gleichung liegt es offenbar beim Pyridin. Das Triäthylammoniumcyanid und das Propylammoniumcyanid sind auch als Präparate im festen Zustande bekannt[1]. Beide sind sehr zersetzliche Stoffe, die nur bei etwa —50° C haltbar sind. Das schließt jedoch nicht aus, daß sie in flüssigem Cyanwasserstoff gelöst, also bei einem großen Blausäureüberschuß, auch bei Zimmertemperatur noch Beständigkeit besitzen.

---

[1] PETERS, W.: Ber. dtsch. chem. Ges. **39**, 2784 (1906).

b) Präparative Salzdarstellungen aus „Säurenanalogen" und „Basenanalogen".

Es sei nun über die in verflüssigter Blausäure durchgeführten „neutralisationenanalogen" Reaktionen berichtet. Unter anderem hat man die Salzbildung aus „Säurenanalogen" und „Basenanalogen" in verflüssigter Blausäure präparativ untersucht.

Zu einer Lösung von Kaliumcyanid in Blausäure hat man soviel Schwefelsäure hinzugegeben, daß ein molares Verhältnis von Kaliumcyanid zu Schwefelsäure wie 2:1 resultierte. Es fiel ein Niederschlag aus, der abgesaugt, mit Äther gewaschen und getrocknet eine leicht bräunliche Farbe zeigte. Gewichtsmäßig ergaben sich, auf die Gleichung $2\,KCN + H_2SO_4 = K_2SO_4 + 2\,HCN$ bezogen, 98% der theoretisch möglichen Menge an Kaliumsulfat. Das Kalium wurde als Perchlorat, der Sulfatrest als Bariumsulfat bestimmt. Die Analyse ergab die Zusammensetzung K_2SO_4.

Ferner hat man eine Lösung von Kaliumcyanid in Blausäure mit einer äquimolaren Menge Schwefelsäure — also im Molverhältnis 1:1 — versetzt: $KCN + H_2SO_4 = KHSO_4 + HCN$. Die Lösung blieb klar und wurde in einer Porzellanschale im Exsiccator vorsichtig bis zur reichlichen Niederschlagsbildung eingedunstet, der Niederschlag wurde abgesaugt, mit Äther gewaschen und getrocknet. Die erhaltene, durch polymerisierte Blausäure etwas bräunlich gefärbte Krystallmasse wurde gewogen und ergab 91% der berechneten Menge an Kaliumhydrogensulfat. Das saure Kaliumsulfat ist gut löslich in verflüssigter Blausäure; daher krystallisiert beim Eindunsten nicht die volle Menge des gebildeten Salzes aus.

Überraschenderweise wirkt reine wasserfreie Salpetersäure — tropfenweise und vorsichtig in gekühlte Blausäure eingetragen — auf diese nicht oxydierend[1]; sie löst sich klar auf, gibt aber eine kaum leitende Lösung. Versetzt man eine solche Auflösung mit der äquivalenten Menge an basenanalogem Kaliumcyanid, so bildet sich Kaliumnitrat, welches beim Eindunsten als weißes Salz hinterbleibt und sich leicht als Kaliumnitrat identifizieren läßt. Kaliumnitrit oder Kaliumcyanat als Reduktions- oder Oxydationsprodukt der Salpetersäure bzw. Blausäure sind nicht nachweisbar.

Positive Resultate wurden auch bei der Salzbildung aus Triäthylammoniumcyanid und Salzsäure erzielt. In eine Lösung von Triäthylamin in Blausäure wurde die äquimolare Menge Chlorwasserstoffgas eingeleitet. Es resultierte eine klare, leicht gelblich rot gefärbte Lösung, die, mit absolutem Äther versetzt, einen weißen Niederschlag ausschied. Es wurden 99% der berechneten Menge an Triäthylammoniumchlorid ausgewogen. Das Salz hat man umkrystallisiert, getrocknet und durch Bestimmungen des Stickstoffgehaltes und des Schmelzpunktes als Triäthylammoniumchlorid identifiziert.

Nach derselben Arbeitsweise gelang die Darstellung von Pyridiniumchlorid in Blausäure aus Pyridin und Salzsäure; identifiziert wurde

---

[1] Jander, G. u. B. Grüttner: Chem. Ber. **81**, 102 (1948).

das Salz durch Stickstoffbestimmungen. Auch in diesem Falle war die Ausbeute sehr gut, sie betrug mehr als 99%. Das erhaltene Pyridiniumchlorid war sehr rein.

Für die Darstellung von Triäthylammoniumpikrat hat man zu einer bei Zimmertemperatur gesättigten Lösung von Pikrinsäure in Blausäure vorsichtig Triäthylamin hinzugegeben. Ein geringer Niederschlag fiel aus, der sich beim Abkühlen auf —12° stark vermehrte. Er wurde abgesaugt, getrocknet und gewogen. Es wurden 93% der berechneten Gewichtsmenge erhalten. Die Identifikation geschah durch Bestimmung des Stickstoffgehaltes und des Schmelzpunktes (173° C nach JERUSALEM[1]).

Schließlich wurde noch die Salzbildung aus Dichloressigsäure und Kaliumcyanid in Blausäure untersucht. Zu einer Lösung von Dichloressigsäure wurde unter Rühren die äquimolare Menge Kaliumcyanid portionsweise hinzugefügt. Die entstandene Lösung hat man bis zur reichlichen Niederschlagsbildung eingedunstet und dann abgesaugt, die anfallenden Krystalle getrocknet und gewogen. Das so erhaltene Kaliumdichloracetat wurde durch Bestimmung des Kaliums als Perchlorat und des Chlors nach CARIUS identifiziert.

Aus allen präparativen Versuchen ergibt sich generell und eindeutig, daß sich die Lösungen von „Basenanalogen" in wasserfreier Blausäure, die also negative Cyanionen enthalten, mit solchen von „Säurenanalogen", die positiv geladene, solvatisierte Wasserstoffionen abspalten, in einer „neutralisationenanalogen" Reaktion umsetzen und wenig dissoziierte Blausäure sowie ein „Salz" ergeben:

$$Me^{I}(CN) + (H)R^{I} = HCN + Me^{I}R^{I}.$$

c) Untersuchung von „neutralisationenanalogen" Reaktionen mit Hilfe der Konduktometrie.

Durch die eben besprochenen präparativen Arbeiten ist ein wesentliches Charakteristikum der „Neutralisationen", nämlich die Salzbildungsreaktion, sichergestellt. Es war aber von Interesse, auch den Verlauf dieser „neutralisationenanalogen" Umsetzungen im einzelnen, also schrittweise näher verfolgen zu können. Eine geeignete Methode hierfür ist die Konduktometrie. Aus der Änderung der Leitfähigkeit einer Lösung in Abhängigkeit von der Reagenszugabe lassen sich weitgehende Schlüsse über den Verlauf der Reaktion ziehen. Die Leitfähigkeitsmessungen und -titrationen, über welche im folgenden referiert wird, wurden nach den modernen und hochempfindlichen, visuell beobachtenden Verfahren[2] durchgeführt. Die tabellarische Zusammenstellung gibt vorerst eine Übersicht über die konduktometrisch verfolgten, „neutralisationenanalogen" Reaktionen in wasserfreier Blausäure und über die dabei beobachteten Salztypen.

---

[1] JERUSALEM, G.: J. chem. Soc. **95**, 1281 (1909).
[2] Nähere Einzelheiten s. G. JANDER u. G. SCHOLZ: Z. phys. Chem. Abt. A **192**, 183 (1943); dort auch weitere Literaturangaben.

Tabelle 43. *Übersicht über die konduktometrisch verfolgten „neutralisationenanalogen"*
Reaktionen in wasserfreier Blausäure.

In wasserfreier Blausäure war gelöst	Titriert wurde mit	Beobachtete Salztypen
Kaliumcyanid	Schwefelsäure	1. K_2SO_4 2. $KHSO_4$
Schwefelsäure	Kaliumcyanid	1. $KHSO_4$ 2. K_2SO_4
Schwefelsäure	Triäthylamin	1. $[(C_2H_5)_3NH]HSO_4$ 2. $[(C_2H_5)_3NH]_2SO_4$
Propylamin	Schwefelsäure	1. $[(C_3H_7)H_2NH]_2SO_4$ 2. $[(C_3H_7)H_2NH]HSO_4$
Propylamin	Dichloressigsäure	2 Schnittpunkte, Lage konzentrationsabhängig
Salzsäure	Triäthylamin	1. $[(C_2H_5)_3NH]Cl \cdot HCl$ 2. $[(C_2H_5)_3NH]Cl$
Salzsäure	Pyridin	$(C_5H_5NH)Cl$
Pyridin	Schwefelsäure	1. $[(C_5H_5N)H]_2SO_4$ 2. $[(C_5H_5N)H]HSO_4$, erst bei H_2SO_4-Überschuß
Pikrinsäure	Triäthylamin	$[(C_2H_5)_3NH][OC_6H_2(NO_2)_3]$
Dichloressigsäure	Triäthylamin	$[(C_2H_5)_3NH](CHCl_2COO)$
Triäthylamin	Dichloressigsäure	1. $[(C_2H_5)_3NH](CHCl_2COO)$ 2. $[(C_2H_5)_3NH](CHCl_2COO) \cdot CHCl_2COOH$
Kaliumcyanid	Dichloressigsäure	1. $CHCl_2COOK$ 2. $CHCl_2COOK \cdot CHCl_2COOH$ 3. $CHCl_2COOK \cdot 2\ CHCl_2COOH$

Bei der Betrachtung der tabellarischen Übersicht zeigt sich, daß
die Bildung aller Salze, welche durch neutralisationenähnliche Umsetzung in wasserfreier Blausäure präparativ dargestellt werden
konnten, auch bei den konduktometrischen Titrationen deutlich in
Erscheinung tritt. Darüber hinaus erkennt man aber auch aus den
Titrationskurven das Entstehen von solchen Salzen, welche, wie z. B.
das saure Triäthylammoniumchlorid, $[(C_2H_5)_3NH]Cl \cdot HCl$, in der
Chemie wäßriger Lösungen unbekannt sind. Auf die bei der Titration
von Propylamin mit Dichloressigsäure und von Pyridin mit Schwefelsäure sich zeigenden besonderen Verhältnisse in bezug auf die Salzbildung wird später noch näher eingegangen werden. Im folgenden
sollen nun die wichtigsten und interessantesten der bei den konduktometrischen Titrationen erhaltenen Leitfähigkeitsdiagramme kurz
besprochen werden.

Zunächst sei die Reaktion zwischen Kaliumcyanid und Schwefelsäure (Abb. 26) behandelt. Bei Zugabe von Schwefelsäure zu einer
Lösung von Kaliumcyanid in Blausäure nimmt die Leitfähigkeit
anfänglich wegen der Ausfällung des schwer löslichen, neutralen
Kaliumsulfats K_2SO_4 ab. Beim weiteren Zusatz von Schwefelsäure
löst sich der Niederschlag wieder auf, es bildet sich gut lösliches saures
Kaliumsulfat $KHSO_4$, welches offenbar stärker elektrolytisch dissoziiert ist, denn die Leitfähigkeit nimmt zu. Wenn die Bildung dieses
Salzes beendet ist, bleibt bei weiterem Zusatz der in Blausäure schlecht
leitenden Schwefelsäure das Leitvermögen der Lösung praktisch

konstant. Die umgekehrte Titration, wenn also Schwefelsäure vorgelegt und mit Kaliumcyanid titriert wird, ergibt einen korrespondierenden Kurvenzug, auf dessen Wiedergabe daher verzichtet werden kann. In beiden Fällen läßt sich die Bildung des neutralen und des sauren Sulfats durch scharfe Schnittpunkte der einzelnen geraden Kurvenäste sehr gut erkennen. Die Lage der Schnittpunkte stimmt innerhalb einer geringen Fehlergrenze ausgezeichnet mit den berechneten molaren Verhältnissen überein.

Wie schon dargelegt worden ist, sind Triäthylamin und Propylamin, in Blausäure gelöst, starke bis mittelstarke Elektrolyte. Als potentielle Elektrolyte erlangen sie ihre „basenanalogen" Eigenschaften erst im Zusammenwirken mit dem Lösungsmittel. Diese „basenanaloge" Natur konnte für

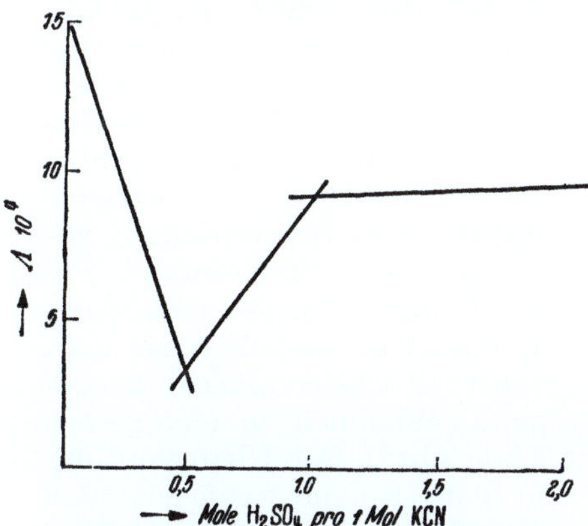

Abb. 26. Konduktometrische Titration einer vorgelegten Auflösung von Kaliumcyanid in wasserfreiem Cyanwasserstoff mittels Schwefelsäure.

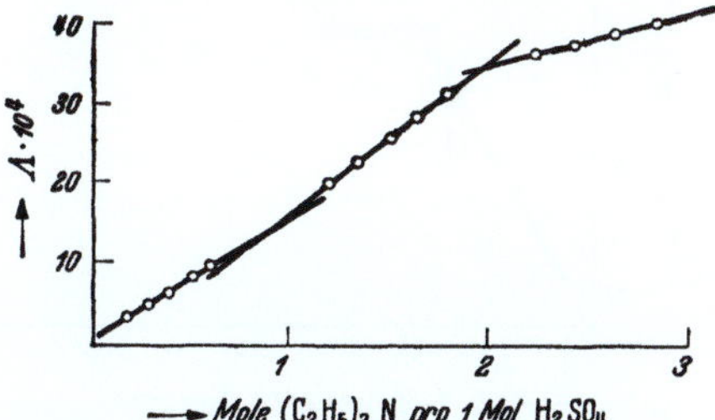

Abb. 27. Konduktometrische Titration einer vorgelegten Auflösung von Schwefelsäure in absoluter Blausäure mittels Triäthylamin.

das Triäthylamin (Triäthylammoniumcyanid) ja bereits durch Leitfähigkeitsmessungen und auf präparativem Wege durch Salzbildung mit den „Säurenanalogen" Chlorwasserstoff und Pikrinsäure bewiesen werden. Es sollen nun im folgenden einige konduktometrisch verfolgte „neutralisationenanaloge" Umsetzungen mit den „basenanalogen" Lösungen dieser Amine besprochen werden.

Abb. 27 zeigt den Kurvenzug, den man bei der Titration von Schwefelsäure mit Triäthylamin erhält. Beim Beginn der Titration leitet die Lösung nur sehr wenig. Erst durch die Zugabe des Amins nimmt ihre Leitfähigkeit stark zu, und zwar bis zur beendeten Bildung des löslichen neutralen Sulfats $[(C_2H_5)_3NH]_2SO_4$. Bei der nun folgenden Zugabe von überschüssigem Amin wird der Leitfähigkeitsanstieg geringer; das bedeutet, daß das neutrale Triäthylammoniumsulfat ein stärkerer Elektrolyt ist als das „basenanaloge" Triäthylammoniumcyanid selbst. Der Kurvenzug ist so beschaffen, daß sich in seinem Verlauf ein mäßig ausgeprägter Schnittpunkt zweier Geraden ergibt; dieser stimmt mit dem Molverhältnis von Schwefelsäure zu Triäthylamin wie 1:2 überein. Auch die beendete Bildung eines sauren Salzes $[(C_2H_5)_3NH]HSO_4$ läßt sich aus dem Kurvenverlauf als allerdings ziemlich stumpfer Schnittwinkel zweier Kurvenäste noch erkennen. Daß diesem schwachen Knick aber reelle Bedeutung zukommt, wird sich später, nämlich bei der Besprechung der potentiometrischen Titration von Schwefelsäure mit Triäthylamin noch ergeben.

Propylamin bzw. Propylammoniumcyanid ist, wie die Molekulargewichtsbestimmungen zeigten, in verflüssigter Blausäure deutlich schwächer dissoziiert als Triäthylammoniumcyanid. Immerhin hat seine Lösung noch eine gute Leitfähigkeit. Wenn man es konduktometrisch mit Schwefelsäure titriert, ergibt sich allerdings ein etwas eigenartiges Kurvenbild. Wie Abb. 28 zeigt, steigt die Leitfähigkeit bei Zugabe der „Säure" zu der Lösung des Propylammoniumcyanids anfangs ziemlich stark an, und zwar bis zur Bildung des neutralen Sulfats $(C_3H_7NH_3)_2SO_4$. Darauf bleibt sie bei weiterer Zugabe von Schwefelsäure zunächst nahezu unverändert. Die Leitfähigkeitskurve geht dann aber nach einem gebogenen Kurvenstück wieder stärker ansteigend schließlich in eine gerade Linie über. Der Überschuß der in Blausäure nur wenig leitenden Schwefelsäure wird durch eine dritte Gerade angezeigt, die praktisch horizontal verläuft. Der Beginn dieses letzten linearen Kurvenastes entspricht einem molaren Verhältnis von Amin zu Schwefelsäure wie 1:1, deutet also die Bildung des sauren Propylammoniumsulfats $(C_3H_7NH_3)HSO_4$ an. Der Verlauf der Kurve ist durchaus reproduzierbar; das gebogene Kurvenstück dürfte folgendermaßen zu deuten sein: Nach der Bildung des neutralen Salzes bedarf es erst eines gewissen Überschusses an Schwefelsäure, die ja in Blausäure nur als relativ schwaches „Säurenanaloges" fungiert, um die Bildung des sauren Salzes zu erzwingen. Ist aber dieser notwendige Überschuß erst einmal vorhanden, dann schreitet die Bildung des sauren Salzes rasch voran, bis nach Zugabe von nur wenig mehr als der äquivalenten Menge Schwefelsäure die Reaktion beendet ist. Im Zusammenhang mit einer solchen Abhängigkeit der Bildung saurer und neutraler Salze von der Stärke der „Basen"- und „Säurenanalogen" dürfte auch die Beobachtung stehen, daß im Schaubild der konduktometrischen Titration von Pyridin mit Schwefelsäure die Bildung des neutralen Salzes $(C_5H_5NH)_2SO_4$ beim stöchiometrischen Verhältnis von Pyridin zu Schwefelsäure = 2:1, also an der erwarteten Stelle, gut in Erscheinung tritt. Dagegen wird die Bildung des sauren Salzes erst im Gebiet eines erheblichen Überschusses von zugesetzter Schwefelsäure durch einen Knickpunkt der Kurve angezeigt.

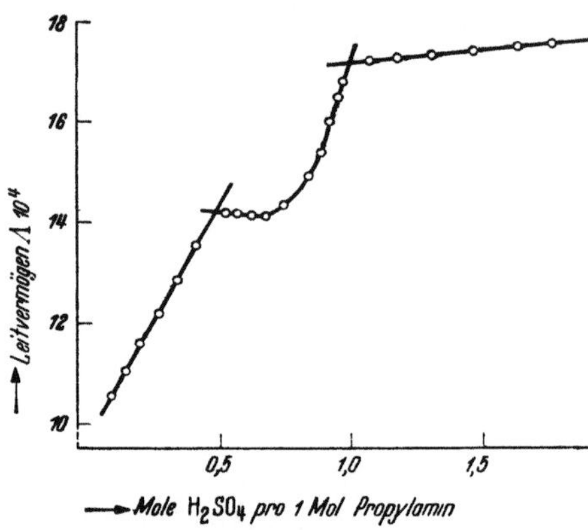

Abb. 28. Konduktometrische Titration einer vorgelegten Auflösung von Propylamin in absoluter Blausäure mittels Schwefelsäure.

Die Bildung des Triäthylammoniumchlorids $[(C_2H_5)_3NH]Cl$ aus dem „Basenanalogen" Triäthylammoniumcyanid und Salzsäure ist präparativ schon sichergestellt worden. Bei der gegenseitigen Titration dieser beiden Stoffe miteinander gibt sich jedoch auch die Bildung eines salzsauren Triäthylammoniumchlorids $[(C_2H_5)_3NH]Cl \cdot HCl$ zu erkennen. Abb. 29 gibt die Titration einer Auflösung von Triäthylamin in Blausäure mit gasförmigem Chlorwasserstoff wieder, welcher aus einer absolut trockenen Gasbürette mit Quecksilber als Sperrflüssigkeit anteilweise in die Lösung herübergedrückt wurde. Der Kurvenzug, der sich aus drei Geraden zusammensetzt, zeigt zwei mehr oder weniger deutlich ausgeprägte Schnittpunkte, nämlich bei den schon erwähnten Molverhältnissen von Amin zu Säurenanalogem wie 1:1 und 1:2. Die umgekehrte Titration, bei der die Salzsäure vorgelegt ist, ergibt denselben Befund.

Auch die Bildung des Pyridiniumchlorids $(C_5H_5NH)Cl$ in Blausäure aus Pyridin und Salzsäure ist bereits auf präparativem Wege bewiesen worden. Die konduktometrische Titration zeigt hierbei ebenfalls nur die Bildung dieses einzigen Salzes $(C_5H_5NH)Cl$ bei einem molaren Verhältnis der Reaktionspartner von 1:1 scharf

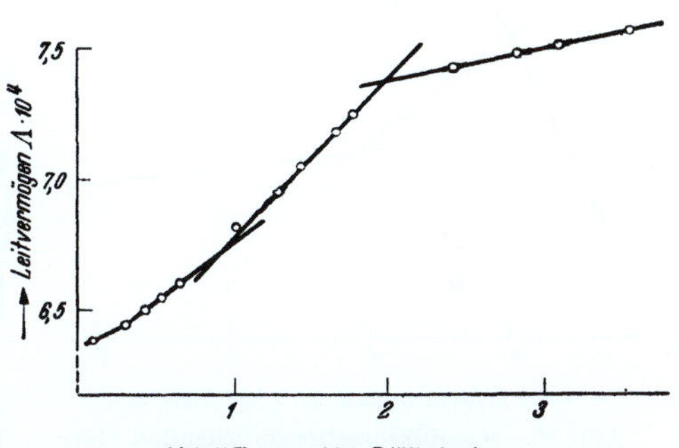

Abb. 29. Konduktometrische Titration einer vorgelegten Auflösung von Triäthylamin in wasserfreier Blausäure mittels Chlorwasserstoffgas.

an. Legt man eine Auflösung von Chlorwasserstoffgas in Blausäure vor, so ist die Leitfähigkeit beim Beginn der Titration nur gering. Sie steigt jedoch bei der Zugabe des „Basenanalogen" steil an, um nach beendeter Salzbildung praktisch konstant zu bleiben, da die im Überschuß zugesetzte „Base" auch nur schlecht leitet.

Titriert man in Blausäure gelöste Dichloressigsäure mit Triäthylamin konduktometrisch, so gibt sich im Diagramm nur die Bildung eines einzigen Salzes von der Zusammensetzung

$$[(C_2H_5)_3NH](CHCl_2COO)$$

zu erkennen. Führt man jedoch die Titration umgekehrt aus, d. h. legt man das „Basenanaloge" Triäthylammoniumcyanid vor, so ergibt sich ein ganz anderes Bild, wie Abb. 30 zeigt. Bei Zugabe der Dichloressigsäure zur Lösung steigt die Leitfähigkeit an, d. h. das zunächst gebildete Triäthylammoniumdichloracetat $[(C_2H_5)_3NH](CHCl_2COO)$ ist stärker dissoziiert als das Triäthylammoniumcyanid selbst. Nach dem Überschreiten des Äquivalenzpunktes sollte man erwarten, daß die Kurve der Abszissenachse parallel weiterliefe, weil die Dichloressigsäure, für sich allein in Blausäure gelöst, kaum leitet, statt dessen fällt die Kurve zuerst geradlinig und dann in einem zur Abszissenachse konvexen Bogen ab, der schließlich nahezu in eine Gerade übergeht. Der stumpfwinkelige Schnittpunkt der letzten beiden Geraden entspricht, wie man dem Kurvenzug der Abb. 30 entnehmen kann, etwa einem molaren Verhältnis von Amin zu „Säure" wie $1:2$. Dieser Schnittpunkt deutet also die Bildung einer offenbar lockeren Anlagerungsverbindung, nämlich eines sauren Triäthylammonium-Dichloracetats $[(C_2H_5)_3NH](CHCl_2COO) \cdot CHCl_2COOH$ an, das schlechter leitet als das neutrale Salz. Es ist bekannt, daß die Essigsäure leicht saure Salze bildet, indem sich an ein neutrales Acetat noch ein oder mehrere Essigsäuremoleküle anlagern. REIK[1] berichtet beispielsweise über ein Salz der Zusammensetzung $CH_3COO(NH_4) \cdot CH_3COOH$, und GARDNER[2] konnte ein dreifach saures Acetat des Triäthylamins darstellen.

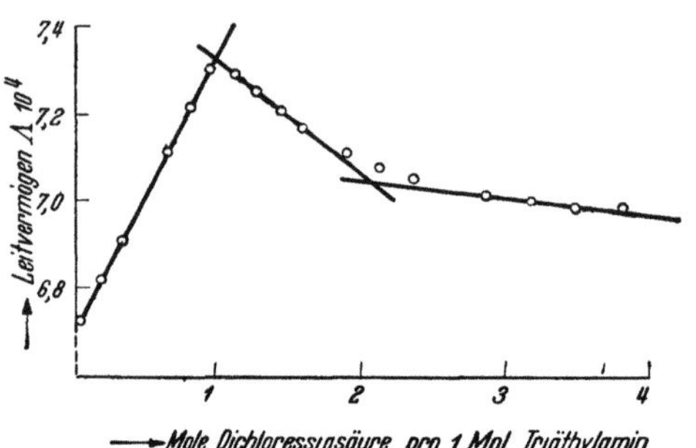

Abb. 30. Konduktometrische Titration einer vorgelegten Auflösung von Triäthylamin in verflüssigtem Cyanwasserstoff mittels Dichloressigsäure.

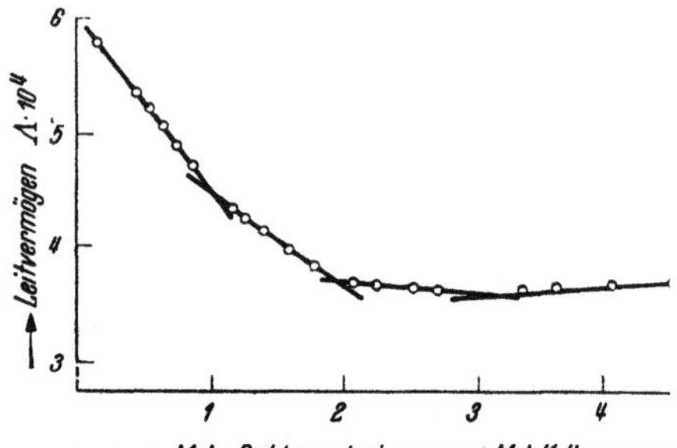

Abb. 31. Konduktometrische Titration einer vorgelegten Auflösung von Kaliumcyanid in wasserfreier Blausäure mittels Dichloressigsäure.

Weiterhin beschreibt MELSENS[3] ein Kaliumbiacetat ($CH_3COOK \cdot CH_3COOH$) und LESCOEUR[4] ein Kalium- und ein Natriumacetat ($CH_3COOK \cdot 2\,CH_3COOH$). Es ist also nicht unwahrscheinlich, daß die Dichloressigsäure Neigung zur Bildung ähnlicher Salztypen zeigt. Es sei noch daran erinnert, daß bei der Titration von Triäthylamin mit Trichloressigsäure in verflüssigtem Schwefelwasserstoff ebenfalls ein gebogenes Kurvenstück erhalten wurde, das nur durch die Bildung saurer Trichloracetate des Triäthylamins gedeutet werden konnte (vgl. S. 99).

In diesem Zusammenhang sei nochmals auf die Verhältnisse bei der neutralisationenanalogen Umsetzung von Schwefelsäure mit Basenanalogen verwiesen: Hierbei zeigte es sich bereits, daß die Stärke der basenanalogen Substanzen in verflüssigtem Cyanwasserstoff vom Pyridin über das Triäthylamin zum Kaliumcyanid hin zunimmt. Um nun die Eigenschaften der Dichloressigsäure in absolut blausaurer Lösung näher zu untersuchen, wurde eine „neutralisationenähnliche" Reaktion zwischen vorgelegtem Kaliumcyanid und diesem Säureanalogen durchgeführt. Abb. 31 gibt die bei der Titration erhaltene

[1] REIK, R.: Mh. Chem. 23, 1048 (1902).
[2] GARDNER, J. A.: Ber. dtsch. chem. Ges. 23, 1587 (1890).
[3] MELSENS, P.: Liebigs Ann. Chem. 52, 274 (1844).
[4] LESCOEUR: Ann. Chim. Physique (6) 28, 246.

Kurve wieder. Sie setzt sich nur aus Geraden zusammen, deren Schnittpunkte die beendete Entstehung eines neutralen Salzes, sowie eines einfach sauren und eines zweifach sauren Kaliumdichloracetats anzeigen. Im Gegensatz zum Triäthylamin sind hier die Existenzgebiete der einzelnen Salztypen recht deutlich durch ein jeweils geradliniges Stück der Kurve abgegrenzt. Es ist also tatsächlich so, daß sich bei Verwendung des stärkeren „Basenanalogen" Kaliumcyanid auch im Zusammenwirken mit der schwachen Dichloressigsäure klarere Verhältnisse erkennen lassen als bei Benutzung des etwas schwächeren „Basenanalogen" Triäthylammoniumcyanid. Bei der konduktometrischen Titration einer Lösung des Propylamins mit Dichloressigsäure sind zwar auch zwei Knickpunkte in der Titrationskurve erhalten worden, aber ihre Lage erwies sich als konzentrationsabhängig, so daß über die Zusammensetzung der gebildeten Salztypen nichts Sicheres ausgesagt werden kann. Eine konduktometrische Titration des sehr schwach basischen Pyridins mit Dichloressigsäure ist gar nicht erst versucht worden. Es rangieren in wasserfreier Blausäure gegenüber der Dichloressigsäure die „Basenanalogen" also in der Reihenfolge Kaliumcyanid, Triäthylammoniumcyanid und Propylammoniumcyanid. Das ist dieselbe Reihenfolge, welche sich auch hinsichtlich des Verhaltens dieser „Basenanalogen" der Schwefelsäure gegenüber und bei Bestimmungen des molaren Leitvermögens sowie der molaren Gefrierpunktsdepression ergeben hatte.

Die Besprechung der konduktometrischen Verfolgung „neutralisationenanaloger" Reaktionen sei damit abgeschlossen. Sämtliche beobachteten Umsetzungen in wasserfreier Blausäure lassen sich widerspruchslos durch die Ionenreaktion

$$H^+ + CN^- \rightleftharpoons HCN$$

deuten. Die große Zahl der durchgeführten Reaktionen ergibt eine als Sicherheit anzusprechende Wahrscheinlichkeit dafür, daß die zunächst rein formale Annahme, die schwache Eigenleitfähigkeit der verflüssigten Blausäure beruhe auf einer geringen Dissoziation des Lösungsmittels in H^+-Ionen und CN^--Ionen, gerechtfertigt ist.

d) Untersuchung von „neutralisationenähnlichen" Reaktionen mit Hilfe der Potentiometrie. Das Ionenprodukt der Blausäure.

Auch die potentiometrische Verfolgung neutralisationenanaloger Umsetzungen in wasserfreiem, flüssigem Cyanwasserstoff hat sich ermöglichen lassen[1]. Die Versuchsanordnung benutzte gebremste Elektroden[2] mit praktisch verhinderter Diffusion. In die zu titrierende Lösung tauchte eine Glascapillare, in welcher sich ein blanker Kupfer- oder Silberdraht als Bezugselektrode befand. Bei der Titration verändert sich der sehr kleine Bruchteil der Lösungsmenge in der Capillare nicht; das Potential des in ihr befindlichen Drahtes bleibt daher

---

[1] JANDER, G. u. G. SCHOLZ: Z. phys. Chem. Abt. A **192**, 163 (1943).
[2] MÜLLER, E.: Z. phys. Chem. **125**, 102 (1928).

konstant. In das Meßgefäß taucht ferner ein weiterer Kupfer- oder Silberdraht ein, welcher von der im Verlaufe der Titration sich ändernden Lösung umgeben ist. Die Spannung der Meßkette hat man in bekannter Weise nach dem Kompensationsverfahren gemessen. Durch Vorversuche war bestätigt worden, daß sich mit Kupfer- oder Silberelektroden durchaus reproduzierbare Potentiale einstellen. Es darf angenommen werden, daß die Elektroden vermittels einer dünnen Kupfer(I)-cyanid- oder Silbercyanidschicht auf die Cyanionen der absolut blausauren Lösungen ansprechen.

Die Ergebnisse der potentiometrischen Titration einer absolut blausauren Lösung von Dichloressigsäure mittels Triäthylamin unter Verwendung von Kupferelektroden sind in Abb. 32 graphisch wiedergegeben. Es ist ersichtlich, daß der Kurvenzug dem Typus entspricht, welcher bei potentiometrischen Titrationen schwacher Säuren mit stärkeren Basen in wäßriger Lösung erhalten wird. Und solche Verhältnisse liegen ja auch in den absolut blausauren Lösungen tatsächlich vor. Dichloressigsäure ist, wie wir sahen, in flüssigem Cyanwasserstoff ein sehr schwaches Säurenanaloges und Triäthylamin ein stärkeres Basenanaloges. Das bei der Titration sich bildende Triäthylammonium-

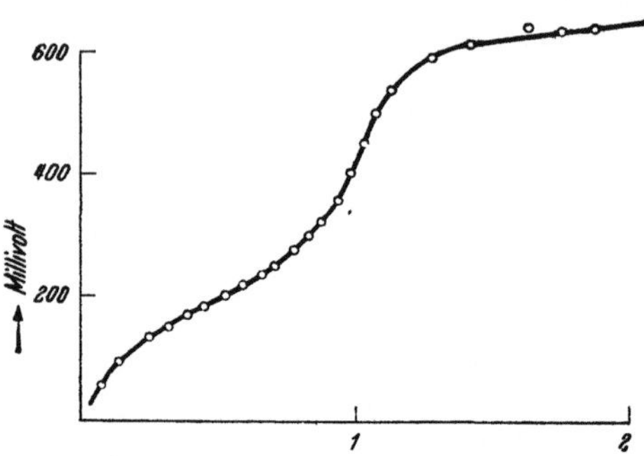

Abb. 32. Potentiometrische Titration einer vorgelegten Auflösung von Dichloressigsäure in flüssigem Cyanwasserstoff mittels Triäthylamin (Kupferelektroden).

Dichloracetat $[(C_2H_5)_3NH](CHCl_2COO)$ muß also der Solvolyse unterliegen, ein Vorgang, welchen die Art des Anstieges vom ersten Teil des Kurvenzuges bis zum Wendepunkt auch klar erkennen läßt. Der Wendepunkt selbst aber ist trotzdem gut festgelegt und fällt praktisch mit dem Äquivalenzpunkt, mit der beendeten Bildung von Triäthylammonium-Dichloracetat, zusammen.

Die Schwefelsäure fungiert in wasserfreiem Cyanwasserstoff ebenfalls als eine recht schwache Säure, wie Leitfähigkeitsmessungen gezeigt haben (vgl. S. 128); die Resultate ihrer potentiometrischen Titration mittels Triäthylammoniumcyanid unter Verwendung von Silberelektroden sind in Abb. 33 graphisch dargestellt. Bemerkenswerterweise sind im Kurvenzug zwei Sprunggebiete vorhanden. Das bedeutet, daß die beiden Wasserstoffatome der Schwefelsäure in absolut blausaurer Lösung — im Gegensatz zu ihrem Verhalten in wäßriger Lösung — recht verschieden sauren Charakter besitzen. Der erste Wendepunkt zeigt die beendete Bildung des sauren Triäthylammoniumsulfats $[(C_2H_5)_3NH](HSO_4)$, der zweite die des neutralen Sulfats $[(C_2H_5)_3NH]_2SO_4$ an. Wie der Verlauf des zweiten Teils vom Kurvenzug dartut, ist das neutrale Triäthylammoniumsulfat offenbar stärker der Solvolyse unterworfen. Die Projektion des zweiten Wende-

punktes der Kurve auf die X-Achse gibt infolgedessen auch an, daß
ein gewisser kleiner Mehrbetrag über 2 Mole Triäthylamin je 1 Mol
Schwefelsäure hinaus verbraucht worden ist. Je verdünnter die absolut
blausauren Lösungen an Schwefelsäure sind, um so unbestimmter wird
die Lage des zweiten Wendepunktes festzustellen und nach der
Richtung eines größeren Mehrverbrauches an Triäthylamin verschoben
sein. Diese Solvolyseerscheinung ist offenbar unter anderem mit ein
Grund dafür, daß man[1] anfänglich annahm, die Schwefelsäure fungiere

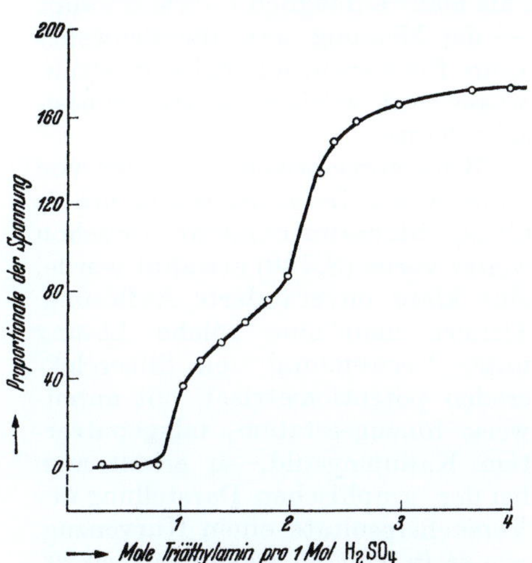

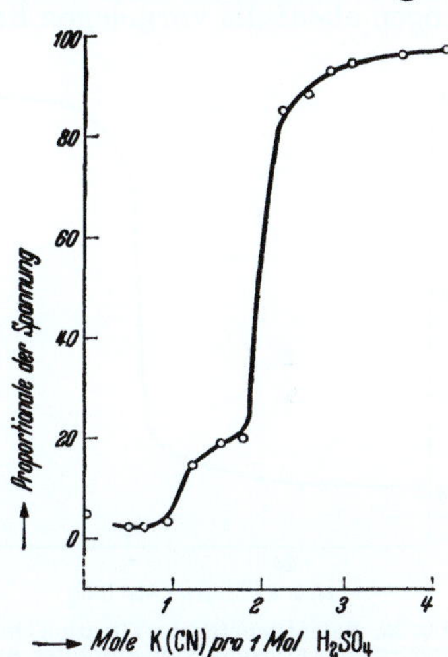

Abb. 33. Potentiometrische Titration einer
vorgelegten Auflösung von Schwefelsäure
mittels Triäthylamin in wasserfreier Blausäure
(Silberelektroden).

Abb. 34. Potentiometrische Titration einer
vorgelegten Auflösung von Schwefelsäure
mittels Kaliumcyanid in wasserfreier
Blausäure (Silberelektroden).

in flüssigem Cyanwasserstoff als dreibasische oder gar vierbasische
Säure z. B. $H_4[O_4S(CN)_2]$. Die seinerzeit verwendeten Kupfer-
elektroden haben sich für den vorliegenden Fall der Titration von
Schwefelsäure mittels Triäthylamin als nicht so günstig erwiesen wie
Silberelektroden.

Bei der unter Verwendung von Silberelektroden durchgeführten
Titration von Schwefelsäure mit basenanalogem Kaliumcyanid,
welches in festem Zustande anteilweise zur Lösung hinzugesetzt wird,
ergibt die graphische Darstellung der Versuchsergebnisse, wie Abb. 34
zeigt, einen analogen Kurvenzug mit zwei Sprunggebieten. Die beiden
Wendepunkte indizieren eindeutig das saure und neutrale Kaliumsulfat. Das Kaliumhydrogensulfat ist in wasserfreiem Cyanwasserstoff
löslich, das neutrale Salz K_2SO_4 hingegen unlöslich. Infolgedessen
benötigt man bis zur Einstellung der Endpotentiale jedesmal ziemlich

<hr>

[1] JANDER, G. u. G. SCHOLZ: Z. phys. Chem. Abt. A **192**, 210 (1943). Die damals
mitgeteilten Befunde und ihre Deutungen sind inzwischen durch eine Arbeit
von G. JANDER und B. GRÜTTNER noch einmal sorgfältig geprüft und zum
Teil richtiggestellt worden: Chem. Ber. **80**, 279 (1947).

lange Zeit, da sich das in festem Zustande — wenn auch feinst gepulvert — zugesetzte Kaliumcyanid quantitativ zum unlöslichen Kaliumsulfat umsetzen muß. Bei nicht genügend langem Warten können noch Kaliumcyanidteilchen, welche von einer Schicht unlöslichen Kaliumsulfats umgeben sind, unumgesetzt übrigbleiben. In diesem Falle benötigt man bis zum Auftreten des zweiten Sprunggebietes naturgemäß einen über das Verhältnis 2 Mol KCN je 1 Mol H_2SO_4 hinausgehenden Mehrverbrauch an Kaliumcyanid. Solche Verhältnisse mögen ebenfalls vorgelegen haben, als man[1] anfänglich — wie erwähnt — der Meinung war, die Schwefelsäure fungiere in wasserfreiem Cyanwasserstoff wenigstens als dreibasische Säure.

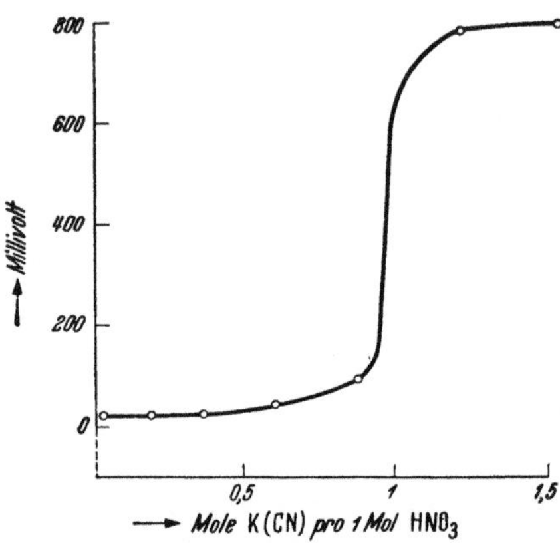

Abb. 35. Potentiometrische Titration einer vorgelegten Auflösung von absoluter Salpetersäure in wasserfreiem Cyanwasserstoff mittels Kaliumcyanid (Silberelektroden).

Beim vorsichtigen Eintragen von reiner wasserfreier Salpetersäure in flüssige Blausäure entsteht, wie schon weiter vorne (S. 140) erwähnt wurde, eine klare unveränderte Auflösung. Titriert man eine solche Lösung unter Verwendung von Silberelektroden potentiometrisch mit anteilweise hinzugesetztem, feingepulvertem Kaliumcyanid, so erhält man bei der graphischen Darstellung der Versuchsresultate einen Kurvenzug, wie er in Abb. 35 wiedergegeben ist. Die Lage des Wendepunktes innerhalb des großen Sprunggebietes zeigt die beendete Bildung von Kaliumnitrat KNO_3 an. Der Charakter des Kurvenzuges spricht nicht für eine Solvolyse des Kaliumnitrats in größerem Umfange.

Im Gegensatz zur Salpetersäure scheint jedoch die reine, wasserfreie Perchlorsäure das Lösungsmittel allmählich anzugreifen[2]. Beim Eintropfen der Säure in die eisgekühlte Lösung bilden sich weiße Nebel und die Flüssigkeit färbt sich braun, bleibt jedoch für mehrere Stunden klar und durchsichtig. Die Reaktion scheint also nur außerordentlich langsam fortzuschreiten. Eine solche frisch bereitete Lösung läßt sich daher auch potentiometrisch mit dem basenanalogen Triäthylamin titrieren, die graphische Darstellung der Titrationsergebnisse zeigt die Bildung eines Salzes, des Triäthylammoniumperchlorats, an.

Es ist bisher noch nicht möglich, aus potentiometrischen Titrationen der eben besprochenen Art die Größe der [CN⁻] und damit auch der [H⁺] in wasserfreiem, flüssigem Cyanwasserstoff einwandfrei zu berechnen, da noch über manche Voraussetzungen hierfür nicht die

[1] JANDER, G.: Naturw. 32, 177 (1944). Die dort mitgeteilten Befunde und ihre Deutungen sind inzwischen noch einmal sorgfältig überprüft und richtiggestellt worden; JANDER, G. u. B. GRÜTTNER: Chem. Ber. 80, 279 (1947).
[2] JANDER, G. u. B. GRÜTTNER: Chem. Ber. 81, 102 (1948).

genügende Sicherheit besteht. So kennt man beispielsweise die Dissoziationsverhältnisse bei den mehr oder weniger schwachen Säurenanalogen nicht einmal grob quantitativ, und der Grad der Solvolyse bei den Salzen, welche sich von ihnen ableiten, ist ebenfalls unbekannt. Man hat nun, um wenigstens Anhaltspunkte für das Ionenprodukt der Blausäure zu bekommen, reinen verflüssigten Cyanwasserstoff mit Triäthylamin titriert und die Potentialkurve aufgenommen. Man kommt so zu einem Kurvenzug, welcher dem oberen Teil der Kurve von Abb. 35 entspricht. Die Messungen sind nicht allzu genau, da das Element wegen der Füllung der Capillare mit reiner Blausäure einen sehr hohen inneren Widerstand hat. Die Bestimmungen wurden bei $+12^{\circ}$ C durchgeführt; die vorgelegte Blausäure wurde gewogen und aus den von FREDENHAGEN und DAHMLOS[1] angegebenen Dichtewerten ihr Volumen berechnet. Nun wurden aus dem Volumen der Blausäure und den zugegebenen Mengen Amin die molaren Konzentrationen der Lösung an Triäthylammoniumcyanid $[(C_2H_5)_3NH]CN$ berechnet, der Dissoziationsgrad der Verbindung für die betreffende Konzentration aus Abb. 25, S. 135 abgelesen und daraus die CN^--Ionenkonzentration der Lösung des Triäthylammoniumcyanids ermittelt. Es wurde also das Potential einer Konzentrationskette gemessen, für die die CN^--Ionenkonzentration in einer Lösung bekannt ist. Daraus läßt sich dann die CN^- Ionenkonzentration der reinen Blausäure, mit der ja die Capillare gefüllt ist, berechnen. Vorversuche hatten ergeben, daß durch einen geringen Gehalt der Blausäure an Wasser oder Kohlendioxyd die Meßresultate sich nur innerhalb der Fehlergrenze veränderten. Für die Berechnung der CN^--Ionenkonzentration der reinen Blausäure wurde das Potential 0,448 V bei einer CN^--Ionenkonzentration von $c = 0,031$ Mol/l zugrunde gelegt. In die NERNSTsche Formel

$$E = \frac{0,861 \cdot 10^{-4} \cdot T}{n} \cdot \ln \frac{c}{c_{CN^-}}$$

eingesetzt, ergibt sich

$$0,448 = \frac{0,861 \cdot 10^{-4} \cdot 285}{1} \cdot \ln \frac{0,031}{c_{CN^-}}$$

$$c_{CN^-} = 4,6 \cdot 10^{-10} \text{ Mol/l.}$$

Die H-Ionenkonzentration c_{H^+} der reinen Blausäure muß denselben Wert haben. Also ergibt sich für das Ionenprodukt der Blausäure:

$$c_{H^+} \cdot c_{CN^-} = 21,2 \cdot 10^{-20} = 0,2 \cdot 10^{-18}.$$

Zum Vergleich sei das Ionenprodukt des Wassers bei $+12^{\circ}$ C angegeben:

$$c_{H^+} \cdot c_{OH^-} = 0,4 \cdot 10^{-14}.$$

Es muß aber nochmals ausdrücklich betont werden, daß diese Bestimmung des Ionenproduktes der wasserfreien Blausäure nur eine erste Abschätzung vorstellt. Spätere exaktere Messungen werden genauere Werte ergeben.

---

[1] FREDENHAGEN, K. u. J. DAHMLOS: Z. anorg. allg. Chem. **179**, 77 (1929).

4. Das Verhalten von Indicatoren in flüssigem, wasserfreiem Cyanwasserstoff[1].

Wie in dem vorhergehenden Kapitel gezeigt wurde, kann ein genauer Wert für das Ionenprodukt des flüssigen Cyanwasserstoffs bis jetzt noch nicht angegeben werden. Es ist jedoch möglich, eine Änderung der Wasserstoffionen- bzw. der Cyanionenkonzentration in diesem Lösungsmittel colorimetrisch mit Hilfe von Indicatoren sichtbar zu machen. Ganz ähnliche Versuche wurden ja bereits, wie weiter vorn (S. 104) beschrieben ist, in Lösungen mit flüssigem Schwefelwasserstoff als Solvens durchgeführt[2].

Die meisten der bekannten Indicatoren sind in Blausäure recht gut löslich, ihre Farben in rein blausaurer Lösung sowie im „sauren" und „basischen" Gebiet sind in der gegenüberstehenden tabellarischen Übersicht zusammengestellt; zum Vergleich ist die Farblösung der gleichen Indicatoren in wäßriger Lösung und zwar im sauren und im alkalischen Bereich mitangeführt. Die Erhöhung der Cyanionenkonzentration einer solchen blausauren Farbstofflösung wurde durch Zusatz einiger Tropfen Triäthylamin bewirkt, als Säurenanaloges diente die Schwefelsäure.

Zu der Tabelle 44 ist noch folgendes zu sagen:

Die Farbtönung des Indicators in reinem Cyanwasserstoff ändert sich in vielen Fällen nicht wesentlich, wenn man zu einer solchen Auflösung die „säurenanaloge" Schwefelsäure hinzusetzt.

Auch dies ist ein Zeichen, daß die Schwefelsäure ein recht schwacher Elektrolyt ist, der in Blausäure gelöst nur wenig Wasserstoffionen abzudissoziieren vermag. Die noch schwächere Dichloressigsäure bewirkt daher im Vergleich mit der „neutralen" Lösung überhaupt keine Farbänderung des Indicators. Andererseits ist die Farbtönung des „basischen" Gebietes nur sehr kurzfristig erkennbar, denn — hierauf wurde schon mehrfach hingewiesen — es wirkt der Zusatz von Basenanalogem unter Braunfärbung stark verharzend auf die Blausäure; hierdurch wird die Farbe des Indicators sehr bald unklar und überdeckt.

Die genannten Einschränkungen bei der Benutzung von Indicatoren im Lösungsmittelsystem der Blausäure machen sich deutlich bemerkbar bei der potentiometrischen Titration von Schwefelsäure mit Triäthylamin unter Zusatz von Thymolphthalein, wobei laufend die Farbnuancen beobachtet wurden. In der Abb. 36 interessiert nicht so sehr die Form der Kurve, die mit zwei Potentialsprüngen die Bildung des sauren und des neutralen Triäthylammoniumsulfats anzeigt, als vielmehr die Farbtönungen, welche die Lösung bei jedem Zusatz von Basenanalogem annimmt. Wie ersichtlich, ändert sich die Farbe im Verlauf der Titration kontinuierlich von dunkelrot und rot über orange nach gelb-braun und hellbraun. Bei der Farbänderung der Flüssigkeit von rosa nach gelb könnte wohl von einem Umschlag des Indicators

---

[1] JANDER, G. u. B. GRÜTTNER: Chem. Ber. 81, 102 (1948).
[2] JANDER, G. u. H. SCHMIDT: Wiener Chemiker-Ztg. 46, 49 (1943).

Tabelle 44. *Farbumschläge von Indicatoren in Blausäure und in Wasser.*

Indicator	Im Lösungsmittel HCN			Im Solvens H_2O		
	Farbe im „sauren" Gebiet	Farbe im „neutralen" Gebiet	Farbe im „basischen" Gebiet	p_H des Umschlaggebietes in Wasser	Farbe im sauren Gebiet	Farbe im basischen Gebiet
Methylviolett	braungelb	braungrün	violettblau	0,1— 1,5	gelb	violett
Metanilgelb	violettrot	violettrot	goldgelb	1,2— 2,3	rot	gelb
Thymolblau	rot	rot	grünlich gelb	1,2— 2,8	rot	gelb
Tropäolin 00	violettrot	violettrot	gelb	1,4— 2,6	rot	gelb
p-Dimethylaminoazobenzol	rot-orange	rot	hellgelb	2,9— 4,0	rot	gelb
Methylorange	hellrot	hellrot	hellgelb	3,1— 4,4	rot	gelb
Methylrot	rot	rot	gelb	4,2— 6,3	rot	gelb
p-Nitrophenol	farblos	farblos	farblos	5,0— 7,0	hellgelb	dunkelgelb
Lackmus	unlöslich	unlöslich	unlöslich	5,0— 8,0	rot	blau
Bromkresolpurpur	hellrot	schwach orange	purpur	5,3— 6,8	gelb	purpur
Bromthymolblau	rot	rosa	hellgrün	6,0— 7,6	gelb	blau
Neutralrot	leuchtend blau	dunkelblau	gelblich	6,8— 8,0	rot	gelb
Phenolrot	orange-rot	schwach hellrot	rot	6,8— 8,4	gelb	rot
Rosolsäure	goldgelb	gelb	ziegelrot	6,9— 8,0	gelb	rot
Kresolrot	orangerot	rosa	hellgelb	7,2— 8,8	gelb	rot
Phenolphthalein	gelb	farblos	farblos	8,3—10,0	farblos	rot
Kresolphthalein	orange	farblos	schwerlöslich	8,2— 9,8	farblos	rotviolett
Thymolphthalein	dunkelrot	schwach rosa	gelblich	9,2—10,5	farblos	blau
Alizaringelb R	goldgelb	schwach gelb	goldgelb	10,1—12,1	gelb	rot

gesprochen werden, dieser ist jedoch recht wenig scharf erkennbar und erfolgt außerdem bereits, noch bevor ein Mol Triäthylamin je 1 Mol Schwefelsäure hinzugegeben ist. Für diese Erscheinung ist wiederum die Neigung der schwefelsauren Triäthylammoniumsalze zur Solvolyse in Blausäure verantwortlich zu machen. Es ist außerdem noch zu beachten, daß nach Abschätzungen der „Neutralpunkt" in flüssigem Cyanwasserstoff etwa bei der Wasserstoffionenkonzentration $[H^+] = 4,5 \cdot 10^{-10}$ liegen würde. Da es sich bei den neutralisationen-analogen Umsetzungen in Blausäure stets um die Reaktion eines recht schwachen Säureanalogen mit einem stärkeren Basenanalogen handelt, müßte zur Endpunktsbestimmung eigentlich ein Farbstoff zur Verwendung kommen, dessen Umschlagsgebiet etwa bei $p_H = 12$—14 liegt, und nicht Thymolphthalein, das in Wasser seine Farbe beim $p_H = 9,3$—10,5 ändert.

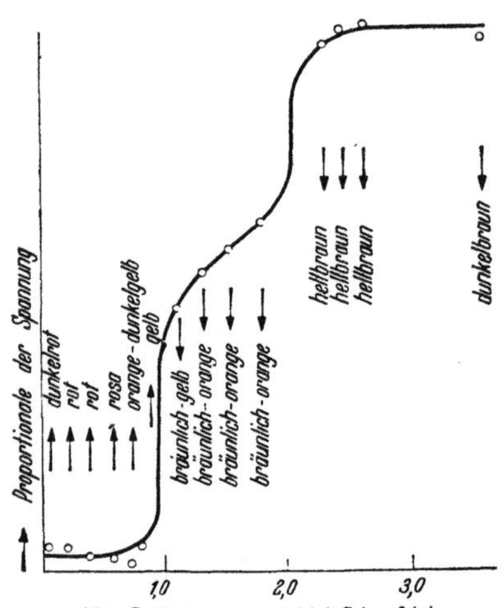

Abb. 36. Potentiometrische Titration einer vorgelegten Auflösung von Schwefelsäure in verflüssigtem Cyanwasserstoff mittels Triäthylamin unter Zusatz von Thymolphthalein als Indicator.

5. Solvolysereaktionen in wasserfreier Blausäure.

a) Die Solvolyse von Salzen.

Aus der Form der Kurven, welche bei den potentiometrischen Titrationen von Dichloressigsäure und Schwefelsäure mit Triäthylammoniumcyanid erhalten worden sind (Abb. 32 und 33) ergaben sich unter anderem folgende Tatsachen: Das in wasserfreier Blausäure gelöste Triäthylammonium-Dichloracetat und das neutrale Triäthylammoniumsulfat, die Salze schwacher „Säuren" und stärkerer „Basen", solvolysieren in diesem Lösungsmittel in gleicher Weise wie in Wasser.

Ebenso tritt bei einer Lösung von Kaliumcyanat[1] in flüssigem Cyanwasserstoff Solvolyse ein; die Erscheinung ist in diesem Zusammenhang besonders bemerkenswert. Das Salz ist in Blausäure zunächst recht gut löslich, nach wenigen Minuten fängt die Flüssigkeit jedoch an, sich zu bräunen und zu verharzen. Das cyansaure Kalium unterliegt also so stark der Solvolyse, daß seine Auflösung sich praktisch wie die eines Cyanids in flüssigem Cyanwasserstoff verhält, welche ja bekanntlich nach kurzer Zeit sehr stark verharzt. Nach diesen Ergebnissen ist es sehr zweifelhaft, ob die bei einer solvolytischen Spaltung des Salzes wahrscheinlich auftretende Cyansäure in flüssigem Cyan-

[1] JANDER, G. u. B. GRÜTTNER: Chem. Ber. 81, 107 (1948).

wasserstoff überhaupt existenzfähig ist, es muß vielmehr angenommen werden, daß sie etwa nach folgendem Reaktionsschema zerfällt:

$$HOCN \rightarrow HCN + \tfrac{1}{2}O_2.$$

Das Auftreten von Sauerstoff konnte jedoch bis jetzt noch nicht experimentell nachgewiesen werden. Obige Formulierung bringt die Analogie der Cyansäure im Lösungsmittelsystem der Blausäure mit dem Wasserstoffperoxyd in wäßriger Lösung gut zum Ausdruck. Auch das Wasserstoffperoxyd stellt in wäßriger Lösung eine sehr schwache Säure dar und hat die starke Neigung zu zerfallen:

$$HO{-}OH \rightarrow H_2O + \tfrac{1}{2}O_2.$$

Es ist naturgemäß von Interesse, die solvolytische Spaltung auch in anderen Fällen zu untersuchen und kennenzulernen. Schon FREDEN-HAGEN und DAHMLOS[1] haben gefunden, daß Silbernitrat Solvolyse erleidet und sich sowohl mit gasförmigem als auch mit flüssigem Cyanwasserstoff unter Silbercyanidbildung umsetzt. Später[2] sind auch die Silbersalze von anderen Säuren auf ihre Solvolysierbarkeit durch wasserfreie Blausäure hin untersucht worden. Dabei wurde im allgemeinen so verfahren, daß das wasserfreie Silbersalz in reine Blausäure eingetragen und die Mischung in einem zugeschmolzenen Rohr mehrere Stunden um dessen Querachse langsam gedreht wurde. Nach dem Öffnen des Rohres hat man den Inhalt unter Feuchtigkeitsausschluß durch eine Glasfilternutsche filtriert und den Rückstand und das Filtrat chemisch-analytisch aufgearbeitet. Die nachfolgende Tabelle 45 gibt eine Übersicht über die bei derartigen Untersuchungen gemachten Beobachtungen und Befunde.

Zu den Angaben der tabellarischen Zusammenstellung ist im einzelnen noch folgendes zu bemerken:

Das gut lösliche Silberperchlorat wird nicht so weit solvolysiert, daß das Löslichkeitsprodukt des schwerlöslichen basenanalogen Silbercyanids erreicht würde. Beim Auflösen des Salzes entsteht vielmehr eine klar bleibende, elektrolytisch gut leitende Lösung. Die Perchlorsäure ist in wasserfreiem, flüssigem Cyanwasserstoff allem Anschein nach eine etwas stärkere „Säure" als die Salpetersäure und Schwefelsäure.

Titriert man eine durch Solvolyse von Silbernitrat in reinem Cyanwasserstoff gewonnene Lösung von Salpetersäure nach vorausgegangener Filtration des abgeschiedenen Silbercyanids potentiometrisch mit basenanalogem Kaliumcyanid, so erhält man bei der graphischen Darstellung der Meßergebnisse einen Kurvenzug, welcher völlig dem von Abb. 35 gleicht.

Die Solvolysierbarkeit des Silbernitrats wird durch einen Zusatz von Salpetersäure zu der Lösung zurückgedrängt und so vermag 1 Liter Blausäure, die 1,92 Mol Salpetersäure enthält, 20,02 g Silbernitrat zu lösen, ohne daß Solvolyseerscheinungen sichtbar werden.

---

[1] FREDENHAGEN, K. u. J. DAHMLOS: Z. anorg. allg. Chem. **179**, 77 (1929).
[2] JANDER, G. u. B. GRÜTTNER: Chem. Ber. **81**, 107 (1948).

Tabelle 45. *Übersicht über die Solvolyseerscheinungen bei Silbersalzen in absolut blausaurer Lösung.*

Wasserfreies Silbersalz jeweils 500—1000 mg	Menge und Zusammensetzung des Lösungsmittels	Beobachtungen und Bemerkungen hinsichtlich einer Solvolyse
Silberphosphat $Ag_3(PO_4)$	50 cm³ reine Blausäure	Weitgehende solvolytische Umsetzung zu unlöslichem AgCN, das Spuren von unumgesetztem Ag_3PO_4 enthält. In der Lösung befindet sich die Phosphorsäure und Spuren von Ag_3PO_4.
Silbernitrat $Ag(NO_3)$	50 cm³ reine Blausäure	Nahezu vollständige solvolytische Umsetzung zu unlöslichem AgCN. Die Lösung enthält HNO_3 und sehr wenig $AgNO_3$.
	50 cm³ Blausäure + wachsende Mengen von Salpetersäure	Allmählich geringer werdende Mengen von AgCN-Niederschlägen. Steigende Mengen von $AgNO_3$ bleiben gelöst.
	50 cm³ Blausäure + 4 cm³ wasserfreie Salpetersäure	Keine Fällung von AgCN. Bei recht geringer Lösungsgeschwindigkeit entsteht eine klare, salpetersaure Lösung an $AgNO_3$.
Silbersulfat $Ag_2(SO_4)$	25 cm³ reine Blausäure	Weitgehende solvolytische Umsetzung zu unlösl. AgCN. Die Lösung enthält neben H_2SO_4 etwas gelöstes Ag_2SO_4.
	25 cm³ Blausäure + wachsende Mengen Schwefelsäure	Allmählich geringer werdende Mengen von AgCN-Niederschlägen. Steigende Mengen Ag_2SO_4 bleiben gelöst.
	25 cm³ Blausäure + 0,9 cm³ wasserfreie H_2SO_4	Keine Fällung von AgCN. In verhältnismäßig kurzer Zeit entsteht eine klare, schwefelsaure Lösung von Ag_2SO_4.
Silberbenzolsulfonat $Ag(C_6H_5SO_3)$	10 cm³ reine Blausäure	Weitgehende solvolytische Umsetzung zu unlöslichem AgCN. In den Lösungen neben der gebildeten Benzolsulfonsäure etwas gelöstes Ag-Benzolsulfonat.
Silberperchlorat $Ag(ClO_4)$	50 cm³ reine Blausäure	Klare Lösung von $AgClO_4$. Keine sichtbare Solvolyseerscheinung.
Silbercyanat $Ag(OCN)$	10 cm³ reine Blausäure	AgOCN ist unlöslich und schwer angreifbar. Erst nach mehrtägiger Reaktionsdauer teilweise Solvolyse zu AgCN. Die Lösung enthält keine HOCN nachweisbar.
Silberjodid AgJ	10 cm³ reine Blausäure	AgJ bleibt unlöslich und unverändert. Keine sichtbare Solvolyse.

Das Solvolysegleichgewicht des Silbersulfats wird in noch stärkerem Maße von der Anwesenheit von Schwefelsäure in der Lösung beeinflußt. Bei der Einwirkung von reinem Cyanwasserstoff auf Silbersulfat entsteht unlösliches Silbercyanid und Schwefelsäure, die Solvolyse verläuft jedoch nicht quantitativ, sondern ein meßbarer Teil des Silbersulfats bleibt unsolvolysiert in Lösung. In Blausäure, die 0,735 Äquivalente Schwefelsäure enthält, lösen sich je 1 Liter 57,8 g Silbersulfat verhältnismäßig glatt und rasch auf, ohne daß Silbercyanid gebildet wird.

Auch die Reaktion des Silberbenzolsulfonats mit dem Lösungsmittel verläuft nicht ausschließlich zugunsten der Solvolyseprodukte; vielmehr bleibt ein kleiner Teil des Silbersalzes neben der gebildeten Benzolsulfonsäure in Lösung, während das entstandene Silbercyanid sich als weißer Niederschag absetzt.

Beim Eintragen von Silberphosphat in Blausäure ändert sich nach kurzer Zeit die Farbe des Salzes von gelb nach weiß; außerdem stellt

man eine Wärmeentwicklung fest, welche durch äußere Kühlung des Gefäßes mit Eiswasser gemildert werden kann. Titriert man nun eine durch Solvolyse von Silberphosphat in reinem Cyanwasserstoff gewonnene Lösung von Phosphorsäure (nach vorangegangener Filtration des abgeschiedenen Silbercyanids) potentiometrisch mit basenanalogem Triäthylamin unter Verwendung von Kupferelektroden, so erhält man bei der graphischen Darstellung der Meßergebnisse einen Kurvenverlauf, wie er in Abb. 37 wiedergegeben ist.

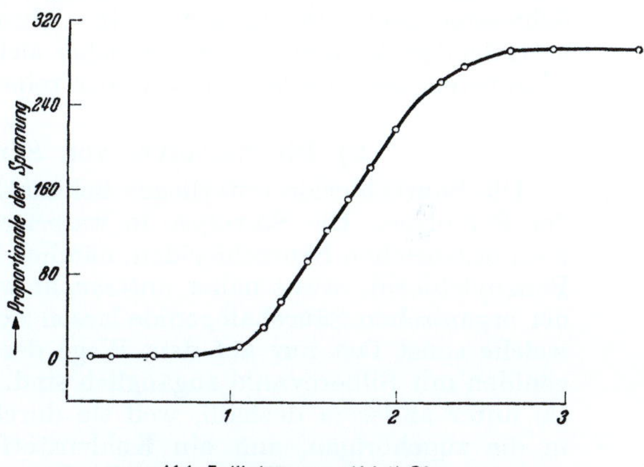

Abb. 37. Potentiometrische Titration einer vorgelegten Lösung von Phosphorsäure in absoluter Blausäure mittels Triäthylammoniumcyanid (Kupferelektroden).

Man sieht, daß sich das Potential der absolut blausauren Lösung bis zur beendeten Bildung des löslichen Triäthylammonium-Dihydrogenphosphats $[(C_2H_5)_3NH](H_2PO_4)$ nur wenig ändert. Es folgt dann ein breites Übergangsgebiet, innerhalb dessen weder die beendete Bildung des sekundären noch des tertiären Phosphats durch Sprungbereiche der bekannten Art zu erkennen ist. Diese beiden Salztypen sind also offenbar stark der Solvolyse unterworfen. Die Phosphorsäure ist danach — ganz besonders hinsichtlich des zweiten und dritten Wasserstoffatoms — nur als schwaches „Säurenanaloges" in Blausäure anzusprechen. Der Kurvenverlauf bei der potentiometrischen Titration der Phosphorsäure mittels Kaliumcyanid oder Rubidiumcyanid ist qualitativ der gleiche, quantitativ jedoch insofern etwas von dem der Abb. 37 verschieden, als das zunächst gebildete Kalium- bzw. Rubidium-Dihydrogenphosphat $Rb(H_2PO_4)$ in Blausäure schwer löslich ist.

Das Silbercyanat und das Silberjodid verhalten sich nun anders als die bisher behandelten Silbersalze, welche sofort bei der Berührung mit dem Lösungsmittel Solvolyseerscheinungen zeigen.

Sowohl das Silberjodid als auch das Silbercyanat sind in Blausäure sehr schwer löslich, und so liegt das Silberjodid nach etwa 10tägiger Reaktionsdauer noch unverändert in der Lösung vor, während das Silbercyanat nach 3 Tagen zu etwa 40% Solvolyse erlitten hat; in der Lösung ist die Anwesenheit von Cyansäure nicht nachweisbar, wie es nach dem auf S. 155 Gesagten zu erwarten ist.

Es liegt auf der Hand, daß solvolytische Umsetzungen der behandelten Art von Interesse für die präparative Chemie sein können. Durch Solvolyse von leicht umsetzbaren Silberverbindungen oder geeigneten anderen Schwermetallverbindungen in wasserfreier Blausäure erhält man unter Abscheidung von unlöslichem Silber- oder Schwermetallcyanid zunächst eine absolut blausaure Lösung der betreffenden Verbindung, aus welcher sich dann gegebenenfalls durch Abdunsten des Cyanwasserstoffs der reine Stoff selbst gewinnen läßt.

b) Die Solvolyse von Säurechloriden.

Die Säurechloride unterliegen bekanntlich generell besonders leicht der Solvolyse. Die Solvolyse in wasserfreier Blausäure ist bisher an zwei organischen Säurechloriden, nämlich beim Acetylchlorid und beim Benzoylchlorid, etwas näher untersucht worden. Bei der „Cyanolyse" der organischen Säurehalogenide lassen sich die Säurecyanide erhalten, welche sonst fast nur auf dem Wege der Umsetzung von Säurehalogeniden mit Silbercyanid zugänglich sind. Ein Interesse beanspruchen sie unter anderem deshalb, weil sie durch Verseifen der Cyangruppe in die zugehörigen, um ein Kohlenstoffatom reicheren Ketosäuren übergehen können. Daher hat die Solvolyse der organischen Säurehalogenide in wasserfreier Blausäure ebenfalls Bedeutung für die präparative Chemie.

Beim Einbringen z. B. von Acetylchlorid in flüssigen Cyanwasserstoff stellt sich gemäß der folgenden Formulierung ein Gleichgewicht ein:

$$R\text{—}COCl + H(CN) \rightleftharpoons R\text{—}CO(CN) + HCl.$$

Der Chlorwasserstoff ist neben der Blausäure einwandfrei am Geruch zu erkennen. Um das Gleichgewicht quantitativ nach rechts zu verschieben, muß man den „säurenanalogen" Chlorwasserstoff durch ein „Basenanaloges" binden. Bei den diesbezüglichen Versuchen hat sich die Verwendung von Kaliumcyanid oder Triäthylamin nicht als besonders vorteilhaft erwiesen, wohl aber die Anwendung des schwach basenanalogen Pyridins, welches keine Bräunung der Blausäure hervorruft. Außerdem war es günstig, relativ hochkonzentrierte blausaure Lösungen von Acetylchlorid und Pyridin zu verwenden, diese Lösungen bei Eiskühlung tropfenweise zusammenzugeben und das gebildete Pyridiniumchlorid mit trockenem Äther möglichst quantitativ auszufällen[1]. So sind 98% der berechneten Menge dieses Salzes erhalten worden. Nach Abdunsten des Äthers aus dem Filtrat hat man den

---

[1] Nähere Einzelheiten über die Arbeitsweise sind bei G. JANDER u. G. SCHOLZ: Z. phys. Chem. Abt. A **192**, 200 (1943) beschrieben.

Rückstand fraktioniert destilliert und etwa 20% der erwarteten Menge Acetylcyanid bekommen. Im Fraktionierkolben verblieb eine bräunliche Masse, welche allem Anschein nach zu einem großen Teil aus dimerem Acetylcyanid bestand.

Sehr viel bessere Ausbeuten an Cyanid wurden nach der gleichen Arbeitsweise bei der Solvolyse von Benzoylchlorid in Blausäure bei Gegenwart von Pyridin erzielt. Im Filtrat des Pyridiniumchlorids konnte man nach dem Abdunsten des Äthers durch fraktionierte Destillation $\sim$ 80% der erwarteten Menge an Benzoylcyanid erhalten. Aber auch bei der Solvolyse dieses Säurechlorids ergab sich als Rückstand im Fraktionierkolben etwas braune, verharzte Masse.

Die Darstellung von Benzoylcyanid aus Benzoylchlorid und Blausäure bei Gegenwart von Pyridin ist bereits von CLAISEN[1] durchgeführt worden mit dem Unterschied, daß er von vornherein in ätherischer Lösung arbeitet, den Äther also nicht erst nach beendeter Solvolyse zur Ausfällung des Pyridiniumchlorids zusetzt. Es ist offenbar, daß die „Cyanolyse" des Benzoylchlorids trotz der Verdünnung des Reaktionsgemisches mit Äther in der gleichen Weise abläuft wie in absolut blausaurer Lösung.

Daß es bisher noch nicht gelang, die durch das schwache Basenanaloge Pyridin vollständig nach rechts verlagerte solvolytische Umsetzung

$$R\text{—}COCl + (C_6H_5NH)(CN) \rightleftharpoons R\text{—}CO(CN) + (C_6H_5NH)Cl$$

auch 100%ig in bezug auf die präparativ erhältliche Ausbeute an Säurecyanid zu gestalten, liegt wohl vor allen Dingen an der großen Reaktionsfähigkeit der Säurecyanide und der Blausäure selbst, wodurch Nebenreaktionen eintreten können.

6. Die Erscheinung der Amphoterie in verflüssigtem Cyanwasserstoff.

In den meisten Systemen der Verbindungen, welche wasserähnlichen Lösungsmitteln angehören, hat man amphotere Substanzen aufgefunden. Es hat daher nahegelegen, zu untersuchen, ob auch die Erscheinungen der Amphoterie im Cyanosystem der Verbindungen anzutreffen sind. Die große Zahl der komplexen Cyanide deutet schon an, daß diese Annahme zu Recht bestehen dürfte.

Wasserfreies Eisen(III)-chlorid ist — wie bereits erwähnt — in Blausäure gut löslich und ergibt eine gelb bis orangerot gefärbte, gut leitende Lösung. Fügt man zu ihr basenanaloges Triäthylamin[2] (Triäthylammoniumcyanid), so fällt zunächst ein Cyanidniederschlag aus, welcher blau gefärbt ist. Das ist sicherlich darauf zurückzuführen, daß sich bei der Fällung des Eisen(III)-cyanids spurenweise intensiv blau anfärbendes Eisen(II)-hexacyanoferrat bildet. Bei Zugabe eines Überschusses von Triäthylamin löst sich der Niederschlag wieder auf. Über

[1] CLAISEN, L.: Ber. dtsch. chem. Ges. **31**, 1023 (1898).
[2] JANDER, G. u. G. SCHOLZ: Z. phys. Chem. Abt. A **192**, 163 (1943).

die molaren Verhältnisse bei der geschilderten Umsetzung gibt der in Abb. 38 abgebildete Kurvenverlauf der potentiometrischen Titration einer absolut blausauren Eisen(III)-chloridlösung mittels Triäthylamin Auskunft. Es treten zwei Potentialsprünge auf, und zwar bei einem molaren Verhältnis von Eisen(III)-chlorid zu Amin wie 1:3 und 1:6. Beim ersten Sprung ist die Ausfällung des Eisen(III)-cyanids beendet. Beim weiteren Zugeben von Amin löst sich dieser Niederschlag allmählich wieder auf, der Auflösungsvorgang ist beim zweiten Potentialsprung abgeschlossen. Folgende Reaktionsgleichungen geben die Vorgänge wieder:

$$FeCl_3 + 3\,[(C_2H_5)_3NH](CN) = Fe(CN)_3 + 3\,[(C_2H_5)_3NH]Cl$$

$$Fe(CN)_3 + 3\,[(C_2H_5)_3NH](CN) = [(C_2H_5)_3NH]_3[Fe(CN)_6]\,.$$

Es hat sich schließlich Triäthylammonium-Hexacyanoferrat, ein Salz vom Typus des roten Blutlaugensalzes gebildet. Das Eisen(III)-cyanid verhält sich also im „Cyanosystem" der Verbindungen „Säuren-" und „Basenanalogen" gegenüber amphoter genau so wie Aluminiumhydroxyd in wäßriger Lösung Säuren und Basen gegenüber. Auch das Silbercyanid[1] zeigt, ähnlich wie das Ferricyanid, in blausaurer Lösung amphotere Eigenschaften. Versetzt man nämlich eine Aufschlämmung von Silbercyanid in Cyanwasserstoff, die durch die Solvolyse eines Silbersalzes frisch bereitet sein muß und nicht gealtert sein darf, mit steigenden Mengen von Salpetersäure oder Schwefelsäure, so geht ein allmählich wachsender Anteil des Silbercyanids in Lösung. Für die Löslichkeit des Silbercyanids in einerseits salpetersaurer, andererseits schwefelsaurer Blausäurelösung liegen einige Zahlen vor, die in der folgenden Tabelle 46 zusammengefaßt sind.

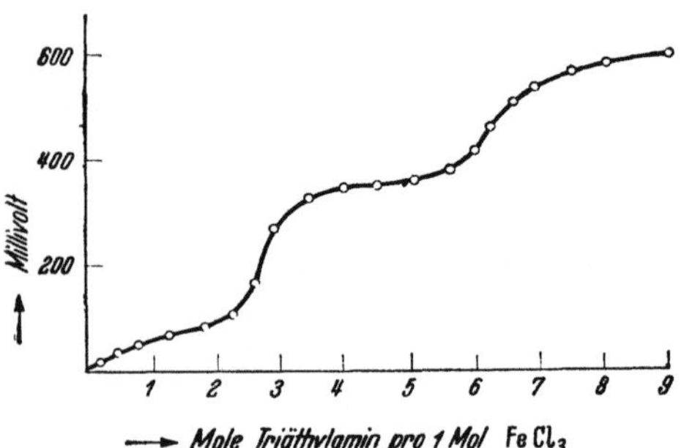

Abb. 38. Potentiometrische Titration einer vorgelegten Lösung von Eisen(III)-chlorid in wasserfreier Blausäure mittels Triäthylammoniumcyanid.

Diese tabellarische Übersicht zeigt deutlich, daß die Löslichkeit des Silbercyanids in Blausäure beim Zusatz von Schwefelsäure weitaus größer ist als beim Zusatz von Salpetersäure.

Andererseits vermag das Silbercyanid sich auch in einem Überschuß von „Basenanalogem" zu lösen. Versetzt man eine Auflösung von Silberperchlorat in Blausäure mit Triäthylamin, so entsteht ein voluminöser Niederschlag von Silbercyanid; bei der Zugabe von überschüssigem „Basenanalogen" verschwindet der Niederschlag und man

[1] JANDER, G. u. B. GRÜTTNER: Chem. Ber. 81, 114 (1948).

Tabelle 46.

Gehalt der Lösung an Salpetersäure in Äquiv. je 1 Liter	In 1 Liter gehen g AgCN in Lösung	Gehalt der Lösung an Schwefelsäure in Äquiv. je 1 Liter	In 1 Liter gehen g AgCN in Lösung
0,0192	0,198	0,125	6,85
0,192	1,47	0,137	5,62
0,426	2,5		
0,547	3,0	0,274	11,87
1,51	8,02	0,337	14,39
1,6	8,6		
2,07	16,2	0,411	17,4
		0,775	31,51
		1,1	49,6

erhält eine klare Lösung, die das Silbercyanid komplex als Triäthyl-ammoniumsilbercyanid gebunden enthält:

$$AgClO_4 + [(C_2H_5)_3NH]CN = [(C_2H_5)_3NH]ClO_4 + AgCN$$
$$\downarrow$$
$$AgCN + [(C_2H_5)_3NH]CN = [(C_2H_5)_3NH][Ag(CN)_2].$$
$$\rightarrow$$

Silbercyanid aber, welches durch Solvolyse oder Fällung mittels Kaliumcyanid in einer absolut blausauren Silbersalzlösung entstanden ist, löst sich im Überschuß von Kaliumcyanid nur in ganz frisch-gefälltem Zustand wieder auf. Der Silbercyanidniederschlag altert offenbar außerordentlich rasch und wird dadurch schnell schwer löslich.

Trockenes Kalium-Silbercyanid $K[Ag(CN)_2]$, präparativ dargestellt, besitzt eine mäßige Löslichkeit in wasserfreier Blausäure und erteilt ihr ein gutes Leitvermögen.

Im Zuge der eben für die Cyanide und komplexen Cyanide des Eisens sowie des Silbers gegebenen Darlegungen erscheinen alle die vielen komplexen Cyanoverbindungen von Kupfer, Silber, Gold, von Zink, Cadmium, Eisen, Kobalt, Nickel usw. in einem ganz anderen und ganz neuen Lichte. Sie stehen nicht mehr als eine besondere Klasse von Komplexverbindungen des „Aquosystems" neben beispiels-weise den komplexen Bromo-, Jodo- oder Rhodanatoverbindungen, sondern gehören genetisch in den Bereich der amphoteren Substanzen bei Verwendung von wasserfreiem, flüssigen Cyanwasserstoff als Solvens. Sie sind in diesem Zusammenhang als Salze von schwach säurenanalogen Cyaniden mit stärkeren Basenanalogen anzusehen. Es wurde daher das Verhalten des Quecksilbercyanids beim Zusatz von Kaliumcyanid in flüssigem Cyanwasserstoff etwas näher untersucht. Das Quecksilber(II)-cyanid ist in Blausäure recht wenig löslich, bei 10^0 läßt sich eine etwa 0,01 molare Lösung herstellen, die jedoch keine praktisch meßbare elektrische Leitfähigkeit besitzt.

Versetzt man eine Suspension von Quecksilbercyanid in dem Solvens mit festem Kaliumcyanid, so tritt schon bei der Zugabe von einem Mol Kaliumcyanid zu einem Mol Quecksilber(II)-cyanid völlige Lösung ein; beim Abdunsten des überschüssigen Cyanwasserstoffs erhält man ein Salz, dem die Formel $K[Hg(CN)_3]$ zuzuschreiben ist. Die beiden Komponenten haben sich also nach folgendem Schema umgesetzt:

$$Hg(CN)_2 + KCN = K[Hg(CN)_3].$$

Versetzt man die Suspension von Quecksilbercyanid mit basenanalogem Kaliumcyanid im Molverhältnis Kaliumcyanid zu Quecksilbercyanid wie 2:1, so erhält man ein Salz der Formel $K_2[Hg(CN)_4]$:

$$Hg(CN)_2 + 2\,KCN = K_2[Hg(CN)_4].$$

Dieses letztere Salz, das ja auch aus wäßrigen Lösungen erhalten und gut bekannt ist, ist in flüssiger Blausäure nicht ganz so löslich wie das oben beschriebene $K[Hg(CN)_3]$.

Es ist nun in dem aufgezeigten Zusammenhange von außerordentlich großem Interesse, auch die zahlreichen anderen komplexen Cyanide der Schwermetalle diesbezüglich systematisch zu untersuchen, von denen einige in der nachfolgenden tabellarischen Übersicht zusammengestellt sind[1].

Tabelle 47. *Übersicht über einige Typen komplexer Schwermetallcyanide.*

Element und Wertigkeit	Typus des komplexen Cyanids	Element und Wertigkeit	Typus des komplexen Cyanids	Element und Wertigkeit	Typus des komplexen Cyanids
Cu^{I}	$Me[Cu_2(CN)_3]$	Mn^{II}	$Me_4[Mn(CN)_6]$	Fe^{III}	$Me_3[Fe(CN)_6]$
	$Me[Cu(CN)_2]$	Fe^{II}	$Me_4[Fe(CN)_6]$	Co^{III}	$Me_3[Co(CN)_6]$
	$Me_2[Cu(CN)_3]$	Co^{II}	$Me_4[Co(CN)_6]$	Rh^{III}	$Me_3[Rh(CN)_6]$
	$Me_3[Cu(CN)_4]$	Ni^{II}	$Me_2[Ni(CN)_4]$	Ir^{III}	$Me_3[Ir(CN)_6]$
Ag^{I}	$Me[Ag(CN)_2]$	Ru^{II}	$Me_4[Ru(CN)_6]$	Au^{III}	$Me[Au(CN)_4]$
Au^{I}	$Me[Au(CN)_2]$	Pd^{II}	$Me_2[Pd(CN)_4]$	Tl^{III}	$Me[Tl(CN)_4]$
Ni^{I}	$Me_2[Ni(CN)_3]$	Os^{II}	$Me_4[Os(CN)_6]$		
		Pt^{II}	$Me_2[Pt(CN)_4]$	Mo^{IV}	$Me_4[Mo(CN)_8]$
Zn^{II}	$Me[Zn(CN)_3]$			W^{IV}	$Me_4[W(CN)_8]$
	$Me_2[Zn(CN)_4]$	Cr^{III}	$Me_3[Cr(CN)_6]$		
Cd^{II}	$Me_2[Cd(CN)_4]$	Mn^{III}	$Me_3[Mn(CN)_6]$	W^{V}	$Me_3[W(CN)_8]$

7. Solvate mit Cyanwasserstoff.

Die Eigentümlichkeit, mit bereits abgesättigt erscheinenden, festen Verbindungen definierte Solvate zu bilden und in Lösungen die gelösten Stoffe und die Ionen zu solvatisieren, hat man beim Wasser und den anderen nichtwäßrigen, aber wasserähnlichen Solventien mehr oder weniger ausgeprägt angetroffen. Man könnte nun annehmen, daß die Erscheinung der Solvatbildung und der Solvatation wegen des hohen Dipolmoments der Blausäure bei ihr besonders in die Augen fallend hervorträte. Demgegenüber führen aber COATES und

---

[1] WERNER-PFEIFFER: Neuere Anschauungen auf dem Gebiete der anorganischen Chemie, 5. Aufl., S. 105. Braunschweig 1923.

Das Verhalten einiger Sauerstoffverbindungen des Schwefels in Blausäure.

TAYLOR[1] die von ihnen beobachtete hohe Beweglichkeit der in verflüssigtem Cyanwasserstoff befindlichen Ionen unter anderem darauf zurück, daß die Ionen in wasserfreier Blausäure nicht so stark solvatisiert sind wie in Wasser (vgl. S. 132). Sie berichten in diesem Zusammenhange auch, daß nach bisher unveröffentlichten Untersuchungen die Zahl der von ihnen gefundenen, festen Solvate mit Blausäure nur außerordentlich gering ist. Auch sonst findet man in der Literatur kaum Blausäuresolvate beschrieben. Nur PERRIER[2] und HINKEL[3] befassen sich mit Cyanwasserstoffanlagerungen an das wasserfreie Aluminiumchlorid von der Zusammensetzung $AlCl_3 \cdot HCN$ und $AlCl_3 \cdot 2\,HCN$. Die Blausäure Anlagerungsverbindung $AlCl_3 \cdot 2\,HCN$ läßt sich sowohl aus Aluminiumchlorid und flüssigem Cyanwasserstoff als auch aus Aluminïumchlorid und ,,Iminoformylcarbylamin", einem dimeren Cyanwasserstoffprodukt der Zusammensetzung (HN)CH(CN) darstellen. Auch die aus Iminoformylcarbylamin und Aluminiumchlorid bereitete Anlagerungsverbindung dissoziiert thermisch beim Erwärmen auf 100^0 in Aluminiumchlorid und Blausäure; dasselbe tritt schon bei Zimmertemperatur in ätherischer Lösung ein. Eine Wiederabspaltung von Iminoformylcarbylamin konnte nicht beobachtet werden. Allem Anschein nach wandelt sich das Iminoformylcarbylamin bei der Anlagerung an das Aluminiumchlorid und der Solvatbildung rückwärts in zwei Moleküle Blausäure um.

8. Das Verhalten einiger Sauerstoffverbindungen des sechs- und vierwertigen Schwefels in Blausäure[4].

Über das Verhalten der *Schwefelsäure* in wasserfreiem Cyanwasserstoff ist bereits berichtet worden (vgl. S. 148).

Beim Auflösen von *Schwefeltrioxyd* in Blausäure beobachtet man ein Ansteigen der zunächst recht geringen Leitfähigkeit dieser Lösung, bis sich nach etwa 30 Min. ein konstanter Endwert eingestellt hat. Die quantitative reaktionskinetische Untersuchung der Umsetzung[5] hat ergeben, daß sie den Charakter einer monomolekularen bzw. pseudomonomolekularen Reaktion besitzt, denn sie verläuft in einem großen Überschuß von Blausäure, deren Konzentration daher während des ganzen Ablaufs der Umsetzung als konstant angesehen werden kann. Für die Geschwindigkeitskonstante k der vorliegenden pseudomonomolekularen Reaktion gilt folgende Beziehung:

$$k = \frac{1}{t} \ln \frac{c_A}{c_A - c_t} = \frac{1}{t} \ln \frac{L_\infty - L_0}{L_\infty - L_t}.$$

[1] COATES, J. E. u. E. G. TAYLOR: J. chem. Soc. **1936**, 1245.
[2] PERRIER: C. R. de l'Acad. Sci. **120**, 1423 (1895).
[3] HINKEL, L. E. u. R. T. DUNN: J. chem. Soc. **1931**, 3343. — HINKEL, L. E. u. T. J. WATKINS: J. chem. Soc. **1940**, 407.
[4] JANDER, G. u. B. GRÜTTNER: Chem. Ber. 80, 279 (1947).
[5] JANDER, G. u. G. SCHOLZ: Z. phys. Chem. Abt. ·A **192**, 163 (1943).

Hierin bedeuten c_A die Anfangskonzentration und c_t die Konzentration des reagierenden Stoffes zur Beobachtungszeit t, L_∞ die Leitfähigkeit der Lösung nach Beendigung der Reaktion des Schwefeltrioxyds, L_0 die Leitfähigkeit der Lösung zu Beginn des Versuchs zur Zeit $t = 0$ Min. und L_t die Leitfähigkeit der Lösung zur jeweiligen Beobachtungszeit t. In der nachfolgenden Tabelle sind die beobachteten Leitfähigkeitswerte sowie die berechneten Werte des logarithmischen Ausdrucks aus der obigen Gleichung und schließlich die Geschwindigkeitskonstanten k zusammengestellt.

Tabelle 48. *Berechnung der Geschwindigkeitskonstanten k der Reaktion zwischen Schwefeltrioxyd und Blausäure.*

t in Minuten	$L_t = x \cdot 10^{-4}$ $x =$	$\dfrac{L_\infty - L_0}{L_\infty - L_t}$	$\ln \dfrac{L_\infty - L_0}{L_\infty - L_t}$	k
0	1,47	1,00	0,000	—
1	3,85	1,33	0,285	0,285
2	4,85	1,54	0,432	0,216
3	6,16	1,95	0,668	0,223
4	6,89	2,29	0,828	0,207
5	7,76	2,90	1,068	0,214
6,5	8,69	4,02	1,39	0,224
9	9,63	6,63	1,89	0,210
12	10,20	10,90	2,39	0,199
16	10,58	11,92	2,41	0,151
20	10,98	96,1	4,56	0,228
25	11,08	—	—	—
30	11,08	—	—	—
∞	~11,08	—		Mittelwert: 0,216

Wenn man berücksichtigt, daß die Versuchsreihe ohne besonders sorgfältige Vorrichtungen zum Einhalten der Temperaturkonstanz durchgeführt worden ist, so darf die Übereinstimmung der einzelnen Werte für die Geschwindigkeitskonstante als recht befriedigend betrachtet werden.

Titriert man eine ausreagierte Lösung von Schwefeltrioxyd in flüssigem Cyanwasserstoff potentiometrisch (unter Verwendung von Silberelektroden) mittels basenanalogem Triäthylamin, so erhält man bei der graphischen Darstellung der Versuchsergebnisse einen Kurvenverlauf, wie er durch Abb. 39 wiedergegeben ist. Nach dem Zusatz von einem Mol Triäthylammoniumcyanid zu 1 Mol vorgelegtem Schwefeltrioxyd erfolgt der Potentialsprung. Dieser zeigt an, daß die Reaktion zwischen dem basenanalogen Triäthylamin und einem in der Lösung vorliegenden Säureanalogen beendet ist. Es scheint nach diesem Resultat, daß das Schwefeltrioxyd sich in Cyanwasserstoff gelöst wie ein potentieller Elektrolyt „saurer Natur" verhält und mit dem Lösungsmittel unter Bildung der Cyanoschwefelsäure reagiert:

$$SO_3 + HCN \rightleftharpoons H(SO_3)CN.$$

Dieses Säureanaloge muß jedoch als eine recht instabile Verbindung angesehen werden, denn es gelang nicht, sein Kaliumsalz zu isolieren.

Nach dem hier Dargelegten hat die Bildung von Salzen einer zwei- oder gar dreibasischen Cyanoschwefelsäure — etwa der Form $H_2[(SO_3)(CN)_2]$ oder $H_3[(SO_3)(CN)_3]$ — keine große Wahrscheinlichkeit für sich, wie man anfänglich nach einer Titration mit Kupferelektroden[1] annehmen zu dürfen glaubte.

Gasförmiges *Schwefeldioxyd* wird von wasserfreier Blausäure gut absorbiert. Es erhöht aber ihre elektrische Leitfähigkeit nur unbedeutend. In Analogie zum Verhalten des Schwefeldioxyds in wäßriger Lösung könnte man diese geringfügige Erhöhung des Leitvermögens der Blausäure auf eine wenigstens teilweise erfolgende Reaktion mit dem Solvens zurückführen:

$$SO_2 + HCN \rightleftharpoons {(HO) \atop (NC)}{>}S{=}O$$
$$\rightleftharpoons H^+ + \left[(NC\!-\!S{<}^O_O)\right]^-.$$

Die sich etwa bildende cyanoschweflige Säure kann allerdings nur außerordentlich wenig dissoziiert sein. Verfolgt man die Zugabe einer basenanalogen Substanz zu der Auflösung von Schwefeldioxyd potentiometrisch, so hat der Kurvenverlauf in der graphischen Darstellung der Versuchsresultate in der Tat den Charakter der neutralisationenanalogen Umsetzung einer einbasischen Säure. Bei Verwendung von Triäthylamin (Triäthylammoniumcyanid) als Basenanaloges ist die Lage des Wendepunktes aber abhängig von der ursprünglichen Konzentration an Schwefeldioxyd. Mit Abnahme der Konzentration der zu titrierenden Lösungen an Schwefeldioxyd verschiebt sich die Lage des Sprungbereiches zu kleineren molaren Verhältnissen von Basenanalogem zu Schwefeldioxyd als 1:1. Bei Konzentrationen unterhalb 0,05 Mol Schwefeldioxyd je 1 Liter läßt sich überhaupt kaum noch ein reell ausdeutbarer Wendepunkt im Kurvenverlauf festlegen. Bei Verwendung jedoch von Kaliumcyanid als Basenanaloges wird auch bei kleineren Schwefeldioxydkonzentrationen ein etwas besser ausgeprägter Sprungbereich bei dem Molverhältnis 1:1 erhalten. Durch den Ablauf dieser neutralisationenähnlichen

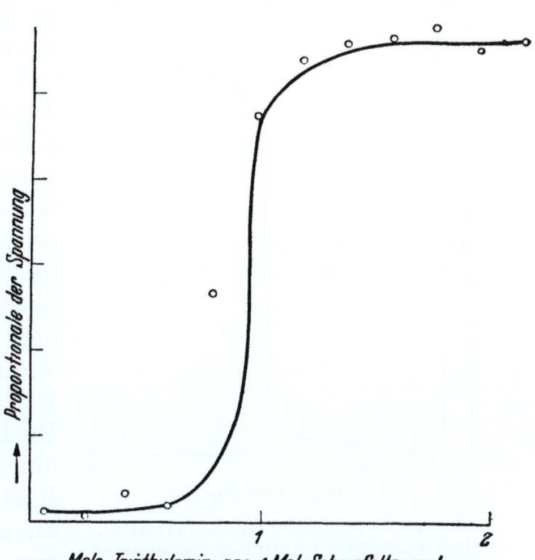

Abb. 39. Potentiometrische Titration einer vorgelegten Auflösung von Schwefeltrioxyd in verflüssigtem Cyanwasserstoff mittels Triäthylammoniumcyanid (Silberelektroden).

---

[1] JANDER, G. u. G. SCHOLZ: Z. phys. Chem. Abt. A **192**, 205 (1943). Die hier gefundene Kurve, die bis jetzt noch nicht gedeutet werden konnte, ist reproduzierbar. Vgl. aber G. JANDER u. B. GRÜTTNER: Über das Verhalten einiger Verbindungen des vier- und sechswertig positiven Schwefels in Blausäure. Chem. Ber. **80**, 279 (1947).

Reaktion hat die Annahme einer primär gebildeten cyanoschwefligen Säure an Wahrscheinlichkeit gewonnen:

$$O\!=\!S\!<^{OH}_{CN} + K(CN) \rightleftharpoons O\!=\!S\!<^{OK}_{(CN)} + H(CN)\,.$$

Versuche jedoch, die cyanoschweflige Säure oder ein salzartiges Derivat derselben zu isolieren, sind bisher fehlgeschlagen.

Man hat nun bei den potentiometrischen Titrationen mit Kaliumcyanid beobachtet, daß die Lösungen zunächst nahezu völlig klar bleiben, daß sich aber bei Zugabe von knapp 1 Mol Kaliumcyanid je 1 Mol Schwefeldioxyd ein Niederschlag ausscheidet. Präparative Ansätze mit etwas größeren Substanz- und Lösungsmittelmengen führten zu einer einheitlich erscheinenden, krystallinen, weißlichen Substanz. Nach dem Auswaschen mit reiner Blausäure und nach kurzem Trocknen hat man zunächst keinen Blausäuregeruch mehr feststellen können, nach einigem Stehen an der Luft jedoch besaß die Substanz einen deutlich wahrnehmbaren Blausäuredampfdruck. Analysen von Proben verschiedener Ansätze ergaben einen Stoff etwa der Zusammensetzung $K_2O \cdot SO_2 \cdot HCN$. Es handelt sich anscheinend also um ein solvatisiertes, äußerst feuchtigkeitsempfindliches und leicht zersetzliches Kaliumsulfit, $K_2SO_3 \cdot HCN$, oder um das Dikalium-

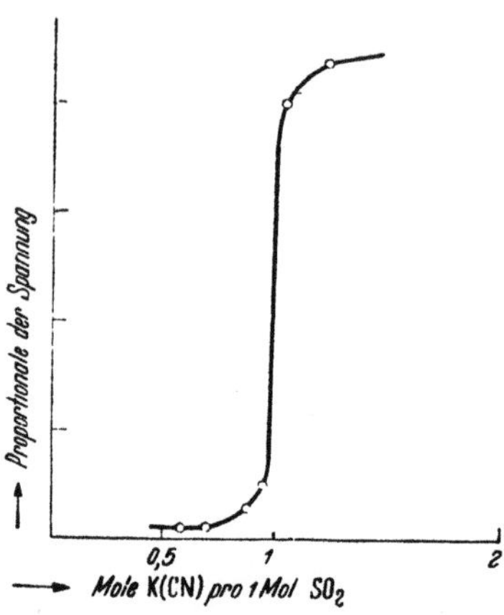

Abb. 40. Potentiometrische Titration einer vorgelegten Auflösung von Schwefeldioxyd in wasserfreier Blausäure mittels Kaliumcyanid.

salz einer cyanoschwefligen Säure $K_2[O_2S(OH)(CN)]$. Vielleicht ist einstweilen der Formulierung als Dikaliumsalz der cyanoschwefligen Säure $H_2[O_2S(OH)(CN)]$ deswegen der Vorzug zu geben, weil es nicht gelungen ist, aus wasserfreiem Kaliumsulfit K_2SO_3 und reiner Blausäure das Cyanwasserstoffsolvat des Sulfits $K_2SO_3 \cdot 1\,HCN$ zu synthetisieren.

Während sich also aus den potentiometrischen Titrationskurven die Bildung einer Verbindung mit dem molaren Verhältnis 1 Kaliumcyanid zu 1 Schwefeldioxyd ablesen läßt, ergeben die präparativen Ansätze Salze mit einem molaren Verhältnis von 2 Kaliumcyanid zu 1 Schwefeldioxyd. Diese Diskrepanzen müssen noch geklärt werden. Zur Überbrückung der Widersprüche hat man die Annahme gemacht, daß zunächst entsprechend den Befunden bei den potentiometrischen Titrationen das lösliche Kaliumsalz der einbasischen Monocyanoschwefligsäure entsteht. Zwei Moleküle desselben reagieren dann miteinander unter Abspaltung von Thionylcyanid und Bildung des schwer löslichen Dikaliumsalzes einer weiteren cyanoschwefligen Säure:

$$2\,H[OSO(CN)] + 2\,KCN = 2\,K[OSO(CN)] + 2\,HCN$$

$$2\,K[OSO(CN)] + HCN = K_2[O_2S(\overset{\rightarrow}{OH})(CN)] + SO(CN)_2\,.$$

Für die Richtigkeit des Reaktionsschemas liegen aber keineswegs ausreichende Beweise vor, insonderheit nicht für die Bildung des Thionylcyanids, welches sich trotz aller Versuche noch auf keine Art hat fassen und einwandfrei nachweisen lassen.

Eine nähere Untersuchung des *Thionylchlorids* bezüglich seines Verhaltens in wasserfreier Blausäure bot vielfachen Anreiz, einmal, um die Solvolyse anorganischer Säurechloride an einem Beispiel kennenzulernen, nachdem es bisher nur unternommen war, die Solvolyse organischer Säurechloride zu studieren; weiterhin lag es durchaus im Bereich der Möglichkeit, durch partielle Solvolyse des Thionylchlorids zum Thionylcyanochlorid zu kommen; schließlich hoffte man, durch vollständige Solvolyse des Thionylchlorids in Blausäure zu einer bequemen Darstellung des Thionylcyanids zu gelangen, eines Stoffes, dessen Darstellung bisher nur von GALL[1] beschrieben worden ist. Wenn sich auch die Erwartungen nicht erfüllt haben, so seien doch im folgenden die Ergebnisse der Versuche über das Verhalten des Thionylchlorids in Blausäure beschrieben.

Thionylchlorid ist in Blausäure recht gut löslich, die Leitfähigkeit einer derartigen Lösung ist allerdings minimal. Im Laufe von Tagen nimmt sie jedoch etwas zu, und die Lösung wird gelblich, während sich ein geringer, äußerst feiner Niederschlag bildet. Es muß also eine langsame Reaktion des Thionylchlorids mit dem Lösungsmittel vor sich gehen. Analog der Hydrolyse des Thionylchlorids in Wasser hat seine Solvolyse in flüssigem Cyanwasserstoff nach

$$SOCl_2 + HCN \rightleftharpoons O{=}S{<}^{CN}_{Cl} + HCl$$

$$\text{bzw. } SOCl_2 + 2\,HCN \rightleftharpoons O{=}S{<}^{CN}_{CN} + 2\,HCl$$

Wahrscheinlichkeit für sich, wobei nach den Beobachtungen von KAHLENBERG und SCHLUNDT[2] der entstehende Chlorwasserstoff bzw. dessen Reaktionsprodukte mit dem Lösungsmittel für die langsame Zunahme der Leitfähigkeit verantwortlich zu machen wären.

Es lag nahe, die Solvolysereaktion, die offenbar wegen der geringen Cyanionenkonzentration in der reinen Blausäure nur partiell und zögernd vor sich geht, durch Vermehrung der Cyanionen weiterzutreiben. Dabei ergibt sich noch bei der Verwendung des Basenanalogen Kaliumcyanid der Vorteil, daß der entstehende Chlorwasserstoff als Kaliumchlorid gebunden wird, welches in Blausäure nur wenig löslich ist und zum Teil ausfällt. Dadurch muß die Reaktion noch weiter nach der rechten Seite der Solvolysegleichung verschoben werden. Die potentiometrische Verfolgung der durch Zugabe von Kaliumcyanid erzwungenen Solvolysereaktion ergab jedoch keine Klarheit, denn die Lage des Sprungbereiches erwies sich als konzentrationsabhängig, und auch die konduktometrischen Titrationen von Thionylchloridlösungen in Blausäure ergaben einen wenig charakteristischen, gebogenen Kurvenverlauf.

---

[1] GALL, H.: Z. angew. Chem. **41**, 683 (1928).
[2] KAHLENBERG, L. u. H. SCHLUNDT: J. phys. Chem. **6**, 447 (1902).

Bei präparativen Ansätzen in konzentrierteren Lösungen, bei welchen schon der Zusatz von 1 Mol Kaliumcyanid je 1 Mol Thionylchlorid die Sättigungskonzentration des Kaliumcyanids in Blausäure überstiegen hätte, bei denen aber mehr als 2 Mol Kaliumcyanid auf 1 Mol Thionylchlorid angewandt worden waren, fand sich stets ein Niederschlag, der neben unumgesetztem Kaliumcyanid Kaliumchlorid enthielt. Berücksichtigt man, daß das Kaliumchlorid etwas löslich in Blausäure ist — bei Zimmertemperatur lösen sich etwa 100 mg in 40 cm³ Blausäure, die Lösung ist also rund 0,03 molar —, so kann man aus der Menge des gefundenen Kaliumchlorids berechnen, daß das Thionylchlorid zu etwa 75% Solvolyse erlitten hat. Das bedeutet, daß bei den gegebenen Konzentrationsverhältnissen Thionylcyanid und Thionylcyanochlorid nebeneinander in der Lösung vorliegen.

Leider ließen sich diese beiden interessanten Stoffe, deren Bildung durch die eben beschriebenen Versuche allem Anschein nach dargetan worden ist, aus ihrer Blausäurelösung nicht isolieren. Beim Abdestillieren des überschüssigen Lösungsmittels werden sie offenbar zersetzt.

In diesem 8. Abschnitt wurde das Verhalten von Thionylchlorid, Schwefeldioxyd sowie Schwefeltrioxyd und bereits weiter vorne das von Schwefelsäure in wasserfreier Blausäure als Lösungsmittel behandelt. Das geschah einmal unter dem Gesichtspunkt, die Chemie der verschiedenen Verbindungen des vier- und sechswertig positiven Schwefels in diesem „wasserähnlichen" Solvens kennenzulernen und miteinander zu vergleichen. Ferner aber sollten dabei diese verschiedenen Säuren bzw. potentiellen Elektrolyte saurer Natur hinsichtlich ihres Verhaltens gegenüber den beiden Lösungsmitteln „Blausäure" und „Wasser" vergleichend betrachtet werden.

Das Säurechlorid Thionylchlorid hydrolysiert in Wasser — auch ohne Zugabe einer Lauge — sofort und vollständig, wobei unter Verbrauch von 2 Mol Wasser je 1 Mol Thionylchlorid 2 Mol Chlorwasserstoff und 1 Mol schweflige Säure gebildet werden. In wasserfreier Blausäure als Solvens hingegen verläuft die Solvolyse offenbar nur partiell, auch wenn durch Zugabe eines Basenanalogen, z. B. Kaliumcyanid, die Cyanionenkonzentration vermehrt und die Chlorwasserstoffkonzentration durch die Bildung von Kaliumchlorid vermindert wird. Es wird angenommen, daß in der Lösung sich sowohl Thionylcyanid als auch Thionylcyanochlorid als Solvolyseprodukte befinden, die präparative Reindarstellung dieser beiden Stoffe gelang noch nicht.

Das Schwefeldioxyd stellt in bezug auf Wasser als Lösungsmittel ein Säureanhydrid dar, es erhält durch Reaktion mit dem Solvens den Charakter einer zweibasischen Säure. In Blausäure findet nun zwischen dem Schwefeldioxyd und dem Lösungsmittel eine vollkommen analoge Reaktion statt, die jedoch nur ein „einbasisches" Säurenanaloges, die cyanoschweflige Säure, liefert, wie potentiometrische Titrationen von Schwefeldioxydauflösungen in Blausäure mit Kaliumcyanid gezeigt haben. Die cyanoschweflige Säure H[O$_2$S(CN)] scheint nur in Lösungen von Blausäure zu existieren, ebenso wie die schweflige Säure nur in Lösungen von Wasser. Das

Kaliumsalz dieser cyanoschwefligen Säure ist, auch in Lösung, anscheinend nicht sehr stabil; es zerfällt sehr leicht unter Bildung eines Stoffes von der Zusammensetzung $K_2SO_3 \cdot HCN$, also eines solvatisierten Kaliumsulfits oder des Dikaliumsalzes einer etwas anders gebauten cyanoschwefligen Säure $\begin{smallmatrix} HO \\ HO \end{smallmatrix} > S < \begin{smallmatrix} OH \\ CN \end{smallmatrix}$. Der Mechanismus dieser Zerfallsreaktion konnte jedoch bisher nicht geklärt werden.

Die Schwefelsäure stellt im Solvens Wasser eine starke, zweibasische Säure dar, beide sauren Wasserstoffatome werden ziemlich gleichmäßig abdissoziiert. Im Gegensatz dazu sind die säurenanalogen Eigenschaften der in Blausäure gelösten Schwefelsäure erheblich schwächer ausgeprägt. Die Schwefelsäure ist aber auch in Blausäure als Lösungsmittel eindeutig „zweibasisch"; die Aufrichtung einer Doppelbindung zwischen Schwefel und Sauerstoff durch das Lösungsmittel findet nicht statt. Der Dissoziationsgrad der beiden Wasserstoffatome der Schwefelsäure ist dabei so unterschiedlich, daß bei der potentiometrischen Titration mit stärkerem Basenanalogen zwei deutlich voneinander abgesetzte Potentialsprünge auftreten.

Das Schwefeltrioxyd, welches bei der Verwendung von Wasser als Lösungsmittel das Anhydrid der Schwefelsäure ist, spielt dem Lösungsmittel Blausäure gegenüber eine ähnliche Rolle. Bei der relativ recht langsam verlaufenden Reaktion des Schwefeltrioxyds mit dem Cyanwasserstoff wird die Cyanoschwefelsäure gebildet, deren Anwesenheit bei der potentiometrischen Titration mit Basenanalogem nachgewiesen wird. Die Cyanoschwefelsäure ist eine recht instabile Verbindung. Ihr Kaliumsalz konnte nicht isoliert werden.

VI. Die Chemie in wasserfreier Salpetersäure.

1. Allgemeines über Salpetersäure als Lösungsmittel.

Wasserfreie Salpetersäure HNO_3 befindet sich im Temperaturbereich von $-41{,}1°$ bis $+86°$ C im flüssigen Aggregatzustand und ist imstande, eine größere Anzahl anorganischer und organischer Substanzen aufzulösen. Während nun die reine Salpetersäure den elektrischen Strom nur wenig leitet, besitzen die Lösungen einer ganzen Reihe von Stoffen in diesem Solvens ein mehr oder weniger ausgeprägtes Leitvermögen. Viele der in Salpetersäure gelösten Substanzen liegen also im elektrolytisch dissoziierten Zustande vor.

Die nachstehende tabellarische Zusammenstellung gibt zunächst eine Übersicht über einige physikalisch-chemische Daten der Salpetersäure und enthält zum Vergleich die korrespondierenden Daten des Wassers und der Flußsäure. Wie aus den späteren Darlegungen hervorgehen wird, hat nämlich die Chemie der in wasserfreier Salpetersäure

Tabelle 49. *Vergleich einiger physikalisch-chemischer Daten[1] der Salpetersäure mit denen des Wassers und des Fluorwasserstoffs.*

Eigenschaften	Salpetersäure	Fluorwasserstoff	Wasser
Molekulargewicht	63,016	20,01	18,016
Schmelzpunkt.	$-41,1^0$	-85^0	0^0
Siedepunkt	$+86^0$	$+19,5^0$	$+100^0$
Dichte beim Siedepunkt . .	$1,4096^2$	0,991	0,958
Molvolumen beim Siede- punkt	$44,66^2$	20,2	18,8
Dielektrizitätskonstante ε . .		$86,3\ (0^0)$	$81\ (+18^0)$
Elektrisches Leitvermögen $\varkappa$ in reziproken Ohm . . .	$89 \cdot 10^{-4}\ (0^0)$	$1,4 \cdot 10^{-5}\ (-15^0)$	$6 \cdot 10^{-8}\ (+25^0)$
Viscosität in dyn $\cdot$ sek $\cdot$ cm^{-2}	$0,0177\ (+10^0)$		$0,00550\ (+50^0)$
Bildungswärme in kcal je 1 Mol	$+34,4$	$+64,4$	$+57,8$
Verdampfungswärme in kcal je 1 Mol	7,25	6,5	9,7
Schmelzwärme in kcal je 1 Mol	0,601	0,568	1,43

gelösten Stoffe in vieler Hinsicht recht große Ähnlichkeit mit der in wasserfreiem, flüssigem Fluorwasserstoff.

Die Leitfähigkeitswerte der reinen Salpetersäure und der wasserfreien Flußsäure liegen näher beieinander und sind um mehrere Zehnerpotenzen größer als der Wert des Eigenleitvermögens von reinem Wasser.

Die im Handel erhältliche, sog. 100%ige Säure kann nicht ohne weiteres für Untersuchungen mit chemisch reiner Salpetersäure als Solvens benutzt werden. Die meist etwas gelblich gefärbte, stark rauchende Flüssigkeit hat man deswegen in geeigneten Destillationsapparaturen aus Glas mit Glasschliffen im Vakuum mehrfach destilliert und dabei jeweils nur die größere, mittlere Fraktion zur Verwendung aufgefangen. Da die Salpetersäure bei Atmosphärendruck nicht ohne Zersetzung siedet, hat man die Reinigung durch Destillation unter vermindertem Druck vorgenommen, bei dem sie bei etwa $+40^0$ C völlig farblos übergeht. Auch wenn sie unter Licht- und Luftausschluß in dunklen Flaschen bei Zimmertemperatur aufbewahrt wird, macht sich nach wenigen Tagen bereits wieder der Beginn einer Selbstzersetzung durch eine schwach gelbliche Färbung bemerkbar. Man hat aus diesem Grunde meist nur kleinere Mengen frisch destillierter Salpetersäure für das Studium des Verhaltens der Stoffe in diesem Lösungsmittel benutzt. Bei 0^0 C jedoch hält sie sich mehrere Wochen farblos.

---

[1] Die Angaben sind den Physikalisch-chemischen Tabellen von LANDOLT-BÖRNSTEIN entnommen.

[2] Die von G. P. BAXTER in den Internat. crit. Tables 1928, Bd. 3, S. 23 für die Abhängigkeit der Dichte von der Temperatur und für den Bereich von 0 bis 30° angegebenen Formel: $D_4^t = 1,5300 - 0,0014\,t$ wurde benutzt und auf 86° ausgedehnt. Aus diesem Wert wurde auch das Molvolumen beim Siedepunkt berechnet.

Als Kriterium für den Reinheitsgrad der Salpetersäure hat man, wie bei vielen ähnlich gelagerten Fällen, Messungen des Leitvermögens durchgeführt. Die Leitfähigkeit hochkonzentrierter Salpetersäuren wurde zuerst von BOUTY[1] gemessen. Er fand für die nicht gänzlich wasserfreie Säure bei 0^0 C ein spezifisches Leitvermögen von $156 \cdot 10^{-4}$ reziproken Ohm. SAPOSCHNIKOW[2] bestimmte die spezifische Leitfähigkeit bei $+25^0$ C zu $1283 \cdot 10^{-4}$, während VELEY und MANLEY[3] für $+18^0$ C den Wert mit $415 \cdot 10^{-4}$ angeben. In neueren Untersuchungen[4] ist das spezifische Leitvermögen der Salpetersäure bei -40^0 C zu $9{,}42 \cdot 10^{-4}$ bzw. bei 0^0 zu $89 \cdot 10^{-4}$ gefunden worden.

Man[5] hat zahlreiche Untersuchungen über das Verhalten der Stoffe in wasserfreier Salpetersäure als Solvens mit einer wiederholt gereinigten Säure durchgeführt, welche bei $+6^0$ C den Wert $98 \cdot 10^{-4}$ hatte. Es ist besonders bemerkenswert, daß die Leitfähigkeit der reinen Salpetersäure bei Zusatz kleiner Wassermengen zunächst abnimmt, dann aber — nach Erreichung eines Minimums — sich vergrößert. Wie aus der Abb. 41 ersichtlich ist, besitzt Salpetersäure von $+19^0$ C die geringste Leitfähigkeit, wenn sie 0,05 Mol Wasser je 1 Mol Salpetersäure enthält.

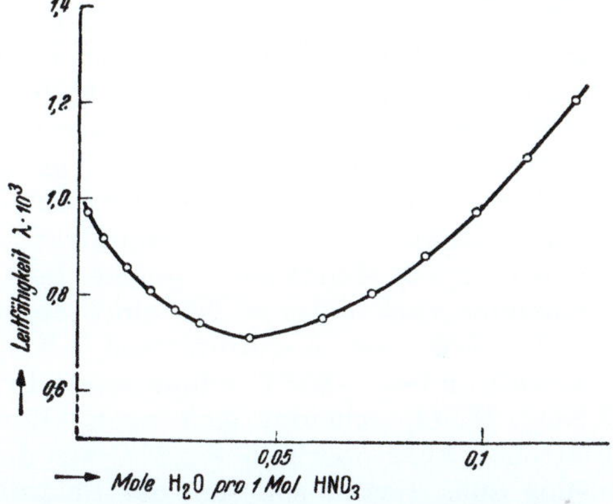

Abb. 41. Abhängigkeit des Leitvermögens der Salpetersäure von der Anwesenheit kleiner Mengen Wasser.

2. Solvate mit Salpetersäure.

Ähnlich wie die anderen nichtwäßrigen, aber wasserähnlichen Lösungsmittel ist auch die Salpetersäure befähigt, sich an chemische Verbindungen, welche an und für sich bereits abgesättigt sind, anzulagern und Solvate zu bilden. Die Salpetersäuresolvate sind jedoch bisher noch nicht systematisch untersucht worden. Die häufig als „Hydronitrate" bezeichneten Anlagerungsverbindungen sind hauptsächlich bei Studien über die Löslichkeit besonders von Nitraten in konzentrierter Salpetersäure aufgefunden worden. Die nachstehende Zusammenstellung gibt eine Übersicht über diejenigen Salpetersäuresolvate, welche in der Literatur etwas eingehender beschrieben worden sind.

Es sind, wie man sieht, lediglich Mono- und Disolvate der Alkalinitrate (außer Lithium- und Natriumnitrat), des Ammoniumnitrats

[1] BOUTY, E.: C. R. Acad. Sci. Paris **106**, 596 (1888).
[2] SAPOSCHNIKOW, A.: Z. phys. Chem. **51**, 609 (1905).
[3] VELEY, V. H. u. J. J. MANLEY: Phil. Trans. roy. Soc. Lond. **191**, 365 (1898).
[4] WOLF, L.: Diss. Leipzig 1925.
[5] JANDER, G. u. H. WENDT: Z. anorg. allg. Chem. **257**, 26 (1948).

Tabelle 50. *Übersicht über Anlagerungsverbindungen mit Salpetersäure.*

Chemische Verbindung	Anzahl der angelagerten Moleküle Salpetersäure	
	1 HNO_3	2 HNO_3
KNO_3	$KNO_3 \cdot 1\,HNO_3$[1]	$KNO_3 \cdot 2\,HNO_3$[1,2]
$RbNO_3$	$RbNO_3 \cdot 1\,HNO_3$[3]	$RbNO_3 \cdot 2\,HNO_3$[3]
$CsNO_3$	$CsNO_3 \cdot 1\,HNO_3$[3]	$CsNO_3 \cdot 2\,HNO_3$[3]
$(NH_4)NO_3$	$(NH_4)NO_3 \cdot 1\,HNO_3$[1,2]	$(NH_4)NO_3 \cdot 2\,HNO_3$[1,2]
$TlNO_3$		$TlNO_3 \cdot 2\,HNO_3$[3]

und des Thallium(I)-nitrats bekannt. Das Mono- und das Disolvat des Ammoniumnitrats ist bereits 1879 von DITTE beschrieben worden. Der Schmelzpunkt des Disolvats liegt bei $+18^0$ C; es bildet sich in prismenförmigen Krystallen, wenn eine gesättigte Lösung von Ammoniumnitrat in rauchender Salpetersäure auf -5^0 C abgekühlt wird. Durch weitere Zugabe von Ammoniumnitrat zu der unterkühlten Flüssigkeit erhält man das Monosolvat, welches bei $+9^0$ C schmilzt und aus feinen, ineinander verflochtenen Nadeln besteht. Entsprechend stellte DITTE das Disolvat des Kaliumnitrats $KNO_3 \cdot 2\,HNO_3$ dar, welches nach GROSCHUFF bei $+22^0$ C schmelzende Prismen bildet. Das Monosolvat $KNO_3 \cdot HNO_3$ scheidet sich nach GROSCHUFF zuweilen freiwillig in Blättchen kurz oberhalb $+22^0$ C aus der übersättigten Salpetersäurelösung aus. Besser soll sich das Salz durch Unterkühlen und rasches Wiederanwärmen der Lösung bis auf $+23^0$ C darstellen lassen. Das Monosolvat des Kaliumnitrats $KNO_3 \cdot HNO_3$ ist sehr hygroskopisch. WELLS und METZGER konnten durch Sättigen einer Salpetersäure von der Dichte $d = 1,42$ mit Rubidiumnitrat bei mäßiger Wärme und durch anschließendes Abkühlen mit einer Kältemischung farblose oktaedrische Krystalle des Monosolvats $RbNO_3 \cdot 1\,HNO_3$ mit dem Schmelzpunkt $+62^0$ C erhalten. Aus einer Salpetersäure der Dichte $d = 1,50$ bildeten sich farblose, durchsichtige Nadeln des Disolvats $RbNO_3 \cdot 2\,HNO_3$ mit dem Schmelzpunkt $+39^0$ C. In ähnlicher Weise wurden von denselben Chemikern das Monosolvat des Caesiumnitrats $CsNO_3 \cdot 1\,HNO_3$ mit dem Schmelzpunkt $+100^0$ C und das Disolvat $CsNO_3 \cdot 2\,HNO_3$ isoliert. Das Disolvat besteht aus dünnen Plättchen. Fernerhin stellten sie das Disolvat des Thalliumnitrats $TlNO_3 \cdot 2\,HNO_3$ dar, welches sich jedoch schon bei normaler Raumtemperatur unter Salpetersäureabgabe wieder zersetzt. In die tabellarische Zusammenstellung wurden nur solche Solvate aufgenommen, deren Realität als einigermaßen gesichert angesehen werden kann. Ein von DITTE erwähntes Solvat des Rubidiumnitrats der Zusammensetzung $2\,RbNO_3 \cdot 5\,HNO_3$ ist von WELLS und METZGER später als ein unreines Produkt erkannt worden; das gleiche gilt für das ebenfalls von DITTE vermutete Trisolvat des Thallium(I)-nitrats $TlNO_3 \cdot 3\,HNO_3$. COSTACHESCU und

---

[1] GROSCHUFF, E.: Ber. dtsch. chem. Ges. **37**, 1489 (1904). — Z. anorg. allg. Chem. **40**, 8 (1904).

[2] DITTE, A.: C. R. Acad. Sci. Paris **89**, 378 (1879). — Ann. Chim. Phys. 18, 323 (1879).

[3] WELLS, H. L. u. F. I. METZGER: J. Amer. chem. Soc. **26**, 273 (1901).

APOSTOI[1] halten die Existenz einer Anlagerungsverbindung, welche auf 1 Mol Magnesiumnitrat 4 Mol Salpetersäure enthält — $Mg(NO_3)_2 \cdot 4\,HNO_3$ — für nicht ausgeschlossen.

Man erkennt, daß allem Anschein nach die Salpetersäuresolvate an Mannigfaltigkeit den Hydraten und den Ammoniakaten bei weitem nachstehen. Vor allem fällt auf, daß nur Salpetersäuresolvate der Nitrate beobachtet worden sind. Solvate von beispielsweise Sulfaten oder Perchloraten sind nicht aufgefunden und beschrieben worden. Es ist vergleichsweise so, als ob bei der Verwendung von Wasser als Lösungsmittel nur Hydrate von Hydroxyden bekannt wären. Dieses bemerkenswerte und eintönige Verhalten der Salpetersäure als Solvens erinnert an das ganz ähnliche, schon besprochene Verhalten der Flußsäure als Lösungsmittel. Wie wir sahen (S. 7) sind auch hier fast ausschließlich Fluorwasserstoff-Anlagerungsverbindungen von Fluoriden aufgefunden worden, kaum aber solche anderer Salze. Wir werden später noch mehrfach Gelegenheit haben, auf weitgehende Analogien zwischen den Grundlagen einer Chemie in Salpetersäure und in Flußsäure hinzuweisen.

3. Die Löslichkeitsverhältnisse in wasserfreier Salpetersäure.

Zunächst sei ein Überblick über die Löslichkeitsverhältnisse der Nitrate in wasserfreier Salpetersäure als Solvens gegeben. Die in der tabellarischen Zusammenstellung enthaltenen Ergebnisse sind zum Teil den bereits zitierten Arbeiten von DITTE und BOUTY entnommen, zum Teil einer Publikation von GUNTZ und MARTIN über die Darstellung wasserfreier Nitrate[2], zum Teil auch eigenen Beobachtungen[3].

Tabelle 51. *Übersicht über die Löslichkeit einiger Nitrate in wasserfreier Salpetersäure.*

Sehr gut löslich	Löslich	Wenig bis sehr wenig löslich	Praktisch unlöslich
KNO_3	$LiNO_3$	$AgNO_3$	$Ca(NO_3)_2$
$RbNO_3$	$NaNO_3$	$Cu(NO_3)_2$	$Sr(NO_3)_2$
$CsNO_3$	$Cr(NO_3)_3$	$Zn(NO_3)_2$	$Ba(NO_3)_2$
$NH_4(NO_3)$	$UO_2(NO_3)_2$	$Mn(NO_3)_2$	$Cd(NO_3)_2$
$[(CH_3)_4N]NO_3$	$Fe(NO_3)_3$	$Co(NO_3)_2$	$Pb(NO_3)_2$
		$Ni(NO_3)_2$	

Die Löslichkeitsverhältnisse sind bei den Alkalinitraten in Salpetersäure ähnlich gelagert wie bei den Alkalihydroxyden in Wasser oder den Alkalifluoriden in wasserfreiem Fluorwasserstoff. Die genannten Verbindungen sind ja auch korrespondierend in bezug auf die angeführten Lösungsmittel, in denen sie jeweils die basenanalogen Alkalien

[1] COSTACHESCU, N. u. TH. APOSTOI: Ann. sci. Univ. Jassy 7, 123 (1913).
[2] GUNTZ, A. u. F. MARTIN: Bull. Soc. chim. Fr. 5, 1004 (1909).
[3] JANDER, G. u. H. WENDT: Z. anorg. allg. Chem. 257, 26 (1948).

vorstellen. Bemerkenswert ist ferner, daß die Nitrate des Calciums, Strontiums und Bariums in Salpetersäure ebenso unlöslich sind, wie beispielsweise die Erdalkalifluoride in Flußsäure, die Erdalkaliamide in verflüssigtem Ammoniak, die Erdalkalisulfide in kondensiertem Schwefelwasserstoff usw. In quantitativer Hinsicht nimmt die Löslichkeit der Nitrate vom relativ wenig löslichen Silbernitrat über die besser löslichen Nitrate des Lithiums, Natriums, Kaliums bis zum außerordentlich stark löslichen Tetramethylammoniumnitrat hin zu. Die nebenstehende kleine Tabelle 52 bringt einige quantitative Angaben[1].

Tabelle 52. *Quantitative Angaben über die Löslichkeit einiger Nitrate in wasserfreier Salpetersäure bei 20° C.*

Art des Nitrats	In 100 g wasserfreier Salpetersäure sind löslich
$AgNO_3$	0,2 g
$LiNO_3$	0,5 g
$NaNO_3$	1,5 g
KNO_3	71,4 g

Entsprechend dem Charakter der Salpetersäure als einem starken Oxydationsmittel lösen sich in ihr viele anorganische Substanzen wie beispielsweise zahlreiche Halogenide unter zum Teil heftiger Reaktion und erleiden Umsetzungen. Das ist ja hinlänglich bekannt. Es gibt jedoch auch eine ganze Reihe anorganischer Verbindungen, namentlich solche, welche bereits in einer hohen Oxydationsstufe vorliegen, die ohne äußerlich sichtbare Reaktion in Salpetersäure mehr oder weniger reichlich löslich sind, wie die nebenstehende, wenig umfangreiche und unsystematische Zusammenstellung erkennen läßt. Systematische Untersuchungen über die Löslichkeit und das Verhalten chemischer Verbindungen in wasserfreier Salpetersäure fehlen nämlich bislang.

Von den organischen Verbindungen ist nur ein recht kleiner Teil ohne

Tabelle 53. *Die Löslichkeit einiger anorganischer Verbindungen in wasserfreier Salpetersäure bei Zimmertemperatur.*

Löslich	Wenig löslich bis unlöslich	Unter Reaktion löslich
H_2SO_4	$KClO_4$	$KClO_3$
$HClO_4$	KJO_3	$KBrO_3$
$KHSO_4$	KJO_4	$K(OCN)$
K_2SO_4	$AgCl$	AgJ
Tl_2SO_4	$Ba(ClO_4)_2$	Halogenide
$NaClO_4$	$HgCl_2$	S, Se ⎱ unter
$(NH_4)_2S_2O_8$		J_2, P ⎰ Oxydation
H_2O		FeS ⎱ unter
CrO_3		As_2O_3 ⎰ Oxydation
		Säurechloride

Reaktion in wasserfreier Salpetersäure löslich. Die meisten von ihnen werden oxydiert oder nitriert; viele reagieren bereits beim Zusammengeben der Komponenten außerordentlich heftig, wobei Oxydation und Nitrierung häufig nebeneinander erfolgen. Die nachfolgende Zusammenstellung gibt einen kleinen Überblick über das Verhalten organischer Substanzen beim Eintragen derselben in wasserfreie Salpetersäure.

---

[1] Schultz, C.: Z. Chemie, N. F. **5**, 531 (1869). — Groschuff, E.: Z. anorg. allg. Chem. **40**, 10 (1904).

Tabelle 54. *Zusammenstellung über die Löslichkeit und das Verhalten einiger organischer Verbindungen in wasserfreier Salpetersäure.*

Löslich	Es erfolgt Esterbildung	Es findet Nitrierung statt	Unter Oxydation löslich
Essigsäure	Pentosen	Benzol	Mercaptane
Bromessigsäure	Hexosen	Toluol	Thioäther
Pikrinsäure		Xylol	Disulfide
3,5-Dinitrobenzoesäure		Phenol	
Nitrobenzolsulfonsäure		Naphthalin	
Nitrotoluolsulfonsäure		Triphenylmethan	

Fast alle der gebräuchlichen Indicatoren reagieren mehr oder weniger heftig mit dem Lösungsmittel.

4. Über das Leitvermögen der in wasserfreier Salpetersäure gelösten Substanzen.

Die ersten Leitfähigkeitsmessungen an Lösungen mit Salpetersäure als Solvens sind von Bouty[1] durchgeführt worden. Er hat das Leitvermögen von Auflösungen der Alkalinitrate in nahezu wasserfreier Salpetersäure — 0,58 Mol-% Wasser waren vorhanden — gemessen und stellte fest, daß diese Lösungen den elektrischen Strom genau so gut leiten wie die Auflösungen gewisser Salze, beispielsweise des Zinksulfats, in Wasser. In der nebenstehenden tabellarischen Zusammenstellung sind die von Bouty mitgeteilten relativ hohen Werte für das Äquivalentleitvermögen der Alkalinitrate sowie des Thallium(I)-nitrats enthalten.

Tabelle 55. *Äquivalentleitfähigkeit einiger „basenanaloger" Nitrate in Salpetersäure.*

Nitrat	Molekulargewicht	Äquivalentleitvermögen bei 0° C
$NaNO_3$	85	6,068
KNO_3	101	6,924
$RbNO_3$	147	7,035
$(NH_4)NO_3$	80	6,990
$TlNO_3$	266	6,871

Wie man erkennt, sind die Werte für die Äquivalentleitfähigkeit der basenanalogen Nitrate von Kalium, Rubidium, Ammonium und Thallium nicht wesentlich voneinander verschieden, wie auch das Äquivalentleitvermögen von Kalium-, Rubidium- und Thallium(I)-hydroxyd in Wasser sehr ähnlich ist. Nur Natriumnitrat in Salpetersäure hat ebenso wie Natriumhydroxyd in Wasser eine nicht unerheblich geringere Äquivalentleitfähigkeit.

Das spezifische Leitvermögen einer Reihe basenanaloger Nitrate in 100%iger Salpetersäure, und zwar in Abhängigkeit von der Konzentration der Lösung ist von Jander und Wendt[2] untersucht worden. Die Kurvenzüge der Abb. 42 geben die Versuchsergebnisse wieder. Die Alkalinitrate einschließlich des Tetramethylammoniumnitrats zeigen eine nahezu geradlinige mit wachsender Konzentration relativ steil ansteigende Leitfähigkeitszunahme. Diese basenanalogen Verbindungen sind also auch in höherer Konzentration noch recht weitgehend

---

[1] Bouty, E.: C. R. Acad. Sci. Paris **106**, 596 (1888).
[2] Jander, G. u. H. Wendt: Z. anorg. allg. Chem. **257**, 26 (1948).

elektrolytisch dissoziiert. Wir haben ein ähnliches Verhalten bei den Alkalifluoriden in wasserfreier Flußsäure kennengelernt.

Es scheint, als ob die Löslichkeit der Nitrate irgendwie mit dem Leitvermögen ihrer absolut salpetersauren Lösungen zusammenhängt. Das nur mäßig lösliche Uranylnitrat zeigt mit steigender Molarität den relativ geringsten Leitfähigkeitszuwachs. Die außerordentlich löslichen Nitrate des Kaliums und des Tetramethylammoniums haben die größte Leitfähigkeitszunahme mit wachsender Konzentration.

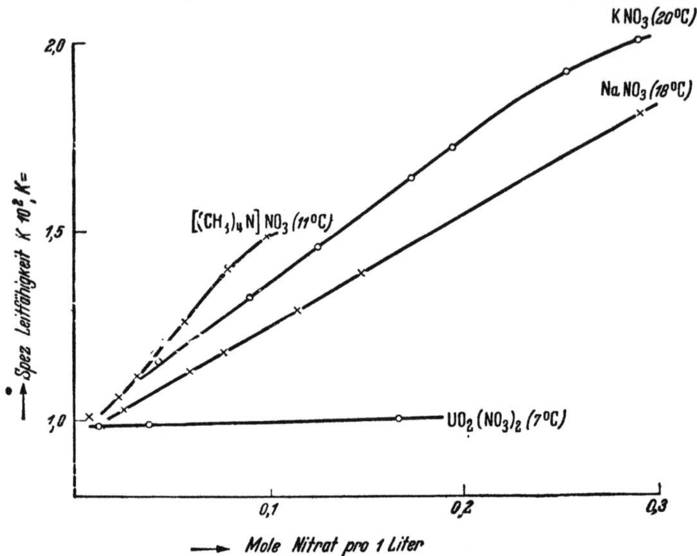

Abb. 42. Abhängigkeit der spezifischen Leitfähigkeit einiger Nitrate von der Konzentration bei absolut salpetersauren Lösungen.

Der Verlauf der Leitfähigkeitskurven absolut salpetersaurer Lösungen der Alkalinitrate in Abhängigkeit von der Konzentration ist ein ganz ähnlicher wie der bei verdünnten, wäßrigen Lösungen gut leitender Elektrolyte. Will man jedoch in quantitativer Hinsicht Vergleiche zwischen dem spezifischen Leitvermögen der Nitrate in wasserfreier Salpetersäure und dem von Auflösungen beispielsweise der Alkalichloride in Wasser ziehen, so muß man das auch hier bei korrespondierenden Temperaturlagen vornehmen. Messungen in wasserfreier Salpetersäure (Smp. —41°, Sdp. +86° C) bei +10° bis +20° C entsprechen in wäßrigen Lösungen solchen bei +40° bis +50° C. Nach KOHLRAUSCH[1] beträgt nun der Wert der Leitfähigkeit einer 0,1 n KCl-Lösung von +36° C, $1,564 \cdot 10^{-2}$ reziproke Ohm. Dasselbe spezifische Leitvermögen besitzt eine 0,15 n KNO_3-Lösung in wasserfreier Salpetersäure von +20° C oder eine 0,2 n $NaNO_3$-Lösung bei +18° C. Wie man also sieht, sind das bei korrespondierenden Temperaturen ganz ähnlich hohe Leitfähigkeitswerte. Auch hieraus ergibt

---

[1] LANDOLT-BÖRNSTEIN: Physik.-chem. Tabellen II, S. 1098. 1923.

sich, daß die basenanalogen Alkalinitrate einschließlich des Tetramethylammoniumnitrats in wasserfreier Salpetersäure ebenso weitgehend elektrolytisch dissoziiert sein müssen wie die starken Elektrolyte in Wasser.

Von JANDER und WENDT sind aus den durchgeführten Leitfähigkeitsmessungen weiterhin die Werte für die Äquivalentleitfähigkeit der untersuchten Nitrate berechnet und ihre Logarithmen in Abhängigkeit vom Logarithmus der Verdünnung graphisch dargestellt worden, wie das die Kurvenzüge der Abb. 43 erkennen lassen.

Wie von Leitfähigkeitsuntersuchungen an wäßrigen Lösungssystemen her bekannt ist, wächst im allgemeinen das Äquivalentleitvermögen von Elektrolyten mit der Verdünnung und nähert sich einem konstanten Endwert. In absolut salpetersauren Lösungen verhalten sich allem Anschein nach die basenanalogen Nitrate ähnlich. Die bisher durchgeführten Messungen sind jedoch nicht bis zu so weitgehenden Verdünnungen herab durchgeführt, daß man den Übergang zur Asymptote an die konstante Endäquivalentleitfähigkeit schon erkennen könnte. Bei der gewählten Art der graphischen Darstellung haben die Kurvenzüge für die Alkalinitrate einschließlich des Tetramethylammoniumnitrats denselben Verlauf und fallen im Bereich größerer Verdünnung sogar praktisch zusammen, nur die Kurve für das weniger gut lösliche Uranylnitrat weicht etwas stärker ab.

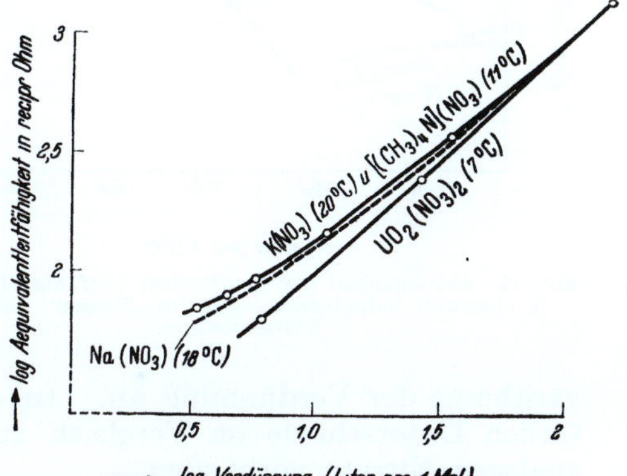

Abb. 43. Abhängigkeit des Logarithmus der Äquivalentleitfähigkeit einiger in absoluter Salpetersäure gelöster Nitrate vom Logarithmus der Verdünnung.

In gleicher Weise sind von JANDER und WENDT auch Leitfähigkeitsmessungen mit absolut salpetersauren Lösungen von Säurenanalogen verschiedener Konzentration durchgeführt worden, beispielsweise von Perchlorsäure, Schwefelsäure, Nitrosylschwefelsäure und Pikrinsäure. Die Kurvenzüge der Abb. 44 lassen die Abhängigkeit des spezifischen Leitvermögens dieser genannten Verbindungen von der Konzentration (dargestellt in Molen je 1 Liter) erkennen.

Die Nitrosylschwefelsäure verhält sich in wasserfreier Salpetersäure wie ein normaler Elektrolyt. Ihr spezifisches Leitvermögen ist zwar nicht besonders erheblich, es wächst aber mit steigender Konzentration an. Ähnliches gilt auch für die wasserfreie Perchlorsäure, deren Kurvenzug etwas oberhalb und parallel dem der Nitrosylschwefelsäure verlaufen würde. Die in wasserfreier Salpetersäure als Säurenanaloges wenig starke Schwefelsäure hat bemerkenswerterweise ein mit wachsender Konzentration zunächst abnehmendes spezifisches Leitvermögen. Erst von $\sim$ 0,2 molaren Lösungen an steigt die spezifische Leitfähigkeit mit größer werdender Konzentration. Das vorliegende Versuchsmaterial reicht nicht aus, um diesen Effekt widerspruchsfrei zu erklären. Gleiches gilt für das Verhalten der Pikrinsäure, deren spezifische Leitfähigkeit in absolut salpetersaurer Lösung mit wachsender Konzentration schwach absinkt. Trägt man den Logarithmus der Äquivalentleitfähigkeit in Abhängigkeit vom Logarithmus der Verdünnung (Liter je 1 Mol) auf, so ergeben sich für die drei Säurenanalogen Kurvenzüge, welche qualitativ denen in Abb. 43 gleichen, d. h. der Logarithmus der Äquivalentleitfähigkeit steigt im untersuchten Konzentrationsbereich nahezu geradlinig mit dem Logarithmus der Verdünnung an. In quantitativer Hinsicht sind natürlich Unterschiede im Vergleich zu den Kurvenzügen der basenanalogen Nitrate vorhanden.

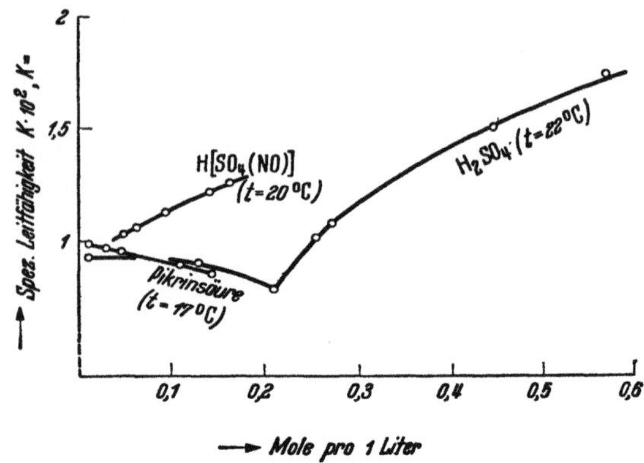

Abb. 44. Abhängigkeit der spezifischen Leitfähigkeit einiger in absoluter Salpetersäure gelöster „Säuren“ von der Konzentration.

5. Neutralisationenanaloge Umsetzungen in wasserfreier Salpetersäure.

a) Die wasserfreie Perchlorsäure.

Die wasserfreie Perchlorsäure ist das relativ stärkste Säurenanaloge im System der Verbindungen in absoluter Salpetersäure als Solvens. Jedoch sind ihre „sauren“ Eigenschaften in diesem Lösungsmittel bei weitem nicht so stark ausgeprägt wie in Wasser. Mit basenanalogen Nitraten, beispielsweise mit Kaliumnitrat, welches ebenfalls in wasserfreier Salpetersäure aufgelöst ist, setzt sich Perchlorsäure in einer neutralisationenanalogen Reaktion um, wobei das Molekül des Lösungsmittels gebildet wird und eine Lösung von Kaliumperchlorat resultiert. Bei genügend hoher Konzentration der absolut salpetersauren Kaliumnitratlösung allerdings fällt Kaliumperchlorat als Niederschlag aus, da es in diesem Solvens nicht besonders reichlich löslich ist:

$$K(NO_3) + (H)ClO_4 = HNO_3 + KClO_4.$$

Der Verlauf der neutralisationenanalogen Umsetzung zwischen Kaliumnitrat und Perchlorsäure in wasserfreier Salpetersäure ist von JANDER und WENDT mehrfach konduktometrisch bei Zimmertemperatur verfolgt worden. In Abb. 45 sind einige der dabei erhaltenen Kurvenzüge wiedergegeben. Kurve I ist die graphische Darstellung der konduktometrischen Titration einer vorgelegten relativ konzentrierten Perchlorsäurelösung (3,5 g $HClO_4$ in 40 cm³ HNO_3) mit Kaliumnitrat in fester Form.

Hierbei wird bald im Anfang das Löslichkeitsprodukt des gebildeten Kaliumperchlorats überschritten. Der Kurvenzug II stellt die umgekehrte Titration dar, die einer vorgelegten weniger konzentrierten Lösung von Kaliumnitrat (0,7 g KNO_3 in 40 cm³ HNO_3) mittels einer Auflösung von Perchlorsäure in wasserfreier Salpetersäure. Hierbei bleibt das entstehende Kaliumperchlorat in Lösung. In beiden

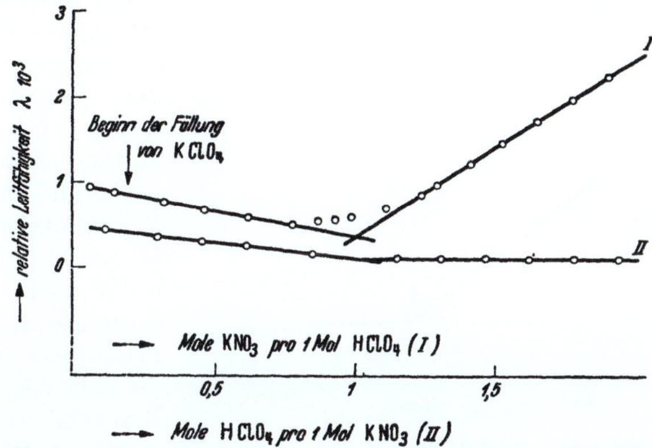

Abb. 45. Konduktometrische Titrationen vorgelegter Auflösungen von Perchlorsäure (I) bzw. Kaliumnitrat (II) mittels Kaliumnitrat bzw. Perchlorsäure in absoluter Salpetersäure.

Kurvenzügen tritt das Ende der neutralisationenanalogen Umsetzung zwischen dem basenanalogen Alkalinitrat und der säurenanalogen Perchlorsäure als Schnittpunkt zweier Kurvenzüge hervor, wenn auch bei dem Kurvenzug II der Schnittwinkel erheblich stumpfer ist als beim Kurvenzug I.

Es wurde bereits eingangs erwähnt, daß aus einer absolut salpetersauren Lösung von Kaliumnitrat durch Zugabe von Perchlorsäure Kaliumperchlorat ausgefällt wird. Aus diesem Befund und aus den konduktometrischen Titrationen geht die Richtigkeit der den bisherigen Darlegungen unterstellten Annahme hervor: Die Salpetersäure ist wie die anderen wasserähnlichen Lösungsmittel in geringem Umfange elektrolytisch dissoziiert, und hierdurch werden die neutralisationenanalogen Umsetzungen bedingt:

$$2\,HNO_3 \rightleftharpoons (H \cdot HNO_3)^+ + (NO_3)^-.$$

b) Die wasserfreie Schwefelsäure und die Nitrosylschwefelsäure. Allgemeines.

Auch die wasserfreie Schwefelsäure stellt in 100%iger Salpetersäure, in welcher sie gut löslich ist, ein Säurenanaloges dar; sie ist aber ein viel schwächerer Elektrolyt als die Perchlorsäure. Der Verlauf

der neutralisationenanalogen Umsetzung zwischen Kaliumnitrat und
Schwefelsäure, beide Reagenzien in wasserfreier Salpetersäure gelöst,
ist von Jander und Wendt[1] durch konduktometrische Titration wiederholt verfolgt worden. Die Abb. 46 stellt die Ergebnisse einer solchen
Titration graphisch dar, bei welcher die verhältnismaßig konzentrierte
Auflösung von 2,6 g Kaliumnitrat in 40 cm³ Salpetersaure bei Zimmertemperatur mit einer absolut salpetersauren Lösung von Schwefelsäure
anteilweise versetzt wurde. Das Leitvermögen der stark basenanalogen,
gut leitenden Kaliumnitratlösung nimmt mit wachsendem Zusatz von
Schwefelsäure zunächst steiler, später etwas schwächer ab. Wenn
1 Mol Schwefelsaure zu
einem Mol Kaliumnitrat
hinzugegeben ist, also
der Salztyp $KHSO_4$
fertig gebildet vorliegt,
ändert sich auch bei
weiterem Zusatz von
Schwefelsaure die Leit-
fahigkeit der Lösung
nicht mehr. Diese Bil-
dung des Kaliumhydro-
gensulfats macht sich
als Schnittpunkt zweier
Kurvenäste deutlich be-
merkbar. Weniger deut-
lich, in der Abb. 46
nur als recht stumpfer
Schnittwinkel, tritt die

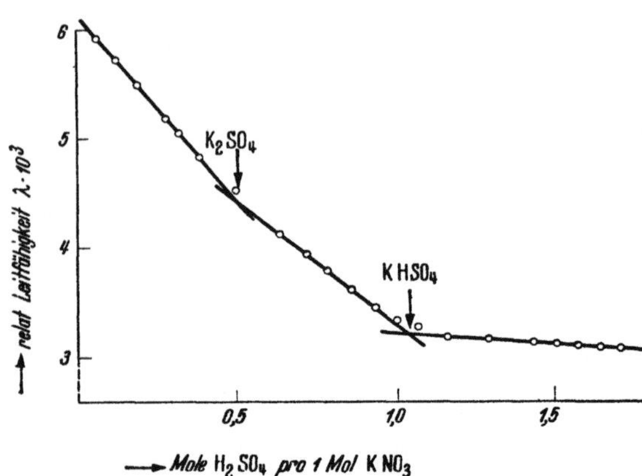

Abb. 46. Konduktometrische Titration einer vorgelegten
Auflösung von Kaliumnitrat mittels Schwefelsäure
in absoluter Salpetersäure.

beendete Bildung des neutralen Kaliumsulfats (K_2SO_4) in Erscheinung.
Beide Salze sowohl $KHSO_4$ als auch K_2SO_4 sind in wasserfreier Salpetersäure gut löslich, aber offenbar nicht so weitgehend elektrolytisch dissoziiert wie Kaliumnitrat, weswegen das Leitvermögen ihrer
Lösungen geringer ist als das aquivalenter Losungen von Kaliumnitrat. Titriert man umgekehrt eine vorgelegte Schwefelsaurelösung
mit Kaliumnitrat in fester Form, so resultiert bei der graphischen
Darstellung des Vorganges ein entsprechender Kurvenzug mit zwei
Knickpunkten, durch welche die Bildung des sauren und auch des
neutralen Kaliumsulfates angezeigt wird.

Es liegt die Vermutung nahe, daß das neutrale Kaliumsulfat in
wasserfreier Salpetersaure der Solvolyse unterworfen ist; denn hierauf
deuten bereits die Eigenschaften der Schwefelsaure, die ein schwaches,
elektrolytisch nur wenig leitendes Saurenanaloges ist. Außerdem
erhalt man im Verlauf der konduktometrischen Titrationen Kurvenzüge, die einen recht stumpfen, wenig ausgepragten Schnittwinkel
beim Molverhaltnis K_2SO_4 aufweisen. Dieses Salz durfte nur bestandig

---

[1] Jander, G. u. H. Wendt: Z. anorg. allg. Chem. **257**, 26 (1948).

sein, wenn ein Überschuß an basenanalogem Kaliumnitrat vorhanden ist. Präparative Versuche haben diese Vermutungen bestätigt. Gibt man nämlich Kaliumnitrat und Schwefelsaure im Molverhaltnis 2:1, also im Molverhältnis des neutralen Salzes K_2SO_4 in 100%iger Salpetersäure zusammen und dunstet die klare Lösung bei $+40^0$ C und bei Unterdruck vorsichtig ein, so erhalt man schließlich eine feuchte Krystallmasse, welche aber nach dem Trockenpressen auf Ton nicht, wie analytische Untersuchungen ergeben haben, aus neutralem Kaliumsulfat mit etwas anhaftender Salpetersaure, sondern fast ausschließlich aus Kaliumhydrogensulfat besteht, dem noch äußerst kleine Mengen von Salpetersaure und Kaliumnitrat beigemengt sind. Zu demselben Resultat gelangt man bei Versuchen, Kaliumsulfat aus Salpetersäure gleichsam umzukrystallisieren. Das saure Kaliumsulfat aber wird durch das Solvens nicht weiter solvolytisch verandert, wie besondere Versuche ergeben haben.

Auch die Nitrosylschwefelsäure $H[OSO_3(NO)]$ ist in absoluter Salpetersäure gut löslich und zeigt, wie die Abb. 44 zu erkennen gibt, eine mit wachsender Konzentration etwas zunehmende Leitfahigkeit. Wie aus den Erlauterungen von S. 177 hervorgeht, ist die spezifische Leitfahigkeit der Nitrosylschwefelsaure zwar geringer als das spezifische Leitvermögen der relativ starken Perchlorsaure, liegt aber uber den Werten für das Leitvermogen der recht schwachen Schwefelsaure. Die Nitrosylschwefelsaure mußte deshalb mit stärker basenanalogen Nitraten wie Kalium- oder Caesiumnitrat zumindest in höher konzentrierten Lösungen durch neutralisationenahnliche Umsetzungen Salze bilden können. Es fehlt jedoch noch eine genügende Anzahl von bestatigenden praparativen Versuchen und physiko-chemischen Messungen, welche eindeutige Schlußfolgerungen zulassen.

Trotz zahlreicher Versuche ist es JANDER und WENDT nicht gelungen, außer der Perchlorsäure und der wasserfreien Schwefelsäure andere anorganische oder organische Sauren ausfindig zu machen, welche in absoluter Salpetersaure die Funktionen von „Saurenanalogen" deutlicher zu erkennen geben. Im Gegenteil! Wie im folgenden Abschnitt gezeigt werden wird, sind die Salze von fast allen (durch Salpetersaure nicht oxydierbaren) organischen und anorganischen Säuren der Solvolyse unterworfen. Es wird dabei eine Lösung der äußerst schwachen Saure und des basenanalogen Metallnitrats gebildet. Auch in diesem Punkte ahnelt die Chemie in absoluter Salpetersäure der Chemic in wasserfreiem, verflussigtem Fluorwasserstoff, in welchem ebenfalls — außer Perchlorsaure und Schwefelsaure — keine weniger schwachen bis mittelstarken, saurenanalogen Elektrolyte existieren; auch in Flußsäure ist die beherrschende Reaktion die Salzsolvolyse und nicht die Neutralisation. Schon einmal, bei der Besprechung der Salpetersauresolvate, wurde auf die Parallelitat des Verhaltens der Verbindungen in den Solventien „Flußsaure" und „Salpetersäure" aufmerksam gemacht.

6. Solvolyseerscheinungen in wasserfreier Salpetersäure.

a) Die Solvolyse von Salzen.

Die in absoluter Salpetersäure als Solvens weitverbreitete Erscheinung der Salzsolvolyse ist von JANDER und WENDT an einer ganzen Reihe von Beispielen festgestellt und untersucht worden. Es handelt sich dabei natürlich nur um Salze von solchen organischen und anorganischen Säuren, welche durch Salpetersaure nicht oxydiert werden, wie Nitrobenzolsulfonsäure, Nitrotoluolsulfonsäure, 3,5-Dinitrobenzoesaure, Pikrinsaure, Essigsäure, Chromsäure u. a.

Die *Pikrinsaure*, welche in wäßriger Lösung eine gar nicht so schwache Säure ist ($k = 1{,}6 \cdot 10^{-1}$ bei 18^0 C), löst sich in wasserfreier Salpetersäure sehr gut. Solche Lösungen sind jedoch — im Gegensatz zu den intensiv gelb erscheinenden Auflösungen in Wasser — nur sehr schwach gelb gefärbt. Das Leitvermögen der absolut salpetersauren Pikrinsäurelösungen ist von dem der reinen Salpetersäure kaum zu unterscheiden und wächst mit steigender Konzentration nicht an (vgl. Abb. 44). Bei Zusatz von Kaliumnitrat zu einer solchen Auflösung (1,4 g Pikrinsäure in 40 cm³ Salpeter-

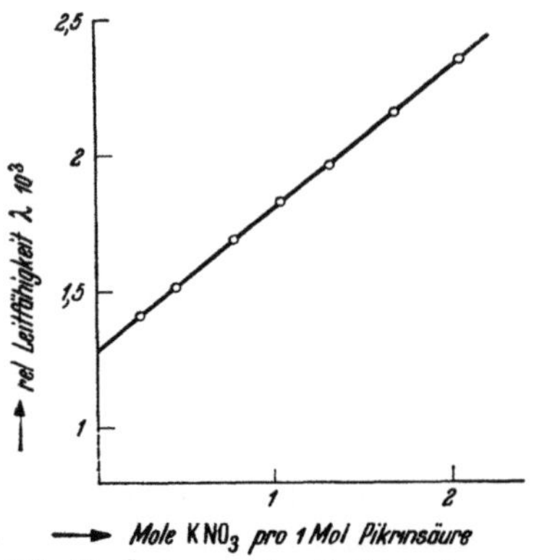

Abb. 47. Änderung des Leitvermögens einer Auflösung von Pikrinsäure in absoluter Salpetersäure durch anteilweise erfolgende Zusätze von Kaliumnitrat.

säure) steigt die Leitfähigkeit der klarbleibenden Lösung steil an, wie der Kurvenzug der Abb. 47 zeigt. Die schwache Gelbfärbung der Lösung vertieft sich bei höherer Kaliumnitratkonzentration. Der Kurvenzug läßt bei dem Molverhältnis 1 KNO_3 zu 1 $[C_6H_2(NO_2)_3O]H$ keine Richtungsänderung erkennen, er ist eine Gerade, wie man solche erhält, wenn man Kaliumnitrat anteilweise zu reiner Salpetersäure (ohne Pikrinsäurezusatz) hinzugibt. Eine neutralisationenähnliche Umsetzung zwischen dem säurenanalogen Trinitrophenol und dem basenanalogen Kaliumnitrat findet also nicht statt. Entsprechend tritt beim Auflösen von Kaliumpikrat in absoluter Salpetersäure Solvolyse zu Pikrinsäure und Kaliumnitrat ein, wie diesbezügliche präparative Ansätze gelehrt haben. Bei etwa 40^0 C und 80 mm Quecksilberdruck hinterbleibt beim Eindunsten einer solchen Aufösung Kaliumnitrat und Trinitrophenol:

$$K[OC_6H_2(NO_2)_3] + HNO_3 = (HO)C_6H_2(NO_2)_3 + KNO_3.$$

Ganz entsprechend verhält sich Thallium(I)-pikrat, das zu Thallium-(I)-nitrat und Trinitrophenol solvolysiert wird. Die beiden Verbindungen werden ebenfalls beim Eindunsten einer absolut salpetersauren

Auflösung von Thallium(I)-pikrat unter vermindertem Druck als Krystallgemisch erhalten.

Anders als bei den bisher genannten Pikraten verlauft die solvolytische Spaltung des Bleipikrats in absoluter Salpetersäure. Die dunkelgelben Krystalle von Bleipikrat sind in diesem Solvens gut löslich, jedoch fällt sofort nach der Auflösung bei Zimmertemperatur in Salpetersaure unlösliches Bleinitrat als weißer feinteiliger Niederschlag aus:

$$Pb[OC_6H_2(NO_2)_3]_2 + 2\ HNO_3 = Pb(NO_3)_2 + 2\ (HO)C_6H_2(NO_2)_3\,.$$
$$\downarrow$$

Die solvolytische Spaltung der pikrinsauren Salze in absoluter Salpetersäure ist ganz allgemein von präparativem Interesse. In dieser Umsetzung ist nämlich allem Anschein nach eine Methode gegeben, um wasserfreie Nitrate, die bisher nur auf sehr umständlichem Wege[1],[2] dargestellt werden können, auf weit bequemere Weise zugänglich zu machen. Jedoch sind es gerade die in absoluter Salpetersaure mehr oder weniger löslichen Nitrate, die in wasserfreiem Zustand nur sehr schwer darzustellen sind. So ist es beispielsweise nicht gelungen, das von MARKETOS[1] beschriebene wasserfreie Zinknitrat durch solvolytische Umsetzung von Zinkpikrat in absoluter Salpetersäure zu erhalten.

Die gleichen Resultate erhielt man bei Versuchen mit der *3.5-Dinitrobenzoesäure*, der *Nitrobenzolsulfonsaure* und der *Nitrotoluolsulfonsäure*, sowie deren Alkalisalzen. So erleidet beispielsweise das Natriumsalz der Nitrobenzolsulfonsäure in absolut salpetersaurer Lösung vollständige Solvolyse. Die Nitrobenzolsulfonsäure hat in wäßriger Lösung einen nicht unerheblich stärker sauren Charakter als die 3,5-Dinitrobenzoesäure ($k = 1{,}5 \cdot 10^{-3}$ bei 25^0 C). Sie dürfte mindestens die Dissoziationskonstante der Benzolsulfonsäure ($\sim 2 \cdot 10^{-1}$ bei 25^0 C) besitzen. Vergleichsweise sei mitgeteilt, daß die Dissoziationskonstante für die erste Dissoziationsstufe der Schwefelsäure in wäßriger Lösung bei $+25^0$ C mit etwa $4 \cdot 10^{-1}$ angegeben wird.

Die Essigsäure ist schon im Solvens Wasser nur eine schwache Säure, und ihre Salze sind der Hydrolyse unterworfen. In wasserfreier Salpetersäure als Lösungsmittel ist ihr Charakter als Säurenanaloges noch bedeutend weniger ausgeprägt. Demgemäß werden ihre Salze beim Eintragen in Salpetersaure solvolysiert.

Wasserfreies Zinkacetat[3] ist in absoluter Salpetersäure gut löslich. Die Auflösung zeigt jedoch praktisch keine Leitfähigkeitsänderung gegenüber dem reinen Lösungsmittel. Beim vorsichtigen Eindunsten einer solchen Lösung im Vakuumexsiccator über Ätzkali und Phosphorpentoxyd bei Zimmertemperatur oder bei etwa 40^0 C und bei Unterdruck hat man weiße, salzartige Massen erhalten, deren Analyse die Zusammensetzung $[Zn(NO_3)_2 \cdot 1\ CH_3COOH]$ ergab. Es handelt sich

---

[1] MARKETOS, M.: C. R. Acad. Sci., Paris **155**, 210 (1912).
[2] GUNTZ, A. et F. MARTIN: Bull. Soc. chim. Fr. **5**, 1004 (1909).
[3] SPATH, O.: Mh. Chem. **33**, 241 (1912).

allem Anschein nach um ein Essigsäuresolvat des Zinknitrats, welches gemäß der folgenden Solvolysereaktion entstanden sein kann:

$$\text{Zn(CH}_3\text{COO)}_2 + 2\,\text{HNO}_3 = \text{Zn(NO}_3\text{)}_2 \cdot 1\,\text{CH}_3\text{COOH} + \text{H(CH}_3\text{COO)}.$$

Die Deutung des Salzrückstandes als eines vollständigen Solvolyseproduktes, nämlich des Essigsäuresolvats vom Zinknitrat ist wahrscheinlicher als die Bildung eines Salpetersäuresolvats des Zinknitratoacetats $[\text{Zn(NO}_3\text{)(CH}_3\text{COO)}] \cdot 1\,\text{HNO}_3$. Im letzteren Falle würde nur eine partielle Solvolyse vorliegen. Essigsäure ist doch nur ein ungewöhnlich schwaches Säurenanaloges und ferner werden auch andere Acetate in wasserfreier Salpetersäure vollständig solvolysiert. Bemerkenswert ist die große Löslichkeit des Zinknitrats in der vorliegenden Form in Salpetersäure. Trocknet und entwässert man sonst (zunächst wasserhaltiges) Zinknitrat weitgehend, soweit das ohne Zersetzung unter Stickstoffdioxydabspaltung möglich ist, so ist der Trockenrückstand in absoluter Salpetersäure nur sehr langsam löslich.

Wasserfreies Cadmiumacetat hingegen, welches sich nach den Angaben von SPÄTH[1] bequem erhalten läßt, solvolysiert sofort beim Eintragen in absolute Salpetersäure und wandelt sich in einen weißen, sehr feinkrystallinen Niederschlag um, der nach analytischen Untersuchungen wasserfreies Cadmiumnitrat ohne anhaftende Essigsäure ist. Die Essigsäure befindet sich quantitativ in der Lösung. Das feinpulverige Cadmiumnitrat ist äußerst hygroskopisch und nur bei sorgfältiger Trocknung über Ätzkali und Phosphorpentoxyd salpetersäurefrei zu erhalten. Die Solvolysereaktion verlauft also gemäß dem Schema:

$$\text{Cd(CH}_3\text{COO)}_2 + 2\,\text{HNO}_3 = \text{Cd(NO}_3\text{)}_2 + 2\,\text{H(CH}_3\text{COO)}.$$

Diese Untersuchungen über Cadmiumacetat zeigen gleichzeitig eine präparativ-chemische Möglichkeit auf. Aus ihnen ergibt sich eine Methode zur Darstellung von wasserfreiem Cadmiumnitrat, gegebenenfalls generell von wasserfreien Nitraten aus wasserfreien Acetaten; diese sind nach SPÄTH[1] ohne größere Schwierigkeiten zugänglich.

Das dunkelgrüne, wasserfreie Chrom(III)-acetat[1] löst sich in Salpetersäure mit blaugrüner Farbe. Die bei vermindertem Druck und bei $\sim 40^\circ$ C eingedunstete Lösung hinterläßt ein bräunliches, in Salpetersäure wieder lösliches Solvolyseprodukt, welches offenbar mit den in der Literatur beschriebenen und aus Chrom(III)-nitrat und Salpetersäure darstellbaren Chrom(III)-chromaten $\text{Cr}_2\text{O}_3 \cdot \text{x}\,\text{CrO}_3$ identisch ist. Abgesehen von der Solvolysereaktion hat also hier noch eine Oxydationsreaktion stattgefunden.

Ebenso wie die Salze der Essigsaure, der Pikrinsäure und anderer Säuren erleiden auch die Salze der *Chromsäure* in wasserfreier Salpetersäure als Lösungsmittel Solvolyse. Das violettrote Chromsäureanhydrid löst sich in Salpetersäure auf, wobei eine gelbrot gefärbte Lösung entsteht, jedoch bleibt seine Löslichkeit bedeutend hinter der der anderen genannten Säurenanalogen zurück. Das Leitvermögen

---

[1] SPATH, O.: Mh. Chem. **33**, 241 (1912).

der wasserfreien Salpetersäure wird durch die gelöste Chromsäure nicht merklich verändert. Bei Zusatz von basenanalogem Kaliumnitrat zu einer solchen Chromsaurelösung erhöht sich die Leitfähigkeit in derselben Weise wie bei Zusatz von Kaliumnitrat zu einer chromsäurefreien Salpetersäure. Verfolgt man diesen Vorgang konduktometrisch, so resultiert ein Kurvenzug, welcher geradlinig ansteigt, keinen Knickpunkt aufweist und keine Reaktion zwischen den Komponenten erkennen läßt. Zu korrespondierenden Resultaten gelangt man, wenn umgekehrt eine Kaliumnitratlösung anteilweise mit Chromsäureanhydrid versetzt wird. In diesem Falle ändert sich das relativ hohe Leitvermögen der absolut salpetersauren Kaliumnitratlösung durch den Chromsaurezusatz überhaupt nicht. In Übereinstimmung hiermit steht der Befund, daß beim vorsichtigen Eindunsten einer solchen Lösung, die gleichzeitig Kaliumnitrat und Chromsäure enthält, die Komponenten unverändert wieder auskrystallisieren. Es kommt also zu keiner neutralisationenanalogen Umsetzung. Entsprechend wird auch beim Eindunsten einer Auflösung von Kaliumbichromat in wasserfreier Salpetersäure ein Krystallisat erhalten, welches nahezu reines Chromtrioxyd ist.

b) Die Solvolyse von Säurechloriden.

Sehr viele Chloride von *organischen Säuren* (z. B. Acetylchlorid) reagieren mit Salpetersäure selbst bei vorsichtigem Zusammengeben der eisgekühlten Substanzen so außerordentlich heftig, daß damit ein explosionsartiges Verspritzen verbunden ist.

Einige *anorganische Säurechloride* werden bei niedrigeren Temperaturen und bei geeigneter Dosierung durch wasserfreie Salpetersäure etwas weniger plötzlich und tiefgreifend solvolysiert. Es treten aber im Gefolge der Solvolyse Sekundarreaktionen ein, durch welche ein klarer Einblick in den Ablauf der Solvolyseerrscheinung erschwert ist. Von den anorganischen Säurechloriden ist beispielsweise Phosphoroxychlorid mit Salpetersäure mischbar. Andere Säurechloride aber lösen sich überhaupt nicht oder kaum und bilden zwei Schichten, welche sich bei geringerer Reaktionsfähigkeit vorübergehend emulgieren lassen. Aus der Tabelle 56 geht das Dichteverhältnis der Säurechloride zu Salpetersäure hervor.

Tabelle 56. *Die spezifischen Gewichte einiger Säurechloride und von Salpetersaure bei 18° C.*

Substanz	Dichte bei 18° C
Bortrichlorid BCl_3	1,430
Siliciumtetrachlorid $SiCl_4$ . .	1,483
Salpetersaure HNO_3	1,547
Phosphoroxychlorid $POCl_3$ . . .	1,675
Titantetrachlorid $TiCl_4$ . . .	1,726
Zinntetrachlorid $SnCl_4$	2,232
Antimonpentachlorid $SbCl_5$ . .	2,330

Bortrichlorid reagiert — selbst bei den tiefen Temperaturen einer Eis-Kochsalzkühlung — außerordentlich heftig mit absoluter Salpetersäure. Die nach Ablauf der Umsetzung noch vorhandene Lösung ist farblos und hinterläßt beim langsamen Abdunsten unter vermindertem Druck Borsäure als Solvolyseprodukt.

JANDER und WENDT[1] haben nun auch das Verhalten von *Siliciumtetrachlorid* zu Salpetersäure untersucht und sowohl die Erscheinungen beim Solvolysevorgang selbst als auch die Faktoren, welche den Ablauf der Solvolyse beeinflussen, eingehender studiert. Siliciumtetrachlorid setzt sich allem Anschein nach in mehreren Stufen mit Salpetersäure um. Beim Vorliegen kleiner Mengen Tetrachlorid und bei genügend tiefen Temperaturen des Solvens läßt es sich durch Umschütteln im Laufe mehrerer Minuten bis zur Homogenität verteilen. Es bildet sich zunächst eine klare, farblose Lösung. Beim Stehenlassen färbt diese sich allmählich gelblich, wobei Chlorgeruch auftritt und nach langerer oder kürzerer Zeit — je nach der Konzentration — erstarrt sie vollstandig zu einer einheitlichen, fast klaren Gallerte. Die tabellarische Übersicht illustriert das Gesagte und bringt quantitative Angaben.

Tabelle 57. *Abhangigkeit der Solvolyse von Siliciumtetrachlorid in wasserfreier Salpetersäure von der Konzentration bei 0° C.*

Vorgelegte cm³ HNO₃	Hinzugesetzt wurden cm³ SiCl₄	Konzentration an SiCl₄ in Molen	Umschutteldauer bis zur Homogenitat der Losung in Minuten	Zeitdauer bis zum Erstarren der Losung als Gallerte
2,5	0,05	0,18	6	96 Stunden
2,5	0,10	0,35	6	48 Stunden
2,5	0,15	0,5	6	24 Stunden
2,5	0,20	0,7	6	15 Stunden
2,5	0,30	1,0	7	50 Min.
2,5	0,40	1,5	7	20 Min.
2,5	0,50	1,8	6	6 Min.
2,5	0,60	2,0	Homogenität bis zum Beginn der Gallertbildung noch nicht erreicht	6 Min.

Die nachfolgenden Reaktionsgleichungen geben wahrscheinlich den etappenweise erfolgenden Ablauf der Solvolysereaktion und der sich anschließenden Umsetzungen gut wieder.

$$3\ SiCl_4 + 12\ HNO_3 = 3\ Si(NO_3)_4 + 12\ HCl. \tag{1}$$
$$12\ HCl + 4\ HNO_3 = 4\ NOCl + 4\ Cl_2 + 8\ H_2O\ . \tag{2}$$
$$3\ Si(NO_3)_4 + 8\ HOH = 3\ SiO_2 \cdot 2\ H_2O \cdot x\ HNO_3 + (12\text{-}x)\ HNO_3. \tag{3}$$

Es resultiert also schließlich eine Kieselsäuregallerte, welche neben viel Salpetersäure auch Wasser enthält. Bei gewissen Mischungsverhältnissen (etwa 0,8 bis 1,5 molare Lösung an Siliciumtetrachlorid) hat häufig schon Gallertbildung gemäß der Reaktionsgleichung (3) stattgefunden, ehe die Reaktionsgleichung (2) quantitativ zu Ende gelaufen ist. Man beobachtet dann linsenförmige Gasblasen, welche sich durch die Gallerte nach oben arbeiten. Steigt das Verhältnis von

---

[1] JANDER, G. u. H. WENDT: Z. anorg. allg. Chem. (im Druck).

zugesetztem Siliciumtetrachlorid zur Salpetersäure zu stark zugunsten des Tetrachlorids an, dann setzt beim Umschütteln — auch bei tieferen Temperaturen — die Reaktion plötzlich außerordentlich heftig ein; eine schon gebildete Gallerte fliegt explosionsartig auseinander.

Die Kieselsauregallerten, welche neben etwas unvermeidbarem Wasser große Mengen Salpetersäure enthalten, sind nach vielen Richtungen hin interessante Untersuchungsobjekte.

Titantetrachlorid wird beim Zusammenbringen mit absoluter Salpetersäure selbst bei Eiskühlung außerordentlich heftig solvolytisch gespalten. Ist das Säurechlorid im Überschuß vorhanden, so bildet sich ein tief gelb gefärbtes Reaktionsprodukt, welches unter dem Mikroskop einheitlich erscheint, hygroskopisch ist und sich bei Zimmertemperatur nur im geschlossenen Rohr hält. Es ist in kaltem Wasser löslich. Der analytische Befund ergibt die Zusammensetzung $TiOCl(NO_3)$:

$$TiCl_4 + 2\,HNO_3 = TiOCl(NO_3) + NOCl + Cl_2 + H_2O.$$

Bereits bei 90 bis 100° C zersetzt es sich und läßt sich nicht sublimieren. Bei Einwirkung von überschüssiger, wasserfreier Salpetersäure auf Titantetrachlorid jedoch (oder auch auf das eben beschriebene gelbe Solvolyseprodukt) bildet sich ein weißer, feinteiliger Niederschlag, wahrend die darüberstehende Lösung von gelöstem Chlor und Nitrosylchlorid stark gelb gefärbt ist. Der weiße feinpulverige und etwas schleimige Niederschlag enthält kein Chlor mehr und besteht aus etwa 20% Titandioxyd sowie aus 80% Salpetersäure und Wasser:

$$3\,TiCl_4 + (x + 4)\,HNO_3 = \underbrace{3\,TiO_2 \cdot 2\,H_2O \cdot x\,HNO_3} + 4\,NOCl + 4\,Cl_2.$$

Diese weiße, schleimig-pulverige Absorptionsverbindung ist in frisch bereitetem Zustande in kaltem Wasser löslich. Allmählich jedoch tritt Alterung ein; damit büßt sie ihre Wasserlöslichkeit ein.

Die Solvolyseerscheinungen beim Zusammengeben von *Zinntetrachlorid* und absoluter Salpetersäure ähneln den Befunden beim Titantetrachlorid. Bei Eiskuhlung von außen jedoch läßt sich Salpetersäure mit Zinntetrachlorid unterschichten und dieses verteilt sich beim Umschütteln unter Reaktion mit dem Solvens. Das Endprodukt der Solvolyse ist bei Anwendung kleinerer Mengen von Zinntetrachlorid ($2\,cm^3$ $SnCl_4 + 10\,cm^3$ HNO_3) ein Niederschlag von solvatisierter Zinnsäure, welche hygroskopisch und im frisch bereiteten Zustande auch wasserlöslich ist. Nach einiger Zeit wird die Fällung gelatinöser und löst sich dann nicht mehr in Wasser. Bei Anwendung etwas größerer Mengen von Zinntetrachlorid ($4\,cm^3$ $SnCl_4 + 10\,cm^3$ HNO_3) erstarrt einige Zeit nach der Verteilung die ganze Lösung zu einer steifen, durchsichtigen Gallerte, welche wasserunlöslich ist.

Phosphoroxychlorid lost sich in absoluter Salpetersäure, wobei die Auflösung sich rasch gelb färbt und Chlor sowie Nitrosylchlorid entweichen. Beim Eindunsten der Lösung bei etwa $+40^{\circ}$ C unter vermindertem Druck hinterbleibt eine farblose sirupöse, glasigschaumige Masse als Solvolyse-Endprodukt. Eine wäßrige Auflösung dieser Substanz, die keine Chlor- oder Nitrat-Ionen mehr enthält, zeigt die charakteristischen Reaktionen der Metaphosphorsäure: eine konzentriertere Auflösung reagiert sauer ($p_H \sim 2$ bis 3), fällt Eiweiß und gibt mit Silbernitrat einen weißen Silbermetaphosphat-Niederschlag. Die Solvolyse von Phosphoroxychlorid in absoluter Salpetersäure geht demnach wohl in folgenden Stufen vor sich:

$$POCl_3 + 3\ HNO_3 = PO(NO_3)_3 + 3\ HCl. \tag{1}$$
$$3\ HCl + HNO_3 = 2\ H_2O + Cl_2 + NOCl. \tag{2}$$
$$PO(NO_3)_3 + 2\ H_2O = 2\ HNO_3 + HPO_3. \tag{3}$$

Das intermediär gebildete Phosphoroxynitrat (1) setzt sich mit dem bei der Konigswasser-Reaktion (2) entstandenen Wasser um und bildet unter Abspaltung von Lösungsmittelmolekulen eine Metaphosphorsäure (3). Als Gesamtreaktion resultiert also:

$$POCl_3 + HNO_3 = HPO_3 + Cl_2 + NOCl.$$

Zur weiteren Kenntnis über die bei der Solvolyse des Phosphoroxychlorids gebildete Metaphosphorsaure diente JANDER und WENDT[1] die Umsetzung zu Natriummetaphosphat. Das Salz wurde durch Neutralisation einer konzentrierten (etwa 40%igen) wäßrigen Auflösung der Metaphosphorsäure mit Natronlauge (etwa 2 n) bis zu einem p_H von ~ 6 unter Eiskuhlung in weißen, blättrigen Krystallen erhalten. Das auf diesem Wege unmittelbar aus einer Metaphosphorsaurelösung dargestellte Natriummetaphosphat löst sich schlechter in kaltem Wasser, besser in warmem Wasser und ist durch Alkohol fallbar. Der p_H-Wert einer konzentrierteren waßrigen Auflosung liegt zwischen 6 und 7. Die Losung gibt beispielsweise mit Zink-, Kupfer-, Magnesium-, Eisen-, Uranyl- und Silbersalzen Niederschlage, die im Überschuß des Phosphats loslich sind. Nach dem Ansauern mit Essigsäure wird Eiweiß zum Koagulieren gebracht. Neben der qualitativen Charakterisierung bestätigte auch die quantitative Analyse die Existenz eines Natriummetaphosphats. Es fehlen jedoch noch eingehendere Untersuchungen, wie Diffusions- und Dialysemessungen, Leitfahigkeits-titrationen usw., um mit Bestimmtheit etwas uber die Art des Metaphosphats und den Polymerisationsgrad aussagen zu können. Nach den bisherigen Beobachtungen von JANDER und WENDT[1] handelt es sich um ein hoher aggregiertes Produkt, das in seinem Verhalten mit den in der Literatur[2] als „Hexametaphosphate" beschriebenen, höher polymerisierten Natriummetaphosphaten große Ähnlichkeit aufweist.

Wahrend bisher die Darstellung einer Metaphosphorsaurelösung nur auf recht umstandlichem Wege uber die aus Natriummetaphosphat erhaltenen Schwermetallverbindungen möglich war, bietet die von JANDER und WENDT[1] angegebene Solvolysereaktion des Phosphoroxychlorids in absoluter Salpetersaure ein reproduzierbares einfaches Verfahren zur Darstellung von freier Metaphosphorsäure und ihrer Auflösung unter milden Bedingungen.

---

[1] JANDER, G. u. H. WENDT: Z. anorg. allg. Chem. (im Druck) (1948).
[2] Vgl. z. B. KARBE, K. u. G. JANDER: Kolloid-Beih. **54**, 1 (1942).

Antimonpentachlorid bildet nach der Verteilung in einem Überschuß des Lösungsmittels bei geeigneter Konzentration eine undurchsichtige Gallerte, die eine Adsorptionsverbindung von Antimonpentoxyd mit Salpetersaure sowie Wasser ist.

7. Erscheinungen der Amphoterie in wasserfreier Salpetersäure.

a) Uranylnitrat als amphotere Verbindung.

In anderen nichtwaßrigen aber wasserähnlichen Lösungsmitteln fungieren einige, dem jeweiligen Solvens angepaßte Verbindungen, wie beispielsweise solche der Metalle Be, Zn, Al, Sn, Pb, Sb u. a. m. als amphotere Substanzen. Man nennt bekanntlich solche Stoffe amphoter, die sich einerseits mit Saurenanalogen umsetzen, anderersei s mit Basenanalogen komplexe Verbindungen zu bilden vermögen. Derartige Komplexe sind in absoluter Salpetersäure die Doppelnitrate. Eine Durchsicht der einschlagigen Fachliteratur lehrt, daß zwar mancherlei wasserhaltige Doppelnitrate erhalten werden können, aber nur außerordentlich wenige in wasserfreiem Zustand. Diese Tatsache legte die Vermutung nahe, daß die Erscheinung der Amphoterie in Lösungen mit wasserfreier Salpetersaure als Solvens verhaltnismaßig selten anzutreffen sein durfte. Auch die große Ähnlichkeit der Salpetersäure mit dem wasserfreien Fluorwasserstoff als Lösungsmittel bestarkte diese Vermutung. Von RIMBACH[1] und von SACHS[2] sind jedoch einige auch aus wäßrigen Lösungen wasserfrei krystallisierende Alkalidoppelnitrate mit Uranylnitrat beschrieben worden. Es durfte daher angenommen werden, daß sich vielleicht Uranylnitrat, $UO_2(NO_3)_2$, als amphoteres Nitrat in Lösungssystemen mit absoluter Salpetersäure als Solvens erweisen würde. Diese Annahmen sind durch Untersuchungen von JANDER und WENDT[3] bestatigt worden. Wasserfreies Uranylnitrat[4] ist in absoluter Salpetersaure ganz gut löslich, wobei die Lösung stark gelb gefarbt aussieht. Die Lösung zeigt jedoch mit wachsender Zugabe von Uranylnitrat eine nur sehr geringe Zunahme der Leitfahigkeit (vgl. Abb. 42, S. 176). Versetzt man sie mit ebenfalls wasserfreier Perchlorsaure, so findet folgende neutralisationenanaloge Umsetzung statt:

$$(UO_2)(NO_3)_2 + 2\ HClO_4 = 2\ HNO_3 + (UO_2)(ClO_4)_2.$$

Beim vorsichtigen Eindunsten ($+40^\circ$ C, Unterdruck) einer Uranylnitratlösung in absoluter Salpetersaure, welcher die aquivalente Menge Perchlorsaure hinzugesetzt wurde, erhalt man schließlich ein grungelbes Krystallisat, das sich nach der Analyse als wasserfreies Uranylperchlorat erweist Das Salz ist aber außerordentlich hygroskopisch, so daß

---

[1] RIMBACH, E.: Ber. dtsch. chem. Ges. **37**, 471 (1904).
[2] SACHS, A.: Z. Kristallogr. **38** 496 (1903).
[3] JANDER, G. u. H. WENDT: Z. anorg. allg. Chem. (im Druck) (1948).
[4] MARKETOS, M.: Bull. Soc. chim. Fr. **11**, 244 (1912).

nicht ganz leicht mit ihm umzugehen ist. Das Uranylnitrat fungiert
also zweifellos als „Basenanaloges". Auf der anderen Seite reagiert
Uranylnitrat aber auch mit den stärker basenanalogen Alkalinitraten.
Versetzt man beispielsweise eine konzentrierte Lösung von Uranylnitrat
in wasserfreier Salpetersäure mit Kaliumnitrat, so entsteht ein prächtig
grün gefärbtes, irisierendes Krystallisat, welches Kalium-Uranylnitrat
vorstellt. Das Uranylnitrat fungiert also als amphoteres Nitrat im
System der Verbindungen mit Salpetersäure als Solvens:

$$KNO_3 + UO_2(NO_3)_2 = KNO_3 \cdot UO_2(NO_3)_2 = K[UO_2(NO_3)_3].$$

Da das Kalium-Uranylnitrat recht gut löslich ist, unterbleibt die
Niederschlagsbildung in weniger konzentrierten Lösungen. Die Entstehung der Verbindung
läßt sich jedoch bei der Verfolgung einer konduktome-
trischen Titration von Kaliumnitrat (260 mg KNO_3
in 40 cm³ HNO_3 bei 6° C)
mit wasserfreiem Uranyl-
nitrat, welches im festen
Zustande anteilweise zur
Kaliumnitratlösung hinzu-
gesetzt wird, sehr gut beobachten.

Der Kurvenzug in der
nebenstehenden Abb. 48
läßt erkennen, daß die relativ hohe Leitfähigkeit
der absolut salpetersauren
Kaliumnitratlösung mit
wachsendem Uranylnitrat-
zusatz infolge der Bildung

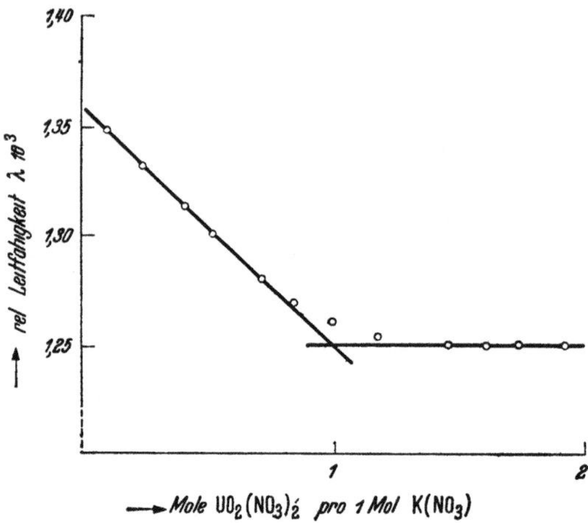

Abb. 48. Änderung des elektrischen Leitvermögens einer
Auflösung von Kaliumnitrat in absoluter Salpetersäure
durch anteilweise hinzugesetztes Uranylnitrat.

von $K[UO_2(NO_3)_3]$ zunächst abnimmt. Wenn das Molverhältnis 1:1
erreicht ist, bleibt die Leitfähigkeit der Lösung konstant. Das Komplexsalz existiert demnach auch in Lösung. Mit zunehmender Verdünnung jedoch wird die Feststellung der Verbindungsbildung
undeutlicher.

Besser ausgebildete und schönere Krystalle des Kalium-Uranyl-
nitrats als die des oben erwähnten Krystallisats erhält man, wenn
man eine absolut salpetersaure Auflösung von Kaliumnitrat und
Uranylnitrat im Molverhältnis 1:1 langsam im Exsiccator über Ätzkali
und Phosphorpentoxyd eindunstet. Das Kalium-Uranylnitrat ist in
wasserfreier Salpetersäure recht gut löslich, aber schwerer als Uranylnitrat.

Die gleichen Feststellungen werden getroffen, wenn man bei entsprechenden Versuchen mit Uranylnitrat an Stelle des Kaliumnitrats
wasserfreies Caesiumnitrat[1], Ammoniumnitrat[1] oder Tetramethylammo-

---

[1] JAEGER, F. M. u. B. KAPMA: Z. anorg. allg. Chem. **113**, 51 (1920).

niumnitrat[1] verwendet. Das Caesium-Uranyltrinitrat $Cs[UO_2(NO_3)_3]$ übertrifft hinsichtlich der Größe, Schönheit und Farbwirkung der Krystalle noch das Kalium-Uranyltrinitrat, wenn man es durch ganz vorsichtiges Einengen der absolut salpetersauren Mutterlauge langsam auskrystallisieren läßt. Caesium-Uranyltrinitrat ist stärker löslich als Kalium-Uranyltrinitrat. Noch leichter löslich ist in Salpetersäure als Solvens Tetramethylammonium-Uranyltrinitrat $[(CH_3)_4N]\{UO_2(NO_3)_3\}$, welches präparativ daher nur schwer in gut krystallisiertem Zustande erhalten werden kann; es ist von JANDER und WENDT[2] zum ersten Male dargestellt und beschrieben worden und zeigt die gleiche grünliche Fluorescenz wie die Uranyldoppelnitrate mit Kalium- und Caesiumnitrat. Versuche von JANDER und WENDT, die Existenz von Uranyldoppelnitraten mit Natrium- und Thallium(I)-nitrat nachzuweisen, schlugen fehl.

b) Cadmiumnitrat als amphotere Verbindung.

Weniger als beim Uranylnitrat ist die Erscheinung der Amphoterie beim Cadmiumnitrat in absoluter Salpetersäure als Solvens ausgeprägt. Wasserfreies Cadmiumnitrat ist in Salpetersäure praktisch unlöslich. Wird nun eine Suspension dieser Verbindung mit wasserfreier Perchlorsäure versetzt, so beobachtet man bei Zimmertemperatur keine Auflösung des schwerlöslichen, offenbar nur schwach basenanalogen Cadmiumnitrats. Erst wenn die Flüssigkeit bei etwa $+40^0$ C unter vermindertem Druck konzentriert wird, tritt Auflösung ein:

$$Cd(NO_3)_2 + 2\,HClO_4 = Cd(ClO_4)_2 + 2\,HNO_3.$$

Bei präparativen Ansätzen mit Verhältnissen von Cadmiumnitrat zu Perchlorsäure wie 1:2 krystallisiert schließlich aus den im Vakuumexsiccator über Ätzkali und Phosphorpentoxyd stark eingeengten Lösungen farbloses Cadmiumperchlorat in gut ausgebildeter Form aus.

Cadmiumnitrat löst sich auch in absolut salpetersauren Lösungen starker Basenanaloger, allerdings ist dafür ein erheblicher Überschuß an beispielsweise Kaliumnitrat notwendig. Wird eine relativ konzentrierte Kaliumnitratlösung ($\sim$25 g KNO_3 in 100 cm³ HNO_3) anteilweise mit wasserfreiem, festem Cadmiumacetat versetzt, so solvolysiert zunächst das Cadmiumacetat sofort:

$$Cd(CH_3COO)_2 + 2\,HNO_3 = Cd(NO_3)_2 + 2\,H(CH_3COO).$$
$$\downarrow$$

Aber es kommt nicht zur Bildung des schwerlöslichen Cadmiumnitrats, vielmehr wird dieses aufgelöst, wobei allem Anschein nach eine Doppeloder Komplexverbindung zwischen Kaliumnitrat und Cadmiumnitrat gebildet wird:

$$Cd(NO_3)_2 + x\,KNO_3 \rightleftharpoons K_x[Cd(NO_3)_{(2+x)}].$$

---

[1] Wasserfreies Tetramethylammoniumnitrat kann durch Neutralisation der käuflichen Tetramethylammoniumhydroxydlösung mittels Salpetersäure, Einengen dieser Lösung auf dem Wasserbade bis zur beginnenden Krystallisation und Zusatz von Alkohol bequem erhalten werden.

[2] JANDER, G. u. H. WENDT: Z. anorg. allg. Chem. (im Druck) (1948).

Eine klare Auflösung des Cadmiumacetats in der absolut salpetersauren Kaliumnitratlösung von der angegebenen Konzentration kann solange erreicht werden, bis 1 Mol Cadmiumacetat zu 12 Molen Kaliumnitrat gegeben wurden. Wird die Verhältniszahl größer als 1:12, dann bleibt Cadmiumnitrat als milchige Trübung ungelöst zurück. Führt man den Versuch mit absolut salpetersauren Kaliumnitratlösungen der halben Konzentration — also etwa 12—13 g KNO_3 in 100 cm³ HNO_3 — durch, dann liegt der Punkt, bei welchem das Cadmiumacetat bzw. Cadmiumnitrat nicht mehr klar aufgelöst wird, schon bei einem Molverhältnis Cadmiumnitrat zu Kaliumnitrat $= 1:24$. Der Auflösungsvorgang ist demgemäß stark von der Konzentration des basenanalogen Alkalinitrats abhängig und erinnert an Verhältnisse in wäßrigen Lösungen, wie sie bei der Wiederauflösung von frisch gefälltem Chrom-(III)-hydroxyd mit überschüssigem Alkalihydroxyd angetroffen werden. Weder bei präparativen Versuchen noch bei der konduktometrischen Verfolgung des Vorganges hat sich ein bestimmter Verbindungstyp zwischen Kaliumnitrat und Cadmiumnitrat erhalten oder erkennen lassen. Die Leitfähigkeit einer absolut salpetersauren Kaliumnitratlösung, welche etwa 10 g KNO_3 in 40 cm³ HNO_3 enthält und anteilweise mit wasserfreiem Cadmiumacetat versetzt wird, nimmt kontinuierlich ab und zwar anfangs mehr, später immer weniger bei jeder Zugabe. Die Leitfähigkeitskurve nähert sich asymptotisch einer Parallelen zur X-Achse. Die endgültigen Leitfähigkeitswerte stellen sich hierbei jeweils nur langsam ein.

VII. Die Chemie in flüssigem Jod.

1. Allgemeines über geschmolzenes Jod als Lösungsmittel.

In den bisherigen Darstellungen sind die nichtwäßrigen aber „wasserähnlichen" Lösungsmittel besprochen worden, die — wie das Wasser — hauptsächlich Hydride von Elementen sind, welche sich im periodischen System halbkreisförmig um den Sauerstoff gruppieren:

$$H(\underline{NH_2}) \qquad H(\underline{OH}) \qquad H(\underline{F})$$
$$H(\underline{SH}).$$

Dazu gesellen sich noch die wasserfreie Blausäure $H(CN)$, die absolute Salpetersäure $H(NO_3)$ und die wasserfreie Essigsäure $H(CH_3COO)$. Alle diese Solventien bestehen aus Wasserstoff (H^+) und einem mehr oder weniger hydroxylähnlichen Rest: (F^-), (OH^-), (NH_2^-), (SH^-), (CN^-), (NO_3^-), (CH_3COO^-). Das Verhalten einer Flüssigkeit als eines „wasserähnlichen" Lösungsmittels beschränkt sich aber keineswegs auf die Hydride der Elemente um den Sauerstoff herum oder auf Wasserstoffverbindungen mit abdissoziierbarem, positivem Wasserstoff und einem negativen, mehr oder weniger deutlich hydroxylähnlichen Rest. Es wird später noch gezeigt werden, daß sowohl das Schwefeldioxyd SO_2 als auch Essigsäureanhydrid $(CH_3CO)_2O$ zweifellos in gleichem Maße wasserähnliche Solventien sind wie die genannten Hydride, obwohl sie weder Wasserstoff enthalten noch ein negatives „hydroxyl-" oder „pseudohalogenidähnliches" Radikal. Man hat nun daher die wasserstoffhaltigen Lösungsmittel der zuerst genannten Art „wasserähnliche" Solventien im engeren Sinne des Wortes genannt. Man kann sie auch als „wasserähnliche Lösungsmittel erster Ordnung" bezeichnen. Die wasserstofffreien Solventien wie Schwefeldioxyd und Essigsäureanhydrid hat man auch „wasserähnliche" Lösungsmittel im weiteren Sinne des Wortes genannt. Man kann sie auch gut als „wasserähnliche Solventien zweiter Ordnung" bezeichnen. Es ist nun ebenso überraschend wie interessant, daß zu den „wasserähnlichen" Lösungsmitteln im weiteren Sinne des Wortes auch das geschmolzene Jod gehört, wie diesbezügliche Untersuchungen[1] ergeben haben.

Jod ist zwischen 113 und 183° C flüssig und löst eine Reihe anorganischer und organischer Substanzen auf. Während das reine, geschmolzene Jod den elektrischen Strom nur außerordentlich wenig leitet ($\varkappa = \sim 1 \cdot 10^{-5}$ bei 140° C), zeigen die Auflösungen einiger Stoffe in flüssigem Jod, z. B. die von Alkalijodiden, eine recht erhebliche elektrolytische Leitfähigkeit. Die gelösten Substanzen liegen also in Ionen gespalten in der Lösung vor. Die schwache Leitfähigkeit des reinen, flüssigen Jods ist zum Teil wohl der Rest eines metallischen Leitvermögens[2]. Es ist nämlich der Temperaturkoeffizient des elektrischen Leitvermögens von festem Jod bei steigender Temperatur zwar positiv, der von flüssigem Jod aber negativ. Es wird daher ein temperaturabhängiges Gleichgewicht zwischen elektrolytischer und metallischer Leitfähigkeit angenommen. Danach wären also im Jod neben ionisierten Molekeln (positiven Ionen) sowie freien Elektronen auch positive und negative Jodionen vorhanden. Ganz allgemein nimmt ja der metallische Charakter der Elemente in den Vertikalreihen des periodischen Systems vom leichteren zum schwereren Element zu. Die Annahme des Vorhandenseins eines Restes metallischer Leitfähigkeit erscheint auch unter diesem Gesichtspunkt durchaus einleuchtend. Den Anteil elektrolytischer Leitfähigkeit muß man wohl — ebenso wie beim Wasser, beim Ammoniak oder bei der Blausäure — auf eine Dissoziation der Moleküle des Solvens zurückführen:

$$2\,J_2 \rightleftharpoons J^+ + (J \cdot J_2)^- \rightleftharpoons J^+ + J_3^-.$$

Danach sind also alle Jodide in flüssigem Jod „Basenanaloge" und alle Verbindungen, die gegebenenfalls einwertig positives Jod abspalten können, wie Jodchlorid oder Jodbromid, fungieren als „Säurenanaloge".

---

[1] JANDER, G. u. K. H. BANDLOW: Z. phys. Chem. Abt. A **191**, 321 (1943).
[2] LEWIS, G. N. u. P. WHEELER: Z. phys. Chem. **56**, 179 (1906). — RABINOWITSCH, M.: Z. phys. Chem. **119**, 82 (1920).

Zwischen basenanalogen Jodiden und säurenanalogen Jodhalogeniden müßten neutralisationenähnliche Umsetzungen stattfinden können. Doch bevor auf die Grundlagen einer Chemie in geschmolzenem Jod näher eingegangen werden soll, seien zunächst einige physikalische Konstanten besonders des flüssigen Jods mitgeteilt, welche für die späteren Darlegungen von Interesse sind.

Tabelle 58. *Übersicht über einige physikalische Eigenschaften hauptsächlich des flüssigen Jods*[1].

Art der Eigenschaft	Wert der physikalischen Konstanten
Atomgewicht	126,92
Schmelzpunkt	113,6° C
Siedepunkt. '.	183° C
Spez. Gewicht[2]	3,918 (bei 133,5° C)
Molekularvolumen[3]	68,46 (beim Siedepunkt, bezogen auf J_2)
Elektr. Leitvermögen $\varkappa$ in rezipr. Ohm[4]	$0,9 \cdot 10^{-5}$ bis $1,7 \cdot 10^{-4}$ (bei 140° C)
Dielektrizitätskonstante ε[5]	11,08—12,98 (zwischen 118 u. 168° C)
Dipolmoment[6]	0
Viscosität[7]	$1,414 \cdot 10^{-2}$ (beim Siedepunkt)
Kryoskopische Konstante	20,4
Ebullioskopische Konstante	10,5

2. Löslichkeitsverhältnisse, Molekulargewichtsbestimmungen und Leitfähigkeitsmessungen in flüssigem Jod.

Von großem Interesse ist die Frage, welche Stoffe bzw. Stoffklassen in flüssigem Jod löslich sind. Darüber gibt die kurze Zusammenstellung einen Überblick[8].

1. Ohne chemische Veränderung lösen sich: Schwefel, Selen, Tellur, die Jodide des Lithiums, Natriums, Kaliums, Rubidiums, Caesiums und Ammoniums, ferner Thallium(I)-jodid, Quecksilber(II)-jodid, Aluminiumjodid, Zinn(IV)-jodid, Phosphor(III)-jodid, Arsen(III)-jodid, Antimon(III)-jodid, Wismut(III)-jodid und Eisenjodid.

2. Unter Bildung von Jodiden lösen sich die Metalle: Aluminium, Zinn, Arsen, Antimon, Wismut und Eisen.

---

[1] Die Werte sind, soweit keine andere Literaturstelle angegeben ist, dem Taschenbuch für Chemiker und Physiker von D'ANS-LAX, Springer-Verlag, Berlin 1943, entnommen.

[2] NAYDER, T.: Bull. int. Acad. polon. Sci. Lettres, Ser. A **1934**, 231.

[3] DRUGMAN, J. u. W. RAMSAY: J. chem. Soc. 77, 1228 (1900).

[4] PLOTNIKOW, W. A., J. A. FIALKOW u. W. P. TSCHALIJ: Z. phys. Chem. Abt. A 172, 307 (1935).

[5] JAGIELSKI, A.: Bull. int. Acad. polon. Sci. Lettres, Ser. A **1932**, 327.

[6] MÜLLER, H. u. H. SACK: Phys. Z. 31, 815 (1930).

[7] STEACIE, E. W. R. u. F. N. G. JOHNSON: J. Amer. chem. Soc. 47, 754 (1925).

[8] LEWIS, G. N. u. P. WHEELER: Z. phys. Chem. 56, 179 (1906). — GMELIN: Handbuch der anorganischen Chemie, 8. Aufl., Abschn. Jod 1933. — PLOTNIKOW, W. A., J. A. FIALKOW u. W. P. TSCHALIJ: Ukrain. Acad. Sci. Mem. Inst. Chem. 2, 111; 3, 165 (1935). — Z. phys. Chem. Abt. A 172, 304 (1935).

3. Von organischen Substanzen sollen in flüssigem Jod löslich sein: Jodoform, Phenylammoniumjodid, Tetramethylammoniumjodid und andere Salze des substituierten Ammoniums, β-Jodpropionsäure, p-Dibrombenzol, p-Dinitrobenzol, Naphthalin, Diphenyl, Phenanthrenchinon, Benzoesäure, Benzoesäureanhydrid und Azobenzol. Es fehlen jedoch im einzelnen darüber bestimmtere Angaben, ob die angegebenen organischen Verbindungen sich ausnahmslos ohne jede Veränderung in flüssigem Jod lösen.

4. Nicht gelöst werden: die Metalle Kupfer, Silber, Magnesium, Zink, Cadmium, Blei, Chrom, Nickel, Platin sowie die Jodide der Erdalkalien. Die als schwer löslich angeführten Metalle überziehen sich mit einer zusammenhängenden, in Jod schwerlöslichen Schicht von Jodid, welche das Metall vor weiterem Angriff schützt. Am widerstandsfähigsten ist offenbar eine Platin-Iridium Legierung mit 15% Iridium, sie findet daher als Elektrodenmaterial in flüssigem Jod bevorzugt Verwendung.

5. Quantitative Löslichkeitsangaben scheinen nur für die Löslichkeit von Kaliumjodid in flüssigem Jod vorzuliegen[1]. Danach ist die Löslichkeit von Kaliumjodid erheblich, nimmt aber nur relativ wenig mit steigender Temperatur zu. In der gesättigten Lösung steigt im Bereich von 113 bis 184° C der Kaliumjodidgehalt von etwa 22 auf 24 Mol-% an.

Tabelle 59.

Art des Alkalijodids	Polymerisationsgrad	
	kryoskopisch	ebullioskopisch
LiJ.	3,10—5,07	
NaJ	2,97—5,85	
KJ.	1,60—1,80	1,24—1,34
RbJ	1,43—1,48	1.15—1,44
CsJ	1,44—1.46	0,97—1,29

Anhaltspunkte für den Zustand der in flüssigem Jod gelösten Substanzen haben sich aus einigen Molekulargewichtsbestimmungen und aus Leitfähigkeitsmessungen ergeben. Man hat bisher festgestellt, daß die in geschmolzenem Jod aufgelösten Stoffe teilweise assoziiert, in manchen Fällen aber gleichzeitig elektrolytisch dissoziiert sind. Assoziation und Dissoziation überlagern sich also gegebenenfalls und erschweren klarere Einblicke in die tatsächlich vorliegenden Verhältnisse und Zusammenhänge. Kryoskopische und ebullioskopische Messungen an Lösungen der Alkalijodide haben für sie Polymerisationsgrade ergeben, welche in der vorstehenden tabellarischen Übersicht zusammengestellt sind[2]. Bei der Berechnung der Polymerisationsgrade ist aber die Tatsache unberücksichtigt geblieben, daß die meisten Alkalijodide namentlich in konzentrierteren Lösungen obendrein recht weitgehend elektrolytisch dissoziiert sind.

Man sieht, daß die Polymerisation in der Reihe der Alkalijodide vom Lithiumjodid zum Caesiumjodid hin abnimmt und generell in verdünnteren Lösungen sowie in siedendem Jod geringer ist als in konzentrierteren Lösungen sowie in der Nähe des Schmelzpunktes.

---

[1] BRIGGS, T. R. u. W. F. GEIGLE: J. phys. Chem. **34**, 2250 (1930).
[2] BECKMANN, E.: Z. anorg. allg. Chem. **77**, 200, 275 (1912).

BECKMANN[1] hat ferner durch kryoskopische und ebullioskopische Molekulargewichtsbestimmungen nachgewiesen, daß Quecksilber(II)-jodid, Zinn(IV)-jodid, Arsenjodid und Antimonjodid in flüssigem Jod nicht assoziiert vorliegen, Aluminiumjodid und Eisenjodid jedoch sind bimolekular. Die Lösungen der erstgenannten Verbindungen leiten den elektrischen Strom sehr wenig, die von Aluminiumjodid und Eisenjodid jedoch schwach, größenordnungsmäßig so wie Lösungen von Natriumjodid in flüssigem Jod. Neben der Assoziation ist aber, wie umfangreichere Leitfähigkeitsmessungen an Auflösungen der Alkalijodide in geschmolzenem Jod gezeigt haben[2], auch vielfach Dissoziation vorhanden, und zwar in recht beträchtlichem Maße. In Abb. 49 sind die Logarithmen des spezifischen Leitvermögens von Alkalijodidlösungen in flüssigem Jod von 140° C in Abhängigkeit von den Logarithmen der in Molprozenten ausgedrückten Konzentration graphisch dargestellt.

Die eingetragenen Werte sind für diese Art der Darstellung nach den von LEWIS und WHEELER sowie von PLOTNIKOW, FIALKOW und TSCHALIJ mitgeteilten Angaben umgerechnet, um größere Bereiche der Konzentration

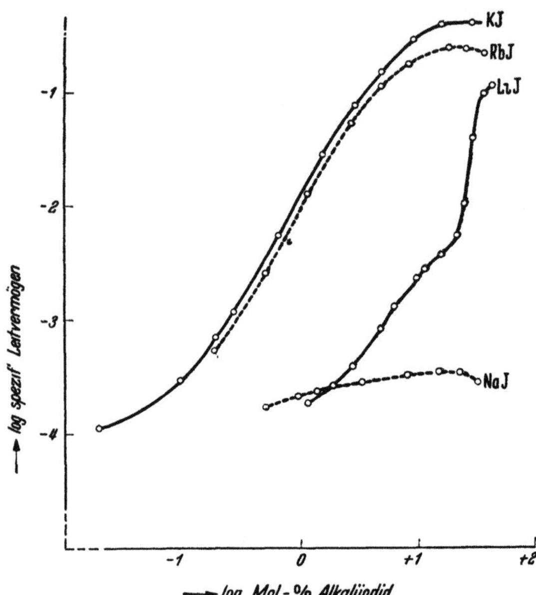

Abb. 49. Abhängigkeit des Logarithmus des spezifischen Leitvermögens vom Logarithmus der Konzentration (in Molprozenten) bei Auflösungen einiger Alkalijodide in geschmolzenem Jod.

und des spezifischen Leitvermögens in einer Figur und doch klar übersehen zu können. Man stellt fest, daß namentlich bei Rubidiumjodid- und Kaliumjodidlösungen die Leitfähigkeit mit wachsender Konzentration der Alkalijodide anfänglich außerordentlich stark, später allerdings in viel geringerem Maße und schließlich von etwa 10 Mol-% an aufwärts überhaupt nicht mehr ansteigt. Es werden relativ hohe Werte der spezifischen Leitfähigkeit erreicht. Zum Vergleich sei erwähnt, daß eine wäßrige 1 n-Kaliumchloridlösung ($\sim$2 Mol-%) bei 25° C ein spezifisches Leitvermögen von $1{,}1 \cdot 10^{-1}$ reziproken Ohm hat, das ist dieselbe Leitfähigkeit, welche Auflösungen von Kalium- und Rubidiumjodid von $\sim$4 Mol-% in geschmolzenem

[1] BECKMANN, E.: Z. anorg. allg. Chem. 63, 63 (1909); 77, 200 (1912).
[2] LEWIS, G. N. u. P. WHEELER: Z. phys. Chem. 56, 179 (1906). — PLOTNIKOW, W. A., J. A. FIALKOW u. W. P. TSCHALIJ: Z. phys. Chem. Abt. A 172, 304 (1935).

Jod aufweisen. Die elektrolytische Dissoziation von Kalium- und Rubidiumjodid in flüssigem Jod kann also trotz der festgestellten Assoziation nicht geringfügig sein. Das spezifische Leitvermögen des Lithiumjodids steigt erst bei erheblich höheren Konzentrationen, nämlich kurz vor 40 Mol-% steil an und erreicht bei 40 Mol-% Lithiumjodid ähnliche Werte wie das von konzentrierteren Kalium- und Rubidiumjodidlösungen in flüssigem Jod. Die spezifische Leitfähigkeit von Natriumjodidlösungen ist bemerkenswerterweise abweichend von der der anderen Alkalijodide und zeigt sowohl in verdünnteren wie auch in konzentrierteren Lösungen nur geringe Werte.

In Abb. 50 ist für Auflösungen von Alkalijodiden in flüssigem Jod die Abhängigkeit des Logarithmus der molaren Leitfähigkeit vom Logarithmus der Konzentration — ausgedrückt in Molprozenten — an Alkalijodid graphisch dargestellt. Nur Natriumjodid verhält sich danach anscheinend wie ein normaler, schwacher Elektrolyt in wäßriger Lösung: sein molares Leitvermögen steigt mit zunehmender Verdünnung beträchtlich an. Man darf aber hierbei

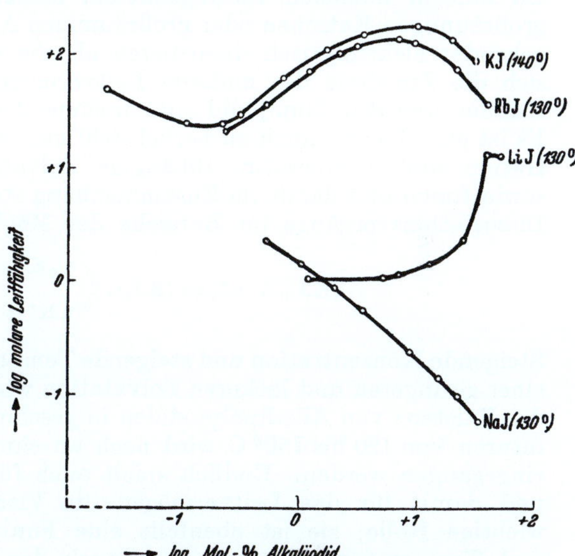

Abb. 50. Abhängigkeit des Logarithmus der molaren Leitfähigkeit vom Logarithmus der Konzentration (in Molprozenten) bei den Auflösungen einiger Alkalijodide in geschmolzenem Jod.

nicht unberücksichtigt lassen, daß Molekulargewichtsbestimmungen mit Auflösungen von Natriumjodid in flüssigem Jod einen Polymerisationsgrad von 3 bis 6 — je nach der Temperatur und Verdünnung — für dieses „Basenanaloge" ergeben haben. Auch bei Kaliumjodidauflösungen steigt im Bereich stärkerer Verdünnung das molare Leitvermögen mit fallender Konzentration, wächst jedoch auch von einem bei etwa 0,1 Mol-% liegenden Minimum ausgehend mit steigender Konzentration nicht unbeträchtlich an. Die molare Leitfähigkeit erreicht bei etwa 10 Mol-% an Kaliumjodid ein Maximum und nimmt dann mit weiter wachsender Konzentration an Kaliumjodid abermals ab. Ganz ähnlich ist die Abhängigkeit des molaren Leitvermögens von der Konzentration bei Auflösungen von Rubidiumjodid in geschmolzenem Jod. Die Assoziations- und Dissoziationsgleichgewichte in den Auflösungen der Alkalijodide in geschmolzenem Jod sind also nicht einfacher Art; es liegen offenbar kompliziertere

Verhältnisse vor, welche vielleicht durch das folgende Schema skizziert werden können:

$$(K_nJ_{(n-x)})^{x+} + x\,J^- \atop y\,K^+ + (K_{(n-y)}J_n)^{y-} \Bigg\rangle (KJ)_n \rightleftharpoons n\,KJ \rightleftharpoons n\,K^+ + n\,J^-.$$

Abnehmende Konzentration und steigende Temperatur dürften die Gleichgewichte von links nach rechts verlagern, steigende Konzentration und abnehmende Temperatur aber von rechts nach links. Da nun in manchen Lösungsmitteln assoziierte Verbindungen mit großräumigen Kationen oder großräumigen Anionen leichter und weitgehender elektrolytisch dissoziieren als die einfachen Salze, so ließe sich die Zunahme des molaren Leitvermögens bei Auflösungen von Kalium- und Rubidiumjodid mit zunehmender Konzentration erklären. Es ist aber hierbei auch zu berücksichtigen, daß eine von der Konzentration und Temperatur abhängige Solvatation der Verbindungen sowie Ionen und damit im Zusammenhang stehend mancherlei weitere Dissoziationsvorgänge im Bereiche der Möglichkeit liegen z. B.:

$$(KJ)_n + nJ_2 \rightleftharpoons (KJ_3)_n \atop \Bigg\langle {n/_2\,K^+ + n/_2(KJ_6)^- \atop n\,K^+ + n\,J_3^-}$$

Steigende Konzentration und steigende Temperatur werden in Richtung einer geringeren und lockeren Solvatation wirken. Auf die Frage nach der Existenz von Alkalipolyjodiden in geschmolzenem Jod bei Temperaturen von 120 bis 150° C wird noch an einer späteren Stelle (S. 208) eingegangen werden. Endlich spielt auch für die Ionenbeweglichkeit und damit für das Leitvermögen die Viscosität des Solvens eine wichtige Rolle; sie ist ebenfalls eine Funktion von Konzentration und Temperatur. Um ein auch nach der quantitativen Seite hin befriedigenderes Bild von dem Zustande der in geschmolzenem Jod gelösten Elektrolyte — speziell der basenanalogen Alkalijodide — zu erhalten, müssen die Ergebnisse weiterer, eingehender Untersuchungen chemischer und physikochemischer Art abgewartet werden. Das bisher vorliegende experimentelle Versuchsmaterial reicht hierfür nicht aus; es gestattet nur, qualitativ einige in Betracht kommende Möglichkeiten anzudeuten.

Plotnikow, Fialkow und Tschalij[1] haben auch die Temperaturkoeffizienten der spezifischen Leitfähigkeiten in Prozenten des Leitvermögens bei verschieden konzentrierten Auflösungen von Lithiumjodid, Natriumjodid und Rubidiumjodid in geschmolzenem Jod und zwar für eine mittlere Temperatur von 130° C bestimmt. Nach Angaben von Lewis und Wheeler berechneten sie auch die Temperaturkoeffizienten des spezifischen Leitvermögens in Prozenten der Leitfähigkeit bei verschieden konzentrierten Auflösungen von Kaliumjodid in flüssigem Jod, und zwar für eine mittlere Temperatur von 150° C.

[1] Plotnikow, W. A., J. A. Fialkow u. W. P. Tschalij: Z. phys. Chem. Abt. A **172**, 311 (1935).

In Abb. 51 ist graphisch die Abhängigkeit der Temperaturkoeffizienten von der in Gewichtsprozenten angegebenen Konzentration an Alkalijodid dargestellt. Aus dem Verlauf der Kurvenzüge ist zu ersehen, daß für die Auflösungen von Lithiumjodid, Kaliumjodid und Rubidiumjodid die Temperaturkoeffizienten des spezifischen Leitvermögens bei kleinen Alkalijodidkonzentrationen negativ sind. Mit Erhöhung der Konzentrationen gehen die Temperaturkoeffizienten durch Null und werden bei großen Konzentrationen positiv. Die Kurvenzüge für Rubidiumjodid und für Kaliumjodid sind beinahe identisch, nur im Bereich sehr hohen Alkalijodidgehaltes weichen sie stärker voneinander ab. Der Kurvenzug für Lithiumjodid setzt sich weitergehend von den für Rubidium- und Kaliumjodid ab. Exzeptionell ist auch hier der Kurvenverlauf für Natriumjodid, für welches mit Vermehrung der Konzentration eine Erhöhung der Werte der negativen Temperaturkoeffizienten zu beobachten ist.

Es sei in diesem Zusammenhang noch einmal daran erinnert, daß der Temperaturkoeffizient der spezifischen Leitfähigkeit des reinen, geschmolzenen Jods negativ ist.

Irgendwelche weitergehenden Schlüsse hinsichtlich des Molekular- und Ionenzustandes der in flüssigem Jod gelösten Alkalijodide lassen sich aus den Bestimmungen des Temperaturkoeffizienten des spezifischen Leitvermögens einstweilen kaum ziehen.

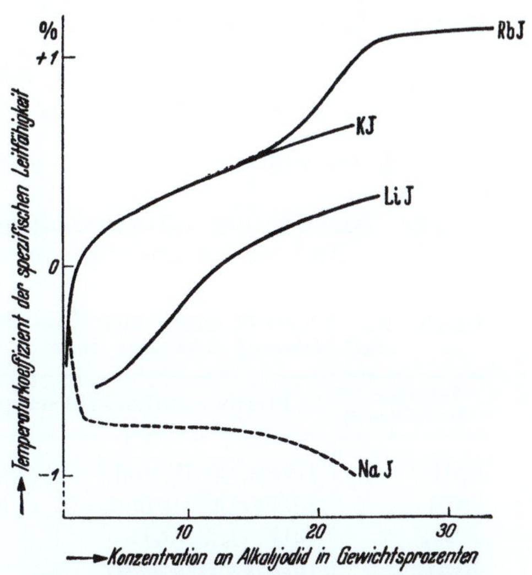

Abb. 51. Abhängigkeit des Temperaturkoeffizienten der spezifischen Leitfähigkeit von der Konzentration (in Gewichtsprozenten) bei Auflösungen von Alkalijodiden in geschmolzenem Jod.

3. Neutralisationenanaloge Umsetzungen in flüssigem Jod.

a) Allgemeines über „säurenanaloge" und „basenanaloge" Verbindungen in flüssigem Jod.

Es ist bereits dargelegt worden, daß ein Teil der geringen Eigenleitfähigkeit, welche auch weitestgehend gereinigtes flüssiges Jod immer noch aufweist, elektrolytischer Natur ist und auf eine Dissoziation der Jodmoleküle in positive Jodionen und negative, mehr oder weniger locker solvatisierte Jodionen zurückzuführen sein dürfte:

$$2\,J_2 \rightleftharpoons J^+ + (J \cdot J_2)^- \rightleftharpoons J^+ + J_3^-.$$

Da Basen oder basenanaloge Substanzen solche sind, welche in einem Lösungsmittel gelöst die negativen Bestandteile der Lösungsmittelmoleküle abdissoziieren, werden alle einwertig negatives Jod abspaltenden Elektrolyte in flüssigem Jod Basenanaloge sein. Wie wir gesehen haben, besitzen diese Eigenschaft, in reichlichem Maße einige Alkalijodide wie Rubidium-, Kalium- und Lithiumjodid, in geringerem Maße Natriumjodid und andere Metalljodide. Diese Metalljodide sollten sich mit Verbindungen, welche gegebenenfalls einwertig positives Jod abdissoziieren können, wie etwa Jodchlorid, Jodbromid u. ä. m. und die demnach „Säurenanaloge" sind, durch neutralisationenähnliche Reaktionen umsetzen:

$$KJ + JBr = J_2 + KBr$$
$$PbJ_2 + 2\,JCl = 2\,J_2 + PbCl_2 \text{ usw.}$$

Wie sich im weiteren Verlauf ergeben wird, ist das auch tatsächlich der Fall.

Die Anzahl der säurenanalogen Verbindungen mit einwertig positivem Jod ist an und für sich relativ gering, für ihr Verhalten geschmolzenem Jod gegenüber hat man sich bis jetzt weniger interessiert. Die nebenstehende tabellarische Zusammenstellung gibt eine Übersicht über sie[1].

Tabelle 60. *Übersicht über einige Verbindungen mit einwertig positivem Jod.*

Einfache Verbindungen	Pyridin-Additionsverbindungen
$J(OH)$	$[J(Pyr)](OH)$ und $[J(Pyr)_2](OH)$
$J(Cl)$	$[J(Pyr)](NO_3)$ und $[J(Pyr)_2](NO_3)$
$J(Br)$	$[J(Pyr)_2](ClO_4)$
$J(CN)$	$[J(1^{1}/_{2}\,Pyr)]_2(SO_4)$
$J(CNO)$	$[J(Pyr)_2](HSO_4)$
$J(N_3)$	
$J(ClO_4)$	$[J(Pyr)_2][H(Pyr)PO_4]$
$J[C(NO_2)_3]$	$[J(Pyr)](JO_3)$

Von den in der Tabelle angeführten Substanzen kommen natürlich die Pyridin-Additionsverbindungen mit einwertig positivem Jod für „neutralisationenanaloge" Umsetzungen in geschmolzenem Jod zunächst nicht in Frage, obwohl sie durchweg beständiger sind als die einfachen, denn die Rolle, welche das komplex gebundene Pyridin bei derartigen Reaktionen spielt, ist unbekannt. Von den einfachen Verbindungen neigen die meisten im Temperaturbereich des flüssigen Jods zur Zersetzung. Als einigermaßen stabile, einfache Verbindungen sind nur Jodchlorid (JCl), Jodbromid (JBr) und Jodcyanid (JCN) anzusehen. Gemäß der Stellung der Halogene und Pseudohalogene zueinander darf man von vornherein annehmen, daß Jodbromid und vor allen Dingen Jodchlorid stärkere Säurenanaloge sein werden als Jodcyanid; in ihrem allgemeinen Verhalten stehen die Cyanide im großen ganzen zwischen den Bromiden und Jodiden.

---

[1] Gmelins Handbuch der anorganischen Chemie, 8. Aufl., Abschn. Jod, S. 455. 1933.

b) Der Nachweis der neutralisationenanalogen Umsetzungen zwischen Jodiden und Jodhalogeniden in flüssigem Jod auf präparativem und analytischem Wege.

Die Prüfung der Frage, ob in flüssigem Jod neutralisationenanaloge Umsetzungen zwischen Jodiden und Jodchlorid bzw. Jodbromid stattfinden, hat man zunächst auf präparativem Wege vorgenommen[1]. Ein ungefähr 20 cm langes, einseitig geschlossenes Rohr aus Jenaer Glas wurde mit 5 bis 6 g Jod und 0,5 bis 0,8 g des betreffenden Jodids beschickt. Das Jod wurde geschmolzen und das Jodid in ihm gelöst bzw. suspendiert. Nach dem Erkalten wurde auf die Masse das Jodchlorid[2] oder Jodbromid[2] gegeben, und zwar in einem geringen Überschuß. Das Rohr wurde nunmehr zugeschmolzen und dann in einem Trockenschrank einige Zeit auf 130 bis 140° C erwärmt. Nach dem Abkühlen ließ sich das überschüssige Jod zusammen mit dem etwa im Überschuß vorhandenen Jodchlorid oder Jodbromid absublimieren und so von den Reaktionsprodukten trennen. Von den Rückständen im Kolben und Reaktionsrohr wurden die Reste anhaftenden Jods oder Jodhalogenids mit einem geeigneten organischen Lösungsmittel wie Schwefelkohlenstoff, Tetrachlorkohlenstoff, Aceton, Alkohol usw. abgelöst. Eine sorgfältige Prüfung und Analyse des Rückstandes ergab die Menge Chlorid bzw. Bromid, die neben unverändertem Jodid vorhanden war. Waren die Reaktionsprodukte wärmeempfindlich und leicht flüchtig, dann wurde der Röhrchenrückstand ohne vorhergehendes Absublimieren der Hauptmenge des Jods sofort mit dem passend gewählten organischen Lösungsmittel behandelt, aus ihm das Jod herausgelöst und darauf der Salzrückstand analysiert. Die folgende tabellarische Übersicht enthält die Resultate der Untersuchungen.

Tabelle 61. *Zusammenstellung der präparativ und analytisch untersuchten, „neutralisationenanalogen" Umsetzungen zwischen Metalljodiden und Jodhalogeniden in flüssigem Jod.*

Nummer des Versuchs	Reaktionspartner im flüssigen Jod	Reaktionsprodukte	Bemerkungen
1	$KJ + JCl$	$KCl + J_2$	Rückstand enthält 99,1% KCl
2	$AgJ + JCl$	$AgCl + J_2$	„ „ 97,0% AgCl
3	$HgJ_2 + 2 JCl$	$HgCl_2 + 2 J_2$	„ „ 90% $HgCl_2$
4	$PbJ_2 + 2 JCl$	$PbCl_2 + 2 J_2$	„ „ 100% $PbCl_2$
5	$BiJ_3 + 3 JCl$	$BiCl_3 + 3 J_2$	„ „ 100% $BiCl_3$
6	$KJ + JBr$	$KBr + J_2$	„ „ 99,4% KBr
7	$HgJ_2 + 2 JBr$	$HgBr_2 + 2 J_2$	„ „ kein HgJ_2 mehr
8	$AgJ + JBr$	$AgBr + J_2$	Rückstand nicht quantitativ, sondern nur qualitativ auf überwiegendes Vorhandensein von AgBr geprüft

[1] JANDER, G. u. K. H. BANDLOW: Z. phys. Chem. Abt. A **191**, 321 (1943).
[2] Das für die Versuche notwendige Jodchlorid ist in enger Anlehnung an das Verfahren von J. CORNOG und R. A. KARGES [J. Amer. chem. Soc. **54**, 1882 (1932)] und das Jodbromid nach den Angaben von W. BORNEMANN [Liebigs Ann. Chem. **189**, 202 (1877)] bereitet worden.

Aus allen Versuchen ergibt sich eindeutig die Tatsache, daß alle in flüssigem Jod gelösten oder suspendierten Jodide sich mit Jodchlorid und Jodbromid gemäß einer neutralisationenanalogen Reaktion umsetzen und dabei die wenig dissoziierten Moleküle des Lösungsmittels Jod sowie ein Salz bilden:

$$J^+ + Cl^- + Me^{I+} + J^- = Me^{I+} + Cl^- + J_2$$
$$J^+ + Br^- + Me^{I+} + J^- = Me^{I+} + Br^- + J_2\,.$$

c) Konduktometrische Verfolgung der neutralisationenähnlichen Reaktionen.

Daß es sich bei den eben besprochenen neutralisationenanalogen Umsetzungen um Ionenreaktionen handelt, geht aus konduktometrischen Titrationen hervor. Für diese hat man ein kleines Leitfähigkeitsgefäß gewählt, das den besonderen Eigenschaften des geschmolzenen Jods angepaßt war[1]. Es wurden Silberelektroden verwandt, die sich beim Gebrauch mit einer zusammenhängenden Schicht von unlöslichem Silberjodid überzogen. Die Elektroden hielten im allgemeinen 10 Titrationen aus und wurden dann erneuert. Die Leitfähigkeitsmessungen wurden bei $+130^\circ$ C nach der visuell beobachtenden Methode mittels Wechselstromgalvanometer durchgeführt[2]. Bei den konduktometrischen Titrationen selbst wurde zunächst nur das reine Jod ($16\,g = 4\,cm^3$) in dem Leitfähigkeitsgefäß geschmolzen und nach Temperaturausgleich seine Leitfähigkeit bestimmt. Erst danach wurde eine abgewogene Alkalijodidmenge (500 bis 700 mg) in dem flüssigen Jod gelöst und die Leitfähigkeit der Lösung festgestellt. Das Jodhalogenid wurde in gewogenen Anteilen hinzugegeben. Das Durchmischen der Lösung konnte wegen des kleinen Flüssigkeitsvolumens bequem durch häufigeres Umschwenken des ganzen Leitfähigkeitsgefäßes erfolgen. Die Leitfähigkeitswerte stellten sich schnell und gut reproduzierbar ein. Da Jodchlorid und Jodbromid bei Zimmertemperatur bereits ziemlich flüchtig sind, wurden sie der besseren Handhabung wegen vor der Abwaage einige Zeit in einem verschlossenen Gläschen im DEWAR-Gefäß über Trockeneis aufbewahrt.

Es wurden nun in der geschilderten Art und Weise Kaliumjodid, Ammoniumjodid und Rubidiumjodid je mit Jodchlorid sowie Kaliumjodid mit Jodbromid titriert. Die Diagramme der Leitfähigkeitstitrationen haben alle den gleichen Typus, weswegen hier nur zwei wiedergegeben seien, nämlich die graphische Darstellung der konduktometrischen Titration von Rubidiumjodid mit Jodchlorid und die von Kaliumjodid mit Jodbromid (Abb. 52 und 53).

Im Anfang haben die Alkalijodidlösungen in flüssigem Jod ein relativ sehr gutes Leitvermögen. Mit wachsendem Jodhalogenidzusatz nimmt jedoch die Alkalijodidkonzentration und damit das Leitvermögen erst langsam, dann aber immer stärker und stärker ab. — Dieser Ast

[1] JANDER, G. u. K. H. BANDLOW: Z. phys. Chem. Abt. A **191**, 321 (1943).
[2] JANDER, G. u. O. PFUNDT: Die konduktometrische Maßanalyse. Stuttgart: Ferdinand Enke 1945.

des Kurvenzuges ist gleichsam das Spiegelbild der Kurvenzüge KJ und RbJ von Abb. 49, welche das Anwachsen der Leitfähigkeit von Rubidium- und Kaliumjodidlösungen in flüssigem Jod mit der Konzentration wiedergibt. — Nach Überschreiten des Äquivalenzpunktes ändert sich die Leitfähigkeit der Flüssigkeit wegen der geringen Dissoziation und Beständigkeit des überschüssig hinzugesetzten Jodhalogenids bei den Versuchsbedingungen nicht mehr wesentlich. Die Endleitfähigkeit hängt hauptsächlich ab von der Löslichkeit und Dissoziation des gebildeten Alkalichlorids oder Alkalibromids. Bei

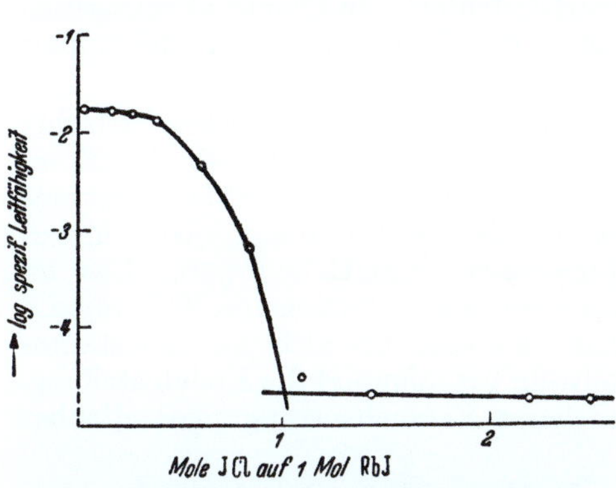

Abb. 52. Konduktometrische Titration einer vorgelegten Auflösung von Rubidiumjodid in geschmolzenem Jod mittels Jodchlorid.

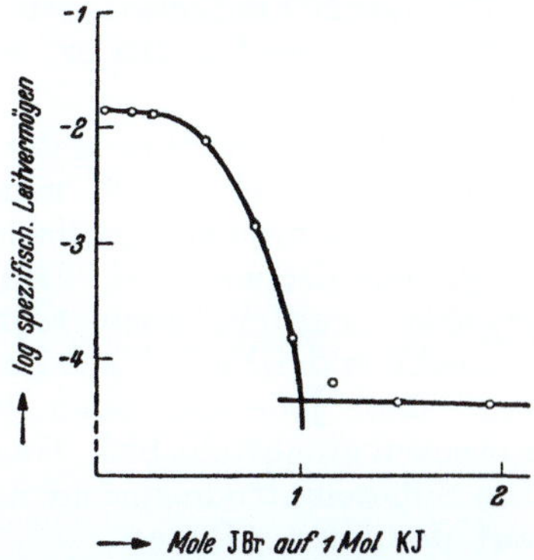

Abb. 53. Konduktometrische Titration einer vorgelegten Auflösung von Kaliumjodid in geschmolzenem Jod mittels Jodbromid.

allen Titrationen ist in der gleichen Weise der Äquivalenzpunkt nach Verbrauch von 1 Mol Jodhalogenid für 1 Mol Alkalijodid als Schnittpunkt zweier Kurvenäste scharf zu erkennen.

$$Me^I J + J\text{-Halogenid} = J_2 + Me^I\text{-Halogenid}$$
$$Me^I = K,\ NH_4\ \text{und Rb; Halogenid} = Cl\ \text{oder Br.}$$

Versuche, die neutralisationenanalogen Umsetzungen der weniger gut leitenden Basenanalogen wie z. B. Quecksilber(II)-jodid, Antimon-(III)-jodid oder Zinn(IV)-jodid mit Jodhalogeniden konduktometrisch zu verfolgen, hatten keinen rechten Erfolg, da die auftretenden Leitfähigkeitsänderungen zu gering waren, so daß im Diagramm ein überzeugender Schnittpunkt zweier Kurvenäste beim Äquivalenzpunkt nicht in Erscheinung trat. Günstiger liegen die Verhältnisse bei den besser leitenden Lösungen von Aluminiumjodid in flüssigem Jod, aber von ihnen wurden die Silberelektroden ganz besonders stark angegriffen, so daß derartige Versuche nur mit Platin-Iridium-Elektroden wiederholt werden könnten.

d) Potentiometrische Titrationen und das Ionenprodukt des geschmolzenen Jods.

Die neutralisationenanalogen Umsetzungen zwischen Jodiden und Jodhalogeniden in flüssigem Jod lassen sich auch potentiometrisch verfolgen. Hierbei bediente man[1] sich einer Versuchsanordnung mit gebremster Hilfselektrode[2]. Als Elektrodenmaterial bewährte sich Silber, mit dem sich gut reproduzierbare Potentialeinstellungen erzielen lassen. Versuche mit Kupfer als Elektrodenmaterial verliefen dagegen unbefriedigend. Das soeben angeführte Leitfähigkeitsgefäß diente auch als Gefäß für die potentiometrischen Titrationen. Die Anordnung der Elektroden war so gewählt, daß sämtliche Drahtzuführungen vor dem Angriff des flüssigen und dampfförmigen Jods geschützt blieben. Es wurden jedesmal etwa 20 g Jod (= $\sim$5 cm³) verwendet und in ihnen 0,5 bis 0,6 g KJ aufgelöst, welche mit Jodchlorid, in kleinen abgewogenen Anteilen zugesetzt, titriert wurden. Ein Paraffinbad von 135⁰ C hielt alles flüssig.

Vor der Durchführung der eigentlichen potentiometrischen Titration hatte man[1] sich durch mehrere Versuche überzeugt, ob die Kombination „gebremste“ Hilfselektrode (Silberdraht)-Silberblechelektrode in geschmolzenem Jod, dem wachsende Mengen Kaliumjodid hinzugegeben wurden, auch reproduzierbare Potentiale ergab. Das ist tatsächlich der Fall. Nach Zugabe einer neuen Portion von Kaliumjodid muß man jedesmal etwa 10 Min. warten, bis sich ein konstantes Potential eingestellt hat. Umschütteln beschleunigt die Endeinstellung. Die Silberelektrode spricht unter diesen Versuchsbedingungen offenbar auf Jodionen (J⁻) an.

Merkwürdigerweise aber war schon beim Eintauchen der Elektrodenkombination in flüssiges Jod, welches noch keinen Elektrolyten enthielt, stets ein gewisses Potential ($>$ 100 mV) festzustellen, unter Versuchsbedingungen also, bei denen keine Spannung erwartet werden konnte. Hierfür mußte eine andere Ursache als das Vorliegen einer Konzentrationskette oder eines elektrochemischen Effektes verantwortlich gemacht werden, und zwar wohl ein Thermoeffekt. Offenbar besitzt die durch das Capillarrohr am schnellen Wärmeausgleich gehinderte Bezugselektrode (Bremselektrode) infolge des vorzüglichen Wärmeleitvermögens vom Silberdraht eine tiefere Temperatur als die von allen Seiten von reichlichen Mengen flüssigen Jods umgebene Indicatorelektrode. Es ist bekannt, daß gewisse Kombinationen von Metallen mit Halbmetallen wie Selen oder Tellur besonders starke thermoelektrische Effekte zeigen. Das eben geschilderte Potential verschwindet auch in der Tat, wenn man zwei Silberelektroden unter denselben thermischen Bedingungen in flüssiges Jod eintauchen läßt. Bringt man aber in dem einen Schenkel eines U-Rohres flüssiges Jod auf eine um etwa 15⁰ höhere Temperatur als in dem anderen Schenkel, so zeigen zwei in die beiden Schenkel eintauchende Silberelektroden einen thermoelektrischen Effekt von etwas mehr als 100 mV.

Während der eigentlichen Durchführung der potentiometrischen Titrationen in flüssigem Jod war zu beachten, daß die Bremselektrode von reinem, geschmolzenem Jod umgeben war. Etwa 0,6 g Kaliumjodid

---

[1] JANDER, G. u. K. H. BANDLOW: Z. phys. Chem. Abt. A 191, 333 (1943).
[2] MÜLLER, E.: Die elektrometrische Maßanalyse, 6. Aufl., S. 103. Dresden 1942.

wurden in das flüssige Jod gebracht und durch Umschwenken gelöst. Waren die Elektroden noch nicht — durch zu langen Gebrauch — mit einer zu dicken Silberjodidschicht bedeckt, dann erfolgte diese erste Potentialeinstellung bis zur Konstanz in etwa 20 Min. Nach jedem Zusatz von Jodchlorid wurde umgeschüttelt, die neue konstante Potentialeinstellung war nunmehr nach etwa 10 Min. erreicht. Die Abb. 54 gibt die Resultate mehrerer potentiometrischer Titrationen wieder.

Auffällig ist der große Potentialunterschied zwischen der Hilfselektrode, die in reines flüssiges Jod eintaucht, und der Silberelektrode, die in eine Auflösung von Kaliumjodid in flüssigem Jod hineinragt, $\sim$1600 mV! Der Wendepunkt der Kurve liegt an der Stelle, die einen Verbrauch von 1 Mol Jodchlorid auf 1 Mol Kaliumjodid anzeigt. Die Gestalt der Kurve ist nicht symmetrisch, das dürfte wohl einerseits mit den verwickelten Assoziations- und Dissoziationsverhältnissen zusammenhängen, die in verschieden konzentrierten Auflösungen von Kaliumjodid in flüssigem Jod vorliegen (vgl. S. 195), und ferner damit, daß Jodchlorid in flüssigem Jod ein außerordentlich schwacher Elektrolyt, ein sehr wenig dissoziierendes „Säureanaloges" ist.

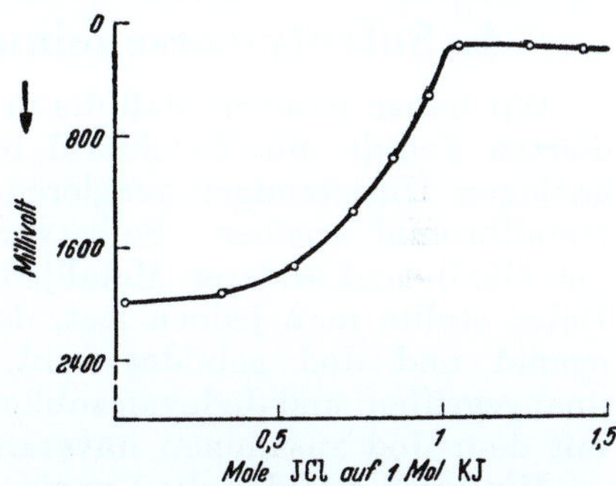

Abb. 54. Potentiometrische Titration einer Auflösung von Kaliumjodid in geschmolzenem Jod mittels Jodchlorid unter Verwendung von Silberelektroden.

Mit allem Vorbehalt kann man nunmehr auch den Versuch machen, aus den Ergebnissen der potentiometrischen Titrationen das Ionenprodukt des reinen Jods zu berechnen. Hierbei muß man die Gültigkeit der NERNSTschen Formel für die Lösungssysteme mit flüssigem Jod und das einwandfreie Ansprechen der Silberelektrode auf die negativen Jodionen voraussetzen. Unsere Auflösung von Kaliumjodid in flüssigem Jod war zu Beginn der potentiometrischen Titration $\sim$0,8 molar; man kann, um überhaupt rechnen zu können, willkürlich annehmen, daß ihre Jodionenkonzentration nur 0,1 ist. Die Spannung zwischen der in reines Jod eintauchenden Silberdraht-Hilfselektrode und der Silberblechelektrode in der Kaliumjodidlösung beträgt $\sim$1600 mV. Nach der NERNSTschen Gleichung entsprechen bei 135° C 81 mV einem Konzentrationsunterschied von einer Zehnerpotenz. Die Jodionenkonzentration in reinem, flüssigem Jod ist also um 1600:81 = $\sim$20 Zehnerpotenzen unterschiedlich von der zu 10^{-1} angenommenen Jodionenkonzentration der Kaliumjodidlösung, sie müßte demnach 10^{-21} betragen. Für flüssiges reines Jod könnte somit gelten:

$$[J^+] \cdot [J^-] = (10^{-21})^2 = 10^{-42}.$$

Das würde bedeuten, daß geschmolzenes Jod nur in sehr geringem Maße in positive und negative Jodionen dissoziiert ist und in Übereinstimmung stehen mit der bereits besprochenen Anschauung, daß in flüssigem Jod neben der elektrolytischen auch eine metallische Leitfähigkeit vorhanden ist. Der außerordentlich kleine Wert des Ionenproduktes vom reinen Jod würde auch verständlich machen, daß die sehr schwachen Säurenanalogen Jodchlorid und Jodbromid, die obendrein noch nicht einmal reichlich in flüssigem Jod löslich sind, so glatt und schnell mit den basenanalogen Jodiden reagieren.

Es sei noch einmal betont, daß diese Betrachtungen nicht mehr als nur erste, grobe Überschlagsrechnungen sein können, deren Ergebnis sich noch erheblich ändern kann, wenn alle Verhältnisse in flüssigem Jod näher untersucht worden sind.

4. Solvolyseerscheinungen in flüssigem Jod.

Wir haben gesehen, daß die in flüssigem Jod gelösten oder suspendierten Jodide mit Jodchlorid bzw. Jodbromid in neutralisationenanalogen Umsetzungen reagieren und Jod sowie Metallchlorid bzw. Metallbromid ergeben. Selbstverständlich hat man[1] auch versucht, die Alkali- und anderen Metalljodide mit Jodcyan J(CN) umzusetzen. Dabei stellte man jedoch fest, daß auch nicht im geringsten Metallcyanid und Jod gebildet wird, die Alkalijodide blieben gänzlich unangegriffen, und Jodcyan sublimierte beim Aufarbeiten der Röhrchen mit dem Jod zusammen unverändert hinweg.

Hingegen erleiden die Cyanide des Natriums, Kaliums, Silbers und Quecksilbers in flüssigem Jod sofort Solvolyse und bilden Metalljodid und Jodcyan:

$$\text{Me}^{\text{I}}(\text{CN}) + \text{J}_2 = \text{Me}^{\text{I}}\text{J} + \text{J}(\text{CN}).$$

Der Cyanidrest des Metallcyanids reagiert also mit den positiven Jodionen des Lösungsmittels, und beide treten zu dem offenbar außerordentlich wenig dissoziierenden Jodcyan zusammen. Das Jodcyan, welches in flüssigem Jod anscheinend recht unlöslich ist, sublimiert aus der Lösung heraus und setzt sich an den kälteren Teilen des Reagensglases in weißen Flocken ab. Infolgedessen verläuft die Solvolysereaktion praktisch vollständig von links nach rechts, so daß quantitativ eine Lösung oder Suspension von Metalljodid in flüssigem Jod übrigbleibt.

Auch eine ältere Beobachtung von Gramp[2] ist hier bei der Besprechung der Solvolyseerscheinungen in flüssigem Jod zu referieren. Wenn man 1 Mol Quecksilberchlorid (HgCl$_2$) mit 1 Mol Jod (J$_2$), beide weitgehend getrocknet, mischt und in einem zugeschmolzenen Rohr wiederholt auf 250° C erhitzt, dann ist nach 6 Stunden eine partielle Umsetzung eingetreten. Schöne rote Quecksilberjodidkrystalle haben sich teilweise gebildet und daneben eine entsprechende Menge Jodchlorid. Es hat also bei der relativ hohen Temperatur von 250° C

---

[1] Jander, G. u. K. H. Bandlow: Z. phys. Chem. Abt. A **191**, 335 (1943).

[2] Gramp, F.: Ber. dtsch. chem. Ges. **7**, 1721 (1874). Vgl. auch Schuyten, M. C.: Chemiker-Ztg. **31**, 1135 (1907).

zweifellos zum Teil Solvolyse des Salzes „Quecksilberchlorid" durch
das Lösungsmittel Jod stattgefunden:

$$HgCl_2 + 2\,J_2 \rightleftharpoons HgJ_2 + 2\,JCl.$$

Die Reaktion könnte beispielsweise mit der Hydrolyse von Magnesium-
oder Aluminiumchlorid durch überhitzten Wasserdampf in Parallele
gesetzt werden.

Quecksilberbromid hingegen bleibt nach den Angaben von GRAMP
beim Erhitzen mit trockenem Jod allein auf 250° C merkwürdigerweise
unverändert.

5. Die Erscheinungen der Amphoterie in flüssigem Jod.

Ein Charakteristikum „wasserähnlicher" Lösungsmittel — auch
der im weiteren Sinne des Wortes — ist, wie wiederholt dargelegt wurde,
das amphotere Verhalten einer Reihe von Elementen bzw. von ihren,
dem jeweils vorliegenden Lösungsmittelsystem angepaßten Verbindungen. Die gleiche Erscheinung treffen wir auch für Verbindungen
des Quecksilbers, Bleis und Wismuts in flüssigem Jod an. Wir
sahen, daß Quecksilberjodid (HgJ_2), Bleijodid (PbJ_2) und Wismutjodid (BiJ_3) sich mit Jodchlorid bzw. Jodbromid in einer neutralisationenanalogen Reaktion zu Jod (J_2) und Metallchlorid bzw. Metallbromid umsetzen. Andererseits wird aus den Lösungen bzw. Suspensionen dieser Metallchloride in flüssigem Jod durch das stark dissoziierte, basenanaloge Kaliumjodid das schwächere bzw. weniger
lösliche „Basenanaloge" Metalljodid in Freiheit gesetzt.

$$HgCl_2 + 2\,KJ = HgJ_2 + 2\,KCl$$
$$PbCl_2 + 2\,KJ = PbJ_2 + 2\,KCl$$
$$BiCl_3 + 3\,KJ = BiJ_3 + 3\,KCl.$$

Die Reaktionen sind verhältnismäßig einfach nachzuprüfen.
Behandelt man die Lösungen bzw. Suspensionen der genannten
wasserfreien Metallchloride in flüssigem Jod mit der jeweils äquivalenten Menge Kaliumjodid, so lassen sich die eben formulierten
Umsetzungen ohne Schwierigkeiten an der reichlichen Bildung von
rotem Quecksilberjodid oder von hexagonalen Blättchen des gelben
Bleijodids oder von Kryställchen des schwarzen Wismutjodids
erkennen.

Weiterhin werden die Jodide der genannten Metalle in flüssigem
Jod durch einen mehr oder weniger großen Überschuß an dem starken
„Basenanalogen" Kaliumjodid in Komplexverbindungen vom Typus
$K_2[HgJ_4]$, $K[PbJ_3]$, $K_3[BiJ_6]$ oder entsprechende übergeführt, ganz
ähnlich, wie aus Aluminiumhydroxyd in Wasser durch starke Kalilauge
Kaliumaluminat und aus Zinkamid, $Zn(NH_2)_2$, in wasserfreiem, verflüssigtem Ammoniak durch Kaliumamid Kaliumammonozinkat
$K_2[Zn(NH)_2] \cdot 2\,NH_3$ gebildet wird. Qualitativ lassen sich die erwähnten Reaktionen der Bildung komplexer Metalljodide durch Anwendung
geeignet ausgewählter Untersuchungsmethoden auf das Reaktions-

produkt gut bestätigen. Es ist aber schwieriger, nach der quantitativen Seite hin Aussagen über Vollständigkeit und Verbindungstyp zu machen. Es leiten sich nämlich von den Metallen jeweils eine größere Anzahl Typen von komplexen Jodiden ab, vom Blei z. B. $K[PbJ_3]$, $K_4[PbJ_{10}]$, $K_3[Pb_2J_7]$, $K_2[PbJ_4]$ und $K_5[PbJ_7]$, über deren Existenzbedingungen bei höheren Temperaturen und in flüssigem Jod einstweilen noch nicht Genügendes bekannt ist. Ferner bereitet die Aufarbeitung der Reaktionsprodukte durch Absublimieren des Jods in manchen Fällen Schwierigkeiten, weil einige komplexe Metalljodide nicht wärmebeständig sind und, wie z. B. $K_2[HgJ_4]$, sich unter Wegsublimieren des Quecksilberjodids zersetzen. Wegen zu geringer Unterschiede in den Leitfähigkeiten lassen sich auch aus den graphischen Darstellungen konduktometrischer Titrationen keine näheren Schlüsse über den Typus der entstandenen Komplexverbindung ziehen. Es ist aber an der Tatsache der Bildung solcher komplexen Metalljodide des Quecksilbers, Bleis und Wismuts in flüssigem Jod aus Kaliumjodid und Metalljodid nicht zu zweifeln. Damit ist das amphotere Verhalten der Elemente Quecksilber, Blei und Wismut in flüssigem Jod sichergestellt.

6. Solvate.

Den Aquaten im Aquosystem und den Ammoniakaten im Ammonosystem der Verbindungen entsprechen als Solvate im Jodosystem der Verbindungen die Polyjodide.

Allgemein ist zu sagen, daß viele Polyjodide bekannt sind und daß die Tendenz zur Polyjodidbildung mit steigendem Kationenradius zunimmt[1]. Deshalb stellen auch die schwereren Alkalimetalle und die verschiedenen Substitutionsprodukte des Ammoniums die meisten Vertreter. Im vorliegenden Zusammenhang jedoch muß hervorgehoben werden, daß es — wie erwähnt — zwar eine ganze Reihe von Jodiden gibt, die bei Zimmertemperatur und darüber freies Jod aus einem Lösungsmittel heraus unter Polyjodidbildung aufnehmen, daß man aber viele von ihnen im festen Zustande nur zusammen mit einem Rest des betreffenden Lösungsmittels, der möglicherweise zur Stabilisierung des Polyjodids notwendig ist, erhalten kann. Ferner muß berücksichtigt werden, daß man die bei Zimmertemperatur obwaltenden Verhältnisse nicht ohne weiteres auf die bei der Temperatur des flüssigen Jods (also oberhalb $+114^0$ C) herrschenden übertragen kann.

Im speziellen sei hier erwähnt, daß es nach Untersuchungen von T. R. Briggs und seinen Mitarbeitern[2], sowie von Norman Rae[3] auch bei höheren Temperaturen sicher die Verbindungen RbJ_3, CsJ_3 und CsJ_4, dagegen keine Polyjodide des Lithiums und Natriums gibt; Kaliumtrijodid existiert möglicherweise[1]. Die thermische Analyse des Systems flüssiges Jod und Calciumjodid[4] sowie Kupfer(I)-jodid[5]

---

[1] Ephraim, F.: Ber. dtsch. chem. Ges. 50, 1069 (1917).
[2] Briggs, T. R. u. Mitarb.: J. phys. Chem. 34, 2250 2260 (1930); 36, 2621, (1932).
[3] Norman Rae: J. phys. Chem. 35, 1800 (1931).
[4] Briggs, T. R. u. E. S. Patterson: J. phys. Chem. 36, 2621 (1932).
[5] Kremann, R. u. V. Borjanovics: Mh. Chem. 36, 923 (1915).

ergab die Nichtexistenz von Polyjodiden dieser Metalle bei höheren Temperaturen. Merkwürdig thermisch widerstandsfähig scheint ein Polyjodid des Zirkons von der Zusammensetzung $ZrJ_4 \cdot J_2$[1] zu sein.

Wenn man alles, was über die Polyjodide bekannt ist, überblickt, so sieht es so aus, als ob oberhalb des Schmelzpunktes des Jods nur einige wenige beständig sind, unterhalb desselben dagegen zahlreiche. Das ist vergleichsweise dasselbe, als wären oberhalb des Schmelzpunktes des Eises und des Schmelzpunktes des Ammoniaks ($-77,7^0$ C) nur wenige Hydrate bzw. Ammoniakate beständig, weit unterhalb dieser Fixpunkte dagegen zahlreiche. Diese interessanten Verhältnisse müssen noch näher geklärt werden.

VIII. Die Chemie in verflüssigtem Schwefeldioxyd.

1. Allgemeines über flüssiges Schwefeldioxyd als Lösungsmittel.

Ein wasserähnliches Lösungsmittel im weiteren Sinne des Wortes, welches also keinen Wasserstoff und keinen mehr oder weniger hydroxylähnlichen oder halogenidähnlichen Rest enthält, stellt das wasserfreie, verflüssigte Schwefeldioxyd (SO_2) vor, das bei Atmosphärendruck im Bereiche von $-75,7$ bis $-10,0^0$ C eine Flüssigkeit ist und als gutes Lösungsmittel für zahlreiche organische und anorganische Substanzen beschrieben wird. Während das reine, verflüssigte Schwefeldioxyd den elektrischen Strom nur außerordentlich schlecht leitet, wird er von vielen Lösungen mit flüssigem Schwefeldioxyd als Solvens gut transportiert. Es sind mithin wesentliche Merkmale von „Wasserähnlichkeit" bei diesem Lösungsmittel festgestellt worden. Die schwache Eigenleitfähigkeit des extrem gereinigten, flüssigen Schwefeldioxyds muß auf eine geringfügige elektrolytische Dissoziation zurückgeführt werden:

$$SO_2 \rightleftharpoons (SO)^{++} + O^{--} \rightleftharpoons S^{++++} + 2\,O^{--}.$$

Man geht sicher nicht fehl in der Annahme, daß auch hier wie bei den anderen „wasserähnlichen" Solventien (H_2O, H_2S, H_3N) die erste Zerfallsstufe mengenmäßig bei weitem überwiegt, und ferner, daß Solvatation der besonders kleinvolumigen Sauerstoffionen eintritt:

$$2\,SO_2 \rightleftharpoons (SO)^{++} + (O \cdot SO_2)^{--} \rightleftharpoons (SO)^{++} + SO_3^{--}.$$

In Lösungen mit verflüssigtem Schwefeldioxyd als Solvens spielen also danach die doppelt positiv geladenen $(SO)^{2+}$-Ionen die analoge Rolle

---

[1] STÄHLER, A. u. B. DENK: Ber. dtsch. chem. Ges. **38**, 2614 (1905).

Jander, Wasserähnliche Lösungsmittel.   14 wie die solvatisierten H^+-Ionen, $(H_3O)^+$, in wäßrigen Solutionen oder NH_4^+-Ionen in absolut ammoniakalischen Lösungen. Die Thionylverbindungen, welche, wie beispielsweise Thionylchlorid $SOCl_2$ oder Thionylbromid $SOBr_2$, in verflüssigtem Schwefeldioxyd gelöst in geringem Maße SO^{2+}-Ionen abdissoziieren, sind also „Säurenanaloge". In Lösungen mit verflüssigtem Schwefeldioxyd spielen ferner die $SO_3{}^{2-}$-Ionen die gleiche Rolle wie die OH^--Ionen in wäßrigen und die $NH_2{}^-$-Ionen in absolut ammoniakalischen Lösungen. Die Sulfite, welche wie beispielsweise Caesiumsulfit Cs_2SO_3 oder Tetramethylammoniumsulfit $[(CH_3)_4N]_2SO_3$ in flüssigem Schwefeldioxyd gelöst $SO_3{}^{2-}$-Ionen abspalten, sind demnach „Basenanaloge". Zwischen säurenanalogen Thionylverbindungen und basenanalogen Sulfiten müssen in Schwefeldioxyd somit neutralisationenanaloge Reaktionen ablaufen: $SO^{++} + SO_3{}^{--} \rightleftharpoons 2\,SO_2$.

Bei dem angegebenen Schema für die geringfügige elektrolytische Dissoziation des flüssigen Schwefeldioxyds ist noch bemerkenswert, daß *zweifach* positiv geladene und *zweifach* negativ geladene Ionen entstehen. Bei allen anderen bisher behandelten wasserähnlichen Lösungsmitteln im engeren und weiteren Sinne des Wortes (HOH, HNH_2, HF, HSH, J_2 usw.) wurden stets nur einfach positiv und einfach negativ geladene Dissoziationsprodukte gebildet. Hier liegt also eine Besonderheit des Lösungsmittels „flüssiges Schwefeldioxyd" vor.

Bevor die älteren und neueren Untersuchungen über das chemische und physikochemische Verhalten der in flüssigem Schwefeldioxyd gelösten oder suspendierten Stoffe näher besprochen werden, sei eine tabellarische Übersicht gegeben, in der einige wesentliche physikochemische Daten des Schwefeldioxyds enthalten und mit den korrespondierenden von Wasser, Ammoniak und Schwefelwasserstoff verglichen sind.

Obwohl man aus dem niedrigen Wert der Dielektrizitätskonstanten und dem relativ großen Molekularvolumen schließen könnte, daß das flüssige Schwefeldioxyd besonders auf solche Elektrolyte lösend und dissoziierend wirkt, welche ein großvolumiges Kation oder ein großräumiges Anion besitzen, so ist das doch keineswegs ausschließlich der Fall. Es gibt auch sonst zahlreiche anorganische und organische Verbindungen und Salze, die gut in verflüssigtem Schwefeldioxyd löslich sind; viele von ihnen liegen in diesem Solvens mehr oder weniger weitgehend elektrolytisch dissoziiert vor. Es ist überhaupt allgemein ein besseres Lösungsmittel als man nach den Daten der physikalischen Eigenschaften erwarten sollte. Die günstige Lage des Temperaturbereiches von flüssigem Schwefeldioxyd erleichtert die experimentellen Untersuchungen von Lösungen mit diesem Solvens. Temperaturen von $-10°$ bis $-75°\,C$ sind mittels Kältebädern, beispielsweise aus fester Kohlensäure und Alkohol, bequem zu erreichen und einzuhalten.

Flüssiges Schwefeldioxyd ist in Bomben im Handel erhältlich. Es findet einmal in der Kältetechnik für Kühlschränke Verwendung, ferner vor allen Dingen aber im großen beim EDELEANU-Verfahren. Diese Methode dient zur Abtrennung der ringförmigen und ungesättigten

Tabelle 62.

Eigenschaft	Solvens			
	Wasser	Ammoniak	Schwefel-wasserstoff	Schwefel-dioxyd[1]
Molekulargewicht . .	18,016	17,03	34,09	64,06
Schmelzpunkt . . .	0°C	—77,8°C	—85,5°C	—75,7°C
Siedepunkt	100°C	—33,5°C	—60,4°C	—10,02°C
Dichte beim Siedepunkt	0,958	0,681	0,9504	1,46
Molvolumen beim Siedepunkt . . .	18,8	25	35,9	44
Dielektrizitäts-konstante ε . . .	81 (18°C)	22 (—34°C)	10,2 (—60°C)	13,8 (flüssig bei $+14,5°$)
Elektrisches Leitvermögen $\varkappa$ in reziproken Ohm . . .	$4,4\cdot10^{-8}$ (18°C)	$3\cdot10^{-8}$ (—37°C)	$3,7\cdot10^{-11}$ (—78,3°C)	$1\cdot10^{-7}$ (0°C)
Ebullioskopische Konstante je 1 Mol in 1000 g	$0,515°$	$0,34°$	$0,67°$	$1,45°$
Viscosität in dyn $\cdot$ sec $\cdot$ cm^{-2} . .	0,0030 ($+100°$C)	0,0027 (—33,4°C)		0,0039 (0°C)

Kohlenwasserstoffe, welche in flüssigem Schwefeldioxyd löslich sind, von den gesättigten Grenzkohlenwasserstoffen, die in ihm unlöslich sind. Das zu chemischen Versuchen benutzte flüssige Schwefeldioxyd wird im allgemeinen als Gas der Bombe entnommen, durch Schwefelsäure geleitet, nochmals über einer längeren Schicht von reinstem Phosphorpentoxyd getrocknet und in einem durch eine Alkohol-Kohlensäure-Kältemischung von außen gekühlten Gefäß über trockenem Phosphorpentoxyd kondensiert und aufbewahrt. Aus diesem Gefäß wird es dann in die Gebrauchsapparaturen unter völligem Ausschluß von Feuchtigkeit herübergedrückt bzw. hineindestilliert.

2. Schwefeldioxydsolvate.

a) Allgemeine und experimentelle Vorbemerkungen.

Schwefeldioxyd bildet wie Wasser, Ammoniak und andere Lösungsmittel mit Salzen und sonstigen chemischen Verbindungen bei bestimmten Versuchsbedingungen Solvate[2]. Schon zwischen den Hydraten und Ammoniakaten bestehen erhebliche Unterschiede, sie werden noch stärker zwischen diesen beiden Verbindungsklassen auf

---

[1] Die Werte sind teils dem Taschenbuch für Chemiker und Physiker von D'Ans u. Lax, Berlin, Springer 1943, entnommen, teils der Abhandlung von G. Jander in Naturw. **26**, 798 (1938).

[2] Eine Zusammenfassung über Schwefeldioxydsolvate bringt die Abhandlung von G. Jander u. H. Mesech: Z. phys. Chem. Abt. A **183**, 121 (1938).

der einen Seite und den Schwefeldioxydsolvaten andererseits hervortreten. Das Schwefeldioxyd besitzt nämlich ein ganz anderes Molvolumen und eine andere Elektronenstruktur als die beiden genannten Solventien.

Man kann die Schwefeldioxydsolvate in drei Klassen einteilen, in die Solvate der Salze, die Solvate der Amine, deren Lösungen in Schwefeldioxyd, wie wir sehen werden, „basenanaloge" Eigenschaften besitzen, und die Solvate der Säureanhydride. Bei den letzteren, den „säurenanalogen" Thionylverbindungen, scheinen die Verhältnisse ähnlich zu liegen wie bei gewissen Aquosäuren, welche auch nur in wäßriger Lösung oder in Form ihrer Salze, nicht aber in reinem Zustande als selbständige chemische Individuen bekannt sind, beispielsweise Kohlensäure H_2CO_3, salpetrige Säure HNO_2 u. a. m. Die Anlagerung von Schwefeldioxyd an Säureanhydride erfolgt offenbar unter weit geringerer Energieausbeute als die Hydratation und führt nur selten zu definierten, stabilen Thionylverbindungen. Die Affinität des Schwefeldioxyds zu den aus der Chemie wäßriger Lösungen als säurebildend bekannten Oxyden, wie z. B. Schwefeltrioxyd und Essigsäureanhydrid und die Tendenz, „säurenanaloge" Thionylverbindungen zu bilden, sind viel geringer, als das Bestreben, sich an basenbildende Stoffe, etwa Amine, anzulagern[1]. Die Reaktionen und Reaktionsprodukte zwischen dem Lösungsmittel „Schwefeldioxyd" und den sauren Oxyden werden in einem besonderen Kapitel, nämlich bei der Besprechung der „säurenanalogen" Thionylverbindungen, behandelt werden (vgl. S. 257). Hier seien zunächst die Schwefeldioxydsolvate der Salze und dann die der Amine behandelt. Bevor jedoch die Ergebnisse der bisher vorliegenden Arbeiten über diese Solvate besprochen werden, muß noch einiges Allgemeine und einiges hinsichtlich der experimentellen Seite der Anlegenheit gesagt werden, soweit es von Einfluß auf die Auswertung der Versuchsresultate gewesen ist.

Die in den später folgenden tabellarischen Übersichten angegebenen Werte für die Solvatationsenergie sind sämtlich aus Tensionsmessungen berechnet. EPHRAIM und KORNBLUM[1] benutzten hierbei die NERNSTsche Näherungsgleichung:

$$\log p = -\frac{Q}{4{,}573\ T} + 1{,}75 \log T + 3{,}3\,.$$

FOOTE und FLEISCHER[2] hingegen bedienten sich der Formel:

$$\varDelta H = 2{,}303\ R\ T\ (\log p - B)\,.$$

Die Berechnungen der Messungen von G. JANDER und MESECH[3] erfolgten nach der integrierten Gleichung von CLAUSIUS-CLAPEYRON:

$$Q = 4{,}573 \cdot \frac{T_1 \cdot T_2}{T_2 - T_1} \log \frac{P_2}{P_1}\,.$$

---

[1] EPHRAIM, F. u. J. KORNBLUM: Ber. dtsch. chem. Ges. **49**, 2007 (1916).

[2] FOOTE, H. W. u. J. FLEISCHER: J. Amer. chem. Soc. **53**, 1752 (1931); **54**, 3902 (1932); **56**, 870 (1934).

[3] JANDER, G. u. H. MESECH: Z. phys. Chem. Abt. A **183**, 121 (1938).

H und *Q* bedeuten in diesen Formulierungen die Verdampfungswärmen je Mol Schwefeldioxyd. Die späterhin — unter anderen in den tabellarischen Übersichten — verwendeten Begriffe wie Bildungs-, Solvatations- oder auch Hydratationswärme sind daher genau genommen identisch mit den Verdampfungswärmen. Auf die Fehlerquellen, welche die drei mitgeteilten Formulierungen für die Berechnung der Verdampfungswärmen enthalten, soll hier nicht weiter eingegangen werden. Die beiden letzten Gleichungen liefern zwar im Durchschnitt wohl die richtigeren Resultate, geben aber meist die relativen Energieunterschiede homologer Reihen ungenauer wieder als die NERNSTsche Näherungsformel.

Experimentell ist die Existenz der Schwefeldioxydsolvate jeweils durch Aufbau und Abbau in der üblichen Weise auf tensimetrischem Wege festgestellt worden. G. JANDER und MESECH beispielsweise bedienten sich für ihre Tensionsmessungen der relativ einfachen Methode von THIESSEN und KOEPPEN[1]. Bei dem tensimetrischen Abbau der Schwefeldioxydsolvate stößt man — wie auch bei dem der Hydrate — mitunter auf erhebliche Schwierigkeiten. Es scheinen sich gelegentlich primär labile Anlagerungsverbindungen zu bilden, die langsam in einen energieärmeren, stabilen Zustand übergehen, wie bei den Schwefeldioxydsolvaten einiger Tetramethylammoniumsalze beobachtet worden ist. Auch dort, wo diese Schwierigkeiten nicht bestehen, konnten die Ergebnisse früherer Tensionsmessungen mehrfach später nicht bestätigt werden. So erhielten z. B. FOOTE und FLEISCHER für die Solvate der Alkalijodide und Alkalirhodanide teilweise andere Resultate als EPHRAIM und KORNBLUM. Diese beiden Forscher haben ihre Solvate allerdings in der Regel durch Einwirkung von gasförmigen Schwefeldioxyd auf Salze gewonnen, während FOOTE und FLEISCHER von gesättigten Lösungen mit flüssigem Schwefeldioxyd als Solvens ausgingen. Es ist daher nicht ausgeschlossen, daß die Abweichungen in den Resultaten durch die verschiedene Herstellungsart der Solvate bedingt sein können[2]. Jedenfalls darf man wohl unter der Bedingung, daß man bei der Bereitung der Solvate von Lösungen in flüssigem Schwefeldioxyd ausgeht, die Messungen der beiden amerikanischen Forscher als richtig annehmen[3]. In den folgenden tabellarischen Übersichten wurden, soweit Abweichungen vorhanden sind, meist sämtliche Tensionsmessungen berücksichtigt.

b) Die Schwefeldioxydsolvate von Salzen.

α) Überblick.

Bei der Betrachtung der bis jetzt bekannten Schwefeldioxydsolvate im Vergleich mit den Hydraten und Ammoniakaten sind folgende

---

[1] THIESSEN, P. A. u. R. KOEPPEN: Z. anorg. allg. Chem. **189**, 120 (1930). Näheres speziell hinsichtlich des Abbaues der Schwefeldioxydsolvate vgl. G. JANDER, u. H. MESECH: Z. phys. Chem. Abt. A **183**, 137 (1938).

[2] Vgl. BILTZ, W.: Z. anorg. allg. Chem. **130**, 93, 103 (1923).

[3] Vgl. auch DE FORCRAND-TABOURIS: C. R. Acad. Sci., Paris **168**, 1253 (1919); **169**, 162 (1920).

Tatsachen bemerkenswert: Die Anzahl der überhaupt mit diesem Solvens reagierenden Salze als auch die Zahl der jeweils angelagerten Schwefeldioxydmoleküle ist eine verhältnismäßig geringe; ebenso sind meist nur wenige Solvatstufen bei ein und demselben Salz bekannt. Um aber zu vermeiden, daß aus den bis jetzt vorliegenden Befunden verallgemeinernde Schlüsse gezogen werden, muß an die Einflüsse erinnert werden, welche die Versuchstemperatur und die Löslichkeit auf die experimentellen Ergebnisse haben können. Die Solvatbildung beschränkt sich keineswegs nur auf leicht lösliche Verbindungen, das zeigen ja die Solvate der relativ schwerlöslichen Erdalkalijodide und des Calciumrhodanids. Wohl aber kann eine geringe Löslichkeit die Erkennung der Bildung von Solvaten doch erschweren. Ferner muß in diesem Zusammenhang darauf hingewiesen werden, daß sehr viele Tensionsmessungen an Schwefeldioxydsolvaten oberhalb —20⁰ C ausgeführt worden sind, d. h. höchstens 10⁰ C unterhalb des Siedepunktes von Schwefeldioxyd. Es ist also möglich, daß bei systematischen Untersuchungen namentlich bei tieferen Temperaturen noch mehr Solvate und auch noch höhere Solvatstufen aufgefunden werden.

Bei dem Vergleich mit den Hydraten und Ammoniakaten fällt auf, daß die bis jetzt bekannten Schwefeldioxydsolvate sich bis auf wenige Ausnahmen auf Salze beschränken, welche als *Kationen* Alkalimetalle, Erdalkalimetalle oder organische Radikale haben. Ausnahmen bilden die Solvate von Aluminiumchlorid, Aluminiumbromid und Aluminiumjodid[1], ferner von Zirkontetrachlorid[2] sowie von einigen Komplexsalzen des zweiwertigen Rutheniums[3], bei denen ein Molekül Schwefeldioxyd in den Kationenkomplex eingelagert ist. Bei den Halogeniden des zweiwertigen Cadmiums, des dreiwertigen Antimons, Chroms und Eisens sowie des vierwertigen Zinns, von welchen doch zahlreiche Hydrate und auch Ammoniakate existieren, sind keine Schwefeldioxydsolvate gefunden worden[1]. Die Zahl der Schwefeldioxydsolvate könnte durch Variierung der Zusammensetzung organischer Kationen, d. h. des Alkyl- und Arylammoniums sowie des Triarylmethyls ohne große Schwierigkeiten sicherlich erheblich vergrößert werden. Systematische Untersuchungen über die Abhängigkeit der Solvatbildung mit Schwefeldioxyd bei Salzen von der stofflichen Beschaffenheit des Kations fehlen aber bis jetzt.

Die Eigenschaften des *Anions* scheinen die Möglichkeit der Solvatbildung weniger zu beeinflussen als die des Kations. Bis jetzt sind für die Salze mit folgenden Anionen Schwefeldioxydsolvate nachgewiesen worden: Jod, Brom, Chlor, Rhodan, Anionen der Fettsäuren (Ameisensäure bis Valeriansäure), der Benzoesäure und der Schwefelsäure. Außerdem lagern Sulfite und Thiosulfate Schwefeldioxyd an, wobei allerdings die Struktur des Anions verändert wird; es bilden sich Pyrosulfite bzw. Thionate.

[1] EPHRAIM, F. u. J. KORNBLUM: Ber. dtsch. chem. Ges. **49**, 2007 (1916).
[2] BOND, P. A. u. W. R. STEPHANS: J. Amer. chem. Soc. **51**, 2917 (1929).
[3] GLEU, K., W. BREUEL u. K. REHM: Z. anorg. allg. Chem. **235**, 201 (1938).

Das Schwefeldioxyd wird im allgemeinen in einfachen Zahlenverhältnissen angelagert. Die folgenden Molekülzahlen für Schwefeldioxyd je Mol Salz sind nachgewiesen worden: $1/_2$, 1, 2 ($2^2/_3$), 3, 4, 6 (und 14).

Die *Bildungswärmen* der Schwefeldioxydsolvate sind im allgemeinen kleiner als die der Hydrate und Ammoniakate. Man vergleiche hierzu die Werte der Solvatationswärmen für die Hydrate und Ammoniakate einerseits und für die Schwefeldioxydsolvate andererseits in den folgenden tabellarischen Übersichten. Bei dem Vergleich der Solvatationswärmen müssen allerdings die verschiedenen molekularen Verdampfungswärmen der reinen Lösungsmittel berücksichtigt werden, welche bei 760 mm Quecksilberdruck für Wasser 9650 cal, für Ammoniak 5600 cal und für Schwefeldioxyd 6100 cal betragen. Eine Ausnahme bilden jedoch die meisten Ammoniakate der Alkalihalogenide. Dafür, daß die Mehrzahl der Alkalijodide und Alkalirhodanide zum Schwefeldioxyd eine größere Affinität besitzen als zum Wasser, sprechen auch die Versuche von Fox[4] und HANSEN[5], welche das Verhalten wäßriger Jodid- und Rhodanidlösungen zu Schwefeldioxyd untersuchten.

Tabelle 63.
Übersicht über die Solvatationswärmen einiger Alkali- und Erdalkalijodide.

Verbindung	Art und Zahl der angelagerten Solvatmoleküle	Solvatationswärme je 1 Mol in kcal
LiJ	$2\ H_2O$	15,22
SrJ_2	$2\ H_2O$	14,68[1]
BaJ_2	$2\ H_2O$	13,52
CaJ_2	$2\ NH_3$	19,2
SrJ_2	$2\ NH_3$	16,9[2]
BaJ_2	$2\ NH_3$	13,4
NaJ	$4,5\ NH_3$	9,4
KJ	$4\ NH_3$	7,65[3]
KBr	$4\ NH_3$	7,15

Die *Energieunterschiede* zwischen den einzelnen *Solvatstufen* der Schwefeldioxyd-Anlagerungsverbindungen sind im allgemeinen nicht erheblich, wie überhaupt Nuancen bei den Solvatationsenergien der Schwefeldioxydsolvate schwächer ausgeprägt sind als bei den Solvatationsenergien der Hydrate und Ammoniakate. Das gilt besonders für die Beeinflussung der Solvatationswärmen durch die Kationen. Dagegen ist die Zahl der angelagerten Schwefeldioxydmoleküle verhältnismäßig stark von der Art der Ionen abhängig. So ist beispielsweise in der homologen Reihe der Alkalijodide die Zahl der Solvatstufen bei den Salzen mit größeren Kationen kleiner als bei den Salzen mit kleineren Kationen. Man vergleiche zu dem Gesagten die Angaben in den beiden tabellarischen Übersichten (S. 218 und 221).

Auf Grund der bisher angeführten Tatsachen darf man vielleicht darauf schließen, daß die Polarisation der Schwefeldioxydmoleküle in den Solvaten relativ gering ist, mindestens weniger erheblich als

---

[1] Aus Tensionsmessungen von CH. SLONIM u. G. HÜTTIG [Z. anorg. allg. Chem. **181**, 57, 72, 73 (1929)] berechnet.

[2] BILTZ, W., K. A. KLATH u. E. RAHLFS: Z. anorg. allg. Chem. **166**, 345 (1927).

[3] BILTZ, W. u. W. HANSEN: Z. anorg. allg. Chem. **127**, 30 (1923).

[4] FOX, CH. J. J.: Z. phys. Chem. **41**, 473 (1902).

[5] HANSEN, CH. J.: Ber. dtsch. chem. Ges. **66**, 447 (1933).

die des Ammoniakmoleküls in den Ammoniakaten. Aber es wäre verfrüht, nähere Angaben über die *Anordnung und Verteilung* der Schwefeldioxydmoleküle in den Solvaten zu machen. Dazu fehlen systematische, insbesondere röntgenspektroskopische Untersuchungen. Die beispielsweise von EPHRAIM und KORNBLUM vorgeschlagenen, spezielleren Formulierungen für die Schwefeldioxydanlagerungsverbindungen der Alkalijodide

$$\left[K(SO_2)_4\right]\left[K^{J_2}_{(SO_2)_4}\right] \text{ bzw. } \left[K(SO_2)_6\right]\left[K^{J_2}_{(SO_2)_2}\right]$$

lassen sich mit den Ergebnissen der Tensionsmessungen jedenfalls nur teilweise in ˙Einklang bringen.

Zur Frage nach der *Krystallform* der Schwefeldioxydsolvate liegen Angaben von FOOTE und FLEISCHER[1] vor. Die Solvate $KJ \cdot 4\,SO_2$, $NaJ \cdot 4\,SO_2$ und $(NH_4)(SCN) \cdot 1\,SO_2$ krystallisieren in Würfeln, also höchstwahrscheinlich regulär, die Solvate $CsJ \cdot 3\,SO_2$, $RbJ \cdot 3\,SO_2$, $(NH_4)J \cdot 3\,SO_2$ und $K(SCN) \cdot 2\,SO_2$ dagegen in Nadeln.

Im folgenden sollen nun einige speziellere Gesetzmäßigkeiten, soweit sich solche überhaupt bei dem bisher vorliegenden, nicht sehr umfangreichen, experimentellen Material erkennen lassen, mit aller Reserve aufgezeigt werden.

β) Beziehungen zwischen der Stabilität der Solvate und dem Durchmesser bzw. dem Gewicht der Ionen des Salzes.

Bei der nachfolgenden tabellarischen Übersicht sind die Schwefeldioxydsolvate homologer Salzreihen jeweils nach steigender Größe bzw. nach wachsendem Gewicht der Kationen oder Anionen angeordnet. Dabei fällt bei flüchtigem Anblick sofort auf, daß die Bindungsfestigkeit der Schwefeldioxydmoleküle in den Solvaten, wenn man vergleichbare Solvatstufen ins Auge faßt, irgendwie parallel verläuft mit der Größe bzw. dem Gewicht der Ionen von solvatisierten Salzen.

Die Solvatationswärme nimmt zu mit steigender Größe des Anions bei den Kaliumsalzen der Halogenide und der Fettsäuren, mit fallender Größe des Anions bei den Tetramethylammoniumsalzen. Die Solvatationsenergie nimmt ferner zu mit steigender Größe des Kations bei den Alkalisalzen der Fettsäuren, mit fallender Größe des Kations bei den Rhodaniden. Bei den Jodiden, Bromiden und Chloriden ist ein Vergleich nicht so gut möglich, da sie verschiedenen Solvatstufen angehören.

Bei den Hydraten und Ammoniakaten finden wir im Falle der Variierung des Anions bei den Alkali- und Erdalkalihalogeniden ein paralleles Verhalten zu den Schwefeldioxydsolvaten, d. h. die Solvatationswärme nimmt auch bei jenen beiden Solvatklassen in der Reihenfolge Chloride — Bromide — Jodide zu. Dagegen nimmt sie in diesen Verbindungsklassen mit steigendem Kationendurchmesser bzw. -gewicht ab, wie auch die erste tabellarische Übersicht erkennen läßt

---

[1] FOOTE, H. W. u. J. FLEISCHER: J. amer. chem. Soc. **53**, 1752 (1931); **54**, 3902 (1932); **56**, 870 (1934).

(Tabelle 63). Die Hydrate und Ammoniakate der höheren Glieder der Alkalihalogenide besitzen eine geringere Solvatationsenergie als deren Schwefeldioxydsolvate. Von den Kalium-, Rubidium- und Caesiumhalogeniden sind Hydrate, von den letztgenannten auch Ammoniakate überhaupt nicht bekannt.

Die tabellarischen Übersichten, besonders die umfangreichere Tabelle 64, zeigen also, daß zweifellos innerhalb homologer Salzreihen gewisse Gesetzmäßigkeiten hinsichtlich der Größe der Solvatationsenergie bestehen, welche mit dem Ionendurchmesser bzw. dem Gewicht von Kation oder Anion irgendwie symbat gehen. Doch läßt sich keine großzügigere Abhängigkeit erkennen. Die bei der Chemie in wäßrigen Lösungen gemachte Erfahrung, daß kleine Ionen besonders zur Hydratation neigen, kommt bei den Schwefeldioxydsolvaten wenig zur Geltung.

γ) **Abhängigkeit der Solvatstabilität vom Verhältnis der Ionengrößen.**

Das Fehlen größerer Gesichtspunkte bei den eben diskutierten Regelmäßigkeiten wird nicht unerheblich eingeschränkt, wenn man die Aufmerksamkeit nicht auf die absoluten Ionengrößen, sondern auf das Verhältnis der Größen von Kationen und Anionen richtet. Schon FAJANS[1] hat die Auffassüng vertreten, daß bei der Solvatation eines Salzes nicht nur ein Ion allein einen bestimmenden Einfluß ausübt, sondern daß beide Ionen mitspielen und miteinander gleichsam konkurrieren. In diesem Zusammenhang hat er darauf hingewiesen, daß die Löslichkeit der Alkalihalogenide in Wasser um so größer ist, je größer die Differenz der beiden Ionendurchmesser ist. Die relativen Ionengrößen werden nach FAJANS durch die beiden folgenden Reihen veranschaulicht:

$$J^- \quad Cs^+ \quad Rb^+ \quad K^+ \quad Na^+ \quad Li^+$$

und
$$Na^+ \quad F^- \quad Cl^- \quad Br^- \quad J^-$$

Das K^+-Ion wird in der zweiten Reihe zwischen F^- und Cl^- einzuordnen sein. Nimmt man ferner die organischen Ionen, nämlich die Fettsäureanionen, das Rhodan-, Tetramethylammonium- und das Triphenylmethylion als groß im Verhältnis zu den Alkali- und Halogenidionen an, so findet man in der Schwefeldioxydchemie eine Übereinstimmung mit den Darlegungen von FAJANS bei den Kalium-, den Tetramethylammoniumsalzen und den Rhodaniden; mit Vorbehalt bei den Bromiden und Chloriden. Wenn man bei den Jodiden von einem Vergleich absieht, so besteht eine Abweichung von den FAJANSschen Vorstellungen nur bei den Acetaten.

δ) **Einfluß der Gitterenergie des schwefeldioxydfreien Salzes auf die Solvatbildung.**

Die aufgezeigten Parallelitäten zwischen der Solvatationsenergie und dem Ionendurchmesser besagen als solche nicht allzuviel, aber

---

[1] FAJANS, K.: Naturw. **9**, 729 (1921).

Tabelle 64. *Übersicht über die Schwefeldioxydsolvate, ihre Zersetzungstemperaturen und Verdampfungswärmen.*

Verbindungsklasse	Salz	Zahl der angelagerten SO_2-Moleküle	Zersetzungstemperatur in °C	Verdampfungswärme in kcal je 1 Mol	Untersucht von
1a. Alkalijodide	NaJ	4	+ 5	9,63	EPHRAIM u. KORNBLUM
	KJ	4	+ 6	9,67	Dieselben
	RbJ	4	+15,5	10,03	,,
	CsJ	4	+17	10,89	,,
	LiJ	2	— 1	9,4	,,
	NaJ	2	+15	10,01	,,
1b. Alkalijodide	NaJ	4		9,65	FOOTE u. FLEISCHER
	KJ	4		9,80	Dieselben
	NaJ	$2^2/_3$		10,45	,,
	$(NH_4)J$	3		9,25	,,
	RbJ	3	+15,3	10,5	G. JANDER u. MESECH
	CsJ	3		10,25	FOOTE u. FLEISCHER
2. Erdalkalijodide	CaJ_2	4	+33	10,7	EPHRAIM u. KORNBLUM
	SrJ_2	4	+34	10,74	Dieselben
	BaJ_2	4	+12,5	9,91	,,
	SrJ_2	2	+42,5	11,06	,,
	BaJ_2	2	+49,5	11,34	,,
3. Kaliumhalogenide	KCl	—	—	—	G. JANDER u. MESECH
	KBr	4	— 3	8,38	Dieselben
	KJ	4	+ 6	9,7	EPHRAIM u. KORNBLUM
4. Kaliumsalze der Fettsäuren . .	Kaliumformiat	(0,7)	—	—	EPHRAIM u. AELLIG [1]
	Kaliumacetat	1	—	—	Dieselben
	Kaliumpropionat bis	1	—	—	,,
	Kaliumvalerianat	1	—	—	,,

5. Tetramethylammonium-Salze . .	$[(CH_3)_4N]_2SO_4$	6	— 2,6	8,53	G. Jander u. Mesech
	$[(CH_3)_4N]_2SO_4$	3	+28	11,7	Dieselben
	$[(CH_3)_4N]ClO_4$	—	—	—	,,
	$[(CH_3)_4N]Cl$	2	+35	10,6	,,
	$[(CH_3)_4N]Cl$	1	+88	11,1	,,
	$[(CH_3)_4N]Br$	2	+16	10,3	,,
	$[(CH_3)_4N]Br$	1	+41	(8,89 ?)	,,
6. Chloride	KCl	—	—	—	G. Jander u. Mesech
	$[(CH_3)_4N]Cl$	1	+88	11,1	Dieselben
	$[(CH_3)_4N]Cl$	2	+35	10,6	,,
	$[(C_6H_5 \cdot C_6H_4)_3C]Cl$	4	bei Zimmer-temperatur unbeständig	—	Schlenk u. Weickel[2]
7. Bromide	KBr	4	— 1	8,38	G. Jander u. Mesech
	$[(CH_3)_4N]Br$	2	+16	10,3	Dieselben
	$[(CH_3)_4N]Br$	1	+41	(8,89 ?)	,,
8. Rhodanide	Na(SCN)	2	—	10,5	Foote u. Fleischer
	K(SCN)	2	—	9,75	Dieselben
	$(NH_4)(SCN)$	1	—	9,1	,,
	K(SCN)	1	+12,5	9,91	G. Jander u. Mesech
	K(SCN)	0,5	— 49	11,3	Ephraim u. Kornblum
	Rb(SCN)	0,5	+31,5	10,64	Dieselben
	Cs(SCN)	0,5	+19	10,14	,,
	$Ca(SCN)_2$	0,5	+34	10,74	,,
9. Acetate.	Li-Acetat	—	—	—	Ephraim u. Aellig[1]
	Na-Acetat	1	> 80	—	Dieselben
	K-Acetat	1	> 80	—	,,
	Rb-Acetat	1	> 80	—	,,
	Cs-Acetat	1	> 80	—	,,
10. Nicht salzartige Substanzen . .	$SbCl_3$	—	—	—	G. Jander u. Mesech
	J_2	—	—	—	Dieselben

---

[1] Ephraim, F. u. Cl. Aellig: Helv. chim. Acta 6, 37 (1923).   [2] Schlenk, W. u. T. Weickel: Liebigs Ann. Chem. 372, 9 (1910).

sie lassen doch erkennen, daß die Solvatationsenergie der Salze von
den räumlichen Eigenschaften ihrer Ionen abhängig ist. Es fragt sich
nun, welche von den Energiegrößen, die Einfluß auf die Anlagerung
von Solvatmolekülen haben, Funktionen der Ionenradien sind.

Man kann wohl annehmen, daß die Solvatation immer mit einer
Aufweitung des Krystallgitters[1] Hand in Hand geht. Diese Aufweitungsarbeit wird im Durchschnitt um so weniger Energie ver-
brauchen, je kleiner die Gitterenergie des Salzes ist. Die Gitterenergie
ist aber zweifellos eine Funktion des Ionenradius[2]. Sie nimmt in
homologen Salzreihen mit steigender Größe des Anions und Kations
ab. Die bei der Solvatation freiwerdende Energie, die Solvatationswärme, gibt also eigentlich die Affinität des Schwefeldioxyds zu den
Ionen des solvatisierten Salzes nicht richtig wieder. Nach W. BILTZ
ist vielmehr die bei der Anlagerung der Solvatmoleküle geleistete
Arbeit gleich der Differenz von Solvatationswärme und Gitteraufweitungsarbeit. Dadurch erklärt sich die Tatsache, daß die Salze
mit der kleinsten Gitterenergie, bei denen am wenigsten Arbeit gegen
die wechselseitige Anziehung der Ionen geleistet werden muß, das
Schwefeldioxyd im allgemeinen am festesten binden: z. B. die Jodide
stärker als die Bromide und Chloride.

In vielen Fällen wird diese Regel allerdings durchbrochen. Zur
Erklärung dieser Erscheinung muß daran erinnert werden, daß die
Gitterenergie oder vielmehr ihr wesentlichster Teilbetrag, die Ionisierungsarbeit, eine Funktion der elektrostatischen Anziehung der
Ionen ist. Diese Anziehung, oder mit anderen Worten die Gitterenergie, ist in homologen Salzreihen um so größer, je kleiner die
Ionen des Salzes sind. Andererseits wird aber auch die Anlagerung der
Solvatmoleküle durch elektrostatische Anziehung seitens der Ionen
bewirkt. Die Affinität zur Solvatation müßte also ebenfalls mit
fallender Ionengröße anwachsen. Der Einfluß der Ionengröße auf die
elektrostatische Anziehung wird sich dahin auswirken, daß die entgegengesetzt geladenen Ionen, z. B. die Anionen, mit den Solvatmolekülen
um die von den Kationen ausgehenden Anziehungskräfte konkurrieren.
Wenn der Einfluß der Gitterarbeit überwiegt, wird die Solvatationswärme in homologen Salzreihen mit steigender Ionengröße zunehmen.
Ist die Gitteraufweitungsarbeit dagegen relativ klein, so wird die
Abhängigkeit der Solvatationsenergie von der Ionengröße in „normaler"
Weise in Erscheinung treten, d. h. die Solvatationsenergie wird mit
fallendem Ionendurchmesser anwachsen. Dieser Fall kann z. B. eintreten, wenn die beiden Ionengrößen sehr voneinander abweichen.
Die aufzuwendende Gitterarbeit ist dann, wie gesagt, relativ gering,
während die elektrostatische Einwirkung des kleinen Ions auf die
Solvatmoleküle sich stark bemerkbar machen kann (z. B. Tetramethylammoniumsalze und Alkalirhodanide). Der Einfluß der Ionengröße
wird in diesen Fällen um so ausgeprägter sein, je mehr die Solvatmoleküle eine bestimmte Ionenart bei der Anlagerung bevorzugen. So

[1] BILTZ, W.: Z. anorg. allg. Chem. 130, 93 (1923).
[2] GRIMM, H.: Z. phys. Chem. 102, 141 (1922).

läßt sich z. B. erklären, daß die Bildungswärme der Ammoniakate homologer Salzreihen trotz steigender Gitterenergie mit abnehmender Kationengröße zunimmt.

In den Grenzfällen, wenn also beide Ionendurchmesser entweder sehr klein oder sehr groß sind, wird die Solvatationsaffinität im allgemeinen relativ klein sein. Im ersten Falle werden die elektrostatischen Anziehungskräfte der Ionen sich gegenseitig absättigen, was sich durch die Größe der Gitterenergie anzeigen wird. Im zweiten Falle wird der absolute Betrag jener Kräfte nur gering sein (z. B. Tetramethylammoniumperchlorat). Die Abstufung der chemischen Bindungskräfte ist hier also im Grunde auf räumliche Unterschiede zurückgeführt.

In den Ausführungen ist gezeigt worden, daß man die Abhängigkeit der Solvatationswärme von den Ionengrößen bzw. von deren Verhältnis durch Kombination früher gemachter Annahmen (W. BILTZ, F. FAJANS) erklären kann. Es soll noch einmal betont werden, daß natürlich nur bei Betrachtung „chemisch ähnlicher" Salze andere Atomeigenschaften vernachlässigt werden können, und daß diese Überlegungen darum nur für diese Salze Geltung haben.

ε) Abhängigkeit der Stabilität der Schwefeldioxydsolvate von der Ionenladung der Salze.

Neben der Ionengröße ist es die Ladung, welche die elektrostatischen Anziehungskräfte der Ionen beeinflußt, und zwar bewirkt in wäßriger Lösung eine Verdoppelung der Ladung bei gleicher Ionengröße etwa eine Vervierfachung der Hydratationswärme der „Gas"-Ionen. Obwohl auch die Gitterenergie der Salze mit mehrwertigen Ionen um ein Mehrfaches größer ist als die der einwertigen Salze, so steigt doch die Solvatationswärme der Hydrate und Ammoniakate mit Erhöhung der Ladung im allgemeinen recht beträchtlich an. Bei den Schwefeldioxydsolvaten ist dieser Einfluß nicht so auffällig. Die Solvatationsenergie wird — abgesehen von der des Aluminiumchlorids — nicht wesentlich erhöht. Desgleichen scheint auch die Zahl der angelagerten Schwefeldioxydmoleküle von der Ladung ziemlich unabhängig zu sein. Dagegen läßt die Erhöhung der Zersetzungstemperaturen eine Verfestigung der Solvatbindung erkennen (vgl. die hierher gehörenden Beispiele der vorhergehenden und der folgenden tabellarischen Übersicht).

Tabelle 65. *Übersicht über einige Schwefeldioxydsolvate von Salzen mit mehrwertigen Ionen.*

Salz	Zahl der angelagerten SO_2-Moleküle	Zersetzungstemperatur °C	Verdampfungswärme kcal/Mol
$(AlCl_3)_2$ [1]	2	80	14
	1	—	18
$[(CH_3)_4N]_2SO_4$ . .	6	—2,6	8,53
	3	28	11,7

[1] BAUD, E.: Ann. Chim. Physique 1, 8 (1904).

Die letzten beiden Moleküle Schwefeldioxyd sind im Tetramethyl-ammoniumsulfat verhältnismäßig recht fest gebunden.

W. BILTZ hat in der zitierten Arbeit nachgewiesen, daß die Ammoniakaffinität der Salze mit vergleichbaren Kationen in der Regel um so größer ist, je edler die Metalle sind. Dagegen fällt bei den Schwefeldioxydsolvaten auf, daß gerade Salze mit Metallen, die ihre Valenzelektronen besonders leicht abgeben, eine relativ große Affinität zum Schwefeldioxyd besitzen. Das gilt vor allen Dingen für die Anlagerungsverbindungen der Alkalihalogenide, von denen die Mehrzahl das Schwefeldioxyd fester bindet als das Wasser und Ammoniak.

ζ) Beziehungen zwischen Solvatation und Löslichkeit.

Vergleicht man die Löslichkeit der Salze in verflüssigtem Schwefeldioxyd mit ihrer Tendenz zur Solvatbildung, so findet man, daß die leicht löslichen Salze vielfach auch stabile Anlagerungsverbindungen mit dem Lösungsmittel bilden. Es ist aber schon an anderer Stelle darauf hingewiesen worden, daß die Solvatbildung nicht auf die leicht löslichen Salze beschränkt zu sein braucht. Das Inlösunggehen der Salze ist auch in verflüssigtem Schwefeldioxyd sehr häufig mit einer weitgehenden Dissoziation verbunden. Bei vollständiger Dissoziation müßte die Solvatationsenergie größer sein als die Gitterenergie. Bei der Bildung fester Solvatverbindungen ist die Gitteraufweitungsarbeit dagegen oft relativ gering, besonders dann, wenn bei der Anlagerung der Solvatmoleküle an das Salz bzw. an eines der beiden Ionen, einschalige Molekülkomplexe gebildet werden.

Andererseits können in verflüssigtem Schwefeldioxyd aber auch Salze mit großen Ionen, d. h. mit kleiner Gitterenergie, für die keine festen Solvatverbindungen nachgewiesen wurden (wie z. B. Tetramethylammoniumperchlorat), verhältnismäßig leicht löslich sein.

Die Solvatation wird zweifellos auch den Temperaturkoeffizienten der Löslichkeit stark beeinflussen. Allerdings sind hier die Verhältnisse wegen der Assoziation und Dissoziation der Salze sehr verwickelt. Im allgemeinen kann man feststellen, daß die nicht solvatisierten Substanzen, wie z. B. Tetramethylammoniumperchlorat, Antimontrichlorid und Jod, bei tiefen Temperaturen relativ wenig löslich sind, während ihre Löslichkeit mit steigender Temperatur oft beträchtlich ansteigt. Dagegen ist der Löslichkeitstemperaturkoeffizient einiger solvatisierter Salze schon von verhältnismäßig tiefen Temperaturen an negativ. Die Erscheinung geht zum Teil mit den Zersetzungstemperaturen der Solvate symbat. Man vergleiche diesbezüglich die Angaben der nachstehenden tabellarischen Übersicht, welche teils Messungen von FRANKLIN[1], G. JANDER-RUPPOLT[2] und WALDEN[3], teils neueren Beobachtungen[4] entstammen.

---

[1] FRANKLIN, E. C.: J. phys. Chem. **15**, 675 (1911). — J. Amer. chem. Soc. **46**, 2139 (1924).

[2] JANDER, G. u. W. RUPPOLT: Z. phys. Chem. Abt. A **179**, 43 (1937).

[3] WALDEN, P. u. M. CENTNERSZWER: Z. anorg. allg. Chem. **30**, 145 (1902). — Z. phys. Chem. **42**, 432 (1903); **43**, 385 (1903).

[4] JANDER, G. u. H. MESECH: Z. phys. Chem. Abt. A **183**, 121 (1938).

Tabelle 66. *Übersicht über die Löslichkeiten einiger Salze in flüssigem Schwefeldioxyd (in g/100 cm³) in Abhängigkeit von der Temperatur.*

Salz	Löslichkeit bei				Zersetzungstemperaturen des Solvats (bei °C)	
	$-40°$	$-10°$	$0°$	$+10°$		
KBr. . . .	—	38,6	15	5	$KBr \cdot 4\,SO_2$	-3
KJ	8,5	—	59,1	50	$KJ \cdot 4\,SO_2$	$+6$
NH_4J . . .	—	15	12	—	$NH_4J \cdot 3\,SO_2$	0
KSCN. . .	—	43,7	7	—	$KSCN \cdot 1\,SO_2$	$+12$
NH_4SCN. .	—	44	66,9	—	$NH_4SCN \cdot 2\,SO_2$	0

Aus der Zusammenstellung ist unter anderem ersichtlich, daß der Temperaturkoeffizient der Löslichkeit von Kaliumbromid schon oberhalb $-10°$ C stark negativ wird. Unübersichtlich dagegen sind die Verhältnisse bei den Rhodaniden.

η) Beziehungen zwischen Solvatation, Dissoziation[1] und Farbe.

Auffallende Parallelen zwischen Solvatation und Dissoziation gibt es im Lösungssystem des flüssigen Schwefeldioxyds nicht. Zwar steigen diese beiden Größen in der Reihe der Alkalihalogenide gemeinsam von den Chloriden bis zu den Jodiden. Außerdem fällt auf, daß die wenig oder gar nicht solvatisierten Perchlorate schwächere Elektrolyte sind als die Chloride. Dagegen nimmt z. B. die Dissoziation der Tetramethylammoniumsalze ebenfalls in der Reihe Cl—Br—J zu, obwohl die Affinität zum Schwefeldioxyd beim Chlorid größer ist als beim Bromid. Wenn die Unterschiede im Dissoziationsgrad bei den Tetramethylammoniumsalzen relativ sehr gering sind, so ist das wahrscheinlich eine Folge davon, daß der Einfluß der Gitterenergie auf die Dissoziation dieser Salze durch den in entgegengesetzter Richtung zunehmenden Einfluß der Solvatationswärme abgeschwächt wird.

Die Gelbfärbung, die man in Schwefeldioxydlösung sehr oft beobachtet, muß als Zeichen für eine Verbindung zwischen dem Lösungsmittel und dem gelösten Stoff betrachtet werden. Überführungsversuche haben in einigen Fällen wahrscheinlich gemacht, daß die Gelbfärbung nicht dem ionisierten Zustand als solchem zuzuschreiben ist. Dafür spricht auch, daß viele Nichtelektrolyte, wie Naphthalin und Acetanilid, gelbe Lösungen in verflüssigtem Schwefeldioxyd geben, ferner daß die Lösungen der vielfach schlecht leitenden Amine besonders intensiv gefärbt sind, während gut leitende Lösungen, beispielsweise des weitergehend dissoziierten Tetramethylammoniumchlorids, nahezu farblos sind. Die Farbintensität hängt allem Anschein nach stark vom Anion ab; sie nimmt zu in der Reihenfolge

$$Cl^- \rightarrow Br^- \rightarrow SCN^- \rightarrow J^-.$$

---

[1] Die diesen Angaben zugrunde liegenden Messungen des elektrischen Leitvermögens der Auflösungen von Salzen in verflüssigtem Schwefeldioxyd werden auf S. 238 gebracht.

Die Farbintensität geht — wenigstens bei den Tetramethyl-ammoniumsalzen — nicht symbat mit der Solvatationsenergie. Die Gelbfärbung durch einen etwa teilweise erfolgten Einbau des Schwefeldioxyds in das Anion — z. B. beim Kaliumjodid in der Form $K[SO_2J]$ — zu erklären, ist bei vielen Solvaten nach den Ergebnissen der Tensionsmessungen nicht angängig. Eines der Schwefeldioxydmoleküle müßte sich dann doch durch eine besonders stabile Bindung auszeichnen!

c) Die Schwefeldioxydsolvate der Amine.

α) Überblick und allgemeine Vorbemerkungen.

Ein besonderes Interesse beanspruchen die Schwefeldioxydsolvate der Amine. Die aliphatischen und aromatischen Amine reagieren oft unter Wärmeentwicklung recht heftig mit flüssigem Schwefeldioxyd, sind vielfach gut löslich, wobei Lösungen resultieren, welche zum Teil den elektrischen Strom nicht unerheblich leiten und häufig mehr oder weniger intensiv gelb bis orangerot gefärbt sind. Wie wir später noch näher kennenlernen werden, besitzen diese Lösungen „basenanalogen" Charakter.

Eine Reihe von Arbeiten[1] untersucht meist tensimetrisch Anlagerungsverbindungen des Schwefeldioxyds an Amine. Die Eigenschaften der Additionsverbindungen hängen sehr von der Art der Herstellung ab. So konnten beispielsweise einige Anlagerungsverbindungen, die früher in anderen Medien — wie Äther — dargestellt worden waren, entweder durch direkte Einwirkung des Schwefeldioxyds auf das Amin nicht erhalten werden, oder aber sie besaßen andere Eigenschaften. So war die Existenz der besonders von MICHEALIS beschriebenen Halbsolvate einiger aliphatischer Amine bei den Tensionsmessungen MESECHs zwar angedeutet, diese Verbindungen konnten aber nicht als feste Körper realisiert werden. Während MICHAELIS seine Anlagerungsverbindungen in ätherischer Lösung gewonnen hatte, wurde bei den Tensionsmessungen gasförmiges Schwefeldioxyd portionsweise zum Amin hinzugegeben. Die auf diese Weise dargestellten Monosolvate besaßen eine gelbliche Farbe, während die von MICHAELIS und anderen Forschern beschriebenen Verbindungen weiß aussahen.

Eine Auswahl der bisher dargestellten Schwefeldioxydverbindungen der Amine bringt die folgende Tabelle 67. Man erkennt, daß die Zahl der angelagerten Schwefeldioxydmoleküle höchstens gleich der Zahl der basischen Stickstoffatome ist. Nur einige komplizierter aufgebaute Basen wie die Alkaloide Brucin und Morphin addieren (bei 0° C) mehr Schwefeldioxyd. Die Affinität des Schwefeldioxyds

[1] MICHAELIS, A.: Liebigs Ann. Chem. **274**, 173, 200 (1893). — KOBEZYNSKI, A. u. M. GLEBOCKA: Gaz. chim. ital. **50**, 378 (1920). — HILL u. FITZGERALD: J. Amer. chem. Soc. **53**, 2598 (1931); **57**, 20 (1935). — FOOTE, H. W. u. J. FLEISCHER: J. Amer. chem. Soc. **53**, 1752 (1931); **54**, 3902 (1932); **56**, 870 (1934). — MESECH, H.: Beiträge zum Verhalten der Substanzen in flüssigem Schwefeldioxyd. Inaug.-Diss. Greifswald 1938.

Tabelle 67. *Übersicht über einige Anlagerungsverbindungen des Schwefeldioxyds an Ammoniak und die Amine.*

1	2	3	4	5	6	7	8
Bezeichnung des Amins	Zahl der angelagerten SO_2-Moleküle	Beobachtungstemperatur °C	Farbe	Schmelzpunkt °C	Löslichkeit (qualit.)	Verdampfungswärme je 1 Mol SO_2 Dampfdruck p bei t^0	Beobachter oder Literaturstelle
Ammoniak	$^1/_2$	—	gelb	—	sehr schwer	—	} Jander-Knöll-Immig:Z.anorg.
	1	—	orangerot	—	sehr schwer	—	} allg. Chem. **232**, 229 (1937)
Aliphatische Amine.							
n-Amylamin . . .	$^1/_2$	20	weiß	—	—	—	
	1	20	gelb	—	—	3,5 Cal	
n-Heptylamin . .	$^1/_2$	20	weiß	—	—	—	} Hill-Fitzgerald
	1	20	gelb	—	—	6,4 Cal	
Diäthylamin . . .	$^1/_2$	—20	(weiß)	—	—	—	
	1	—20	gelblich	8	sehr leicht	($t=$ —20°: $p=$ 0,2 mm)	Mesech
	2	—60	hellbraun	—	—	($t=$ —60°: $p=$ 5,6 mm)	
Triäthylamin . . .	1	Zimmertemp.	weiß	80	sehr leicht	—	Mesech
Aromatische isocyclische Amine.							
Anilin	1	25	gelb	65	wenig	19,6 Cal	Hill-Fitzgerald, Mesech
Methylanilin . . .	1	10	—	31	leicht	—	
Äthylanilin	1	10	—	29	leicht	—	} Foote-Fleischer
o-Toluidin	1	25	gelb	—	—	20,2 Cal	
m-Toluidin	1	15	gelb	—	—	22,6 Cal	} Hill-Fitzgerald
p-Toluidin	1	20	gelb	—	—	(24,1 Cal)	
Diphenylamin . .	—	—	—	< —20°	leicht	—	Foote-Fleischer, Mesech
o-Phenylendiamin .	$^1/_2$	25	rot	—	leicht	($t=$ 25°: $p=$ 4 mm)	
	1	25	rot	—	—	($t=$ 25°: $p=$ 17 mm)	} Hill-Fitzgerald, Mesech
p-Phenylendiamin .	2	50	rot	—	schwer	($t=$ 50°: $p=$ 19 mm)	
Dimethylparaphenylendiamin .	—	—	—	—	leicht	—	Mesech
Benzidin	2	25	gelb	—	schwer	($t=$ 25°: $p=$ 6 mm)	
Hydrozobenzol . .	—	—	—	—	ziemlich leicht	—	} Hill-Fitzgerald, Mesech
Aromatische heterocyclische Amine.							
Pyridin	1	Zimmertemp.	gelb	—	sehr leicht	—	André: C. R. de l'Acad. Sci. Paris **130**, 1714
Piperidin	1	Zimmertemp.	weiß (Nadeln)	70	sehr leicht	—	Michaelis: Bér. d. dtsch. Chem. Ges. **28**, 1015 (1895); Mesech
Chinolin	1	25	gelb	53	wenig	22,9 Cal	Hill-Fitzgerald, Mesech
Tetrahydrochinolin	—	—	—	—	leicht	—	Mesech

zu den Aminen ist sehr unterschiedlich. So beträgt seine Verdampfungswärme bei einigen aromatischen Aminen mehr als 20 kcal/Mol, also etwa das Doppelte wie bei den Salzsolvaten. Dagegen scheint der Dampfdruck des Schwefeldioxyds in vielen Verbindungen schon unterhalb 0° C Atmosphärendruck zu erreichen. So wird es jedenfalls zu erklären sein, daß von zahlreichen Aminen bei einer Beobachtungstemperatur von 0° C und darüber keine Anlagerungsverbindungen gefunden wurden.

Die Stabilität der Aminsolvate ist stark von den Substituenten abhängig; sowohl die am Stickstoff als auch die an anderer Stelle des Moleküls befindlichen üben einen Einfluß aus. KOREZYNSKI und GLEBOCKA fanden, daß negative Substituenten in aromatischen Aminen die Bindung des Schwefeldioxyds am Stickstoff schwächen, und zwar Nitro- und Hydroxylgruppen mehr als Halogene. Desgleichen wird die Affinität des Schwefeldioxyds zu den Aminen durch die Stellung der Substituenten zur Aminogruppe beeinflußt. Ein Vergleich der Solvatationswärmen der drei Toluidine zeigt, daß die Stabilität der Solvate offenbar mit Annäherung der Substituenten an die Aminogruppe abnimmt.

β) Schmelzpunkte, Löslichkeitsverhältnisse.

Die Schmelzpunkte der Verbindungen werden im allgemeinen durch Substitution am Stickstoff herabgesetzt. Mit fallender Schmelztemperatur bzw. mit steigender Zahl der Substituenten am Stickstoff wächst die Löslichkeit der Amine oder, richtiger gesagt, ihrer Solvate in verflüssigtem Schwefeldioxyd sehr stark an. Diese Parallele ist besonders für die Paradiamine charakteristisch. Die nicht substituierten Verbindungen, zu denen man auch die heterocyclischen Amine wie Piperazin zählen kann, sind in flüssigem Schwefeldioxyd schwer löslich. Durch Ersatz der Wasserstoffatome am Stickstoff durch Alkylgruppen nimmt die Löslichkeit überraschend stark zu. Eine analoge Wirkung der Substitution läßt sich auch bei den anderen Aminen feststellen. Erwähnenswert ist ferner, daß die Löslichkeit der drei isomeren Phenylendiamine von der Para- über die Meta- zur Orthoverbindung stark ansteigt. Es liegt hier eine Parallele zu der oben gemachten Feststellung vor, wonach die Stabilität der Solvate mit Annäherung der Substituenten an die Aminogruppe abnimmt.

Tabelle 68. *Schmelzpunkte der Schwefeldioxydmonosolvate einiger Amine.*

Name des Amins	Formel	Schmelzpunkt des Monosolvats
Ammoniak	NH_3	—
Anilin	NH_2—C_6H_5	65°
Methylanilin	$NH{<}^{C_6H_5}_{CH_3}$	31°
Äthylanilin	$NH{<}^{C_6H_5}_{C_2H_5}$	29°
Diäthylamin	$NH{<}^{C_2H_5}_{C_2H_5}$	8°
Diphenylamin	$NH{<}^{C_6H_5}_{C_6H_5}$	unterhalb
Diäthylanilin	$N{<}^{C_6H_5}_{(C_2H_5)_2}$	—20°
Triäthylamin	$N(C_2H_5)_3$	80°

γ) Höhere Solvate, Halbsolvate; Konstitution.

Die Solvate mit den niedrigsten Schmelzpunkten krystallisieren gewöhnlich — besonders wenn sie durch direkte Einwirkung des Schwefeldioxyds auf das Amin dargestellt werden — sehr schlecht, oft nur über alkalischen Trockenmitteln. Der Grund hierfür ist wahrscheinlich der, daß bei tiefen Temperaturen noch höhere Solvatstufen mit sehr niedrigem Schmelzpunkt existieren. Für das Diäthylamin ist unterhalb von —20° C eine Verbindung $NH(C_2H_5)_2 \cdot 2\ SO_2$ nachgewiesen. Dagegen konnten für das Chinolin, dessen Monosolvat bei Zimmertemperatur leicht auskrystallisiert, oberhalb —55° keine höheren Solvate festgestellt werden.

Von mehreren Aminen sind Halbsolvate bekannt. Während die aromatischen Verbindungen ziemlich stabil sind, konnten die von MICHAELIS beschriebenen Halbsolvate der aliphatischen Amine durch Tensionsmessungen zwar wahrscheinlich gemacht, aber nicht als feste Körper realisiert werden. HILL und FITZGERALD fanden beim n-Amyl- und Heptylamin — in Übereinstimmung mit MESECHs Befund beim Diäthylamin — für das Halbsolvat einen höheren Druck als für das Monosolvat. Die Halbsolvate der aliphatischen Amine sind demnach instabile Verbindungen. Sie werden darum wahrscheinlich nicht als Halbsolvate der Form

$$(R_3N)\text{—}SO_2\text{—}(NR_3)$$

aufzufassen sein, sondern eine andere Struktur besitzen.

Hinsichtlich der Konstitution der Verbindungen des Schwefeldioxyds mit Ammoniak und den Aminen sind mancherlei Formulierungen und ins Speziellere gehende Vorstellungen gegeben worden. Sie alle bedürfen aber noch der eingehenderen Begründung und versinnbildlichen jeweils nur einen Teil der Eigenschaften. In einem späteren Abschnitt wird auf die Frage ihrer Konstitution, wenn sie in verflüssigtem Schwefeldioxyd gelöst vorliegen, noch einmal eingegangen werden.

3. Löslichkeitsverhältnisse in verflüssigtem Schwefeldioxyd bei anorganischen und organischen Substanzen.

Bevor mehr über das chemische und physikochemische Verhalten der Stoffe in flüssigem Schwefeldioxyd mitgeteilt wird, muß zunächst einmal ein Überblick über die Löslichkeitsverhältnisse in diesem Solvens, und zwar hinsichtlich anorganischer und organischer Substanzen gegeben werden. Es muß aber darauf aufmerksam gemacht werden, daß viele von den Löslichkeitsbestimmungen mehr qualitativ und größenordnungsmäßig als exakt quantitativ zu bewerten sind. Soweit quantitative Löslichkeitsangaben gemacht worden sind, wurden sie meist nach dem Verfahren von RUFF und GEISEL erhalten, dessen

Tabelle 69. *Übersicht über die Ergebnisse von Löslichkeitsversuchen mit anorganischen und organischen Stoffen in flüssigem Schwefeldioxyd.*

Stoffklasse	Einzelverbindungen	Bemerkungen über die Löslichkeit
Anorganische Verbindungen	NaJ, KJ, $(NH_4)J$, RbJ	mit gelber Farbe löslich
	KBr, $(NH_4)SCN$	farblose Lösungen
	$FeCl_3$ (wasserfrei!)	gelbbraune Lösung
	$Co(SCN)_2$	unlöslich
	$[Co(H_2O)_2](SCN)_2$	mit blauer Farbe löslich
	Chloride und Bromide des alkylsubstituierten Ammoniums	bilden farblose Lösungen
	Jodide des alkylsubstituierten Ammoniums und Sulfoniums	geben gelbe Lösungen
Kohlenwasserstoffe	Aliphatische Grenzkohlenwasserstoffe wie z. B. Ligroin	nahezu unlöslich
	Benzol, Toluol, Triphenylmethan	farblose Lösungen
	Naphthalin	grünlich-gelbe Lösung
	Diphenyl, Fluoren, Phenanthren, Limonen, Pinen	gelbe bis grünlich-gelbe Lösungen
	Anthracen	schwach löslich, gelbe Lösung
Halogenierte und nitrierte Kohlenwasserstoffe	Jodoform	nahezu unlöslich
	β-Dibromnaphthalin	schwach löslich, gelbliche Lösung
	Nitrobenzol	gut löslich, grünliche Lösung
Alkohole und Phenole	Fettalkohole von Methyl- bis Caprylalkohol, Benzylalkohol	leicht löslich, bilden farblose Lösungen
	Phenol, o-Kresol, Hydrochinon, β-Naphthol	löslich, gelbe Lösungen
	Pikrinsäure	farblose Lösungen
	Trinitroresorcin	gelbliche Lösungen
	Menthol, Borneol	farblose Lösungen
Organische Säuren	Monochloressigsäure, Dichloressigsäure, α-Brombuttersäure, Benzoesäure, Salicylsäure, m-Oxybenzoesäure, β-Naphthoesäure, Brenzschleimsäure	alle lösen sich und geben farblose Lösungen
Ester	Essigsäureäthylester, Bernsteinsäurediäthylester, Isopropylacetessigester, Fumarsäurediäthylester, Brommaleinsäurediamylester, Zimtsäurediäthylester, Apfelsäuredimethylester, Mandelsäurediäthylester, Essigsäurebornylester	leicht löslich, bilden farblose Lösungen
	Ricinusölsäurepropylester	mit gelber Farbe löslich
Basen und basische Verbindungen	Diäthylamin, Anilin, Benzylamin, p-Toluidin, Pyridin, Chinolin	mit gelber Farbe löslich
	β-Naphthylamin, Benzidin, Chrysanilin	geben orangefarbene Lösungen
	Diphenylamin, α-Naphthylamin, Phenyl-β-Naphthylamin	bilden blutrote Lösungen
	Formamid, Acetnaphthalid, Carbazol	mit gelber Farbe löslich
	Acetanilid	gibt farblose Lösungen

Durchführung und Fehlermöglichkeiten anläßlich der Besprechung der Löslichkeitsverhältnisse bei Substanzen in verflüssigtem, wasserfreiem Ammoniak (vgl. S. 42) geschildert worden sind. Daher müssen also die Zahlenwerte in der folgenden tabellarischen Übersicht 70 mit einer gewissen Reserve betrachtet werden. Viele von ihnen erfahren sicherlich bei einer systematischen und exakten Nachprüfung noch Korrekturen. Löslichkeitsbestimmungen in verflüssigten Gasen sind mit einfachen Hilfsmitteln sowieso nicht ganz leicht präzise durchzuführen. Im vorliegenden Falle muß noch besonders berücksichtigt werden, daß zwischen dem Lösungsmittel „Schwefeldioxyd" und den betreffenden Substanzen, beispielsweise einigen Salzen, Solvolysereaktionen oder andere nicht gleich ins Auge fallende Umsetzungen eintreten können, welche zu unrichtigen Löslichkeitsangaben führen. Auch kleine Mengen Feuchtigkeit im Solvens sind in der Lage, die Löslichkeit von Stoffen erheblich zu beeinflussen. Aber immerhin erhalten wir doch eine Übersicht über die Lagerung der Löslichkeitsverhältnisse in flüssigem Schwefeldioxyd als Solvens.

Das Lösevermögen des verflüssigten Schwefeldioxyds ist bereits um die Jahrhundertwende von WALDEN und CENTNERSZWER[1] und in der Folgezeit auch von anderen Forschern[2] qualitativ und quantitativ untersucht worden. Die beiden tabellarischen Übersichten 69 und 70 geben einen großen Teil der Ergebnisse wieder und vermitteln uns einen Eindruck über die Löslichkeitsverhältnisse in wasserfreiem, flüssigem Schwefeldioxyd.

Für anorganische Stoffe, besonders für typische Salze ist flüssiges Schwefeldioxyd nur dann ein Lösungsmittel, wenn in diesen Salzen ein großvolumiges Anion — wie bei den Jodiden und Rhodaniden — oder ein großräumiges Kation — wie bei den Salzen des alkylsubstituierten Ammoniums oder Sulfoniums — vorliegt. Hingegen muß man feststellen, daß ganze Stoffklassen organischer Verbindungen in verflüssigtem Schwefeldioxyd gut löslich sind. Offenbar ist Schwefeldioxyd für organische Verbindungen ein erheblich besseres Solvens als für anorganische Salze. Besonders bemerkenswert ist die gute Löslichkeit ringförmiger und ungesättigter Kohlenwasserstoffe im Vergleich zu der recht geringen Löslichkeit kettenförmiger, gesättigter Kohlenwasserstoffe. Dieser Befund wird praktisch in großem Maßstabe bei der Treibstoffherstellung verwertet („Edelëanu-Trennungsverfahren")[3]. Während im allgemeinen die Auflösungen organischer Stoffe in flüssigem Schwefeldioxyd den elektrischen Strom nicht oder nicht nennenswert leiten, besitzen aber einige Auflösungen stickstoff-

[1] WALDEN, P. u. M. CENTNERSZWER: Ber. dtsch. chem. Ges. **32**, 2862 (1899). — Z. anorg. Chem. **30**, 145 (1902). — Z. phys. Chem. **42**, 432 (1903).

[2] BOND, P. A. u. H. T. BEACH: J. Amer. chem. Soc. **48**, 348 (1926). — BOND, P. A. u. W. R. STEPHENS: J. Amer. chem. Soc. **51**, 2910 (1929). — BOND, P. A. u. E. B. CRONE: J. Amer. chem. Soc. **56**, 2028 (1934). — SCHATTENSTEIN, A. J. u. M. M. WIKTOROW: Acta physicochim. URSS. **5**, 45 (1936); **7**, 401 (1937). — JANDER, G. u. Mitarb.: Z. phys. Chem. Abt. A **179**, 43 (1937). — Naturw. **26**, 793 (1938).

[3] DEFIZE, J. C. L.: Edelëanu-Prozeß. Amsterdam 1938.

haltiger Basen, wie beispielsweise Di- und Triäthylamin ein mehr oder weniger ausgeprägtes Leitvermögen.

Die Übersicht (Tabelle 70) bringt Angaben über die maximale Löslichkeit von Sulfiten und anorganischen Salzen in Millimolen je 1000 g flüssigem Schwefeldioxyd von 0° C. In diese Zusammenstellung sind nicht noch einmal die Salze des substituierten Ammoniums und Sulfoniums mit aufgenommen, welche, wie wir sahen, vielfach recht gut löslich sind. Aus der Tabelle geht deutlich die bereits getroffene Feststellung hervor, daß — von einigen Ausnahmen abgesehen — flüssiges Schwefeldioxyd für anorganische Salze mit typischem Ionengitter kein besonders ausgezeichnetes Lösevermögen besitzt.

Stark löslich sind einige Jodide, vor allen die der Alkalien, ferner mehrere Rhodanide, unter ihnen besonders das Ammoniumrhodanid. Außerdem fallen wegen ihrer verhältnismäßig hohen Löslichkeit das Kaliumbromid, die Chloride des Aluminiums, des dreiwertigen Antimons und des Rubidiums auf, auch das Lithiumfluorid. Ferner sind einige Acetate stärker löslich; es ist jedoch noch nicht völlig geklärt, ob hier tatsächlich in allen Fällen echte Lösungen vorliegen oder teilweise kolloide von der Art der wäßrigen Seifenlösungen. Wir werden später (S. 264) sehen, daß viele Salze im Laufe kürzerer oder längerer Zeit durch flüssiges Schwefeldioxyd solvolysiert werden. Eine nicht genügende Berücksichtigung dieser Solvolyseerscheinung bei der Durchführung der Löslichkeitsbestimmungen hat naturgemäß fehlerhafte Löslichkeitswerte im Gefolge. Hierauf wurde schon hingewiesen. Die anderen angeführten anorganischen Salze zeigen meistens eine geringere Löslichkeit, manche sind auch praktisch unlöslich, so z. B. viele Sulfate und zahlreiche Silber- und Bariumsalze. Die Löslichkeit von Nitraten läßt sich nicht feststellen, sie reagieren mit verflüssigtem Schwefeldioxyd.

Löslichkeitsregelmäßigkeiten lassen sich bei einigen Halogeniden und Pseudohalogeniden erkennen. So steigt z. B. deutlich die Löslichkeit der Silberhalogenide vom Fluorid über das Chlorid und Bromid zum Jodid an und darüber hinaus weiter zum Rhodanid und Cyanid. Die Silberhalogenide verhalten sich also hinsichtlich ihrer Löslichkeit verflüssigtem Schwefeldioxyd gegenüber umgekehrt wie Wasser gegenüber. Auch die Löslichkeiten der Thallium(I)-, Ammonium- und Kaliumhalogenide steigen von den Fluoriden zu den Jodiden an.

Wie stark die Löslichkeit der Substanzen von kleinen Feuchtigkeitsmengen abhängig sein kann, zeigt besonders drastisch das Beispiel des Kobaltrhodanids. In der Literatur findet sich die Angabe, daß Kobaltrhodanid mit blauer Farbe in flüssigem Schwefeldioxyd löslich sei. Wasserfreies Kobaltrhodanid, $Co(SCN)_2$, ist jedoch in wasserfreiem, verflüssigtem Schwefeldioxyd völlig unlöslich. Sind aber geringe Mengen Feuchtigkeit zugegen, so geht so viel Kobaltrhodanid in Lösung, als Wasser für die Bildung des blaugefärbten Kobaltdiaquorhodanids $[Co(H_2O)_2](SCN)_2$ vorhanden ist. Diese Komplexverbindung mit dem größerräumigen Kation ist also löslich, jedoch nicht das

Tabelle 70. *Maximale Löslichkeit von Sulfiten und anorganischen Salzen in Millimolen in 1000 g flüssigem SO_2 von 0° C.*

Ion	SO_3^{--}	F^-	Cl^-	Br^-	J^-	SCN^-	CN^-	ClO_4^-	CH_3COO^-	SO_4^{--}	CO_3^{--}
Li^+		23,0	2,82	6,0	1490,0				3,48	1,55	
Na^+	1,37	6,9	unlöslich	1,36	1000,0	80,5	3,67		8,90	unlöslich	
K^+	1,58	3,1	5,5	$\sim$40	2490,0	502,0	2,62		0,61	unlöslich	
Rb^+	1,27		27,2								
NH_4^+	2,67		1,67	6,0	580,0	6160,0		2,14	141,0	5,07	
Tl^+	4,96	unlöslich	0,292	0,60	1,81	0,915	0,522	0,43	285,0	0,417	0,214
Ag^+	unlöslich	unlöslich	$<$0,07	0,159	0,68	0,845	1,42		1,02	unlöslich	
Be^{++}			5,8								
Mg^{++}			1,47	1,3	0,50						
Ba^{++}	unlöslich		unlöslich	unlöslich	18,15	unlöslich					
Zn^{++}			11,75		3,45	40,4			unlöslich		
Cd^{++}			unlöslich		1,17						
Hg^{++}			3,80	2,06	0,265	0,632	0,556		2,98	0,338	
Pb^{++}		2,16	0,69	0,328	0,195	0,371	0,386		2,46	unlöslich	
Co^{++}			1,00		12,2	unlöslich					
Al^{+++}			sehr stark löslich	0,60	5,64						
Sb^{+++}		0,56	575,0	21,8	0,26						
Bi^{+++}			0,60	3,44							
Ni^{++}			unlöslich		unlöslich				0,08	unlöslich	unlöslich

wasserfreie Kobaltrhodanid! Man kann wasserfreies Kobaltrhodanid daher für die Erkennung des Wassergehaltes von verflüssigtem Schwefeldioxyd heranziehen. Schüttelt man in einem zugeschmolzenen Rohr flüssiges Schwefeldioxyd mit trockenem Kobaltrhodanid mehrfach kräftig durch, so zeigt die über der abgesetzten Suspension stehende klare Flüssigkeit einen mehr oder weniger stark ausgeprägten bläulichen Farbton, wenn das Schwefeldioxyd Feuchtigkeit enthält.

Zahlreiche, in reinem Zustande ungefärbte, anorganische und organische Salze und Verbindungen — beispielsweise die Alkalijodide und -rhodanide — lösen sich in verflüssigtem Schwefeldioxyd mit gelber, rotgelber oder bräunlicher Farbe, je nach der Beschaffenheit des Stoffes und seiner Konzentration. Falls derartige Substanzen feste Solvate bilden, scheiden sie sich beim Eindunsten aus den absoluten Schwefeldioxydlösungen in Krystallen ab, welche ähnliche Farbtöne besitzen wie ihre Lösungen. Man vergleiche diesbezüglich auch die Angaben von S. 223 und der tabellarischen Übersicht von S. 228. Das Vorwalten der gelben, rotgelben und braungelben Farbtöne deutet allem Anschein nach eine gewisse Gleichförmigkeit bezüglich der Art der Solvatation bei den Verbindungen oder Ionen in den Schwefeldioxydlösungen an.

Gefärbte Substanzen lösen sich zum Teil mit etwas anderen Farben. So ist z. B. die Lösung des violetten Kaliumchromrhodanids $K_3[Cr(SCN)_6]$ rötlich-violett, die Lösung von Jod in wasserfreiem Schwefeldioxyd weinrot, die Lösung des blauen Kobaltdiaquorhodanids $[Co(H_2O)_2](SCN)_2$ aber ist ebenfalls intensiv blau gefärbt.

Alle Lösungen der in der tabellarischen Übersicht 70 angeführten Salze leiten den elektrischen Strom mehr oder weniger gut, je nach dem Dissoziationsgrad und der Konzentration der Verbindung; sie sind also Elektrolytlösungen. Demgemäß sind Fällungsreaktionen und Umsetzungen auf Grund der verschiedenen Löslichkeiten der Salze oder auf Grund des verschieden stark ausgeprägten Charakters als „säurenanaloge" oder „basenanaloge" Substanz in verflüssigtem Schwefeldioxyd ebenso möglich wie in Wasser. Schüttelt man z. B. Suspensionen oder Lösungen von Silberacetat, Kaliumbromid oder Ammoniumrhodanid in verflüssigtem Schwefeldioxyd mit der äquivalenten Menge Thionylchlorid, so bildet sich schwerlösliches Silber-, Kalium- bzw. Ammoniumchlorid und eine Lösung von Thionylacetat, Thionylbromid bzw. Thionylrhodanid.

$$2\,Ag(CH_3COO) + SOCl_2 = 2\,AgCl\downarrow + SO(CH_3COO)_2\rightarrow$$

$$2\,KBr + SOCl_2 = 2\,KCl\downarrow + SOBr_2\rightarrow$$

$$2\,NH_4(SCN) + SOCl_2 = 2\,NH_4Cl\downarrow + SO(SCN)_2\rightarrow.$$

Auf diese Weise lassen sich mehrere Thionylverbindungen bzw. ihre Schwefeldioxydlösungen darstellen. Durch analytische Bestimmungen, ferner durch konduktometrische Titrationen und auf anderem Wege hat sich der quantitative Verlauf der Umsetzungen feststellen lassen.

Eine besondere Rolle spielen im Rahmen der Chemie in verflüssigtem Schwefeldioxyd die „basenanalogen" Sulfite und die „säurenanalogen" Thionylverbindungen. Einige Sulfite .haben hinsichtlich ihrer Löslichkeit in der ersten Vertikalrubrik der tabellarischen Übersicht (S. 231) Berücksichtigung gefunden. Die Alkalisulfite sind wenig löslich; ihre gesättigten Lösungen sind zwischen 0,001 und 0,01 molar. Stark löslich dagegen sind die Sulfite des alkylsubstituierten Ammoniums. Diese und die Alkalisulfite werden in flüssigem Schwefeldioxyd in Disulfite umgewandelt (Solvatation!):

$$K_2SO_3 + SO_2 \rightleftharpoons K_2S_2O_5 .$$

Beim Eindunsten der Lösungen resultieren krystallisierte Pyrosulfite. Die säurenanalogen Thionylverbindungen, wie beispielsweise Thionylchlorid SOCl$_2$, Thionylbromid SOBr$_2$, Thionylrhodanid SO(SCN)$_2$, Thionyl-Dihexachloroantimonit (SO)$_3$(SbCl$_6$)$_2$, Thionylphenylacetat SO(C$_6$H$_5$CH$_2$COO)$_2$ u. a. m. sind meist reichlich in flüssigem Schwefeldioxyd löslich. Viele von ihnen sind nur in absoluten Schwefeldioxydlösungen, nicht aber in reinem Zustande bekannt, ähnlich wie auch manche Aquosäuren, beispielsweise Kohlensäure H$_2$CO$_3$ oder schweflige Säure H$_2$SO$_3$ nicht in reinem Zustande, sondern nur in wäßriger Lösung existieren.

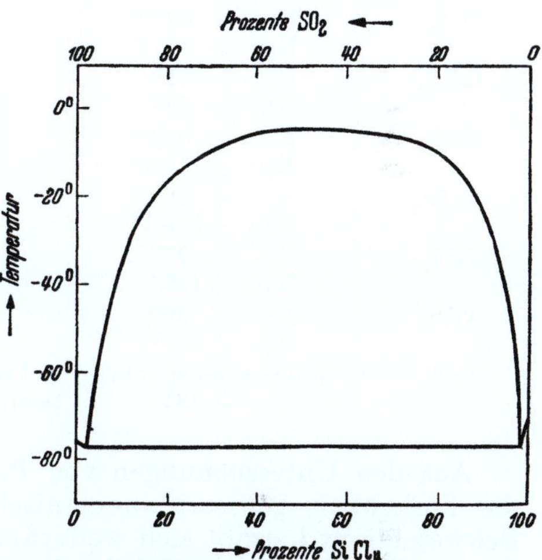

Abb. 55. Abhängigkeit der Löslichkeit von Siliciumtetrachlorid in flüssigem Schwefeldioxyd und von Schwefeldioxyd in Siliciumtetrachlorid von der Temperatur.

Quantitative Angaben liegen über die Löslichkeit mehrerer Tetrahalogenide von den Elementen der IV. Vertikalgruppe des periodischen Systems vor. Bond und Mitarbeiter untersuchten die Gleichgewichte zwischen flüssigem Schwefeldioxyd und den Tetrachloriden von Kohlenstoff, Silicium, Germanium, Zinn, Titan und Zirkon sowie den Tetrabromiden von Titan und Zinn. Hierbei wurde festgestellt, daß oberhalb einer bestimmten, von System zu System wechselnden Temperatur die Komponenten im allgemeinen in allen Verhältnissen miteinander mischbar sind, unterhalb derselben aber zwei Phasen bilden. Die eine Phase besteht aus flüssigem Schwefeldioxyd und enthält einen mit steigender Temperatur wachsenden Gehalt an Tetrahalogenid, die zweite ist das Tetrahalogenid mit einem mit steigender Temperatur wachsenden Schwefeldioxydanteil. Die obenstehende Abb. 55 zeigt die herrschenden Verhältnisse am Beispiel des Löslichkeitsdiagramms für das System Siliciumtetrachlorid — flüssiges Schwefeldioxyd.

Die nachfolgende tabellarische Zusammenstellung gibt eine Übersicht über die Gleichgewichte zwischen flüssigem Schwefeldioxyd und einigen Tetrahalogeniden der Elemente, welche in der IV. Vertikalgruppe stehen. Ihre Angaben sind nach dem Gesagten und unter Vergegenwärtigung des Diagramms der Abb. 55 ohne weiteres verständlich.

Tabelle 71. *Gleichgewichte zwischen flüssigem Schwefeldioxyd und einigen Tetrahalogeniden der Elemente von der IV. Vertikalgruppe.*

Tetrahalogenid	Schmelzpunkt F Siedepunkt Kp des Tetrahalogenids	Vollständig mischbar oberhalb t^0, zwei Phasen unterhalb t^0 C. $t =$	Bemerkungen über eine Verbindungsbildung oberhalb -78^0 C
CCl_4	F: $-29{,}8^0$ Kp: $+76{,}7^0$	$-29{,}3^0$	nicht beobachtet
$SiCl_4$	F: $-67{,}7^0$ Kp: $+56{,}7^0$	-4^0	nicht beobachtet
$GeCl_4$	F: -51^0 Kp: $+84^0$	$-4{,}7^0$	nicht beobachtet
$SnCl_4$	F: $-32{,}7^0$ Kp: $+112{,}1^0$		nicht beobachtet
$SnBr_4$	F: $+29{,}5^0$ Kp: $+205{,}1^0$	$+48{,}6^0$	nicht beobachtet
$TiCl_4$	F: -23^0 Kp: $+136^0$	$+11{,}9^0$	nicht beobachtet
$TiBr_4$	F: $+39^0$ Kp: $+230^0$	$+103{,}8^0$	nicht beobachtet
$ZrCl_4$	Sublimationspunkt: $+331^0$	Löslichkeit ist temperaturabhängig	$ZrCl_4 \cdot 1\ SO_2$ (bei Zimmertemperatur)

Aus den Untersuchungen von P. A. BOND und Mitarbeitern über die Löslichkeit gewisser anorganischer Tetrahalogenide in flüssigem Schwefeldioxyd ergibt sich weiterhin unter anderem, daß der Verlauf der Löslichkeitskurven und die relativen Lagen der Mischungstemperaturen den nach der Polarität, den inneren Drucken und den Schmelzpunkten erwarteten Werten entsprechen. Sie ordnen sich in die allgemeine HILDEBRANDsche[1] Theorie ein.

4. Über das elektrische Leitvermögen und die Dissoziation der in flüssigem Schwefeldioxyd gelösten Stoffe.

a) Allgemeines Verhalten der Elektrolyte, insbesondere der „Sulfitosäuren" und „Sulfitobasen".

In der Chemie wäßriger Lösungen unterteilt man die Elektrolyte bekanntlich in Säuren, Basen und Salze. Charakteristisch für die Salze in wäßriger Lösung ist die weitgehende Dissoziation in ihre Ionen, die von der Verdünnung relativ wenig abhängt. Abgesehen

---

[1] HILDEBRAND: Solubility. New York 1924.

von den größten Konzentrationen besitzen die Salze in Wasser und in mehreren anderen, „nivellierenden" Lösungsmitteln (wie z. B. Hydrazin), die sich meist durch eine große Dielektrizitätskonstante auszeichnen, im allgemeinen den gleichen hohen Dissoziationsgrad. Dagegen gehört das flüssige Schwefeldioxyd neben Ammoniak und anderen Solventien in die Klasse der „differenzierenden" Lösungsmittel, in denen sich die Konstitution der Salze bei der Dissoziation stark auswirkt. Gewöhnlich wird die Ursache der schwächeren, je nach der Art des Elektrolyten aber verschieden beschaffenen Dissoziation der kleineren Dielektrizitätskonstanten dieser Lösungsmittel zugeschrieben. Von anderer Seite wird dagegen die Wechselwirkung zwischen Lösungsmittel und gelöstem Stoff auf spezifisch chemische Kräfte zurückgeführt. So hat z. B. FREDENHAGEN[1], wie wir sahen, darauf hingewiesen, daß das elektrolytische Lösungsvermögen der Blausäure, obwohl sie von allen bisher untersuchten Lösungsmitteln die größte Dielektrizitätskonstante besitzt, nicht sehr erheblich ist.

Beim Vorliegen wäßriger Lösungssysteme ist eine gewisse Annäherung der beiden dargelegten Anschauungen erfolgt, und zwar in bezug auf die Theorie der Aquosäuren: Man nimmt an, daß der Dissoziation der Säuren eine Konstitutionsänderung durch Bildung des Hydroxoniumions voraufgehen muß.

Der spezifische Charakter des Lösungsmittels macht sich gerade bei Stoffen mit „sauren" oder „basischen" Eigenschaften besonders geltend. So sind z. B. in flüssigem Ammoniak die in Wasser gut löslichen und gut leitenden basischen Hydroxyde unlöslich, während viele Aquosäuren unter Anlagerung von Ammoniak und Bildung von NH_4^+-Ionen gute, säurenanaloge Elektrolyte werden. Substanzen mit sauren Eigenschaften, z. B. mit negativen Gruppen wie die Nitrophenole, leiten den elektrischen Strom ebenfalls recht gut. Ferner haben FRANKLIN und Mitarbeiter[2] festgestellt (vgl. S. 57), daß in den Säureamiden Stoffe vorliegen, welche in flüssigem Ammoniak die Funktionen von Säuren ausüben, daß aber in dem gleichen Solvens die Metallamide „Basenanaloge" sind.

Im Vergleich zum Wasser zeigt dagegen das flüssige Schwefeldioxyd ein anderes Verhalten. Aquosäuren sind, soweit sie löslich sind, praktisch Nichtelektrolyte (z. B. Eisessig). Dagegen werden Amine, Sauerstoffverbindungen wie das Wasser, Äther[3], Dimethylpyron[4] u. a. m., ferner substituierte Phosphine (Triphenylphosphin + Methyljodid[5]), Triphenylmethyl, also Verbindungen mit basischen Eigenschaften, unter zum Teil energischer Anlagerung des Lösungsmittels zu Elektrolyten. Für die Amine wird noch nachgewiesen werden und bei einigen Sauerstoffverbindungen ist es wahrscheinlich, daß sie SO_3^{--}-Ionen,

---

[1] FREDENHAGEN, K.: Z. phys. Chem. Abt. A **159**, 81 (1932).

[2] FRANKLIN, E. C.: Amer. Chem. J. **47**, 285 (1912). — J. Amer. chem. Soc. **46**, 2139 (1924).

[3] JANDER, G.: Naturw. **26**, 796 (1938).

[4] WALDEN, P. u. M. CENTNERSZWER: Ber. dtsch. chem. Ges. **35**, 2018 (1902). — Z. phys. Chem. **43**, 385 (1903).

[5] WALDEN, P. u. M. CENTNERSZWER: Z. anorg. allg. Chem. **30**, 145 (1902).

Tabelle 72. *Übersicht über die Löslichkeit einiger Sulfite bzw. Disulfite in flüssigem Schwefeldioxyd und das Leitvermögen dieser Lösungen.*

Das in flüssigem SO_2 gelöste Sulfit bzw. Disulfit	Löslichkeit in 100 g SO_2 von 0° C	Molarität der Lösung	Spez. Leitvermögen bei — 19° C in reziproken Ohm	Korrespondierende Verbindung im „Aquosystem"
1. Natriumdisulfit $Na_2S_2O_5$	26 mg	$2 \cdot 10^{-3}$	$2,0 \cdot 10^{-7}$	$2\ Na(OH)$
2. Kaliumdisulfit $K_2S_2O_5$	35 mg	$2,9 \cdot 10^{-3}$	$2,9 \cdot 10^{-6}$	$2\ K(OH)$
3. Ammoniumdisulfit $(NH_4)_2S_2O_5$	48 mg	$3,8 \cdot 10^{-3}$	$6 \cdot 10^{-6}$	$2\ (NH_4)(OH)$
4. Rubidiumdisulfit $Rb_2S_2O_5$	40 mg	$1,8 \cdot 10^{-3}$	$7,2 \cdot 10^{-6}$	$2\ Rb(OH)$
5. Caesiumdisulfit $Cs_2S_2O_5$	47 mg	$1,6 \cdot 10^{-3}$	$1,9 \cdot 10^{-5}$	$2\ Cs(OH)$
6. Silbersulfit Ag_2SO_3	praktisch unlöslich	—	—	$2\ Ag(OH)$
7. Bariumsulfit $BaSO_3$	praktisch unlöslich	—	—	$Ba(OH)_2$
8. Tetramethyl-ammoniumdisulfit $[(CH_3)_4N]_2S_2O_5$	leicht löslich	$2,0 \cdot 10^{-3}$	$2,2 \cdot 10^{-4}$	$2\ [(CH_3)_4N](OH)$
9. Thionyl-Di-diäthyl-ammoniumsulfit $\{[(C_2H_5)_2HN]_2SO\}SO_3$	leicht löslich	$1 \cdot 10^{-2}$	$4,3 \cdot 10^{-5}$	$2[(C_2H_5)_2HNH](OH)$
10. Ammoniumhydroxyd $(NH_4)(OH)$	gelöst in Wasser	$6 \cdot 10^{-2}$	$2,5 \cdot 10^{-4}$ (bei $+ 18°$ C)	

d. h. die negativen Lösungsmittelionen, abdissoziieren [1]. Sie sind deshalb als Sulfitobasen zu bezeichnen. Die Metallsulfite kann man sich, ebenso wie die Metallhydroxyde im Aquosystem, durch Anlagerung von Schwefeldioxyd an die basischen Oxyde entstanden denken. Auffallend ist allerdings, daß der basische Charakter der Alkaliatome, nach der Dissoziation der Alkalisulfite zu urteilen, viel geringer ist als in Wasser. Die Leitfähigkeit nimmt in der Reihe Na—K—Rb—Cs, deren Reihenfolge auch später bei der Dissoziation der Alkalisalze bestätigt werden wird, bei etwa $2 \cdot 10^{-3}$ molaren Lösungen um zwei Zehnerpotenzen, also außerordentlich stark zu [1].

Die geringe Leitfähigkeit der Sulfite ist sicher zum Teil in der Zweiwertigkeit der Sulfitionen begründet, wie ja die Elektrolyte mit mehrwertigen Ionen wegen ihrer außerordentlich großen Gitterenergie selbst in Lösungsmitteln mit gutem Dissoziierungsvermögen wie Wasser erheblich schwächer dissoziiert sind.

In Übereinstimmung mit der Abnahme der Basizität der Alkalimetalle in der Reihe Cs—Rb—K—Na steht die Zunahme der Solvolyse der Alkalijodide in der gleichen Reihenfolge. Im Vergleich zu den Alkaliionen scheinen die großen organischen Kationen, gemessen an

---

[1] JANDER, G.: Naturw. **26**, 779, 793 (1938); hier auch weitere Literaturangaben.

Tabelle 73. *Übersicht über das Leitvermögen von einigen in verflüssigtem Schwefeldioxyd leicht löslichen „säurenanalogen" Thionylverbindungen (Eigenleitfähigkeit des verwendeten flüssigen Schwefeldioxyds $\sim 8 \cdot 10^{-7}$).*

Gelöste Thionyl-verbindung	Formel	Molarität der Lösung	Spezifisches Leitvermögen bei -19° C in reziproken Ohm	Korrespondierende Verbindung im „Aquosystem"
1. Thionyl-Rhodanid	$SO(SCN)_2$	$1,1 \cdot 10^{-1}$	$1,5 \cdot 10^{-4}$	$2\ H(SCN)$
2. Thionyl-Bromid	$SO(Br)_2$	$1,0 \cdot 10^{-1}$	$1,2 \cdot 10^{-5}$	$2\ H(Br)$
3. Thionyl-Chlorid	$SO(Cl)_2$	$1,0 \cdot 10^{-1}$	$1,1 \cdot 10^{-6}$	$2\ H(Cl)$
4. Thionyl-Diphenyl-acetat	$SO[(C_6H_5)_2CHCOO]_2$	$1,1 \cdot 10^{-2}$	$2,6 \cdot 10^{-5}$	$2\ H(C_6H_5)_2CHCOO$
5. Thionyl-Phenylacetat	$SO(C_6H_5CH_2COO)_2$	$1,1 \cdot 10^{-1}$	$4,2 \cdot 10^{-5}$	$2\ H(C_6H_5CH_2COO)$
6. Thionyl-.Chloracetat	$SO(CH_2ClCOO)_2$	$2,0 \cdot 10^{-1}$	$2,0 \cdot 10^{-5}$	$2\ H(CH_2ClCOO)$
7. Thionyl-Acetat	$SO(CH_3COO)_2$	$1,0 \cdot 10^{-1}$	$4,0 \cdot 10^{-6}$	$2\ H(CH_3COO)$
8. Thionyl-Dihexachloro-antimonit	$(SO)_3(SbCl_6)_2$	$3,7 \cdot 10^{-2}$	$4,2 \cdot 10^{-5}$	$2\ H_3(SbCl_6)$
9. Thionyl-Pyrosulfat ?	$SO(S_2O_7)$?	$1,0 \cdot 10^{-1}$	$1,9 \cdot 10^{-5}$	$H_2(S_2O_7)$
Essig-säure $\Big\}$ gelöst in Wasser	$H(CH_3COO)$	$5,0 \cdot 10^{-2}$	$3,2 \cdot 10^{-4}$	
Bor-säure $\Big\}$ von $+18^\circ$	$H_3(BO_3)$	$3,8 \cdot 10^{-1}$	$2,2 \cdot 10^{-6}$	

der Dissoziation ihrer Salze, zum Teil wesentlich stärkere Baseneigenschaften zu besitzen.

Entsprechend den „Sulfito"-Basen werden die Thionylverbindungen, welche die positiven Lösungsmittelionen (SO++-Ionen) abdissoziieren, als „Sulfito"-Säuren aufgefaßt[1].

Die bisher untersuchten Sulfitosäuren sind sämtlich schwache Elektrolyte. Einer der Gründe für die geringe Dissoziation der Thionylverbindungen wird — ähnlich wie bei den Sulfiten — die doppelte Ladung der Thionylionen sein. Ferner muß bezweifelt werden, ob eine nennenswerte Solvatation der Thionylionen, vorausgesetzt daß der Dissoziationsmechanismus der Sulfitosäuren dem der Aquosäuren im Aquosystem analog ist, möglich ist. Die Anlagerung der Lösungsmittelmoleküle wird wahrscheinlich durch die Elektronenkonfiguration des Schwefeldioxyds, wie schon bei der Besprechung der Schwefeldioxydsolvate angedeutet wurde, ungünstig beeinflußt werden. Interessant ist in diesem Zusammenhang der Befund, daß die Thionyl-

[1] JANDER, G.: Naturw. **26,** 779, 793 (1938); hier auch weitere Literaturangaben.

verbindungen oder vielmehr ihre SO-Gruppe aller Wahrscheinlichkeit nach zwei Moleküle Wasser anzulagern vermögen unter Bildung von Verbindungen, die den Hydroxoniumverbindungen des Aquosystems entsprechen. Im Sulfitosystem gehören sie zu den Sulfitosalzen. Die Leitfähigkeit wird durch die Wasseranlagerung sehr stark erhöht.

Leitfähigkeit einer $^1/_{10}$ mol. Lösung bei -20^0 C:

$$SOCl_2 : 1,1 \cdot 10^{-6}$$
$$[SO(H_2O)_2]Cl_2 : 1,5 \cdot 10^{-4}.$$

Ein Zusammenhang zwischen der Dissoziation der Sulfitosäuren und der zugehörenden Salze in verflüssigtem Schwefeldioxyd, wie er zwischen den Sulfitobasen und den korrespondierenden Salzen besteht, kann nicht festgestellt werden. Die Dissoziation der Salze nimmt, wie später gezeigt wird, bei Variation des Anions folgendermaßen zu:

$$SCN^- - ClO_4^- - Cl^- - Br^- - J^- - SbCl_6^-.$$

Dagegen wächst die Stärke der Sulfitosäuren in der Reihe:

$$SOCl_2 - SO(SbCl_6)_2 - SOBr_2 - SO(SCN)_2.$$

Hierzu muß allerdings bemerkt werden, daß einerseits die komplexe Säure $(SO)_3(SbCl_6)_2$ ebenso wie das nicht angeführte Thionyljodid in freiem Zustand nicht beständig sind, während andererseits die Verhältnisse bei der Dissoziation der Salze, besonders der Rhodanide, wegen der starken Assoziation ziemlich verwickelt liegen.

Die folgenden Ausführungen über das Leitvermögen in flüssigem Schwefeldioxyd sollen hauptsächlich auf die Salze beschränkt bleiben, da die bisher an Sulfitosäuren und -basen durchgeführten Leitfähigkeitsmessungen mehr solche orientierender Art sind.

b) Das Leitvermögen und die Dissoziation der Salze.

α) Einfluß der Konzentration.

Die molekulare Leitfähigkeit der Elektrolyte nimmt in verflüssigtem Schwefeldioxyd mit steigender Verdünnung allgemein viel langsamer zu als in Wasser und selbst in Ammoniak. Vergleicht man das Leitvermögen in diesen drei Lösungsmitteln miteinander, so könnte man annehmen, daß für eine Reihe von Salzen, z. B. für die Alkalijodide, eine deutliche Abhängigkeit des Leitvermögens von der Dielektrizitätskonstanten besteht. Als Beispiel seien in der Tabelle 74 die Werte für die molekulare Leitfähigkeit in Abhängigkeit von der Verdünnung gebracht. Es zeigt sich, daß sich das Leitvermögen des Kaliumjodids in Wasser schon bei ziemlich hohen Konzentrationen dem Grenzwert nähert. Dagegen steigen die Werte in verflüssigtem Schwefeldioxyd bedeutend langsamer an. Sie sind in Verdünnungen von 1000 Liter je Mol kleiner als in Wasser, obwohl die Grenzleitfähigkeit in verflüssigtem Schwefeldioxyd die in Wasser erheblich übertrifft. Die Grenzwerte verhalten sich größenordnungsmäßig umgekehrt wie die aus der Tabelle 75 zu entnehmenden Viscositäten.

Die großen Unterschiede im Dissoziationsvermögen der anorganischen Salze in flüssigem Schwefeldioxyd könnte man dadurch erklären, daß infolge der geringeren Solvatationsenergie des Lösungsmittels die Ionisierungsarbeit eine viel größere Rolle spielt als beispielsweise beim Wasser mit der ausgeprägteren Solvatationsenergie. Die Erklärung ist auch noch für die Tetraalkylammonium-, Trimethylsulfin- und Alkaloidsalze zutreffend, nicht aber für die Triarylmethylsalze und die Ketochloride. Diese Verbindungen bilden in Schwefeldioxyd die stärksten Elektrolyte. In wäßriger Lösung hingegen werden sie hydrolysiert, verhalten sich also wie Salze sehr schwacher Basen.

Tabelle 74. *Übersicht über das molare Leitvermögen von Kaliumjodid in Wasser, flüssigem Ammoniak und verflüssigtem Schwefeldioxyd in Abhängigkeit von der Verdünnung.*

Verdünnung (Liter je 1 Mol)	Leitfähigkeit von Kaliumjodid in		
	Wasser[1] (+ 25°)	Ammoniak[2] (— 33,5°)	Schwefeldioxyd[3] (— 10°)
1	—	—	46,9
2	—	(136)	46,8
5	—	147	44,0
10	130,8	152	42,6
20	134,7	161	44,6
50	139,4	184	52,4
100	142,3	216	61,8
200	144,5	231	75,4
500	146,7	—	98,4
1000	147,9	—	118,8
∞	—	~332	222,0

Da diese beiden Ausnahmen aller Wahrscheinlichkeit nach auf Konstitutionsänderungen zurückzuführen sind, so kann eine direkte Abhängigkeit der Dissoziation von der Dielektrizitätskonstante des Lösungsmittels höchstens für die normalen Salze festgestellt werden.

Tabelle 75.

	Wasser	Ammoniak	Schwefeldioxyd
Dielektrizitätskonstante	81 (+ 18°)	22 (— 34°)	13,8 (+ 14,5°)
Viscosität	0,00894 (25°)	0,00270 (— 33,4°)	0,00390 (0°)

Ebenso wie im Aquosystem läßt sich bei Lösungen von Salzen in verflüssigtem Schwefeldioxyd keines der bekannten Verdünnungsgesetze auf den ganzen Konzentrationsbereich anwenden. Bei den stärkeren Elektrolyten gilt das OSTWALDsche Verdünnungsgesetz erst etwa von $V = 8000$ an[4] (vgl. Tabelle 76). Dagegen fanden STRAUS und DÜTZMANN[5] bei den ungesättigten Ketochloriden, deren Dissozia-

---

[1] LANDOLT-BÖRNSTEIN: Physikalisch-chemische Tabellen, Erg.-Bd. 1, S. 599. 1927.

[2] LANDOLT-BÖRNSTEIN: Physikalisch-chemische Tabellen, Hauptband II S. 1107. 1923.

[3] FRANKLIN, E. C.: J. phys. Chem. 15, 675 (1911).

[4] DUTOIT, P. u. E. GYR durch P. WALDEN: Elektrochemie nichtwäßriger Lösungen, S. 365. Leipzig 1924. — J. Chim. physique 7, 189 (1909).

[5] STRAUS, F. u. A. DÜTZMANN: J. prakt. Chem. 103, 1 (1921).

Tabelle 76. *Leitfähigkeiten und Dissoziationskonstanten $k \cdot 10^3$ starker bis mittelstarker Salzelektrolyte in flüssigem Schwefeldioxyd bei -15^0 C.*

V	RbBr $A_\infty = 211$	KBr 203	NH$_4$Br 208	[(CH$_3$)$_4$N]Br 194	RbJ 215	KJ 207	NH$_4$J 208	[(CH$_3$)$_4$N]J 199
8 000	0,352	0,362	0,164	1,47	0,551	0,586	0,490	1,60
16 000	0,335	0,360	0,166	1,44	0,448	0,553	0,488	1,66
32 000	0,325	0,359	0,166	1,30	0,460	0,557	0,497	1,56
64 000	0,341	0,337	0,161	1,27	0,527	0,570	0,403	1,92

Tabelle 77. *Leitfähigkeiten und Dissoziationskonstanten von p,p_1-Dimethoxy-1,3-diphenyl-1,3-dichlorpropylen.*
$$CH_3O \cdot C_6H_4CHCl \cdot CH : CCl \cdot C_6H_4 \cdot OCH_3; \quad A_\infty = 127 \; (t = 0^0 \, C).$$

Verdünnung	22,32	35,24	52,85	80,60	123,7	185,6	283,9
Mol. Leitfähigkeit	74,13	81,42	87,78	93,12	99,63	106,7	114,3
Dissoziationskonstante	0,037	0,033	0,030	0,025	0,023	0,024	0,029

tionsprodukte freilich noch nicht sichergestellt sind, daß das OSTWALDsche Verdünnungsgesetz trotz der starken Leitfähigkeit auch beim Vorliegen größerer Konzentrationen in erster Annäherung erfüllt ist (vgl. Tabelle 77). Allerdings dürften die für die Grenzleitfähigkeiten berechneten Werte etwas zu niedrig und daher die Dissoziationskonstanten etwas zu hoch ausgefallen sein.

Im Gebiet höherer Konzentrationen tritt in verflüssigtem Schwefeldioxyd ein zweites Maximum der molaren Leitfähigkeit auf, das später im Zusammenhang mit der Temperaturabhängigkeit behandelt werden wird (vgl. S. 248).

β) Einfluß der Struktur der gelösten Elektrolyte auf die Leitfähigkeit.

Vergleicht man die Grenzleitfähigkeiten der gelösten Elektrolyte in verflüssigtem Schwefeldioxyd untereinander, so läßt sich wie bei wäßrigen Lösungen eine Reihe von Gesetzmäßigkeiten feststellen.

Die Grenzleitfähigkeit eines Elektrolyten in Wasser ist gleich der Summe der Beweglichkeiten von Kation und Anion. Die Ionenbeweglichkeit wiederum ist unter anderem eine Funktion des Ionendurchmessers. Da die aus krystallographischen Berechnungen ermittelten Kationengrößen in der Reihe:

$$[N(CH_3)_4]^+ \to Rb^+ \to (NH_4)^+ \to K^+$$

abnehmen, müßten die Grenzleitfähigkeiten von Salzen mit ein und demselben Anion in dieser Reihe zunehmen, vorausgesetzt, daß die Ionengrößen in der Lösung z. B. durch Solvatation keine Veränderung erfahren haben. Ein Blick auf die Tabelle 78 zeigt, daß diese Annahme nicht zutrifft. Die Grenzleitfähigkeiten der Elektrolyte innerhalb homologer Salzreihen laufen also in verflüssigtem Schwefeldioxyd der reziproken absoluten Ionengröße im allgemeinen nicht parallel. In vielen Fällen liegen ja auch in wäßrigen Lösungen ähnliche Verhältnisse vor. Vielmehr wird diese Abhängigkeit erst bei sehr

Tabelle 78. *Grenzleitfähigkeiten*[1] *von Jodiden, Bromiden und Rhodaniden*
bei $t = -15^0$ C.

Anion	Kation			
	$[N(CH_3)_4]^+$	Rb^+	NH_4^+	K^+
J^-	199	215	208	207
Br^-	194	211	208	203
SCN^-	—	—	$\sim$174	—

Tabelle 79. *Grenzleitfähigkeiten*[2] *von Triarylmethylchloriden und -perchloraten.*

Elektrolyt	Λ_∞ ($t = 0^0$)
$[(C_6H_4 \cdot NO_2)_2(C_6H_4 \cdot OCH_3)C]Cl$	150
$[(C_6H_4 \cdot NO_2)_2(C_6H_4 \cdot OCH_3)C]ClO_4$	130
$[(C_6H_4 \cdot NO_2) \cdot (C_6H_4 \cdot OCH_3)_2C]Cl$	160
$[(C_6H_4 \cdot NO_2) \cdot (C_6H_4 \cdot OCH_3)_2C]ClO_4$	140

bedeutenden Größenunterschieden sichtbar. So leiten die Salze des
Tetramethylammoniums schlechter als die der Alkalien, die Per-
chlorate schlechter als die Chloride. Die Grenzleitfähigkeiten der Salze
mit großen organischen Kationen wie Triarylmethyl und die der
Ketochloride sind sogar auffallend klein, wie die vorstehende
Zusammenstellung lehrt (vgl. Tabelle 79).

Man sieht aus den Übersichten ferner, daß die Unterschiede
zwischen den Grenzleitfähigkeiten der Bromide und Jodide, Chloride
und Perchlorate, sowie zwischen den einzelnen Alkalisalzen bei
Variation des Anions annähernd dieselben sind. Man kann also
daraus schließen, daß das Gesetz der unabhängigen Ionenwanderung
auch in unendlich verdünnten Schwefeldioxydlösungen gilt. Die
Wanderungsgeschwindigkeiten der Ionen nehmen demgemäß in folgenden Reihen zu:

$$\text{Anionen:} \quad SCN^- \rightarrow Br^- \rightarrow J^-;$$
$$ClO_4^- \rightarrow Cl^-.$$
$$\text{Kationen:} \quad [N(CH_3)_4]^+ \rightarrow K^+ \rightarrow NH_4^+ \rightarrow Rb^+.$$

Wir stellten bei den Alkalihalogeniden fest, daß die Reihe der steigenden
absoluten Ionengröße mit der fallenden Wanderungsgeschwindigkeit
nicht parallel geht.

Steigende absolute Ionengröße: K^+—$[NH_4]^+$—Rb^+—$[N(CH_3)_4]^+$,
fallende Wanderungsgeschwindigkeit: Rb^+—$[NH_4]^+$—K^+—$[N(CH_3)_4]^+$.

Die Ursache für die Abweichungen von den erwarteten Werten liegt
wohl — wie auch bei den wäßrigen Lösungssystemen — an den verschiedenen Solvatationen der Ionen. So ist auch die Beweglichkeit
von Rb^+ und $[NH_4]^+$ entgegen jeder Erwartung größer als die von
K^+, desgleichen die von J^- größer als die von Br^-. Man erkennt
daraus, daß K^+ stärker als Rb^+ und $[NH_4]^+$, Br^- und wahrscheinlich

---

[1] DUTOIT, P. u. E. GYR: J. Chim. phys. **7**, 189 (1909), durch P. WALDEN:
Elektrochemie nichtwäßriger Lösungen, S. 365. Leipzig 1924.
[2] ZIEGLER, K. u. M. MATHES: Liebigs Ann. Chem. **479**, 111 (1930).

auch SCN⁻ stärker solvatisiert sein müssen als J⁻. Allerdings können diese Feststellungen nur unter Vorbehalt gemacht werden, da den

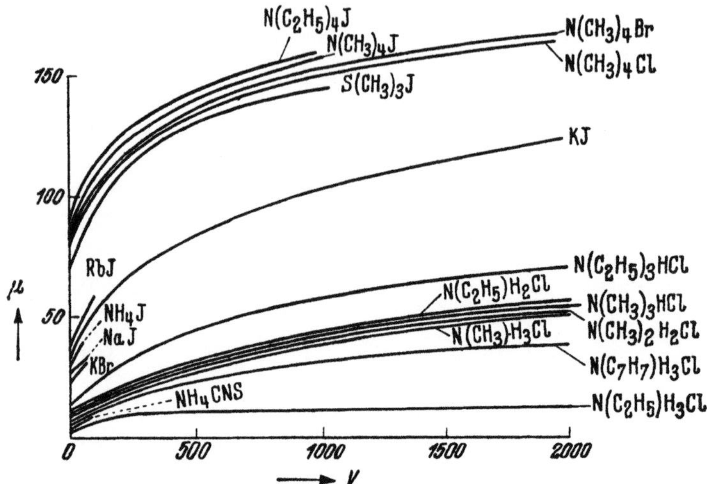

Abb. 56. Abhängigkeit des molekularen Leitvermögens μ von der Verdünnung bei Auflösungen einer Reihe von Halogeniden der Alkalien und des substituierten Ammoniums in verflüssigtem Schwefeldioxyd.

Grenzwerten experimenteller Schwierigkeiten wegen wahrscheinlich keine allzu große Genauigkeit zuzumessen ist.

Zur Vervollständigung dieser Betrachtungen ist schließlich auch der Einfluß des Anions bzw. Kations auf die Dissoziation festzustellen.

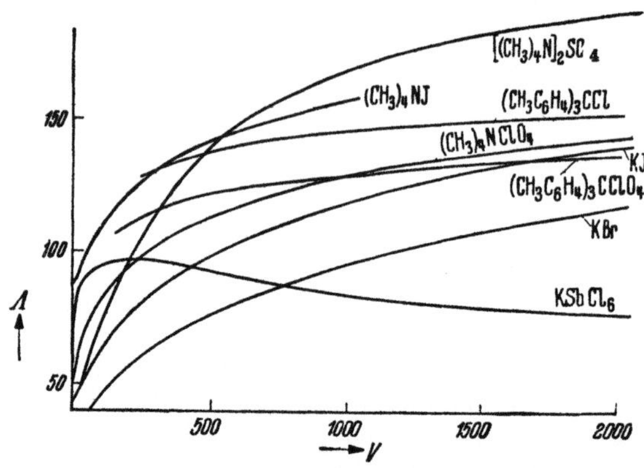

Abb. 57. Abhängigkeit des Leitvermögens Λ von der Verdünnung bei Auflösungen einer Reihe von Salzen und salzartigen Verbindungen in verflüssigtem Schwefeldioxyd.

Da noch nicht von allen Salzen der Dissoziationsgrad berechnet werden kann, seien die molekularen Leitfähigkeiten μ der Elektrolyte homologer Salzreihen bei den Verdünnungen $V = 64$ bzw. 128 oder 250 verglichen. Allerdings ist zu berücksichtigen, daß die Salze bei diesen Verdünnungen noch zum Teil assoziiert sind.

Abb. 56 sowie die mit einem Sternchen versehenen Werte der nachfolgenden drei Tabellen sind einer Arbeit von WALDEN[1] entnommen. Die Leitfähigkeiten sind bei 0^0 gemessen[2].

Abb. 57 enthält Messungen von G. JANDER und MESECH[3] bei -12^0, Messungen FRANKLINS[4] an Tetramethylammoniumjodid-, Kaliumjodid- und Kaliumbromidlösungen (-10^0) und zwei Salze einer Meßreihe von ZIEGLER und WOLLSCHITT[5], Tritolylperchlorat und -chlorid (0^0). Der letztere Elektrolyt ist praktisch vollständig tautomerisiert und gestattet deshalb einen besonders bequemen Vergleich.

Vergleichen wir zunächst die Abhängigkeit des Leitvermögens und damit der Dissoziation vom Anion, indem wir der Reihe nach die Kalium-, Ammonium-, Tetramethylammonium- und Triarylmethylsalze in Abb. 56 und 57 bzw. in Tabelle 80 durchgehen.

Tabelle 80. *Leitvermögen von Kalium-, Ammonium-, Tetramethylammonium- und Triarylmethylsalzen in flüssigem Schwefeldioxyd.*

Salze	A_v	t^0 C	
KBr	48,8	-10	
KJ	66,5	-10	$V = 128$
$K[SbCl_6]$	95,2	-12	
$(NH_4)SCN$	10	0	
$(NH_4)J$	44,3	0	$V = 64$
$[(CH_3)_4N]Cl$	103,5	0	
$[(CH_3)_4N]Br$	105,9	0	$V = 128$
$[(CH_3)_4N]J$	111,5	0	
$[(CH_3)_4N]_2SO_4$	76,5	-12	
$[(CH_3)_4N]ClO_4$	85	-12	$V = 128$
$[(CH_3)_4N]J$	113,5	-10	
$[(CH_3C_6H_4)_3C]ClO_4$ . . .	113	0	$V = 250$
$[(CH_3C_6H_4)_3C]Cl$	128	0	

Die Ergebnisse sind in der Tabelle 81 zusammengefaßt.

Tabelle 81. *Abhängigkeit des Leitvermögens und der Dissoziation bei Elektrolyten von der Beschaffenheit des Anions.*

Nach Abb.	Kation	Das Leitvermögen und die Dissoziation steigen in der Reihe der Anionen
57	Kalium	Br^- —J^- —$[SbCl_6]^-$
56	Ammonium	SCN^-—J^-
56	Tetramethylammonium	Cl^- —Br^- —J^-
57	Tetramethylammonium	SO_4^{--}—ClO_4^-—J^-
57	Triarylmethyl	ClO_4^- —Cl^-

<hr>

[1] WALDEN, P. u. M. CENTNERSZWER: Z. anorg. Chem. **30**, 145 (1902).
[2] Die Werte sind gegenüber den von KOHLRAUSCH definierten Einheiten des Äquivalentleitvermögens um den Faktor 1,069 zu klein.
[3] JANDER, G. u. H. MESECH: Z. phys. Chem. Abt. A **183**, 255 (1939).
[4] FRANKLIN, E. C.: J. phys. Chem. **15**, 675 (1911).
[5] ZIEGLER, K. u. H. WOLLSCHITT: Liebigs Ann. Chem. **479**, 90 (1930).

Ordnet man die Resultate der Spalte 3 in der vorstehenden Übersicht, so findet man, daß das Leitvermögen und die Dissoziation eines Elektrolyten bei Variation seines Anions in folgender Weise zunimmt:

$$(SCN)^- \text{—} ClO_4^- \text{—} Cl^- \text{—} Br^- \text{—} J^- \text{—} (SbCl_6)^-.$$

Das im festen Zustand nicht solvatisierte Tetramethylammoniumperchlorat (Abb. 49) leitet schlechter als die Tetramethylammoniumhalogenide. Hierbei spielt zwar sicherlich die geringere Wanderungsgeschwindigkeit des Perchlorations eine Rolle. Übereinstimmend mit dem Resultat der obigen Reihe fanden aber ZIEGLER und WOLLSCHITT, daß auch die Triarylmethylchloride, wenn man nur ihren tautomerisierten Anteil berücksichtigt, stärker dissoziieren als die Perchlorate.

Das Tetramethylammoniumsulfat (Abb. 57) kann mit den übrigen Tetramethylammoniumsalzen nicht direkt verglichen werden, da die Sulfationen die doppelte elektrische Ladung transportieren. In konzentrierten Lösungen ist seine molekulare Leitfähigkeit trotzdem von allen untersuchten Tetramethylammoniumsalzen am geringsten. Die Dissoziation in flüssigem Schwefeldioxyd scheint mit steigender Ionenladung, ähnlich wie in wäßrigen Lösungssystemen, beträchtlich abzunehmen.

Der Abfall der molekularen Leitfähigkeit von Kaliumhexachloroantimonat $K[SbCl_6]$ oberhalb einer Verdünnung von $V = 250$ (Abb. 57) wird seine Ursache in dem Zerfall des Komplexes in KCl und $SbCl_5$ haben. $SbCl_5$ leitet praktisch nicht. Bei sehr großen Verdünnungen dürfte die molekulare Leitfähigkeit wieder zunehmen und der Grenzleitfähigkeit des weit schwächeren Elektrolyten KCl zustreben.

Zum Vergleich des Kationeneinflusses auf die Dissoziation stehen uns hauptsächlich Leitfähigkeitsmessungen an Jodiden zur Verfügung. Nach Abb. 56 und 57 und den Angaben der folgenden tabellarischen Übersicht steigt deren Leitfähigkeit beim Ersatz des Kations in der oben auf S. 245 angegebenen Reihenfolge an. Abb. 57 bzw. die folgende Übersicht zeigen, daß das Tritolylmethylperchlorat $\langle (C_6H_4 \cdot CH_3)_3C \cdot ClO_4 \rangle$ in konzentrierten Lösungen trotz der erheblich kleineren Wanderungsgeschwindigkeit des Kations besser leitet, als

Tabelle 82. *Abhängigkeit des Leitvermögens und der Dissoziation bei Elektrolyten von der Beschaffenheit des Kations.*

	Äquivalentleitvermögen			t^0 C
	$\varLambda$ 64	$\varLambda$ 128	$\varLambda$ 250	
Jodid* des Na	35,7	—	—	0
Jodid* des NH_4	44,3	—	—	0
Jodid* des K	48,3	57,7	—	0
Jodid* des Rb	53,0	63,0	—	0
Jodid* des $[(CH_3)_3S]$	86,0	100,6	—	0
Jodid* des $[(CH_3)_4N]$	97,9	111,5	—	0
Jodid* des $[(C_2H_5)_4N]$	105,8	116,5	—	0
Perchlorat des $[(CH_3)_4N]$	—	—	99	—12
Perchlorat des $[(CH_3 \cdot C_6H_4)_3C]$	—	—	113	0

das Tetramethylammoniumperchlorat. Wir können also die rechte Seite der aus den Leitfähigkeiten der Jodide gewonnenen Reihe noch durch das Ion $[(C_6H_4 \cdot CH_3)_3C]^+$ ergänzen:

$$Na^+ — [NH_4]^+ — K^+ — Rb^+ — [(CH_3)_3S]^+ — [(CH_3)_4N]^+ — [(C_2H_5)_4N]^+$$
$$— [(C_6H_4 \cdot CH_3)_3C]^+.$$

Die Dissoziation der Salze scheint demnach im allgemeinen mit der Ionengröße parallel zu gehen, und zwar nimmt die Dissoziation mit steigender Größe der Kationen, d. h. mit fallender Gitterenergie zu.

Pseudosalze, die in flüssigem Schwefeldioxyd zu sehr starken Elektrolyten werden, haben wir in den Triarylmethylsalzen vor uns. Während bei den Perchloraten das Tautomerisationsgleichgewicht praktisch auf die Seite der Salzbildung verschoben ist[1] und die Triarylperchlorate deshalb schon in konzentrierten Lösungen sehr stark dissoziiert sind, hängt die Tautomerisation und damit die Dissoziation der Triarylmethylchloride von den Substituenten des Kations ab. Bei der Substitution am Phenylrest tritt Vergrößerung der Dissoziation ein in der Reihenfolge:

$$C_6H_5 \cdot C_6H_4 \to CH_3 \cdot C_6H_4 \to CH_3O \cdot C_6H_4.$$

Die Triarylmethylsalze sind in konzentrierten Lösungen noch stärker dissoziiert als die entsprechenden Tetramethylammoniumverbindungen. Die Triarylmethylkationen scheinen in flüssigem Schwefeldioxyd also, wenn man von den Ketochloriden absieht, die stärksten Baseneigenschaften zu besitzen. Die Ursache ihrer weitgehenden Dissoziation in flüssigem Schwefeldioxyd scheint in einer Einlagerung des Lösungsmittelmoleküls zwischen den Triarylmethylrest und den Säurerest begründet zu sein, wodurch die Verbindungen, die das Anion esterartig gebunden enthalten, in die Salzform übergeführt werden. Bei dieser Umlagerung werden dem Methylkohlenstoff des Triarylmethylions zwei Elektronen der Achterschale entzogen. Wenn die Tautomerisation und Dissoziation der Triarylmethylhalogenide gerade in flüssigem Schwefeldioxyd stark begünstigt wird, so spielt vermutlich das freie Elektronenpaar des Lösungsmittelmoleküls eine erhebliche Rolle.

Eine neue Klasse von Elektrolyten in Schwefeldioxydlösungen ist von STRAUS und DÜTZMANN[2] in den Ketohalogeniden (s. Tabelle 77 auf S. 240) entdeckt und näher untersucht worden. Die Zahl der konjugierten Doppelbindungen sowie die Substitution des Chlors durch Brom ist ohne näher erkennbaren Einfluß auf die Stärke des Leitvermögens. Dieses wird herabgesetzt durch Substitution von Chlor an einem Kohlenstoffatom der Doppelbindung, stark erhöht durch Substitution von Methoxygruppen an den Parakohlenstoffen der Phenylreste. Die zeitliche Änderung der Leitfähigkeit läßt in einigen Fällen auf Umlagerung schließen. Ob die Verbindungen tatsächlich Halogenionen abdissoziieren, ist zwar nicht erwiesen, aber wahrscheinlich, da

[1] ZIEGLER, K. u. M. MATHES sowie K. ZIEGLER u. H. WOLLSCHITT: Liebigs Ann. Chem. **479**, 90, 111 (1930).
[2] STRAUS, F. u. A. DÜTZMANN: J. prakt. Chem. **103**, 1 (1921).

ungesättigte Ketone, also Verbindungen ohne Halogene, praktisch nicht leiten.

Die anorganischen Halogenverbindungen, z. B. Brom Br_2, Jodbrom JBr, Jodmonochlorid JCl und Jodtrichlorid JCl_3, sind nach den Leitfähigkeitsmessungen und Elektrolysen von BRUNER und BEKIER[1] in sehr reinem Schwefeldioxyd praktisch Nichtleiter, abnorme Halogenkationen existieren in flüssigem Schwefeldioxyd also scheinbar nicht.

Zusammenfassend kann hinsichtlich der Abhängigkeit der Dissoziation in flüssigem Schwefeldioxyd vom Anion und vom Kation folgendes festgestellt werden:

Die Dissoziation der normalen Salze homologer Reihen nimmt bei Variation des Anions und Kations im allgemeinen zu, wenn die bei der Dissoziation aufzuwendende Ionisierungsarbeit abnimmt.

So gelten folgende Reihen zunehmender Dissoziation bei Salzen:

$$Cl^- — Br^- — J^-,$$
$$Na^+ — K^+ — Rb^+ — [(CH_3)_3S]^+ — [(CH_3)_4N]^+ — [(C_2H_5)_4N]^+.$$

Die Salze mit großen organischen Kationen zeichnen sich deshalb auch durch ein relativ großes Dissoziationsvermögen aus.

Darüber hinaus scheint das verflüssigte Schwefeldioxyd in starkem Maße befähigt zu sein, polare organische Verbindungen in Elektrolyte umzuwandeln. Für die Mitwirkung des Lösungsmittels bei diesen Umlagerungen sprechen auch einige Anlagerungsverbindungen:

Das Solvat des Tribiphenylmethylchlorids:

$$[(C_6H_5 \cdot C_6H_4)_3C]Cl \cdot 4\,SO_2\,[2]$$

und das Solvat des Ketodibromids p,p_1-Dimethoxybenzalacetophenons:

$$CH_3O \cdot C_6H_4 \cdot CH:CH \cdot CBr_2 \cdot C_6H_4 \cdot OCH_3 \cdot 1\,SO_2\,[3].$$

γ) Der Einfluß der Temperatur.

Bei den Leitfähigkeitsmessungen in flüssigem Schwefeldioxyd haben schon WALDEN und CENTNERSZWER beobachtet, daß das Leitvermögen offenbar in ganz anderer Weise von der Temperatur abhängig ist als in wäßrigen Lösungen. Der Hauptfaktor, durch den die Zunahme der Leitfähigkeit bedingt wird, ist die Viscosität η. Diese nimmt in dem stark assoziierten Lösungsmittel Wasser mit steigender Temperatur sehr stark ab, bedeutend stärker jedenfalls als in Schwefeldioxyd. Darum ist in wäßrigen Lösungen im allgemeinen ein positiver Temperaturkoeffizient der Leitfähigkeit beobachtet worden.

Tabelle 83.

Viscosität des Wassers		Viscosität des flüssigen Schwefeldioxyds	
$t\,^\circ$	η	$t\,^\circ$	η
0	0,01790	-20	0,00485
18	0,01056	-10	0,00437
25	0,00894	0	0,00385
100	0,00300	$+10$	0,00331

[1] BRUNER, L. u. E. BEKIER: Z. phys. Chem. 84, 570 (1913).
[2] SCHLENK, W. u. T. WEICKEL: Liebigs Ann. Chem. 372, 9 (1910).
[3] STRAUS, F. u. A. DÜTZMANN: J. prakt. Chem. 103, 1 (1921).

Ein zweiter Grund für die Feststellung des von den Verhältnissen in wäßrigen Lösungssystemen abweichenden Einflusses der Temperatur auf das Leitvermögen ist der, daß die Leitfähigkeitsmessungen in flüssigem Schwefeldioxyd gewöhnlich in der Nähe des Siedepunktes vom Lösungsmittel ausgeführt wurden. In der Nähe der Siedetemperatur des Schwefeldioxyds setzt aber der Zerfall der nicht sehr stabilen Ionensolvate besonders stark ein. Die Solvatation der Ionen ist jedoch gerade bei den schwächeren Elektrolyten der energieliefernde Prozeß bei der Dissoziation. Die aus der Temperatursteigerung gewonnene höhere kinetische Energie der Ionen spielt im Vergleich hierzu eine sekundäre Rolle. Deshalb wird eine starke Abnahme der Solvatation die Dissoziation stark zurückdrängen. Der Temperaturkoeffizient der Leitfähigkeit wird negativ.

Die Solvatation ist aber ferner konzentrationsabhängig. Der Temperatureinfluß auf die Leitfähigkeit wird sich also auch mit der Konzentration der Lösung ändern.

Tabelle 84. *Abhängigkeit der Grenzleitfähigkeiten von Kaliumjodid in flüssigem Schwefeldioxyd von der Temperatur.*

$t^0\,C =$	$-33,5$	-10	0	$+10$
$\Lambda_v =$	181	222	242	255

Man könnte durch Berücksichtigung aller möglichen Faktoren den Gang des Temperaturkoeffizienten qualitativ abschätzen. Um aber die hier herrschenden Verhältnisse anschaulicher darzulegen, sei der Temperatureinfluß auf das Leitvermögen am Beispiel eines Elektrolyten — und zwar Kaliumjodid — besprochen, dessen Leitfähigkeit FRANKLIN[1] bei verschiedenen Temperaturen gemessen hat.

Aus Abb. 58, noch besser aus der obenstehenden kleinen Tabelle 84, sieht man, daß das Leitvermögen von Kaliumjodid in sehr großen Verdünnungen mit der Temperatur ansteigt. Die Zunahme der Fluidität des Lösungsmittels überwiegt also an Einfluß die Abnahme der Dissoziation.

Diese Beobachtung findet leicht ihre Erklärung. Die Wechselwirkung zwischen Lösungsmittel und gelöstem Stoff, die sich in flüssigem Schwefeldioxyd in der Ionensolvatation äußert, nimmt mit der Verdünnung zu. Die Elektrolyte sind infolgedessen in sehr großen Verdünnungen praktisch vollständig dissoziiert. Die dissoziierende Kraft des Lösungsmittels, die durch die eben geschilderte Wechselwirkung bedingt ist, wird in sehr großen Verdünnungen so stark sein, daß ihre Abschwächung durch die Temperatursteigerung die Dissoziation nicht entscheidend vermindert.

Bei steigender Konzentration wird der Temperaturkoeffizient der Leitfähigkeit von Kaliumjodid oberhalb $-20^0\,C$ negativ. Sein Vorzeichenwechsel tritt um so früher ein, je höher die Temperatur ist. Diese Befunde ordnen sich den bisherigen Erklärungen zwanglos ein. Mit steigender Konzentration nimmt die Solvatation ab. Welche Rolle dabei die gegenseitige elektrostatische Beeinflussung der Ionen spielt,

---

[1] FRANKLIN, E. C.: J. phys. Chem. **15,** 675 (1911).

möge hier nicht näher untersucht werden. Sicher ist jedenfalls, daß die Abnahme der Solvatation einen erheblichen Rückgang der Dissoziationsfähigkeit des Elektrolyten bedeutet. Durch Steigerung der

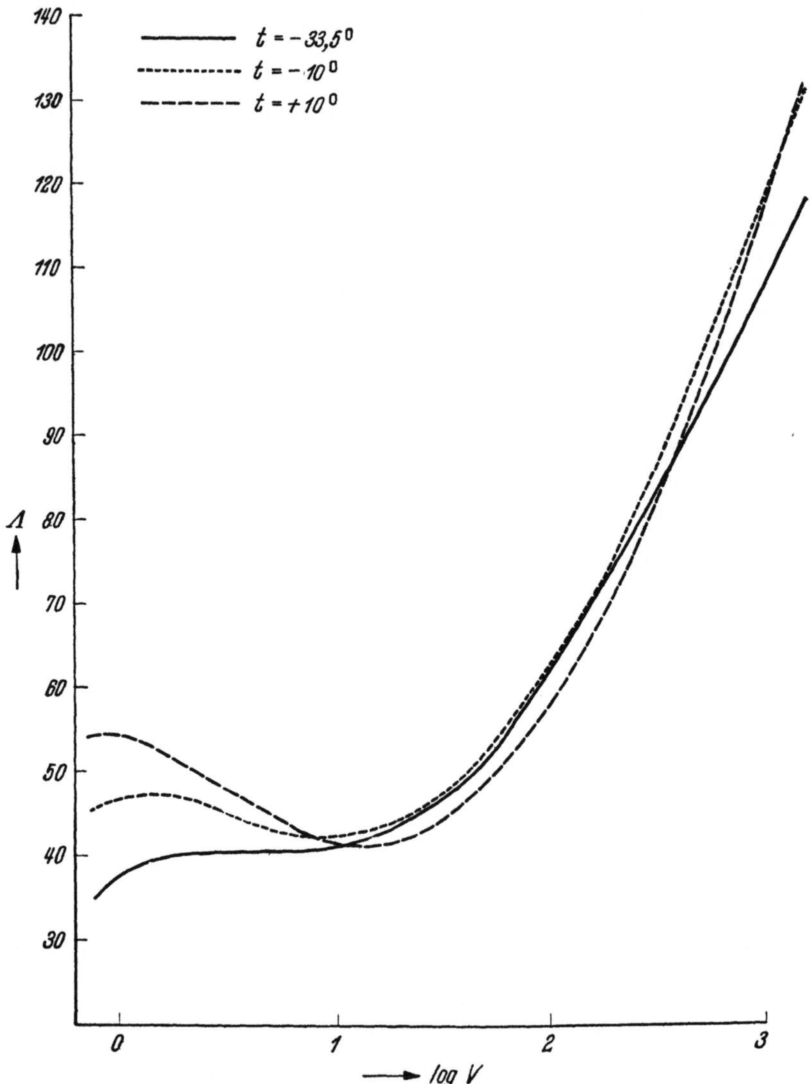

Abb. 58. Abhängigkeit des Leitvermögens Λ von (dem Logarithmus) der Verdünnung bei Auflösungen des Kaliumjodids in verflüssigtem Schwefeldioxyd verschiedener Temperaturen.

Temperatur wird die Solvatation noch weiter eingeschränkt. Diese Einschränkung wirkt sich relativ viel stärker aus als in verdünnten Lösungen. Die Dissoziation nimmt also bei Erhöhung der Temperatur stark ab. Die Abnahme der Viscosität kann die Verminderung der

Ionenzahl nicht mehr aufwiegen. Der Temperaturkoeffizient wird deshalb im Gebiet mittlerer Konzentrationen negativ.

Die Dissoziation der schwächeren Elektrolyte scheint besonders stark von der Solvatation abhängig zu sein. Bei Kaliumbromid und Ammoniumrhodanid[1] tritt die Abnahme der Leitfähigkeit deshalb schon bei größeren Verdünnungen und tieferen Temperaturen ein. Dagegen ist der Temperaturkoeffizient der molaren Leitfähigkeit des starken Elektrolyten Tetramethylammoniumjodid[1] immer positiv.

Da in sehr großen Konzentrationen die Solvatation im Vergleich zu den vorher betrachteten Lösungen wahrscheinlich ziemlich gering ist, müßte man eigentlich annehmen, daß der Temperaturkoeffizient der Leitfähigkeit einem großen negativen Wert zustreben müßte. Dagegen findet man in flüssigem Schwefeldioxyd in den konzentriertesten Lösungen wieder einen positiven Temperaturkoeffizienten.

Zugleich liegt bei diesen Konzentrationen noch ein zweites Phänomen vor. Die molare Leitfähigkeit hat nämlich, bevor sie mit wachsender Verdünnung endgültig ansteigt, im Bereich höherer Konzentrationen ein Maximum (Abb. 58) durchlaufen. Dieser anormale Verlauf der molaren Leitfähigkeit in Schwefeldioxydlösungen ist auch in vielen anderen Lösungsmitteln beobachtet worden, um so häufiger, je kleiner deren Dielektrizitätskonstante ist. Das vor dem endgültigen Anstieg der molaren Leitfähigkeit im Bereich mittlerer Konzentrationen liegende Minimum ist um so ausgeprägter, je schwächer der Elektrolyt und je höher die Temperatur ist.

Es sind zahlreiche Erklärungen für den Gang der molaren Leitfähigkeit in Abhängigkeit von der Konzentration und der Temperatur versucht worden. FRANKLIN glaubt, die Ursache des Maximums in der Autionisation des Elektrolyten, d. h. Vergrößerung der Dissoziation durch gegenseitige Beeinflussung der Ionen zu sehen. Das erste Ansteigen der Kurve erklärt er durch starkes Anwachsen der Fluidität, das Abfallen bis zum Minimum durch starke Abnahme der Autionisation. Durch langsame Zunahme der Fluidität der Lösung und Dissoziationskraft des Lösungsmittels steige die Leitfähigkeit dann schließlich wieder an.

Von anderer Seite[2] wird umgekehrt die Vergrößerung der Dielektrizitätskonstanten mit steigender Konzentration für das sekundäre Maximum verantwortlich gemacht.

Eine dritte Erklärung[3] enthält die Annahme, daß die in konzentrierten Lösungen bestehenden assoziierten Moleküle stärker dissoziieren als der Elektrolyt im monomolekularen Zustand.

In einem Punkt haben sicher alle drei Hypothesen recht, wenn sie nämlich die Ursache des Maximums in der Vergrößerung der Dissoziation sehen. Doch hängt die Form des Maximums auch sehr von der

[1] FRANKLIN, E. C.: J. phys. Chem. **15**, 675 (1911).
[2] WALDEN, P.: J. Amer. chem. Soc. **35**, 1660 (1913).
[3] SACHANOW, A.: Z. phys. Chem. **83**, 129 (1913).

Viscosität ab. Bevor man nicht deren Größe in Abhängigkeit von Temperatur, Konzentration und Solvatation kennt, wird man keine eindeutige Entscheidung über die Ursache der anormalen Leitfähigkeit treffen können.

5. Über Molekulargewichte und Assoziationen der in flüssigem Schwefeldioxyd gelösten Stoffe.

a) Allgemeines und Übersicht über die Ergebnisse der hierher gehörenden Untersuchungen.

In den beiden vorhergehenden Kapiteln wurden die Solvate mit Schwefeldioxyd und das Leitvermögen der Lösungen von Elektrolyten in flüssigem Schwefeldioxyd behandelt. Dabei hat sich gezeigt, daß — von Ausnahmen abgesehen — die bei anderen Lösungsmitteln gefundenen Gesetzmäßigkeiten im allgemeinen auch in Lösungen mit flüssigem Schwefeldioxyd als Solvens Geltung haben. Doch machte sich in vielen Fällen ein spezifischer Einfluß des Lösungsmittels bemerkbar. So konnten viele Abweichungen von den sonst festgestellten Gesetzmäßigkeiten und von den erwarteten Ergebnissen durch Unterschiede in den physikalischen Eigenschaften der Lösungsmittel hinreichend erklärt werden. Von diesen physikalischen Größen werden sich z. B. die relativ niedrige Dielektrizitätskonstante des Schwefeldioxyds, das verhältnismäßig große Volumen der Lösungsmittelmoleküle und die doppelte Ladung der Dissoziationsprodukte $2\,SO_2 \rightleftharpoons SO^{2+} + SO_3^{2-}$ auch stark auf den Assoziationsgrad der gelösten Stoffe auswirken.

Besondere Bedeutung für die Assoziation mißt man ferner den zwischen den Lösungsmittelmolekülen herrschenden van der Waalsschen Kräften zu. Diese sind in flüssigem Schwefeldioxyd, wie z. B. aus der inneren Verdampfungswärme (83,0 cal/g SO_2) und dem Assoziationsfaktor 1,03[1] hervorgeht, ziemlich gering. Es ist darum zu erwarten, daß das flüssige Schwefeldioxyd nicht die gleiche depolymerisierende Wirkung hat wie z. B. das Wasser.

So fanden Walden und Centnerszwer[2] bei Molekulargewichtsbestimmungen in verflüssigtem Schwefeldioxyd für viele Nichtelektrolyte zwar normale, dagegen bei den binären Elektrolyten trotz ihrer Dissoziation zu große Molekulargewichte. Sie schlossen daraus, daß die Salze in flüssigem Schwefeldioxyd assoziiert sein müßten. Sie teilten die Elektrolyte in zwei Gruppen, in solche, bei denen der van't

Hoffsche Faktor $i = \dfrac{\text{berechnetes Molekulargewicht}}{\text{beobachtetes Molekulargewicht}}$ in konzentrierten Lösungen größer als 1 ist, und in solche, bei denen er kleiner als 1 gefunden wird. Die i-Werte der Alkalisalze wurden kleiner als 1 gefunden und steigen mit fortschreitender Verdünnung an. Die

[1] Abegg, R. u. Fr. Auerbach: Handbuch der anorganischen Chemie, Bd. IV, Abt. 1, 1. Hälfte, S. 360. 1927.

[2] Walden, P. u. M. Centnerszwer: Z. anorg. allg. Chem. 30, 145 (1902).

i-Werte der Tetramethylammoniumsalze dagegen erwiesen sich in den konzentriertesten Lösungen am größten und nahmen mit steigender Verdünnung ab (Abb. 60). Die Verfasser machten darauf aufmerksam, daß alle Elektrolyte in flüssigem Schwefeldioxyd dem i-Wert 1 zuzustreben scheinen. Das würde bedeuten, daß die binären Salze auch in den verdünntesten Lösungen bimolekular wären bzw. in Doppel- oder Komplexionen dissoziieren müßten.

Als WALDEN und CENTNERSZWER die Vermutung hinsichtlich des Grenzwertes für den VAN'T HOFFschen Faktor $i = 1$ äußerten, waren zwei Punkte außer acht gelassen worden:

1. Die Lösungen, an denen die Messungen ausgeführt wurden, waren noch viel zu konzentriert, um auf die Verhältnisse in sehr verdünnten Lösungen extrapolieren zu können. Die Verdünnung war selten größer als 10 Liter/Mol.

2. Gerade bei dieser Verdünnung liegt, wie im vorigen Abschnitt dargelegt wurde, für viele Elektrolyte das Minimum der molekularen Leitfähigkeit in flüssigem Schwefeldioxyd. Die letzte Spalte der folgenden tabellarischen Übersicht zeigt, daß die molekulare Leitfähigkeit den Wert des ersten Maximums erst wieder bei einer viel weitergehenden Verdünnung erreicht, als sie bei den Molekulargewichtsbestimmungen von WALDEN und CENTNERSZWER vorlag. Das bedeutet aber, daß das Ansteigen der i-Werte in diesem Konzentrationsgebiet im wesentlichen durch die Depolymerisation der nichtdissoziierten Moleküle bedingt wird.

Tabelle 85.

Elektrolyt	Verdünnung der Lösung bei dem		
	1. Maximum	Minimum	wiedererreichten Wert des 1. Maximums
		der molekularen Leitfähigkeit	
$[(CH_3)_4N]J$ . . .	4	10	17
KJ.	1,5	8	29
KBr	0,75	8	64
NH_4SCN	0,5	—	120
$[(C_2H_5)H_3N]Br$.	0,8	8	58

Die Vermutung WALDENS hinsichtlich des Grenzwertes für den VAN'T HOFFschen Faktor $i = 1$ kann also nicht den tatsächlich vorliegenden Verhältnissen gerecht werden. Messungen von G. JANDER und MESECH[1] zeigen demgemäß auch, daß mit steigender Verdünnung

1. die i-Werte der Alkalisalze den Wert 1 überschreiten und

2. die i-Werte der Tetramethylammoniumsalze, die anfänglich größer als 1 sind, dann aber abnehmen, nach Durchlaufen eines Minimums wieder ansteigen. Damit dürfte dasjenige Resultat der früheren Messungen, das am wenigsten verständlich erschien, durch Vermehrung der Molekulargewichtsbestimmungen bis zu weitergehenden Verdünnungen herab richtiggestellt und verständlich gemacht

[1] JANDER, G. u. H. MESECH: Z. phys. Chem. Abt. A 183, 277 (1939).

sein. Die i-Werte eineinwertiger Elektrolyte nähern sich offenbar alle dem Grenzwert 2.

Nun muß allerdings in diesem Zusammenhang darauf hingewiesen werden, daß die i-Werte von G. JANDER und MESECH im allgemeinen etwas größer sind als die von WALDEN und CENTNERSZWER bestimmten. Die Differenzen liegen meist außerhalb der Fehlergrenzen, obwohl diese nicht unerheblich sind. Dazu ist folgendes zu sagen: Die i-Werte WALDENs und CENTNERSZWERs sind um 3% zu klein, da von ihnen als Konstante der Siedepunktserhöhung der Wert 1,50 benutzt wurde, während der Berechnung der Messungen von G. JANDER und MESECH der Wert 1,45 zugrunde gelegt wurde. Dieser Unterschied reicht aber zur Erklärung nicht aus. Worauf die darüber hinausgehenden Abweichungen zurückzuführen sind, kann nur schwer eindeutig erklärt werden; jedenfalls sind sie aber nur quantitativer, nicht qualitativer, wesentlicher Art.

b) Abhängigkeit des Dispersionsgrades und des Molekulargewichtes in flüssigem Schwefeldioxyd von der Molekülbeschaffenheit des gelösten Stoffes.

α) Nichtelektrolyte.

Man kann die chemischen Verbindungen nach ihrem elektrochemischen und osmotischen Verhalten in flüssigem Schwefeldioxyd — wie auch bei anderen Lösungsmitteln — in zwei Gruppen einteilen, in Elektrolyte und Nichtelektrolyte. Die Gruppe der Nichtelektrolyte umfaßt in flüssigem Schwefeldioxyd sowohl organische wie anorganische Substanzen.

Fast alle Nichtelektrolyte sind in flüssigem Schwefeldioxyd monomolekular gelöst. Die kleinen Abweichungen der i-Werte von 1 liegen meist innerhalb der Fehlergrenzen. Einfache Molekulargewichte

Tabelle 86. *Übersicht über die i-Werte einiger Nichtelektrolyte in Lösungen von verflüssigtem Schwefeldioxyd.*

Name	Formel	i-Werte der Verbindungen bei der Verdünnung $V =$		
		2	8	32
Acetanilid	C_6H_5—$NH \cdot CO \cdot CH_3$	0,99	1,00	1,03
Naphthalin	$C_{10}H_8$	0,99	1,03	1,01
Toluol	C_6H_5—CH_3	1,07	—	—
ω-Chlor-acetophenon . . .	C_6H_5—$CO \cdot CH_2Cl$	1,05	1,03	0,89
Acetylchlorid	CH_3COCl	0,83	0,75	—
Tetraäthylharnstoff	$OC{<}{N(C_2H_5)_2 \atop N(C_2H_5)_2}$	1,08	1,01	0,90
Antimontrichlorid	$SbCl_3$	—	1,09	1,11
Antimonpentachlorid . . .	$SbCl_5$	0,91	0,88	—
Zinntetrachlorid	$SnCl_4$	—	1,00	—
Wasser	H_2O	0,62	0,64	—

wurden gefunden[1] bei aromatischen Kohlenwasserstoffen und bei einigen ihrer Derivate, ferner bei Weinsäuredibutylester, Säureanhydriden[2], Säurechloriden (die stärkeren Abweichungen vom erwarteten i-Wert beim Acetylchlorid beruhen wohl sicher auf dessen leichter Flüchtigkeit) den Halogeniden mehrwertiger Elemente wie Antimontrichlorid, Antimonpentachlorid und Zinntetrachlorid. Man vergleiche hierzu die Werte in der vorstehenden tabellarischen Übersicht.

Dagegen sind organische Säuren wie Eisessig und Benzoesäure[2], obwohl sie in flüssigem Schwefeldioxyd nur äußerst schlechte Leiter sind, ferner H_2O[1] zum Teil bimolekular gelöst.

β) Elektrolyte.

Salze.

Die Gruppe der Elektrolyte kann wieder — analog den Verhältnissen in wäßrigen Lösungen — in Salze, basen- und säurenanaloge Substanzen unterteilt werden. Die ebullioskopischen Molekulargewichtsbestimmungen der Salze sind bis auf eine Ausnahme nur an 1,1-wertigen Elektrolyten ausgeführt worden. Es handelt sich durchweg um die genügend löslichen Alkalisalze, die substituierten Ammonium- und Triphenylmethylsalze.

Die Abhängigkeit der i-Werte von der Verdünnung veranschaulichen die folgende tabellarische Zusammenstellung und die Abb. 59. Aus ihnen geht klar hervor, daß die i-Werte eineinioniger Elektrolyte mit steigender Verdünnung nicht dem Grenzwert 1, sondern dem Wert 2 zustreben.

Im folgenden wird der Einfluß der Ionen auf die Größe der i-Werte verfolgt. Da die quantitativen Unterschiede zwischen den i-Werten von G. JANDER und MESECH und denen von WALDEN und CENTNERSZWER eine direkte Zusammenstellung nicht erlauben, muß der Vergleich an Hand zweier Abbildungen (Abb. 59 und 60) ausgeführt

Tabelle 87. *Übersicht über die i-Werte einiger Salzelektrolyte in Lösungen von verflüssigtem Schwefeldioxyd.*

Elektrolyt	i-Werte der Salze bei der Verdünnung (Liter je Mol)					
	1	2	4	8	16	32
K(SCN)	0,43	0,50	0,61	0,70	0,78	—
KBr	—	0,55	0,67	0,85	0,95	1,01
KJ	0,54	0,63	0,77	0,95	1,08	1,17
$K[SbCl_6]$	—	1,23	1,25	1,28	1,36	1,42
$[(CH_3)_4N]Cl$	—	1,14	1,05	1,03	1,06	1,22
$[(CH_3)_4N]ClO_4$	—	1,04	1,04	1,10	1,26	1,33
$[(CH_3)_4N]_2SO_4$	—	1,03	1,02	1,05	1,27	1,47
$[(C_6H_5)_3C]Cl$	—	0,99	1,14	1,26	1,30	(1,30)

---

[1] JANDER, G. u. H. MESECH: Z. phys. Chem. Abt. A **183**, 277 (1939).
[2] Vgl. auch BECKMANN, E. u. F. JUNKER: Z. anorg. allg. Chem. **55**, 381 (1907).

werden. Abb. 59 enthält die schon in der tabellarischen Zusammenstellung wiedergegebenen i-Werte der Salze. Abb. 60 ist der bereits mehrfach zitierten Arbeit der oben genannten Forscher entnommen.

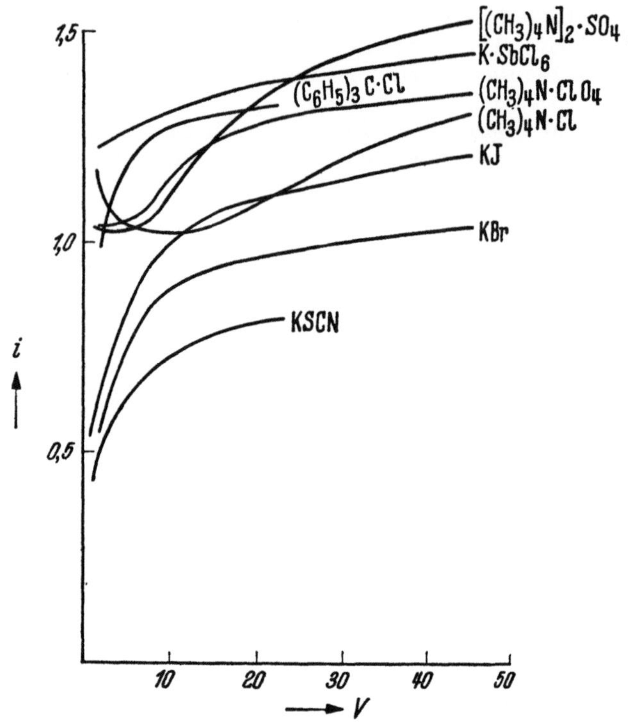

Abb. 59. Abhängigkeit des VAN'T HOFFschen Faktors i von der Verdünnung (Liter je 1 Mol) bei Auflösungen einiger Salzelektrolyte in flüssigem Schwefeldioxyd.

Die Salze mit einem gemeinsamen Ion werden bei der Verdünnung 16 Liter/Mol verglichen, wobei die zugehörenden Ionen nach steigenden i-Werten geordnet sind. Die Ergebnisse bringt die folgende Übersicht.

Tabelle 88. *Übersicht über die Abhängigkeit des Ansteigens der i-Werte bei Salzelektrolyten vom korrespondierenden Ion.*

Nach Abb.	Gemeinsames Ion	Die i-Werte steigen in der Reihe der Ionen
59	K^+	$SCN^- {-} Br^- {-} J^- {-} [SbCl_6]^-$
60		$SCN^- {-} J^-$
59	$[(CH_3)_4N]^+$	$Cl^- {-} ClO_4^- {-} (SO_4)^{2-}$
60		$Cl^- {-} Br^- {-} J^-$
60	J^-	$K^+ {-} Rb^+ {-} [S(CH_3)_3]^+ {-} [(CH_3)_4N]^+ {-} [(C_2H_5)_4N]^+$
60	Cl^-	$[(CH_3)H_3N]^+ {-} [(CH_3)_2H_2N]^+ {-} [(CH_3)_3NH]^+ {-} [(CH_3)_4N]^+$
59		$[(CH_3)_4N]^+ {-} [(C_6H_5)_3C]^+$

Die Resultate der tabellarischen Übersicht besagen, daß die i-Werte von Salzelektrolyten bei $V = 16$ in folgenden Reihen zunehmen:

a) Bei Variation der Anionen

$$SCN^- - Cl^- - Br^- - J^- - [SbCl_6]^-,$$

b) bei Variation der Kationen

$$K^+ - Rb^+ - [S(CH_3)_3]^+ - [(CH_3)_4N]^+ - [(C_2H_5)_4N]^+ - [(C_6H_5)_3C]^+.$$

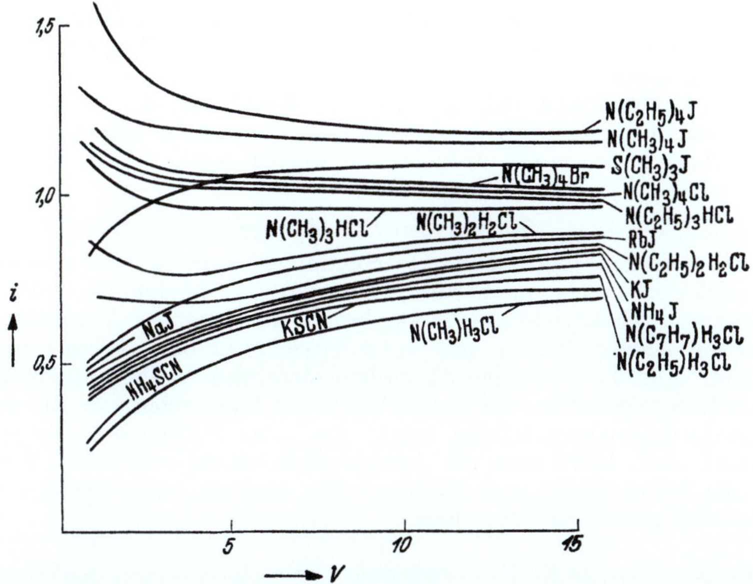

Abb. 60. Abhängigkeit des VAN'T HOFFschen Faktors i von der Verdünnung (Liter je 1 Mol) bei Auflösungen einiger Salzelektrolyte in flüssigem Schwefeldioxyd nach WALDEN und CENTNERSZWER.

Die Reihen sind praktisch identisch mit denjenigen, welche das steigende Dissoziationsvermögen der Elektrolyte in flüssigem Schwefeldioxyd bei Variation des einen Ions wiedergeben (vgl. S. 244 und 245). Wir müssen darum annehmen, daß die Unterschiede in den i-Werten stark durch den Dissoziationsgrad beeinflußt werden.

Da dieser nur in einigen Fällen und auch dann meist nicht für $-10°$ C bekannt ist, ist eine Berechnung des Assoziationsgrades noch nicht möglich. Man kann daher an Hand der i-Werte bisher nur folgende qualitative Abschätzung vornehmen. Bei einer Verdünnung von 32 Liter/Mol sind die Elektrolyte immer noch weitgehend zu Doppelmolekülen polymerisiert. Den kleinsten Assoziationsgrad scheinen Kaliumhexachloroantimonat (KSbCl₆) und Triphenylmethylchlorid zu besitzen, von denen das letztere allerdings bei der angegebenen Verdünnung nur zu einem geringen Bruchteil in der Salzform vorliegt. Mit steigender Konzentration nimmt die Assoziation stark zu. Den größten Wert erreicht sie bei Kaliumrhodanid, bei dem man mit einer durchschnittlichen Assoziation bis zum 3—4fachen Molekulargewicht oder noch weitergehend rechnen muß.

In der Gruppe der Kaliumsalze scheint die Polymerisation in der Reihe SCN^-—Br^-—J^-—$(SbCl_6)^-$ abzunehmen. Weiter erkennt man, daß auch die stark dissoziierenden Tetramethylammoniumsalze erheblich assoziiert sind.

Ein Zusammenhang zwischen Assoziation und Solvatation ließe sich eventuell bei den Rhodaniden vermuten. Von diesen existieren bekanntlich im festen Zustand Solvate der Form $2\,Me^I(SCN) \cdot 1\,SO_2$, eine Zusammensetzung, welche auf die Bildung von Doppelmolekülen hinweisen könnte.

Die Abhängigkeit der osmotischen Werte von der Ionenladung konnte nicht nachgeprüft werden, da 2,2-wertige Salze mit genügender Löslichkeit bisher nicht aufgefunden worden sind.

Thionylverbindungen.

An säurenanalogen Thionylverbindungen wurden bezüglich ihres Molekularzustandes nach der Methode der Siedepunktserhöhung untersucht: Thionylchlorid, Thionylacetat und komplexe Verbindungen zwischen Thionylchlorid und Antimontrichlorid bzw. Antimonpentachlorid. Für die einfachen Thionylverbindungen wurden in flüssigem Schwefeldioxyd etwas kleinere i-Werte als 1 gefunden, wie die nachfolgende Zusammenstellung zeigt. Da diese Substanzen alle etwas flüchtig sind, kann man die geringe Abweichung von dem i-Wert 1 auf die Flüchtigkeit zurückführen. Sie sind als überwiegend monomolekular gelöst zu betrachten.

Tabelle 89. *Übersicht über die i-Werte einiger Thionylverbindungen in Abhängigkeit von der Verdünnung.*

Thionylverbindung	Formel	i-Werte bei der Verdünnung		
		2	8	32
		Liter je Mol		
Thionylchlorid	$SOCl_2$	0,98	(0,85)	(0,78)
Thionylacetat	$SO(OOCCH_3)_2$	0,95	—	—
Thionylhexachloroantimonat	$\begin{Bmatrix} 1\,SOCl_2 \\ 2\,SbCl_5 \end{Bmatrix}$	—	2,85	2,36
Thionylhexachloroantimonit	$\begin{Bmatrix} 3\,SOCl_2 \\ 2\,SbCl_3 \end{Bmatrix}$	3,89	4,26	4,18

Während Kaliumhexachloroantimonat, das Salz der hypothetischen Thionylverbindung $SO(SbCl_6)_2$, in konzentrierten Lösungen sehr stabil ist[1], geben die osmotischen Werte bei Berücksichtigung der Fehlerquellen keinen Anhalt für die Existenz der oben formulierten Sulfitosäure in Lösungen von Thionylchlorid und Antimonpentachlorid in flüssigem Schwefeldioxyd. Das steht im Einklang mit einer nur geringen Zunahme der Leitfähigkeit bei Zugabe von Thionylchlorid zu

---

[1] Man vergleiche die i-Werte für $K[SbCl_6]$ in der Tabelle 87 auf S. 253.

Antimonpentachloridlösungen. Dagegen ist das folgende Gleichgewicht zwischen Thionylchlorid und Antimontrichlorid in konzentrierten Lösungen zum Teil nach der rechten Seite verschoben:

$$3\ SOCl_2 + 2\ SbCl_3 \rightleftharpoons (SO)_3(SbCl_6)_2 .$$

In der Tat gehört diese Komplexverbindung zu den stärksten bis jetzt bekannten säurenanalogen Verbindungen[1].

Auf die Molekulargewichte der basenanalogen Amine in flüssigem Schwefeldioxyd wird später in einem besonderen Kapitel nämlich bei der Besprechung der Konstitution der Thionylammoniumsulfite näher eingegangen werden.

Zusammenfassung.

Wir können zusammenfassend über den Molekularzustand von Substanzen, die in flüssigem Schwefeldioxyd gelöst sind, folgendes aussagen:

Die Nichtelektrolyte sind gewöhnlich monomolekular gelöst. Ebenso besitzen auch die sehr wenig dissoziierten Thionylverbindungen in Schwefeldioxydlösungen einfache Molekulargewichte. Die binären Salze sind dagegen, den i-Werten nach zu urteilen, in konzentrierten Lösungen sämtlich mehr oder weniger assoziiert. Die am stärksten ausgeprägte Polymerisation finden wir bei den Rhodaniden, deren Assoziationsfaktoren erheblich sein müssen.

Die i-Werte der Tetramethylammoniumsalze nehmen in konzentrierten Lösungen einen anormalen Verlauf. Sie steigen mit zunehmender Konzentration weit über 1 an. Die Frage, ob diese Zunahme einer Erhöhung der Dissoziation zuzuschreiben ist, wie sie sich durch das ebenfalls anormale Maximum der molekularen Leitfähigkeit ergibt, oder ob der Grund in einem Versagen der osmotischen Gesetze zu suchen ist, muß offen bleiben. Dagegen kann mit Sicherheit angenommen werden, daß die i-Werte aller eineinionigen Elektrolyte in großen Verdünnungen schließlich den Wert 1 überschreiten und dem Grenzwert 2 zustreben. Anzeichen dafür, daß die zweiwertigen Lösungsmittelionen, $(SO)^{2+}$ und $(SO_3)^{2-}$, die Assoziation und Dissoziation der Salze und Thionylverbindungen in besonderer Weise beeinflussen, konnten nicht gefunden werden.

6. Neutralisationenanaloge Umsetzungen in verflüssigtem Schwefeldioxyd.

a) Über einige säurenanaloge Thionylverbindungen und basenanaloge Sulfite.

Es wurde schon mehrfach darauf hingewiesen, daß sich aus dem Schema für die geringfügige elektrolytische Dissoziation des flüssigen Schwefeldioxyds $2\ SO_2 \rightleftharpoons SO^{2+} + SO_3^{2-}$ ergibt, daß die Thionylverbindungen, welche in ihm gelöst doppelt positiv geladene SO^{2+}-Ionen

---

[1] JANDER, G. u. H. IMMIG: Z. anorg. allg. Chem. **233**, 302 (1937).

abspalten, als „Säurenanaloge"fungieren und die Sulfite bzw. Pyrosulfite, welche in verflüssigtem Schwefeldioxyd gelöst oder suspendiert doppelt negative SO_3^{2-}-Ionen abdissoziieren, die Rolle von „Basenanalogen" übernehmen. Beim Zusammengeben der Lösungen oder Suspensionen dieser beiden Stoffarten werden die Moleküle des wenig dissoziierten Lösungsmittels Schwefeldioxyd und außerdem Lösungen bzw. Suspensionen von Salzen entstehen und zwar infolge des Ablaufs der eben schon erwähnten „neutralisationenanalogen" Umsetzung. Und das ist, wie zahlreiche noch zu besprechende Beispiele gelehrt haben, auch tatsächlich der Fall. Die Thionylverbindungen und die Sulfite sind also im Rahmen einer Chemie in verflüssigtem Schwefeldioxyd als Solvens von besonderer Bedeutung. Über ihre Löslichkeitsverhältnisse und das elektrische Leitvermögen ihrer Lösungen ist in den vorhergehenden Kapiteln genügend ausführlich berichtet worden. Es ist aber wohl notwendig, einiges über die Darstellung und Eigenschaften der einschlägigen Thionylverbindungen mitzuteilen.

1. Thionylchlorid $SOCl_2$. Die bekannteste Thionylverbindung ist das Thionylchlorid $SOCl_2$, welches sich bei der gegenseitigen Einwirkung von Phosphorpentachlorid und Schwefeldioxyd leicht bildet:

$$PCl_5 + SO_2 = POCl_3 + SOCl_2$$
$$\text{Sdp.: } 105^0 \quad \text{Sdp.: } 76^0.$$

Auch die Reaktion zwischen Schwefelmonochlorid, Chlor und Schwefeltrioxyd liefert Thionylchlorid:

$$S_2Cl_2 + Cl_2 + 2\,SO_3 = 2\,SOCl_2 + 2\,SO_2.$$

Das Thionylchlorid ist also leicht zugänglich und auch im Handel erhältlich. Es wird häufig bei präparativen Arbeiten in der organischen Chemie als Chlorierungsmittel benutzt. Als Säurechlorid ist es feuchtigkeitsempfindlich und wird leicht hydrolysiert:

$$SOCl_2 + H_2O = SO_2 + 2\,HCl.$$

Darüber hinaus ist es wenig resistent gegen Temperaturerhöhung. Obwohl es bei Atmosphärendruck noch gut unzersetzt destillierbar ist, wird es oberhalb 80^0 zunehmend thermisch gespalten:

$$4\,SOCl_2 \rightleftharpoons S_2Cl_2 + 3\,Cl_2 + 2\,SO_2.$$

2. Thionylbromid $SOBr_2$ kann nach MAYES und PARTINGTON[1] durch Einleiten von reinem, absolut trockenem Bromwasserstoffgas in Thionylchlorid erhalten werden:

$$SOCl_2 + 2\,HBr \rightleftharpoons SOBr_2 + 2\,HCl.$$

In einer geeignet gestalteten, abgeschlossenen Apparatur wird dabei durch allmählich vor sich gehendes Entweichen des gasförmigen Chlorwasserstoffs der Gleichgewichtszustand immer weitergehend nach

---

[1] MAYES, H. A. u. I. R. PARTINGTON: J. chem. Soc. **1926**, 2594.

rechts verlagert. Der vollständige Ablauf der Reaktion beansprucht längere Zeit.

Überläßt man in einem geschlossenen Bombenrohr Phosphorpentabromid und flüssiges Schwefeldioxyd in geringem Überschuß bei Zimmertemperatur 1—2 Tage sich selbst bis zur klaren Lösung, so findet folgende solvolytische Umsetzung statt[1]:

$$PBr_5 + SO_2 = POBr_3 + SOBr_2$$
$$Sdp.: 193^0\,C \qquad Sdp.: 138^0\,C\,.$$

Nach dem Öffnen des Rohres wird der Inhalt durch fraktionierte Destillation getrennt und die Thionylbromidfraktion noch einmal durch Vakuumdestillation gereinigt. Das ist eine sehr elegante und zuverlässige Methode zur Darstellung von Thionylbromid. Thionylbromid ist eine gelbliche Flüssigkeit, welche bei Atmosphärendruck bei 138° C nicht ganz unzersetzt siedet:

$$4\,SOBr_2 \rightleftharpoons S_2Br_2 + 3\,Br_2 + 2\,SO_2\,.$$

Bei 40 mm liegt der Siedepunkt des unzersetzt siedenden Thionylbromids bei 59° C. Bei tieferen Temperaturen also und auch in flüssigem Schwefeldioxyd gelöst ist Thionylbromid sehr gut haltbar.

3. Weitere Thionylverbindungen lassen sich nach verschiedenen Methoden in absoluten Schwefeldioxydlösungen synthetisieren[2] und manche von ihnen aus solchen Lösungen auch rein darstellen.

Man geht aus von wasserfreien Salzen mit solchen Anionen, deren säurenanaloge Thionylverbindung man herstellen will, und wählt dabei das Salz eines Kations, welches ein in flüssigem Schwefeldioxyd schwerlösliches Chlorid bildet. Die Lösung oder Suspension eines solchen Salzes versetzt man mit einer äquivalenten Menge von Thionylchlorid. Vielfach scheidet sich dabei unter geeigneten Versuchsbedingungen ein schwerlösliches Chlorid aus, von welchem leicht abfiltriert werden kann. Das Filtrat ist dann eine Lösung der gewünschten säurenanalogen Thionylverbindung in flüssigem Schwefeldioxyd. Als geeignete Ausgangssalze haben sich Silber- und Ammoniumsalze anorganischer und organischer Säuren erwiesen. Auf diese Weise lassen sich Lösungen von Thionylrhodanid, Thionylacetat, Thionylphenylacetat u. a. m. bereiten.

$$2\,(NH_4)\,(SCN) + SOCl_2 = 2\,NH_4Cl + SO(SCN)_2$$
$$\downarrow \qquad \rightarrow$$
$$2\,Ag(CH_3COO) + SOCl_2 = 2\,AgCl + SO(CH_3COO)_2$$
$$\downarrow \qquad \rightarrow$$
$$2\,NH_4(C_6H_5CH_2COO) + SOCl_2 = 2\,NH_4Cl + SO(C_6H_5CH_2COO)_2\,.$$
$$\downarrow \qquad \rightarrow$$

---

[1] BEHNE, W.: Solvolysereaktionen und das Verhalten der Amine in flüssigem Schwefeldioxyd. Inaug.-Diss. Greifswald 1945.

[2] JANDER, G. u. D. ULLMANN: Z. anorg. allg. Chem. **230**, 405 (1937). — WERTH, M.: Beiträge zur Chemie in flüssigem Schwefeldioxyd. Inaug.-Diss. Greifswald 1939.

Durch präparative Ansätze, analytische Untersuchungen und konduktometrische Titrationen hat sich der Ablauf der Reaktionen in der angegebenen Weise eindeutig nachweisen lassen.

Ein anderer Weg, welcher zur Darstellung von „säurenanalogen" Thionylverbindungen bzw. deren Lösungen in flüssigem Schwefeldioxyd führen kann, geht von den Säureanhydriden aus. Ähnlich wie das Wasser mit diesen Verbindungen reagiert und wäßrige Lösungen von Säuren ergibt ($CO_2 + H_2O \rightleftharpoons H_2CO_3$), setzen sie sich unter geeigneten Versuchsbedingungen auch mit flüssigem Schwefeldioxyd um und liefern Lösungen von Thionylverbindungen in dem Solvens:

$$(CH_3CO)_2O + SO_2 \rightleftharpoons SO(CH_3COO)_2$$
$$(CH_2ClCO)_2O + SO_2 \rightleftharpoons SO(CH_2ClCOO)_2.$$

Die Bildung der säurenanalogen Thionylverbindungen aus dem Säureanhydrid und flüssigem Schwefeldioxyd geht bei tieferen Temperaturen mitunter recht langsam vor sich. Bringt man aber die Lösung im verschlossenen Bombenrohr auf Zimmertemperatur oder erwärmt man sie noch höher, so findet die Umsetzung rascher statt. Bei der Auflösung von Essigsäureanhydrid läßt sich die Bildung von Thionylacetat sehr schön mit Hilfe von Leitfähigkeitsmessungen erkennen: Essigsäureanhydrid in kaltem, flüssigem Schwefeldioxyd gelöst (unterhalb —10° C) leitet den elektrischen Strom praktisch überhaupt nicht ($\sim 5 \cdot 10^{-7}$). Nachdem die oben formulierte Umsetzung zu Thionylacetat stattgefunden hat, leitet die Lösung besser, wenn auch nicht besonders auffällig ($\sim 5 \cdot 10^{-6}$).

Schließlich sei noch eine dritte Möglichkeit der Bildung säurenanaloger Thionylverbindungen[1], und zwar solcher vom Typus der Halogenosäuren durch einfache Synthese aus den Komponenten, besprochen. Wie Leitfähigkeitsmessungen und Molekulargewichtsbestimmungen ergeben haben, reagieren Antimontrichlorid und Thionylchlorid in flüssigem Schwefeldioxyd miteinander und bilden säurenanaloges Thionyl-Hexachloroantimonit $(SO)_3[SbCl_6]_2$. Das ist im Sulfitosystem der Verbindungen das Analogon zur hexachloroantimonigen Säure $H_3[SbCl_6]$ des Aquosystems.

$$3\ SOCl_2 + 2\ SbCl_3 \rightleftharpoons (SO)_3[SbCl_6]_2.$$

Die bis jetzt untersuchten säurenanalogen Thionylverbindungen haben sich durchgehend als recht wenig starke Elektrolyte erwiesen. Thionyl-Hexachloroantimonit gehört zu den relativ stärksten Säurenanalogen des Sulfitosystems. Man vergleiche hierzu die Tabellen 73 und 89 auf S. 237 und 256.

Bei weitem nicht alle Thionylverbindungen, welche sich in flüssigem Schwefeldioxyd in Lösung darstellen lassen und sich wie „Säurenanaloge" im Sulfitosystem der Verbindungen verhalten,

---

[1] JANDER, G. u. H. IMMIG: Z. anorg. allg. Chem. **233**, 301 (1937). — JANDER, G. u. H. MESECH: Z. phys. Chem. **183**, 284 (1939).

können im freien Zustand, als reine Substanzen, erhalten werden. Die Verhältnisse liegen ähnlich wie bei manchen Säuren in wäßriger Lösung, nur noch stärker ausgeprägt. Kohlensäure H_2CO_3 beispielsweise, schweflige Säure H_2SO_3, Chlorsäure $HClO_3$ und andere Säuren mehr sind nur in wäßriger Lösungen oder in Form ihrer Salze, nicht aber als Substanzen im analysenreinen Zustande bekannt. Versucht man sie etwa durch Verdunsten des Wassers rein herzustellen, so zerfallen sie und ergeben unter Wasserabspaltung das Säureanhydrid. Im vorliegenden Zusammenhange darf man bezüglich der Versuche, säurenanaloge Thionylverbindungen bei Zimmertemperatur herzustellen, nicht außer acht lassen, daß man sich bei dieser Temperaturlage etwa 30° oberhalb des Siedepunktes vom Schwefeldioxyd befindet! Bei diesen Bedingungen ist die Neigung der Thionylverbindung, in Schwefeldioxyd und Säureanhydrid zu zerfallen, naturgemäß ausgeprägter als bei tiefen Temperaturen. Auch eine präparative Reindarstellung einiger Säuren des Aquosystems bei $+ 130°$ bis $+ 140°$ C wäre mit denselben Schwierigkeiten verbunden; in diesem Temperaturbereich besteht bei ihnen ebenfalls eine viel größere Tendenz, in Wasser und Säureanhydrid zu zerfallen, als bei niedrigerer Temperatur, etwa bei $+ 15°$ bis $+ 25°$ C. Es ist natürlich wiederholt versucht worden[1], aus den absoluten, reinen Schwefeldioxydlösungen säurenanaloger Thionylverbindungen, welche nach einem der geschilderten Verfahren dargestellt waren, durch vorsichtiges Abdunsten oder Abpumpen des Solvens bei Temperaturen unterhalb $-10°$ C die reinen Substanzen zu erhalten: Thionylacetat $SO(CH_3COO)_2$, Thionylphenylacetat $SO(C_6H_5CH_2COO)_2$, Thionyldiphenylacetat $SO[(C_6H_5)_2(CHCOO)]_2$, Thionylchloracetat $SO(CH_2ClCOO)_2$ u. a. m. So hinterbleibt beispielsweise beim Abdunsten einer absoluten Schwefeldioxydlösung von Thionylphenylacetat eine süßlich und stechend riechende Flüssigkeit von dunkelgelber Farbe, welche in dem Temperaturbereich von $-60°$ bis $-70°$ C erstarrt. Die Analyse der Flüssigkeit ergibt einen Schwefelgehalt von 10,5 %, während die Theorie — der Formel $SO(C_6H_5CH_2COO)_2$ entsprechend — 10,1 % S verlangt. Ähnlich hinterbleibt beim Abdunsten einer Thionylchloracetat enthaltenden Schwefeldioxydlösung eine gelbliche, stark riechende Flüssigkeit, welche bei $-30°$ C zu einer krystallinen Masse erstarrt. Ihre Analyse ergab 14,4 % S und 31,9 % Cl, während die Theorie — der Formel $SO(CH_2ClCOO)_2$ entsprechend — 14,6 % S und 32,4 % Cl verlangt. Die Ergebnisse hinsichtlich analysenreiner, säurenanaloger Thionylverbindungen· sind aber doch in vielen Fällen ungewiß und bedürfen der Nachprüfung.

Selbstverständlich hat es nicht an Versuchen gefehlt, auch Thionyljodid SOJ_2 und Thionylrhodanid $SO(SCN)_2$ darzustellen[2]. Thionyljodid ist nicht einmal in einer absoluten Schwefeldioxydlösung und bei tiefen Temperaturen (bei $-50°$ C und darunter) beständig, geschweige denn in isoliertem Zustande und bei Zimmertemperatur. Versucht

---

[1] WERTH, M.: Beiträge zur Chemie in flüssigem Schwefeldioxyd. Inaug.-Diss. Greifswald 1939.

[2] JANDER, G. u. D. ULLMANN: Z. anorg. allg. Chem. 230, 405 (1937).

man es aus einer Auflösung von Kaliumjodid in flüssigem Schwefeldioxyd durch Zugabe von Thionylchlorid und Bildung von schwerlöslichem Kaliumchlorid in Freiheit zu setzen, so zerfällt es sofort. Jedenfalls hat man neben der erwarteten Bildung von Kaliumchlorid kein Thionyljodid, sondern Jodabscheidung beobachtet:

$$2\,KJ + SOCl_2 = 2\,KCl + SOJ_2 = 2\,KCl + J_2 + SO\,.$$
$$\downarrow$$

Das intermediär gebildete Schwefelmonoxyd dürfte sich nach $2\,SO = SO_2 + S$ unter Bildung eines Mols Schwefeldioxyd und unter Schwefelabscheidung disproportionieren. Auflösungen von Thionylrhodanid in flüssigem Schwefeldioxyd, welche durch Zugabe von Thionylchlorid zu Lösungen von Ammoniumrhodanid und Abfiltrieren des ausgeschiedenen Ammoniumchlorids bereitet werden können, sind bis etwa -15° C herauf beständig und relativ recht starke „Säurenanaloge":

$$2\,NH_4(SCN) + SOCl_2 = 2\,NH_4Cl + SO(SCN)_2\,.$$
$$\downarrow \qquad \rightarrow$$

Oberhalb dieser Temperatur und erst recht bei Versuchen, die Lösungen durch Abdunsten des Schwefeldioxyds zu konzentrieren und die Substanz rein darzustellen, zersetzt sich das Thionylrhodanid unter Bildung von orangefarbenem, amorphem Pseudorhodan $(SCN)_x$ [1].

b) Neutralisationenanaloge Umsetzungen zwischen säurenanalogen Thionylverbindungen und basenanalogen Sulfiten[2].

Wie schon erwähnt, finden nun in flüssigem Schwefeldioxyd als Solvens zwischen den säurenanalogen Thionylverbindungen und den basenanalogen Sulfiten außerordentlich zahlreiche neutralisationenanaloge Reaktionen statt, wobei die Moleküle des wenig dissoziierten Lösungsmittels und Salze gebildet werden, welche unlöslich ausfallen oder gelöst bleiben und dabei mehr oder weniger weitgehend dissoziiert vorliegen. Wenn man die zwar nicht reichlich, aber immerhin merklich löslichen, wasserfreien Sulfite bzw. Pyrosulfite der Alkalimetalle unter Vermeidung jeglichen Feuchtigkeitszutritts in flüssigem Schwefeldioxyd suspendiert und mit der äquivalenten Menge Thionylchlorid behandelt, dann bilden sich Suspensionen der wenig löslichen Alkalichloride und undissoziiertes Schwefeldioxyd. Die Reaktionsprodukte sind, da sich die Alkalichloride in flüssigem Schwefeldioxyd nicht erheblich lösen, natürlich ebenfalls unter Vermeidung von Feuchtigkeitszutritt, abfiltriert, mit absolutem Äther gewaschen, getrocknet und als praktisch frei von Sulfit identifiziert worden. Unter anderem wurden folgende neutralisationenanalogen Umsetzungen in

[1] Vgl. beispielsweise: SÖDERBÄCK, E.: Liebigs Ann. Chem. **419**, 217 (1919).
[2] JANDER, G., K. WICKERT u. H. IMMIG: Z. phys. Chem. Abt. A **178**, 57 (1936). JANDER, G. u. D. ULLMANN: Z. anorg. allg. Chem. **230**, 405 (1937); — JANDER, G.: Naturw. **26**, 779, 793 (1938). — Vgl. auch CADY, H. P. u. H. M. ELSEY: J. chem. Educat. **5**, 1425 (1928).

flüssigem Schwefeldioxyd als Solvens präparativ und analytisch untersucht und bestätigt gefunden[1].

$$Na_2SO_3 + SOCl_2 = 2\,SO_2 + 2\,NaCl$$
$$Cs_2SO_3 + SOCl_2 = 2\,SO_2 + 2\,CsCl$$
$$K_2S_2O_5 + SO(SCN)_2 = 2\,SO_2 + 2\,K(SCN)$$
$$[(CH_3)_4N]_2SO_3 + SOBr_2 = 2\,SO_2 + 2\,[(CH_3)_4N]Br.$$

In zahlreichen Fällen lassen sich derartige neutralisationenanaloge Umsetzungen mit Hilfe physikochemischer Meßverfahren gut verfolgen, wobei der Äquivalenzpunkt bei der graphischen Darstellung des Vorganges als Knickpunkt oder Richtungsänderung des Kurvenzuges deutlich in Erscheinung tritt. Die nebenstehende Abb. 61 gibt den Verlauf der konduktometrischen Titration von vorgelegtem säurenanalogem Thionylrhodanid, $SO(SCN)_2$, mit portionsweise zugesetztem basenanalogem Kaliumdisulfit $K_2S_2O_5$ bei —18° C wieder.

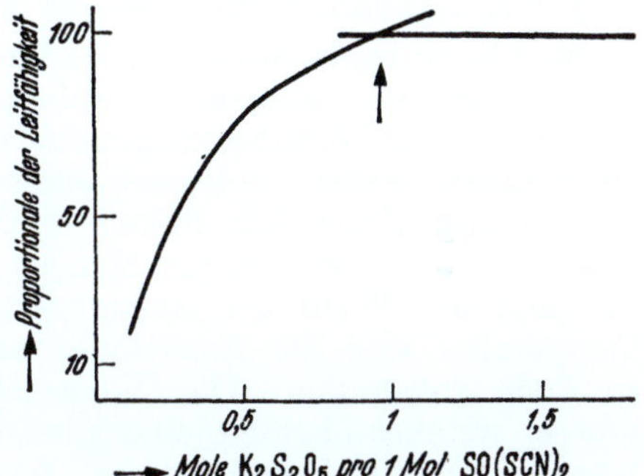

Abb. 61. Konduktometrische Titration einer vorgelegten Lösung von säurenanalogém Thionylrhodanid in verflüssigtem Schwefeldioxyd mit anteilweise hinzugesetztem, basenanalogem Kaliumpyrosulfit.

Thionylrhodanid ist ein schwächerer, „säurenanaloger" Elektrolyt; seine Leitfähigkeit ist also nicht bedeutend. Bei der neutralisationenanalogen Umsetzung mit Kaliumsulfit wird Kaliumrhodanid gebildet, welches gut löslich, stärker dissoziiert ist und die Dissoziation des noch vorhandenen Thionylrhodanids mit wachsender Konzentration immer mehr zurückdrängt:

$$SO(SCN)_2 + K_2S_2O_5 = 3\,SO_2 + 2\,K(SCN).$$

Aber auch Kaliumrhodanid ist in flüssigem Schwefeldioxyd kein vollständig dissoziierender Elektrolyt (vgl. S. 253), mit wachsender Konzentration geht seine Dissoziation zurück. So ergibt sich der erste gebogene, zunächst steiler, später schwächer ansteigende Kurvenast der Titrationskurve. Nach Überschreiten des Äquivalenzpunktes bleibt die Leitfähigkeit der Lösung praktisch konstant, da Kaliumpyrosulfit nur sehr begrenzt löslich und ein ziemlich schwacher, basenanaloger Elektrolyt ist. Nach dem Abdunsten des flüssigen Schwefeldioxyds ist das gebildete Kaliumrhodanid qualitativ identifiziert und quantitativ bestimmt worden.

---

[1] JANDER, G. u. K. WICKERT: Z. phys. Chem. Abt. A 178, 57 (1936). — JANDER, G. u. D. ULLMANN: Z. anorg. allg. Chem. 230, 405 (1937). — JANDER, G.: Naturw. 26, 779, 793 (1938).

Aus allem ergibt sich unzweideutig der Ablauf der erwarteten, neutralisationenanalogen Umsetzungen zwischen „basenanalogen" Sulfiten und „säurenanalogen" Thionylverbindungen in flüssigem Schwefeldioxyd als Solvens. Gleichzeitig ist die Berechtigung der Annahme des zunächst nur als möglich unterstellten Dissoziationsschemas für das flüssige Schwefeldioxyd

$$2\,SO_2 \rightleftharpoons (SO)^{2+} + (O.SO_2)^{2-} \rightleftharpoons (SO)^{2+} + (SO_3)^{2-}$$

erwiesen.

7. Solvolysereaktionen in flüssigem Schwefeldioxyd[1].

a) Solvolyseerscheinungen bei den Halogeniden der Alkalien.

Man kann beobachten, daß Auflösungen von Jodiden und Bromiden der Alkalien in flüssigem Schwefeldioxyd, welche bei tieferen Temperaturen oder bei Zimmertemperatur in zugeschmolzenen Bombenröhren aufbewahrt werden, sich nach einiger Zeit trüben; sie werden in ihrer Farbtönung allmählich immer dunkler, bei längerem Stehen bilden sich schließlich wachsende Mengen von krystallinen Niederschlägen. Je nach der Wahl der Ausgangsstoffe, der Konzentration und der Temperatur sind die Reaktionen nach Tagen, Monaten oder Jahren zu Ende abgelaufen. Die Untersuchung des Inhaltes eines Bombenrohres, welches ehemals eine konzentriertere, aber nicht übersättigte Lösung von Kaliumjodid in flüssigem Schwefeldioxyd enthalten hatte, dann aber mehrere Jahre bei Raumtemperatur aufbewahrt war, ergab, daß der Niederschlag aus einem Gemisch von Kaliumsulfat und elementaren Schwefel im molekularen Verhältnis 1:1 bestand; die Lösung enthielt nur freies Jod, aber kein Kaliumjodid mehr. Die Untersuchung des Inhaltes eines anderen Bombenrohres, welches ehemals eine konzentriertere, aber nicht übersättigte Lösung von Kaliumbromid in flüssigem Schwefeldioxyd enthalten hatte, dann aber ebenfalls mehrere Jahre aufbewahrt worden war, ergab, daß der krystalline Niederschlag aus Kaliumsulfat bestand; in der Lösung befanden sich Dischwefeldibromid S_2Br_2 und freies Brom, aber kein Kaliumbromid mehr.

Kaliumsulfat kann nur infolge Oxydation aus primär durch Solvolyse gebildetem Kaliumsulfit entstanden sein. Daß solche Oxydationen in Schwefeldioxyd als Solvens auch tatsächlich stattfinden, ohne daß das sonst als Reduktionsmittel bekannte Lösungsmittel in Mitleidenschaft gezogen wird, soll später ausführlicher gezeigt werden[2]. Der Reaktionsmechanismus dürfte also folgendermaßen vor sich gehen: Durch Solvolyse entsteht aus Kaliumbromid und Schwefeldioxyd in einer schnell ablaufenden Ionenreaktion zunächst zu einem kleinen Betrage Kaliumsulfit und Thionylbromid. Thionylbromid ist nicht sehr beständig und wird verhältnismäßig

---

[1] Behne, W.: Solvolysereaktionen und das Verhalten der Amine in flüssigem Schwefeldioxyd. Inaug.-Diss. Greifswald 1945.

[2] Vgl. auch Jander, G. u. H. Immig: Z. anorg. allg. Chem. **233**, 295 (1937).

leicht beispielsweise durch Wärme oder Licht in Dischwefeldibromid (S_2Br_2), Brom (Br_2) und Schwefeldioxyd zersetzt. Das freie Brom oxydiert das Kaliumsulfit zu Kaliumsulfat. Geschwindigkeitsbestimmend für den Ablauf der Reaktion ist wohl überwiegend der allmählich vor sich gehende Zerfall des Thionylbromids:

$$
\begin{aligned}
&1. \quad 8\,KBr \; + 8\,SO_2 && = 4\,K_2SO_3 + 4\,SOBr_2 \\
&2. \quad\quad\quad\quad\quad 4\,SOBr_2 && = 2\,SO_2 + S_2Br_2 + 3\,Br_2 \\
&3. \quad 4\,K_2SO_3 + 2\,Br_2 && = 2\,K_2SO_4 + 4\,KBr + 2\,SO_2 \\
\hline
&1.+2.+3. \quad 4\,KBr + 4\,SO_2 && = 2\,K_2SO_4 + S_2Br_2 + Br_2
\end{aligned}
$$

Ganz analog sind die Vorgänge in den Auflösungen von Kaliumjodid in flüssigem Schwefeldioxyd nur mit dem Unterschied, daß das bei der Solvolysereaktion primär gebildete Thionyljodid überhaupt nicht existenzfähig ist. Es zerfällt, wahrscheinlich unter intermediärer Bildung von Schwefelmonoxyd, in elementaren Schwefel, Jod und Schwefeldioxyd:

$$2\,SOJ_2 \rightarrow 2\,SO + 2\,J_2 \rightarrow SO_2 + S + 2\,J_2 \,.$$
$$4\,KJ + 4\,SO_2 = 2\,K_2SO_4 + 2\,S + 2\,J_2 \,.$$

Um die Abhängigkeit der Reaktion von den äußeren Bedingungen kennenzulernen, hat man ihren Ablauf bei verschiedenen Temperaturen und Konzentrationen untersucht. Erhitzen der in starkwandige Bombenröhren eingeschlossenen Auflösungen von Kaliumjodid in flüssigem Schwefeldioxyd auf 100° C hat nur relativ geringen Einfluß auf die Menge des gebildeten Kaliumsulfats. Hierfür ist wohl die Tatsache verantwortlich, daß der Temperaturkoeffizient der Löslichkeit von Kaliumjodid in flüssigem Schwefeldioxyd stark negativ ist. So scheidet sich bei Temperaturerhöhung leicht unlösliches Kaliumjodid ab, das sich an dem Ablauf der Solvolysereaktion erheblich weniger leicht beteiligt als gelöstes. Auch Kaliumbromid hat einen negativen Temperaturkoeffizienten der Löslichkeit. Eine unterhalb —10° C klare Lösung von Kaliumbromid in flüssigem Schwefeldioxyd ergibt auch bei mehrtägigem Erhitzen auf 100° C nur einen krystallinen Niederschlag von Kaliumbromid nicht aber von Kaliumsulfat. Läßt man jedoch eine solche Lösung bei 0° C und bei Tageslicht längere Zeit stehen, so zeigt sich schon nach 1 bis 2 Tagen eine deutliche, von freiem Brom herrührende Gelbfärbung und die Bildung eines Kaliumsulfatniederschlages. Die Solvolysereaktion ist also merklich fortgeschritten. Die Konzentrationsabhängigkeit der Solvolysereaktionen geht aus Beobachtungen hervor, welche an Versuchsreihen mit Lösungen verschiedenen Gehaltes an Kaliumjodid gemacht sind. Die verdünnteren Lösungen, die 0,05 bis 0,25 molar waren, zeigten schon nach wenigen Minuten und auch bei —50° C Trübungen, die konzentrierteren, die 0,5 bis 2,5 molar angesetzt waren, hielten sich bei tieferen Temperaturen tagelang, zum Teil sogar wochenlang unverändert. Die Kaliumsulfat- und Schwefelabscheidungen waren mengenmäßig in den verdünnteren Lösungen relativ größer als in den konzentrierteren.

Einen großen Einfluß hat ein etwa vorhandener Feuchtigkeitsgehalt auf die Geschwindigkeit des Ablaufs der Reaktionen. Kaliumjodidlösungen in flüssigem Schwefeldioxyd, welches Spuren Wasser enthält, zeigen sofort nach der Bereitung starke Schwefelabscheidungen.

Alle bisher getroffenen Feststellungen sprechen dafür, daß der primäre Vorgang der Umsetzung eine Solvolysereaktion ist. Das zeigen auch die Resultate von Versuchen über die Abhängigkeit der Solvolysereaktion von der Art der Salze. Lithiumjodid ist im Sulfitosystem der Verbindungen als Salz des Thionyljodids mit dem basenanalogen Lithiumsulfit anzusehen, welches ein viel schwächeres Basenanaloges ist als beispielsweise Kalium- oder Rubidiumsulfit. Daher unterliegt auch Lithiumjodid, gelöst in verflüssigtem Schwefeldioxyd, stärker der Solvolyse. Eine 3,3%ige (= ∼0,25 molare) Lösung von Lithiumjodid trübt sich schon bei −30° bald nach der Bereitung. Bei Zimmertemperatur tritt reichliche Jodabscheidung ein. Schon nach einer Woche ist die Reaktion zu Ende abgelaufen. Der im Soxhlet-Apparat mit Aceton extrahierte Rückstand enthält Lithiumsulfat und Schwefel im molekularen Verhältnis $Li_2SO_4 : S = 1:1$. Die Lösung hinterläßt beim Eindunsten nur Jod, enthält aber kein gelöstes Lithiumjodid mehr. Es ist also in verhältnismäßig kurzer Zeit vollständige Solvolyse eingetreten.

Ganz ähnliche Beobachtungen hinsichtlich der Beständigkeit sind bei vergleichenden Solvolyseuntersuchungen mit Lithium- und Natriumbromid, gelöst in verflüssigtem Schwefeldioxyd, gemacht worden.

Ebenso wie die Stärke des Basenanalogen ist auch die Stärke des Säurenanalogen von maßgeblichem Einfluß auf die Solvolyseerscheinungen bei den Salzlösungen. Da nun der Charakter als Elektrolyte in der Reihe der Säurenanalogen vom Thionylchlorid über das Thionylbromid zum Thionylrhodanid und Thionyljodid ansteigt, sollte die Solvolyse bei den Chloriden und Bromiden ausgeprägter in Erscheinung treten als bei den Rhodaniden und Jodiden. Das ist aber offenbar nicht der Fall; im Gegenteil! Hier spielt nun die schon erwähnte Beständigkeit des durch Solvolyse entstandenen Thionylhalogenids eine wichtige Rolle:

$$2 \text{ Alk. Halog.} + 2 \, SO_2 \rightleftharpoons \text{Alk.}_2SO_3 + SO(\text{Halog.})_2 .$$

Der Grad der Solvolyse von Salzen scheint im allgemeinen in dem sehr wenig aggressiven Lösungsmittel „Schwefeldioxyd" recht gering zu sein. Der Fortschritt der Solvolyse ist wohl hauptsächlich auf den etwa erfolgenden Zerfall des Thionylhalogenids zurückzuführen. Thionylchlorid ist bei weitem am beständigsten, Thionylbromid bereits weniger, recht instabil ist Thionylrhodanid[1] und Thionyljodid ist überhaupt nicht mehr existenzfähig. So erklären sich zwanglos die scheinbaren Anomalien bei den Solvolyseerscheinungen der Auflösungen von Alkalihalogeniden in flüssigem Schwefeldioxyd.

Auch die Löslichkeitsverhältnisse bei den Alkalihalogeniden sind natürlich von Einfluß auf die Solvolysevorgänge. Die Alkalichloride

---

[1] JANDER, G. u. D. ULLMANN: Z. anorg. allg. Chem. 230, 405 (1937).

sind, wie wir sahen, recht wenig löslich und daher der Solvolyse viel weniger ausgesetzt als die besser löslichen Bromide und die besonders gut löslichen Jodide und Rhodanide.

b) Solvolyseerscheinungen bei den Acetaten.

Beobachtungen und Untersuchungen an Suspensionen von wasserfreien Acetaten in flüssigem Schwefeldioxyd — sie sind dem Anschein nach alle nur wenig löslich — haben ergeben, daß sie zum Teil schon bei —50° C mit dem Lösungsmittel reagieren und zwar solvolytisch gespalten werden. Da hierbei aus einem wenig löslichen Salz (Acetat) ein ebenfalls nicht erheblich lösliches Solvolyseprodukt (Sulfit) gebildet wird, ist der Fortschritt der Umsetzung von außen schwer zu beurteilen. Man hat deswegen teilweise die in zugeschmolzene Bombenrohre eingeschlossenen Suspensionen von Acetaten zur Vervollständigung der Solvolysereaktion noch einige Stunden auf 70 bis 80° C erhitzt. Bei der Untersuchung der aus Alkaliacetatsuspensionen so erhaltenen Reaktionsprodukte hat man festgestellt, daß in ihnen in der Ansatzreihe Natrium-, Kalium-, Ammonium- und Rubidiumacetat steigende Mengen Sulfit bzw. Pyrosulfit und abnehmende Mengen von ursprünglichem Acetat zu finden sind. Bei den Ansätzen mit Ammonium- und Rubidiumacetat wurde überhaupt kein Acetat mehr festgestellt. Es ergibt sich somit die Möglichkeit, unter Ausnutzung der geschilderten Solvolyseverhältnisse in besonders gelagerten Fällen wasserfreie und sulfatfreie Sulfite präparativ darzustellen. Das ist beispielsweise beim Ammoniumsulfit der Fall:

$$2\,(NH_4)(CH_3COO) + 2\,SO_2 = (NH_4)_2SO_3 + SO(CH_3COO)_2$$
$$SO_2 + (CH_3CO)_2O\,.$$

Die Lösung hinterläßt beim Eindunsten unter Feuchtigkeitsausschluß Essigsäureanhydrid, da Thionylacetat, wie wir sahen, beim Siedepunkt des Schwefeldioxyds bereits weitgehend thermisch in seine Komponenten gespalten ist.

Für das Zustandekommen und Fortschreiten der Solvolysereaktion bei den in flüssigem Schwefeldioxyd suspendierten oder gelösten Acetaten sind ebenso wie im Falle der Alkalihalogenidsolvolyse viele Faktoren maßgebend: Die Löslichkeiten und Dissoziationskonstanten der Salze selbst, die Löslichkeiten und Elektrolytstärke der den Salzen zugrunde liegenden basenanalogen Sulfite und die recht geringe Beständigkeit sowie Elektrolytstärke des bei der Solvolyse primär entstehenden, säurenanalogen Thionylacetats. Einzelheiten hierzu sind noch nicht mit ausreichender Genauigkeit bekannt, so daß quantitative Angaben oder Voraussagen bisher nicht gemacht werden konnten.

Im folgenden seien aber kurz Mitteilungen über das Verhalten wenigstens einiger Acetate in flüssigem Schwefeldioxyd gegeben, welche das Gesagte näher erläutern. Man hat gefunden, daß der Rückstand eines Ansatzes von geschmolzenem und zerkleinertem Natriumacetat, das mehrere Monate bei Zimmertemperatur mit Schwefeldioxyd zusammen im zugeschmolzenen Bombenrohr unter gelegentlichem

Umschütteln aufbewahrt war, zum Teil aus Natriumsulfit bzw. Natriumpyrosulfit, zum Teil aus dem Monosolvat des Natriumacetats $Na(CH_3COO) \cdot 1\ SO_2$ bestand. Ein ähnlicher Ansatz mit wasserfreiem Kaliumacetat ergab — ebenfalls nach mehrmonatigem Stehen — ein Produkt mit 86% Kaliumdisulfit und 14% Kaliumacetat. Beim Ammoniumacetat[1] hat man beobachtet, daß sich schon bei —70° aus der über dem Acetatbodenkörper stehenden Lösung ein feinkrystalliner Niederschlag abschied. Zur schnelleren Beendigung der Umsetzung hat man das zugeschmolzene Bombenrohr noch einige Zeit auf 90 bis 100° C erhitzt. Der bei Zimmertemperatur über Natriumhydroxyd getrocknete Niederschlag bestand aus 89% Ammoniumpyrosulfit $(NH_4)_2S_2O_5$ und 11% Ammoniumsulfit $(NH_4)_2SO_3$. Ammoniumphenylacetat reagiert allem Anschein nach noch lebhafter und schneller mit flüssigem Schwefeldioxyd als Ammoniumacetat. Ein im Bombenrohr befindlicher Ansatz wurde unter Umschütteln nur einmal auf Zimmertemperatur erwärmt und dann zum Rohröffnen wieder abgekühlt. Das Solvolyseprodukt bestand zu 90% aus Ammoniumdisulfit $(NH_4)_2S_2O_5$ und nur noch zu 10% aus unverändertem Phenylacetat. Die Schwefeldioxydlösung hinterließ beim Eindunsten Thionylphenylacetat mit den früher geschilderten Eigenschaften (vgl. S. 261).

$$2\,(NH_4)(C_6H_5CH_2COO) + 3\ SO_2 = (NH_4)_2S_2O_5 + SO(C_6H_5CH_2COO)_2\,.$$

Man hat beobachtet, daß wasserfreies Aluminiumacetat[2] erst bei Zimmertemperatur langsam mit flüssigem Schwefeldioxyd reagiert. Erhitzt man den Ansatz jedoch einige Zeit auf $+90°$ C, so besteht dann das Reaktionsprodukt zu reichlich 50% aus Aluminiumsulfit $Al_2(SO_3)_3$ und zur knappen Hälfte aus noch unverändertem Aluminiumacetat.

c) Das Verhalten einiger Halogenide der Elemente in der 4., 5. und 6. Gruppe des periodischen Systems in flüssigem Schwefeldioxyd.

Die Halogenide der Elemente, welche in der 4., 5. und 6. Vertikalreihe des periodischen Systems stehen, hydrolysieren — von wenigen Ausnahmen abgesehen — mit Wasser besonders leicht und schnell. Bond und seine Mitarbeiter[3] haben (vgl. S. 233) die Löslichkeiten bzw. Mischbarkeiten von Kohlenstofftetrachlorid CCl_4, Siliciumtetrachlorid $SiCl_4$, Germaniumtetrachlorid $GeCl_4$, Zinntetrachlorid $SnCl_4$, Zinntetrabromid $SnBr_4$, Titantetrachlorid $TiCl_4$, Titantetrabromid $TiBr_4$ und Zirkontetrachlorid $ZrCl_4$ in flüssigem Schwefeldioxyd in Abhängigkeit von der Temperatur untersucht und dabei keine solvolytische Reaktion mit dem Lösungsmittel festgestellt. Trotzdem sind später noch einmal von Behne[4] Siliciumtetrachlorid und Zinntetra-

---

[1] Dargestellt nach W. Biltz u. G. Balz: Z. anorg. allg. Chem. **170**, 337 (1928).

[2] Dargestellt nach Adrianowsky: Ber. dtsch. chem. Ges. **12**, 688 (1879). —

[3] Bond, P. A. u. H. T. Beach: J. Amer. chem. Soc. **48**, 348 (1926). — Bond, P. A. u. W. R. Stephens: J. Amer. chem. Soc. **51**, 2910 (1929). — Bond, P. A. u. E. B. Crone: J. Amer. chem. Soc. **56**, 2028 (1934).

[4] Behne, W.: Solvolyseveaktionen und das Verhalten der Amine in flüssigem Schwefeldioxyd. Inaug.-Diss. Greifswald 1945.

chlorid im zugeschmolzenen Bombenrohr mit flüssigem Schwefeldioxyd längere Zeit auf höhere Temperaturen erhitzt worden (90 bis 100° C). Aber auch bei diesen extremen Bedingungen haben sich keine solvolytischen Umsetzungen erkennen lassen. Das ist ein Beweis dafür, wie relativ gering die Einwirkung des flüssigen Schwefeldioxyds auf die gelösten Substanzen in solvolytischer Hinsicht ist, wenn man zum Vergleich Lösungsmittel wie beispielsweise das Wasser oder die Flußsäure heranzieht.

Bei den Halogeniden der Elemente in der 5. Vertikalgruppe zeigt sich hinsichtlich der Solvolysereaktion mit dem Lösungsmittel, also mit verflüssigtem Schwefeldioxyd, eine deutliche Abhängigkeit von dem mehr oder weniger stark ausgeprägten metallischen Charakter des mit dem Halogen verbundenen Elementes. Phosphorpentachlorid reagiert sehr leicht und unter Wärmeentwicklung mit flüssigem (wie übrigens auch mit gasförmigem) Schwefeldioxyd zu Thionylchlorid und Phosphoroxychlorid:

$$PCl_5 + SO_2 = POCl_3 + SOCl_2.$$

Dieser Umsatz findet bei allen Konzentrationsverhältnissen und auch bei $-50°$ C statt. Selbstverständlich geht die Solvolysereaktion bei tieferen Temperaturen erheblich langsamer vor sich als bei höheren Temperaturen und bei Schwefeldioxydüberschuß. Die Reaktion verläuft nicht weiter als bis zum Phosphoroxychlorid. Phosphoroxychlorid für sich allein mit einem großem Überschuß von Schwefeldioxyd behandelt verändert sich nicht weiter, auch nicht bei höheren Temperaturen in Richtung auf ein hypothetisches Thionylphosphat $(SO)_3(PO_4)_2$ bzw. Diphosphorpentoxyd P_2O_5. — Phosphorpentabromid PBr_5 reagiert mit flüssigem Schwefeldioxyd in analoger Weise wie Phosphorpentachlorid, allerdings wesentlich langsamer:

$$PBr_5 + SO_2 = POBr_3 + SOBr_2.$$

Hieraus hat sich das zur Zeit wohl beste und bequemste Darstellungsverfahren für das säurenanaloge Thionylbromid ergeben (vgl. S. 258). Antimontrichlorid $SbCl_3$ und Antimonpentachlorid $SbCl_5$ lösen sich in flüssigem Schwefeldioxyd, werden aber von diesem Lösungsmittel auch bei 12stündigem Erhitzen im Bombenrohr auf 60 bis 70° C nicht solvolytisch angegriffen. Eine fraktionierte Destillation ergibt die Ausgangsstoffe zurück. Von den Halogeniden der Nebengruppenelemente dieser 5. Vertikalreihe hat man Vanadintetrachlorid VCl_4, Niobpentachlorid $NbCl_5$, Tantalpentachlorid $TaCl_5$ und Tantalpentabromid $TaBr_5$ in ihrem Verhalten überschüssigem, flüssigem Schwefeldioxyd gegenüber untersucht. Vanadintetrachlorid löst sich bei Zimmertemperatur klar auf, und die Lösung bleibt unverändert. Bei mehrstündigem Erhitzen aber auf 60 bis 70° C tritt thermische Dissoziation und Reduktion des Vanadintetrachlorids, aber keine Solvolyse ein, und es scheidet sich Vanadintrichlorid als violetter, schwerlöslicher Niederschlag ab:

$$2\,VCl_4 = 2\,VCl_3 + Cl_2.$$

Niobpentachlorid löst sich klar in flüssigem Schwefeldioxyd auf. Im Verlauf mehrerer Tage trübt sich eine bei Zimmertemperatur aufbewahrte Lösung immer stärker und es scheidet sich in wachsendem Maße Nioboxychlorid $NbOCl_3$ aus. Der Ablauf der Solvolysereaktion kann durch mehrstündiges Erwärmen des Bombenrohres auf 70^0 C stark beschleunigt werden:

$$NbCl_5 + SO_2 = NbOCl_3 + SOCl_2.$$

Die Halogenide des Tantals ($TaCl_5$ und $TaBr_5$) sind sowohl bei tiefen Temperaturen als auch bei Zimmertemperatur und bei $+80^0$ C nur wenig löslich. Sie bleiben allem Anschein nach unverändert, solvolysieren also nicht.

Von den Halogeniden der Elemente der 6. Vertikalgruppe hat man Schwefeldichlorid SCl_2, Schwefeltetrachlorid SCl_4, Molybdänpentachlorid $MoCl_5$, Wolframhexachlorid WCl_6 und Uranpentachlorid UCl_5 mit flüssigem Schwefeldioxyd zusammengebracht und beobachtet. Solvolytische Umsetzungen treten nur beim Wolframhexachlorid und Uranpentachlorid ein. Wolframhexachlorid löst sich beim Erwärmen mit flüssigem Schwefeldioxyd im Bombenrohr auf 60 bis 70^0 C auf. Beim Erkalten scheiden sich wundervoll krystallisierende, prächtig rotgefärbte, lange Nadeln von Wolframoxytetrachlorid $WOCl_4$ aus. Dieselbe solvolytische Umsetzung findet auch — wenn auch viel langsamer — statt, wenn man die Ansätze im Bombenrohr bei Zimmertemperatur aufbewahrt.

$$WCl_6 + SO_2 = WOCl_4 + SOCl_2.$$

Die Bildung von Wolframoxytetrachlorid nach diesem solvolytischen Verfahren aus Wolframhexachlorid und Schwefeldioxyd dürfte eine der am elegantesten und schnellsten durchführbaren und besten Methoden für die Herstellung dieser Substanz sein. Nach den anderen vorgeschlagenen Verfahren ist es nicht immer ganz leicht, reines, von Wolframdioxydichlorid WO_2Cl_2 freies Wolframoxytetrachlorid $WOCl_4$ zu erhalten, sofern man nicht vom Wolfram(VI)-oxyd WO_3 ausgeht. Die solvolytische Spaltung des Wolframhexachlorids tritt auch noch ein, wenn dem flüssigen Schwefeldioxyd bis zu 25 Vol.-% Thionylchlorid hinzugesetzt sind. Die Auflösung des Wolframhexachlorids erfolgt in diesem Falle schneller und reichlicher als in reinem Schwefeldioxyd. Beim Abkühlen auf -50^0 C krystallisiert rotes Wolframoxytetrachlorid $WOCl_4$ aus. Beim Uranpentachlorid ist der Reaktionsablauf nicht ganz geklärt. Allem Anschein nach disproportioniert sich Uranpentachlorid beim Erhitzen mit Schwefeldioxyd im Bombenrohr auf $+80^0$ bis $+90^0$ C zu Urantetrachlorid und Uranhexachlorid; das hypothetische Uranhexachlorid aber erleidet sofort Solvolyse, wobei sich gelbes, wasserfreies Uranylchlorid $(UO_2)Cl_2$ als unlöslicher Niederschlag abscheidet.

$$2 UCl_5 = UCl_6 + UCl_4$$
$$UCl_6 + 2 SO_2 = UO_2Cl_2 + 2 SOCl_2.$$

In Übereinstimmung hiermit hat man in den Reaktionsprodukten Urantetrachlorid UCl_4 und Thionylchlorid einwandfrei festgestellt.

Im allgemeinen läßt sich also sagen, daß nur die höchsten Halogenide der Elemente der 5. und 6. Vertikalreihe in absoluten Schwefeldioxydlösungen solvolysieren und daß die Reaktionsfähigkeit in demselben Maße abnimmt, wie der metallische Charakter des das Halogenid bildenden Elementes ausgeprägter hervortritt. In einigen Fällen läßt sich nun durch thermodynamische, unter Benutzung des HESSschen Wärmesatzes durchgeführte Ansätze begründen, warum mit flüssigem Schwefeldioxyd eine Solvolysereaktion eintreten bzw. nicht eintreten kann. Aber nicht immer sind die hierfür notwendigen Werte mit genügender Genauigkeit und Vollständigkeit bekannt. In den nachfolgenden Gleichungen bedeuten die in eckige Klammern eingeschlossenen Stoffe dieselben im festen und die von runden Klammern umgebenen Stoffe dieselben im gasförmigen Aggregatzustande. Die ersten beiden Rechenansätze zeigen, warum die Solvolyse des Phosphorpentachlorids in flüssigem Schwefeldioxyd mit Leichtigkeit bis zum Phosphoroxychlorid verläuft (positive Wärmetönung), aber nicht darüber hinaus bis zum Phosphorpentoxyd führt[1] (negative Wärmetönung).

$$
\begin{aligned}
&1. \quad [P] + {}^1\!/_2\,(O_2) + {}^3\!/_2\,(Cl_2) = POCl_{3fl} + 146{,}78\ \text{Cal}\\
&2. \quad [PCl_5] \qquad\qquad\quad = [P] + {}^5\!/_2\,(Cl_2) - 104{,}5\ \text{Cal}\\
&3. \quad SO_{2fl} \qquad\qquad\qquad = [S]_{rh} + (O_2) - 76{,}86\ \text{Cal}\\
&4. \quad [S]_{rh} + {}^1\!/_2\,(O_2) + (Cl_2) = SOCl_{2fl} + 42{,}7\ \text{Cal}
\end{aligned}
$$

$$1{+}2{+}3{+}4)\quad [PCl_5] + SO_{2fl} = POCl_{3fl} + SOCl_2 + 8{,}12\ \text{Cal.}$$

$$
\begin{aligned}
&1. \quad 2\,[P] + {}^5\!/_2\,(O_2) \qquad\qquad = [P_2O_5] + 360\ \text{Cal}\\
&2. \quad 5\,SO_{2fl} \qquad\qquad\qquad = 5\,[S] + 5\,(O_2) - 384{,}3\ \text{Cal}\\
&3. \quad 2\,[PCl_5] \qquad\qquad\qquad = 2\,[P] + 5\,(Cl_2) - 209\ \text{Cal}\\
&4. \quad 5\,[S] + {}^5\!/_2\,(O_2) + 5\,(Cl_2) = 5\,SOCl_2 + 213{,}5\ \text{Cal}
\end{aligned}
$$

$$1{+}2{+}3{+}4)\quad 2\,[PCl_5] + 5\,SO_{2fl} = [P_2O_5] + 5\,SOCl_{2fl} - 19{,}8\ \text{Cal.}$$

Beim Behandeln von Antimontrichlorid mit flüssigem Schwefeldioxyd ist in Übereinstimmung mit den experimentellen Befunden keine Solvolyse bis zum Antimonylchlorid SbOCl oder gar bis zum Oxyd zu erwarten, wie aus dem nachfolgenden Rechenansatz und seinem Resultat hervorgeht.

$$
\begin{aligned}
&1. \quad [Sb] + {}^1\!/_2\,(O_2) + {}^1\!/_2\,(Cl_2) = [SbOCl] + 89{,}2\ \text{Cal}\\
&2. \quad [SbCl_3] \qquad\qquad\qquad = [Sb] + {}^3\!/_2\,(Cl_2) - 91{,}4\ \text{Cal}\\
&3. \quad SO_{2fl} \qquad\qquad\qquad\ = [S] + (O_2) - 76{,}86\ \text{Cal}\\
&4. \quad [S] + {}^1\!/_2\,(O_2) + (Cl_2) = SOCl_{2fl} + 42{,}7\ \text{Cal}
\end{aligned}
$$

$$1{+}2{+}3{+}4)\quad [SbCl_3] + SO_{2fl} = [SbOCl] + SOCl_{2fl} - 30{,}36\ \text{Cal.}$$

---

[1] Die Zahlenwerte sind dem Taschenbuch für Chemiker und Physiker von J. D'ANS und E. LAX, Berlin, Springer 1943, entnommen, wobei die Temperaturabhängigkeit der Verdampfungswärmen nicht berücksichtigt ist, da die c_p-Werte für die verschiedenen Aggregatzustände nicht bekannt sind.

Eine hohe Solvatationsenergie der Solvolyseprodukte im Vergleich zu der der Ausgangssubstanzen könnte allerdings solche thermodynamisch unwahrscheinlichen Reaktionen doch ermöglichen. Durch systematisch durchgeführte Messungen von Lösungswärmen in flüssigem Schwefeldioxyd müßte man zu einem wesentlich tieferen Einblick in den Solvolysemechanismus bei Lösungen mit diesem Solvens kommen.

d) Eigentümliche Solvolysereaktionen bei einigen Salzen von Aminen in flüssigem Schwefeldioxyd und weitere solvolytische Umsetzungen.

Abgesehen von den Metallsulfiten sind auch, wie wir in einem der nächsten Abschnitte näher sehen werden, die Reaktionsprodukte der Amine mit flüssigem Schwefeldioxyd basenanaloge Substanzen. Im Gegensatz zu den Metallsulfiten sind die meisten Amine — und zwar mit gelber bis gelbbrauner Farbe — in flüssigem Schwefeldioxyd löslich. Die Stärke dieser Basenanalogen ist recht verschieden, je nach der Art des Amins, und wächst beispielsweise vom Anilin über das Pyridin zum Diäthylamin. Man hat deswegen geglaubt, in den Salzen der Amine besonders geeignete Objekte für das Studium der Salzsolvolyse in flüssigem Schwefeldioxyd zu besitzen. Bei einigen Salzen des recht schwach basenanalogen Anilins haben sich aber nun von der Norm abweichende Solvolyseerscheinungen gezeigt. Es werden nämlich nicht basenanaloges Aniliniumsulfit und säurenanaloge Thionylverbindungen gemäß dem nachfolgenden Schema der Salzsolvolyse gebildet:

$$2\,[C_6H_5NH_2 \cdot H] \cdot X + 2\,SO_2 = [C_6H_5 \cdot NH_2 \cdot H]_2 SO_3 + SOX_2.$$

Es wird vielmehr das Anilin vom flüssigen Schwefeldioxyd gleichsam herausgelöst oder doch wenigstens ein Teil desselben und es entsteht nebenher die freie Säure bzw. ein stärker saures Salz, aber vom Standpunkt der Chemie in Wasser aus gesehen:

$$2\,[C_6H_5NH_2 \cdot H]X + SO_2 = C_6H_5NH_2 \cdot SO_2 + [(C_6H_5NH_2 \cdot H) \cdot H]X_2.$$

So wird schwerlösliches neutrales Aniliniumoxalat[1] $(C_6H_5NH_2 \cdot H)_2(COO)_2$ in ebenfalls schwerlösliches saures Aniliniumoxalat $(C_6H_5NH_2 \cdot H)H(COO)_2$ umgewandelt, wenig lösliches, sekundäres Aniliniumphosphat $(C_6H_5 \cdot NH_2 \cdot H)_2 HPO_4$ in gleichfalls kaum lösliches primäres Aniliniumphosphat $(C_6H_5NH_2 \cdot H)H_2PO_4$ und saures bernsteinsaures Anilin $(C_6H_5NH_2 \cdot H)H(CH_2COO)_2$ in unlösliche Bernsteinsäure $H_2(CH_2COO)_2$. Das jeweils fehlende Mol Anilin ist unter Bildung einer gelb gefärbten Anlagerungsverbindung mit den Molekülen des Solvens in Lösung gegangen. Diese Umsetzungen der Aniliniumsalze mit flüssigem Schwefeldioxyd finden vielfach schon bei tieferen Temperaturen oder bei Zimmertemperatur statt, durch Erwärmen der Ansätze im Bombenrohr auf 60 bis 70° C wird der Ablauf der Reaktion sehr beschleunigt.

---

[1] BEHNE, W.: Solvolysereaktionen und das Verhalten der Amine in flüssigem Schwefeldioxyd. Inaug.-Diss. Greifswald 1945.

Auch Aniliniumchloracetat $(C_6H_5NH_2 \cdot H)(CH_2ClCOO)$, welches sich glatt in verflüssigtem Schwefeldioxyd auflöst, scheint wenigstens zum Teil in ähnlicher Weise solvolysiert zu werden, wie die eben besprochenen Aniliniumsalze, worauf die gelbe Farbe der Lösung hindeutet. Aniliniumsulfat, das schwerlöslich ist, wird durch flüssiges Schwefeldioxyd nicht verändert. Es ist nun auffällig, daß die Solvolysierbarkeit der Aniliniumsalze durch flüssiges Schwefeldioxyd in der Reihe Sulfat, Oxalat, Phosphat, Chloracetat, Succinat zunimmt; in der gleichen Reihe nimmt nämlich die Säurestärke der den Verbindungen zugrunde liegenden Säuren in Wasser ab. Behandelt man Pyridiniumoxalat, Pyridiniumsuccinat, Harnstoffoxalat und Harnstoffsuccinat in gleicher Weise mit flüssigem Schwefeldioxyd wie die Aniliniumsalze, so beobachtet man keine Solvolyse. Die Pyridiniumsalze geben klare, farblose Lösungen, die Harnstoffsalze sind schwerlöslich, werden aber ebenfalls nicht verändert. Es konkurrieren also offenkundig die Haftfestigkeit des Amins in Form des Ammoniumsalzes an der Säure und die Affinität des Amins zum Schwefeldioxyd miteinander. Wenn auch die Solvatationsenergie des Pyridins in flüssigem Schwefeldioxyd zweifellos größer ist als die des Anilins, so bleiben die Pyridiniumsalze in flüssigem Schwefeldioxyd doch deswegen unverändert, weil Pyridin im Vergleich zum Anilin die stärkere Base ist und die Säure fester bindet.

Zum Schluß sei noch auf eine Solvolysereaktion anderer Art hingewiesen, welche von K. WICKERT[1] beschrieben worden ist. Bekanntlich werden Zinkdialkyle heftig von Wasser angegriffen und zersetzt, es bilden sich Zinkhydroxyd und Kohlenwasserstoffe:

$$Zn(C_2H_5)_2 + 2\,HOH = Zn(OH)_2 + 2\,C_2H_6.$$

Mit flüssigem Schwefeldioxyd reagiert Zinkdiäthyl ebenfalls, und zwar bei der Temperatur einer Eis-Kochsalzmischung außerordentlich heftig, bei der Temperatur eines Äther-Kohlensäure-Kältebades etwas gelinder. Die Solvolysereaktion verläuft unter Bildung von Zinkoxyd und Diäthylsulfoxyd (Diäthylschweflige Säure):

$$Zn(C_2H_5)_2 + SO_2 = ZnO + O{=}S{<}^{C_2H_5}_{C_2H_5}.$$

Das Reaktionsprodukt wurde mit wasserfreiem Äther übergossen, in welchem sich die gebildete organische Substanz auflöste. Nach dem Abdunsten der abfiltrierten, ätherischen Lösung konnte der Rückstand nach den Angaben von WICKERT schon äußerlich als Diäthylsulfoxyd — es ist ein Öl — erkannt werden; eine Analyse bestätigte den Befund. Allem Anschein nach aber ist diese interessante Solvolysereaktion nicht eingehender untersucht worden. Es wurde beispielsweise nicht geprüft, ob die anorganische Substanz wirklich Zinkoxyd und nicht etwa Zinksulfit $Zn(SO_3)$ ist, was wahrscheinlicher sein dürfte:

$$Zn(C_2H_5)_2 + 2\,SO_2 = ZnSO_3 + O{=}S{<}^{C_2H_5}_{C_2H_5}.$$

[1] WICKERT, K.: Z. Elektrochem. 44, 411 (1938).

8. Das amphotere Verhalten von Sulfiten bzw. Oxyden in verflüssigtem Schwefeldioxyd[1].

a) Das amphotere Verhalten einiger Sulfite von Elementen der 3. Vertikalgruppe des periodischen Systems.

Die erstaunlich weitgehenden Ähnlichkeiten der Chemie bei den in Wasser, flüssigem Ammoniak und in anderen „wasserähnlichen" Solventien gelösten Stoffen mit der Chemie der in verflüssigtem Schwefeldioxyd gelösten Substanzen läßt auch die Erscheinungen der Amphoterie bei einigen Sulfiten bzw. Oxyden in dem Lösungsmittel Schwefeldioxyd erwarten. Die Analogien beruhen, wie wir sahen, auf der Gleichartigkeit der Dissoziationsschemen, durch welche die geringfügige elektrische Leitfähigkeit der reinen, „wasserähnlichen" Lösungsmittel ihre Erklärung findet, beispielsweise:

$$2\,H_2O \rightleftharpoons (H \cdot H_2O)^+ + (OH)^- \quad \rightleftharpoons (H_3O)^+ + (OH)^-$$
$$2\,NH_3 \rightleftharpoons (H \cdot NH_3)^+ + (NH_2)^- \quad \rightleftharpoons (NH_4)^+ + (NH_2)^-$$
$$2\,J_2 \quad \rightleftharpoons (J)^+ \quad + (J \cdot J_2)^- \quad \rightleftharpoons (J)^+ \quad + (J_3)^-$$
$$2\,SO_2 \rightleftharpoons (SO)^{2+} + (O \cdot SO_2)^{2-} \rightleftharpoons (SO)^{2+} + (SO_3)^{2-}$$

Und in der Tat hat man zuerst das erwartete amphotere Verhalten beim Aluminiumsulfit $Al_2(SO_3)_3$ aufgefunden und später auch bei anderen Sulfiten bzw. Oxyden festgestellt. Gibt man zu einer Auflösung von Aluminiumchlorid in flüssigem Schwefeldioxyd eine Auflösung von Tetramethylammoniumsulfit — die Lösung einer im „Sulfitosystem" der Verbindungen stärker „basenanalogen" Substanz —, so fällt zunächst Aluminiumsulfit, und zwar in voluminöser Form aus. Dieses geht aber beim schnellen, weiteren Zusatz eines etwas größeren Überschusses an Tetramethylammoniumsulfit, bevor also Alterung des gefällten Aluminiumsulfits eintreten kann, wieder in Lösung.

$$2\,AlCl_3 + 3\,[(CH_3)_4N]_2SO_3 = Al_2(SO_3)_3 + 6\,[(CH_3)_4N]Cl. \tag{1}$$
$$Al_2(SO_3)_3 + 3\,[(CH_3)_4N]_2SO_3 = 2\,[(CH_3)_4N]_3\{Al(SO_3)_3\}. \tag{2}$$

Bei langsam und allmählich erfolgendem Zusatz der „basenanalogen" Sulfitlösung ist die Wiederauflösung der Fällung nicht mehr vollständig; offenbar „altert" sie rasch, schneller als eine Aluminiumhydroxydfällung in Wasser. Gibt man umgekehrt zu einer Auflösung von Aluminiumsulfit in überschüssiger Tetramethylammoniumsulfitlösung eine Lösung des „säurenanalogen" Thionylchlorids in flüssigem Schwefeldioxyd, so bildet sich der weiße, diesmal besonders gallertartig und voluminös anfallende Aluminiumsulfitniederschlag zurück, welcher reichlich und schwer auswaschbar Tetramethylammoniumchlorid sorbiert hat. Im Überschuß von Thionylchlorid löst diese Fällung sich aber kaum wieder auf, sie altert offenbar mit großer Geschwindigkeit

---

[1] JANDER, G. u. H. IMMIG: Z. anorg. allg. Chem. **233**, 303 (1937). — JANDER, G: Naturw. **26**, 779, 793 (1938). — JANDER, G. u. H. HECHT: Z. anorg. allg. Chem. **250**, 287 (1943). — JANDER, G., H. WENDT u. H. HECHT: Ber. dtsch. chem. Ges. **77**, 698 (1944).

und tritt mit dem recht schwach säurenanalogen Thionylchlorid nur
äußerst langsam wieder in Reaktion.

$$2\,[(CH_3)_4N]_3\{Al(SO_3)_3\} + 3\,SOCl_2 = Al_2(SO_3)_3 + 6\,[(CH_3)_4N]Cl + 3\,SO_2.\qquad(3)$$

Das Aluminiumsulfit verhält sich also „säurenanalogen" und „basenanalogen" Schwefeldioxydlösungen gegenüber, und zwar einschließlich
der hier beschleunigt vor sich gehenden Alterungserscheinungen, wie
Aluminiumhydroxyd in sauren und basischen, wäßrigen Lösungen.

Die Verhältniszahlen der miteinander in Reaktion tretenden Molekülarten, welche aus den eben gebrachten Formulierungen (1) bis (3)
zu erkennen sind, haben sich aus
konduktometrischen Titrationen ergeben. Die Kurve *1* der Abb. 62
ist auf Grund der Titration von
Auflösungen des völlig wasserfreien
Aluminiumchlorids ($\sim$0,1 g) in flüssigem Schwefeldioxyd ($\sim$35 cm³)
mittels Tetramethylammoniumpyrosulfit $[(CH_3)_4N]_2S_2O_5$ erhalten
worden; das Pyrosulfit hat man dabei in festem Zustande portionsweise
eingetragen. Bei der Fällung des
Aluminiumsulfits tritt in wachsendem Maße an die Stelle des sehr
wenig leitenden Aluminiumchlorids
das verhältnismäßig gut leitende
Tetramethylammoniumchlorid (Reaktionsgleichung 1). Hieraus ergibt
sich der steil ansteigende erste Teil
der Kurve *1*. Sind 3 Mole Sulfit
zu 2 Molen Aluminiumchlorid hinzugegeben (obere Beschriftung der

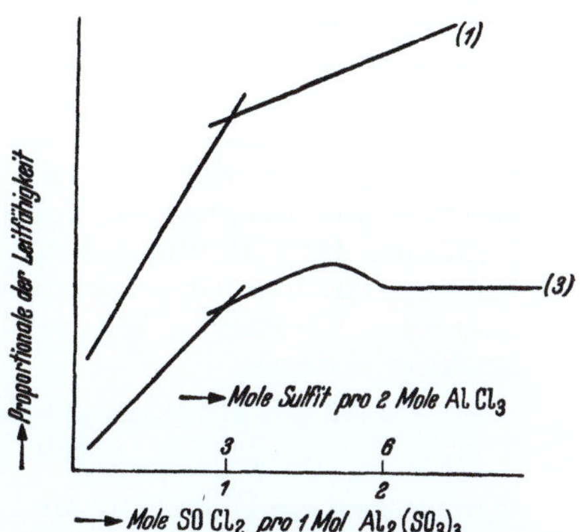

Abb. 62. Konduktometrische Titrationen
vorgelegter Lösungen von Aluminiumchlorid
in verflüssigtem Schwefeldioxyd mittels
Tetramethylammoniumpyrosulfit (Kurve *1*)
bzw. von Tetramethylammonium-Sulfito-
aluminat in flüssigem Schwefeldioxyd bei
Gegenwart von etwas überschüssigem Tetramethylammoniumpyrosulfit mittels
Thionylchlorid (Kurve *3*).

X-Achse!), so ist alles Aluminium als Sulfit $Al_2(SO_3)_3$ ausgefällt. Das
Wiederinlösunggehen des Niederschlages läßt sich bei derartig durchgeführten konduktometrischen Titrationen nicht exakt messend verfolgen, da — wie bereits erwähnt wurde — das ausgefällte Aluminiumsulfit schnell altert und schwerer reaktionsfähig wird. Es läßt sich
nur durch einen rasch hinzugesetzten Überschuß von Tetramethylammoniumpyrosulfit praktisch vollständig in Lösung bringen. Der
zweite weniger steil ansteigende Teil der Kurve *1* rührt von der
allmählich zunehmenden Menge an überschüssigem Tetramethyl-
ammoniumdisulfit her, das, wenn es auch eine stärker „basenanaloge"
Substanz im „Sulfitosystem" der Verbindungen ist, doch schwächer
leitet als Tetramethylammoniumchlorid.

Man hat ferner eine Auflösung von 2 Molen Aluminiumchlorid in
flüssigem Schwefeldioxyd möglichst schnell mit 7 Molen Tetramethylammoniumpyrosulfit versetzt und diese Lösung nach erfolgter Klärung
konduktometrisch mit „säurenanalogem" Thionylchlorid zurück-

18*

titriert. Die Meßresultate sind durch die Kurve *3* der Abb. 62 dargestellt. Der erste, steiler ansteigende, geradlinige Teil der Kurve *3* gibt die „neutralisationenanaloge" Umsetzung zwischen dem im Überschuß hinzugesetzten „basenanalogen" Tetramethylammoniumpyrosulfit und Thionylchlorid wieder (untere Beschriftung der X-Achse). Beim ersten Knickpunkt ist also die Verbindung:

$$6\,[(CH_3)_4N]_2SO_3 \cdot 1\,Al_2(SO_3)_3 \quad \text{oder} \quad 2\,[(CH_3)_4N]_3\{Al(SO_3)_3\}$$

gerade noch in Lösung. Das folgende unregelmäßige, erst nach oben gewölbt und nach einer Senkung horizontal verlaufende Stück der Leitfähigkeitskurve *3* deutet die mit weiterem Thionylchloridzusatz nun beginnende Fällung des in diesem Falle besonders voluminösen, gallertartigen und — wie erwähnt — chloridhaltigen Aluminiumsulfitniederschlages an.

Auch beim Gallium ist ein amphoteres Verhalten nachgewiesen worden. Galliumtrichlorid $GaCl_3$[1] löst sich leicht in flüssigem Schwefeldioxyd. Bei Zugabe von Tetramethylammoniumpyrosulfit zu dieser Auflösung fällt Galliumsulfit bzw. eine Adsorptionsverbindung von Galliumoxyd und Schwefeldioxyd, aus und zwar, wie durch konduktometrische Titrationen festgestellt werden konnte, gemäß folgendem Reaktionsschema:

$$2\,GaCl_3 + 3\,[(CH_3)_4N]_2S_2O_5 = 6\,[(CH_3)_4N]Cl + Ga_2(SO_3)_3 + 3\,SO_2$$
$$\text{bzw.} = 6\,[(CH_3)_4N]Cl + Ga_2O_3 \cdot x\,SO_2.$$

Wird schnell ein Überschuß an Tetramethylammoniumpyrosulfit hinzugegeben, so tritt vollkommene Wiederauflösung ein.

b) (α) Das amphotere Verhalten einiger Sulfite von Elementen der 4. Vertikalreihe des periodischen Systems.

Wird eine Lösung von Siliciumtetrachlorid in verflüssigtem Schwefeldioxyd im Bombenrohr eingeschmolzen und verschiedenen Temperaturen ausgesetzt, so tritt weder bei tiefen Temperaturen noch bei längerem Verweilen bei Zimmertemperatur und auch nicht bei $+60^0$ bis $+70^0$ C Solvolyse ein, obgleich bei der leichten Hydrolysierbarkeit dieser Verbindung durch Wasser etwas derartiges erwartet werden könnte. Eine minimale Trübung, welche gelegentlich beobachtet worden ist, vermehrt sich im Laufe der Zeit nicht und ist wohl mit Recht auf Feuchtigkeitsspuren im Schwefeldioxyd zurückgeführt worden. Diese Feststellungen stehen übrigens in völliger Übereinstimmung mit den Befunden von BOND und Mitarbeitern, welche die Löslichkeit von Siliciumtetrachlorid in flüssigem Schwefeldioxyd untersuchten (vgl. S. 233 und Abb. 55). Die solvolytische Umsetzung kann aber durch Zugabe von „basenanalogen" Substanzen, z. B. von Tetramethylammoniumpyrosulfit herbeigeführt werden.

$$SiCl_4 + 2\,[(CH_3)_4N]_2S_2O_5 + (x-4)\,SO_2 = SiO_2 \cdot x\,SO_2 + 4\,[(CH_3)_4N]Cl.$$

---

[1] Bereitet nach G. HEYNE aus Galliummmetall im Chlorwasserstoffstrom. Diss. Rostock 1935.

Das Schwefeldioxydsolvat des Siliciumdioxyds („Sulfitokieselsäure", Adsorptionsverbindung unbestimmter Zusammensetzung) fällt hierbei als flockiger, weißer Niederschlag aus, der aber etwas weniger gallertartig und voluminös erscheint als die bekannten Kieselsäuregele aus wäßrigen Lösungen. Konduktometrische Titrationen sprechen für eine Umsetzung gemäß dem eben gegebenen Reaktionsschema. Der Kurvenverlauf weist einen sehr deutlichen Knick nach einem Zusatz von 2 Molen Tetramethylammoniumpyrosulfit auf 1 Mol Siliciumtetrachlorid auf. Einen weiteren Hinweis für die Richtigkeit der Reaktionsgleichung hat man an dem Auftreten einer Gelbfärbung der vorher ungefärbten Lösung zu sehen geglaubt. Die bleibende Gelbfärbung ist nämlich nach Zusatz von 2 Molen Sulfit auf 1 Mol Siliciumtetrachlorid zu bemerken. Sie deutet auf das Vorliegen von freiem Tetramethylammoniumpyrosulfit in flüssigem Schwefeldioxyd hin.

Bei tiefen Temperaturen ist es möglich, durch schnelle Zugabe eines Überschusses von Tetramethylammoniumpyrosulfit zu der Auflösung von Siliciumtetrachlorid in flüssigem Schwefeldioxyd die zunächst auftretende Fällung wieder in Lösung zu bringen. Es entsteht dabei die vollkommen klare Lösung eines Tetramethylammoniumsulfitosilicates, aus welcher sich aber im geschlossenen Bombenrohr bei höheren Temperaturen, und zwar schon von $0°$ C an aufwärts das Siliciumdioxyd-Sulfitosolvat unbestimmter Zusammensetzung in flockiger Form abermals ausscheidet. Man hat noch nicht entscheiden können, ob sich bei der Wiederauflösung des Siliciumdioxydsolvates ein Tetramethylammonium-Orthosulfitosilicat $[(CH_3)_4N]_4\{Si(SO_3)_4\}$ oder ein Metasulfitosilicat $[(CH_3)_4N]_2\{Si(SO_3)_3\}$ gebildet hat. Diesbezüglich durchgeführte konduktometrische Titrationen haben bisher kein eindeutiges Resultat ergeben, präparative Ansätze sind wegen ungünstiger Löslichkeitsverhältnisse fehlgeschlagen.

Auch das wasserfreie Zinntetrachlorid löst sich wie Siliciumtetrachlorid in flüssigem Schwefeldioxyd auf, ohne dabei solvolytische Zersetzung zu erleiden[1]. Wird aber zu einer solchen Lösung „basenanaloges" Tetramethylammoniumpyrosulfit hinzugegeben, so fällt der weiße, flockige Niederschlag eines Zinndioxydsolvates unbestimmter Zusammensetzung $SnO_2 \cdot x\, SO_2$ („Sulfitozinnsäure") aus, welches sich bei tiefer Temperatur ($-60°$ C) und bei schnellem, unter Umschwenken erfolgendem Zugeben eines Überschusses von Sulfit wieder auflöst:

$$SnCl_4 + 2\,[(CH_3)_4N]_2S_2O_5 + (x\!-\!4)\,SO_2 = SnO_2 \cdot x\, SO_2 + 4\,[(CH_3)_4N]Cl.$$

Konduktometrische Titrationen haben bewiesen, daß die Umsetzung tatsächlich gemäß dem eben gegebenen Reaktionsschema vor sich geht der Kurvenverlauf zeigt einen sehr deutlich erkennbaren Knickpunkt nach einem Zusatz von 2 Molen Tetramethylammoniumpyrosulfit auf 1 Mol Zinntetrachlorid. In ähnlicher Weise wie das amphotere Aluminiumsulfit löst sich gefälltes Zinndioxyd bei Zusatz von über-

---

[1] Bond, P. A. u. H. T. Beach: J. Amer. chem. Soc. 48, 348 (1926).

schüssigem Tetramethylammoniumpyrosulfit wieder auf und bildet allem Anschein nach ein Tetramethylammonium-Orthosulfitostannat.

$$SnO_2 \cdot x\, SO_2 + 2\,[(CH_3)_4N]_2SO_3 = [(CH_3)_4N]_4\{Sn(SO_3)_4\} + (x-2)\,SO_2.$$

Man hat die Auflösung einer „Sulfitozinnsäure" in überschüssigem Tetramethylammoniumpyrosulfit mittels Thionylchlorid konduktometrisch titriert und dabei festgestellt, daß die Lösung solange klar bleibt, als noch über die Verbindung $[(CH_3)_4N]_4\{Sn(SO_3)_4\}$ hinaus Tetramethylammoniumsulfit vorhanden ist. Verändern sich die Molverhältnisse durch weiteren Zusatz von Thionylchlorid zuungunsten des Tetramethylammoniumsulfits, so tritt eine bleibende Fällung auf. Dieser Punkt ist auch durch einen Knick in der konduktometrischen Titrationskurve ausgezeichnet.

b) (β) Das Verhalten von metallischem Zinn in absoluten Schwefeldioxydlösungen von basenanalogem Tetramethylammoniumpyrosulfit.

Eine typische Eigenschaft von Elementen, deren Oxyde im Aquo- oder Ammonosystem der Verbindungen amphotere Eigenschaften aufweisen, ist die, unter Wasserstoffentwicklung nicht nur im „sauren", sondern auch im stärker „basischen" Bereich der jeweiligen Solventien in Lösung zu gehen. So reagiert beispielsweise Zink sowohl mit wäßrigen Säuren als auch mit wäßriger Kalilauge, ferner mit kaliumamidhaltigem, absolutem Ammoniak:

$$Zn + 2\,KOH + 2\,H_2O = K_2[Zn(OH)_4] + H_2\nearrow$$
$$bzw. = K_2(ZnO_2) + H_2 + 2\,H_2O\nearrow$$
$$Zn + 2\,K(NH_2) + 2\,NH_3 = K_2[Zn(NH_2)_4] + H_2\nearrow.$$

Bei der Übertragung dieses Reaktionstypus auf Lösungssysteme mit flüssigem Schwefeldioxyd als Solvens ist zu beachten, daß an Stelle von Wasserstoffgas, wenigstens primär, hypothetisches Schwefelmonoxyd SO entstehen sollte. Schwefelmonoxyd ist jedoch nicht stabil und dürfte sich, wie anzunehmen ist, in Schwefeldioxyd und Schwefel disproportionieren: $2\,SO \rightarrow SO_2 + S$. Bei der Reaktion amphoterer Metalle mit Lösungen von Tetramethylammoniumpyrosulfit in flüssigem Schwefeldioxyd müßte also neben dem Sulfitosalz Schwefel in freiem Zustande oder durch eine Sekundärreaktion gebunden auftreten:

$$2\,Me^{II} + 2\,[(CH_3)_4N]_2S_2O_5 + SO_2 = 2\,[(CH_3)_4N]_2\{Me^{II}(SO_3)_2\} + S.$$

Bei diesbezüglichen experimentellen Untersuchungen hat sich nun ergeben, daß viele Metalle, welche in anderen Lösungsmittelsystemen amphoter sind, von Lösungen des basenanalogen Tetramethylammoniumpyrosulfits in flüssigem Schwefeldioxyd nicht merkbar und fortschreitend angegriffen werden, beispielsweise: Beryllium, Aluminium, Gallium, Antimon und Blei. Selbst beim längeren Erwärmen dieser Metalle mit der basenanalogen Schwefeldioxydlösung im Bombenrohr auf 60° läßt sich eine Einwirkung nicht erzwingen. Das metallische

Zinn jedoch zeigt ein Verhalten, welches interessanterweise mit den Erwartungen übereinstimmt. Wenn man nämlich Zinnfolie mit einer Auflösung von Tetramethylammoniumpyrosulfit in flüssigem Schwefeldioxyd zusammen im Bombenrohr einschließt und den Ansatz auf Zimmertemperatur erwärmt, so beginnt die Folie sich aufzulösen. Hierbei tritt eine in der Nähe des Zinns dunkelbraune Färbung auf, welche während des Auflösungsvorganges als dunklere Schlierenbildung gut erkennbar ist und sich von der schon vorhandenen gelbroten Farbe des gelösten Tetramethylammoniumpyrosulfits deutlich abhebt. Bei gelegentlich kräftigem Schütteln ist die Auflösung der Zinnfolie in einigen Minuten beendet. Versucht man, den Auflösungsprozeß ohne Schütteln vor sich gehen zu lassen, so können infolge lokaler Konzentrationsungleichheiten leicht bleibende Fällungen entstehen. Beim Abkühlen auf tiefere Temperaturen (-60° C) geht die Farbe der Lösung auf ein schwaches Gelb zurück. Lagen Tetramethylammoniumsulfit und Zinn beim Ansatz im molaren Verhältnis 2:1 oder größer vor, so ist die resultierende, bei Zimmertemperatur klare braune Lösung auch lange Zeit haltbar. Lagen aber beim Ansatz Sulfit und Zinnfolie nur im molaren Verhältnis 1:1 vor, so tritt anschließend an den beschriebenen Auflösungsprozeß wieder Entfärbung der Lösung ein, wobei sich farblose, amorphe, gelartige „Sulfitozinnsäure" $SnO_2 \cdot x\, SO_2$ abscheidet. Elementarer Schwefel als Niederschlag aber konnte in keinem Falle festgestellt werden.

Eine Aufklärung über den Reaktionsmechanismus hat man aus der Untersuchung der Reaktionsprodukte nach dem Wegdunsten des Schwefeldioxyds erhalten. Hierbei fand man Tetramethylammoniumthiosulfat, und zwar in einer Menge von nahezu einem Mol auf 1 Mol Zinn. Derivate anderer Säuren des Schwefels — außer natürlich der schwefligen Säure — konnten nicht nachgewiesen werden, also beispielsweise nicht solche der Dithionsäure $H_2S_2O_6$ oder der unterschwefligen Säure $H_2S_2O_4$. Das Zinn lag in Form einer Verbindung des vierwertigen (!!) Zinns vor. Das erscheint vielleicht im ersten Moment überraschend, wenn man daran denkt, daß Schwefeldioxyd ein kräftiges Reduktionsmittel sein kann. Auf der anderen Seite aber wiederum steht der Befund in Einklang mit der Tatsache, daß sich ja auch Zinn in starken, wäßrigen Laugen unter Wasserstoffentwicklung zu Alkalistannat, also zu einer Verbindung des vierwertigen Zinns, auflöst. Der Vorgang der Auflösung des Zinns verläuft also insgesamt folgendermaßen:

$$2\,[(CH_3)_4N]_2S_2O_5 + SO_2 + Sn = [(CH_3)_4N]_2\{Sn(SO_3)\}_3 + [(CH_3)_4N]_2S_2O_3 .$$

Der bei der Metallauflösung in basenanaloger Sulfitsolution erwartete elementare Schwefel tritt also als Thiosulfatschwefel auf. Liegt das metallische Zinn in der absoluten Schwefeldioxydlösung gegenüber dem Tetramethylammoniumpyrosulfit im Überschuß vor, also z. B. beim Vorhandensein des Verhältnisses Zinn zu Sulfit wie 1:1, so tritt allermeistens, wie schon erwähnt, eine Abscheidung gelartiger, mitunter zähklebriger Massen ein, welche offenbar Zinndioxydsolvate sind. In der über der Abscheidung stehenden Lösung jedoch hat man auch in diesem Falle Tetramethylammoniumthiosulfat nachgewiesen:

$$[(CH_3)_4N]_2S_2O_5 + x\,SO_2 + Sn = SnO_2 \cdot x\,SO_2 + [(CH_3)_4N]_2S_2O_3 \, .$$

Überraschenderweise hat man gelegentlich auch bei diesen Ansatzverhältnissen fast klare (kolloidale ?) Schwefeldioxydlösungen des Zinn(IV)-oxyd-Solvates (der Sulfitozinnsäure) erhalten.

c) Das amphotere Verhalten von einigen Elementen der 5. Vertikalreihe des periodischen Systems.

Phosphortrichlorid ist in flüssigem Schwefeldioxyd gut löslich. Die Lösung sieht farblos aus, läßt keine Solvolysereaktion und auch keine Reduktions-Oxydationsreaktion erkennen und zeigt im Vergleich mit dem reinen verflüssigten Schwefeldioxyd kaum eine Erhöhung des Leitvermögens. Wird jedoch zu dieser Auflösung (bei -40^0 C) anteilweise Tetramethylammoniumpyrosulfit hinzugegeben, so fällt mit steigendem Zusatz des basenanalogen Sulfits in wachsendem Maße Diphosphortrioxyd als weißer, flockiger Niederschlag aus:

$$2\,PCl_3 + 3\,[(CH_3)_4N]_2S_2O_5 = P_2O_3 + 6\,SO_2 + 6\,[(CH_3)_4N]Cl \, .$$

Bei Zugabe von überschüssigem Basenanalogen löst sich das Diphosphortrioxyd wieder auf. Diese Auflösungen sehen zunächst auch weiterhin farblos aus. Wenn aber mehr als insgesamt 4 Mol Tetramethylammoniumpyrosulfit auf 2 Mol Phosphortrichlorid hinzugesetzt wurden, behalten die Lösungen die gelbe Farbe der Solutionen von Sulfiten in flüssigem Schwefeldioxyd. Man hat den Reaktionsablauf konduktometrisch verfolgt und dabei einen Kurvenverlauf erhalten, wie er in Abb. 63 wiedergegeben ist. Die Kurve steigt in ihrem ersten Teil ziemlich steil an, weil das kaum leitende Phosphortrichlorid durch das sich in wachsender Menge bildende und gut leitende Tetramethylammoniumchlorid ersetzt wird. Während dieser Phase fällt Diphosphortrioxyd P_2O_3 aus. Ein zweites, kürzeres Stück der Leitfähigkeitstitrationskurve ist weniger steil und entspricht einem Zusatz von 3 bis zu 4 Mol Tetramethylammoniumpyrosulfit auf 2 Mol Phosphortrichlorid. Während dieser Phase findet das Wiederinlösunggehen des Diphosphortrioxyds statt; die entstehende Lösung ist farblos.

$$P_2O_3 + [(CH_3)_4N]_2S_2O_5 = 2\,[(CH_3)_4N]\{PO_2 \cdot SO_2\} \, .$$

Der dritte, noch etwas weniger steil ansteigende Teil der konduktometrischen Titrationskurve setzt nach Zugabe von 4 Mol Sulfit ein und läßt die allmählich wachsende Leitfähigkeit der Lösung durch das überschüssig hinzugesetzte, gut lösliche und mittelstark leitende Basenanaloge Tetramethylammoniumpyrosulfit erkennen. Nunmehr wird die Lösung, wie bereits erwähnt, auch bleibend gelb. Daß es sich bei den Niederschlägen, welche auftreten, wenn man in verflüssigtem Schwefeldioxyd gelöstes Phosphortrichlorid mit Sulfit versetzt, um Diphosphortrioxyd oder ein sehr leicht zersetzliches Schwefeldioxyd-

solvat desselben handelt, hat man durch analytische Untersuchung
solcher Fällungen festgestellt. Die unter Ausschluß von Luftfeuchtigkeit sorgfältig und wiederholt extrahierten, abfiltrierten und getrock-
neten Niederschläge enthielten weder Chlorid oder Sulfit noch Sulfat
oder stickstoffhaltige Verunreinigungen; es wurde nur Phosphor in
der dreiwertigen Oxydationsstufe festgestellt. Das so erhältliche
Diphosphortrioxyd sieht weiß aus und ist äußerst feuchtigkeitsempfindlich.

Über die Beschaffenheit und Zusammensetzung der Verbindung,
welche sich bei der Auflösung von Diphosphortrioxyd in Tetramethylammoniumpyrosulfit bildet,
hat man durch konduktometrische
Titrationen, durch präparative und
analytische Untersuchungen Klarheit erhalten. Löst man reines
Phosphortrioxyd und Tetramethylammoniumpyrosulfit in flüssigem
Schwefeldioxyd im Molverhältnis
$P_2O_3 : [(CH_3)_4N]_2S_2O_5 = 1:1$ auf, so
wird die ursprünglich gelbe, klare
Lösung nach einiger Zeit farblos.
Beim Eindunsten bis auf einen
wenige Kubikzentimeter betragen-
den Rest kann man aus ihm durch
trockenen Äther ein zunächst zäh-
klebriges, später feinkrystallin wer-
dendes Salz abscheiden, das äußerst
feuchtigkeitsempfindlich ist und
schwach blaßgelblich aussieht. Es

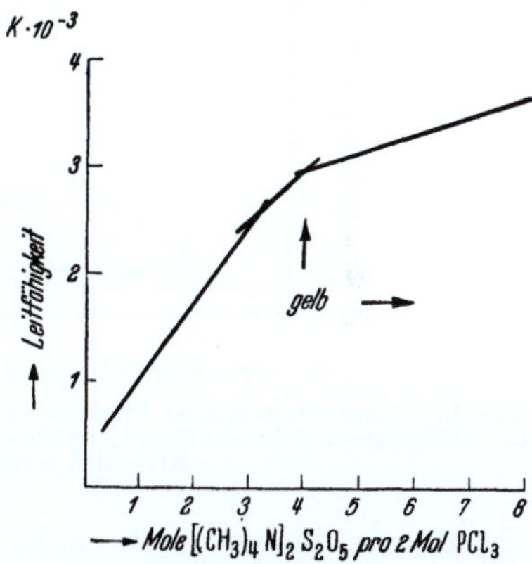

Abb. 63. Konduktometrische Titration
einer vorgelegten Auflösung von Phosphortrichlorid in flüssigem Schwefeldioxyd
mittels anteilweise hinzugesetztem
Tetramethylammoniumpyrosulfit.

hat die Zusammensetzung des Schwefeldioxydsolvates eines Tetra-
methylammoniummetaphosphits oder eines Tetramethylammonium-
sulfitometaphosphits

$$[(CH_3)_4N]PO_2 \cdot 1\ SO_2 \quad \text{bzw.} \quad [(CH_3)_4N]\{PO(SO_3)\}\,.$$

Das Salz ist in Wasser unter Schwefelabscheidung löslich, da in
wäßriger Lösung phosphorige Säure und schweflige Säure sofort miteinander reagieren. Es muß noch entschieden werden, ob es sich um
ein Metaphosphit-Schwefeldioxydsolvat oder um ein komplexes
Sulfitometaphosphit handelt.

Auch Antimontrichlorid löst sich ohne erkennbare Solvolysereaktion
gut in verflüssigtem Schwefeldioxyd auf. Die Lösung scheidet erst
nach Zugabe von basenanalogem Tetramethylammoniumpyrosulfit den
weißen Niederschlag eines Antimontrioxydsolvates bzw. eines Sulfits
ab. Wenn man in diesem Falle bei tiefer Temperatur (möglichst
—60° C) rasch einen Überschuß an Tetramethylammoniumpyrosulfit
hinzusetzt, so löst sich die weiße Fällung wieder auf; es darf jedoch
noch keine Alterung des Niederschlages, beispielsweise durch lokale
Temperaturerhöhungen, eingetreten sein. Wird aber die Lösung eines

solchen Sulfitoantimonits im zugeschmolzenen Bombenrohr auf Zimmertemperatur erwärmt und sich selbst überlassen, so fällt das Schwefeldioxydsolvat des Antimontrioxyds (die „Sulfitoantimonigsäure") wieder aus, welches jedoch nunmehr beim erneuten Abkühlen nicht wieder in Lösung geht. Auf Grund von konduktometrischen Titrationen ergibt sich folgendes Reaktionsschema für den Fällungsvorgang:

$$2\,SbCl_3 + 3\,[(CH_3)_4N]_2S_2O_5 + (x-6)SO_2 = 6\,[(CH_3)_4N]Cl + Sb_2O_3 \cdot x\,SO_2$$
$$bzw. = 6\,[(CH_3)_4N]Cl + Sb_2(SO_3)_3 + (x-3)\,SO_2.$$

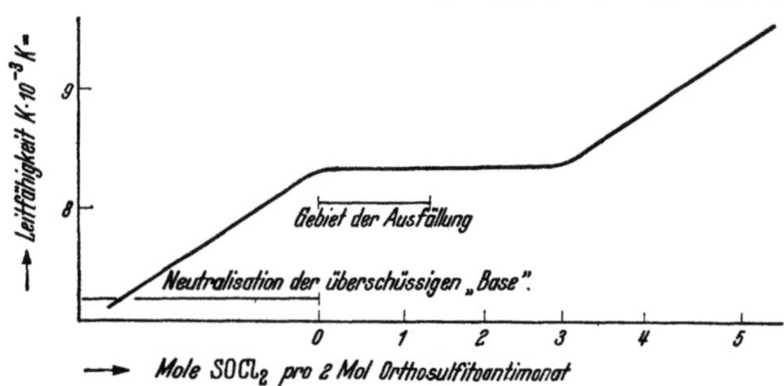

Abb. 64. Konduktometrische Titration einer vorgelegten Auflösung von Antimonpentachlorid in verflüssigtem Schwefeldioxyd, welches überschüssig hinzugesetztes Tetramethylammoniumpyrosulfit enthält, mittels Thionylchlorid.

Es konnte bisher noch nicht endgültig klargestellt werden, ob die „Sulfitoantimonigsäure" in dem überschüssig hinzugesetzten Tetramethylammoniumpyrosulfit als Ortho- oder als Metasulfitoantimonit in Lösung geht.

Ebenso wie Antimontrichlorid ist auch Antimonpentachlorid $SbCl_5$ in flüssigem Schwefeldioxyd leicht und ohne bemerkbare Solvolysereaktion löslich; auch beim Erwärmen der Lösung im zugeschmolzenen Bombenrohr erleidet das Pentachlorid keine Solvolyse. Bei Zugabe von Tetramethylammoniumpyrosulfit jedoch fällt der Niederschlag eines Antimonpentoxydsolvates unbestimmter Zusammensetzung aus, welcher sich bei tiefen Temperaturen und bei schneller Zugabe eines reichlichen Überschusses dieser basenanalogen Substanz wieder auflöst. Auf Grund konduktometrischer Titrationen ergibt sich, daß der Fällungsvorgang durchaus erwartungsgemäß verläuft:

$$2\,SbCl_5 + 5\,[(CH_3)_4N]_2S_2O_5 + (x-10)\,SO_2 = 10\,[(CH_3)_4N]Cl + Sb_2O_5 \cdot x\,SO_2.$$

Bei der Rücktitration von Sulfitoantimonatlösungen mit einem bekannten Überschuß an Tetramethylammoniumpyrosulfit mittels Thionylchlorid finden kompliziertere Reaktionen statt, welche an Hand der graphischen Darstellung von Abb. 64 auseinandergesetzt seien. Die Titrationskurve verläuft zuerst ansteigend; der Anstieg ist bedingt durch die Bildung des relativ gut leitenden Tetramethylammoniumchlorids, welches bei der neutralisationenanalogen Umsetzung zwischen überschüssigem Tetramethylammoniumpyrosulfit und Thionylchlorid entsteht. Danach bleibt die Leitfähigkeit der Lösung praktisch konstant und ein Niederschlag fällt aus, da nunmehr das Sulfitoantimonat durch das weiterhin zugesetzte Thionylchlorid zersetzt wird. Vom Beginn der Fällung an gerechnet sollte die Niederschlagsbildung erst nach Zugabe von weiteren 3 Mol Thionylchlorid je 2 Mol Antimonpentachlorid bzw. Orthosulfitoantimonat beendet sein. Infolge einer durch die dauernd anwachsende Konzentration an Tetramethylammoniumchlorid bedingten Komplexsalzbildung jedoch löst sich der Niederschlag schon früher, nämlich nach Zusatz von etwa 1,3 Mol Thionylchlorid wieder auf. Es entsteht Tetramethylammonium-Hexachloroantimonat in völlig klarer Lösung. Näheres über Komplexsalzbildungen dieser Art in flüssigem Schwefeldioxyd wird in einem besonderen Abschnitt (S. 299) behandelt werden.

$$2\,[(CH_3)_4N]_3\{Sb(SO_3)_4\} + 3\,SOCl_2 = Sb_2(SO_3)_5 + 6\,[(CH_3)_4N]Cl + 6\,SO_2\,.$$
$$\downarrow$$
$$Sb_2(SO_3)_5 + 12\,[(CH_3)_4N]Cl \rightleftharpoons 2\,[(CH_3)_4N]SbCl_6 + 5\,[(CH_3)_4N]_2SO_3\,.$$
$$\rightarrow$$

Der Beginn der durch das Schema skizzierten Zersetzungsreaktion des Orthosulfitoantimonats wird, wie schon erwähnt, durch den ersten Knickpunkt gekennzeichnet. Neben der Bildung des Komplexsalzes geht die Entstehung von Tetramethylammoniumpyrosulfit einher, welches im weiteren Verlauf der Zugabe von Thionylchlorid „neutralisiert" wird, wodurch die Titrationskurve in ihrem letzten Teil wieder ansteigt.

9. Über das Verhalten von Aminen flüssigem Schwefeldioxyd gegenüber und den Charakter ihrer Auflösungen in diesem Solvens.

a) Vorbemerkungen und Allgemeines.

Außerordentlich viele Amine lösen sich in wasserfreiem, verflüssigtem Schwefeldioxyd auf und bilden Lösungen von mehr oder weniger intensiver, gelblicher bis bräunlicher Farbe. Bei manchen von ihnen, wie beispielsweise beim Di- und Triäthylamin ist hierbei eine stark positive Lösungswärme zu beobachten, so daß man, um beim Lösen ein Verspritzen zu vermeiden, tief kühlen muß. Bei -70° C sind diese Lösungen übrigens heller gefärbt als bei -10° C oder gar, im Druckrohr eingeschlossen, bei Zimmertemperatur.

Schon WALDEN[1] hat festgestellt, daß die meisten der in flüssigem Schwefeldioxyd aufgelösten Amine unter Beteiligung des Solvens zu Elektrolyten werden. Die Beteiligung des Lösungsmittels folgerte er aus der erwähnten, beträchtlichen Lösungswärme und erklärt das Leitvermögen durch folgendes Schema:

$$R_3N + SO_2 = (R_3N)^{++} + SO_2^{--}\,.$$

[1] WALDEN, P. u. M. CENTNERSZWER: Z. anorg. allg. Chem. 30, 145 (1902). — Z. phys. Chem. 43, 385 (1903).

ULICH[1] und CRUSE[2] haben später diese Bildung echter Elektrolyte aus potentiellen näher spezifisiert und durch Elektronenaustausch zwischen den Aminen sowie anderen basischen, stickstoffhaltigen organischen Substanzen einerseits und dem flüssigen Schwefeldioxyd andererseits zu erklären versucht, wobei der Elektronenaustausch zwischen dem Stickstoff und dem Schwefel getätigt werden soll.

$$
\begin{array}{ccc}
\ddot{R} \quad \ddot{O} & & \\
\ddot{R}:N:+:S & \longrightarrow & \left[\ddot{R}:N:\ddot{R} \right]^{++} + \left[\ddot{O}:\ddot{S}:\ddot{O} \right]^{--} \\
\ddot{R} \quad \ddot{O} & &
\end{array}
$$

BRIGHT und JASPER[3] nehmen auf Grund von Messungen der Oberflächenspannung und des Parachors für die Solvate von Aminen mit Schwefeldioxyd im festen Zustande eine Stickstoff-Sauerstoffbindung folgender Art an:

$$
\overset{+}{\underset{:\ddot{R}:}{\ddot{R}:N}}:\ddot{O}:\ddot{S}:\ddot{O}: \quad ^-
$$

BATEMAN, HUGHES und INGOLD[4] sprechen sich nach Untersuchungen über die Molekulargewichte und das Leitvermögen von Aminen für eine dem eben gegebenen Schema gleichsinnige Formulierung $(R_3N)^+ \cdot SO_2^-$ der freien und in Lösung befindlichen Anlagerungsverbindungen aus.

Alle diese Formulierungen jedoch lassen sich nicht recht mit den Ergebnissen experimenteller Untersuchungen in Einklang bringen, welche von G. JANDER und seinen Mitarbeitern[5] an Auflösungen von Aminen in flüssigem Schwefeldioxyd durchgeführt worden sind. Die näheren Untersuchungen von Fällungsreaktionen, von Oxydationen mittels Jod — welche nur in Gegenwart von Sulfiten verlaufen — und von neutralisationenanalogen Umsetzungen haben nämlich folgendes ergeben: Die Auflösungen der Amine in flüssigem Schwefeldioxyd müssen keine einfach oder doppelt negativ geladenen SO_2-Ionen enthalten, wie die obigen Formelbilder verlangen, sondern doppelt negativ geladene SO_3-Ionen. Derartige Auflösungen verhalten sich also wie Solutionen basenanaloger Sulfite, auf 2 Mol Amin wird 1 Mol SO_3-Ion gebildet. Das ist gerade der Fall, wenn man sich vorstellt, daß die Überführung der potentiellen Elektrolyte „Amine" in reale Elektrolyte

---

[1] ULICH, H.: Z. Elektrochem. **39**, 487 (1933).

[2] CRUSE, K.: Z. Elektrochem. **46**, 571 (1940).

[3] BRIGHT, R. u. J. J. JASPER: J. Amer. chem. Soc. **63**, 3486 (1941); **65**, 1262 (1943).

[4] BATEMAN, L. C., E. D. HUGHES u. C. K. INGOLD: J. chem. Soc. **1944**, 243.

[5] JANDER, G. u. Mitarb.: Z. phys. Chem. Abt. A **178**, 57 (1936). — Z. anorg. allg. Chem. **232**, 229 (1937). — MESECH, H.: Beiträge zum Verhalten der Substanzen in flüssigem Schwefeldioxyd. Inaug.-Diss. Greifswald 1938. — BEHNE, W.: Solvolysereaktionen und das Verhalten der Amine in flüssigem Schwefeldioxyd. Inaug.-Diss. Greifswald 1945.

in dem Solvens Schwefeldioxyd in ähnlicher Weise erfolgt wie in dem Solvens Wasser und in anderen nichtwäßrigen, aber „wasserähnlichen" Lösungsmitteln.

$$2\,R_3N + 2\,HOH \rightleftharpoons 2\,[R_3N \cdot H](OH) \rightleftharpoons 2\,[R_3NH]^+ + 2\,(OH)^-$$
$$2\,R_3N + 2\,SO_2 \rightleftharpoons 2\,[R_3N \cdot SO_2] \rightleftharpoons [R_3N \cdot SO_2]_2 \rightleftharpoons [(R_3N)_2SO](SO_3)$$
$$\rightleftharpoons [(R_3N)_2SO]^{++} + SO_3^{--}.$$

Danach erklärt sich also das Auftreten der Sulfitionen aus der Bildung von „Thionyldiammoniumsulfiten", welche — wie oben angedeutet — wahrscheinlich über mehrere Zwischenprodukte entstehen und partiell elektrolytisch dissoziieren.

b) Molekulargewichtsbestimmungen.

Molekulargewichtsbestimmungen, die man sowohl nach der Methode der Siedepunktserhöhung als auch der Gefrierpunktserniedrigung durchgeführt hat[1], können über den Verteilungszustand der in flüssigem Schwefeldioxyd gelösten Amine Auskunft geben. Auf Grund dieser Messungen ist man in der Lage, auszusagen, wie weit nach rechts, nach der Seite der bimolekularen Reaktionsprodukte, oder wie weit nach links, nach der Seite der monomolekularen Reaktionsprodukte, die eben skizzierten Gleichgewichtszustände verschoben sind. Die nachfolgenden tabellarischen Übersichten enthalten die Ergebnisse solcher Messungen und bringen für eine Reihe von Aminen die Werte der

$$\text{VAN'T HOFFschen Faktoren } i = \frac{\text{theoretisch berechenbares Molekulargewicht}}{\text{praktisch gefundenes Molekulargewicht}}$$

in Abhängigkeit von der Verdünnung in Litern je Mol.

Tabelle 90. *Zusammenstellung der* VAN'T HOFF*schen Faktoren i von Aminlösungen in flüssigem Schwefeldioxyd nach Siedepunktsmessungen.*

Bezeichnung des aufgelösten Amins und sein Siedepunkt	Wert des VAN'T HOFFschen Faktors i bei der Verdünnung (Liter je Mol)		
	2 Liter	8 Liter	32 Liter
Triäthylamin $(C_2H_5)_3N$; Sdp.: 89,4° C	1,07	0,87	0,66
Piperidin $C_5H_{10}NH$; Sdp.: 106° C	0,92	0,75	—
Diphenylamin $(C_6H_5)_2NH$; Sdp.: 302° C	1,06	1,08	1,10
o-Phenylendiamin $C_6H_4(NH_2)_2$; Sdp.: 256° C	—	1,09	1,13
Dimethyl-p-phenylendiamin $H_2N(C_6H_4)N(CH_3)_2$; Sdp.: 262° C	—	1,13	1,18

Bei der Beurteilung der Werte von den VAN'T HOFFschen Faktoren i muß man sich erinnern, daß manche Amine sich mit stark positiver Wärmetönung in flüssigem Schwefeldioxyd auflösen, wobei die leichter siedenden wie Triäthylamin und Piperidin zum Teil wenigstens

---

[1] MESECH, H.: Beiträge zum Verhalten der Substanzen in flüssigem Schwefeldioxyd. Inaug.-Diss. Greifswald 1938. — BATEMAN, L. C., E. D. HUGHES u. C. K. INGOLD: J. chem. Soc. **1944**, 243. — BEHNE, W.: Solvolysereaktionen und das Verhalten der Amine in flüssigem Schwefeldioxyd. Inaug.-Diss. Greifswald 1945.

verdampfen können. Die beobachteten Gefrierpunktsdepressionen namentlich der verdünnteren Lösungen werden also bei diesen Aminen leicht zu gering sein, die Molekulargewichte daher zu hoch und die Werte der VAN'T HOFFschen Faktoren i zu niedrig ausfallen. Die untersuchten Amine liegen also beim Siedepunkt des Lösungsmittels Schwefeldioxyd überwiegend im monomolekularen Verteilungszustand vor.

Da eine Assoziation zu Doppelmolekülen bei tieferen Temperaturen wahrscheinlicher ist als beim Siedepunkt des flüssigen Schwefeldioxyds, hat man auch mit einem Platinwiderstandsthermometer von HERAEUS[1] Molekulargewichtsbestimmungen nach der Methode der Gefrierpunktsdepression vorgenommen. Die Ergebnisse solcher Messungen an Auflösungen von Aminen in flüssigem Schwefeldioxyd sind in der folgenden tabellarischen Übersicht zusammengestellt.

Tabelle 91. *Zusammenstellung der* VAN'T HOFF*schen Faktoren i von Aminlösungen in flüssigem Schwefeldioxyd nach Gefrierpunktsmessungen.*

Diäthylamin		Triäthylamin		Piperidin		Pyridin	
Mole Amin je Liter SO_2	i-Wert	Mole Amin je Liter SO_2	i-Wert	Mole Amin je Liter SO_2	i-Wert	Mole Amin je Liter SO_2	i-Wert
0,0582	0,739	0,0836	0,932	0,0483	0,804	0,112	1,14
0,0866	1,16	0,0875	0,961	0,0748	0,805	0,115	1,05
0,202	0,829	0,161	1,007	0,0763	0,945	0,131	0,918
0,213	1,03	0,178	0,967	0,137	1,02	0,223	0,884
0,419	0,957	0,218	0,870	0,145	0,802	0,243	0,950
0,424	0,833	0,228	1,06	0,182	0,834	0,367	0,883
0,594	0,962	0,374	1,19	0,207	0,742	0,528	0,893
0,873	0,983	0,421	1,11	0,304	0,865	0,636	0,915
		0,640	0,940	0,466	0,939		
		0,907	1,11	0,642	0,868		
		1,234	0,924				
Mittelwert: $i = 0,943$		Mittelwert: $i = 1,007$		Mittelwert: $i = 0,862$		Mittelwert: $i = 0,954$	

Wie die in der tabellarischen Übersicht zusammengestellten Resultate lehren, liegen die untersuchten Amine im gemessenen Konzentrationsbereich von $1/_{20}$ bis 1 molar auch bei -78^0 C überwiegend in der monomolekularen Verteilungsform vor; soweit bimolekulare, assoziierte Moleküle vorhanden sind, wird ihr Einfluß auf den Wert des Molekulargewichtes offenbar kompensiert durch die elektrolytische Dissoziation dieser Assoziate.

Die etwas größere Abweichung der i-Werte von der Zahl 1 beim Piperidin ist höchstwahrscheinlich auf dessen ausgeprägt hygroskopischen Charakter zurückzuführen. Da jede Molekulargewichtsbestimmung nach der Methode der Gefrierpunktsermittlung mittels Widerstandsthermometer mehrere Stunden dauert, ist ein absolutes Fernhalten jeglichen Feuchtigkeitszutrittes recht schwer zu bewerkstelligen.

---

[1] Näheres s. W. BEHNE: Solvolysereaktionen und das Verhalten der Amine im flüssigen Schwefeldioxyd, S. 46—54. Inaug.-Diss. Greifswald 1945.

Spuren von Wasser werden aber aller Wahrscheinlichkeit nach durch Bildung von normalem Sulfit bzw. Pyrosulfit ein höheres Molekulargewicht für das Amin und damit einen kleineren VAN'T HOFFschen Faktor i im Gefolge haben:

$$2\,R_3N + 2\,SO_2 + H_2O = [(R_3NH)_2]S_2O_5\,.$$

Man hat versucht, noch mit Hilfe andersartig durchgeführter Molekulargewichtsbestimmungen Einblick in die Verhältnisse und Gleichgewichte bei Auflösungen von Aminen in flüssigem Schwefeldioxyd zu erhalten. Wenn man die Gefrierpunkte von Aminlösungen bestimmt, denen steigende Mengen von Thionylchlorid hinzugesetzt worden sind, so sollte man eine Erhöhung der Gefrierpunkte feststellen können, da infolge des Fortschrittes einer neutralisationenanalogen Umsetzung eine Verringerung der Teilchenzahl angenommen werden kann.

$$\begin{array}{cccc}\text{(IV)} & \text{(III)} & \text{(II)} & \text{(I)}\end{array}$$

1. $2\,R_3N + 2\,SO_2 \rightleftharpoons 2\,(R_3N\cdot SO_2) \rightleftharpoons (R_3N\cdot SO_2)_2 \rightleftharpoons [(R_3N)_2SO]SO_3$
$$\rightleftharpoons [(R_3N)_2SO]^{++} + SO_3^{--}$$

2. $[(R_3N)_2SO]SO_3 + SOCl_2 \rightleftharpoons [(R_3N)_2SO]Cl_2 + 2\,SO_2\,.$

Die dabei erhaltenen Versuchsresultate ermöglichen aber keine klaren und eindeutigen Schlüsse über die Molekulargröße und Konstitution der Thionyldiammoniumsulfite bzw. Thionyldiammoniumsalze, welche über das bisher Dargelegte hinauszugehen erlauben.

c) Leitfähigkeitsmessungen und Leitfähigkeitstitrationen.

In den Lösungen der Amine in flüssigem Schwefeldioxyd liegen also allem Anschein nach kompliziertere Verhältnisse und Gleichgewichte vor zwischen der nicht solvatisierten, monomolekularen Form (IV), dem solvatisierten, monomolekularen Produkt der Form (III), bimolekularen, solvatisierten Assoziaten der Form (II), Elektrolyten von der Form basenanaloger Sulfite (I) und den Ionen dieser Thionyldiammoniumsulfite. Um über die Lage dieser Gleichgewichte und über den Dissoziationsgrad nähere Aussagen machen zu können, hat man das elektrische Leitvermögen solcher Aminlösungen verschiedener Konzentration bei verschiedenen Temperaturen gemessen. Bei den Leitfähigkeitsmessungen hat. man besondere Obacht auf den Ausschluß von Feuchtigkeit geben müssen, da schon geringe Spuren Wasser das Leitvermögen von Aminen in absolutem Schwefeldioxyd nicht unerheblich erhöhen. Die Abb. 65 zeigt die Abhängigkeit der molekularen Leitfähigkeit Λ in reziproken Ohm von der Verdünnung für eine Reihe von Aminen. Die molekulare Leitfähigkeit der absoluten Schwefeldioxydlösungen, bezogen auf 1 Mol Amin, steigt also mit Zunahme der Verdünnung an, d. h. die Dissoziation der Elektrolyte ist in verdünnteren Lösungen stärker als in konzentrierteren. Die relativ stärksten Elektrolyte sind Triäthylamin und Diäthylamin, aber auch sie sind nur recht schwache Basenanaloge, ihre Auflösungen in flüssigem Schwefeldioxyd von -70° C leiten noch etwa 5mal schlechter als die von Ammoniak in Wasser bei 18⁰. Die Leitfähigkeit von absoluten Schwefeldioxydlösungen der Amine ist bei höherer Temperatur größer als bei niederer Temperatur, obwohl die Solvatation und damit auch die Dissoziation geringer ist. Allem Anschein nach nimmt — analog dem Verhalten von schwachen Elektrolyten in wäßriger Lösung — die Ionenbeweglichkeit bei höherer Temperatur nicht unbeträchtlich zu.

Auch die Leitfähigkeitsmessungen ergeben also, daß das Gleichgewicht zwischen den Verteilungszuständen IV, III, II und I der

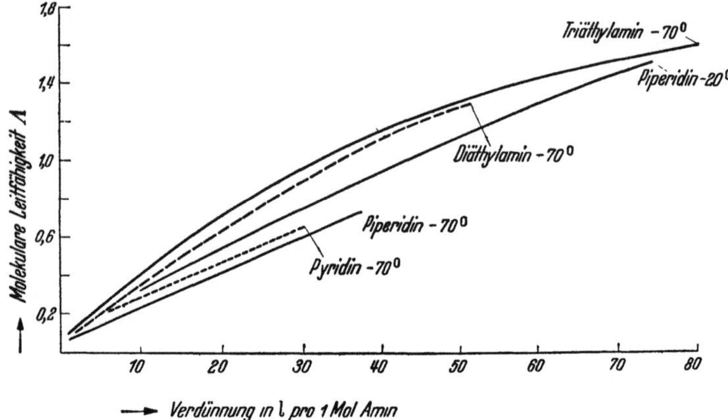

Abb. 65. Abhängigkeit des molaren Leitvermögens von der Verdünnung bei den Auflösungen einiger Amine in verflüssigtem Schwefeldioxyd.

Amine in flüssigem Schwefeldioxyd stark nach der Seite des monomolekularen, nicht leitenden Amins bzw. Aminosolvats verschoben ist. Da die elektrolytische Dissoziation ins Gesamte genommen nur recht gering ist, ist es verständlich, daß ein Einfluß auf die Molekulargewichtsbestimmungen kaum festgestellt werden kann. Man hat weiterhin versucht, durch konduktometrische Beobachtung und Messung der neutralisationenanalogen Umsetzung zwischen basenanalogen Aminauflösungen und säurenanalogem Thionylchlorid Aussagen machen zu können über die Anzahl von Sulfitionen, welche je 1 Mol Amin gebildet werden. Abb. 66 gibt die Resultate einer konduktometrischen Titration von Pyridin, gelöst in flüssigem Schwefeldioxyd, mittels säurenanalogem Thionylchlorid graphisch wieder:

$$[(C_5H_5N)_2SO]SO_3 + SOCl_2 = [(C_5H_5N)_2SO]Cl_2 + 2\,SO_2.$$

Es sieht so aus, als ob die miteinander verbundenen Meßpunkte einen Kurvenzug ergeben, welcher bei einem Zusatz von 0,5 Mol Thionylchlorid zu 1 Mol Pyridin bzw. 1 Mol Thionylchlorid zu 2 Mol Pyridin einen Knickpunkt aufweist. Allem Anschein nach verläuft in der absoluten Schwefeldioxydlösung eine neutralisationenanaloge Umsetzung zwischen dem gelösten Thionyldipyridiniumsulfit und dem zugesetzten Thionylchlorid gemäß der oben formulierten Gleichung.

Das würde in der Tat bedeuten, daß beim Auflösen von Pyridin in flüssigem Schwefeldioxyd auf 2 Mol Amin 1 Mol Sulfition gebildet wird. Allerdings ist der Winkel ziemlich stumpf und der Knickpunkt im Kurvenzug nicht besonders in die Augen springend und ausgeprägt. Ein Thionyldiammoniumsalz der Form und Zusammensetzung, wie ein solches gemäß der eben formulierten, neutralisationenanalogen Umsetzung gebildet werden müßte, konnte bis jetzt im festen Zustand nicht einwandfrei isoliert werden.

Die Tatsache, daß beim Auflösen von Aminen in flüssigem Schwefeldioxyd auf 2 Mol Amin 1 Mol Sulfition gebildet wird, geht überzeugender aus konduktometrischen Titrationen von Aminen, gelöst in Schwefeldioxyd, mittels Jod hervor. Jod löst sich etwas in flüssigem

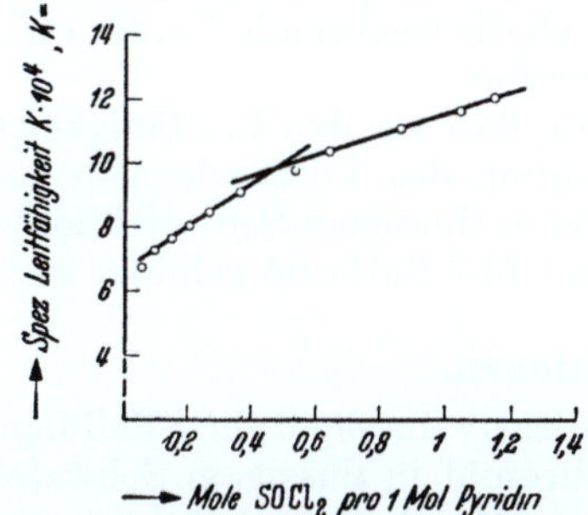

Abb. 66. Konduktometrische Titration einer vorgelegten Auflösung von Pyridin in verflüssigtem Schwefeldioxyd mittels Thionylchlorid.

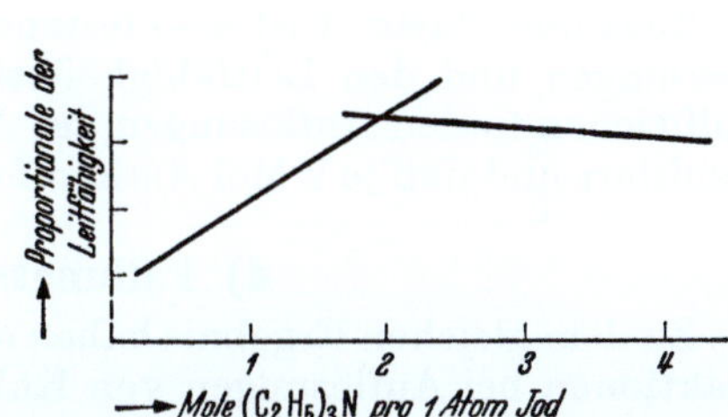

Abb. 67. Konduktometrische Titration einer vorgelegten Auflösung von Jod in verflüssigtem Schwefeldioxyd mittels Triäthylamin (gelöst in Toluol).

Schwefeldioxyd und wirkt an und für sich nicht oxydierend auf das Solvens. Beim Abdunsten desselben wird es unverändert zurückerhalten. Steigt jedoch die Konzentration an Sulfitionen gegenüber der des reinen Schwefeldioxyds an, $2\,SO_2 \rightleftharpoons SO^{++} + SO_3^{--}$, so werden diese durch Jod oxydiert[1]:

$$2\,SO_3^{--} + J_2 \rightleftharpoons 2\,J^- + SO_4^{--} + SO_2.$$

Hierbei entstehen Sulfationen und Jodionen. Beispielsweise entfärben bräunlichgelbe Auflösungen von Tetramethylammoniumpyrosulfit rotbraune Auflösungen von Jod in flüssigem Schwefeldioxyd. Selbst die Suspensionen der recht schwerlöslichen Alkalipyrosulfite, z. B. die von $K_2S_2O_5$ entfärben Jodlösungen, nur erfolgt in diesem Falle die Reaktion nicht momentan, die Umsetzungen dauern etwas länger. Jodlösungen werden nun auch durch Auflösungen der Amine in flüssigem Schwefeldioxyd entfärbt. Es müssen in den Aminlösungen also in einem gewissen Umfange Sulfitionen vorhanden sein. Die Abb. 67 läßt die graphische Darstellung einer konduktometrisch verfolgten Titration erkennen, bei welcher in (ein wenig jodkaliumhaltigem) Schwefeldioxyd Jod gelöst und mit einer Auflösung von Triäthylamin in Toluol titriert worden ist. Toluol ist ohne erkennbare Reaktion in flüssigem Schwefeldioxyd löslich und dient lediglich als Verdünnungsmittel für das Amin.

---

[1] JANDER, G. u. H. IMMIG: Z. anorg. allg. Chem. **233**, 299 (1937).

Bei der Titration wird die rotbraune Jodlösung entfärbt. Nach dem Überschreiten des Äquivalenzpunktes tritt dafür die erst hellere, dann allmählich dunklere bräunlichgelbe Färbung der Aminlösung auf. Die Lage des Äquivalenzpunktes zeigt, daß auf 2 Mol Triäthylamin 1 Mol Sulfition gebildet und dieses durch 1 Grammatom Jod zu Sulfat oxydiert wird. Aus diesen Verhältniszahlen ergibt sich folgendes Reaktionsschema für den Oxydations-Reduktionsvorgang:

$$2\,\{[(C_2H_5)_3N]_2SO\}SO_3 + J_2 = \{[(C_2H_5)_3N]_2SO\}SO_4 + \{[(C_2H_5)_3N]_2SO\}J_2 + SO_2.$$

Die Bildung der beiden löslichen, etwas stärker dissoziierenden Salze mit den Sulfat- und Jodionen ist verantwortlich für die mit fortschreitender Titration allmählich zunehmende Leitfähigkeit der Lösung. Das schwache Abfallen des zweiten Teils vom Kurvenzug nach Überschreiten des Äquivalenzpunktes wird durch die wachsende Verdünnung der Lösung durch das Toluol hervorgerufen.

Zusammenfassend ist also festzustellen, daß aus den Leitfähigkeitsmessungen und den Leitfähigkeitstitrationen das Vorhandensein von Sulfitionen in den Auflösungen der Amine in flüssigem Schwefeldioxyd resultiert und daß je 2 Mol Amin offenbar 1 Mol Sulfition gebildet wird.

d) Fällungsreaktionen.

Zu dem gleichen Ergebnis haben quantitativ durchgeführte Fällungsreaktionen bei Auflösungen von Kaliumbromid in flüssigem Schwefeldioxyd mittels solcher von Aminen geführt. Man hat nämlich Lösungen von Kaliumbromid mit verschiedenen Mengen Triäthylamin versetzt und die Lösungen mit den Fällungen einige Zeit im verschlossenen Bombenrohr bei Zimmertemperatur stehengelassen. Nach dem Abkühlen auf tiefere Temperaturen wurde filtriert und die Fällungen wurden analysiert. Die qualitative Untersuchung der Niederschläge ergab das Vorliegen eines Kaliumsulfit-Schwefeldioxydsolvates, und zwar des Kaliumpyrosulfits $K_2S_2O_5$. Durch quantitativ angesetzte Untersuchungsreihen wurde einwandfrei festgestellt, daß je 2 Mol Amin 1 Mol Sulfition gebildet und daher 1 Mol Kaliumpyrosulfit $K_2S_2O_5$ gefällt wird:

$$\{[(C_2H_5)_3N]_2SO\}SO_3 + SO_2 + 2\,KBr = K_2S_2O_5 + \{[(C_2H_5)_3N]_2SO\}Br_2.$$

Die nachfolgende kleine tabellarische Übersicht läßt die Verhältnisse in quantitativer Hinsicht genauer erkennen.

Tabelle 92.

	In einer absoluten Schwefeldioxydlösung von Kaliumbromid wurden zu 2 Mol KBr hinzugegeben			
	0,27 Mol Amin	0,55 Mol Amin	0,95 Mol Amin	2,1 Mol Amin
Im Niederschlag wurden von der überhaupt als Kaliumpyrosulfit fällbaren Menge Kalium experimentell gefunden	14 %	25 %	41 %	85—86 %
Theoretisch waren zu erwarten . .	(13,5 %)	(27,5 %)	(47,5 %)	(100 %)

Die mit 1 Mol und 2 Mol Amin gefällten Kaliumpyrosulfite mußten reichlicher mit flüssigem Schwefeldioxyd ausgewaschen werden, um aus den voluminös erscheinenden Niederschlägen die an Salzen stärker konzentrierten Mutterlaugen gut zu entfernen. Kaliumpyrosulfit ist aber, wie früher gezeigt worden ist (S. 231 u. 236), etwas löslich in verflüssigtem Schwefeldioxyd. Daher sind bei diesen beiden Versuchen die erhaltenen Mengen an Kaliumdisulfit etwas hinter den erwarteten Werten zurückgeblieben.

e) Über die „Thionyldiammoniumverbindungen" im festen Zustande.

Es hat nicht an Versuchen gefehlt, die in den letzten Abschnitten wiederholt gefolgerten und in die Reaktionsgleichungen aufgenommenen „Thionyldiammoniumverbindungen" auch präparativ, in festem krystallisiertem Zustande darzustellen. Über die Schwefeldioxydsolvate der Amine selbst ist bereits in einem früheren Kapitel berichtet worden (S. 225). Nach allem, was sich bisher über sie sagen läßt, sieht es nicht so aus, als wären sie mit den basenanalogen Thionyldiammonium-*Sulfiten* der Form $\{[R_3N]_2SO\}SO_3$ identisch, welche im Kationenkomplex 2 Moleküle Amin und die Thionylgruppe enthalten, als Anion aber das Sulfition. Man hat vielmehr den Eindruck gewonnen, als lägen in ihnen noch nicht umgeformte, einfache Anlagerungsverbindungen des Schwefeldioxyds an das jeweilige Amin vor, Anlagerungsverbindungen, welche monomolekular (oder dimolekular) sind, wie die Formulierungen III oder II der Reaktionsgleichung 1 von S. 287 erkennen lassen. Erst in absoluten Schwefeldioxydlösungen treten nach Umformungen gemäß den angeführten Gleichgewichtsreaktionen Sulfitionen auf. Derartige Verhältnisse sind durchaus nichts ungewöhnliches und auch von der Chemie in wäßrigen Lösungen her bekannt. Die Tellursäure $Te(OH)_6$ [1] beispielsweise ist in Wasser gut löslich und hat kaum saure Eigenschaften. Erst beim Zugeben von starken Laugen tritt eine strukturelle Umformung ein, die Umwandlung einer „Pseudosäure" in eine wahre Säure, und nunmehr kann die Bildung der Alkalitellurate erfolgen, welche im Ultraviolett ein ganz anderes Absorptionsspektrum haben, als die Auflösung der reinen Tellursäure in Wasser oder in verdünnter Perchlorsäure:

$$Te(OH)_6 \rightleftharpoons H_2TeO_4 \cdot aq \rightleftharpoons H^+ + (HTeO_4 \cdot aq)^-.$$
$$\text{Form I} \qquad \text{Form II.}$$

Auch die Thionyldiammonium-*Salze* im festen, krystallisierten Zustande scheinen präparativ außerordentlich schwer zugänglich zu sein. Zu ihrer Darstellung stehen mehrere Methoden zur Verfügung. Einmal könnte man die basenanaloge Auflösung eines Amins mit einer säurenanalogen Thionylverbindung in flüssigem Schwefeldioxyd „neutralisieren" und die erhaltene Salzlösung eindunsten:

$$\{[(C_2H_5)_3N]_2SO\}SO_3 + SOCl_2 = \{[(C_2H_5)_3N]_2SO\}Cl_2 + 2\,SO_2.$$

---

[1] STÜBER, C., A. BRAIDA u. G. JANDER: Z. phys. Chem. Abt. A **171**, 320 (1935).

Ferner wäre es möglich, die Auflösung eines Amins mit der äquivalenten
Menge von beispielsweise Kaliumbromid oder Kaliumjodid, welche in
flüssigem Schwefeldioxyd gut löslich sind, umzusetzen, das abge-
schiedene Kaliumsulfit bzw. Kaliumpyrosulfit abzufiltrieren und das
Filtrat, welches das Thionyldiammoniumsalz gelöst enthält, einzu-
dunsten:

$$\{[(C_2H_5)_3N]_2SO\}SO_3 + SO_2 + 2\,KBr = \{[(C_2H_5)_3N]_2SO\}Br_2 + K_2S_2O_5\,.$$

WICKERT und G. JANDER[1] hatten nun zunächst geglaubt, nach der
zweiten Methode Thionyl-di-triäthylammoniumbromid und Thionyl-
dichinoliniumbromid erhalten zu haben. Später[2] aber konnten die
Befunde über diese substituierten Thionyldiammoniumsalze nicht
wieder bestätigt werden. Offenbar sind sie thermisch wenig beständig
und erleiden schon durch geringe Feuchtigkeitsspuren hydrolytische
Spaltung:

$$\{[(C_2H_5)_3N]_2SO\}Br_2 + H_2O = 2\,[(C_2H_5)_3NH]Br + SO_2\,.$$

Darüber hinaus muß berücksichtigt werden, daß es rein analytisch
chemisch und präparativ chemisch recht schwer ist, zwischen einem
Schwefeldioxydsolvat z. B. des normalen Triäthylammoniumbromids
und dem Thionyl-di-triäthylammoniumbromid zu unterscheiden:

$$\{[(C_2H_5)_3N]_2SO\}Br_2 \quad \text{oder} \quad 2\,[(C_2H_2)_3NH]Br \cdot 1\,SO_2\,.$$

Die geringe thermische Widerstandsfähigkeit der Thionyldiammoniumsalze ist ebenfalls durchaus verständlich, wenn man sich erinnert, daß
die Amine im Sulfitosystem der Verbindungen nur schwache Basenanaloge und Thionylchlorid sowie Thionylbromid nur recht schwache
Säurenanaloge sind. So ist beispielsweise Phosphoniumjodid $(PH_4)J$ bis
$+80^0$ C thermisch resistent, Phosphoniumbromid $(PH_4)Br$ jedoch sublimiert bereits bei $+30^0$ C und Phosphoniumchlorid $(PH_4)Cl$ schon bei
-28^0 C. Dicht oberhalb der Sublimationstemperaturen zerfallen die
Phosphoniumhalogenide praktisch vollständig in Phosphorwasserstoff
und Halogenwasserstoff. Wenn man also diese Parallele ziehen darf, so
kann man zur Ansicht kommen, daß am ehesten noch Thionyl-
diammoniumbromid bzw. -jodid unter völligem Feuchtigkeitsausschluß bei sehr tiefen Temperaturen bereitet werden könnten.

Wenn es also aus den genannten Gründen bisher auch noch nicht
möglich gewesen ist, Thionyldiammonium-*Salze* im festen, krystallisierten Zustande einwandfrei präparativ darzustellen, so hieße es doch,
weit über das Ziel hinausgehen, wenn man nun folgern wolle, sie und
ihre Ionen existierten ebenfalls nicht in Lösungen mit flüssigem
Schwefeldioxyd[3]. Auch das Nichtvorhandensein von definiertem,
festem oder flüssigem Ammoniumhydroxyd (NH_4OH) oder von

[1] WICKERT, K. u. G. JANDER: Ber. dtsch. chem. Ges. **70**, 251 (1937). —
JANDER, G., H. KNÖLL u. H. IMMIG: Z. anorg. allg. Chem. **232**, 229 (1937.

[2] MESECH, H.: Beiträge zum Verhalten der Substanzen in flüssigem Schwefeldioxyd. Inaug.-Diss. Greifswald 1938. — JANDER, G.: Naturw. **1944**, 177. —
BATEMAN, L. C., E. D. HUGHES u. C. K. INGOLD: J. chem. Soc. **1944**, 243.

[3] BATEMAN, L. C., E. D. HUGHES u. C. K. INGOLD: J. chem. Soc. **1944**, 243.

Kohlensäure (H_2CO_3) bei Zimmertemperatur berechtigt nicht, das Vorkommen von Ammoniumionen oder Carbonationen in wäßriger Lösung in Abrede zu stellen. In den Lösungen der Amine in flüssigem Schwefeldioxyd sind jedenfalls, wie gezeigt worden ist, eindeutig Sulfitionen im Gleichgewicht nachgewiesen. Solche Lösungen fungieren also als „Basenanaloge".

10. Das Verhalten des Wassers (und Äthers) in flüssigem Schwefeldioxyd[1].

Es besteht, wie des öfteren gezeigt worden ist, eine in mancher Hinsicht sehr große Ähnlichkeit des Ammoniaks (NH_3) mit dem Wasser (H_2O), der Amidgruppe (NH_2) mit der Hydroxylgruppe (OH) und der Imidgruppe (NH) mit dem Sauerstoffradikal (O). So ist es nach den Darlegungen über das Verhalten der Derivate des Ammoniaks in verflüssigtem Schwefeldioxyd nunmehr von großem Interesse, etwas darüber zu erfahren, wie sich Wasser und seine alkylsubstituierten Abkömmlinge, beispielsweise Äther, in dem gleichen Solvens verhalten.

a) Wasser ist in verflüssigtem Schwefeldioxyd von -10° C maximal zu ungefähr 0,8% löslich. Es vermag also immerhin eine bis zu $^2/_3$ molare Lösung zu bilden. In einem bestimmten niederen Temperaturbereich kann sich ein Solvat der Bruttozusammensetzung $1\,SO_2 \cdot 1\,H_2O$ ausscheiden.

Tabelle 93. *Beobachtete Molekulargewichte des Wassers und* VAN'T HOFF*sche Faktoren i bei Lösungen des Wassers in flüssigem Schwefeldioxyd.*

Verdünnung in Litern je Mol	Beobachtetes Molekulargewicht	VAN'T HOFFscher Faktor i
19,0	28,4	0,634
17,6	26,7	0,674
9,5	31,8	0,565
8,7	26,0	0,692
6,2	28,7	0,628
5,8	26,9	0,670
3,1	27,7	0,650
2,9	28,3	0,636
1,4	30,5	0,590
1,4	29,5	0,610

Der Mittelwert für den VAN'T HOFFschen Faktor i aus allen Bestimmungen ist $i = 0,635$.

b) Molekulargewichtsbestimmungen des Wassers in verflüssigtem Schwefeldioxyd[2] sind nach dem Verfahren der Siedepunktsermittlung vorgenommen worden. Wie die kurze tabellarische Übersicht der Abhängigkeit des beobachteten Molekulargewichtes und des VAN'T HOFFschen Faktors i von der Verdünnung zeigt, sind diese beiden Größen in dem untersuchten Bereich praktisch unabhängig von der Konzentration. Das mittlere Molekulargewicht des Wassers ist zu etwa 30 gefunden worden, das Wasser liegt also allem Anschein nach größtenteils bimolekular vor.

c) Die Auflösungen des Wassers in flüssigem Schwefeldioxyd leiten — wenn auch keineswegs übermäßig stark — den elektrischen Strom. Wasser ist also in flüssigem Schwefeldioxyd ein schwacher Elektrolyt.

---

[1] JANDER, G.: Naturw. **26**, 796 (1938).

[2] MESECH, H.: Beiträge zum Verhalten der Substanzen in flüssigem Schwefeldioxyd. Inaug.-Diss. Greifswald 1938.

d) Die Gegenwart des Wassers beeinflußt stark die Löslichkeit einiger Verbindungen in flüssigem Schwefeldioxyd. Wasserfreies, bräunliches Kobaltrhodanid $Co(SCN)_2$ beispielsweise ist in flüssigem Schwefeldioxyd praktisch unlöslich. Hierauf ist übrigens bereits hingewiesen worden (S. 230). Mit wachsendem Gehalt des Schwefeldioxyds an Wasser jedoch wird Kobaltrhodanid zunehmend löslicher, und zwar bilden sich weniger oder stärker intensiv blau gefärbte Lösungen. Auf 2 Moleküle Wasser geht jeweils gerade 1 Molekül Kobaltrhodanid in Lösung. In den blauen Lösungen liegt Kobaltdiaquorhodanid $[Co(H_2O)_2](SCN)_2$ vor[1]. Auch Ammoniakabkömmlinge wie Diäthylamin, Pyridin u. a. m. verhalten sich hinsichtlich der Erhöhung der Löslichkeit von gewissen Substanzen in flüssigem Schwefeldioxyd ähnlich. Die Wirkungsweise des Wassers erinnert also in dieser Beziehung an die des Ammoniaks und seiner Derivate.

e) Man hat infolgedessen geglaubt, in der Annahme nicht fehlzugehen, daß Wasser und seine Derivate in flüssigem Schwefeldioxyd — wenigstens zu einem Teil — eine ähnliche Rolle spielen und ähnlich reagieren können wie Ammoniak und seine Abkömmlinge, also etwa so, wie das folgende Schema es veranschaulicht:

$$2\,H_2O + 2\,SO_2 \rightleftharpoons 2\,(H_2O \cdot SO_2) \rightleftharpoons (H_2O \cdot SO_2)_2 \rightleftharpoons [(H_2O)_2SO]SO_3 \rightleftharpoons [(H_2O)_2SO]^{++} + SO_3^{-}$$

Falls diese Annahme mit den tatsächlich vorliegenden Verhältnissen vereinbar ist, würde das Wasser in flüssigem Schwefeldioxyd als eine „basenanaloge" Substanz, wenn auch nur als eine recht schwache, fungieren können und müßte wie die anderen Sulfite z. B. die Reduktion von elementarem Jod (J_2) bewirken können. Das ist in der Tat der Fall! In wasserhaltigem Schwefeldioxyd löst sich Jod reichlicher auf als in dem reinen Solvens. Es bildet eine tiefbraune Lösung, und aus ihr scheidet sich bei einigem Stehen konzentrierte Schwefelsäure in Form eines schweren, öligen Tropfens ab. Es könnte also das Thionyldihydroxoniumsulfit etwa in folgender Weise reagiert haben:

$$[(H_2O)_2SO]SO_3 + J_2 = H_2SO_4 + 2\,HJ + SO_2.$$
$$\downarrow$$

Der Prozeß verläuft aber nicht quantitativ.

In der gleichen Richtung könnte ein von WICKERT mitgeteilter Befund zu deuten sein, wonach sich aus einer Auflösung von Kaliumbromid in flüssigem Schwefeldioxyd, welches wasserhaltig ist, schwerlösliches Kaliumpyrosulfit abscheidet, was möglicherweise nach folgendem Schema erfolgt:

$$[(H_2O)_2SO]SO_3 + 2\,KBr + SO_2 = K_2S_2O_5 + [(H_2O)_2SO]Br_2.$$

---

[1] Man kann diese Reaktion zum Nachweis von Feuchtigkeit oder von Wasser in flüssigem Schwefeldioxyd benutzen. Das zu prüfende Schwefeldioxyd wird mit absolut trockenem Kobaltrhodanid zusammen in ein Bombenrohr eingeschlossen, geschüttelt und danach sich selbst überlassen. Nach dem Absitzen des überschüssig hinzugesetzten Kobaltrhodanids sieht das Schwefeldioxyd im Falle der Anwesenheit von kleinen Wassermengen mehr oder weniger stark blau aus! Die Reaktion ist aber nicht übermäßig empfindlich (vgl. auch S. 232 oben).

Hierbei muß aber daran erinnert werden, daß eine Auflösung von Kaliumbromid in verflüssigtem Schwefeldioxyd bei längerem Stehen im Bombenrohr bereits infolge Solvolyse (vgl. S. 264) allmählich zunehmende Mengen von Kaliumsulfat[1] abscheidet. Es ist also denkbar, daß die Gegenwart von Wasser diesen Vorgang lediglich etwas beschleunigt.

f) Wenn diese oder eine ähnliche Verbindungsbildung zwischen Wasser und Schwefeldioxyd eintritt, dann dürften kleinere Mengen gelösten Wassers in flüssigem Schwefeldioxyd auch nicht die sonst dem Wasser eigentümlichen Reaktionen zeigen. Das Wasser dürfte beispielsweise nicht oder doch nur in stark abgeschwächtem Maße hydrolytisch auf Thionylchlorid oder Thionylbromid wirken. Und in der Tat werden diese beiden Thionylhalogenide durch Wasser, das in Schwefeldioxyd gelöst ist, bei niedrigeren Temperaturlagen nicht hydrolysiert. Es bilden sich vielmehr allem Anschein nach salzartige, leicht lösliche Komplexverbindungen von der Zusammensetzung eines Thionyldihydroxoniumhalogenids, wie aus konduktometrischen Titrationen von Wasser mittels Thionylhalogenid gefolgert werden kann:

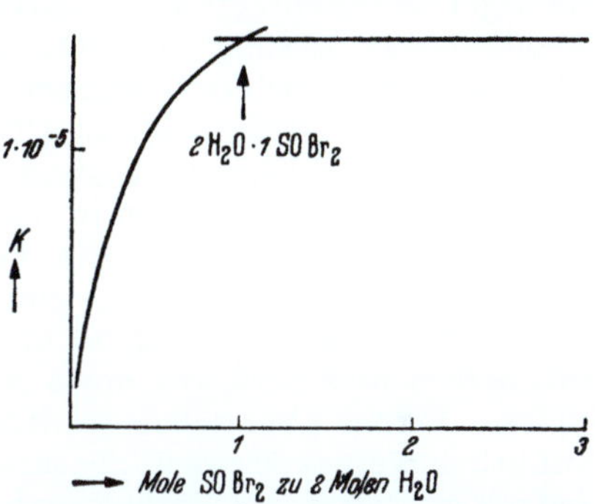

Abb. 68. Konduktometrische Titration einer vorgelegten Auflösung von Wasser in verflüssigtem Schwefeldioxyd mittels Thionylbromid.

$$[(H_2O)_2SO]SO_3 + SOBr_2 = [(H_2O)_2SO]Br_2 + 2\,SO_2 \,.$$

Der Kurvenzug der Abb. 68 läßt deutlich den starken Anstieg der Leitfähigkeit von flüssigem, wasserhaltigem Schwefeldioxyd erkennen, welches anteilweise mit Thionylbromid versetzt wird. Nach Beendigung der Bildung eines Thionyldihydroxoniumbromids ändert sich das Leitvermögen nicht weiter. Die unter Punkt e) in der ersten Gleichung schematisch formulierten, möglichen Vorgänge zwischen wenig Wasser und dem Lösungsmittel Schwefeldioxyd sind aber keineswegs vollständig nach rechts verlagert. Die Einstellung der angedeuteten Gleichgewichte unterliegt an irgendeiner Stelle Hemmungen, was daraus hervorgeht, daß sich die Endleitfähigkeiten der Lösungen von Wasser in Schwefeldioxyd nicht sofort nach Zugabe eines neuen Anteils Thionylhalogenid einregulieren, sondern jeweils erst nach 20—30 Min.

Versuche, die Thionyldihydroxoniumhalogenide im festen, krystallisierten Zustande präparativ rein darzustellen, sind bisher ohne Erfolg gewesen.

g) Der Sauerstoff des Wassers verhält sich also nach diesen Darlegungen ähnlich wie der Stickstoff bzw. die Imidgruppe im Ammoniak und seinen Abkömmlingen. Es ist daher nicht weiter verwunderlich, wenn auch gewisse Analogien zwischen dem Verhalten des

---

[1] Das Kaliumsulfat ist aus primär bei der Solvolyse entstandenem Kaliumpyrosulfit durch Oxydation entstanden (vgl. S. 265).

substituierten Wassers (beispielsweise des Äthers) und des substituierten Ammoniaks in Erscheinung treten. Äther löst sich in flüssigem Schwefeldioxyd, aber die Lösung leitet den elektrischen Strom nicht nennenswert. Thionylchlorid leitet, wie wir sahen, in Schwefeldioxyd gelöst auch nur außerordentlich wenig. Beim Zugeben jedoch von Thionylchlorid zu einer Auflösung von Äther in flüssigem Schwefeldioxyd nimmt die Leitfähigkeit der Lösung stark zu. Bei hinreichend niedriger Konzentration des Äthers wird das Maximum der Leitfähigkeit der Lösung erreicht, wenn zu 2 Molekülen Äther gerade 1 Molekül Thionylchlorid gegeben ist, wenn sich also in Lösung Thionyl-di-diäthylhydroxoniumchlorid $\{[(C_2H_5)_2O]_2SO\}Cl_2$ gebildet haben könnte.

h) Aus dem bisher vorliegenden experimentellen Material resultiert also, daß sich das Wasser in verflüssigtem Schwefeldioxyd offenbar in recht verschiedener Weise verhalten kann. Einmal hat es das Bestreben, sich an andere, gleichzeitig gelöste Verbindungen oder Ionen, und zwar überwiegend an die positiven Ionen, als Neutralteile anzulagern und Hydrate sowie Aquo- oder Komplexverbindungen zu bilden. Ferner aber scheinen dem Wasser unter Umständen auch die Funktionen eines schwach „basenanalogen" Elektrolyten zuzukommen. Jedoch ist damit das Verhalten des Wassers in verflüssigtem Schwefeldioxyd durchaus noch nicht erschöpfend beschrieben. Manche Erscheinungen und Befunde deuten darauf hin, daß das Wasser auch noch in anderer Weise reagieren kann. Zur Klärung der Fragen müssen weitere Experimentalarbeiten durchgeführt werden.

11. Oxydations- und Reduktionsreaktionen in flüssigem Schwefeldioxyd[1].

Es ist bemerkenswert, ja sogar außerordentlich überraschend, daß das flüssige Schwefeldioxyd allein kaum als Reduktionsmittel fungiert. Das läßt sich z. B. gut daran erkennen, daß aus den Auflösungen von Brom, Jod, Antimonpentachlorid und von anderen Oxydationsmitteln in verflüssigtem Schwefeldioxyd diese nach dem Abdunsten des Lösungsmittels praktisch unverändert zurückerhalten werden. Eine reduzierende Wirkung jedoch z. B. auf Jod besitzen, wie wir bereits sahen (vgl. S. 289) die Sulfitionen, wenn sie in etwas höherer Konzentration vorliegen, wie solche in den Auflösungen basenanaloger Elektrolyte auftreten; sie verhalten sich in Schwefeldioxydlösungen also ebenso wie in wäßriger Lösung. Oxydationsmittel andererseits kann man — gleichfalls wie in wäßriger Lösung — an der Ausscheidung von Jod aus einer Auflösung des auch in verflüssigtem Schwefeldioxyd leicht löslichen Kaliumjodids erkennen. Eine Jodausscheidung tritt sofort ein bei der Einwirkung von Eisen(III)-chlorid oder Antimonpentachlorid auf Kaliumjodid, sie ist erkennbar an der rotbraunen Färbung des in Schwefeldioxyd mäßig löslichen Jods:

$$2\,FeCl_3 + 2\,KJ = 2\,FeCl_2 + 2\,KCl + J_2.$$

---

[1] JANDER, G. u. H. IMMIG: Z. anorg. allg. Chem. **233**, 295 (1937).

Die Reaktion zwischen Eisen(III)-chlorid und Kaliumjodid hat sich jedoch als weniger gut geeignet für eine eingehendere Untersuchung erwiesen, weil Eisen(III)-chlorid in flüssigem Schwefeldioxyd nur in geringem Maße löslich ist. Oxydations- und Reduktionsreaktionen, die sich besser für eine nähere Untersuchung eigneten, sind die Oxydation von Kaliumjodid durch Antimonpentachlorid und die bereits im 9. Kapitel (S. 289) behandelte Reduktion von elementarem Jod durch die Sulfitionen von Thionylditriäthylammoniumsulfit $\{[(C_2H_5)_3N]_2SO\}SO_3$, das sich beim Auflösen von Triäthylamin in flüssigem Schwefeldioxyd bildet.

Die Oxydation des Kaliumjodids mittels Antimonpentachlorid verläuft in folgender Weise:

$$6\,KJ + 3\,SbCl_5 = 3\,J_2 + 3\,SbCl_3 + 6\,KCl \tag{1}$$
$$6\,KCl + 2\,SbCl_3 = 2\,K_3[SbCl_6] \tag{2}$$
$$6\,KJ + 3\,SbCl_5 = 2\,K_3[SbCl_6] + SbCl_3 + 3\,J_2 \tag{3}$$

Neben der Oxydation findet also gleichzeitig die Bildung einer Komplexverbindung statt, des Trikalium-Hexachloroantimonits. Der Verlauf der Reaktionen nach den gegebenen Formulierungen ließ sich durch analytische Untersuchungen und durch konduktometrische Titrationen feststellen. Von den Reaktionspartnern sind nämlich Kaliumjodid, Antimonpentachlorid und Antimontrichlorid verhältnismäßig leicht in verflüssigtem Schwefeldioxyd löslich, Jod aber nur mäßig, Trikalium-Hexachloroantimonit recht wenig und Kaliumchlorid in außerordentlich geringem Maße. Beim Versetzen einer Auflösung von etwa einem halben Gramm Antimonpentachlorid in 20 cm³ Schwefeldioxyd mit der nach der Reaktionsgleichung (3) äquivalenten Menge Kaliumjodid fällt der größte Teil des gebildeten Komplexsalzes $K_3[SbCl_6]$ einheitlich krystallin aus und ist als solches identifiziert worden.

Das ausgeschiedene Jodäquivalent hat man in folgender Weise bestimmt: Eine bekannte Menge Antimonpentachlorid wurde in Schwefeldioxydlösung mit überschüssigem Kaliumjodid zur Umsetzung gebracht. Das schwer lösliche Trikalium-Hexachlorantimonit wurde abfiltriert. Durch wiederholtes Waschen mit flüssigem Schwefeldioxyd gelangte alles Jod in das Filtrat, welches mit Tetrachlorkohlenstoff versetzt und auf 0° erwärmt wurde. Der bei weitem größte Teil des Schwefeldioxyds verdunstete, und das in Tetrachlorkohlenstoff praktisch unlösliche, überschüssige Kaliumjodid fiel hierbei aus. Nach Filtration wurde die Jodtetrachlorkohlenstofflösung in wäßrige Natronlauge gegossen. Die entstehenden Jodsäuren ließen sich mit schwefliger Säure reduzieren und durch Eindampfen vom Tetrachlorkohlenstoff befreien. In der resultierenden wäßrigen Lösung konnte nunmehr das Jodid neben dem Chlorid nach JANASCH bestimmt werden. So wurden 97% der nach den Reaktionsgleichungen (1) und (3) zu erwartenden Jodmenge gefunden.

Den Verlauf der Oxydationsreaktion hat man auch konduktometrisch verfolgt. Die Kurve der Leitfähigkeitswerte, welche bei der Titration von vorgelegtem Antimonpentachlorid mit Kaliumjodid erhalten wird, gestattet jedoch keine zuverlässige Deutung, weil der Verlauf des Oxydationsvorganges durch die gleichzeitige Bildung des ziemlich schwerlöslichen Trikalium-Hexachloroantimonits und des später entstehenden Kaliumtrijodides überlagert wird. Sehr klar und deutlich aber erkennt man die Teilvorgänge bei der konduktometrischen Titration, wenn man die Auflösung von Kaliumjodid in flüssigem Schwefeldioxyd (0,7—0,9 g KJ in etwa 35 cm³ SO₂) mit flüssigem Antimonpentachlorid oder einer Auflösung von Antimonpentachlorid in Tetrachlorkohlenstoff aus einer Mikrobürette titriert.

Man erhält so die in Abb. 69 wiedergegebene Kurve für die Leitfähigkeitswerte. Der erste, absteigende Ast der Kurve entspricht der Oxydation des Kaliumjodids durch das Antimonpentachlorid:

$$6\,KJ + 3\,SbCl_5 = 2\,K_3[SbCl_6] + SbCl_3 + 3\,J_2. \tag{3}$$

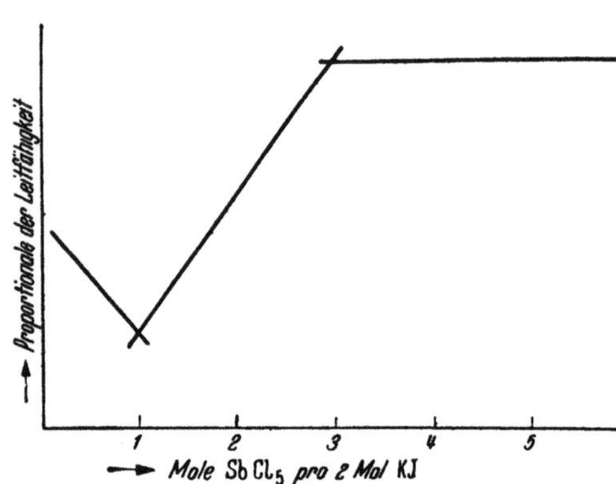

Abb. 69. Konduktometrische Titration einer vorgelegten Auflösung von Kaliumjodid in verflüssigtem Schwefeldioxyd mittels Antimonpentachlorid (gelöst in Tetrachlorkohlenstoff).

Das gut leitende Kaliumjodid verschwindet, es entstehen nur Stoffe, die in flüssigem Schwefeldioxyd wenig leiten (SbCl₃, J₂) oder schwerlöslich sind (K₃[SbCl₆]). Der zweite, ansteigende Teil des Kurvenzuges entspricht der Bildung des offenbar stärker komplexen, leicht löslichen und gut leitenden Kalium-Hexachloroantimonats K[SbCl₆]:

$$2\,K_3[Sb^{III}Cl_6] + 6\,Sb^VCl_5 = 6\,K[Sb^VCl_6] + 2\,Sb^{III}Cl_3. \tag{4}$$

Das im Überschuß hinzugesetzte Antimonpentachlorid verändert als außerordentlich schwacher Elektrolyt die Leitfähigkeit der Schwefeldioxydlösung nicht weiter. Daher verläuft der dritte Abschnitt der Titrationskurve praktisch parallel der X-Achse. Die aus der Abbildung ablesbaren Molverhältnisse stimmen mit den sich aus den Formulierungen (3) und (4) ergebenden durchaus befriedigend überein.

Wie schon erwähnt, haben die Sulfitionen der Auflösungen basenanaloger Stoffe in verflüssigtem Schwefeldioxyd reduzierende Wirkung und entfärben beispielsweise Jodlösungen. Lösliche Sulfite wie Tetramethylammoniumsulfit werden dabei schnell zu Sulfaten oxydiert:

$$2\,[(CH_3)_4N]_2SO_3 + J_2 = [(CH_3)_4N]_2SO_4 + 2\,[(CH_3)_4N]J + SO_2$$
$$2\,SO_3^{--} + J_2 = 2\,J^- + SO_4^{--} + SO_2.$$

Auch die schwerlöslichen Alkalisulfite bzw. Alkalipyrosulfite wie K₂S₂O₅ mit ihrer relativ geringen Sulfitionenkonzentration wirken noch reduzierend auf Jodlösungen, nur erfolgt die Reaktion hier nicht momentan, die Umsetzungen dauern etwas länger. Die gebildeten

Alkalisulfate sind noch schwerer löslich als die Alkalipyrosulfite. In gleicher Weise wirkt die nur kleine Sulfitionenkonzentration der schwach basenanalogen Amine in flüssigem Schwefeldioxyd reduzierend auf Jodlösungen. Darauf ist bereits im 9. Abschnitt (S. 289) ausführlicher eingegangen worden.

Der behandelte Reaktionstypus ist deswegen besonders bemerkenswert, weil hierbei durch die Oxydation der die „basenanalogen" Eigenschaften bedingenden Sulfitionen die Anionen eines Salzes, nämlich Sulfationen, entstehen. Es können also die Auflösungen „basenanaloger" Stoffe in flüssigem Schwefeldioxyd nicht nur durch „neutralisationenanaloge" Umsetzungen, sondern auch durch Oxydationsreduktionsvorgänge abgestumpft, gleichsam „neutralisiert" und in Salzlösungen übergeführt werden. Diese Reaktionsart erinnert an die Bildung von Chlorid und Chlorat beim Einleiten von Chlor in warme wäßrige Natronlauge, wobei auch durch einen Oxydationsreduktionsprozeß der stark basische Charakter der Ausgangslösung verschwindet:

$$6\,(OH)^- + 3\,Cl_2 = 5\,Cl^- + ClO_3^- + 3\,H_2O.$$

Die Oxydationswirkung des Jods auf die Sulfitionen in flüssigem Schwefeldioxyd ist also von der Thionylionenkonzentration der Lösung abhängig. Nimmt sie zu, fällt also damit die Sulfitionenkonzentration gemäß:

$$2\,SO_2 \rightleftharpoons (SO)^{++} + (SO_3)^{--},$$

so wirkt Jod nach Erreichung eines gewissen Minimalbetrages der $[SO_3^{--}]$ praktisch nicht mehr oxydierend. Es ist eingangs schon erwähnt worden, daß man beim Eindunsten von Auflösungen des elementaren Jods in flüssigem Schwefeldioxyd das Jod unverändert wieder erhält.

Der Einfluß der Thionylionenkonzentration auf den Verlauf der Oxydationsreduktionsreaktion ist bei diesem letzten Beispiel also ein ganz ähnlicher wie der der $[H^+]$ auf manche Oxydationsvorgänge in wäßriger Lösung beispielsweise auf die Oxydation der Arsenitionen durch Jod zu Arsenationen:

$$AsO_3^{3-} + H_2O + J_2 \rightleftharpoons AsO_4^{3-} + 2\,H^+ + 2\,J^-.$$

12. Weiteres über das Verhalten von anorganischen und organischen Substanzen flüssigem Schwefeldioxyd gegenüber.

a) Die Bildung von komplexen Halogenoverbindungen.

Bei den eben behandelten Oxydationsreduktionsvorgängen trat einige Male deutlich das Entstehen wohldefinierter, komplexer Chloroverbindungen, des Trikalium-Hexachloroantimonits $K_3[SbCl_6]$ und des Kalium-Hexachloroantimonats $K[SbCl_6]$, in verflüssigtem Schwefeldioxyd in Erscheinung. Diese beiden Salztypen[1] und ihre Bildung aus den Komponenten sind aus Untersuchungen über wäßrige Lösungen seit langem gut bekannt. In verflüssigtem Schwefeldioxyd ist die Entstehung einiger komplexer Halogenverbindungen von WALDEN und CENTNERSZWER[2] bereits früher erwähnt worden. Sie beobachteten eine starke Löslichkeitszunahme von Cadmiumjodid und Quecksilberjodid in flüssigem Schwefeldioxyd nach Zugabe von Kaliumjodid. Auch aus Untersuchungen über das Leitvermögen solcher Lösungen schlossen sie auf Komplexsalzbildung.

Hierdurch wurde man veranlaßt, noch einige weitere Versuche über die Bildung von Chlorokomplexen in flüssigem Schwefeldioxyd anzustellen[3]. Die nachfolgende tabellarische Übersicht läßt die untersuchten Systeme und, was sich bei ihnen hinsichtlich der Löslichkeit und des Leitvermögens aussagen läßt, erkennen.

Tabelle 94. *Übersicht über die Bildung einiger komplexer Chloroverbindungen aus ihren Komponenten in flüssigem Schwefeldioxyd.*

Im System enthaltene Komponenten	Bevorzugtes Verbindungsverhältnis des Komponenten	Bemerkungen über die	
		Löslichkeit in 100 g flüssigem SO_2 von Zimmertemperatur	Leitfähigkeit der Lösung bei —20° C
KCl—$SbCl_3$	$K_3[SbCl_6]$	0,7 g	gut leitend
KCl—$SbCl_5$	$K[SbCl_6]$	$>$ 15 g	gut leitend
KCl—$AlCl_3$		starke Erhöhung der Löslichkeit des KCl	
KCl—$SnCl_4$		geringe Erhöhung der Löslichkeit des KCl	schwacher Elektrolyt
$SOCl_2$—$SbCl_3$	$(SO)_3(SbCl_6)_2$	leicht löslich	spezifisches Leitvermögen der (2%igen) 3,7·10^{-2} mol. Lösung $=4,2·10^{-5}$
$SOCl_2$—$FeCl_3$		geringe Erhöhung der Löslichkeit des $FeCl_3$	schwacher Elektrolyt
$SOCl_2$—$SbCl_5$		leicht löslich	schwacher Elektrolyt
$SOCl_2$—$\begin{cases} AlCl_3 \\ SnCl_4 \\ TiCl_4 \\ SiCl_4 \end{cases}$		leicht löslich	sehr schwache Elektrolyte

Zu den in der tabellarischen Übersicht vereinigten Versuchen sei im einzelnen noch einiges mitgeteilt. Die Bildung der beiden Chlorokomplexe $K_3(SbCl_6)$ und $K(SbCl_6)$ in Schwefeldioxydlösung und ihre Zusammensetzung ist im vorhergehenden Abschnitt (Abschnitt 11, S. 297) bereits kurz besprochen worden. Bemerkenswert ist die große

[1] Vgl. z. B. ABEGG-AUERBACH: Handbuch der anorganischen Chemie, Bd. III/3 1907, S. 589 u. 615.
[2] WALDEN, P. u. M. CENTNERSZWER: Z. anorg. allg. Chem. **30**, 179 (1902).
[3] JANDER, G. u. H. IMMIG: Z. anorg. allg. Chem. **233**, 301 (1937).

Löslichkeit des Kalium-Hexachloroantimonats und sein offenbar stark komplexes Verhalten in Schwefeldioxyd. Durch Zugabe von Antimonpentachlorid zu Trikalium-Hexachloroantimonit wird diese Komplexverbindung unter Freisetzung von Antimontrichlorid glatt in das Kalium-Hexachloroantimonat übergeführt:

$$K_3(SbCl_6) + 3\,SbCl_5 = 3\,K[SbCl_6] + SbCl_3\,.$$

Die Existenz des Kalium-Hexachloroantimonats in flüssigem Schwefeldioxyd und die Tatsache seiner leichten Bildung geht auch aus folgendem Versuch hervor. Kaliumchlorid ist in Schwefeldioxyd schwer löslich, in 100 g Schwefeldioxyd von 0°C lösen sich nur etwa 40 mg KCl. Bringt man aber 0,5 g Antimonpentachlorid in etwa 20 cm³ Schwefeldioxyd mit fein gepulvertem, überschüssigem Kaliumchlorid zusammen, so stellt man, nachdem das System unter gelegentlichem Umschütteln einige Zeit sich selbst überlassen war, fest, daß der Bodenkörper nur aus reinem, unverändertem Kaliumchlorid besteht, daß aber von der nunmehr elektrolytisch ausgezeichnet leitenden Antimonpentachloridlösung gerade soviel Kaliumchlorid aufgenommen wurde als der Bildung des Kalium-Hexachloroantimonats K[SbCl₆] entspricht.

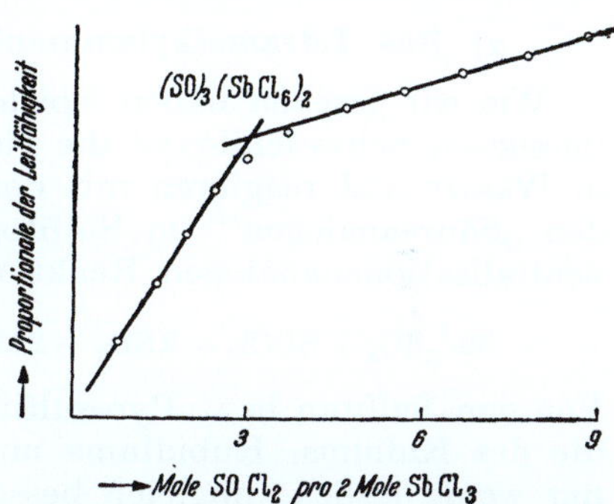

Abb. 70. Konduktometrische Titration einer vorgelegten Auflösung von Antimon(III)-chlorid in verflüssigtem Schwefeldioxyd mittels Thionylchlorid.

Von besonderem Interesse im Rahmen der Chemie in flüssigem Schwefeldioxyd ist das Trithionyl-Dihexachloroantimonit $(SO)_3[SbCl_6]_2$. Es ist eine „säurenanaloge" Verbindung, welche in Schwefeldioxyd Thionylionen abspaltet. Sie gehört nach dem Thionylrhodanid $(SO)(SCN)_2$ zu den am stärksten „säurenanalogen" Verbindungen (vgl. die tabellarische Übersicht auf S. 237), die in verflüssigtem Schwefeldioxyd bisher aufgefunden wurden. Ihr Kaliumsalz ist das Trikalium-Hexachloroantimonit $K_3[SbCl_6]$, ihr Analogon in der Chemie in Wasser die Antimonchlorwasserstoffsäure $H_3(SbCl_6)$. Ihre Bildung aus den Komponenten läßt sich sehr schön bei konduktometrischen Titrationen von Antimontrichlorid (0,5—1,0 g), in (etwa 35 cm³) verflüssigtem Schwefeldioxyd gelöst, mit Thionylchlorid aus einer Wägebürette erkennen.

Wie die obenstehende Abb. 70 erkennen läßt, steigt die Leitfähigkeit der Lösung solange stärker an, bis zu 2 Mol Antimontrichlorid gerade 3 Mol Thionylchlorid hinzugesetzt sind:

$$2\,SbCl_3 + 3\,SOCl_2 = (SO)_3(SbCl_6)_2\,.$$

Ein über das angegebene Verhältnis hinausgehender Zusatz von Thionylchlorid erhöht die Leitfähigkeit der Lösung nur noch in geringerem Maße.

Außerhalb der Schwefeldioxydlösung konnte das Trithionyl-Dihexachloroantimonit noch nicht rein isoliert werden.

Andere komplexe Antimon-Halogenverbindungen sind von SEEL[1] untersucht worden. Er stellte fest, daß die Auflösungen des Acetyl-chloroantimonats $(CH_3CO)[SbCl_6]$ und des Benzoylchloroantimonats $(C_6H_5CO)[SbCl_6]$ in flüssigem Schwefeldioxyd starke Elektrolyte sind. Dagegen stellt das ebenfalls von SEEL[2] untersuchte komplexe Acetyl-fluoroborat $(CH_3CO)[BF_4]$ in flüssigem Schwefeldioxyd nur einen schwachen Elektrolyten dar.

b) Über einige Tetramethylammoniumverbindungen.

α) Das Tetramethylammoniumpyrosulfit $[(CH_3)_4N]_2S_2O_5$ [3].

Wie wir gesehen haben, spielen die basenanalogen Sulfite in verflüssigtem Schwefeldioxyd die gleiche Rolle wie die Basenhydroxyde in Wasser und reagieren mit den Thionylverbindungen, z. B. $SOCl_2$, den „Säureanalogen" im Sulfitosystem der Verbindungen, in einer neutralisationenanalogen Reaktion:

$$Me^I{}_2SO_3 + SOCl_2 = 2\,SO_2 + 2\,Me^ICl \quad bzw.: \quad SO_3{}^{--} + SO^{++} = 2\,SO_2.$$

Von den Sulfiten bzw. Pyrosulfiten sind in flüssigem Schwefeldioxyd die des Kaliums, Rubidiums und Caesiums zwar etwas, aber doch nur wenig löslich; ungleich besser löslich sind die Sulfite des alkyl-substituierten Ammoniums. Unter ihnen ist das stärkste „Basen-analoge" das Tetramethylammoniumpyrosulfit, es zeigt die relativ weitestgehende Dissoziation in Tetramethylammoniumionen und Sulfitionen, wenn es in verflüssigtem Schwefeldioxyd vielleicht auch nur so stark dissoziiert ist, wie etwa Ammonium- oder Äthylammonium-hydroxyd in Wasser. Für außerordentlich viele Umsetzungen in Schwefeldioxyd ist also reines, wasserfreies Tetramethylammonium-pyrosulfit unerläßlich.

Man hat sich infolgedessen bemüht, ein reines, sulfatfreies und trockenes Produkt zu erhalten. Das ist ausgehend von der käuflichen 10%igen Tetramethylammoniumhydroxydlösung auch gelungen. Beim vorsichtigen Eindunsten im Vakuumexsiccator über Silicagel bei Zimmertemperatur entstehen aus ihr, wie WALKER und JOHNSTONE[4] gezeigt haben, die weißen Krystalle des Tetramethylammonium-hydroxyds. Diese hat man nach guter Trocknung und Kühlung mit flüssigem Schwefeldioxyd übergossen. Sie reagieren mit dem Solvens unter Bildung von Tetramethylammoniumpyrosulfit:

$$2\,[(CH_3)_4N]OH + 2\,SO_2 = [(CH_3)_4N]_2S_2O_5 + H_2O.$$

Das in Schwefeldioxyd reichlich lösliche Sulfit wurde durch Ein-dunsten der gelben Lösung unter peinlicher Vermeidung des Zutritts

---

[1] SEEL, F.: Z. anorg. allg. Chem. **252**, 24 (1943).
[2] SEEL, F.: Z. anorg. allg. Chem. **250**, 331 (1943).
[3] JANDER, G. u. H. HECHT: Z. anorg. allg. Chem. **250**, 304 (1943).
[4] WALKER, J. u. J. JOHNSTONE: J. chem. Soc. **87**, 958 (1905).

von Luftsauerstoff als weiße Krystallmasse erhalten, welche im Vakuum bei der Temperatur des siedenden Acetons vollkommen getrocknet wurde. Durch sorgfältige und vergleichende Untersuchungen hat man festgestellt, daß so wasserfreies und sulfatfreies Tetramethylammoniumpyrosulfit $[(CH_3)_4N]_2S_2O_5$ und nicht Tetramethylammoniumbisulfit $[(CH_3)_4N]HSO_3$ oder Tetramethylammoniumsulfit $[(CH_3)_4N]_2SO_3$ erhalten wird.

Die Lösung des Salzes in Schwefeldioxyd ist bei tiefen Temperaturen (-60^0) hellgelb, bei höheren Temperaturen, z. B. im zugeschmolzenen Bombenrohr bei Zimmertemperatur, braungelb gefärbt. Wie schon erwähnt, ist das Tetramethylammoniumpyrosulfit das bisher stärkste „Basenanaloge" im Sulfitosystem der Verbindungen. Über die Leitfähigkeiten verschieden konzentrierter Lösungen in verflüssigtem Schwefeldioxyd gibt die nachfolgende tabellarische Übersicht Auskunft.

Tabelle 95.

Substanz	Konzentration		
	$1 \cdot 10^{-3}$ Mol $\varkappa =$	$1 \cdot 10^{-2}$ Mol $\varkappa =$	$1 \cdot 10^{-1}$ Mol $\varkappa =$
Tetramethylammoniumpyrosulfit . .	$1{,}77 \cdot 10^{-4}$	$7{,}4 \cdot 10^{-4}$	$4{,}25 \cdot 10^{-3}$
Trimethylsulfoniumsulfit	$1{,}58 \cdot 10^{-4}$	$6{,}94 \cdot 10^{-4}$	$3{,}74 \cdot 10^{-3}$

Die Leitfähigkeitswerte der Schwefeldioxydlösungen des Tetramethylammoniumpyrosulfits sind hier verglichen mit denjenigen von Trimethylsulfoniumsulfit $[(CH_3)_3S]_2SO_3$, welche etwas geringer, aber von gleicher Größenordnung sind. Zur Darstellung des Trimethylsulfoniumsulfits ging man vom Trimethylsulfoniumjodid aus, welches mittels Silberhydroxyd zur freien Base umgesetzt wurde. Aus ihrer wäßrigen Lösung hat man mit Schwefeldioxyd das Trimethylsulfoniumsulfit[1] bereitet. Genaueres läßt sich bis jetzt über den Zustand des Tetramethylammoniumpyrosulfits in Schwefeldioxydlösung noch nicht aussagen, da es wie zahlreiche andere Elektrolyte zum Teil assoziiert vorliegt, und zwar mit unbekanntem Assoziationsfaktor, zum Teil aber elektrolytisch dissoziiert (vgl. S. 234ff.).

β) Tetramethylammoniumthiosulfat $[(CH_3)_4N]_2S_2O_3$[2].

Bei dem in einem vorhergehenden Abschnitt besprochenen Auflösungsvorgang von metallischem Zinn in einer „basenanalogen" Lösung von Tetramethylammoniumpyrosulfit in verflüssigtem Schwefeldioxyd (S. 278) trat als Nebenprodukt Tetramethylammoniumthiosulfat auf, über dessen Verhalten in flüssigem Schwefeldioxyd bisher kaum etwas bekannt war. Aus diesem Grunde hat man das Salz durch Fällen einer wäßrigen Bariumthiosulfatlösung mit der äquivalenten Menge einer ebenfalls wäßrigen Tetramethylammoniumsulfatlösung bereitet:

$$BaS_2O_3 + [(CH_3)_4N]_2SO_4 = BaSO_4 + [(CH_3)_4N]_2S_2O_3.$$

---

[1] CRUM-BROWN u. A. BLAIKIE: J. prakt. Chem. (2) **23**, 397 (1881).
[2] JANDER, G. u. H. HECHT: Z. anorg. allg. Chem. **250**, 307 (1943).

Aus dem Filtrat des Bariumsulfats scheidet sich das Salz beim Einengen aus und hat nach der Trocknung im Vakuum über Phosphorpentoxyd bei 56° C die Zusammensetzung des wasserfreien Tetramethylammoniumthiosulfats.

Das Salz löst sich mit schwach gelber Farbe in flüssigem Schwefeldioxyd. Gegenüber Thionylchlorid verhält sich die Lösung folgendermaßen: Bei tiefer Temperatur (—70° C) kann Thionylchlorid hinzugegeben werden, ohne daß eine Fällung von Schwefel eintritt. Lediglich die gelbe Farbe verschwindet, und man erhält eine klare, farblose Lösung. Läßt man nun aber die Lösung sich langsam erwärmen, so tritt zunächst eine Trübung auf, der aber bald die Schwefelausscheidung in flockiger Form folgt. Bei weiterem Eindunsten kann dann wieder eine Klärung der Lösung beobachtet werden, die jedoch ihre Ursache in einer Reaktion des im Überschuß vorhandenen Thionylchlorids mit dem Schwefel unter Bildung von Dischwefeldichlorid (S_2Cl_2) hat. Das Verhalten der Auflösung von Tetramethylammoniumthiosulfat in verflüssigtem Schwefeldioxyd Thionylchlorid gegenüber gleicht also in vieler Hinsicht dem Verhalten von wäßrigen Alkalithiosulfatlösungen Säuren gegenüber.

γ) Tetramethylammoniumhexachloroantimonat [(CH₃)₄N](SbCl₆)[1].

Diese Komplexverbindung kann bequem durch Zusammengeben äquivalenter Mengen von Antimonpentachlorid und Tetramethylammoniumchlorid, also im Molverhältnis 1:1, in flüssigem Schwefeldioxyd erhalten werden. Man ließ bei Zimmertemperatur eindunsten und entfernte die letzten Reste des Schwefeldioxyds durch Evakuieren des Gefäßes. Das Salz bleibt als weiße Krystallmasse zurück. Aus Methylalkohol kann es umkrystallisiert werden und wird so in schönen, wohlkrystallisierten Würfeln erhalten. Merkwürdigerweise ist es in Wasser auch bei 100° C sehr wenig löslich. Nach längerem Stehen mit Wasser allerdings tritt Solvolyse unter Abscheidung von Antimonsäure ein. Dieses Salz ist das Beispiel einer Substanz mit Ionenbindung, die in Wasser wenig und in flüssigem Schwefeldioxyd äußerst gut löslich ist. Ähnlich liegen übrigens die Verhältnisse beim Tetramethylammoniumperchlorat, welches in kaltem Wasser auch wenig löslich, aber in flüssigem Schwefeldioxyd sehr leicht löslich ist.

Die Zusammensetzung des Komplexsalzes steht im Einklang mit der anderer Alkalisalze der Hexachloroantimonsäure, die von WEINLAND und FEIGE[2] dargestellt wurden. Von diesen Salzen krystallisieren das Ammoniumsalz und Kaliumsalz mit 1 Mol Wasser ($NH_4[SbCl_6]\cdot H_2O$; $K[SbCl_6]\cdot H_2O$), während das Rubidiumsalz ohne Wasser krystallisiert ($Rb[SbCl_6]$).

Die Bildung des analogen Kaliumhexachloroantimonats in flüssigem Schwefeldioxyd durch Einwirkung von Antimonpentachlorid auf Kaliumchlorid ist bereits besprochen worden (vgl. S. 300).

---

[1] JANDER, G. u. H. HECHT: Z. anorg. allg. Chem. **250**, 308 (1943).
[2] WEINLAND, R. F. u. G. FEIGE: Ber. dtsch. chem. Ges. **36**, 245 (1903).

Bezüglich der Stärke des Komplexes gibt folgender Versuch Auskunft: Zu einer Lösung des Salzes in flüssigem Schwefeldioxyd von ungefähr -30° C wird noch ein Überschuß an 5 Molen Tetramethylammoniumchlorid gegeben, so daß das Gleichgewicht:

$$SbCl_5 + [(CH_3)_4N]Cl \rightleftharpoons [(CH_3)_4N]SbCl_6.$$

stark nach rechts verschoben ist. Wird jetzt etwas Tetramethylammoniumsulfit hinzugesetzt, so fällt kein Niederschlag von Sulfitoantimonsäure $(Sb_2O_5 \cdot x SO_2)$ aus, sondern die Lösung bleibt klar, während eine tetramethylammoniumchloridfreie Lösung von Antimonpentachlorid in flüssigem Schwefeldioxyd mit Tetramethylammoniumsulfit versetzt sofort eine Fällung ergibt. Das Gleichgewicht ist also stark nach der Seite des Komplexes verschoben; das Löslichkeitsprodukt des $Sb_2O_5 \cdot x SO_2$ wird noch nicht erreicht. Erst bei Zugabe ganz erheblicher Mengen an Sulfit tritt eine Trübung ein.

c) Triphenylmethylsilbersulfit und Triphenylmethylsilbersulfat.

Bei der Suche nach noch stärker basenanalogen Substanzen als Tetramethylammoniumpyrosulfit und Trimethylsulfoniumsulfit hat man[1] gehofft, eine solche durch Synthese des Triphenylmethylsulfits $[(C_6H_5)_3C]_2SO_3$ zu erhalten. Die Ansätze mit Triphenylchlormethan und Silberoxyd[2], im Bombenrohr eingeschlossen und bei Zimmertemperatur längere Zeit geschüttelt, ergaben aber nicht die erwartete Umsetzung:

$$2 (C_6H_5)_3CCl + Ag_2SO_3 = [(C_6H_5)_3C]_2SO_3 + 2 AgCl.$$

Vielmehr entstand neben Silberchlorid eine silberhaltige organische Substanz, welche weder in flüssigem Schwefeldioxyd noch in den üblichen organischen Lösungsmitteln, wie Alkohol, Äther, Aceton, Chloroform, Benzol, Nitrobenzol, Pyridin, Schwefelkohlenstoff oder Wasser löslich war. Wohl aber wurde sie bei einigem Stehen in Berührung mit dem Luftsauerstoff oder bei künstlicher Oxydation durch Jodwasser löslich in Chloroform, etwas auch in Wasser und Benzol. Der in der Wärme mit Chloroform extrahierte und aus diesem Lösungsmittel umkrystallisierte Stoff bildete kleine, weiße, nadelförmige Krystalle und war das Triphenylmethylsilbersulfat $[(C_6H_5)_3C]Ag(SO_4)$. Das Triphenylchlormethan hat sich also in folgender Weise mit dem Silberoxyd umgesetzt:

$$[(C_6H_5)_3C]Cl + Ag_2SO_3 = [(C_6H_5)_3C]Ag(SO_3) + AgCl.$$

Durch Oxydation mittels Luftsauerstoff oder Jodwasser entsteht daraus dann Triphenylmethylsilbersulfat:

$$[(C_6H_5)_3C]Ag(SO_3) + \tfrac{1}{2} O_2 = [(C_6H_5)_3C]Ag(SO_4).$$

---

[1] JANELL, G.: Organische Reaktionen in verflüssigtem Schwefeldioxyd. Inaug.-Diss. Greifswald 1939.

[2] Silberoxyd Ag_2O geht zu etwa 15 bis 20 % in Silbersulfit Ag_2SO_3 über, wenn man es etwa 30 bis 40 Stunden lang bei Zimmertemperatur mit flüssigem Schwefeldioxyd, eingeschlossen im Bombenrohr, durchschüttelt.

d) Kurze Hinweise auf die Verwendung des flüssigen Schwefeldioxyds bei Umsetzungen organischer Substanzen und beim Edeleanu-Prozeß.

Gelegentlich sind auch Jod- und Bromderivate der Paraffine mit Suspensionen von Silberoxyd bzw. Silbersulfit in flüssigem Schwefeldioxyd behandelt worden. Das Flüssigkeitsgemisch wurde im Bombenrohr bei Zimmertemperatur ·und auch bei 50 bis 60° C längere Zeit geschüttelt[1]. Dabei erhielt man, wenn Äthyljodid oder Äthylbromid verwendet wurden, der Erwartung entsprechend Diäthylsulfit $(C_2H_5)_2SO_3$, aber nicht in 100%iger, sondern nur in höchstens 20- bis 30%iger Ausbeute:

$$2\,C_2H_5Br + Ag_2SO_3 = 2\,AgBr + (C_2H_5)_2SO_3\,.$$

Nach mehrstündigem Schütteln, Abfiltrieren der Silbersalze und Abdunsten des Schwefeldioxyds bestand die restliche Flüssigkeit noch zu ungefähr zwei Dritteln aus unverbrauchtem Äthylbromid, das man abdestillierte. Aber auch das Diäthylsulfit hinterließ bei der Destillation noch einen kleinen, höhersiedenden, stark nach Thioverbindungen riechenden Rückstand.

Es hieße den Rahmen dieses Abschnittes, welcher sich mit den Grundlagen der Chemie in flüssigem, wasserfreiem Schwefeldioxyd beschäftigt, bei weitem überschreiten, wenn man auf alle Umsetzungen eingehen würde, die bei organischen Substanzen unter Verwendung von verflüssigtem Schwefeldioxyd als Lösungsmittel beobachtet worden sind. So liegen beispielsweise mehrere Untersuchungen von amerikanischer Seite[2] vor, welche die Reaktionen zwischen Olefinen sowie Acetylenen und verflüssigtem Schwefeldioxyd behandeln. Man erhielt dabei polymere Produkte, wenn man den ungesättigten Kohlenwasserstoff bei Zimmertemperatur in Druckflaschen mit flüssigem Schwefeldioxyd in Anwesenheit von gewissen Oxydationsmitteln reagieren ließ. Das Verhältnis von Kohlenwasserstoff zu Schwefeldioxyd ist bei den Reaktionsprodukten, welche in organischen Lösungsmitteln unlöslich waren, sich aber in warmen, wäßrigen Alkalihydroxydlösungen unter Depolymerisierung und Zersetzung lösten, wie 1:1 gefunden worden. Man hat für die hochmolekularen Stoffe Kettenstruktur angenommen. Bei den Ketten sollen sich Kohlenwasserstoffgruppen mit Schwefeldioxydgruppen abwechseln. Bei der Reaktion z. B. zwischen Cyclohexen und Schwefeldioxyd hat man für das Reaktionsprodukt folgende Formel angegeben:

$$\ldots\ldots
\begin{array}{c}
H_2C\quad CH_2 \\
H_2C\diagup\qquad\diagdown CH_2 \\
HC\quad CH
\end{array}
\!-\!\!-\!\!-SO_2-\!\!-\!\!-
\begin{array}{c}
H_2C\quad CH_2 \\
H_2C\diagup\qquad\diagdown CH_2 \\
HC\quad CH
\end{array}
\!-\!\!-\!\!-SO_2\ldots\ldots$$

---

[1] JANELL, G.: Organische Reaktionen in verflüssigtem Schwefeldioxyd. Inaug.-Diss. Greifswald 1939.

[2] FREDERICK, COGAN u. MARVEL: J. Amer. chem. Soc. **56**, 1815 (1934). — HUNT u. MARVEL: J. Amer. chem Soc. **57**, 1691 (1935). — RYDEN u. MARVEL: J. Amer. chem. Soc. **57**, 2311 (1935); **58**, 2047 (1936). — GLAVIS, RYDEN u. MARVEL: J. Amer. chem. Soc. **59**, 707 (1937).

Auch auf die außerordentlich wichtige Benutzung des absoluten Schwefeldioxyds beim Edeleanu-Prozeß, der zur Veredelung der Erdölprodukte dient, sei zum Schluß nur noch kurz hingewiesen. Hierüber ist ausführlich von DEFIZE[1] berichtet worden. Die Grundlage des Edeleanu-Prozesses beruht auf einer besseren Löslichkeit der aromatischen Kohlenwasserstoffe, der Olefine (also der ungesättigten, kohlenstoffreicheren Kohlenwasserstoffe) sowie der sauerstoff-, stickstoff- und schwefelhaltigen Verbindungen als der gesättigten aliphatischen Kohlenwasserstoffe und der Naphthene in flüssigem Schwefeldioxyd. Man hat es hierbei mit drei Komponenten zu tun, die miteinander in Beziehung treten: erstens verflüssigtes Schwefeldioxyd, zweitens diejenigen Stoffe, welche mit flüssigem Schwefeldioxyd in jedem Verhältnis mischbar sind und drittens Substanzen, welche mit Schwefeldioxyd nur mehr oder weniger begrenzt mischbar sind. Die letzteren, also die Aliphate und Naphthene, kann man durch Extrahieren rein erhalten. Dagegen gelingt es nicht, die ungesättigten Verbindungen vollkommen von Aliphaten zu befreien, da diese ja auch zu einem gewissen Teil in flüssigem Schwefeldioxyd löslich sind. Der Edeleanu-Prozeß leistet ausgezeichnete Dienste bei der Befreiung des Erdöls von harzigen und asphaltartigen Stoffen und bei der Herstellung von hochwertigen Spezialmischungen.

IX. Die Chemie in essigsäurefreiem Essigsäureanhydrid.

1. Allgemeines über Essigsäureanhydrid als Lösungsmittel.

Ein wasserähnliches Lösungsmittel im weiteren Sinne des Wortes, welches also wie das flüssige Schwefeldioxyd keinen Wasserstoff und keinen mehr oder weniger hydroxylähnlichen oder halogenidähnlichen Rest enthält, stellt das essigsäurefreie Essigsäureanhydrid $(CH_3CO)_2O$ dar, das in dem Temperaturbereich von -73^0 bis $+139^0$ C eine Flüssigkeit ist. Für gewisse anorganische und zahlreiche organische Substanzen ist es ein gutes Lösungsmittel. Während das reine, wasserfreie und essigsäurefreie Acetanhydrid den elektrischen Strom nur außerordentlich schlecht leitet, ist das Leitvermögen der Auflösungen von manchen Stoffen in Essigsäureanhydrid beträchtlich. Es sind also wesentliche Merkmale der „Wasserähnlichkeit" auch bei diesem Solvens festgestellt worden. Die schwache Eigenleitfähigkeit des sorgfältigst gereinigten Acetanhydrids muß auf eine geringfügige,

---

[1] DEFIZE, J. C. L.: On the Edeleanu Prozess. Amsterdam: D. B. Centen's Nitgevers Mataschappij N.V. 1938.

elektrolytische Dissoziation zurückgeführt werden, bei welcher das als Acetylacetat aufgefaßte Essigsäureanhydrid teilweise in positive Acetylionen und negative Acetationen zerfällt:

$$(CH_3CO)_2O \rightleftharpoons (CH_3CO)^+ + (CH_3COO)^-.$$

In den Lösungen mit Essigsäureanhydrid als Solvens spielen demnach die positiv geladenen Acetylionen $(CH_3CO)^+$ die gleiche Rolle wie die solvatisierten H^+-Ionen in den wasserähnlichen Lösungsmitteln im engeren Sinne des Wortes oder wie die doppelt positiv geladenen Thionylionen $(SO)^{++}$ in den Lösungen mit verflüssigtem Schwefeldioxyd als Solvens. Die Acetylverbindungen, welche wie beispielsweise Acetylchlorid CH_3COCl oder Acetyljodid CH_3COJ in Essigsäureanhydrid gelöst in geringem Maße Acetylionen $(CH_3CO)^+$ abspalten und den elektrischen Strom merklich leiten, sind daher „Säurenanaloge". In den Lösungen mit Acetanhydrid spielen ferner die Acetationen $(CH_3COO)^-$ die gleiche Rolle wie die $(OH)^-$-Ionen in wäßrigen oder die SO_3^{--}-Ionen in absoluten Schwefeldioxydlösungen. Die Acetate, welche wie z. B. Kalium- und Rubidiumacetat, ferner Tetramethylammonium- oder Tallium(I)-acetat in Essigsäureanhydrid gelöst Acetationen, $(CH_3COO)^-$, abspalten, sind „Basenanaloge". Zwischen säurenanalogen Acetylverbindungen und basenanalogen Acetaten müssen in Acetanhydrid somit neutralisationenanaloge Umsetzungen ablaufen. Wie gezeigt werden wird, ist das auch tatsächlich der Fall:

$$(CH_3CO)Cl + K(CH_3COO) = KCl + (CH_3CO)_2O$$
$$(CH_3CO)^+ + (CH_3COO)^- = (CH_3CO)_2O.$$

Bevor auf die bis jetzt vorliegenden einschlägigen Untersuchungen über das chemische und physikochemische Verhalten der in Essigsäureanhydrid gelösten oder suspendierten Stoffe näher eingegangen wird, sei eine tabellarische Übersicht gegeben, in der einige wesentliche physikochemische Daten des Acetanhydrids enthalten sind und mit den korrespondierenden von Wasser, Jod und Schwefeldioxyd verglichen werden.

Der breite Temperaturbereich, innerhalb dessen das Essigsäureanhydrid eine Flüssigkeit ist, erleichtert sehr die experimentellen Untersuchungen von Lösungen mit diesem Solvens. In diesem Bereich liegen auch zahlreiche Temperaturpunkte, welche sich für die Durchführung physikochemischer Messungen durch Bäder bequem konstant halten lassen.

Die wesentliche Verunreinigung des Essigsäureanhydrids ist die Essigsäure, deren restlose Entfernung etwas umständlich ist. Die Reinigung des Acetanhydrids ist aber mehrfach[1] in der Literatur

[1] WALTON, I. H. u. L. L. WITHROW: J. Amer. chem. Soc. **45**, 2690 (1923). — KILPATRICK, I. C.: J. Amer. chem. Soc. **50**, 2895 (1928). — SOPER, F. G. u. E. WILLIAMS: J. chem. Soc. **1931**, 2297. — SSUKNEWITSCH, I. F. u. N. F. LEWKIN: Chem. J. Ser. A, J. allg. Chem. **7**, 857 (1937). — LEWIS, D. T.: J. chem. Soc. **1940**, 32. — JANDER, G., E. RÜSBERG u. H. SCHMIDT: Z. anorg. allg. Chem. **255**, 238 (1948).

Tabelle 96.

Eigenschaft	Solvens			
	Wasser	Jod	Schwefeldioxyd	Essigsäure-anhydrid [1]
Molekulargewicht	18,016	$2 \cdot 126,92$	64,06	102,09
Schmelzpunkt .	0° C	$+113,6°C$	—75,7°C	—73,1°C [2]
Siedepunkt . . .	100°C	$+183°C$	—10,02°C	$+140°C$ [2]
Dichte beim Siedepunkt . .	0,958		1,46	
Molvolumen beim Siedepunkt . .	18,8	68,46 (bezogen auf J_2)	44	109,1 [3]
Dielektrizitäts-konstante . . .	81 (18°C)	11—13	13,8 (flüssig bei $+14,5°C$)	20,5 (20°)
Elektrisches Leit-vermögen $\varkappa$ in reziproken Ohm	$4,4 \cdot 10^{-8}(18°C)$	$1 \cdot 10^{-4}(140°C)$	$1 \cdot 10^{-7}$ (0°C)	$2 \cdot 10^{-7}$ bis $5 \cdot 10^{-7}$ (25°C) [4]
Ebullioskopische Konstante je Mol in 1000 g .	0,515	10,5	1,45	2,83
Viscosität in $\mathrm{dyn\,sec} \cdot \mathrm{cm}^{-2}$ . .	0,0030 (+100°)	0,01414 (183°)	0,0039 (0°)	0,008511 (25°) [5]

beschrieben worden. Hierfür kommt entweder eine sehr sorgfältige fraktionierte Destillation mit einer Kolonne, meistens über geschmolzenem Natriumacetat zur Bindung der letzten Spuren von Essigsäure, in Frage, oder eine Behandlung des Essigsäureanhydrids mit Natrium in der Kälte und anschließende fraktionierte Destillation. LEWIS destilliert das Acetanhydrid zuerst mit einer Glaskugelkolonne bis zum konstanten Siedepunkt, fraktioniert dann zweimal über geschmolzenem Natriumacetat und schließt abermals eine zweimalige Fraktionierung mit einer einfachen Kolonne unter vermindertem Druck an. WALTON und WITHROW lassen das Essigsäureanhydrid einige Tage mit Natrium reagieren, kochen mehrere Stunden unter vermindertem Druck am Rückflußkühler und destillieren schließlich über einer Mischung von Natrium und Natriumacetat im Vakuum. Die zuerst übergehenden, grünlich aussehenden Anteile des Essigsäure-

[1] Die Werte sind, soweit es nicht anders angegeben ist, dem Taschenbuch für Chemiker und Physiker, herausgeg. von J. D'ANS u. E. LAX, Berlin, Springer 1943, entnommen.

[2] TIMMERMANS, I. u. HENNAUT-ROLAND: J. Chim. Phys. **27**, 401 (1930).

[3] Der Wert für das Molvolumen ist aus dem spezifischen Gewicht bei 15° und einer angenommenen Verringerung dieser Dichte um 0,151 25 bis zum Siedepunkt berechnet.

[4] REMESOW, J.: Biochem. Z. **207**, 77 (1929). — JANDER, G., E. RÜSBERG u H. SCHMIDT: Neutralisationenanaloge Reaktionen in Essigsäureanhydrid. Z. anorg. allg. Chem. **255**, 238 (1948).

[5] LEWIS, D. T.: J. chem. Soc. **1940**, 32.

anhydrids wurden verworfen. RÜSBERG benutzte für seine Untersuchungen Acetanhydrid, welches nach dem ein wenig modifizierten Verfahren von WALTON und WITHROW gereinigt war. Essigsäureanhydrid, welches nach den geschilderten Verfahren behandelt und gereinigt ist, hat eine spezifische Leitfähigkeit von 2 bis $5 \cdot 10^{-7}$. Der niedrigste bisher gefundene Wert betrug $1{,}74 \cdot 10^{-7}$ (RÜSBERG).

Abgesehen von der Feststellung des Leitvermögens und des Siedepunktes stehen zur Reinheitsprüfung von Essigsäureanhydrid noch weitere physikochemische und rein chemische Methoden zur Verfügung, wie z. B. die Prüfung des Brechungsindex. Für Acetanhydrid, welches nach dem eben skizzierten Verfahren sorgfältig gereinigt ist, sind Werte zwischen $n_D^{15°} = 1{,}39296$ bis $n_D^{15°} = 1{,}39299$ angegeben worden[1]. Von chemischen Methoden zur Bestimmung des Reinheitsgrades stehen unter anderen folgende zur Verfügung:

1. Man kocht Essigsäureanhydrid mit überschüssiger 1 n-Natronlauge und titriert den Überschuß mit 0,1 n-Essigsäure zurück[2].

2. Man versetzt ein Gemisch von Essigsäure und Essigsäureanhydrid mit Anilin. Dieses bildet mit 1 Mol Anhydrid 1 Mol Acetanilid und 1 Mol essigsaures Anilin. Letzteres wird mit Barytwasser zurücktitriert[2].

3. Man mißt das Kohlenoxyd und Kohlendioxyd, welches bei der Zersetzung von Oxalsäure mit Essigsäureanhydrid in Pyridin nach folgender Reaktionsgleichung gebildet wird[3]:

$$(COOH)_2 + (CH_3CO)_2O = CO + CO_2 + 2CH_3COOH.$$

4. Man kann ferner die Oxalsäure mit Kaliumpermanganat zurücktitrieren, welche nach Ablauf der eben formulierten Reaktion noch überschüssig vorhanden ist[4]. Die Genauigkeit dieses Verfahrens beträgt 0,1 %.

2. Solvate mit Essigsäureanhydrid.

Essigsäureanhydrid kann wie Wasser, Ammoniak und die übrigen wasserähnlichen Solventien mit bereits abgesättigt erscheinenden Verbindungen feste Solvate bilden. Ihre Zahl ist aber wohl viel geringer als die der Hydrate oder Ammoniakate. Es hat auch den Anschein, als ob bevorzugt Essigsäureanhydridsolvate der Acetate, also der Basenanalogen, gebildet werden. Insofern erinnern die Verhältnisse bei den Acetanhydridsolvaten an die korrespondierenden bei den

[1] TIMMERMANS, I. u. HENNAUT-ROLAND: J. Chim. Phys. 27, 401 (1930). — JANDER, G., E. RÜSBERG u. H. SCHMIDT: Z. anorg. allg. Chem. 255, 238 (1948).
[2] BERL, E. u. G. LUNGE: Chemisch-technische Untersuchungsmethoden, Bd. III, S. 778. Berlin: Springer 1930.
[3] SCHIERZ, E. R.: J. Amer. chem. Soc. 45, 455 (1923). — WITFORD, EARL OF: J. Amer. chem. Soc. 47, 2934 (1925).
[4] ROSENBAUM, CH. K. u. I. H. WALTON: J. Amer. chem. Soc. 52, 3366 (1930). — CALCOTT, W. S., F. L. ENGLISH u. O. C. WILBUR: Z. anal. Chem. 77, 227 (1929). — BERL, E. u. G. LUNGE: Chemisch-technische Untersuchungsmethoden, Bd. III, S. 779. Berlin: Springer 1930.

Solvaten mit Flußsäure und Salpetersäure, wo fast ausschließlich Solvate von Fluoriden und Nitraten festgestellt worden sind. Bisher fehlen jedoch systematische Untersuchungen über die Essigsäureanhydridsolvate, ihre Bildung, ihre Beständigkeit, ihre Abbaudiagramme usw.

Die Solvate der Alkaliacetate hat man[1] im allgemeinen so erhalten, daß man das betreffende, frisch geschmolzene und fein gepulverte Alkaliacetat in Essigsäureanhydrid bis zum Sieden erhitzte und die Lösung bzw. Suspension noch kurze Zeit aufkochte. Vom Ungelösten filtrierte man die Lösung heiß ab und ließ das Filtrat erkalten. Die darin ausgeschiedenen Krystalle wurden abgesaugt, zuerst mit Acetanhydrid und dann mit absolutem Äther gewaschen und schließlich im Vakuumexsiccator von den noch anhaftenden Flüssigkeitsresten befreit. Die Acetanhydridsolvate der Alkaliacetate sind schön krystallisierende Stoffe, welche sich in Wasser leicht unter Bildung von Acetat und Essigsäure auflösen.

Es sind zwei Reihen von Acetanhydridsolvaten beobachtet worden, eine Reihe von der Zusammensetzung 1 Alkaliacetat:1 Essigsäureanhydrid und eine zweite von der Zusammensetzung 2 Alkaliacetat: 1 Essigsäureanhydrid. Natrium- und Kaliumacetat können bei den geschilderten Versuchsbedingungen mit einem Molekül Acetanhydrid auskrystallisieren, Rubidium- und Caesiumacetat werden mit einem halben Mol Acetanhydrid erhalten; aber auch Natrium- und Kaliumacetat fallen mit je einem halben Mol Essigsäureanhydrid je Mol Alkaliacetat an. Bei der Einwirkung von Acetanhydrid auf Natriumacetat beispielsweise ist es allem Anschein nach von Zufälligkeiten abhängig, welches von den beiden Solvaten entsteht. Auch Animpfen der zur Krystallisation hingestellten Lösung mit dem Monosolvat oder dem Halbsolvat hatte nicht immer das erwartete Ergebnis. Nur so viel läßt sich sagen, daß meistens das Halbsolvat $2\,Na(CH_3COO)\cdot 1(CH_3CO)_2O$ entsteht, wenn man die Krystallisation in der Wärme beginnen läßt. Das Monosolvat $1\,Na(CH_3COO)\cdot 1(CH_3CO)_2O$ hingegen wird im allgemeinen gebildet, wenn bei einer unterkühlten Lösung plötzlich die Krystallisation einsetzt. Die nachfolgende Tabelle gibt eine Zusammenstellung von den von FRANZEN aufgefundenen Essigsäureanhydridsolvaten der Alkaliacetate.

Tabelle 97. *Übersicht über Essigsäureanhydridsolvate einiger Alkaliacetate.*

Art des Alkaliacetates	Solvatstufen	
	$1\,Me(CH_3COO)\cdot 1(CH_3CO)_2O$	$2\,Me(CH_3COO)\cdot 1(CH_3CO)_2O$
Natriumacetat . .	$1\,Na(CH_3COO)\cdot 1(CH_3CO)_2O$	$2\,Na(CH_3COO)\cdot 1(CH_3CO)_2O$
Kaliumacetat. . .	$1\,K(CH_3COO)\cdot 1(CH_3CO)_2O$	$2\,K(CH_3COO)\cdot 1(CH_3CO)_2O$
Rubidiumacetat. .		$2\,Rb(CH_3COO)\cdot 1(CH_3CO)_2O$
Caesiumacetat . .		$2\,Cs(CH_3COO)\cdot 1(CH_3CO)_2O$

[1] FRANZEN, H.: Ber. dtsch. Chem. Ges. **41**, 3641 (1908).

Das Natriumacetatmonosolvat 1 Na(CH$_3$COO)·1 (CH$_3$CO)$_2$O bildet farblose verfilzte Nadeln, welche beim Erhitzen im engen Reagensrohr bei 80° C sintern. Beim weiteren Erwärmen zerfließt die Substanz zu einer trüben Schmelze, die aber bei 150 bis 160° C klar wird. Bei noch stärkerem Erhitzen treten zwischen 180 und 200° C Siedeerscheinungen auf, und es scheiden sich feste Substanzanteile aus. Bei 220° C ist die Masse wieder vollkommen fest geworden.

Läßt man die Essigsäureanhydridsolvate der Alkaliacetate längere Zeit im Vakuumexsiccator stehen, so vermindert sich langsam und allmählich ihr Acetanhydridgehalt.

Wie schon erwähnt, fehlen bisher systematische Untersuchungen über die Bildung und die Beständigkeit der Essigsäureanhydridsolvate, ihre Zersetzungstemperaturen, Zersetzungsdrucke u. ä. m. Gelegentliche Befunde jedoch deuten darauf hin, daß nicht ausschließlich Acetanhydridsolvate von Acetaten existieren, es sind auch bei einigen anderen Salztypen Solvate beobachtet worden. MENSCHUTKIN[1] berichtet von einem Hexasolvat des Magnesiumbromids MgBr$_2$·6 (CH$_3$CO)$_2$O, welches eine schlecht krystallisierende hygroskopische Verbindung vom Schmelzpunkt 136 bis 137° C vorstellt, die in heißem Essigsäureanhydrid sehr reichlich, in kaltem Essigsäureanhydrid weniger gut löslich ist. OSSOKIN[2] hat bei seinen Untersuchungen über Komplexe des wasserfreien Magnesiumchlorids mit sauerstoffhaltigen organischen Verbindungen durch Zusammengeben und Kochen der Komponenten in benzolischer oder petrolätherischer Lösung MgCl$_2$·12 (CH$_3$CO)$_2$O erhalten. CAMBI[3] stellte durch Zusammenbringen der Komponenten in warmen Essigsäureanhydrid die Solvate von einigen Doppeljodiden bzw. komplexen Jodiden dar. Beim Abkühlen scheiden sich folgende Solvate aus: 2 NaJ·1 CdJ$_2$· 6(CH$_3$CO)$_2$O — ein zerfließliches, zersetzliches, aus Prismen bestehendes Salz — 1 NaJ·CoJ$_2$·6 (CH$_3$CO)$_2$O und 1 NaJ·1 CoJ$_2$·3 (CH$_3$CO)$_2$O, letzteres besteht aus kleinen, grünen Prismen. TSAKALOTOS[4] fand zwischen den Natriumsalzen einiger Fettsäuren und Essigsäureanhydrid folgende Anlagerungsverbindungen:

$$\text{Na(HCOO)·(CH}_3\text{CO)}_2\text{O},\quad \text{Na(C}_2\text{H}_5\text{COO)·(CH}_3\text{CO)}_2\text{O},$$
$$\text{Na(C}_3\text{H}_7\text{COO)·(CH}_3\text{CO)}_2\text{O},\quad \text{Na(C}_4\text{H}_9\text{COO)·(CH}_3\text{CO)}_2\text{O}.$$

ARON[5] und MEERWEIN[6] berichten über ein Solvat des Zinntetrachlorids von der Zusammensetzung SnCl$_4$·2 (CH$_3$CO)$_2$O, welches aber nur bei tiefen Temperaturen aus den Komponenten entsteht. Die weiße Krystallmasse zersetzt sich jedoch schon bei Zimmertemperatur wieder, wobei sie sich verfärbt und gelb bis braun wird.

[1] MENSCHUTKIN, B. N.: Iswiestja Petersbg. Polytechn. Inst. 5, 317 (1906).
[2] OSSOKIN, A. S.: Chem. J. Ser. A, J. allg. Chem. 8, 583 (1938).
[3] CAMBI, L.: Atti R. Accad. naz. Lincei, Rend. 16, I, 403.
[4] TSAKALOTOS, M. D. E.: Bull. Soc. chim. Fr. 7, 461 (1910).
[5] ARON, A.: Diss. Berlin 1903.
[6] MEERWEIN, H.: J. prakt. Chem. 134, 51 (1932).

3. Löslichkeitsverhältnisse in Essigsäureanhydrid.

Acetanhydrid ist für einige anorganische und für zahlreiche organische Substanzen ein gutes Lösungsmittel. Wie schon erwähnt wurde, leiten manche von diesen Lösungen den elektrischen Strom; die aufgelösten Stoffe liegen in ihnen also in elektrolytisch dissoziiertem Zustande vor. Es fehlt aber an systematischen Untersuchungen über die Größe der Löslichkeiten, die Abhängigkeit der Löslichkeiten von der Temperatur und vom Druck, es fehlen vergleichende Untersuchungen über die Veränderungen der Löslichkeitswerte innerhalb homologer Salzreihen, innerhalb von Klassen homologer Verbindungen usw. — Man ist auf die überall zerstreuten Beobachtungen gelegentlicher Art angewiesen. Die im Nachfolgenden gegebene Zusammenstellung über die Löslichkeitsverhältnisse in Essigsäureanhydrid hat daher nur in

Tabelle 98. *Übersicht über die Löslichkeiten einiger wasserfreier anorganischer und organischer Substanzen in Essigsäureanhydrid.*

Löslich bzw. gut mischbar	Weniger gut bis schwerer löslich	Sehr schwer löslich bis unlöslich
Kaliumacetat (in der Wärme)	Natiumacetat	Kupferacetat
Rubidiumacetat	Kaliumacetat (in der Kälte)	Silberacetat
Caesiumacetat	Tetramethylammonium-acetat	Magnesiumacetat
Thallium(I)-acetat (in der Wärme)	Thallium(I)-acetat (in der Kälte)	Calciumacetat
Siliciumtetraacetat	Bariumacetat (in der Wärme)	Strontiumacetat
Germaniumtetraacetat	Zinkacetat	Quecksilber(II)-acetat
Zinntetraacetat	Natriumjodid (in der Wärme)	Antimonacetat
Arsentriacetat	Natriumbenzolsulfonat	Wismutacetat
Natriumjodid (in der Kälte)	Natriumphenylacetat	Chrom(III)-acetat
Kalium-Quecksilber (II)-jodid	Natrium-Cadmiumjodid $2\,NaJ \cdot 1\,CdJ_2$	Kobaltacetat
Magnesiumbromid	Natrium-Kobaltjodid $1\,NaJ \cdot 1\,CoJ_2$	Nickelacetat
Zinntetrabromid	Kaliumjodid	Alkalichloride
Zinntetrajodid	Kaliumbenzolsulfonat	Alkalibromide
Phosphoroxychlorid	Rubidiumbenzolsulfonat	Kupfer(I)-rhodanid
Antimontrichlorid	Caesiumbenzolsulfonat	Silberchlorid
Antimontribromid	Tetramethylammonium-chlorid	Silbersulfid
Acetylchlorid	Tetramethylammonium-bromid	Silberbenzolsulfonat
Acetylbromid	Tetramethylammoniumjodid	Thallium(I)-halogenide
Acetyljodid	Tetramethylammonium-benzolsulfonat	Thallium(I)-rhodanid
Acetylrhodanid	Thallium(I)-benzolsulfonat	Bleisulfid
Acetylsulfid	Magnesiumchlorid	Arsentrisulfid
Acetylselenid	Zinkchlorid	Antimontrisulfid
Acetylbenzolsulfonat	Quecksilber(II)-bromid	Wismuttrisulfid
Benzolsulfonsäure-anhydrid	Antimontrijodid	
Monochloressigsäure-anhydrid	Wismuttrichlorid	
Phenylessigsäureanhydrid	Kobaltbromid	
Benzoesäureanhydrid	Kobaltjodid	
Benzolsulfonsäure	Acetamid	
Methylisocyanat		

qualitativer Hinsicht Bedeutung, da ihr bis jetzt jede Systematik und Vollständigkeit fehlt. Immerhin vermittelt sie uns einige erste Anhaltspunkte zu einer späteren systematischeren und vollständigeren Übersicht.

Bei der verhältnismäßig geringen Zahl von anorganischen und organischen Stoffen, deren Löslichkeiten in Essigsäureanhydrid beobachtet worden sind, lassen sich natürlich Löslichkeitsregelmäßigkeiten höchstens vereinzelt erkennen. Die Löslichkeit der Alkaliacetate in Acetanhydrid nimmt wie die der Alkalihydroxyde in Wasser und die der Alkalisulfite in flüssigem Schwefeldioxyd mit steigendem Atomgewicht und Atomvolumen des Alkalimetalls zu; außerdem steigt sie mit der Temperatur erheblich an. Die Löslichkeit der Alkalihalogenide nimmt allem Anschein nach im allgemeinen ebenfalls mit wachsendem Atomgewicht des Halogens und wohl auch des Alkalimetalls zu.

Im Verlaufe von Untersuchungen über die Gültigkeit des FARADAY-schen Gesetzes bei Elektrolysen in Essigsäureanhydrid ist auch das Verhalten von reinen Metallen diesem Solvens gegenüber geprüft worden[1]. Die Metalle wurden mit Acetanhydrid in zugeschmolzenen Reagensgläsern bei Zimmertemperatur aufbewahrt. Kobalt reagiert sofort unter Violettfärbung der Lösung, wobei wenig lösliches Kobaltacetat gebildet wird. Kupfer, Thallium und Eisen werden ebenfalls relativ schnell unter Entstehung der entsprechenden Acetate angegriffen. Langsamer wirkt das Lösungsmittel auf Aluminium und Nickel, sowie auf Zinn ein, wobei sich aus dem letztgenannten Zinn(II)-acetat bildet. Arsen, Antimon und Wismut zeigen nach längerem Stehen keine sichtbaren Veränderungen, lassen sich aber in der Lösung in Spuren nachweisen. Vollkommen indifferent verhalten sich Quecksilber und Silber.

4. Das elektrische Leitvermögen der Lösungen einiger Acetylverbindungen und Acetate; die Gültigkeit des Faradayschen Gesetzes bei Elektrolysen in Essigsäureanhydrid.

a) Das elektrische Leitvermögen der Lösungen einiger Acetylverbindungen und Acetate.

Systematische Untersuchungen über das Leitvermögen von Elektrolyten in Acetanhydrid, seine Abhängigkeit von der Art und Beschaffenheit derselben, von der Konzentration und Temperatur der Lösung liegen bisher kaum vor. WALDEN[2] bestimmte das molare Leitvermögen des Tetraäthylammoniumjodids und Kobaltbromids, während RÜSBERG[3], der ebenfalls einige Leitfähigkeitsmessungen durchführte, seine Aufmerksamkeit hauptsächlich auf die Lösungen von basenanalogen Acetaten und säurenanalogen Acetylverbindungen

---

[1] SCHMIDT, H., I. WITTKOPF u. G. JANDER: Z. anorg. allg. Chem. **256**, 113 (1948).
[2] WALDEN, P.: Z. phys. Chem. **54**, 161 (1906).
[3] JANDER, G., E. RÜSBERG u. H. SCHMIDT: Z. anorg. allg. Chem. **255**, 238 (1948).

richtete. Unter Umständen können auch, wie später noch eingehender dargelegt werden wird, gemischte Anhydride der Essigsäure mit anderen Säuren die Funktionen von Säurenanalogen übernehmen. So kann beispielsweise das gemischte Anhydrid der Essigsäure mit der Benzolsulfonsäure als Acetylbenzolsulfonat $(CH_3CO)(C_6H_5SO_3)$ aufgefaßt werden. Deswegen sind von Rüsberg abgesehen von Lösungen des Acetylchlorids, Acetylbromids, Acetyljodids und Acetylrhodanids in Essigsäureanhydrid auch solche von Acetylbenzolsulfonat hinsichtlich ihrer Leitfähigkeit gemessen worden. Die nachfolgenden tabellarischen Zusammenstellungen und die Kurvenzüge der Abb. 71 geben eine Übersicht über die erhaltenen Resultate und über die obwaltenden Verhältnisse.

Tabelle 99. *Spezifische Leitfähigkeit von Acetylverbindungen und von Acetaten in Essigsäureanhydrid von 25°C.* $\varkappa \cdot 10^6 =$

Gelöste Verbindung	Molarität der Lösung				
	1 m	0,1 m	0,02 m	0,01 m	0,001 m
CH_3COCl	0,72	0,25	—	0,19	0,13
CH_3COBr	1,00	0,57	—	0,20	0,10
CH_3COJ	5,20	2,20	—	0,90	0,57
$CH_3CO(SCN)$	0,91	0,58	—	0,28	0,26
$CH_3CO(C_6H_5SO_3)$	—	1,70	—	0,75	0,55
$Na(CH_3COO)$	—	—	—	41	12
$K(CH_3COO)$	—	—	176	115	26
$Rb(CH_3COO)$	—	—	211	140	28
$Cs(CH_3COO)$	—	—	248	160	31
$Tl(CH_3COO)$	—	—	23	16	5

Tabelle 100. *Äquivalentleitfähigkeiten von Acetylverbindungen und von Acetaten in Acetanhydrid von 25°C.*

Gelöste Verbindung	Molarität der Lösung				
	1 m	0,1 m	0,02 m	0,01 m	0,001 m
CH_3COCl	0,00072	0,0025	—	0,0190	0,13
CH_3COBr	0,0010	0,0057	—	0,0200	0,10
CH_3COJ	0,0052	0,022	—	0,090	0,57
$CH_3CO(SCN)$	0,00091	0,0058	—	0,028	0,26
$CH_3CO(C_6H_5SO_3)$	—	0,017	—	0,075	0,55
$Na(CH_3COO)$	—	—	—	4,07	11,6
$K(CH_3COO)$	—	—	3,5	11,5	25,8
$Rb(CH_3COO)$	—	—	4,23	14,0	28,3
$Cs(CH_3COO)$	—	—	4,96	16,0	30,7
$Tl(CH_3COO)$	—	—	0,45	1,59	4,66

Von den Acetylhalogeniden und -pseudohalogeniden sind die mit einem schwereren Halogenidrest bzw. Pseudohalogenidrest auf die Dauer nicht beständig, das gilt besonders für das Acetyljodid, aber auch für das Acetylrhodanid. Hierin ähneln die Acetylhalogenide den Thionylhalogeniden. Die Werte der Leitfähigkeiten der Acetyljodidlösungen in Essigsäureanhydrid sind daher nicht absolut genau, weil sich das Acetyljodid allmählich unter Jodabscheidung zersetzt und eine Auflösung von Jod in Acetanhydrid im Laufe der Zeit eine nicht unerhebliche Vergrößerung der spezifischen Leitfähigkeit bewirkt.

Den Zahlenwerten in den tabellarischen Übersichten ist zu entnehmen, daß das Leitvermögen von Auflösungen der Acetylverbindungen in Essigsäureanhydrid und damit ihr Dissoziationsgrad nur gering ist. Sie sind nur schwache Elektrolyte, also recht schwache Säurenanaloge. Auch diesbezüglich ist Ähnlichkeit mit den Thionylverbindungen in verflüssigtem Schwefeldioxyd vorhanden. Das Leit-

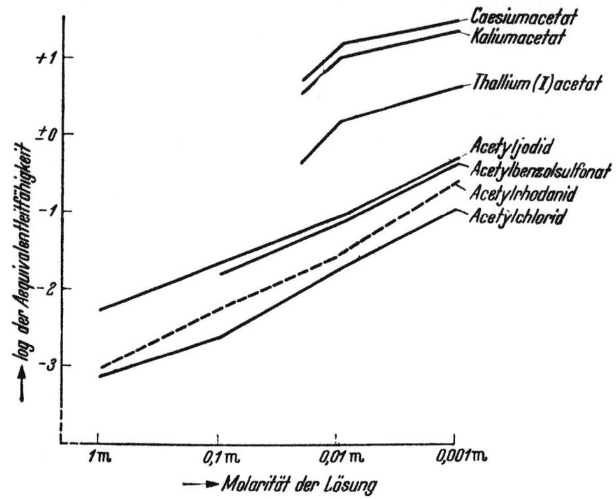

Abb. 71. Abhängigkeit des (Logarithmus des) Äquivalentleitvermögens von der Verdünnung (Mole je Liter) bei den Auflösungen einiger Acetate und Acetylverbindungen in Essigsäureanhydrid.

vermögen und die Dissoziationsgrade steigen vom Acetylchlorid über das Acetylbromid und Acetylrhodanid zum Acetyljodid hin an, letzteres ist also das relativ stärkste Säurenanaloge in der Reihe. Das gemischte Anhydrid der Essigsäure und Benzolsulfonsäure, das Acetylbenzolsulfonat, ist ebenso weitgehend dissoziiert wie das Acetyljodid. Aus der starken Zunahme des Äquivalentleitvermögens mit wachsender Verdünnung im untersuchten Konzentrationsbereich und der Tatsache, daß die Kurvenzüge für die Acetylverbindungen auch bei 0,001 m Lösungen noch keine Neigung erkennen lassen, sich asymptotisch einer Parallelen zur x-Achse, dem Grenzwert Λ_∞ bei unendlicher Verdünnung, zu nähern, geht hervor, daß alle Acetylverbindungen nur wenig dissoziiert sind und recht schwache „Säurenanaloge" vorstellen.

Die Lösungen der basenanalogen Acetate hingegen leiten erheblich besser, sie sind also viel stärkere Elektrolyte als die Acetylverbindungen. Vergleichsweise sei angeführt, daß eine 0,001 m Kaliumacetatlösung in Wasser von 18° C den Wert 98,3 für das Äquivalentleitvermögen aufweist; Caesiumacetat in 0,001 m-Lösung mit Essigsäureanhydrid von 25° C zeigt den Wert 30,7 für das Äquivalentleitvermögen. Kalium-, Rubidium- und Caesiumacetat dürften in Essigsäureanhydrid mittelstarke basenanaloge Elektrolyte sein. Die Elektrolytstärke nimmt mit steigendem Atomgewicht des Alkalimetalls zu. Das Thallium(I)-acetat hingegen ist trotz seiner verhältnismäßig guten Löslichkeit in Acetanhydrid in diesem Solvens nur ein schwächeres Basenanaloges. In Übereinstimmung mit diesen Darlegungen steht die Tatsache, daß sich die Kurvenzüge für die Alkaliacetate bereits bei 0,001 m-Lösungen asymptotisch einer Parallelen zur X-Achse, dem Grenzwert Λ_∞ bei unendlicher Verdünnung, annähern, sie sind konkav zur x-Achse.

b) Die Gültigkeit des Faradayschen Gesetzes bei Elektrolysen in Essigsäureanhydrid.

Unterwirft man die Auflösungen verschiedener Salze in Acetanhydrid der Elektrolyse, so ist es möglich, dabei die Gültigkeit des Gesetzes von FARADAY zu prüfen[1]. Wenn nun auch die Anzahl der typischen Salze mit Ionengitter, welche sich als stärkere Elektrolyte in Essigsäureanhydrid lösen, den elektrischen Strom also gut leiten und eindeutige Elektrolyseprodukte gut faßbar an den Elektroden abscheiden, verschwindend klein ist, so gibt es doch einige schwächere Elektrolyte, deren Auflösungen beim Anlegen einer höheren Spannung hinreichend Stromdurchgang zur Untersuchung der Vorgänge bei der Elektrolyse ergeben. Ebenso sind gewisse lösliche Komplexsalze mit einem komplexen Kation oder Anion größeren Volumens für elektrolytische Versuche geeignet. Die auf S. 314 erwähnte Löslichkeit einer ganzen Reihe von Metallen in Essigsäureanhydrid — namentlich in feinstverteiltem Zustande — legt allerdings abermals nicht unerhebliche Beschränkungen bei den Elektrolyseversuchen und der Elektrolytauswahl auf.

Bei allen Versuchen wurde selbstverständlich unter Feuchtigkeitsausschluß gearbeitet. Als Elektrolysiergefäß fand ein normales Becherglas von 250 cm³ Inhalt Verwendung, welches in einem am Boden mit Silikagel gefüllten höheren Exsiccator stand, dessen Deckel durchbohrt war. Durch diese Durchbohrung waren die Elektroden eingeführt und außerdem ein Thermometer. Um die Vermischung von Anoden- und Kathodenflüssigkeit zu vermeiden, war der Anodenraum von einem weiteren, reagensglasartig geformten Diaphragma aus Sinterglas umgeben. Durch ein in den Stromkreis eingeschaltetes Silbercoulombmeter war die Berechnung der Elektrizitätsmenge ermöglicht. Alle Elektrolysen sind bei Zimmertemperatur durchgeführt worden. Die nachfolgende tabellarische Zusammenstellung gibt eine Übersicht über eine größere Anzahl von Elektrolysen, die Versuchsbedingungen und die erhaltenen Resultate hinsichtlich der Gültigkeit des FARADAYschen Äquivalentgesetzes. Aus der siebenten, der letzten Vertikalrubrik geht mit aller Deutlichkeit hervor, daß das FARADAYsche Äquivalentgesetz auch für die Lösungen stärkerer oder schwächerer Elektrolyte in Essigsäureanhydrid als Solvens praktisch in vollem Umfange Gültigkeit hat, daß also die Anschauungen, welche über die

---

[1] SCHMIDT, H., I. WITTKOPF u. G. JANDER: Z. anorg. allg. Chem. **256**, 113 (1948).

Tabelle 101. *Durchführung von Elektrolysen in Essigsäureanhydrid.*

In Essigsäureanhydrid gelöste Elektrolyte	Angelegte Spannung in Volt	Stromdurchgang in Milliampère	Anzahl der Elektrolysen	Dauer der Elektrolysen in Min.	An den Elektroden (Pt bzw. Ag) schied sich ab	Prozente der nach dem FARADAYschen Gesetz zu erwartenden Menge
Antimontribromid $SbBr_3$	170—200	8,5—10	4	60—65	Antimon Sb	95,2—103,5
Antimontrichlorid + Kaliumchlorid $2\,KCl \cdot 3\,SbCl_3$	2,5—2,8	50—100	4	30—120	Antimon Sb	92,8—97,1
Arsentrichlorid + Kaliumchlorid $AsCl_3 + KCl$	50	27—36	2	45	Arsen As	92,2—92,7
Essigsäure + Kaliumacetat $H(CH_3COO) + K(CH_3COO)$	21,5—22	14—18	5	35—220	Wasserstoff H_2	86,8—109,8
Essigsäure + Kaliumjodid $H(CH_3COO) + KJ$	22	18—20	2	50—75	Wasserstoff H_2	95,5—102,8
Quecksilber(II)-bromid $HgBr_2$	165—175	9—27	4	25—35	Quecksilber-(I)-bromid Hg_2Br_2	89,3—92,5
Kobaltjodid CoJ_2	50	11—18	2	110—300	Silberjodid AgJ	102,1—102,4
Magnesiumbromid $MgBr_2$ oder Zinntetrabromid $SnBr_4$	8—10	11—15	7	30—100	Silberbromid $AgBr$	97,3—102,8
Zinkchlorid $ZnCl_2$	22	8—15	2	135—265	Silberchlorid $AgCl$	93,1—97,8
Antimontrichlorid + Kaliumchlorid $2\,KCl \cdot 3\,SbCl_3$	2,5—2,8	54—82	4	30—100	Silberchlorid $AgCl$	101,1—103,3
Tetramethylammoniumchlorid $[(CH_3)_4N]Cl$	10	14—16	2	60	Silberchlorid $AgCl$	99,1—99,9
Triphenylchlormethan $[(C_6H_5)_3C]Cl$	180—190	5—8	2	75—100	Silberchlorid $AgCl$	101—103,9

elektrolytische Dissoziation von Salzen und salzartigen Verbindungen in wäßrigen Lösungen entwickelt worden sind, auch für Lösungen in absolutem Acetanhydrid zutreffen.

Bei der Elektrolyse löslicher Acetate wird an der Anode der Acetatrest entladen, eine Gasentwicklung ist dabei nicht zu beobachten. Es liegt durchaus im Bereich der Wahrscheinlichkeit, daß zwei entladene Acetationen zu Acetylperoxyd zusammentreten:

$$2\,CH_3COO^- - 2\ominus \rightarrow 2\,CH_3COO \rightarrow CH_3\overset{\displaystyle O}{\overset{\|}{C}}\!\!-\!\!O\!\!-\!\!O\!\!-\!\!\overset{\displaystyle O}{\overset{\|}{C}}\!\cdot CH_3 .$$

Diese Bildung von Peroxyd wird wahrscheinlich gemacht durch eingehende Untersuchungen von SCHALL[1], FICHTER und Mitarbeitern[2],

---

[1] SCHALL: Z. Elektrochem. **3**, 83 (1896).
[2] FICHTER, FR. u. Mitarb.: Helv. chim. Acta 1, 146 (1918).

GLASSTONE und HICKLING[1] sowie von BAUR[2] über die Elektrolyse fettsaurer Salze allgemein. Für das Entstehen der Perverbindung bei der Elektrolyse von Acetaten in Essigsäureanhydrid speziell spricht, daß die Lösung im Anodenraum die für Perverbindungen charakteristischen Reaktionen zeigt, so wird beispielsweise Jod aus Kaliumjodid in Freiheit gesetzt. Ferner wird Indigolösung mit und ohne Zusatz von Schwefelsäure entfärbt und aus Manganacetat wird Braunstein gebildet.

5. Neutralisationenanaloge Umsetzungen in Acetanhydrid[3].

a) Über einige säurenanaloge Acetylverbindungen[3] und basenanaloge Acetate.

Die säurenanalogen Acetylverbindungen, welche bisher für neutralisationenanaloge Umsetzungen mit den basenanalogen Acetaten benutzt wurden, sind zum Teil wie *Acetylchlorid* und *Acetylbromid* seit langem gut bekannt und lassen sich verhältnismäßig leicht in chemisch reinem Zustande erhalten oder darstellen. Da sie alle durch Wasser hydrolytisch gespalten werden, müssen sie sowohl bei der Darstellung und Reinigung durch fraktionierte Destillation als auch bei der Aufbewahrung und Verwendung vor Feuchtigkeitszutritt soweit wie nur irgend möglich bewahrt werden. Andere Acetylverbindungen wie Acetyljodid und Acetylrhodanid zersetzen sich verhältnismäßig schnell und sind infolgedessen schwieriger völlig rein zu erhalten. Man muß daher ihre Auflösungen in Essigsäureanhydrid jeweils frisch bereiten und gleich benutzen. Noch weitere Acetylverbindungen, wie beispielsweise die gemischten Anhydride aus Essigsäure und einer anderen, stärkeren Säure, sind in geeigneter Weise in der Acetanhydridlösung direkt synthetisiert worden.

Das recht zersetzliche *Acetyljodid* läßt sich nach den von THIELE und HAAKH[4] sowie von STAUDINGER und ANTES[5] mitgeteilten Verfahren beispielsweise aus Essigsäureanhydrid und elementarem Jod bei Gegenwart von rotem Phosphor synthetisieren und anschließend reinigen. Nach dem Schütteln mit Quecksi ber und mehrfacher Rektifikation unter Ausschluß von Luftsauerstoff erhält man das Acetyljodid als eine höchstens noch ganz schwach gelblich gefärbte Flüssigkeit, welche unter 50 mm Druck bei 35,8° siedet. Beim Stehenlassen — sogar im Dunkeln — bräunt sie sich allerdings bald wieder offenbar infolge Jodausscheidung. Auch die 1-molaren Lösungen von Acetyljodid in Acetanhydrid bräunen sich beim Stehen allmählich,

[1] GLASSTONE, S. u. A. HICKLING: J. chem. Soc. **1936**, 820.
[2] BAUR, E.: Helv. chim. Acta **11**, 372 (1928).
[3] JANDER, G., E. RÜSBERG u. H. SCHMIDT: Neutralisationenanaloge Reaktionen in Essigsäureanhydrid. Z. anorg. allg. Chem. **255**, 238 (1948).
[4] THIELE, I. u. H. HAAKH: Liebigs Ann. Chem. **369**, 145 (1909).
[5] STAUDINGER, H. u. E. ANTES: Ber. dtsch. chem. Ges. **46**, 1421 (1913).

ihre Leitfähigkeit nimmt dabei langsam zu. Man muß daher stets mit frisch bereiteten Präparaten und neu angesetzten Lösungen operieren.

Das *Acetylrhodanid* kann analog dem Verfahren für die Darstellung von Acetylcyanid[1] aus Kupfer(I)-rhodanid und Acetylbromid oder auch nach der von HAWTHORNE[2] angegebenen Methode aus Blei-rhodanid und Acetylchlorid dargestellt werden. Es läßt sich durch zweimalige Rektifikation an einer Kolonne mit WIDMER-Spirale im Kohlendioxydstrom unter vermindertem Druck so weit reinigen, daß es wasserklar ist und sich in zugeschmolzenen Ampullen im Eisschrank aufbewahrt wochenlang hält. Sein Siedepunkt beträgt bei 22 mm Druck 42^0 C. Reine Präparate zeigen nach mehrwöchigem Stehen lediglich eine leichte gelblichrote Färbung, ohne daß die sonst bekannten Zersetzungs-erscheinungen wie das Auftreten von Trübungen und Rotfärbungen sich bemerkbar machen. Verunreinigte Acetylrhodanidpräparate da-gegen sind häufig schon nach 24 Stunden völlig zersetzt.

Das Acethylrhodanid ist von HAWTHORNE[2] sowie von DIXON und TAYLOR[3] eingehender untersucht worden. HAWTHORNE berechnete die Werte für die Molrefraktion bei einer Acetylrhodanidkonstitution $CH_3CO(SCN)$ zu 41 Einheiten, bei einer Acetylthiocarbimidkonstitution $CH_3CO(NCS)$ zu 45,6 Einheiten. Der experimentell gefundene Wert betrug im Mittel 45,23 Einheiten und veranlaßte HAWTHORNE zu der Folgerung, daß die als Acetylrhodanid $CH_3CO(SCN)$ bezeichnete Verbindung in Wirklichkeit überwiegend ein Acetylthiocarbimid $CH_3CO(NCS)$ sei. HAWTHORNE schloß aus seinen Untersuchungen, daß die „rhodanidähnliche" oder die „thiocarbimidähnliche" Wirk-samkeit durch äußere Bedingungen bestimmt wird. Auch DIXON und TAYLOR kamen wegen des chemischen Verhaltens dieser Substanz zu der gleichen Auffassung. Im Verlauf seiner neutralisationenanalogen Umsetzungen in Essigsäureanhydrid als Solvens unter Verwendung von Acetylrhodanid als Säurenanaloges stellte RÜSBERG ein rhodanid-ähnliches Verhalten am ausgeprägtesten bei den Titrationen von Thallium(I)-acetat mit Acetylrhodanid fest. Die Umsetzungen des Acetylrhodanids mit Acetaten unterscheiden sich von den Reaktionen anderer Acetylhalogenide mit Basenanalogen durch die recht langsame Einstellung der Leitfähigkeits-Endwerte; das Leitvermögen ist übrigens auch stark konzentrations- und temperaturabhängig. Aus diesen Befunden wird ebenfalls auf ein Gleichgewicht zwischen den beiden Formen $CH_3CO(SCN) \rightleftharpoons CH_3CO(NCS)$ geschlossen, welches allerdings überwiegend nach der rechten Seite, nach der Seite der Thiocarbimid-form hin verschoben ist. Die Einstellung des Gleichgewichtes erfolgt beim Verschwinden der Rhodanidform — infolge Ausfällung beispiels-weise als Thallium(I)-rhodanid — offenbar nicht momentan, sondern dauert eine gewisse Zeit. Höhere Temperatur bewirkt eine schnellere Umwandlung des Thiocarbimids in das Rhodanid, ohne anscheinend wesentlichen Einfluß auf die Lage des Gleichgewichts zu haben.

---

[1] TSCHELINZEFF, W. u. W. SCHMIDT: Ber. dtsch. chem. Ges. **62**, 2211 (1929).
[2] HAWTHORNE, I.: J. chem. Soc. **89**, 556 (1906).
[3] DIXON, A. E. u. I. TAYLOR: J. chem. Soc. **93**, 684 (1908).

HAWTHORNE stellte nämlich fest, daß die Werte der Molrefraktion zwischen 17 und 78° C so gut wie unabhängig von der Temperatur sind.

Das *Acetylsulfid* bzw. *Diacetylsulfid* $(CH_3CO)_2S$ kann nach KEKULÉ[1] und nach DAVIES[2] aus Phosphorpentasulfid und Essigsäureanhydrid ohne Schwierigkeiten synthetisiert werden. Es ist eine hellgelbe Flüssigkeit von höchst unangenehmem und durchdringendem Geruch, welche unter Atmosphärendruck bei $+157°$ C siedet, sich dabei aber in geringem Maße zersetzt. Bei 20 mm Hg-Druck siedet Diacetylsulfid bei 66 bis 67° C unzersetzt. Es ist in Essigsäureanhydrid gut löslich, erteilt ihm jedoch eine kaum nennenswerte Leitfähigkeit. Gleichwohl aber muß es — in einem allerdings recht geringen Maße — in Acetylionen und Sulfidionen dissoziiert sein. Wie in einem der folgenden Abschnitte dargelegt werden wird, fällt es nämlich aus gewissen Schwermetallsalzsuspensionen das Schwermetall als Sulfid aus.

In neuerer Zeit sind von SEEL[3] Acetylverbindungen, und zwar das Acetylfluoborat $[CH_3CO](BF_4)$ und das Acetylchloroantimonat $[CH_3CO](SbCl_6)$ beschrieben worden. Diese Verbindungen müßten ebenfalls in Acetanhydrid gelöst als „Säurenanaloge" fungieren können.

Es hat sich gezeigt, daß allem Anschein nach auch die gemischten Anhydride aus Essigsäure und einer stärkeren zweiten Säure die Stelle der „Säurenanalogen" übernehmen können. So ist beispielsweise das gemischte Anhydrid aus Essigsäure und Benzolsulfonsäure, das *Acetylbenzolsulfonat* $CH_3CO(C_6H_5SO_3)$, in Essigsäureanhydrid als Solvens ein nicht unwesentlich stärkerer Elektrolyt als Acetylchlorid und Acetylbromid. Nach den Literaturangaben[4] ist die Existenz gemischter Anhydride der Essigsäure mit anderen organischen Säuren nicht völlig eindeutig sichergestellt. Neueren Publikationen[5] zufolge· sind nun solche gemischten Anhydride mit Essigsäure wiederum erhalten und beschrieben worden. Offensichtlich sind sie aber gegen Erwärmen empfindlich und lagern sich verhältnismäßig leicht in ein Gemisch der einfachen Säureanhydride um[4]:

$$2(CH_3CO)\cdot O \cdot OCR = (CH_3CO)_2O + R \cdot CO)_2O.$$

RÜSBERG[6] stellte unter milden Bedingungen, um eine derartige „Umanhydritisierung" zu vermeiden, eine Lösung von Acetylbenzolsulfonat in Essigsäureanhydrid in der Weise her, daß er in einem geschlossenen Rohr eine bekannte Menge in Essigsäureanhydrid gelösten Acetylchlorids auf überschüssiges Silberbenzolsulfonat $Ag(C_6H_5SO_3)$ bei etwa 50° C unter mehrstündigem Schütteln einwirken ließ. Das Silberbenzolsulfonat war vorher einen Tag lang bei 160 bis 170° C getrocknet

---

[1] KEKULÉ, A.: Liebigs Ann. Chem. **90**, 312 (1854).

[2] DAVIES, S. H.: Ber. dtsch. chem. Ges. **24**, 3549 (1891).

[3] SEEL, F.: Z. anorg. allg. Chem. **250**, 331 (1943).

[4] AUTENRIETH, W.: Ber. dtsch. chem. Ges. **20**, 3187 (1887); **34**, 168 (1901). — AUTENRIETH, W. u. G. THOMAE: Ber. dtsch. chem. Ges. **57**, 423 (1924).

[5] BARONI, A.: Atti R. Acc. naz. Lincei, Rend. **17**, 1081 (1933). — WILLIAMS, J. W., G. J. DICKERT u. J. A. KRYNITSKY: J. Amer. chem. Soc. **63**, 2510 (1941).

[6] JANDER, G., E. RÜSBERG u. H. SCHMIDT: Z. anorg. allg. Chem. **255**, 238 (1948).

worden und erwies sich als praktisch unlöslich in Acetanhydrid. Die Untersuchung der Flüssigkeit im Bombenrohr nach Beendigung der Reaktion ergab einen in bezug auf das angewendete Acetylchlorid quantitativen Umsatz gemäß der Reaktionsgleichung:

$$Ag(C_6H_5SO_3) + CH_3COCl = CH_3CO(C_6H_5SO_3) + AgCl.$$
$$\downarrow$$

Die etwas konzentriertere Lösung von Acetylbenzolsulfonat in Essigsäureanhydrid ließ sich durch Filtration leicht von ausgeschiedenem Silberchlorid und überschüssigem Silberbenzolsulfonat trennen, aus ihr konnten durch Verdünnen mit Acetanhydrid Lösungen des „Säureanalogen" jeder gewünschten Molarität hergestellt werden.

Gewisse *Säureanhydride* — offenbar die der stärkeren Säuren — können unter bestimmten Versuchsbedingungen in Essigsäureanhydridlösung als Säurenanaloge fungieren, indem sie sich mit dem Solvens zu Acetylverbindungen umsetzen. Das gleiche Verhalten ist von der Chemie wäßriger Lösungen her allgemein bekannt.

$$\left.\begin{array}{l} J_2O_5 + H_2O = 2\,H(JO_3) \\ (C_6H_5SO_2)_2O + H_2O = 2\,H(C_6H_5SO_3) \end{array}\right\} \quad \text{In Wasser.}$$

$$(C_6H_5SO_2)_2O + (CH_3CO)_2O = (CH_3CO)(C_6H_5SO_3) \quad \text{In Acetanhydrid.}$$

Bei der Auflösung von *Benzolsulfonsäureanhydrid* in Essigsäureanhydrid allerdings tritt der Charakter der Verbindung als eines säurenanalogen Acetylbenzolsulfonats allem Anschein nach nicht freiwillig, jedenfalls nicht unmittelbar, sondern erst dann in Erscheinung, wenn man stärker basenanaloge Acetate hinzufügt. Wie anschließend gezeigt werden wird, bildet sich bei Zugabe von Kaliumacetat durch eine neutralisationenanaloge Umsetzung Kaliumbenzolsulfonat:

$$(C_6H_5SO_2)_2O + (CH_3CO)_2O \rightleftharpoons 2\,(CH_3CO)(C_6H_5SO_3)$$
$$2\,(CH_3CO)(C_6H_5SO_3) + 2\,K(CH_3COO) = 2\,K(C_6H_5SO_3) + 2\,(CH_3CO)_2O.$$

Jedoch nimmt der Ablauf dieser neutralisationenähnlichen Reaktion ungleich mehr Zeit in Anspruch als der bei Verwendung einer Auflösung von Acetylbenzolsulfonat, welches aus Silberbenzolsulfonat und Acetylchlorid in Essigsäureanhydrid in der vorhergehend geschilderten Weise direkt synthetisiert ist. Erst bei fallender Acetyl- und wachsender Acetat-Ionenkonzentration werden also im vorliegenden Falle gewisse Hemmungen der Umlagerung zwischen Benzolsulfonsäure- und Essigsäureanhydrid überwunden.

Die Auflösungen von *Phenylessigsäureanhydrid* $(C_6H_5CH_2CO)_2O$ und *Benzoesäureanhydrid* $(C_6H_5CO)_2O$ in Acetanhydrid hingegen haben sich auch bei konduktometrischen Titrationen mit stärker basenanalogem Rubidiumacetat bzw. Kaliumacetat nicht als Säurenanaloge erwiesen.

Das interessante einschlägige Thema „Säureanhydride in Essigsäureanhydrid" muß aber noch systematischer und mehr in die Breite gehend untersucht werden, ehe man Gesicherteres aussagen kann.

Die basenanalogen Acetate, welche in Essigsäureanhydrid mehr oder weniger gut löslich sind wie *Natriumacetat, Kaliumacetat* und

Thalliumacetat sind verhältnismäßig leicht zugänglich und durch Schmelzen oder scharfes Trocknen meist wasserfrei zu erhalten.

Wasserfreie und essigsäurefreie Lösungen des sehr hygroskopischen *Rubidiumacetats* und des ebenso beschaffenen *Caesiumacetats* lassen sich ohne Schwierigkeiten aus den trockenen Carbonaten herstellen. Rubidiumcarbonat und Caesiumcarbonat lösen sich in heißem Essigsäureanhydrid unter Kohlendioxydentwicklung zu Acetaten. Die Tatsache, daß sich Thallium(I)-acetat mit Metallhalogeniden, welche in Acetanhydrid gelöst sind, zu schwer löslichem Thallium(I)-halogenid und dem Acetat des jeweils verwendeten Metalls oder Radikals umsetzt, ist gleichfalls zur Darstellung der Lösungen von Acetaten benutzt worden, welche weniger leicht zugänglich oder schwer essigsäure- und wasserfrei zu erhalten sind. Auf diesem Wege haben JANDER, RÜSBERG und SCHMIDT[1] Lösungen von *Tetramethylammoniumacetat* in Essigsäureanhydrid aus Tetramethylammoniumchlorid bereitet:

$$[(CH_3)_4N]Cl + Tl(CH_3COO) = TlCl + [(CH_3)_4N](CH_3COO).$$
$$\downarrow \qquad \rightarrow$$

Arsentriacetat, $As(CH_3COO)_3$, läßt sich nach einem von PICTET und BON[2] angegebenen Verfahren aus Arsentrioxyd und Essigsäureanhydrid synthetisieren. Bei der Vakuumdestillation einer in der Wärme bereiteten Auflösung von Arsentrioxyd in Essigsäureanhydrid geht nach dem Vorlauf des im Überschuß vorhandenen Acetanhydrids das Arsentriacetat bei 157° und 16 mm Hg-Druck über und krystallisiert beim Erkalten aus. Es ist in Essigsäureanhydrid verhältnismäßig gut öslich, viel besser als Arsentrioxyd in Wasser, die Lösung leitet aber kaum den elektrischen Strom.

b) Neutralisationenanaloge Umsetzungen zwischen säurenanalogen Acetylverbindungen und basenanalogen Acetaten.

Zwischen den säurenanalogen Acetylverbindungen und den basenanalogen Acetaten finden nun in Acetanhydrid zahlreiche, neutralisationenanaloge Reaktionen statt, wobei die Moleküle des wenig dissoziierten Lösungsmittels und Salze gebildet werden, welche unlöslich ausfallen oder auch gelöst bleiben und dabei mehr oder weniger weitgehend dissoziiert vorliegen:

$$(CH_3CO)R^I + Me^I(CH_3COO) = (CH_3CO)_2O + Me^IR^I.$$

In dieser Formulierung bedeutet R^I einen einwertigen Säurerest wie Cl^-, Br^-, J^-, SCN^- usw. und Me^I ein einwertiges Metall oder metallähnliches Radikal. Eine größere Anzahl derartiger Umsetzungen ist von RÜSBERG präparativ und analytisch chemisch untersucht, sowie mittels der konduktometrischen Titrationsmethoden hinsichtlich ihres Ablaufes genauer beobachtet worden. Je nach den Löslichkeitsverhältnissen der Basenanalogen und der sich bildenden Salze wurden bei den Leitfähigkeitstitrationen im allgemeinen 20 bis 100 mg des

---

[1] JANDER, G., E. RÜSBERG u. H. SCHMIDT: Z. anorg. allg. Chem. **255**, 238 (1948).
[2] PICTET, A. u. A. BON: Bull. Soc. chim. Fr. **33**, 1141 (1905).

Acetats in 25 cm³ Acetanhydrid gelöst und bei 45⁰ C mit einer Lösung der Acetylverbindung ebenfalls in Essigsäureanhydrid titriert. Gelegentlich wurde auch umgekehrt verfahren. Die nachfolgende tabellarische Zusammenstellung gibt zunächst eine Übersicht über solche neutralisationenanalogen Umsetzungen und über einige dabei gemachte Feststellungen.

Bei der konduktometrischen Beobachtung der neutralisationenanalogen Umsetzung zwischen säurenähnlichen Acetylverbindungen

Tabelle 102. *Übersicht über die untersuchten „neutralisationenanalogen" Umsetzungen zwischen „Säurenanalogen" und „Basenanalogen" in Essigsäureanhydrid.*

Nr.	Verwendete säurenanaloge Acetylverbindung	Verwendetetes basenanaloges Acetat	Gebildetes Salz	Bemerkungen
1	CH_3COCl	$Na(CH_3COO)$	$NaCl$	Bekanntes Verfahren der Darstellung von Essigsäureanhydrid.
2	CH_3COCl	$K(CH_3COO)$	KCl	KCl praktisch unlöslich.
3	CH_3COCl	$Rb(CH_3COO)$	$RbCl$	RbCl nur sehr wenig löslich.
4	CH_3COCl	$Tl(CH_3COO)$	$TlCl$	TlCl praktisch vollständig unlöslich.
5	$2\,CH_3COCl$	$Zn(CH_3COO)_2$	$ZnCl_2$	$ZnCl_2$ löslich.
6	CH_3COBr	$Rb(CH_3COO)$	$RbBr$	RbBr etwas löslich.
7	CH_3COBr	$Cs(CH_3COO)$	$CsBr$	CsBr etwas stärker löslich.
8	CH_3COBr	$Tl(CH_3COO)$	$TlBr$	TlBr praktisch vollständig unlöslich.
9	$2\,CH_3COBr$	$Co(CH_3COO)_2$	$CoBr_2$	$CoBr_2$ löslich.
10	CH_3COJ	$K(CH_3COO)$	KJ	KJ löslich.
11	CH_3COJ	$Rb(CH_3COO)$	RbJ	RbJ löslich.
12	$CH_3CO(SCN)$	$K(CH_3COO)$	$K(SCN)$	K(SCN) und Rb(SCN) sind löslich, aber die Lösungen zersetzen sich allmählich.
13	$CH_3CO(SCN)$	$Rb(CH_3COO)$	$Rb(SCN)$	
14	$CH_3CO(SCN)$	$Tl(CH_3COO)$	$Tl(SCN)$	Tl(SCN) praktisch vollständig unlöslich.
15	$(CH_3CO)_2S$	$2\,Ag(CH_3COO)$	Ag_2S	Die suspendierten Schwermetallacetate setzen sich erst beim Erhitzen mit Acetylsulfid um!
16	$(CH_3CO)_2S$	$Pb(CH_3COO)_2$	PbS	
17	$CH_3CO(C_6H_5SO_3)$	$K(CH_3COO)$	$K(C_6H_5SO_3)$	$K(C_6H_5SO_3)$ löslich
18	$CH_3CO(C_6H_5SO_3)$	$Rb(CH_3COO)$	$Rb(C_6H_5SO_3)$	$Rb(C_6H_5SO_3)$ löslich.
19	$CH_3CO(C_6H_5SO_3)$	$Cs(CH_3COO)$	$Cs(C_6H_5SO_3)$	$Cs(C_6H_5SO_3)$ löslich
20	$CH_3CO(C_6H_5SO_3)$	$Tl(CH_3COO)$	$Tl(C_6H_5SO_3)$	$Tl(C_6H_5SO_3)$ löslich
21	$CH_3CO(C_6H_5SO_3)$	$[(CH_3)_4N](CH_3COO)$	$[(CH_3)_4N](C_6H_5SO_3)$	$[(CH_3)_4N](C_6H_5SO_3)$ löslich.
22	$(C_6H_5SO_2)_2O$	$2\,K(CH_3COO)$	$2\,K(C_6H_5SO_3)$	$K(C_6H_5SO_3)$ löslich.

und basenähnlichen Metallacetaten sind mehrere Typen von Leitfähigkeitstitrationskurven festgestellt worden, je nachdem, ob das dabei resultierende Salz in Essigsäureanhydrid praktisch unlöslich ist und ausfällt oder wenig löslich ist und langsam auskrystallisiert oder besser bis gut löslich ist und in Lösung bleibt.

Da Natriumchlorid, Kaliumchlorid und die Thallium(I)-halogenide sowie das Thallium(I)-rhodanid praktisch unlöslich sind, ergibt sich bei dem anteilweise erfolgenden Zusatz der Acetylverbindung zur vorgelegten Lösung der Metallacetate in der graphischen Darstellung des Vorganges ein Kurvenzug, wie er durch Abb. 72 wiedergegeben

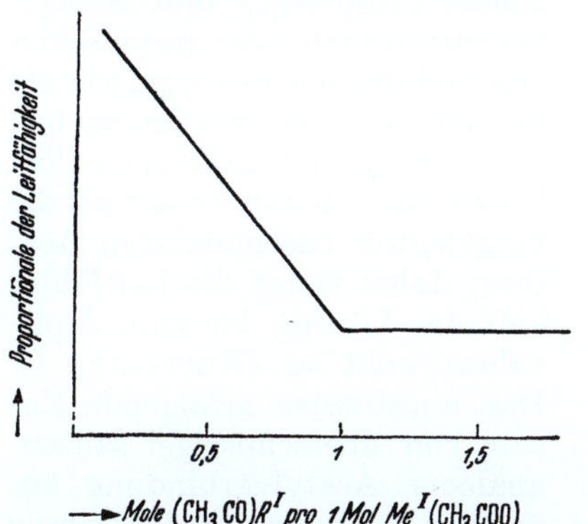

Abb. 72. Konduktometrische Titrationen vorgelegter Auflösungen von Acetaten in Essigsäureanhydrid mittels Acetylhalogenid (das gebildete Metallhalogenid ist praktisch unlöslich).

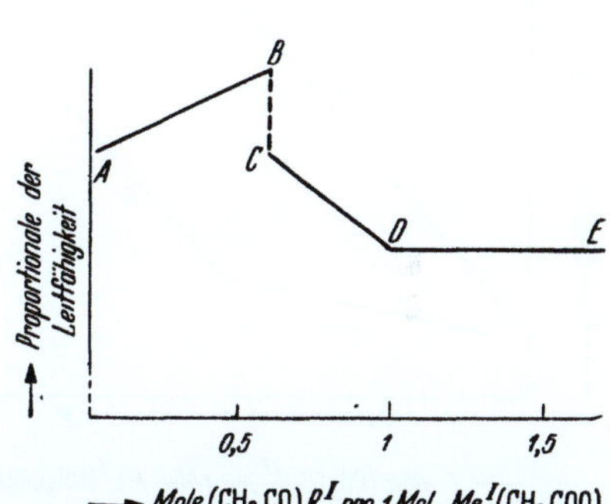

Abb. 73. Konduktometrische Titrationen vorgelegter Auflösungen von Acetaten in Essigsäureanhydrid mittels Acetylhalogenid (das gebildete Metallhalogenid ist ein wenig löslich)

ist. Infolge der Ausfällung des unlöslichen Salzes während der Reaktion nimmt die Leitfähigkeit der Lösung bis zum Äquivalenzpunkt ab, um dann konstant zu bleiben, da der Überschuß der Acetylverbindung an der erreichten Endleitfähigkeit nichts Wesentliches mehr ändert. Die Alkalichloride neigen im Gegensatz zu den Thallium(I)-halogeniden zur Bildung übersättigter Lösungen; die Endleitfähigkeit der Lösung stellt sich daher nach dem Zusatz einer neuen Portion von Acetylchlorid zum Alkaliacetat jedesmal erst nach einigem Warten ein.

Rubidiumchlorid, Rubidiumbromid und Caesiumbromid sind etwas in Acetanhydrid löslich. Daher setzt sich im Kurvenzug der graphischen Darstellung der konduktometrischen Titration das erste Stück, die neutralisationenanaloge Reaktion, aus zwei Teilstücken zusammen. Zunächst steigt bei Zusatz der säurenanalogen Acetylverbindung zur vorgelegten Alkaliacetatlösung das Leitvermögen der Lösung, wie Abb. 73 erkennen läßt, an, und zwar infolge Bildung des löslichen oder in übersättigter Lösung vorliegenden Anteils des Alkalihalogenids (A—B). Bei Erreichung der maximalen Löslichkeit bzw. bei Auslösung der Übersättigung (B—C) fällt von nun an bei weiterem, portionsweise erfolgendem Zusatz der Acetylverbindung das Leitvermögen der Lösung (C—D), bis beim Ende der neutralisationenähnlichen Reaktion auch die Ausfällung des Alkalihalogenids beendet ist (Punkt D). Ein

Zusatz von überschüssigem Säurenanalogen ruft wegen dessen Schwäche als Elektrolyt keine wesentliche Änderung des Leitvermögens der Lösung hervor (D—E).

Zinkchlorid, Kobaltbromid, die Alkalijodide und Alkalirhodanide sowie die untersuchten Metallbenzolsulfonate sind in Acetanhydrid besser löslich. Daher erhält man bei der konduktometrischen Beobachtung der neutralisationenanalogen Umsetzung zwischen Acetylchlorid (vorgelegt) und Zinkacetat, zwischen Kobaltacetat (vorgelegt) und Acetylbromid, zwischen Alkaliacetaten (vorgelegt) und Acetyljodid bzw. Acetylrhodanid, zwischen Alkaliacetaten bzw. Thallium(I)-acetat (vorgelegt) und Acetylbenzolsulfonat in der graphischen Darstellung Kurvenzüge, wie sie in der Abb. 74 wiedergegeben sind. Die jeweils gebildeten löslichen Salze leiten besser als die vorgelegten basenanalogen Acetate; daher steigt die Leitfähigkeit der Lösung bis zum Äquivalenzpunkt an (Kurventyp I). Der anteilweise erfolgende Zusatz von überschüssiger säurenanaloger Acetylverbindung ändert am Leitvermögen der Lösung kaum noch etwas, es bleibt nahezu konstant.

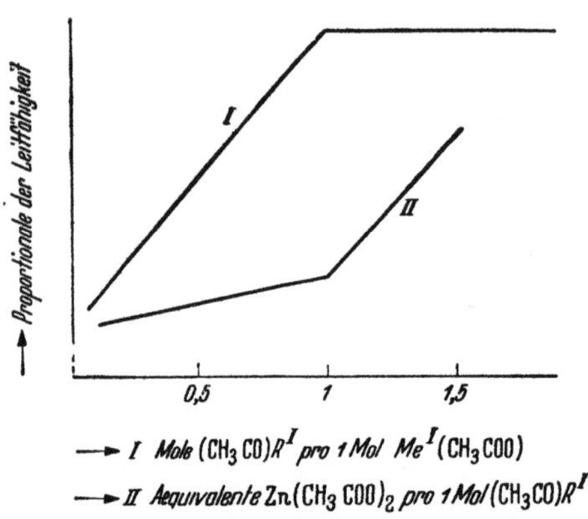

Abb. 74. Konduktometrische Titrationen vorgelegter Auflösungen von Acetaten in Essigsäureanhydrid mittels Acetylhalogenid bzw. Acetylbenzolsulfonat (das gebildete Metallsalz ist besser löslich).

Die Kurve II von Abb. 74 gibt die konduktometrische Titration von vorgelegter Acetylchloridlösung mit Zinkacetat wieder. Der erste, schwächer ansteigende Ast zeigt die Leitfähigkeitszunahme infolge der Bildung wachsender Mengen von löslichem und leitendem Zinkchlorid. Nach Erreichen des Äquivalenzpunktes steigt die Leitfähigkeit infolge des Zusatzes von überschüssigem Zinkacetat stärker an. Es liegt im Bereich der Wahrscheinlichkeit, daß sich zwischen Zinkchlorid und Zinkacetat eine Doppel- bzw. Komplexverbindung bildet, welche weitergehend dissoziiert ist und daher gut leitet. Der Äquivalenzpunkt tritt auch hier scharf als Schnittpunkt zweier Geraden in Erscheinung.

Bei der graphischen Darstellung der konduktometrischen Titrationen von vorgelegtem Caesiumacetat oder Tetramethylammoniumacetat mittels Acetylbenzolsulfonat werden Kurvenformen vom Typus der in Abb. 72 erhalten, obwohl die bei der neutralisationenanalogen Reaktion sich bildenden Caesium- oder Tetramethylammoniumbenzolsulfonate in Essigsäureanhydrid löslich sind. Allem Anschein nach sind diese Salze weniger weitgehend dissoziiert und ihre Lösungen daher schlechter leitend als die vom basenanalogen Caesium- oder Tetramethylammoniumacetat.

Auf die Besonderheiten, welche beim säurenanalogen Acetylrhodanid vorliegen, ist bereits hingewiesen worden (S. 320). Wie aus den Bemerkungen der tabellarischen Übersicht hervorgeht, sind aber auch die in Acetanhydrid als Solvens gelösten Alkalirhodanide nicht stabil. Die Selbstzersetzung des Kaliumrhodanids in Essigsäureanhydrid ist von BRUNNER[1] studiert worden. Sie verläuft etwa nach der Gleichung:

$$K(SCN) + 2\,(CH_3CO)_2O = (CH_3CO)_3N + K(CH_3COO) + COS.$$

Das Stickstofftriacetyl ist jedoch gleichfalls nicht beständig und reagiert weiter. Außerdem entstehen noch andere Reaktionsprodukte. Immerhin aber verläuft die von einer Leitfähigkeitsabnahme begleitete Selbstzersetzung der Alkalirhodanide nicht so schnell, daß man nicht eine konduktometrische Titration von vorgelegtem Kalium- oder Rubidiumacetat mit Acetylrhodanid durchführen könnte. Nach jedem Zusatz von Acetylrhodanidlösung zur Alkaliacetatlösung steigt zunächst die Leitfähigkeit an, weil sich erst — wie erwähnt — die thiocarbimidähnliche Form in die rhodanidähnliche Form umwandeln muß, ehe sie sich zu gut leitendem Alkalirhodanid umsetzt, was nach RÜSBERGs Beobachtungen jedesmal etwa 10 Min. in Anspruch nimmt.

Acetylsulfid $(CH_3CO)_2S$ setzt sich wegen seines nur äußerst schwach säurenanalogen Charakters mit den löslichen Alkaliacetaten in Essigsäureanhydrid ebensowenig um, wie beispielsweise Schwefelwasserstoff mit Aluminiumhydroxyd in Wasser. Im Gegenteil werden, wie anschließend (S. 329) gezeigt wird, Alkalisulfide durch Acetanhydrid solvolysiert — namentlich in der Wärme —, und es bilden sich Acetylsulfid und Alkaliacetat. Neutralisationenanaloge Umsetzungen von Acetylsulfid mit Acetaten sind daher nur da zu erwarten, wo Sulfide mit einem sehr kleinen Wert des Löslichkeitsproduktes entstehen. Einen außerordentlich geringen Wert des Löslichkeitsproduktes besitzen offenbar Silbersulfid und Bleisulfid. Deswegen färben sich Suspensionen von Silberacetat und Bleiacetat in Essigsäureanhydrid bei Zugabe von Acetylsulfid infolge der Bildung von Schwermetallsulfid schwarz. Bei längerem Erhitzen ist die Umsetzung zwischen Silberacetat und Acetylsulfid quantitativ, aber zwischen Bleiacetat und Acetylsulfid nur 70 bis 80%ig.

6. Solvolyseerscheinungen in Essigsäureanhydrid.

a) Solvolyseerscheinungen bei Salzen[2].

Es hat sich gezeigt, daß bei Essigsäureanhydrid als Lösungsmittel die Neigung, gelöste oder suspendierte Stoffe zu solvolysieren, ganz besonders stark ausgeprägt ist. Die solvolytische Spaltung zahlreicher Salze ist in manchen Fällen z. B. an dem Auftreten von Gasentwicklungen, Verfärbungen der Ansätze u. a. m. schon bei Zimmertemperatur zu erkennen. So entwickelt trockenes Natriumcarbonat in essigsäurefreiem Acetanhydrid bei $\sim 20^{\circ}$C lebhaft Kohlendioxyd, beim Hineingeben von Alkalinitriten beobachtet man schon in der Kälte Solvolyse

[1] BRUNNER, K.: Ber. dtsch. chem. Ges. 47, 2671 (1914).
[2] SCHMIDT, H., CHR. BLOHM u. G. JANDER: Z. angew. allg. Chem. 59, 233 (1947).

unter Bildung von Stickstoff, Stickoxyd und Kohlendioxyd, Natriumazid entwickelt bereits bei Zimmertemperatur Stickstoff, gleichzeitig
tritt der charakteristische stechende Geruch von Methylisocyanat auf.
Beim Erhitzen ist die solvolytische Einwirkung des Essigsäureanhydrids
auf gelöste oder suspendierte Salze natürlich noch ausgeprägter und
verläuft in sehr vielen Fällen quantitativ. Im Nachfolgenden soll nun
das Verhalten einiger Klassen von Salzen etwas näher besprochen
werden.

Carbonate. Zur näheren Untersuchung der solvolytischen Erscheinungen bei den Metallcarbonaten hat man je 0,5 bis 1 g des zu unter-
suchenden Carbonats in feingepulvertem und völlig wasserfreiem Zustande mit 25 cm³ essigsäurefreiem Acetanhydrid in einem 50 cm³-
Schliffkolben, welcher mit Rückflußkühler und Feuchtigkeitsabschluß
versehen war, im Ölbad allmählich erhitzt: Die Versuchsbedingungen
und einige Beobachtungen sind in der tabellarischen Übersicht zusammengestellt.

Tabelle 103. *Verhalten einiger Metallcarbonate in erhitztem Essigsäureanhydrid.*

Metall-carbonat	Temperatur des Acetanhydrids am Ende des Versuches	Dauer des Ver-suches in Std.	Farbe der Lösung am Ende des Versuches	Bemerkungen
Li_2CO_3	Siedetemperatur	1	schwach gelblich	Keine Gasentwicklung, keine Solvolyse.
Na_2CO_3	Siedetemperatur	3	gelb	Schon beim Ansatz in der Kälte Gasent-wicklung.
K_2CO_3	Siedetemperatur	3	gelb bis braun	Anfangs keine lebhafte Gasentwicklung, erst bei zunehmender Er-wärmung lebhaftere CO_2-Entwicklung.
Rb_2CO_3	Siedetemperatur	$^1/_2$	tief gelb	
Cs_2CO_3	110⁰	$^1/_2$	schwach gelb	
Tl_2CO_3	130⁰	$^1/_2$	farblos	Gasentwicklung und Solvolyse beginnen bei 90⁰
$CaCO_3$	Siedetemperatur	1	farblos	Keine Gasentwicklung, keine Solvolyse.
$BaCO_3$	Siedetemperatur	3	farblos	32%ige Solvolyse.
$ZnCO_3$	Siedetemperatur	2	farblos	Vollständige Solvolyse.
$CdCO_3$	Siedetemperatur	1	farblos	Keine Gasentwicklung, keine Solvolyse.

Die Carbonate werden also offenbar nach folgendem Schema
solvolysiert:

$$Me_2^I CO_3 + 2(CH_3CO)_2O = 2Me^I(CH_3COO) + (CH_3CO)_2CO_3 \nearrow$$
$$= 2Me^I(CH_3COO) + (CH_3CO)_2O + CO_2.$$

Das primär gebildete Acetylcarbonat ist nicht beständig und zerfällt
in Essigsäureanhydrid und Kohlendioxydgas. Auf das Eintreten und
den Fortschritt der Solvolyse sind mehrere Faktoren von Einfluß:
die Schwerlöslichkeit des verwendeten Metallcarbonats, die Löslichkeit

des jeweils gebildeten basenanalogen Metallacetats und seine mehr oder weniger ausgeprägten basenanalogen Eigenschaften. Lithiumcarbonat ist sehr wenig in Essigsäureanhydrid löslich, ebenso Lithiumacetat. Daher ist beim Lithiumcarbonat trotz der Schwäche des Lithiumacetats als Basenanaloges keine Solvolyse festzustellen. Die Löslichkeit der Acetate steigt vom Natriumacetat zum Caesiumacetat erheblich an, so daß bei den gewählten Versuchsbedingungen die durch Solvolyse gebildeten Acetate des Rubidiums und Caesiums in der Wärme sogar vollständig in Lösung bleiben. Gleichzeitig aber steigt in derselben Reihe auch der basenanaloge Charakter der Acetate und ihr elektrisches Leitvermögen. Infolgedessen nimmt die Neigung der Alkalicarbonate zur Solvolyse in Essigsäureanhydrid merklich vom Natriumcarbonat zum Caesiumcarbonat ab. Sie verläuft aber in allen Fällen bei 90 bis 110° C quantitativ. Beim Erkalten der ausreagierten Ansätze krystallisieren die Solvate der Alkaliacetate (vgl. S. 311) aus. Ähnlich wie Rubidium- und Caesiumcarbonat reagiert Thallium(I)-carbonat.

Korrespondierend scheinen die Verhältnisse bei den Carbonaten der Erdalkalimetalle gelagert zu sein. Calciumcarbonat wird nicht solvolysiert — auch nicht bei der Siedetemperatur des Essigsäureanhydrids —, wohl aber Bariumcarbonat. Von den Carbonaten der Metalle der zweiten Nebengruppe erleidet Zinkcarbonat vollständige solvolytische Spaltung. Cadmiumcarbonat hingegen wird nicht angegriffen.

Sulfite. Ganz ähnliche Untersuchungen, wie man sie mit den Carbonaten bezüglich ihrer Solvolysierbarkeit durch Acetanhydrid angestellt hat, sind mit Sulfiten durchgeführt worden. Die beobachteten Solvolyseerscheinungen gleichen den bei den Carbonaten beobachteten. Im Falle der Verwendung von trockenem Natrium- oder Kaliumsulfit entsteht Natriumacetat bzw. Kaliumacetat und Schwefeldioxyd, welches beim Erhitzen des Ansatzes gasförmig entweicht:

$$Na_2SO_3 + 2(CH_3CO)_2O = 2Na(CH_3COO) + (CH_3CO)_2SO_3$$
$$= 2Na(CH_3COO) + (CH_3CO)_2O + SO_2 \nearrow.$$

Das aller Wahrscheinlichkeit nach primär gebildete Acetylsulfit ist ebensowenig stabil wie das Acetylcarbonat und zerfällt in Acetanhydrid und Schwefeldioxyd.

Sulfide. Beim Hineingeben von gepulvertem, wasserfreiem Natriumsulfid, Na_2S, in überschüssiges Essigsäureanhydrid erfolgt sogleich unter beträchtlicher Wärmeentwicklung Solvolyse:

$$Na_2S + 2(CH_3CO)_2O = 2Na(CH_3COO) + (CH_3CO)_2S.$$

Das entstehende Natriumacetat krystallisiert beim Erkalten als Solvat aus, und zwar in Form einer außerordentlich voluminösen, verfilzten Masse, welche das Diacetylsulfid einschließt und dessen quantitative Erfassung erschwert.

Auch andere Sulfide, wie beispielsweise die des Kupfers, Bleis, Arsens, Antimons und Wismuts, erleiden in Acetanhydrid sichtbar

Solvolyse, namentlich beim Erhitzen. Aber die Reaktion ist bei weitem nicht vollständig.

Nitrate. Über das Verhalten von Nitraten Essigsäureanhydrid gegenüber liegen Untersuchungen von SPÄTH[1] vor, welcher zur Darstellung wasserfreier Acetate von Metallnitraten ausging und diese in siedendem Acetanhydrid zur Reaktion brachte. Allerdings machte er hierbei die Beobachtung, daß bedeutend bessere Ausbeuten an Metallacetaten resultieren, wenn man von Metallnitraten ausgeht, welche festgebundenes Krystallwasser enthalten, als von solchen gänzlich ohne Krystallwasser. BLOHM[2] hat die Versuche mit wesentlich verdünnteren Ansätzen wiederholt und dabei die gleichen Ergebnisse erhalten wie SPÄTH; von wasserfreien Nitraten hat BLOHM die des Natriums, Kaliums, Strontiums, Bariums, Thalliums, Silbers und Bleis untersucht. Zur Aufklärung des Mechanismus der Solvolyse wurde das Verhalten von Silbernitrat gegenüber erhitztem Acetanhydrid näher beobachtet, ohne daß es gelungen wäre, die Teilvorgänge der Reaktion mit Sicherheit festzustellen. Es bildet sich dabei unter heftiger Gasentwicklung ein gelber käsiger Niederschlag, der offenbar nicht einheitlich ist. Er besteht zu einem großen Teil aus Silberacetat, welches sich mit kochendem Wasser extrahieren läßt. Der hinterbleibende bräunliche Stoff enthält aber ebenfalls noch Silber. Das entweichende Gas setzt sich überwiegend aus Stickoxyd, ferner aus Kohlendioxyd und Stickstoff zusammen. Diese letzten beiden Bestandteile entstehen allem Anschein nach bei der Einwirkung von Stickstoffdioxyd auf das Essigsäureanhydrid.

Versucht man die solvolytische Umsetzung zwischen Essigsäureanhydrid und den Nitraten zu formulieren, so muß man wohl als erstes Stadium die normale Bildung von Metallacetat und Acetylnitrat annehmen:

$$NaNO_3 + (CH_3CO)_2O = Na(CH_3COO) + (CH_3CO)NO_3.$$

Das Acetylnitrat ist aber aus der chemischen Literatur als eine sehr reaktionsfähige und unbeständige Substanz bekannt. Diese Verbindung wird also einerseits mit dem Lösungsmittel reagieren, andererseits leicht in Acetanhydrid und Stickoxyde zerfallen.

Nitrite. Ein ähnliches Verhalten wie die Nitrate zeigen die Nitrite gegenüber Acetanhydrid. Zum Unterschied von den Nitraten erleiden jedoch einige Nitrite schon ohne Erwärmung des Lösungsmittels solvolytische Spaltung, wobei sich Stickstoff, Stickstoffmonoxyd (NO) und Kohlendioxyd entwickeln. Beim Erhitzen verläuft die Reaktion erheblich rascher und quantitativ. Je nach den verwendeten Mengen und der Art des Metallnitrits scheiden sich die gebildeten Metallacetate schon aus der heißen Lösung oder erst beim Erkalten aus. BLOHM hat die Solvolyse des wasserfreien Natriumnitrits näher untersucht und die dabei entweichenden Gase (N_2, NO, CO_2) quantitativ bestimmt.

---

[1] SPÄTH, E.: Mh. Chem. **33**, 235 (1912).
[2] SCHMIDT, H., CHR. BLOHM u. G. JANDER: Z. angew. allg. Chem. **59**, 233 (1947).

Nach den Ergebnissen sind die nachfolgend angeführten Teilreaktionen allem Anschein nach die wesentlichsten:

$$8\,NaNO_2 + 8\,(CH_3CO)_2O = 8\,Na(CH_3COO) + 8\,(CH_3CO)NO_2. \tag{1}$$

$$8\,(CH_3CO)NO_2 = 4\,(CH_3CO)_2O + 4\,N_2O_3$$
$$= 4\,(CH_3CO)_2O + 4\,NO_2 + 4\,NO. \tag{2}$$

$$(CH_3CO)_2O + 4\,NO_2 = 2\,N_2 + 4\,CO_2 + 3\,H_2O. \tag{3}$$

$$8\,NaNO_2 + 5\,(CH_3CO)_2O = 2\,N_2 + 4\,CO_2 + 3\,H_2O + 4\,NO + 8\,Na(CH_3COO).$$

Im großen ganzen verlaufen offenbar die Solvolyse und die sich anschließenden Umsetzungen der Solvolyseprodukte nach den gegebenen Formulierungen. Die Theorie verlangt ein Molverhältnis von $8\,NaNO_2$: $2\,N_2$: $4\,NO$: $4\,CO_2$, tatsächlich ergaben die Analysen:

$$8\,NaNO_2 : 1{,}6\,N_2 : 3{,}2\,NO : 5{,}6\,CO_2.$$

Kaliumnitrit und Silbernitrit reagieren etwas träger mit Essigsäureanhydrid als Natriumnitrit. Auch Bariumnitrit zeigt bei Zimmertemperatur eine geringere Reaktionsfähigkeit, wird aber in der Wärme solvolysiert.

Halogenide. Die salzartigen Chloride, Bromide und viele Jodide der Alkalien und auch die anderer Metalle sind in Essigsäureanhydrid mehr oder weniger schwerlöslich und werden nicht solvolysiert. Eine Ausnahme hiervon machen Natriumjodid und in geringerem Maße Kaliumjodid und Aluminiumchlorid. Natriumjodid ist in Acetanhydrid in der Kälte relativ gut löslich. Erhitzt man eine gesättigte Lösung unter Ausschluß des Zutritts von Luftfeuchtigkeit, so scheidet sich ein Teil des Natriumjodids aus. Die Löslichkeit nimmt also mit steigender Temperatur ab, ebenso wie die von Natriumsulfat in Wasser oder die von Kaliumjodid und Kaliumbromid in verflüssigtem Schwefeldioxyd. Außerdem verfärbt sich die Lösung allmählich von farblos nach gelb bis orange. Nach eintägigem Stehen unter Feuchtigkeitsausschluß bei Zimmertemperatur sieht sie rotbraun aus:

$$NaJ + (CH_3CO)_2O \rightleftharpoons Na(CH_3COO) + (CH_3CO)J.$$

Das solvolytische Gleichgewicht, welches an und für sich weitestgehend nach links verlagert ist, geht also mit der Zeit langsam nach rechts herüber, weil Acetyljodid in Essigsäureanhydrid instabil ist und sich unter Jodausscheidung zersetzt.

Ein ähnliches Verhalten wie Natriumjodid zeigt Kaliumjodid in Essigsäureanhydrid, welches jedoch eine nicht unerheblich kleinere Löslichkeit als jenes besitzt.

Vom Aluminiumchlorid ist bekannt[1], daß es leicht solvolytisch gespalten wird und in glatter Reaktion Aluminiumacetat und Acetylchlorid gibt.

Wie RUFF[2] gezeigt hat, wird wasserfreies Quecksilber(II)-fluorid durch Acetanhydrid solvolysiert, aber nur in der Hitze. Es entwickelt

---

[1] ADRIANOWSKY, A.: Ber. dtsch. chem. Ges. **12**, 688 (1879).
[2] RUFF, O u. G. BAHLAU: Ber. dtsch. chem. Ges. **51**, 1758 (1918).

sich gasförmiges Acetylfluorid. Beim Erkalten krystallisiert Queck-
silber(II)-acetat aus:

$$HgF_2 + 2(CH_3CO)_2O = Hg(CH_3COO)_2 + 2(CH_3CO)F.$$

Azide und Cyanide. Von den Pseudohalogeniden sind einige Alkali-
azide und -cyanide hinsichtlich ihres Verhaltens Essigsäureanhydrid
gegenüber untersucht. Besonders interessant ist die Solvolysereaktion
beim Natriumazid. Schon bei Zimmertemperatur beobachtet man
eine Gasentwicklung. Das entweichende Gas ist Stickstoff. Außerdem
tritt der charakteristische, stechende Geruch nach Methylisocyanat auf.
Das bei der solvolytischen Spaltung primär entstehende Acetylazid
ist unbeständig; es zersetzt sich unter Abspaltung von Stickstoff,
wobei sich der Rest in das stabile Methylisocyanat umlagert:

$$NaN_3 + (CH_3CO)_2O \rightarrow Na(CH_3COO) + CH_3CON_3$$
$$CH_3-C{<}^O_{N_3} \rightarrow N_2 + OCNCH_3.$$

Bei den Versuchen, diesen Reaktionsablauf für die präparative Darstellung von Methylisocyanat zu benutzen, ist eine Ausbeute von 20%
an reinem Produkt erzielt worden.

Von einer näheren Untersuchung des Verhaltens der Cyanide in
Acetanhydrid hat man Abstand genommen, weil bekannt ist, daß sich
bei der Einwirkung von Essigsäureanhydrid auf Alkalicyanide sehr
leicht und schnell Verharzungsprodukte schwerer definierbarer Art
bilden.

Formiate. Bei ihren Studien über die thermische Umwandlung von
Thallium(I)-formiat haben FREIDLIN, BALANDIN und LEBEDEWA[1] sich
auch mit dem Verhalten dieses Salzes in erhitztem Essigsäureanhydrid
beschäftigt. Als Reaktionsprodukte treten dabei Thallium(I)-acetat
Kohlenoxyd und Essigsäure auf:

$$Tl(OCOH) + (CH_3CO)_2O = Tl(CH_3COO) + (CH_3CO)(OCOH)$$
$$= Tl(CH_3COO) + CO^\nearrow + CH_3COOH.$$

Das bei der Solvolyse primär gebildete Acetylformiat zerfällt also in
Kohlenoxyd und Essigsäure.

BLOHM hat anschließend die Einwirkung von Acetanhydrid auf
wasserfreies Natrium-, Barium- und Bleiformiat untersucht und das
eben für die solvolytische Spaltung gegebene Schema auch für diese
Salze als geltend gefunden. Bei quantitativen Bestimmungen ergaben
sich für das Kohlenoxydgas Werte, welche nur wenig kleiner waren
als die zu erwartenden.

b) Die Solvolyse der Verbindungen vom Typus der Säurehalogenide.

Im allgemeinen werden Verbindungen vom Typus der Säurehalogenide teils schon in der Kälte, zum Teil erst beim Erwärmen der
Lösung solvolytisch gespalten. Es stellt sich ein Gleichgewichtszustand

---

[1] FREIDLIN, L. CH., A. A. BALANDIN u. A. I. LEBEDEWA: Bull. Acad. Sci. URSS.
Cl. Sci. chim. 1940, 955. — Chem. Zbl. 1941 I, 2907.

ein, welcher von Fall zu Fall mehr oder weniger weit nach rechts, nach der Seite der Solvolyseprodukte hin, verschoben ist. Bei Entfernung des Acetylhalogenids, beispielsweise durch Abdestillieren oder durch Ausfällung mittels Thallium(I)-acetat, läßt sich der Gleichgewichtszustand vollständig zugunsten der Solvolyseprodukte verlagern, und es bilden sich quantitativ die Acetate der Elemente, von denen sich die Säurehalogenide ableiteten:

$$SiCl_4 + 4(CH_3CO)_2O = Si(CH_3COO)_4 + 4(CH_3CO)Cl.$$

In einigen Fällen allerdings wirken Säurehalogenide auch in anderer Weise auf Essigsäureanhydrid ein (BF_3, $SbCl_5$), so daß die Solvolysereaktion nicht so eindeutig hervortritt.

Bortrifluorid und Bortrichlorid. Bortrifluorid wird, wie MEERWEIN[1] gefunden hat, in der Kälte begierig von Essigsäureanhydrid gelöst, und zwar unter Bildung einer ausgezeichnet krystallisierenden, bei 192 bis 193°C schmelzenden Molekülverbindung von auffallender Beständigkeit. Sie erwies sich als Borfluoridverbindung des Diacetessigsäureanhydrids:

$$5(CH_3CO)_2O + 7BF_3 \rightarrow 1(CH_3CO)_2HC\overset{\overset{O}{\|}}{C}\!-\!O\!-\!\overset{\overset{O}{\|}}{C}\!-\!CH(CH_3CO)_2 \cdot 3BF_3 + 4[(CH_3COOH)BF_3]$$

Gleichzeitig werden 4 Moleküle Borfluoridessigsäure abgespalten. Bortrichlorid dagegen wird beim Eintropfen in Essigsäureanhydrid schon in der Kälte momentan vollständig solvolysiert, wobei, wie MEERWEIN und MAIER-HÜSER[2] gezeigt haben, Acetylchlorid und Pyroboracetat gebildet werden:

$$5(CH_3CO)_2O + 2BCl_3 = 6(CH_3CO)Cl + (CH_3COO)_2BOB(CH_3COO)_2.$$

Siliciumtetrachlorid. Das Verhalten des Siliciumtetrachlorids, welches in Essigsäureanhydrid gelöst ist, wurde schon vor 80 Jahren von FRIEDEL und LADENBURG[3] untersucht. Sie erhitzten die konzentrierte Lösung in einem Kolben mit Rückflußkühler. Beim Erkalten schieden sich die farblosen Krystalle des gemischten Anhydrids der Kieselsäure und Essigsäure, also des Siliciumtetraacetats aus. Es ist eine äußerst hygroskopische Substanz, welche mit Wasser heftigst unter Bildung von Essigsäure und gallertartiger Kieselsäure reagiert. Sie schmilzt bei 110° C und siedet unter 5 mm Quecksilberdruck bei 148° C. Bei Atmosphärendruck erhitzt, zersetzt sie sich unter Abspaltung von Essigsäureanhydrid bei 160 bis 170° C.

Die solvolytische Spaltung des Siliciumtetrachlorids ist in sehr viel verdünnterer Lösung von BLOHM[4] untersucht und durch Zugabe von basenanalogem Thallium(I)-acetat beschleunigt worden. Der Ablauf der Umsetzung ist dabei zur Auffindung etwa vorhandener Zwischen-

---

[1] MEERWEIN, H.: Ber. dtsch. chem. Ges. **66**, 413 (1933).
[2] MEERWEIN, H. u. H. MAIER-HÜSER: J. prakt. Chem. **134**, 55 (1932).
[3] FRIEDEL, C. u. A. LADENBURG: Liebigs Ann. Chem. **145**, 174 (1868).
[4] SCHMIDT, H., CHR. BLOHM u. G. JANDER: Z. angew. allg. Chem. **59**, 233 (1947).

produkte konduktometrisch verfolgt worden. Blohm hat eine vorgelegte Lösung von 31,4 mg Thallium(I)-acetat in 25 cm³ Essigsäureanhydrid mit einer Auflösung von Siliciumtetrachlorid in dem gleichen Solvens bei 45⁰ C titriert. Die untenstehende Abb. 75 läßt als Kurvenzug das Ergebnis solcher Leitfähigkeitstitrationen erkennen. Der erste abfallende Kurvenast zeigt die allerdings nicht sehr erhebliche Abnahme des an und für sich nur geringen Leitvermögens der Thallium(I)-acetatlösung. Durch das laufend zugesetzte Acetylchlorid, welches sich gemäß

$$SiCl_4 + 4(CH_3CO)_2O = Si(CH_3COO)_4 + 4(CH_3CO)Cl$$

in solvolytischem Gleichgewicht befindet, wird aus der vorgelegten Thallium(I)-acetatlösung schwerlösliches Thallium(I)-chlorid ausgefällt:

$$4Tl(CH_3COO) + 4(CH_3CO)Cl = 4(CH_3CO)_2O + 4TlCl \, .$$
$$\downarrow$$

Sobald zu 4 Mol Thallium(I)-acetat 1 Mol Siliciumtetrachlorid hinzugefügt und alles Thallium(I)-acetat verbraucht ist, verändert sich das Leitvermögen der Lösung nicht weiter durch das überschüssig hinzugefügte Siliciumtetrachlorid, da es ebenso wie seine Solvolyseprodukte in Essigsäureanhydrid ein Nichtleiter ist.

Germaniumtetrachlorid (Germaniumtetraacetat). Auch Germaniumtetrachlorid löst sich in Essigsäureanhydrid, wobei es partiell solvolytisch gespalten wird. Durch Zugabe eines basenanalogen Acetats, wodurch „Neutralisation" des säurenanalogen Acetylchlorids erfolgt, läßt

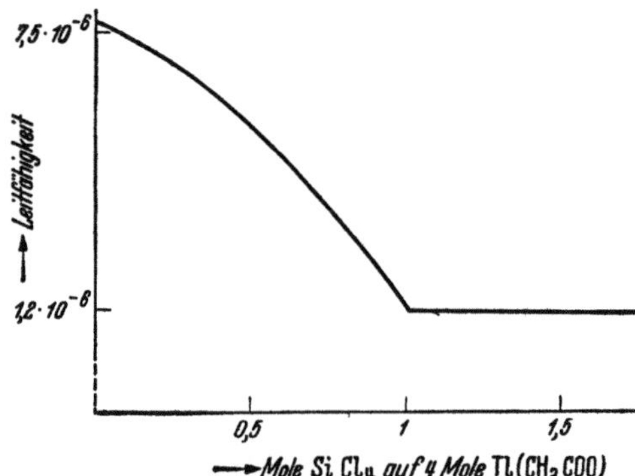

Abb. 75. Konduktometrische Titration einer vorgelegten Auflösung von Thallium(I)-acetat in Essigsäureanhydrid mittels Siliciumtetrachlorid.

sich· die Lage des solvolytischen Gleichgewichts ganz nach rechts auf die Seite des Germaniumtetraacetats verlagern. Blohm wählte als Basenanaloges Thallium(I)-acetat, durch welches gleichzeitig Thallium(I)-chlorid abgeschieden wird, so daß nur noch Germaniumtetraacetat allein in der Essigsäureanhydridlösung verbleibt:

$$GeCl_4 + 4(CH_3CO)_2O \rightleftharpoons Ge(CH_3COO)_4 + 4(CH_3CO)Cl \, . \qquad (1)$$
$$4(CH_3CO)Cl + 4Tl(CH_3COO) = TlCl + 4(CH_3CO)_2O \, . \qquad (2)$$
$$\downarrow$$

Die graphische Darstellung der konduktometrischen Titration einer vorgelegten Thallium(I)-acetatlösung in Essigsäureanhydrid mittels einer Auflösung von Germaniumtetrachlorid, ebenfalls in Acetanhydrid, ergibt einen Kurvenzug, welcher dem in Abb. 75 abgebildeten völlig entspricht.

Versuche, das Germaniumtetraacetat so ähnlich wie das Siliciumtetraacetat darzustellen und eine Auflösung von Germaniumtetra-

chlorid in Essigsäureanhydrid durch Kochen unter Feuchtigkeitsausschluß einzuengen, das Acetylchlorid abzudestillieren und das
Germaniumtetraacetat als Rückstand zu erhalten, scheiterten. Es
hinterbleibt — auch bei Destillationen unter stark vermindertem
Druck — nur eine braune, harzige Masse. Es ist jedoch gelungen, die
Umsetzungen nach den beiden Reaktionsgleichungen (1) und (2)
praktisch durchzuführen: Eine Aufschlämmung von Thallium(I)-acetat
($\sim$50 g) in Essigsäureanhydrid ($\sim$100 cm^3) wurde tropfenweise mit
der äquivalenten Menge Germaniumtetrachlorid, gelöst in Acetanhydrid
($\sim$20 cm^3) versetzt, einige Minuten im Ölbad auf 80^0 C erwärmt und
dann unter dauerndem kräftigem Rühren auf Zimmertemperatur
abgekühlt. Das ausgeschiedene Thallium(I)-chlorid kann man — alles
natürlich unter Feuchtigkeitsausschluß — abfiltrieren und das Filtrat bei
20 mm Quecksilberdruck bis auf einen kleinen Rest ($\sim$10 cm^3) einengen.
Beim Erkalten scheidet sich das gesuchte Germaniumtetraacetat in
Form feiner, weißer Nadeln aus, welche abfiltriert, mit absolut wasserfreiem Äther gewaschen und im Vakuum getrocknet werden können.
Germaniumtetraacetat, Ge(CH$_3$COO)$_4$, schmilzt bei 156^0. Wenn bei
der Schmelzpunktbestimmung allzu langsam angeheizt wird, zersetzt
es sich vor Erreichen des Schmelzpunktes, bei etwas rascherem Anheizen
wird der eben genannte Temperaturpunkt als Schmelzpunkt gefunden.
Germaniumtetraacetat läßt sich aus Essigsäureanhydrid umkrystallisieren und ist in Benzol und Aceton gut, in Tetrachlorkohlenstoff
weniger gut löslich, diese Lösungen sind aber noch nicht näher untersucht. An feuchter Luft hat Germaniumtetraacetat einen starken
Geruch nach Essigsäure; von Wasser wird es zu Essigsäure und
Germaniumsäure hydrolysiert, welche sich als weiße Gallerte abscheidet.
Die Analysenwerte stimmen mit der Formel des Germaniumtetra-
acetates überein.

Zinntetrahalogenide (Zinntetraacetat). Die Solvolyse von Zinntetrachlorid in Essigsäureanhydrid ist schon von FRIEDEL und LADEN-
BURG[1] sowie von BERTRAND[2] untersucht worden. Sie stellten im
Gemisch der beiden Komponenten Acetylchlorid fest, während ihre
Annahme, daß daneben das gemischte Anhydrid aus Essigsäure und
Zinnsäure (Zinntetraacetat) entstanden sein könnte, experimentell
und präparativ bisher noch nicht bestätigt werden konnte. Auch in
einer Arbeit von MEERWEIN[3] wird im Zusammenhang mit Untersuchungen über die Wirksamkeit von Metallhalogeniden als Katalysatoren bei der Ätherspaltung mit Essigsäureanhydrid über Zinntetrachlorid berichtet. MEERWEIN sowohl als auch ARON[4] ließen unter
starker Kühlung zu Acetanhydrid Zinntetrachlorid hinzutropfen, und
erhielten eine weiße krystalline Masse, die eine Molekülverbindung
zwischen Zinntetrachlorid und dem Solvens von der Zusammensetzung

---

[1] FRIEDEL, C. u. A. LADENBURG: Liebigs Ann. Chem. **145**, 174 (1868). — Ann.
Chim. **27**, 428 (1872).
[2] BERTRAND, A.: Bull. Soc. chim. **33**, 252 (1880).
[3] MEERWEIN, H.: J. prakt. Chem. **134**, 51 (1932).
[4] ARON, H.: Diss. (Fr.) Berlin 1903.

$SnCl_4 \cdot 2 (CH_3CO)_2O$ ist. Diese Anlagerungsverbindung ist jedoch außerordentlich labil und zersetzt sich schon bei Zimmertemperatur wieder, wobei die Masse gelb bis braun wird.

Beim Studium der Solvolyseerscheinungen der Zinntetrahalogenide hat BLOHM[1] festgestellt, daß sich Zinntetrachlorid unter Erwärmen in Acetanhydrid auflöst. Dabei wird die Lösung zuerst gelblich und sieht nach etwa einer Stunde dunkel rotbraun aus. Neben der solvolytischen Umsetzung finden also auch Reaktionen anderer Art zwischen Zinntetrachlorid und Essigsäureanhydrid in beträchtlichem Umfange statt. Zur Untersuchung der reinen Solvolysevorgänge wurden deswegen Zinntetrabromid und Zinntetrajodid herangezogen, deren Auflösungen in Acetanhydrid sich als länger haltbar erwiesen. Das solvolytische Gleichgewicht wurde dabei durch Zugabe von basenanalogem Thallium(I)-acetat und Neutralisation sowie Ausfällung des Acetylhalogenids als Thallium(I)-halogenid ganz nach der Seite der Solvolyseprodukte verlagert:

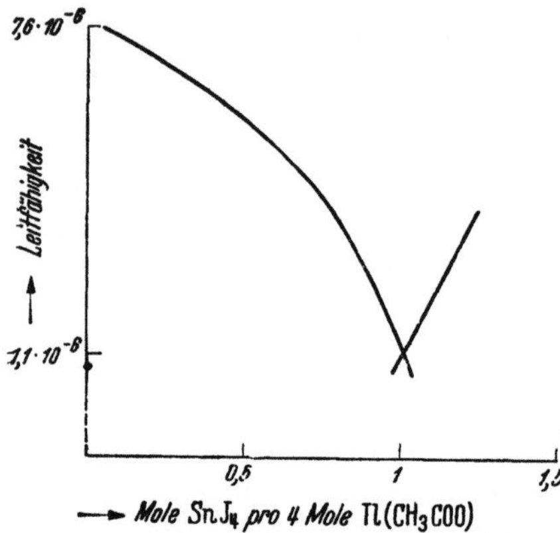

Abb. 76. Konduktometrische Titration einer vorgelegten Lösung von Thallium(I)-acetat mit Zinntetrajodid in Essigsäureanhydrid.

$$SnJ_4 + 4(CH_3CO)_2O \rightleftharpoons 4(CH_3CO)J + Sn(CH_3COO)_4$$
$$4(CH_3CO)J + 4Tl(CH_3COO) = 4(CH_3CO)_2O + 4TlJ.$$

Die obenstehende Abb. 76 läßt den Kurvenzug erkennen, den man bei der graphischen Darstellung der konduktometrischen Titration einer vorgelegten Thallium(I)-acetatlösung (30 mg in 25 cm³ Acetanhydrid) mittels Zinntetrajodid, ebenfalls gelöst in Essigsäureanhydrid, erhält. Man sieht, daß die Leitfähigkeit der Thallium(I)-acetatlösung infolge der Ausfällung von Thallium(I)-jodid und der Bildung von Essigsäureanhydrid, sowie von kaum leitendem Zinntetraacetat abnimmt. Wird das Molverhältnis 4 $Tl(CH_3COO):1$ SnJ_4 überschritten und ein Überschuß von Zinntetrajodid hinzugefügt, so steigt das Leitvermögen wieder stark an. Dieser Leitfähigkeitsanstieg könnte darauf beruhen, daß eine lösliche, leitende Komplexverbindung zwischen Thallium(I)-jodid und Zinntetrajodid entsteht, oder daß eine lösliche und leitende Doppelverbindung zwischen Zinntetraacetat und Zinntetrajodid etwa der Art $Sn[J_2(CH_3COO)_2]$ gebildet wird. Völlig korrespondierend dem Zinntetrajodid ist das Verhalten des Zinntetrabromids dem Essigsäureanhydrid gegenüber.

Die Existenz des Zinntetraacetats ist von BLOHM einwandfrei auf präparativem Wege sichergestellt worden. In der gleichen Apparatur, welche für die Darstellung von Germaniumtetraacetat benutzt worden war, wurde eine Suspension von 16,8 g Thallium(I)-acetat in 100 cm³

[1] SCHMIDT, H., CHR. BLOHM u. G. JANDER: Z. angew. allg. Chem. **59**, 233 (1947).

Acetanhydrid unter dauerndem kräftigem Rühren portionsweise mit insgesamt 10 g Zinntetrajodid versetzt. Die sofort eintretende Reaktion ließ sich an der Bildung von schwerlöslichem, gelbgefärbtem Thallium-(I)-jodid erkennen. Im Ölbad wurde bei einer Badtemperatur von 100 bis 130° noch etwa 1 Stunde lang weiter gerührt. Nach dem Erkalten hat man das ausgeschiedene Thallium(I)-jodid abfiltriert und das Filtrat bei 20 mm Quecksilberdruck auf die knappe Hälfte eingeengt. Beim Abkühlen schieden sich die weißen Nadeln des auskrystallisierenden Zinntetraacetates aus. Selbstverständlich wurde bei allen Operationen für Ausschluß von Feuchtigkeit gesorgt. Das gelborange gefärbte Filtrat ergab beim weiteren Einengen noch einmal ein Krystallisat von Zinntetraacetat, diese Nadeln waren jedoch nicht mehr rein weiß, sondern schwach gelblich gefärbt. Beide Produkte hatten nach dem Absaugen, Waschen mit Äther und Trocknen im Vakuum denselben Schmelzpunkt, nämlich $+235°$ C.

Das Zinntetraacetat weist an der Luft einen Geruch nach Essigsäure auf. Es wird von Wasser zu Essigsäure und Zinnsäure, welche sich in gallertartiger Form abscheïdet, hydrolytisch gespalten. Aus Essigsäureanhydrid läßt es sich umkrystallisieren. Die Löslichkeitsverhältnisse in bezug auf organische Solventien sind ganz ähnlich wie beim Germaniumtetraacetat gelagert. In Aceton und in Benzol ist das Zinntetraacetat löslich, aber die wieder auskrystallisierenden Produkte haben einen anderen Schmelzpunkt, es reagiert also in bisher noch nicht geklärter Weise mit diesen Solventien. Beim Erwärmen mit Äthylalkohol tritt ein schwacher Geruch nach Essigsäureäthylester auf.

Titantetrachlorid. Von den Chloriden der Elemente in der vierten Nebengruppe ist allem Anschein nach nur das Verhalten des Titantetrachlorids Essigsäureanhydrid gegenüber geprüft worden[1]. Es solvolysiert und bildet Acetylchlorid, welches mit noch nicht solvolysiertem Titantetrachlorid zu einer Molekülverbindung der Zusammensetzung $CH_3COCl \cdot TiCl_4$ zusammentritt. Welche Zusammensetzung und Beschaffenheit das zweite, titanhaltige Solvolyseprodukt besitzt, hat man noch nicht näher untersucht.

Phosphorpentachlorid, Phosphoroxychlorid und Phosphortrichlorid. Die Einwirkung von Acetanhydrid auf Phosphorpentachlorid ist seit nahezu 100 Jahren bekannt[2], allerdings ohne daß hierbei der Charakter der Reaktion als einer Solvolysereaktion besonders betont worden wäre. Auf dieser Grundlage beruht bekanntlich eines der Verfahren, nach welchem man Acetylchlorid herstellen kann, das sich aus dem Reaktionsgemisch abdestillieren läßt:

$$PCl_5 + (CH_3CO)_2O = POCl_3 + 2(CH_3CO)Cl.$$

Von dem zweiten Solvolyseprodukt, dem Phosphoroxychlorid, wird stillschweigend angenommen, daß es in Essigsäureanhydrid stabil ist und nicht darüber hinaus weiter solvolysiert wird. Die Verhältnisse

---

[1] FRIEDEL, C. u. A. LADENBURG: Liebigs Ann. Chem. **145**, 178 (1868). — BERTRAND, A.: Bull. Soc. chim. (Fr.) **33**, 252 (1880). — MEERWEIN, H. u. H. MAIER-HÜSER: J. prakt. Chem. **134**, 51 (1932).

[2] RITTER, H.: Ann. Chim. **95**, 208 (1855).

würden dann also bezüglich des Phosphorpentachlorids in Essigsäureanhydrid ebenso liegen wie in flüssigem Schwefeldioxyd als Solvens. Das entspricht aber nur teilweise den Tatsachen. BLOHM[1] hat Auflösungen von Phosphoroxychlorid in Acetanhydrid unter verschiedenen Gesichtspunkten untersucht. Dabei wurde einmal das spezifische Leitvermögen jeweils frisch bereiteter Lösungen in Abhängigkeit von der Konzentration festgestellt. Wie die Kurve *I* der Abb. 77 erkennen läßt, nimmt die spezifische Leitfähigkeit mit wachsender Konzentration bis 0,1 m zu; ist aber nur außerordentlich gering. Ferner wurde beobachtet, daß das Leitvermögen von Phosphoroxychlorid-lösungen mit der Zeit nicht unerheblich zunimmt und innerhalb von 8 Stunden auf den etwa vierfachen Betrag ansteigt. Der Verlauf der Kurve *II* von Abb. 77 gibt die Zunahme der spezifischen Leitfähigkeit einer 0,1 m-Lösung mit der Zeit wieder. Allem Anschein nach ist jedoch die allmählich vor sich gehende weitere Einwirkung von Phosphoroxychlorid auf Acetanhydrid von anderer als solvolytischer Art, die Lösung wird nämlich langsam gelbstichig, was bei einer einfachen Fortsetzung der Solvolyse nicht der Fall sein dürfte.

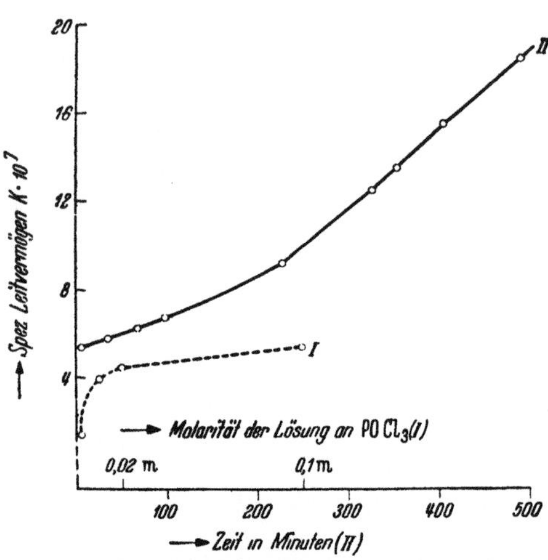

Abb. 77. Abhängigkeit des elektrischen Leitvermögens der Auflösungen von Phosphoroxychlorid in Essigsäureanhydrid von der Konzentration (Kurve *I*) und von der Zeit (Kurve *II*).

Einen gewissen Einblick in die Verhältnisse, welche in Auflösungen von Phosphoroxychlorid vorliegen, gaben Fällungen mit verschiedenen Mengen Thallium(I)-acetat:

$$POCl_3 + 3(CH_3CO)_2O \rightleftharpoons 3(CH_3CO)Cl + PO(CH_3COO)_3 . \qquad (1\,a)$$
$$POCl_3 + 3(CH_3CO)_2O \rightleftharpoons 3(CH_3CO)Cl + (CH_3CO)_3PO_4 . \qquad (1\,b)$$
$$3(CH_3CO)Cl + 3Tl(CH_3COO) = 3TlCl + 3(CH_3CO)_2O . \qquad (2\,a)$$
$$(CH_3CO)_3PO_4 + 3Tl(CH_3COO) = Tl_3PO_4 + 3(CH_3CO)_2O . \qquad (2\,b)$$

Ob 3 Mol oder 6 Mol Thallium(I)-acetat zu 1 Mol Phosphoroxychlorid hinzugesetzt und kurze Zeit bei etwa 100° verrührt wurden, immer zeigte es sich, daß im abfiltrierten und analysierten Niederschlag das Verhältnis von Thallium(I)-chlorid zu Thallium(I)-phosphat wie 3:1 war. Es erfolgt also nicht zuerst Fällung des gesamten Acetylchlorids als Thallium(I)-chlorid und Bildung von löslichem Phosphoroxytriacetat gemäß (1a) und (2a), sondern gleichmäßig Bildung von schwerlöslichem Thallium(I)-chlorid und Thallium(I)-phosphat gemäß (1b),

---

[1] SCHMIDT, H., CHR. BLOHM u. G. JANDER: Z. angew. Chem. **59**, 233 (1947).

(2a) und (2b). Der Überschuß von Phosphoroxychlorid über das vorhandene Thallium(I)-acetat bleibt als solcher in Lösung, was sich auch daran erkennen läßt, daß die Filtrate derartiger Ansätze gelbbraunstichig werden.

Die Umsetzung zwischen Phosphortrichlorid und Essigsäureanhydrid, welche ebenfalls zur Darstellung von Acetylchlorid benutzt werden kann[1], ist eine Solvolysereaktion im Solvens Acetanhydrid:

$$PCl_3 + 3(CH_3CO)_2O \rightleftharpoons 3(CH_3CO)Cl + P(CH_3COO)_3.$$

DRUTEN[2] fand bei der Destillation 88% der zu erwartenden Menge an Acetylchlorid. Der Rückstand, welcher das zweite Solvolyseprodukt enthalten sollte, schwankte hinsichtlich seiner Zusammensetzung in weiten Grenzen. Die Masse erwies sich als sehr hygroskopisch, entwickelte an feuchter Luft Chlorwasserstoff und löst sich leicht in Wasser. Diese wäßrige Lösung reagiert sauer und hat reduzierende Eigenschaften. DRUTEN enthält sich auf Grund seiner Versuchsergebnisse einer bestimmten Aussage über die Beschaffenheit des Destillationsrückstandes, des zweiten Solvolyseproduktes. BLOHM[3] hat ebenfalls ohne Erfolg versucht, das vermutete Phosphortriacetat präparativ darzustellen.

Es wurden zu einer Suspension von 18 g wasserfreiem Thallium(I)-acetat in Essigsäureanhydrid 2 cm³ von frisch destilliertem Phosphortrichlorid hinzugesetzt:

$$PCl_3 + 3Tl(CH_3COO) = 3TlCl + P(CH_3COO)_3.$$

Der Ansatz wurde unter Feuchtigkeitsausschluß mehrere Stunden gerührt. Vom ausgeschiedenen Thallium(I)-chlorid hat man abfiltriert und das Filtrat bis auf wenige Kubikzentimeter vorsichtig eingeengt. Auch beim Tiefkühlen schieden sich keine Krystalle aus. Beim weiteren Einengen hinterblieb als Rückstand schließlich eine braune, verharzte, sehr poröse Masse. Wie die Analyse ergab, enthielt diese Substanz den Phosphor, aber kein Thallium mehr. Aus dem oben erwähnten weißen Niederschlag von Thallium(I)-chlorid ließ sich weder mit Benzol noch mit Aceton eine Verbindung des dreiwertigen Phosphors extrahieren.

Auflösungen von Phosphortrichlorid in Essigsäureanhydrid verändern übrigens im Laufe der Zeit ihre Leitfähigkeit. Das spezifische Leitvermögen einer 0,1 m-Lösung ist kaum verschieden von dem des reinen Acetanhydrids, steigt aber innerhalb von 12 Stunden — ähnlich wie das Leitvermögen einer Phosphoroxychloridlösung — auf den etwa achtfachen Betrag an, nämlich von $4,6 \cdot 10^{-7}$ auf $3,5 \cdot 10^{-6}$. Neben der Solvolysereaktion findet also allem Anschein nach noch eine Einwirkung anderer Art von Essigsäureanhydrid auf Phosphortrichlorid statt.

Arsentrichlorid. Auch Arsentrichlorid ist in Essigsäureanhydridlösung weitgehend der Solvolyse unterworfen. Löst man nämlich

---

[1] BECHAMP, M.: C. r. de l'Acad. Sci. Paris **40**, 946 (1855).
[2] VAN DRUTEN, A.: Rec. Trav. chim. Pays-Bas **48**, 312 (1929).
[3] SCHMIDT, H., CHR. BLOHM u. G. JANDER: Z. angew. Chem. **59**, 233 (1947).

Arsentrichlorid oder auch ein Gemisch aus 1 Mol Arsentriacetat[1] und
3 Mol Acetylchlorid in Acetanhydrid, erwärmt den Ansatz bis zum
Sieden und destilliert, so findet man, wie Rüsberg[2] festgestellt hat,
im Destillat etwa 35% des Arsens als Arsentrichlorid, im Rückstand
die verbleibenden 65% des Arsens hauptsächlich als Arsentriacetat:

$$AsCl_3 + 3(CH_3CO)_2O \rightleftharpoons As(CH_3COO)_3 + 3(CH_3CO)Cl.$$

Sdp. 130,4° C   Sdp. 50,9° C

Es ist also zumindest in erwärmtem Essigsäureanhydrid das eben
formulierte, solvolytische Gleichgewicht weitgehend nach rechts verlagert. Daneben finden aber auch zwischen Essigsäureanhydrid, Arsentrichlorid, Arsentriacetat und Acetylchlorid offenbar Reaktionen
anderer als solvolytischer Art statt. Denn die bei der Destillation der
Ansätze verbleibenden Rückstände, sowie die darüber stehenden
Lösungen sind blau gefärbt.

7. Verdrängungsreaktionen in Acetanhydrid.

Schon bei der Besprechung einiger unvollständig verlaufender
Solvolysereaktionen von Säurehalogeniden im vorhergehenden Abschnitt ist gelegentlich die selbstverständliche Erscheinung mit-
behandelt worden, daß sich diese solvolytischen Umsetzungen durch
Zugabe von basenanalogen Acetaten zum quantitativen Ablauf bringen
lassen. Es handelt sich dabei also um die Anwendung des weit ver-
breiteten Prinzips, nämlich der Verdrängung eines schwächeren Basenanalogen aus seiner Verbindung durch ein stärkeres Basenanaloges.
Umsetzungen vom Typus der Verdrängungsreaktionen sind in essigsäurefreiem Essigsäureanhydrid mehrfach beobachtet worden. So hat
Blohm[3] festgestellt, daß aus Arsentrichlorid, Antimontrichlorid und
Wismuttrichlorid durch Reaktion mit Thallium(I)-acetat in Essigsäureanhydrid ebenso die Acetate des Arsens, Antimons und Wismuts,
sowie daneben schwerlösliches Thallium(I)-chlorid gebildet werden
wie aus den Halogeniden des Germaniums und Zinns die Acetate dieser
vierwertigen Elemente:

$$AsCl_3 + 3Tl(CH_3COO) = 3TlCl + As(CH_3COO)_3$$
$$SbCl_3 + 3Tl(CH_3COO) = 3TlCl + Sb(CH_3COO)_3$$
$$BiCl_3 + 3Tl(CH_3COO) = 3TlCl + Bi(CH_3COO)_3.$$

Antimontriacetat und besonders Wismuttriacetat sind übrigens erheblich weniger in Essigsäureanhydrid löslich als Arsentriacetat. Die
Abb. 78 zeigt den Kurvenverlauf, welcher bei der konduktometrischen
Titration einer Auflösung von 11 mg Thalliumacetat in Acetanhydrid
von 45° mittels Arsentrichlorid, ebenfalls gelöst in Essigsäureanhydrid,
erhalten worden ist. Man sieht, daß der Kurvenzug in Übereinstimmung
mit dem eben gegebenen Reaktionsschema einen deutlichen Knickpunkt aufweist, wenn 1 Mol $AsCl_3$ zu 3 Mol $Tl(CH_3COO)$ hinzugesetzt

[1] Pictet, A. u. A. Bon: Bull. Soc. chim. (Fr.) **33**, 1141 (1905).

[2] Jander, G., E. Rüsberg u. H. Schmidt: Neutralisationenanaloge Reaktionen in Essigsäureanhydrid. Z. anorg. allg. Chem. **255**, 238 (1948).

[3] Schmidt, H., Chr. Blohm u. G. Jander: Z. angew. Chem. **59**, 233 (1947).

wird. Ähnliche Kurvenzüge werden bei der konduktometrischen Titration vorgelegter Thallium(I)-acetatlösungen mittels Antimon- oder Wismuttrichlorid erhalten.

In korrespondierender Weise läßt sich natürlich auch eine etwa unvollständige Solvolyse von Metallsalzen in Essigsäureanhydrid dadurch vollständiger bzw. quantitativ gestalten, daß man eine säurenanaloge Acetylverbindung hinzugibt.

Im vorhergehenden Abschnitt ist ebenfalls bereits mitgeteilt worden, daß mehrere Metallsulfide in Acetanhydrid solvolysieren und daß dabei Metallacetat und Acetylsulfid $(CH_3CO)_2S$ gebildet werden. Die Alkalisulfide wie Natriumsulfid erleiden weitestgehend Solvolyse, namentlich beim Erwärmen des Ansatzes. Beim Erkalten krystallisiert reichlich Natriumacetat aus (vgl. S. 329). Aber andere Sulfide wie Kupfersulfid, Arsentrisulfid, Antimontrisulfid, Wismuttrisulfid usw. solvolysieren in Essigsäureanhydrid auch beim Erwärmen nur partiell. Der Umsatz wird jedoch durch Zugabe von Acetylchlorid vollständiger. Das Acetylchlorid verdrängt das noch schwächer säurenanaloge Acetylsulfid aus dessen Salzen:

$$CuS + 2(CH_3CO)Cl = CuCl_2 + (CH_3CO)_2S$$
$$As_2S_3 + 6(CH_3CO)Cl = 2AsCl_3 + 3(CH_3CO)_2S.$$

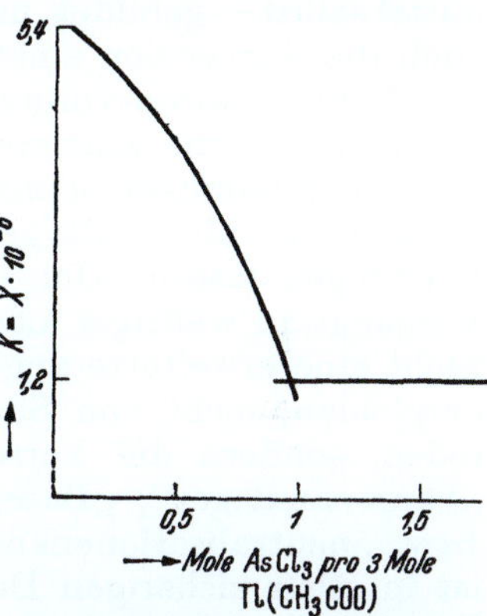

Abb. 78. Konduktometrische Titration einer vorgelegten Lösung von Thallium(I)-acetat mit Arsentrichlorid in Essigsäureanhydrid.

X. Die Bedeutung der Untersuchungen über die Chemie in nichtwäßrigen, aber „wasserähnlichen" Lösungsmitteln für die theoretische und allgemeine Chemie sowie für die präparative chemische Praxis.

1. Die Bedeutung für die Theorien über das Wesen von Säuren und Basen und des Neutralisationsvorganges.

Die Untersuchungen über die Chemie in nichtwäßrigen, aber „wasserähnlichen" Solventien und ihre Ergebnisse berühren nun einige wichtige Bereiche und Probleme sowohl der theoretischen und allgemeinen Chemie, als auch der präparativen, chemischen Praxis. Die Ergebnisse der Arbeiten haben zünächst einmal große Bedeutung für die Vorstellungen, welche man sich über das Wesen von Säuren und Basen sowie von Neutralistionsvorgängen zu machen hat.

Historisch betrachtet, sind die Definitionen „Säuren, Basen und Salze" und die Reaktionstypen „Solvolyse und Amphoterie" im Laufe der Zeit hauptsächlich durch die Untersuchungen an wäßrigen Lösungen festgelegt worden. Man bezeichnet danach als Säure eine Substanz, welche in Wasser aufgelöst H^+-Ionen, also den positiven, lösungsmitteleigenen Bestandteil, abspaltet, und als Base einen Elektrolyten, welcher in Wasser aufgelöst OH^--Ionen, also den negativen, lösungsmitteleigenen Bestandteil abdissoziiert. Beim Zusammenbringen der beiden Systeme wird das wenig dissoziierte Wasser — also das Lösungsmittel selbst — gebildet, und es resultiert eine Salzlösung, gegebenenfalls auch die Suspension eines schwerlöslichen Salzes. Das ist das Wesen des Neutralisationsvorganges.

In den vorhergehenden Kapiteln ist dargelegt worden, daß sich diese Vorstellungen gleichsinnig ohne Schwierigkeiten auch auf die Chemie in nichtwäßrigen, aber „wasserähnlichen" Lösungsmitteln übertragen lassen. Um jedoch den nun einmal für die chemischen Vorgänge in wäßriger Lösung entwickelten und festgelegten Begriffen nicht eine erweiterte ungewohnte Bedeutung zu geben, dürfte es sich empfehlen, nicht von Säure, Base und Neutralisation schlechthin zu reden, sondern die korrespondierenden Begriffe und Vorgänge mit „Säurenanaloges", „Basenanaloges" und „neutralisationenähnlicher" bzw. „neutralisationenanaloger" Umsetzung zu bezeichnen. Und das ist in allen bisherigen Darlegungen auch bereits so gemacht worden. Es wurde unter einem „Säurenanalogen" ein Stoff verstanden, welcher in einem wasserähnlichen Solvens gelöst den positiven, lösungsmitteleigenen Bestandteil abdissoziiert, und unter einem „Basenanalogen" eine Substanz, weche den negativen, lösungsmitteleigenen Bestandteil abspaltet. Beim Zusammengeben ihrer zunächst getrennten Auflösungen findet eine „neutralisationenanaloge" Reaktion statt, es bilden sich dabei die Moleküle des wenig dissoziierten, „wasserähnlichen" Solvens und es resultiert die Lösung oder Suspension eines Salzes.

Bei all den in den vorhergehenden Kapiteln ausführlich behandelten Reaktionstypen, wie Solvatbildung, Ablauf neutralisationenanaloger Umsetzungen, Solvolyse, Reaktionen der verschiedenen Arten amphoterer Stoffe, Überführung potentieller Elektrolyte in wahre Elektrolyte usw., spielen nun — worauf immer wieder hingewiesen wurde und hingewiesen werden muß — die Moleküle des jeweils vorliegenden Lösungsmittels eine wesentliche und durchaus entscheidende Rolle. Entweder wird das Solvens bei den Umsetzungen gebildet oder seine Ionen reagieren mit dem hinzugegebenen Stoff; ohne die Moleküle des Lösungsmittels oder ihre positiven bzw. negativen Bestandteile ist der Ablauf der genannten typischen Reaktionen nicht möglich. Eine allgemeine Säuren-Basen Theorie muß also unseres Erachtens alle diese Tatsachen berücksichtigen und mitumfassen. Die ARRHENIUS-Theorie der elektrolytischen Dissoziation wäßriger Lösungen und die von ihr ausgehenden, weiterentwickelten Vorstellungen über die Grundlagen der Chemie in nichtwäßrigen, aber wasserähnlichen Lösungsmitteln entsprechen vollständig dieser Forderung. Das ist in den vorangehenden Kapiteln ausführlich dargelegt worden. Die große Anpassungsfähigkeit und Fruchtbarkeit der Theorien von ARRHENIUS hat sich auch bei diesem aussichtsreichen Teilgebiet der Chemie vorzüglich bewährt. Die Chemie in nichtwäßrigen aber „wasserähnlichen" Lösungsmitteln mutet in diesem Zusammenhange gesehen an wie eine interessante Variationenfolge zu einem von ARRHENIUS gegebenen Thema.

Bei weitem nicht so umfassend ist die Theorie der Säuren-Basen Funktion von BRÖNSTEDT[1]. Nach ihr wird eine Säure als ein Protonendonator bzw. Dysprotid aufgefaßt, welcher also positive H^+-Ionen abzuspalten vermag, und eine Base als ein Protonenakzeptor bzw. Emprotid, welcher H^+-Ionen anzulagern vermag.

$$\text{Dysprotid} \rightleftharpoons \text{Korrespondierendes Emprotid} + \text{Proton}$$

$D \rightleftharpoons$	E	$+ \quad H^+$
$(NH_4)^+ \rightleftharpoons$	NH_3	$+ \quad H^+$
$HCl \rightleftharpoons$	Cl^-	$+ \quad H^+$

Bei chemischen Umsetzungen treten nun aber Protonen niemals in größerer Menge *frei* auf. Damit eine nennenswerte Menge des Dysprotids D_1 sich in das korrespondierende Emprotid E_1 umwandeln kann, muß daher noch ein zweites Emprotid E_2 zugegen sein, welches die abgespaltenen Protonen aufnimmt und dabei in das Dysprotid D_2 übergeht.

Schema	Dysprotid D_1	+	Emprotid E_2	$\rightleftharpoons$	Dysprotid D_2	+	Emprotid E_1
(1)	HCl	+	H_2O	$\rightleftharpoons$	$(H_3O)^+$	+	Cl^-
(2)	HCl	+	NH_3	$\rightleftharpoons$	$(NH_4)^+$	+	Cl^-
(3)	H_2O	+	NH_3	$\rightleftharpoons$	$(NH_4)^+$	+	$(OH)^-$

Diese Betrachtungsweise, bei welcher also der Protonenaustausch als das Wesentliche für die Säuren-Basen-Funktion angesehen wird, stellt ebenfalls engere Beziehungen zwischen einigen Erscheinungen her, welche früher zusammenhanglos erschienen, z. B. zwischen der elektrolytischen Dissoziation einer Säure in Wasser (Schema 1) und der Absättigung einer Säure durch eine Anhydrobase (Schema 2) und der Bildung einer Base aus einer Anhydrobase und Wasser (Schema 3).

Die BRÖNSTEDTsche Betrachtungsweise erklärt ferner auch das Verhalten von „Säurenanalogen" (Protonendonatoren, Dysprotiden) und „Basenanalogen" (Protonenakzeptoren, Emprotiden) in nichtwäßrigen, aber „wasserähnlichen" Lösungsmitteln im engeren Sinne des Wortes, welche wie erwähnt, aus Wasserstoff und einem mehr oder weniger hydroxylähnlichen Restkomplex bestehen wie $H(F)$, $H(NH_2)$, $H(SH)$, $H(CN)$, $H(NO_3)$, $H(CH_3COO)$ usw. Die Anwendung ist aber auf diese Solventien beschränkt! Das Verhalten der „Säureanalogen"

---

[1] BRÖNSTEDT, I. N.: Ber. dtsch. chem. Ges. **61**, 2049 (1928). — Z. phys. Chem. Abt. A **169**, 52 (1934). Vgl. hierzu die klaren Ausführungen in H. REMYs Lehrbuch der anorganischen Chemie, 3. Aufl., Bd. II, S. 689, 1942.

und „Basenanalogen" in den nichtwäßrigen, aber „wasserähnlichen" Lösungsmitteln im weiteren Sinne des Wortes, wie verflüssigtes Schwefeldioxyd, geschmolzenes Jod, Essigsäureanhydrid u. a. m. kann durch diese Theorie der Säuren-Basen-Funktion nicht erklärt werden. Die Moleküle der wasserähnlichen Solventien in weiterem Sinne des Wortes haben überhaupt keinen Wasserstoff und können gar nicht als Protonendonatoren bzw. Dysprotide fungieren. Die allgemeine Säuren-Basen-Theorie, welche aus den von ARRHENIUS geprägten Begriffen der elektrolytischen Dissoziation wäßriger Lösungen weiterentwickelt worden ist, ist umfassender, da alle Erscheinungen sich ihr zwanglos unterordnen lassen.

In diesem Zusammenhange sei noch einiges über „Basenanaloge" und „Säurenanaloge" in den verschiedenen wasserähnlichen Solventien allgemein gesagt. An stärkeren oder wenigstens mittelstarken basenanalogen Elektrolyten ist in den einzelnen wasserähnlichen Lösungsmitteln kein Mangel. Die stark basischen Alkali- und Erdalkalihydroxyde in Wasser sind uns allen bekannt. Ebenso fungieren Kaliumamid in verflüssigtem Ammoniak, Kaliumcyanid in wasserfreier Blausäure und die Acetate der schwereren Alkalien in Essigsäureanhydrid als kräftige basenanaloge Substanzen. Die löslichen Alkalifluoride sind in verflüssigtem Fluorwasserstoff und die Jodide der schwereren Alkalien in geschmolzenem Jod weitgehend elektrolytisch dissoziiert. Tetramethylammonium- und Tetraäthylammonium-Sulfit sowie Sulfonium-Sulfit betätigen sich in flüssigem Schwefeldioxyd eindeutig als Basenanaloge. Die Hydrogensulfide und die Cyanide des substituierten Ammoniums fungieren in verflüssigtem Schwefelwasserstoff bzw. Cyanwasserstoff als stärkere Basenanaloge. Für jedes Solvens stehen also — sogar meist mehrere — Stoffe mit kräftiger basischer Wirkung zur Verfügung.

Anders liegen die Verhältnisse bei den Säuren bzw. Säurenanalogen. Wenn auch in Wasser die Zahl der schwächeren und schwachen Säuren bei weitem überwiegt, so kennen wir doch in diesem Solvens eine ganze Reihe sehr starker Säuren, die praktisch vollständig elektrolytisch dissoziiert erscheinen. Es sei nur an die $HClO_4$, HJ, HBr, HCl, HNO_3, $H(SCN)$, $H(CCl_3COO)$, $H[OSO_2(C_6H_5)]$, H_2SO_4 und einige andere mehr erinnert. Auch in verflüssigtem Ammoniak gibt es noch gewisse, nicht allzu schwache „Säurenanaloge"; es kommen hier NH_4ClO_4, NH_4NO_3, NH_4J, NH_4Br und $NH_4(SCN)$ in Frage. Aber ihre Zahl ist gering und ihr Charakter als Elektrolyt ist nicht besonders stark ausgeprägt; sie sind mittelstark bis schwach. Immerhin hat man unter einigen „Säurenanalogen" gleichsam die Auswahl. Aber in allen anderen wasserähnlichen Solventien existieren nur schwache und allerschwächste „Säurenanaloge", die nicht viel stärker sind als Borsäure, Blausäure, Tellursäure, Kohlensäure oder bestenfalls Essigsäure in Wasser. In wasserfreiem Fluorwasserstoff fungieren Perchlorsäure und Schwefelsäure als ganz schwache Säurenanaloge, deren lösliche Alkalisalze allerweitestgehend solvolytisch gespalten sind. In trockener Blausäure als Lösungsmittel scheint das stärkste der bisher untersuchten Säurenanalogen die Perchlorsäure zu sein. Aber sie hat höchstens einen Säurecharakter wie die schwache Kohlensäure in Wasser. Schwefelsäure und Salpetersäure sind noch schwächer, sie erteilen der Blausäure kaum ein erhöhtes Leitvermögen, ihre Silbersalze werden so stark solvolytisch gespalten, daß sich basenanaloges Silbercyanid praktisch vollständig abscheidet. Essigsäure in Wasser ist eine Säure ungeheurer Säurestärke im Vergleich zum Säurecharakter der Trichloressigsäure in verflüssigtem Schwefelwasserstoff. Als die stärksten „Säurenanalogen" in flüssigem Schwefeldioxyd[1] erscheinen $SO(SCN)_2$ und $SO(Br_2)$ und in Essigsäureanhydrid als Solvens $(CH_3CO)J$ und $(CH_3CO)(C_6H_5SO_3)$. Aber ihr Charakter als „Säurenanaloge" dürfte kaum viel ausgeprägter sein als der von Schwefelwasserstoff in Wasser als Säure.

Die Feststellung, daß es in den allermeisten wasserähnlichen Solventien allem Anschein nach nur schwächere Säurenanaloge gibt, ist immer wieder gemacht worden. Man fragt natürlich nach einer klaren eindeutigen Begründung. Hier liegt zweifellos eine noch unbeantwortete Frage vor.

2. Die Chemie der Komplexverbindungen (peranamphotere Komplexsalze).

Eine große Gruppe von Komplexverbindungen erscheint durch die systematischen und vergleichenden Untersuchungen über das Verhalten der chemischen Substanzen in Wasser und in nichtwäßrigen, aber „wasserähnlichen" Solventien in einem neuen interessanten Lichte. Betrachtet man das jeweils vorliegende Lösungsmittel und seine elektrolytischen Dissoziationsprodukte als wesentliche Faktoren für den Ablauf chemischer Umsetzungen der behandelten Art, so ergeben sich starke Ähnlichkeiten in erscheinungsmäßiger und genetischer Hinsicht zwischen Verbindungsklassen, bei denen so weitgehende Parallelitäten bisher kaum augenfällig waren.

Die Erscheinung der Amphoterie ist dadurch charakterisiert, daß ein schwacher Elektrolyt, welcher den negativen Bestandteil des wasserähnlichen Solvens enthält, mit stärkeren Säurenanalogen wie ein Basenanaloges reagiert und die Lösung oder Suspension eines Salzes ergibt; in ihnen fungiert das wesentliche Element oder Metall als Kation. Stärkeren Basenanalogen gegenüber verhalten sich diese amphoteren Elektrolyte wie schwache Säurenanaloge und bilden mit ihm lösungsmitteleigentümliche Verbindungen, welche den schwachen Elektrolyten zusammen mit negativen Bestandteilen des Solvens im Anionenkomplex enthalten und ebenfalls löslich oder unlöslich sein können. Man kann die Erscheinung der Amphoterie von einem etwas anderen Standpunkt aus auch folgendermaßen definieren: in der Lösung

---

[1] Man vergleiche hierzu noch einmal die Angaben der Tabelle 73 von S. 237 über das elektrische Leitvermögen der Lösungen von säurenanalogen Thionylverbindungen in flüssigem Schwefeldioxyd.

oder Suspension des Salzes von einem schwächeren Basenanalogen in einem wasserähnlichen Solvens wird durch Zugabe eines stärkeren Basenanalogen das schwächere Basenanaloge verdrängt und fällt gegebenenfalls aus. Dem Überschuß des stärkeren Basenanalogen gegenüber erweist sich die amphotere Substanz als schwaches Säurenanaloges und bildet mit ihm eine lösungsmitteleigentümliche Verbindung, welche das wesentliche Metall oder Element zusammen mit negativen Bestandteilen des Solvens nunmehr im Anionenkomplex enthält.

So sind unter anderem Zinkhydroxyd, Aluminiumhydroxyd, arsenige Säure [Arsen(III)-hydroxyd] und Zinndioxydhydrat in Wasser als Lösungsmittel [Dissoziationsschema: $2\,H_2O \rightleftharpoons (H \cdot H_2O)^+ + (OH)^-$] solche amphoteren Verbindungen. Durch einen Überschuß der starken Base bilden sich Hydroxo- oder (unter Wasserabspaltung) Oxo-Verbindungen.

$$ZnJ_2 + 2\,Na(OH) = Zn(OH)_2 + 2\,NaJ$$
$$\downarrow$$
$$Zn(OH)_2 + Na(OH) = Na[Zn(OH)_3]$$
$$\downarrow \qquad \rightarrow$$
$$Zn(OH)_2 + 2\,Na(OH) = Na_2[Zn(OH)_4]$$
$$\downarrow \qquad \rightarrow$$

$$AlCl_3 + 3\,Na(OH) = Al(OH)_3 + 3\,NaCl$$
$$\downarrow$$
$$Al(OH)_3 + Na(OH) = Na(AlO_2) + 2\,H_2O$$
$$\downarrow \qquad \rightarrow$$

$$AsBr_3 + 3\,K(OH) = As(OH)_3 + 3\,KBr$$
$$As(OH)_3 + K(OH) = K(AsO_2) + 2\,H_2O\,.$$

In wasserfreiem, verflüssigtem Ammoniak [Dissoziationsschema: $2\,NH_3 \rightleftharpoons (H \cdot NH_3)^+ + (NH_2)^-$] sind einige Amide amphoter — unter anderem das Zinkamid — und setzen sich mit überschüssigem, stärker basenanalogem Alkaliamid zu mehr oder weniger löslichen, komplexen Amidverbindungen oder unter Ammoniakabspaltung zu Imidverbindungen um, welche den Hydroxo- und Oxoverbindungen entsprechen:

$$ZnJ_2 + 2\,K(NH_2) = Zn(NH_2)_2 + 2\,KJ$$
$$\downarrow$$
$$Zn(NH_2)_2 + 2\,K(NH_2) = K_2[Zn(NH_2)_4] = K_2[Zn(NH)_2] + 2\,NH_3$$
$$\downarrow$$

In verflüssigtem Schwefelwasserstoff [Dissoziationsschema: $2\,H_2S \rightleftharpoons (H \cdot H_2S)^+ + (SH)^-$] erweisen sich einige Hydrogensulfide bzw. Sulfide, beispielsweise das Arsentrisulfid, als amphoter, treten mit überschüssig hinzugesetztem, stärker basenanalogem Triäthylammoniumhydrogensulfid in Reaktion und bilden Sulfosalze:

$$2\,AsCl_3 + 6\,[(C_2H_5)_3NH](SH) = As_2S_3 + 6\,[(C_2H_5)_3NH]Cl + 3\,H_2S$$
$$\downarrow$$
$$As_2S_3 + 6\,[(C_2H_5)_3NH](SH) = 2\,[(C_2H_5)_3NH]_3(AsS_3) + 3\,H_2S\,.$$
$$\downarrow$$

In wasserfreier Blausäure [Dissoziationsschema: $2\,HCN \rightleftharpoons (H \cdot HCN)^+ + (CN)^-$] weiterhin fungieren gewisse Cyanide als amphotere Verbindungen und setzen sich mit überschüssigem, stärker basenanalogem

Alkalicyanid zu komplexen Cyanoverbindungen um, welche den Hydroxoverbindungen in Wasser entsprechen:

$$Ag(ClO_4) + K(CN) = Ag(CN) + KClO_4$$
$$\downarrow$$
$$Ag(CN) + K(CN) = K[Ag(CN)_2].$$
$$\downarrow$$

$$FeCl_3 + 3\,[(C_2H_5)_3NH](CN) = Fe(CN)_3 + 3\,[(C_2H_5)_3NH]Cl$$
$$\downarrow$$
$$Fe(CN)_3 + 3\,[(C_2H_5)_3NH](CN) = [(C_2H_5)_3NH]_3\{Fe(CN)_6\}.$$
$$\downarrow \qquad\qquad \rightarrow$$

In geschmolzenem Jod [Dissoziationsschema: $J_2 \rightleftharpoons J^+ + J^-$] erweisen sich einige Jodide als amphoter, beispielsweise die des zweiwertigen Bleis und Quecksilbers. Durch einen Überschuß an stärker basenanalogem Alkalijodid werden sie in komplexe Jodoverbindungen umgewandelt, welche mit den Hydroxoverbindungen in Wasser oder den Amidoverbindungen in flüssigem Ammoniak korrespondieren:

$$HgCl_2 + 2\,KJ = HgJ_2 + 2\,KCl$$
$$\downarrow$$
$$HgJ_2 + 2\,KJ = K_2[HgJ_4].$$
$$\downarrow$$

$$PbCl_2 + 2\,KJ = PbJ_2 + 2\,KCl$$
$$\downarrow$$
$$PbJ_2 + \quad KJ = K[PbJ_3].$$
$$\downarrow$$

In verflüssigtem, wasserfreiem Schwefeldioxyd [Dissoziationsschema: $2\,SO_2 \rightleftharpoons SO^{++} + SO_3^{--}$] fungieren eine ganze Reihe von Sulfiten als amphotere Verbindungen, welche durch einen Überschuß des stärker basenanalogen Tetramethylammoniumsulfits wieder aufgelöst und in komplexe Sulfitoverbindungen übergeführt werden. Hierher gehören unter anderem die Sulfite des Aluminiums, des vierwertigen Zinns und des dreiwertigen Phosphors:

$$2\,AlCl_3 + 3\,[(CH_3)_4N]_2(SO_3) = Al_2(SO_3)_3 + 6\,[(CH_3)_4N]Cl$$
$$\downarrow$$
$$Al_2(SO_3)_3 + 3\,[(CH_3)_4N]_2(SO_3) = 2\,[(CH_3)_4N]_3\{Al(SO_3)_3\}.$$
$$\downarrow \qquad\qquad \rightarrow$$
$$2\,PCl_3 + 3\,[(CH_3)_4N]_2(SO_3) = P_2O_3 + 3\,SO_2 + 6\,[(CH_3)_4N]Cl$$
$$\downarrow$$
$$P_2O_3 + [(CH_3)_4N]_2(SO_3) + SO_2 = 2\,[(CH_3)_4N]\{PO_2 \cdot SO_2\}.$$
$$\downarrow \qquad\qquad \rightarrow$$

Aus den hier noch einmal zusammengestellten Beispielen von typischen Reaktionen amphoterer Substanzen in Wasser und in einigen nichtwäßrigen, aber „wasserähnlichen" Lösungsmitteln geht unzweideutig hervor, daß eine große Anzahl komplexer Verbindungen unter dem aufgezeigten Gesichtswinkel als genetisch verwandt gelten müssen. Bezüglich des Mechanismus und der Prinzipien ihrer Entstehung entsprechen die Hydroxo- und Oxoverbindungen in wäßrigen Lösungen vollständig den komplexen Amido- und Imidoverbindungen in wasserfreiem, verflüssigtem Ammoniak und den Sulfosalzen in flüssigem Schwefelwasserstoff. Ebenso muß man die angeführten Verbindungen mit den komplexen Cyanoverbindungen in Blausäure, den komplexen Jodverbindungen in geschmolzenem Jod (oder auch in wasserfreiem, verflüssigtem Jodwasserstoff), den komplexen Sulfitoverbindungen in flüssigem Schwefeldioxyd oder den komplexen Acetatoverbindungen in Essigsäureanhydrid (oder auch in wasserfreier Essigsäure) vergleichen. Die gedachten Klassen von Komplexsalzen und weitere, ebenfalls hierhergehörende Komplexverbindungen, die aber diesbezüglich noch nicht näher untersucht worden sind, kann man daher auch zu einer gemeinsamen großen Gruppe zusammenfassen und sie als „peranamphotere“ Komplexsalze bezeichnen, um dadurch anzudeuten, daß sie alle in bezug auf ihre Bildung verwandt und bezüglich ihres Existenzbereiches jenseits (peran) des Gebietes der amphoteren Verbindungen einzuordnen sind, wo ein dem jeweiligen Lösungsmittel angepaßtes Basenanaloges vorwaltet.

Außerordentlich viele Komplexverbindungen, welche im Augenblick zur Diskussion stehen, sind nun aber bei Untersuchungen mit wäßrigen Lösungen aufgefunden worden und in ihnen wenigstens bei gewissen Versuchsbedingungen offenkundig auch beständig. Es erhebt sich daher die Frage, wieso denn beispielsweise „peranamphotere“ Cyanoverbindungen, wie Triäthylammonium-Eisen(III)-cyanid $[(C_2H_5)_4NH]_3\{Fe(CN)_6\}$ oder Kalium-Silbercyanid $K[Ag(CN)_2]$, ferner gewisse komplexe Sulfitosalze auch außerhalb der Blausäure oder des wasserfreien flüssigen Schwefeldioxyds in wäßrigen Lösungen existenzfähig sein können. Das wird bei allen peranamphoteren Komplexsalzen der Fall sein, bei welchen aus Gründen des inneren Aufbaues der komplexen Anionen die Neigung zu hydrolysieren geringer ist als die Beständigkeit.

Auf der anderen Seite aber gibt es in der Tat zahlreiche peranamphotere Salze, welche außerhalb des ihnen eigentümlichen Lösungsmittels kaum existieren können und beispielsweise in Wasser gebracht sofort hydrolysieren. Das ist der Fall beim Kaliumammonozinkat $K_2[Zn(NH_2)_4]$, das nur in flüssigem Ammoniak, nicht aber in Wasser beständig ist. Ebenso wird das in flüssigem Schwefeldioxyd entstehende Tetramethylammonium-Sulfitometaphosphit $[(CH_3)_4N]\{PO_2 \cdot SO_2\}$ sofort hydrolysiert, sobald man es mit Feuchtigkeit in Berührung bringt.

Die weitere Beschäftigung mit dem Verhalten von Salzen in nichtwäßrigen, aber „wasserähnlichen“ Lösungsmitteln und jeweils besonders mit dem Bereich, in dem die peranamphoteren Komplexsalze existieren, wird uns sicherlich noch mit einer ganzen Anzahl von Verbindungen, höherer Ordnung bekannt machen, von denen man bisher noch nichts weiß, weil sie sich aus wäßrigen Lösungen nicht erhalten lassen, und deren Untersuchung uns wichtige Beiträge zu Existenzfragen und Strukturproblemen bei Komplexverbindungen geben können.

3. Neue Möglichkeiten für die präparative Chemie.

Bei den vergleichenden Untersuchungen über die Chemie in nichtwäßrigen aber „wasserähnlichen“ Solventien haben sich verschiedentlich präparative Befunde ergeben, welche erkennen lassen, daß weitere systematische Experimente in Richtung der aufgezeigten Verfahrenswege *ganz allgemein* noch mancherlei Möglichkeiten für das präparativ-chemische Arbeiten bieten können. Einige Beispiele mögen das Gesagte erläutern.

So hat sich bei dem Studium der *neutralisationenanalogen Reaktionen* in den einzelnen Lösungsmitteln unter anderem ergeben, daß sich in Salpetersäure das wasserfreie basenanaloge Uranylnitrat mit wasserfreier Überchlorsäure zu Uranylperchlorat umsetzt. Die Verbindung ist in Salpetersäure stark löslich und kann durch vorsichtiges Abdunsten der Hauptmenge des Lösungsmittels, beispielsweise bei $+40^0$ C unter vermindertem Druck, erhalten werden. Dieses Salz erweist sich nach dem Trocknen des Rückstandes im Vakuumexsiccator über Phosphorpentoxyd und Ätzkali als eine wasserfreie Verbindung. In vielen Fällen sind wasserfreie Perchlorate nicht leicht zugänglich; versucht man die wasserhaltigen vollständig (thermisch) zu entwässern, so zersetzen sie sich häufig gleichzeitig. mit der Abgabe der letzten Moleküle Wasser. Es ist durchaus denkbar, daß sich durch neutralisationenanaloge Umsetzungen auch andere wasserfreie Perchlorate darstellen lassen. Voraussetzung hierfür ist allerdings, daß sich wasserfreie Nitrate als Ausgangssubstanzen bereiten lassen; sie sind aber häufig durch Solvolyse wasserfreier Acetate oder Pikrate in Salpetersäure verhältnismäßig bequem erhältlich. Auf derselben Grundlage, aber unter Verwendung anderer „wasserähnlicher" Lösungsmittel, sowie anderer basenanaloger und säurenanaloger Substanzen dürften sich zahlreiche weitere Salze in wasserfreiem Zustande herstellen lassen, die sonst schwer oder überhaupt nicht zugänglich sind.

Ganz besonders aussichtsreich für die präparative Chemie dürfte sich die zielbewußte Verwertung von *Solvolysereaktionen* in den verschiedenen wasserähnlichen Solventien auswirken. Das Vermögen der einzelnen Lösungsmittel, auf Salze, Ester und Säurehalogenide solvolytisch spaltend einzuwirken, ist stark unterschiedlich ausgeprägt. Die erhaltenen Solvolyseprodukte sind nach Art und Grad verschieden.

Flüssiger Fluorwasserstoff, Salpetersäure und ebenso auch Wasser sind hinsichtlich der solvolytischen Spaltung sehr agressiv, die Solvolysereaktionen in diesen Lösungsmitteln verlaufen meistens bis zum äußersten Solvolyseprodukt, etwa mögliche Zwischenstufen werden schnell durchlaufen und sind schwer oder überhaupt nicht faßbar. So werden von den Säurehalogeniden beispielsweise Phosphorpentachlorid, Phosphorpentabromid, Niobpentachlorid und Wolframhexachlorid durch Wasser rasch bis zu den freien Aquosäuren bzw. Oxydhydraten solvolysiert, wobei die dazwischen liegenden Oxyhalogenidstufen nur vorübergehend auftreten und präparativ häufig nicht leicht faßbar sind:

$$PCl_5 + (x+1)\,H_2O \quad = POCl_3 + 2\,HCl + x\,H_2O. \tag{1a}$$
$$POCl_3 + x\,H_2O \quad = H_3PO_4 + 3\,HCl + (x-3)H_2O. \tag{1b}$$

$$PBr_5 + (x+1)\,H_2O \quad = POBr_3 + 2\,HBr + x\,H_2O. \tag{2a}$$
$$POBr_3 + x\,H_2O \quad = H_3PO_4 + 3\,HBr + (x-3)H_2O. \tag{2b}$$

$$NbCl_5 + (x+1)\,H_2O \quad = NbOCl_3 + 2\,HCl + x\,H_2O. \tag{3a}$$
$$2\,NbOCl_3 + x\,H_2O \quad = Nb_2O_5 \cdot (x-3)H_2O + 6\,HCl. \tag{3b}$$

$$WCl_6 + (x+3)\,H_2O \quad = WOCl_4 + 2\,HCl + (x+2)\,H_2O. \tag{4a}$$
$$WOCl_4 + (x+2)\,H_2O \quad = WO_2Cl_2 + 2\,HCl + (x+1)\,H_2O. \tag{4b}$$
$$WO_2Cl_2 + (x+1)\,H_2O = WO_3 \cdot x\,H_2O + 2\,HCl. \tag{4c}$$

Im Gegensatz hierzu ist wasserfreies, flüssiges Schwefeldioxyd ein sehr viel milderes Solvens. Die genannten Säurehalogenide werden von ihm zwar auch solvolysiert, aber die Solvolyse findet ihren Abschluß bei der Bildung von Oxyhalogeniden.

$$PCl_5 + (x+1)\,SO_2 = POCl_3 + SOCl_2 + x\,SO_2. \tag{1}$$
$$PBr_5 + (x+1)\,SO_2 = POBr_3 + SOBr_2 + x\,SO_2. \tag{2}$$
$$NbCl_5 + (x+1)\,SO_2 = NbOCl_3 + SOCl_2 + x\,SO_2. \tag{3}$$
$$WCl_6 + (x+1)\,SO_2 = WOCl_4 + SOCl_2 + x\,SO_2. \tag{4}$$

Durch diese Solvoylserekationen in flüssigem Schwefeldioxyd lassen sich auf einfache, sichere und elegante Weise Thionylbromid, Nioboxychlorid ($NbOCl_3$) und das prächtig orangerot gefärbte, großkrystallin anfallende Wolframoxychlorid ($WOCl_4$) erhalten (vgl. S. 269 u. 270).

In wasserfreier Blausäure, welche hinsichtlich der solvolytischen Wirksamkeit ebenfalls nur ein mildes Lösungsmittel ist, führt die Solvolyse der Säurechloride, wie am Beispiel des Benzoylchlorids gezeigt worden ist, nur dann praktisch vollständig zum Säurecyanid, wenn die hierbei entstehende Chlorwasserstoffsäure durch ein schwaches Basenanaloges, z. B. Pyridin (Pyridiniumcyanid), gebunden wird und so die Gleichgewichtsreaktion nach rechts verschoben wird (vgl. S. 159):

$$C_6H_5 \cdot COCl + (C_5H_5NH)CN = C_6H_5 \cdot COCN + (C_5H_5NH)Cl.$$

In Essigsäureanhydrid solvolysieren viele Säurechloride und bilden Acetate. Daneben entsteht Acetylchlorid. Das ist unter bestimmten Versuchsbedingungen, z. B. bei Siliciumtetrachlorid, Germaniumtetrachlorid und Zinntetrachlorid der Fall; besonders wenn durch Zugabe eines geeigneten Basenanalogen etwa von Thallium(I)-acetat das Acetylchlorid gebunden und in Essigsäureanhydrid und unlösliches Thallium(I)-chlorid überführt wird. So gelang es auf diesem Wege, zum erstenmal Germanium- und Zinntetraacetat darzustellen (vgl. S. 334 u. 336).

In diesem Zusammenhange sei auch noch einmal auf die Solvolysereaktionen der Säurechloride in dem in solvolytischer Hinsicht sehr aggressiven Solvens „Salpetersäure" hingewiesen (vgl. S. 188). Beim Auflösen von Phosphoroxychlorid in wasserfreier Salpetersäure bildet sich freie Metaphosphorsäure:

$$POCl_3 + (x + 1)\,HNO_3 = HPO_3 + NOCl + Cl_2 + x\,HNO_3.$$

So ist eine Möglichkeit gegeben, um reproduzierbar eine freie Metaphosphorsäure darzustellen, da sich alle anderen Substanzen relativ leicht quantitativ entfernen lassen, nämlich durch Abdampfen unter vermindertem Druck bei $+40^\circ$ C, also bei milden Bedingungen.

Die große Bedeutung der Solvolyse von Säurechloriden und Estern in wasserfreiem, flüssigem Ammoniak besonders für die präparative organische Chemie geht eindeutig aus dem früher bereits mehrfach zitierten Standardwerk von E. C. FRANKLIN hervor: The Nitrogen System of Compounds, New York 1935, und aus dem ebenfalls schon wiederholt angeführten Überblick über die Chemie in verflüssigtem, wasserfreiem Ammoniak von L. F. AUDRIETH: Z. f. angewandte Chem. **45**, 385 (1932).

Auch die systematische Untersuchung der Solvolyse von Salzen in verschiedenen nichtwäßrigen, aber wasserähnlichen Lösungsmitteln und bei verschiedenen Versuchsbedingungen dürfte in manchen Fällen die Herstellung von Metallverbindungen in wasserfreiem Zustande ermöglichen, welche in dem betreffenden Solvens Basenanaloge sind und sich sonst schwer erhalten lassen. So führte beispielsweise die Solvolyse von Ammoniumacetat und Ammoniumphenylacetat in flüssigem Schwefeldioxyd zu löslichem Thionylacetat bzw. Thionylphenylacetat und schwerlöslichem, wasserfreiem Ammoniumsulfit bzw. Ammoniumpyrosulfit (vgl. S. 267):

$$2\,NH_4(CH_3COO)_2 + 2\,SO_2 = (NH_4)_2SO_3 + SO(CH_3COO)_2$$
$$2\,NH_4(CH_3COO) + 3\,SO_2 = (NH_4)_2S_2O_5 + SO(CH_3COO)_2\,.$$

Es bedarf hierbei jedoch noch der genaueren Feststellung, bis zu welchem Temperaturpunkt Ammoniumpyrosulfit $(NH_4)_2S_2O_5$ und in welchem höheren Temperaturbereich und bei welchen Drucken an Schwefeldioxyd Ammoniumsulfit $(NH_4)_2SO_3$ einheitlich gebildet wird.

Durch Solvolyse von leicht zugänglichem, wasserfreiem Cadmiumacetat in konzentrierter Salpetersäure bildet sich in glatter Reaktion wasserfreies Cadmiumnitrat (vgl. S. 184).

SPÄTH hat gezeigt, daß eine ganze Reihe wasserhaltiger Nitrate in erwärmtem Essigsäureanhydrid zu wasserfreien Acetaten solvolysieren, und diese so elegant gewonnen werden können (vgl. S. 330).

Zum Schluß sei noch einmal an die bereits im vorhergehenden Unterabschnitt (S. 345) erwähnten „peranamphoteren" Komplexsalze erinnert. Systematische Untersuchungen über die Erscheinung der *Amphoterie*, also mit *amphoteren Verbindungen*, besonders in demjenigen Bereich des jeweiligen „wasserähnlichen" Lösungsmittels, in welchem das Basenanaloge vorwaltet, dürften noch manche, bisher wenig bekannte Komplexverbindungen erbringen, welche sich aus wäßrigen Lösungen nur schwierig oder überhaupt nicht gewinnen lassen. Es sei das Kalium-Ammonozinkat $K_2[Zn(NH_2)_4]$, welches in wasserfreiem, verflüssigtem Ammoniak entsteht und das Tetramethylammonium-Sulfitometaphosphit $[(CH_3)_4N]\{PO_2 \cdot SO_2\}$, das sich in flüssigem, feuchtigkeitsfreiem Schwefeldioxyd bildet, erwähnt,. Weiterhin seien noch das Triäthylammonium-Silbercyanid $[(C_2H_5)_3NH]Ag(CN)_2$ aus absolut blausaurer Lösung und das Tetramethylammonium-Uranylnitrat $[(CH_3)_4N]\{UO_2(NO_3)_3\}$ aus reiner Salpetersäure genannt (vgl. S. 161 und 191), die beide bisher noch nicht dargestellt und untersucht worden sind.

Diese kurze, auch nicht im entferntesten erschöpfende Zusammenstellung von Beispielen sollte die mancherlei Möglichkeiten für die präparative Chemie noch einmal betonen und stärker herausstellen.